化 学 前 沿 应 用 丛 书

介电谱方法及应用

赵孔双 著

U0367845

化学工业出版社

·北京·

本书全面地阐述和介绍了介电谱方法的基本原理以及在以水为介质的化学和生物学体系中的应用；列举了经典的论文、综述及最近介电谱领域的重要研究成果，并进行了重点的解说和评述；概述了在尖端技术领域的应用前景。本书还包含了相当多的有助于理解介电弛豫理论、介电谱测量和分析原理的示意图，介电谱解析的流程图以及典型实验的结果图，加上简捷的分析和精选的专著论文，都使得该书具有知识介绍和研究参考兼备之功能。

本书以大学和研究机构中从事化学和生物学领域的研究人员以及研究生和本科生为对象，还可作为在化工、食品、农业以及卫生医疗等领域的技术人员的基础用书。

图书在版编目（CIP）数据

介电谱方法及应用/赵孔双著．—北京：化学工业出版社，2008.6（2025.5重印）
（化学前沿应用丛书）
ISBN 978-7-122-02670-5

Ⅰ. 介…　Ⅱ. 赵…　Ⅲ. 介电性质　Ⅳ.O482.4

中国版本图书馆 CIP 数据核字（2008）第 073645 号

责任编辑：梁　虹　李晓红　　　　　文字编辑：陈　雨
责任校对：宋　夏　　　　　　　　　装帧设计：郑小红

出版发行：化学工业出版社（北京市东城区青年湖南街 13 号　邮政编码 100011）
印　　装：北京科印技术咨询服务有限公司数码印刷分部
787mm×1092mm　1/16　印张 21　字数 539 千字　　2025 年 5 月北京第 1 版第 2 次印刷

购书咨询：010-64518888　　　　　　售后服务：010-64518899
网　　址：http://www.cip.com.cn
凡购买本书，如有缺损质量问题，本社销售中心负责调换。

定　　价：168.00 元

序

　　化学作为一门核心的、实用的创造性科学，为人类认识物质世界和人类社会的文明进步做出了巨大的贡献。化学又是许多其他学科的基础，随着其在不同领域的应用，产生了许多交叉学科，这种交叉与渗透，大大地推动了科技进步，并使化学自身向着更深层次和更高水平发展。我国的化学研究，已从不可控的碰撞反应扩展到定向、可控和高选择性的反应或分子剪裁；研究的对象，已从简单体系扩展到复杂体系，从无机扩展到有机和生命系统，从晶态扩展到非晶态，从正常态扩展到临界和超临界态；研究的化学过程，已从平衡态逐步转向非平衡态，从慢反应发展到快和超快（如飞秒）过程；研究的尺度，已从宏观向下延伸至单分子和单原子，向上延伸至介观（纳米尺度）以及分子、离子聚集体；研究的视界，已从国内扩大到国际，从点扩大到面；研究的指导策略，不仅兼顾了短期目标和学科自身的发展，而且重视重大的影响和国家的需求。面临诸如人口控制问题、健康问题、环境问题、能源问题、资源与可持续发展等方面的挑战，化学家们从化学的角度，通过化学的方法解决其中的问题，为我国可持续发展和中华民族的振兴做出了重要的贡献。上述研究所涉及到的若干基本化学问题及交叉学科领域，将成为21世纪我国化学研究的新方向，成为我国化学家在此领域研究的新的突破点。

　　化学工业出版社密切关注化学学科的发展前沿和动态，邀请一部分院士和专家组织策划了这样一套高水平、高起点、反映学科发展前沿及化学在高新技术领域中的应用方面的丛书，旨在使读者进一步了解化学这一中心学科对科技发展的重要作用。该丛书从化学的视角，重点阐述化学基本原理应用于生命科学、材料科学、信息科学的最新研究进展以及在学科交叉过程中所形成的新方法和新的实验手段。从而为相关领域的科研人员解决问题提供参考。这套丛书最大的特点是选题立足前沿、方法先进实用、内容阐述深入透彻，第一批包括《纳米超分子化学——从合成受体到功能组装体》、《纳米传感技术及应用》、《化学标记与探针技术在分子生物学中的应用》、《酶联免疫分析技术及应用》、《手性分离技术及应用》、《分子印记技术及应用》、《微流控分析芯片的制作及应用》、《介电谱方法及应用》等8个分册。相信此套丛书的出版将对我国化学及其交叉学科的研究和发展起到积极的推动作用。

白春礼

2004 年 8 月

前　言

　　介电谱是在相当宽的频率范围研究电磁波与物质相互作用的一种谱学方法。用介电方法研究分子的结构与性质已经有很长的历史，自 20 世纪 20 年代德拜（Debye）极性分子理论的建立开始，很多实验都已经完成；至 30 年代关注点转移到了生物体系并一直延续几十年；五六十年代是高分子材料介电性质研究的兴旺时期。其后该领域似乎一度远离了主流，但在过去的十几年，特别是近年来的发展又出现了戏剧性的转折：2001 年首届国际介电谱会议在以色列的 Yerusalem 召开之后的 7 年内，又相继在德国的 Leipzig、荷兰的 Delft、波兰的 Poznan 以及法国的 Lyon 举行。主题涉及的领域之宽、论文数量之多以及参与者出身领域之多样化都是出乎意料的。这都展示着如下的一个事实：介电谱的成功发展已经从根本上改变了对这一古老研究方法的态度；同时，因为介电谱能在很宽的时间范围研究介电弛豫过程，提供复杂体系中个别组成的性质到其本体性质之间的连接，所以在众多近代用于材料物理的和化学的分析方法中占有特殊的位置。现今，它已经成为在宏观、介观以及微观水平上，探测物质体系内部动力学、构造以及电学性质等方面信息的一个有效的工具。

　　对方法和体系两者兼备地介绍介电谱的专著目前很少，即使是可列举的生物体系和高分子材料的书籍也几乎没有中文版本。因而，著者在对非均匀化学体系进行研究的过程中，不时痛感参考书籍之匮乏所带来的不便，加之相关领域的很多同事、先辈等都不同程度地表示了对该领域了解的渴望。这样，不时地催生出是否能将该方法及其在化学和生物领域的应用以某种形式介绍出来的想法。

　　尽管本书已经定位于介电谱方法在化学和生物体系的应用，但这依然是一个相当庞大的对象。介电谱方法的发展除了依赖于理论上的努力之外，测量技术的进步同样重要，幸好，倪尔瑜的专著《材料科学中的介电谱技术》对测量相关的基础和技术都有全面的论述和介绍。在体系方面，本书将重点放在以水为介质的化学的和生物的非均匀体系；对于纯液体或固体，介电谱书籍中早期已有介绍；而高分子材料方面的新书可推荐 1997 年美国化学会主编的 Dielectric Spectroscopy of Polymeric Materials，J. P. Runt，J. J. Fitzgerald。即便如此，要在有限的篇幅内对于以电磁场理论和电介质物理学为基础的介电谱方法做完整的介绍也是不可能的，因此，本书除舍去了大量的解析介电谱的数学方程之外，还不得不将一些必要的公式模型和基础叙述部分进行压缩，将其融合和渗透到论述各种体系应用的各个章节中去。这样分散处理的结果产生了一个益处：从事不同领域的研究者不必完全深入到介电谱理论的所有内容，只需要重点阅读相关章节、结合提供的文献，便可以进入到自己的专门领域。为此，本书列举了大量精选的近期的和经典的论文以及专题评述，而且在正文中对这些文献大都有结合各种观点的评述，这就为有意深入研究的读者理解所关注的问题提供了进一步的途径。本书除了介绍化学和生物体系的基础研究成果之外，还汇集了介电谱方法在技术开发领域应用的最新进展，例如，扫描介电显微镜（SDM），介电监测手段在一些领域的应用等。此外，还精选介绍了介电谱方法在医药、食品和健康等与国计民生密切相关的领域中的应用。

本书以原理和应用并重为主旨，考虑到不同层次的读者需求，在第 0 章绪论中，对介电谱方法的必备知识的基础理论（电介质物理学和电磁学中与介电谱关系密切的部分）进行了概述。对于直接考虑应用的读者完全可以跳过此章，直接进入各应用章节，因为那里有与具体体系直接相关的介电谱理论和解析方法。

本书融入了著者与合作者的研究结果，因此增加了新的特点：集中从模型和对各类体系介电谱的解析方法上去论述弛豫过程的机制以及获得内部信息的途径。本书将会使读者了解介电谱将在这些新体系的研究中所能够获得的新知见，从一个新的视角看待介电谱方法。尽管 2003 年德国 Leipzig 大学 Friedrich Kremer 以固体材料为对象的著作《宽频介电谱》英文版在国内可以见到。但著者自信，本书着重结合实例阐述各类水介质体系的解析方法之特点，一定会对相当部分从事物理化学以及生物体系的研究者以及一些应用领域的科技人员进入该领域有所帮助。

搁笔之时，著者由衷的感谢引我进入这个领域的恩师，分散系介电理论中有杰出贡献的日本京都大学的花井哲也（T. HANAI）教授，感谢生物介电谱权威的同大学的浅见耕司（K. ASAMI）先生在生物体系介电解析方法上的诸多指导，更多的感谢要给予同我一道从事过介电谱研究的同事和学生们。

感谢国家自然科学基金在对著者从事介电谱研究所提供的资助，感谢实验室的学生们在编写期间所提供的不同程度的协助，特别要感谢陈震博士在制图方面给予的帮助。

由于著者水平所限，内容上的疏漏乃至错误在所难免，恳请读者予以指正。

著　者

2008 年 1 月于北京

目　录

基　础　篇

应　用　篇

基础篇

第 0 章　绪　　论

首先，什么是介电谱（dielectric spectroscopy，DS），什么是物质的介电性质以及为什么要测量它？为什么一种材料的介电性质与另外一种材料的介电性质是不同的？物质或体系的宏观介电性质及其微观极化机制与外电场频率的关系？对于从事电或电子器件的系统设计和开发的工程师，以及材料物理学的学者来说，这些问题是容易回答的。然而对于其它领域工作的学者或技术人员来讲，则可能给出另外的答案。换言之，介电谱作为一种方法应用于不同领域将产生一些新的分支。

其次，介电谱能否为从事化学和生物学的研究者提供他们各自所需要的信息？以及如何测量化学和生物中的一些物质或体系的介电谱并摘取内部的信息？这对于从事化学、生物学以及其它一些交叉的二级学科的研究者来讲，答案似乎并不是显而易见的。其原因主要是知识背景的偏离以及缺少介绍上述知识的基本书籍，为了满足这一需要，在全面介绍介电谱方法之前，先给出了解并介入这个领域所必备的知识。

0.1　介电谱支持学科的基本概述

介电谱方法是研究物质与电磁波相互作用的一种方法，这样就必然涉及到与物质体系相关的电介质物理学和与交变电场相关的电磁学知识，换言之，介电谱方法是建立在上述两学科基础之上的。因此，本节将从这两个方面简述进入该领域所必需的一些背景知识。尽管相关知识在上述学科的教科书或专著中可以查得，但是在这里将一些密切相关的内容集中叙述便于对后面章节的理解。

0.1.1　电介质的极化和介电常数

通常情况下，当讨论宏观物质对外电场的响应方式时，多考虑电传导和电极化这两种。前者的物质是存在自由电荷的导体，而后者的物质因电子被束缚在原子或分子中，因此内部几乎没有自由电荷，这类以电极化（简称极化）为主要响应的物质称为介电体（dielectric）。或者说，凡在外电场作用下产生宏观上不等于零的电偶极矩，因而形成束缚电荷的现象称为电极化。能产生电极化现象的物质统称为介电体，介电体又称电介质。通常人们把电导为零（绝缘体）或禁带很宽的物质称为电介质，而电介质的确切定义应该是在电场作用下能发生极化的物质，即电介质是以感应而不是以传导的形式来传递电的作用和影响的。

0.1.1.1　电介质的极化和静态介电常数

首先，从微观上看极化的概念，当原子或分子等微观粒子被分离为相距 l 的正、负电荷 $+Q$ 和 $-Q$ 时，定义电荷 Q 与距离 l 之积为电偶极矩 μ：

$$\mu = Ql \tag{0-1}$$

偶极矩矢量从负电荷指向正电荷，其单位为库仑·米（C·m），正、负电荷分离导致诱导偶极子的过程称为极化。对于一个宏观体系，要考虑所有微观粒子的总和，因此用单位体积内

所有 N 个粒子的偶极矩之和，即所谓（介）电极化强度（或称极化强度）矢量 $\boldsymbol{P}$ 来描述材料的极化性质：

$$\boldsymbol{P} = \frac{1}{\Delta V} \sum_N \boldsymbol{\mu} \tag{0-2}$$

如果 $\langle\boldsymbol{\mu}\rangle$ 表示每个粒子的平均偶极矩，那么关于 $\boldsymbol{P}$ 的另一个等价的定义是

$$\boldsymbol{P} = N\langle\boldsymbol{\mu}\rangle \tag{0-3}$$

无特殊说明，以后出现的分子偶极矩 $\boldsymbol{\mu}$ 都是指平均偶极矩 $\langle\boldsymbol{\mu}\rangle$，即从统计学角度每个分子具有相同的偶极矩。注意，$\boldsymbol{P}=0$ 并不意味材料中不含偶极矩，只是表明偶极矩的矢量和为零。

接下来，我们以平板电容器为例（图 0.1），考察电介质在电场中的极化。当给该面积为 A 的平板电容器施加电场时，两个极板分别带上 $+Q$ 和 $-Q$ 的自由电荷［图 0.1(a)］，此时，物质内部的原子和分子被极化，产生的偶极矩贡献于该极化。偶极子如图所示地从头至尾排列，内部正负电荷抵消，没有净电荷［图 0.1(b)］，但物质左侧和右侧的表面分别有 $-Q_p$ 和 $+Q_p$ 的净电荷，这些作为极化结果的正负电荷称为表面极化电荷［图 0.1(c)］。根据图 0.1，电极板间介电体的体积为 Ad，总的偶极矩可以看成表面极化电荷和电极板间距离之乘积：

$$\boldsymbol{\mu}_{\text{total}} = Q_p d \tag{0-4}$$

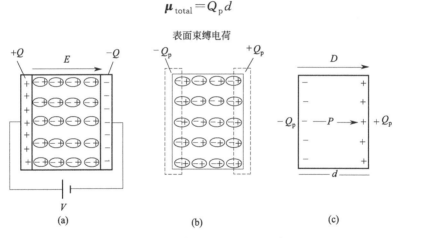

图 0.1　平板电容器和极化概念示意图

因此，根据式(0-2)的极化强度 $\boldsymbol{P}$ 可以由表面极化电荷密度 σ_p 来计算

$$\boldsymbol{P} = (Q_p d)/(Ad) = Q_p/A = \sigma_p \tag{0-5}$$

即表面电荷密度给出极化强度的大小 $P = \sigma_p$，单位为 C/m^2，对于如图所示的规则平板，$\boldsymbol{P}$ 的方向是表面的法线方向（在图 0.1 中的右表面由介电体内部指向外，而在左表面则指向介电体内部）。表面电荷密度又称为（介）电位移（在电磁学中表示为电束密度，即单位面积流过的电通量），用 $\boldsymbol{D}$ 表示，电位移与电场强度之间有如下关系：

$$\boldsymbol{D} = \varepsilon\boldsymbol{E} = \varepsilon_0\varepsilon_r\boldsymbol{E} \tag{0-6}$$

其中 ε_0 为真空介电常数，它是由光速 c 和磁常数 μ_0 确定的（$c\mu_0\varepsilon_0=1$）。在 SI 单位制中 $\varepsilon_0 = 8.8537\times10^{-12}\text{F/m}$，$\mu_0 = 1.26\mu\text{H/m}$。在其它介质（固体、液体或气体）中介电常数具有较大的值，通常用相对于 ε_0 的相对介电常数 ε_r 来表示；$\boldsymbol{D}$ 和 $\boldsymbol{E}$ 是方向相同的矢量。因此，常用 ε_0 和 ε_r 之积 ε 表征一个介电体的宏观性质，在电介质物理学中称 ε 为介电率，通常称为介电常数。实际上人们习惯将用平板电容器引入的物理量——相对介电常数称为"介

电常数"。因为相对介电常数是极板间充满均质的介质时的电容和真空时的电容之比，所以它是表征电介质本身的性质，即表示物质极化的难易程度和存储电荷的能力，是增大的倍数关系，因此是无量纲的量。而这里的 ε 应该称为电介质的绝对介电常数。本书从下一节起，除特殊指明外所有"介电常数"都是指相对介电常数，下节开始相对介电常数也用 ε 表示。对于不含有磁性成分的材料，仅用相对介电常数表示对外电场的响应。

因为极板间真空时的电位移矢量为 $D = \varepsilon_0 E$，所以在充填电介质产生极化的情况下应该有

$$D = \varepsilon_0 E + \sigma_p = \varepsilon_0 E + P \tag{0-7}$$

P 是一个可测量的量。对于引起极化的电场 E 和极化 P 的量之间关系的定律，在理论建立之前，只是实验上提供了一个简单的经验性的关系式，即当电场强度较小时，P 和 E 的线性关系成立。从当介电体插入时，表面电荷密度或极化强度 P 的增加的角度也可以知道有下列关系存在：

$$P = D - \varepsilon_0 E = \varepsilon_0 \varepsilon_r E - \varepsilon_0 E = \varepsilon_0 (\varepsilon_r - 1) E \tag{0-8}$$

定义为

$$P = \varepsilon_0 \chi E \tag{0-9}$$

χ 为宏观（电）极化率。这里的相对介电常数 ε_r 是实验上可获得的量，它等于宏观极化率加 1：

$$\varepsilon_r = \chi + 1 \tag{0-10}$$

由式(0-5)、式(0-6) 和式(0-7) 可知

$$\varepsilon_r = \frac{D}{\varepsilon_0 E} = \frac{D}{D - P} = \frac{Q}{Q - Q_p} \geqslant 1 \tag{0-11}$$

0.1.1.2 介电常数的测量

在实验上，大多数情况是如图 0.1(a) 所示的那样，为维持电极板间 E 恒定，外界需要提供电源。在这种情况下，外电源就成了供给被极化电荷 Q_p 所抵消了的电极板上的束缚电荷的外部电荷源，所以由式(0-6) 知，相对介电常数 ε 越大 D 也就越大，即表面电荷密度越大，极化程度也就越大，就越能储存更多的电荷到极板上。这说明 ε 是度量某物质极化程度和储存电荷能力的物理量，其数值可以通过将该物质插入到电极板之间，作为电容器测量其电容量而获得。

考察物质对于外部刺激的响应，可以获得有助于在原子分子水平上理解物质的性质的重要信息。为了考察物质的介电性质所采用的外部刺激是电场 E，相对介电常数表示对应于外界电场刺激而产生电极化 P 的程度。在这个意义上，相对介电常数或宏观极化率是通常称为响应系数的物理量之一。本书的目的不是用原子论从微观上解释 P 产生的原因，而是介绍在实验上将介电常数 ε 作为各种物理量如频率和温度的函数（特别是频率）来测量的情况。

0.1.2 Lorentz 有效电场和 Clausius-Mosotti 方程

电介质中任意一点的电场强度指的是极板上的自由电荷和电介质中所有极化粒子所形成的极化电荷产生的场强在该点共同作用的结果。因此，根据电场叠加原理，对于平板电容器中填充均匀连续的、介电常数不随电场强度变化的电介质，其任意一点的场强都等于极板上单位面积的自由电荷在该点形成的场强 σ/ε_0 与极化电荷在该点形成的场强 $-\sigma_p/\varepsilon_0$（退化场强）之和，即

$$E = \frac{\sigma}{\varepsilon_0} + \frac{-\sigma_p}{\varepsilon_0} = \frac{D - P}{\varepsilon_0} \tag{0-12}$$

此式即式(0-7)表示的电位移式，E 为电介质的宏观平均场强。而作用在电介质内某粒子上的有效电场（局部电场）E_{eff} 并不等于外部电场也不等于宏观平均场强，但与宏观电场有关。

考虑有效电场时，必须排除所考察的粒子（分子或原子）自身极化所产生的电场。在 Lorentz（洛伦兹）模型中，E_{eff} 是排除了考察粒子自身产生的电场之后的极板上自由电荷和电介质内部其它粒子对该粒子产生的电场 E_{total} 之和。

$$\boldsymbol{E}_{eff} = \boldsymbol{E}_{ex} + \boldsymbol{E}_{total}$$

E_{total} 包含了退化电场、洛伦兹修正场和被考察粒子空腔表面电荷对空腔中心产生的电场。对于简单立方晶体或液体导出的局部电场和宏观电场之间的关系为：

$$\boldsymbol{E}_{eff} = \boldsymbol{E} + \frac{\boldsymbol{P}}{3\varepsilon_0} \tag{0-13}$$

因为考察粒子周围的大量的偶极子，所以极化大，有效电场也大，有效电场取决于极化分子围绕考察粒子的排布，因此取决于晶体的结构。而对于分子或原子浓度很低的气体，周围偶极子稀疏，因此其它分子对有效电场的影响可以忽略，这时，实际上有效电场和宏观电场是相同的。

上面的讨论可知，任何电介质，其组成分子在外电场下产生的偶极矩不仅与外加电场有关，还与电介质内的感应偶极矩形成的电场有关。因此，前面式(0-3)中的平均偶极矩 $\boldsymbol{\mu}$ 应该与有效电场 E_{eff} 成正比：

$$\boldsymbol{\mu} = \alpha \boldsymbol{E}_{eff} \tag{0-14}$$

α 称为分子极化率，同时，因为它取决于所考察的电介质的极化机制，所以也称为微观极化率，在国际单位制中其单位为 $F \cdot m^2$。因此，式(0-3)可写为：

$$\boldsymbol{P} = N\alpha \boldsymbol{E}_{eff} \tag{0-15}$$

结合式(0-8)、式(0-15)以及式(0-13)，很容易得到 Clausius-Mosotti（克劳修斯-莫索蒂）方程：

$$\frac{\varepsilon - 1}{\varepsilon + 2} = \frac{N\alpha}{3\varepsilon_0} \tag{0-16}$$

克劳修斯-莫索蒂方程的意义是建立了可测的宏观物理量 ε 与分子极化率 α 这一微观量之间的关系。该方程包含了两个引申的结果：第一，只要我们能够计算 α，就能计算（至少在原理上）所有电介质材料的介电常数（关于如何计算 α，可参见任何一本电介质物理学的书籍）[1~5]；第二，我们有了一种通过测量如介电常数等物质的宏观性质来估算如分子极化率等微观性质的方法。以上表明，物质的介电性质本质上都归结于一些已知的电性质，故介电常数并不神秘。

由于在推导克劳修斯-莫索蒂方程时，曾假设空腔表面电荷产生的电场为零，所以该方程仅适用于分子间作用很弱的气体、非极性液体、非极性固体和具有适当对称性的固体[6,7]。此外，从克劳修斯-莫索蒂方程知，为了获得高介电常数的介质，需要选择 α 大、单位体积的极化质点数 n 多的物质。

0.1.3 极化的微观机制

若要知道一个材料的介电常数 ε 或者宏观极化率 χ，一般是将这些量作为各种变量（常用的变量是角频率和温度）的函数：

$$\varepsilon = \varepsilon(\omega) \quad \text{或} \quad \chi = \chi(\omega) \tag{0-17}$$

和

$$\varepsilon = \varepsilon(T) \quad \text{或} \quad \chi = \chi(T) \tag{0-18}$$

看介电常数或极化率是如何随测量频率或材料温度的变化而变化的。为什么在不同的频率段或在相同的频率段不同的温度下,同样的材料其介电常数是不同的。此外,ε 和 χ 也是结构的函数,即对于同一材料但不同结构(例如无定形的和结晶的石英)其介电常数或介电极化率也是不同的。

回答这些问题必须涉及到介电体中的原子和分子对电场的响应机制(即极化机制)问题,这个机制称为极化机制。本节,我们从基本原理上描述介电极化。从本质上讲,介电体的极化有电子极化、离子极化、取向极化和界面极化四种机制[1,4,5],图 0.2 给出的是四种极化机制的概念图。

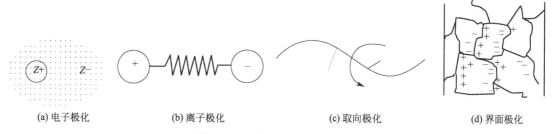

| (a)电子极化 | (b)离子极化 | (c)取向极化 | (d)界面极化 |

图 0.2　四种极化概念的示意图

0.1.3.1　电子极化

电子极化指的是在外电场作用下,电子云相对于原子核逆电场方向移动,即因电子云中心相对于原子核中心产生偏离会产生一个诱导的偶极矩。由于电子极化产生于正负电荷中心的相对位移,所以电子极化也称为电子位移极化。对于具有半径 R 的球形对称的理想化原子,诱导偶极矩表示如下:

$$\boldsymbol{\mu}_e = 4\pi\varepsilon_0 \cdot R^3 \cdot \boldsymbol{E}_{\text{eff}} \tag{0-19}$$

极化强度为该偶极矩和偶极子密度 N 的乘积:

$$\boldsymbol{P}_e = N \cdot \boldsymbol{\mu}_e = 4\pi\varepsilon_0 \cdot N \cdot R^3 \cdot \boldsymbol{E}_{\text{eff}} = N \cdot \alpha_e \cdot \boldsymbol{E}_{\text{eff}} \tag{0-20}$$

其中

$$\alpha_e = 4\pi\varepsilon_0 \cdot R^3 \tag{0-21}$$

称为电子极化的微观极化率,因为原子中的电子结构与温度无关,因此 α_e 也与温度无关。这种极化形式存在于所有的物质中,当撤消电场时极化消失。因此,在材料研究中电子极化并不重要。电子极化对电场的响应速度非常之快,因此一般大约出现在 $10^{14} \sim 10^{16}$ Hz 的可见到紫外频率范围(这里的电子极化指的是外层的价电子极化,而内层电子的极化将出现在 X 射线范围)。

0.1.3.2　离子极化

在离子晶体(如 NaCl 晶体)中,可以将晶格看成是由很多 Na^+-Cl^- 偶极子构成的,在外电场作用下,尽管这样的 Na^+-Cl^- 离子对并不转动,但每个离子都会偏离它们的平衡发生位移,但因 Na^+ 顺着电场方向、而 Cl^- 则逆着电场方向移动,所以作为整体的结果显现出一个表观的诱导偶极矩,因此离子极化也称为离子位移极化,其极化强度和微观极化率分别为:

$$\boldsymbol{P}_i = \frac{N \cdot q^2 \cdot \boldsymbol{E}_{\text{eff}}}{Y \cdot d_0} \tag{0-22}$$

$$\alpha_i = \frac{q^2}{Y \cdot d_0} \tag{0-23}$$

式中,N 是单位体积内离子对的数目;q 是离子的净电荷;d_0 是原子间的平均距离;

Y 是与正、负离子间弹性相关的杨氏模数[2,6]。与电子极化相比，离子极化可以导致较大的介电常数或极化率。同时，与电子极化一样，离子极化的微观极化率也与温度无关，其响应在大约 $10^{11} \sim 10^{13}$ Hz 频率段的红外和微波的高频部分。

0.1.3.3 取向极化

这里，通常是指气体或液体（如极性气体 HCl 气体、水蒸气和醇、丙酮等极性液体，典型的是液体水）或硅酸盐、极性聚合物中具有能够自由转动的固有偶极子的极化，故也称为偶极子极化或偶极子取向极化。取向极化中固有偶极子是互相不依赖的而且能够自由旋转，这与离子极化机制形成鲜明对比。如图 0.3 所示，在热平衡下，极性分子的固有偶极矩 μ_0 的取向是任意的，即各方向取向的概率相等，因此总的宏观偶极矩之和为零，不产生净的极化 P_0 [图 0.3(b)]。但是，如果在外加电场下，每个偶极子都将受到电场力矩 L 的作用，使得它们转向电场方向，在某种程度上排列起来，因为只有这样才能够降低它们的能量 [图 0.3(c)]。因此，就整体而言，产生与外电场同方向的宏观偶极矩，即净的极化不再为零 [图 0.3(d)]，这种极化称为偶极子的取向极化。

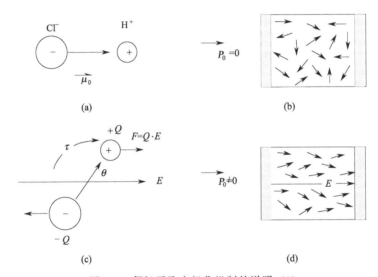

图 0.3 偶极子取向极化机制的说明（1）

若偶极子固有偶极矩与电场方向的夹角为 θ，则偶极子在电场中的势能 U 为：

$$U = -\mu_0 E_{\text{eff}} \cos\theta \tag{0-24}$$

θ 为偶极子固有偶极矩与电场方向的夹角。在热平衡下，分子能量分布遵从玻尔兹曼（Boltzmann）分布，统计物理给出在立体角 $d\Omega = 2\pi\sin\theta d\theta$（参见图 0.4，偶极子方向定位在与电场方向成 $\theta - \theta + d\theta$ 之间）内的偶极子数为：

$$dN = A e^{-\frac{U}{kT}} d\Omega = e^{\frac{\mu_0 E_{\text{eff}} \cos\theta}{kT}} d\Omega \tag{0-25}$$

式中，A 为比例常数；k 为玻尔兹曼常数；T 为热力学温度。那么，若某一偶极子的偶极矩在电场方向的分量为 $\mu_0\cos\theta$，在立体角 $d\Omega$ 内偶极子的偶极矩沿电场方向的分量为 $\mu_0\cos\theta dN$，则偶极子沿电场方向的平均偶极矩应为：

$$\langle\mu\rangle = \frac{\int_0^\pi \mu_0 \cdot \cos\theta \cdot dN}{N} = \frac{\int_0^\pi \mu_0 \cdot \cos\theta \cdot dN}{\int_0^\pi dN} = \frac{\mu_0 \int_0^\pi \cos\theta e^{\mu_0 E_{\text{eff}} \cos\theta / kT} d\Omega}{\int_0^\pi e^{\mu_0 E_{\text{eff}} \cos\theta / kT} d\Omega} \tag{0-26}$$

令 $a = \dfrac{\mu_0 \cdot E_{eff}}{kT}$，则 $\qquad \langle \mu \rangle = \mu_0 \left(\dfrac{e^a + e^{-a}}{e^a - e^{-a}} - \dfrac{1}{a} \right) = \mu_0 L(a) \qquad$ (0-27)

式中定义的 $L(a)$ 为 Langevin（郎日凡）函数。当 $a = \dfrac{\mu_0 \cdot E_{eff}}{kT} \ll 1$ 时（通常的实验条件为：估算电荷 $\pm e$ 分离 0.1 nm 距离时的偶极矩 $\mu_0 = 1.6 \times 10^{29}$ C·m、$E_{eff} = 10^5$ V/m、$T = 300$ K 和 $k = 1.38 \times 10^{-23}$ J/K）[7]

$$\langle \mu \rangle = \dfrac{\mu_0 E_{eff}}{3kT} \qquad (0\text{-}28)$$

即，偶极极化的微观极化率为

$$\alpha_0 = \dfrac{\mu_0^2}{3kT} \qquad (0\text{-}29)$$

即，偶极极化的微观极化率和偶极子取向极化的极化强度矢量分别为：

$$\alpha_0 = \dfrac{\mu_0^2}{3kT} \qquad (0\text{-}30)$$

$$\boldsymbol{P}_0 = N \cdot \alpha_0 \cdot \boldsymbol{E}_{eff} \qquad (0\text{-}31)$$

与电子极化和离子极化明显不同的是，取向极化的偶极矩与温度有关（与热力学温度成反比）。取向极化因受到电场转矩的作用、分子热运动的阻碍以及分子之间的相互作用，故这种极化需要较长的时间，根据物质的状态不同偶极极化发生的频率范围有所不同，一般的，固体中的偶极子极化发生在射频和音频区域，而液体和气体中的偶极子极化则多发生在微波和较高的射频段。

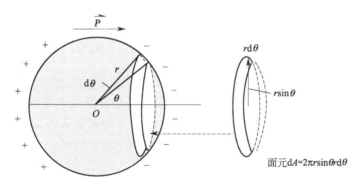

图 0.4　偶极子取向极化机制的说明（2）

以上是在分子极化的框架下的三种极化机制，因为它们可以从分子水平予以解释。电子极化和离子极化都属于位移极化，正、负电荷构成伴随衰减的弹性谐振子，而取向极化则是永久偶极子的取向极化（注：还有一种常在含有杂质或存在缺陷的晶体中出现的极化形式，称为热离子极化，它属于非弹性的，完成极化需要的时间较长，因此出现在更低的频率段）。但是，下面介绍的界面极化机制，需要一个计算界面电荷以及材料对极化贡献的特殊计算方法[7]。

0.1.3.4　界面极化

当材料中的自由电荷（正、负离子或电子）在①两种材料的相界面上或②在一种材料内部的两个不同区域间积聚时，将形成材料中空间电荷分布的不均匀，从而产生宏观偶极矩，这种极化称为界面极化或空间电荷极化。这种极化机制一定程度上可以等效地看成偶极取向型极化，界面极化主要存在于具有相界面的不均匀材料以及具有缺陷、颗粒和杂质的材料中。

图 0.5 示意的是由不同电性质的两种电介质（介电常数和电导率分别为 ε_1、κ_1 和 ε_2、κ_2，厚度分别为 d_1、d_2）串联组成的双层电介质电容器，可以说明界面极化的起因：当电压 V 加到电容器的瞬间，电源对电容器充电，两层的界面上电位移一定是连续的，即 $D_1 = D_2$，因此该双层电介质中电场强度是按介电常数分配的，根据式(0-6)，有：

$$D_1 = \varepsilon_1 E_1 = \varepsilon_2 E_2 = D_2 \tag{0-32}$$

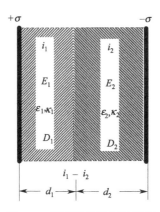

图 0.5 界面极化机制示意图
以及电场和电参数的分布

而加到整个电介质上的电压等于加到两个介质层电压之和，即

$$V = V_1 + V_2 = E_1 d_1 + E_2 d_2 \tag{0-33}$$

由上面两式，得到：

$$E_1 = \frac{\varepsilon_2 V}{\varepsilon_1 d_2 + \varepsilon_2 d_1}, \quad E_2 = \frac{\varepsilon_1 V}{\varepsilon_1 d_2 + \varepsilon_2 d_1} \tag{0-34}$$

另一方面，在 t 时刻流过两层的电流密度分别为：

$$i_1 = \kappa_1 E_1, \quad i_2 = \kappa_2 E_2 \tag{0-35}$$

如果 i_1、i_2 两者不等（一般来讲，流过不同电性质的两种介质的电流密度是不等的），将有电荷在界面上积聚，从而又将改变介质内的电场，进一步引起电流的变化，这种交替变化直至传导电流相等时，界面上电荷的积聚才停止达到稳定状态。这时，双层介质中的电场强度按电导率分配，表示为

$$\kappa_1 E_1 = \kappa_2 E_2 \tag{0-36}$$

这时，两层的电场强度表示为：

$$E_1 = \frac{\kappa_2 V}{\kappa_1 d_2 + \kappa_2 d_1}, \qquad E_2 = \frac{\kappa_1 V}{\kappa_1 d_2 + \kappa_2 d_1} \tag{0-37}$$

由前面 0.1.1.1 节知，电位移（电束密度）对时间的导数 $dD/dt = d(Q/S)/dt$ 等于电流密度，因此流过两层的电位移极化电流密度分别为 $\varepsilon_1 \varepsilon_0 dE_1/dt = i_1$ 和 $\varepsilon_2 \varepsilon_0 dE_2/dt = i_2$，而通过界面上的全电流密度 i 应该是连续的，所以：

$$i = \kappa_1 E_1 + \varepsilon_0 \varepsilon_1 \frac{dE_1}{dt} = \kappa_2 E_2 + \varepsilon_0 \varepsilon_2 \frac{dE_2}{dt} \tag{0-38}$$

利用式(0-33)和式(0-37)整理上式并积分，便得到各层电场强度随时间变化的表达式，再利用式(0-35)的关系，最终可得到时刻 t 流经双层电介质界面的净电流密度为：

$$i_1 - i_2 = \frac{\varepsilon_2 \kappa_1 - \varepsilon_1 \kappa_2}{\varepsilon_1 d_2 + \varepsilon_2 d_1} V e^{-t/\tau} \tag{0-39}$$

这里,

$$\tau = \varepsilon_0 \frac{\varepsilon_1 d_2 + \varepsilon_2 d_1}{\kappa_1 d_2 + \kappa_2 d_1} \tag{0-40}$$

为时间常数,相当于后面将涉及的弛豫时间。因此,经过充分时间(完成各层的电场重新分配达到稳态的过程)在双层界面上积聚的电荷密度为:

$$\int_0^\infty (i_1 - i_2)\mathrm{d}t = \frac{\varepsilon_0(\varepsilon_2\kappa_1 - \varepsilon_1\kappa_2)}{\kappa_1 d_2 + \kappa_2 d_1}V \tag{0-41}$$

从此式可以得出结论:只要 $\varepsilon_2\kappa_1 - \varepsilon_1\kappa_2 \neq 0$,亦即只要不等式

$$\frac{\kappa_1}{\varepsilon_1} \neq \frac{\kappa_2}{\varepsilon_2} \tag{0-42}$$

成立,则在相界面上就一定有电荷的积聚,从而引起宏观的极化。这种界面极化机制引起的物质介电常数或介电损失对电场的响应出现在射频和音频范围。

作为总结,一个材料的极化是来自于所有极化机制贡献的总和,但因为界面极化发生在界面而不能被直接地考虑到在介质本体中每个分子的平均极化 $P_{av} = (\alpha_e + \alpha_i + \alpha_0)E_{eff}$ 中。在电子、离子和取向极化机制下的介电常数可由克劳修斯-莫索蒂方程给出:

$$\frac{\varepsilon - 1}{\varepsilon + 2} = \frac{1}{3\varepsilon_0}[N_e\alpha_e + N_i\alpha_i + N_0\alpha_0] \tag{0-43a}$$

即一个分子对微观极化率的贡献可以来自不同的原因,电子云畸变引起负电荷中心位移的贡献部分为 α_e;晶格中正、负离子偏离它们的平衡位置引起的离子位移的贡献部分为 α_i;固有偶极矩因取向的贡献为 α_0。式(0-43a)表明,如果实验上能够测得宏观极化率随温度的变化,则可以计算出分子的固有偶极矩 μ_0。一般的,在讨论液体介电性质时,常常将与温度无关的电子极化率和离子极化率合并为 $\alpha = \alpha_e + \alpha_i$,并将上面方程[或式(0-16)]表示成摩尔极化 $\widetilde{P}$ 的形式:

$$\widetilde{P} = \frac{\varepsilon - 1}{\varepsilon + 2}\frac{M}{\rho} = \frac{N_A}{3\varepsilon_0}\left(\alpha + \frac{\mu_0^2}{3kT}\right) \tag{0-43b}$$

其中的 M 和 ρ 分别为分子量和密度。

最后值得指出的是,因为界面极化缺少能从分子水平上进行解释的一般根据,因此它常常从关于介电性质的讨论或介绍中被省略掉了。但是,因为本书专注于非均匀材料,即着眼于介电谱方法能够获得非均匀的化学和生物体系中的哪些信息,所以,我们将更多地追踪界面极化这个问题。

0.1.4 动态介电常数(复介电常数)

前面几节介绍的是不随时间变化的电场(静电场)的介电常数,即静态介电常数,而在实验上考察物质的介电性质往往是测量物质对电场刺激的响应,这种刺激就是随时间变化的电场(交变电场)的频率,响应即极化或介电常数,因此,在交变电场下测定的介电常数称为"动态(dynamical)介电常数"。两者是不同的,动态介电常数的大小与测量频率有关。因为介电谱就是介电常数作为频率的函数的响应谱,因此,动态介电常数的讨论十分重要。

0.1.4.1 动态介电常数和介电损失

测量当物质被施加电场 E 以后其极化强度 P 随时间的变化,可以获得承载电荷的原子、分子运动的,以及与它们之间结合状态相关的动态信息,在交流电场下介电常数是作为复介电常数来处理。首先,考虑在交变电场[式中的 $E(\omega)$ 是频率为 $f = \omega/2\pi$ 的电场的振幅]

$$E(t) = E(\omega)\cos\omega t \tag{0-44}$$

下的极化:在真空中,极化强度 $P = 0$,电束密度 $D(t) = \varepsilon_0 E(\omega)\cos\omega t$ 和电场同相位;当存

在物质时，因为极化的变化跟不上电场的变化而产生相位差 ϕ，而电束密度 $D(t) = P(t) + \varepsilon_0 E(t)$，所以 $D(t)$ 也产生 ϕ 的相位差。

实际上，当物质被施加了周期性电场 $E(t)$ 之后的瞬间，P 不可能立刻达到 $\chi \varepsilon_0 E_0$ 的饱和值，而总是伴随着一些滞后，在宏观电磁学中，将这种滞后作为对周期性电场的响应 $D(t)$ 的相位差 ϕ 来表示：

$$D(t) = D_0 \cos(\omega t - \phi) = D_0 \cos\omega t \cos\phi + D_0 \sin\omega t \sin\phi \qquad (0\text{-}45)$$

式中的第一项是在时间上可以跟得上 $E(t)$ 的项，第二项表示落后了 $1/4$ 周期（$\phi = \pi/2$）的成分。这种情况，根据式(0-6) 介电常数为

$$\varepsilon(\omega) \equiv \frac{D(t)}{\varepsilon_0 E(t)} = \frac{D_0 \cos\phi}{\varepsilon_0 E(\omega)} + \frac{D_0 \sin\phi}{\varepsilon_0 E(\omega)} \qquad (0\text{-}46)$$

即与电场同相位和滞后电场 $90°$ 的成分分别是复介电常数 $\varepsilon^*(\omega) = \varepsilon'(\omega) - j\varepsilon''(\omega)$ 的实部和虚部：

$$\varepsilon'(\omega) = \frac{D_0 \cos\phi}{\varepsilon_0 E(\omega)} \qquad (0\text{-}47a)$$

$$\varepsilon''(\omega) = \frac{D_0 \sin\phi}{\varepsilon_0 E(\omega)} \qquad (0\text{-}47b)$$

为了方便，交流电场用复数表示

$$E^*(t) = E(\omega)e^{j\omega t} = E(\omega)(\cos\omega t + j\sin\omega t) \qquad (0\text{-}48)$$

这时的电束密度为

$$\begin{aligned} D^*(t) &= D_0 e^{j(\omega t - \phi)} = D_0 e^{-j\phi} \cdot e^{j\omega t} \\ &= D_0(\cos\phi - j\sin\phi)(\cos\omega t + j\sin\omega t) \\ &= [\varepsilon'(\omega) - j\varepsilon''(\omega)]\varepsilon_0 E(\omega)(\cos\omega t + j\sin\omega t) \\ &= \varepsilon^*(\omega)\varepsilon_0 E^*(t) \end{aligned} \qquad (0\text{-}49)$$

与式(0-6) 具有同样的形式。这说明在周期振动电场下的处理只要对在静电场下获得的公式用复数量置换即可，测量可取其实部。式中的 $\varepsilon^*(\omega)$ 称为动态介电常数或复介电常数，其实部 $\varepsilon'(\omega)$ 在频率接近于零 $\omega \to 0$ 时等于静态介电常数 ε_s［一般的，若不特别指出，$\varepsilon'(\omega)$、ε' 甚至 ε 都不加以区分，而静态介电常数多用 ε_s 或 ε_1（下标"1"表示低频）表示；复介电常数的虚部 $\varepsilon''(\omega)$ 表示电束密度或极化强度对电场响应的滞后部分，它给出了电场能量变为焦耳热被物质吸收的介电损失的程度。因为电束密度对时间的导数等于电流密度，所以有：

$$i^* = \frac{\mathrm{d}D^*(\omega)}{\mathrm{d}t} = j\omega\varepsilon^*(\omega)\varepsilon_0 E^*(t) = \kappa^*(\omega)E^*(t) \qquad (0\text{-}50)$$

这与静电场下电流密度与电场强度之间的关系具有相同的形式。若定义复电导率：

$$\kappa^*(\omega) \equiv j\omega\varepsilon^*(\omega)\varepsilon_0 \qquad (0\text{-}51)$$

这样，复电导率和复介电常数之间的关系为

$$\kappa^*(\omega) = \kappa'(\omega) + j\kappa''(\omega) = \omega\varepsilon''(\omega)\varepsilon_0 + j\omega\varepsilon'(\omega)\varepsilon_0 \qquad (0\text{-}52)$$

因为电导率是能量损失，所以复介电常数的虚部表示为电场变化一个周期的能量损失，称为介电损失：

$$\varepsilon''(\omega) = \frac{\kappa'(\omega)}{\omega\varepsilon_0} \qquad (0\text{-}53)$$

当 $D(t)$ 和 $E(t)$ 存在线性关系时，$\varepsilon'(\omega)$ 和 $\varepsilon''(\omega)$ 并不是相互独立的，这将在后面的讨论中看到。

0.1.4.2 余效函数和 Kramers-Kronig 关系式

本小节考虑动态介电常数 $\varepsilon^*(\omega)$ 的频率 ω 依存性。基本出发点是，通过考察在对物质

12

施加电场使其极化后的一段时间，极化电荷密度（电位移）随时间的变化来导出介电常数的频率依存性，即所谓介电弛豫。

首先，我们考虑在时刻 s 给物质施加振幅为 E_0 的矩形脉冲电场 $E(s)\mathrm{d}s$ 的情况，导入一个响应函数 $\Phi(t-s)$，这时，表示物质在 $t>s$ 的一段时间对电场响应的电位移定义为：

$$D(t)=\Phi(t-s)\varepsilon_0 E(s)\mathrm{d}s \tag{0-54}$$

根据叠加原理，当连续施加电压时的电位移 $D(t)$ 可以表示为：

$$D(t)=\varepsilon_\infty\varepsilon_0 E(t)+\int_{-\infty}^{t}\Phi(t-s)\varepsilon_0 E(s)\mathrm{d}s \tag{0-55}$$

第一项是电场施加瞬间就表现出来的，源于电子的瞬间极化，是可以跟得上电场响应的部分，ε_∞ 是极高频率的介电常数。第二项是因物质内部各种极化过程而产生的滞后响应的部分，$\Phi(t-s)$ 表示滞后的程度。其物理意义解释如下。在式（0-54）中引入一个新变量 $u=t-s$，这时的式（0-55）变为：

$$D(t)=\varepsilon_\infty\varepsilon_0 E(t)+\int_0^{\infty}\Phi(u)\varepsilon_0 E(t-u)\mathrm{d}u \tag{0-56}$$

将施加的矩形电场［图 0.6(a)］

$$E(t)=\begin{cases}0 & t<t_1,t>t_2\\ E_0 & t_1\leqslant t\leqslant t_2\end{cases} \tag{0-57}$$

代入上式，则 $D(t)$ 表现为

$$\begin{aligned}D(t)&=0 & t<t_1\\ &=\varepsilon_\infty\varepsilon_0 E_0+\left\{\int_0^{t-t_1}\Phi(u)\mathrm{d}u\right\}\varepsilon_0 E_0 & t_1\leqslant t\leqslant t_2\\ &=\Psi(t)\varepsilon_0 E_0 & t>t_2\end{aligned} \tag{0-58}$$

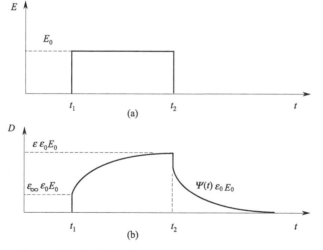

图 0.6　相对于施加电场（a）的电位移的时间变化（b）

图 0.6(b) 表示物质在电场印加期间和切断电场之后的电位移（电荷密度）随时间的变化情况。很明显可以分为三个阶段：①没有施加电场时极化为零；②在施加和切断电场的 $t_1\leqslant t\leqslant t_2$ 期间极化电荷逐渐达到一个饱和值；③去掉电场 $t>t_2$ 之后，$D(t)$ 呈现衰减，这里定义一个新的函数[1]

$$\Psi(t)\equiv\int_0^{\infty}\Phi(u)\mathrm{d}u \tag{0-59}$$

该函数在 $t=t_1$ 开始减小直到 $t \to \infty$ 时的零，因为它记述了在施加电场后的某一时刻 t 时物质的极化电荷密度 $D(t)$ 减少了多少，即记录了极化电荷的衰减过程，所以称为衰减函数、记忆函数、余效函数和弛豫函数。

然后，考虑施加由式(0-48)表示的周期电场的情况，这时的式(0-55)可以写成

$$D(t) - \varepsilon_\infty \varepsilon_0 E(t) = \left\{ \int_{-\infty}^{t} \Phi(t-s) \mathrm{e}^{-j\omega s} \mathrm{d}s \right\} \varepsilon_0 E(\omega) \tag{0-60}$$

将此式和式(0-49)相比较并进行整理，可以得到[1,8]：

$$\varepsilon'(\omega) - \varepsilon_\infty = \int_0^\infty \Phi(u) \cos(\omega u) \mathrm{d}u \tag{0-61a}$$

$$\varepsilon''(\omega) = \int_0^\infty \Phi(u) \sin(\omega u) \mathrm{d}u \tag{0-61b}$$

即复介电常数的实部和虚部可以用一个响应函数表示：

$$\varepsilon^*(\omega) = \varepsilon_\infty + \int_0^\infty \Phi(u) \mathrm{e}^{-j(\omega u)} \mathrm{d}u \tag{0-62}$$

上面的几个表达式也可以写成含有归一化因子 $(\varepsilon_s - \varepsilon_\infty)$ 的表达形式：

$$\varepsilon'(\omega) - \varepsilon_\infty = (\varepsilon_s - \varepsilon_\infty) \int_0^\infty \Phi(u) \cos(\omega u) \mathrm{d}u \tag{0-63a}$$

$$\varepsilon''(\omega) = (\omega_s - \varepsilon_\infty) \int_0^\infty \Phi(u) \sin(\omega u) \mathrm{d}u \tag{0-63b}$$

$$\varepsilon^*(\omega) = \varepsilon_\infty + (\varepsilon_s - \varepsilon_\infty) \int_0^\infty \Phi(u) \mathrm{e}^{-j(\omega u)} \mathrm{d}u \tag{0-64}$$

这里也证实了上节提到的复介电常数 $\varepsilon^*(\omega)$ 的实部 $\varepsilon'(\omega)$ 和虚部 $\varepsilon''(\omega)$ 并不是独立的事实，它们同时依赖于同一函数 $\Phi(u)$，利用傅里叶变换 $\Phi(u)$ 可以写成：

$$\Phi(u) = \frac{2}{\pi} \int_0^\infty \frac{\varepsilon'(x) - \varepsilon_\infty}{\varepsilon_s - \varepsilon_\infty} \cos(ux) \mathrm{d}x \tag{0-65a}$$

和

$$\Phi(u) = \frac{2}{\pi} \int_0^\infty \frac{\varepsilon''(x)}{\varepsilon_s - \varepsilon_\infty} \cos(ux) \mathrm{d}x \tag{0-65b}$$

将式(0-65b)代入式(0-63a)中，得到

$$\varepsilon'(\omega) - \varepsilon_\infty = \frac{2}{\pi} \int_0^\infty \left[\int_0^\infty \varepsilon''(x) \cos(ux) \mathrm{d}x \right] \cos(\omega u) \mathrm{d}u \tag{0-66}$$

改变此二重积分的顺序，有

$$\varepsilon'(\omega) - \varepsilon_\infty = \frac{2}{\pi} \int_0^\infty \left[\int_0^\infty \cos(ux) \cos(\omega u) \mathrm{d}u \right] \varepsilon''(x) \mathrm{d}x \tag{0-67}$$

完成积分并整理，得：

$$\varepsilon'(\omega) - \varepsilon_\infty = \frac{2}{\pi} \int_0^\infty \frac{x \varepsilon''(x)}{x^2 - \omega^2} \mathrm{d}x \tag{0-68}$$

类似的，将式(0-65a)代入式(0-63b)中，得到

$$\varepsilon''(\omega) = \frac{2\omega}{\pi} \int_0^\infty \frac{\varepsilon'(x) - \varepsilon_\infty}{x^2 - \omega^2} \mathrm{d}x \tag{0-69}$$

式(0-68)和式(0-69)称为 Kramers-Kronig（K-K）关系式，因在推导时对弛豫函数没有任何限制，故对任何类型的弛豫函数 K-K 式都成立。但 K-K 关系成立必须满足两个条件：一个是因果性关系，即只对电场的刺激产生极化响应；另一个是线性关系，电场和极化响应是线性的，这在前面的推导中已经提到了。

0.1.4.3 复电导和复电容

参考示意图 0.7，考虑一个充填电介质的，极板面积为 S、极板间距离为 d 的平板电容器的等价回路 [图 0.7(a)]，根据前面的式(0-50)，流过该电介质的全电流为：

$$I^* = Si^* = S\kappa^* E^*(t) = \kappa^*(\omega)\frac{S}{d}V^*(t) = G^*(\omega)V^*(t) \tag{0-70}$$

这里的 $V^*(t) = V_0 e^{j\omega t}$，复电导 $G^*(\omega)$ 定义为：

$$G^*(\omega) = \frac{S}{d}\left[\kappa'(\omega) + j\kappa''(\omega)\right] = \frac{S}{d}\left[\kappa'(\omega) + j\omega\varepsilon'(\omega)\varepsilon_0\right]$$
$$= G'(\omega) + j\omega C'(\omega) \tag{0-71}$$

即全电流 $I^*(\omega)$ 包括流过回路中电容和电阻的两部分：反映充电电荷随时间变化的、相位超前于电压 90° 的充电电流 $I_C^*(\omega)$

$$I_C^*(\omega) = j\omega C'(\omega)V^*(t) \tag{0-72}$$

和由于电介质中存在电导的性质而产生的与电压同相位的损失电流 $I_G^*(\omega)$

$$I_G^*(\omega) = G'(\omega)V^*(t) \tag{0-73}$$

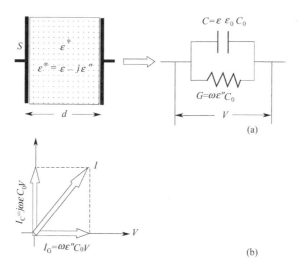

图 0.7 填充电介质的平板电容器和等价回路示意图
(a) 以及电流和电压的关系 (b)

另外，根据式(0-6)，并注意到 $Q^* = jωI^*(\omega)$（因为 $d/dt \equiv j\omega$），以及式(0-70)，极化电荷和电压之间的关系可写为：

$$Q^* = SD^*(t) = \frac{\varepsilon^*(\omega)\varepsilon_0 S}{d}V^*(t) = C^*(\omega)V^*(t) = \frac{G^*(\omega)}{j\omega}V^*(t) \tag{0-74}$$

这里的复电容 $C^*(\omega)$ 定义为

$$C^*(\omega) \equiv \frac{\varepsilon^*(\omega)\varepsilon_0 S}{d} = \frac{G^*(\omega)}{j\omega} = C'(\omega) - jC''(\omega) \tag{0-75}$$

由式(0-71) 和式(0-75) 可知：

$$G'(\omega) = \frac{C''(\omega)}{\omega} \tag{0-76}$$

考虑到式(0-51)、式(0-52) 和式(0-53)，复电容 $C^*(\omega)$、复电导 $G^*(\omega)$ 的表达式以及它们与复介电常数 $\varepsilon^*(\omega)$ 和复电导率 $\kappa^*(\omega)$ 的关系可以整理为：

15

$$C^*(\omega) = C'(\omega) + \frac{G'(\omega)}{j\omega} = \varepsilon_0\left[\varepsilon'(\omega) + \frac{\kappa'(\omega)}{j\omega\varepsilon_0}\right]\frac{S}{d} \equiv \varepsilon_0\varepsilon^*(\omega)\frac{S}{d} \qquad (0\text{-}77a)$$

$$G^*(\omega) = j\omega C^*(\omega) = G'(\omega) + j\omega C'(\omega) = \left[\kappa'(\omega) + j\omega\varepsilon_0\varepsilon'(\omega)\right]\frac{S}{d} \equiv \kappa^*(\omega)\frac{S}{d} \quad (0\text{-}77b)$$

其中

$$\varepsilon^* = \varepsilon - j\frac{\kappa}{\omega\varepsilon_0} \equiv \varepsilon - j\varepsilon'' = \frac{\kappa^*}{j\omega\varepsilon_0} \qquad (0\text{-}78a)$$

$$\kappa^* = \kappa + j\kappa'' \equiv j\omega\varepsilon_0\varepsilon^* \qquad (0\text{-}78b)$$

这里省去了表示实部的上标"'"，以后如果没有特殊的说明，均按此处理。

0.1.5 介电弛豫

0.1.5.1 介电响应的本质和类型

一般的，介电常数随电场的电磁波频率的变化而变化，在电介质物理学领域这种现象通称为介电色散或介电分散。即电磁场与物质内部的电荷相互作用而产生的介电极化响应。该响应会因极化机制起源于电子位移或离子位移，以及永久偶极子的取向或空间电荷在相界面的积聚而出现在不同的频率范围，并因此可以分为共振型响应和弛豫型响应两种。如前节所述，对电子极化和离子极化，电场试图改变原子或晶体中电荷之间的距离，而对电场的响应则是存在一个正比于两个分离电荷之间距离的恢复力，该恢复力将试图缩小因电场作用而产生的位移（电子云中心相对于原子核的位移，以及晶体中正、负离子相对于各自平衡位置的位移），用机械模拟的上面两种情况可以近似看成一种存在线性弹性力的谐振子体系。

电磁场频率与原子的内层电子共振频率作用的结果将会在大约 $10^{-14} \sim 10^{-16}\,\mathrm{Hz}$ 的紫外可见范围产生极化响应；而当电磁场频率低于上面的频率范围时，电磁场与晶体内电荷作用结果将在原子振动约为 $10^{-11} \sim 10^{-13}\,\mathrm{Hz}$ 的频率范围产生极化响应，因此两者都属于共振型极化。而在取向极化中，不存在"拉"偶极子回到原任意取向位置的直接的机械力，即不存在弹性的恢复力，而是存在一种黏滞性的摩擦阻力。这种情况是以统计平均结果对电场作用的响应为考虑出发点的。换句话说，如果电场力存在，就存在一个具有平均净偶极矩的平衡状态，如果突然施加或切断电场力，偶极子整体将在某个特征时间（称为弛豫时间）内采取一个新的任意分布的平衡状态。这个过程没有共振现象，其特征是以新平衡态建立的时间代替了共振频率的弛豫时间。这种非共振型极化响应出现在微波和微波以下的射频和音频范围，非均匀介质中相界面的积聚电荷在交流电场作用下，电场强度重新分布的过程或视为宏观偶极子的重新取向过程也属于这种弛豫型极化响应。

0.1.5.2 共振型色散

由电磁场理论可知，色散现象伴随着能量的吸收，即极化率或介电常数随电磁场的频率的变化关系。严格确定这种关系需要量子力学方法，但对于量子数很大的电子和离子振动体系，用经典力学模型处理也可以得出满意的结果[1,2]。即库仑力作用下运动的电子和电磁波的相互作用与简谐振子相类似。对此，我们作出如下推导：每个约合质量为 M 的谐振子在有效电场 $E_{\mathrm{eff}} = E_0\exp(j\omega t)$ 方向的位移运动方程可以写为：

$$M\frac{\mathrm{d}^2 r}{\mathrm{d}t^2} + M\gamma\frac{\mathrm{d}r}{\mathrm{d}t} + M\omega_0^2 r = eE_{\mathrm{eff}} \qquad (0\text{-}79)$$

式中，$\omega_0 = \dfrac{\beta}{M}$ 为谐振子固有频率（β 为弹性系数）；$\gamma = \dfrac{f}{2M}$ 为阻尼系数（f 为摩擦系数）。令位移具有

$$r = r_0\exp(j\omega t) \qquad (0\text{-}80)$$

形式的解，代入微分方程式(0-79) 中，得到的解为

$$r = \frac{e/M}{\omega_0^2 - \omega^2 + j\gamma\omega} E_{\text{eff}} \qquad (0\text{-}81)$$

对于谐振子密度为 N 的体系，根据式(0-1) 和式(0-31)，得到

$$\alpha = \frac{e^2/M}{\omega_0^2 - \omega^2 + j\gamma\omega} \qquad (0\text{-}82)$$

将其代入复介电常数表示的克劳修斯-莫索蒂式(0-16) 中，有

$$\frac{(\varepsilon - j\varepsilon'') - 1}{(\varepsilon - j\varepsilon'') + 2} = N\alpha \, \frac{1}{3\varepsilon_0} \qquad (0\text{-}83)$$

$$\varepsilon^* = 1 + \frac{Ne^2}{\varepsilon_0 M} \frac{1}{\omega_0'^2 - \omega^2 + j\gamma\omega} \quad \left(\omega_0'^2 = \omega_0^2 - \frac{Ne^2}{3M\varepsilon_0}\right) \qquad (0\text{-}84)$$

$$\varepsilon = 1 + \frac{Ne^2}{\varepsilon_0 M} \frac{\omega_0'^2 - \omega^2}{(\omega_0'^2 - \omega^2)^2 + (\gamma\omega)^2}$$

$$\varepsilon'' = \frac{Ne^2}{\varepsilon_0 M} \frac{\gamma\omega}{(\omega_0'^2 - \omega^2)^2 + (\gamma\omega)^2} \qquad (0\text{-}85)$$

ε 和 ε'' 作为频率的函数给出如图 0.8 所描绘的共振型介电分散和吸收曲线。

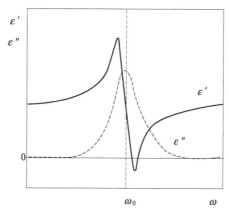

图 0.8 共振型分散和吸收曲线

0.1.5.3 弛豫型分散

微观上，偶极子取向运动需要越过一定的能垒 ΔU，如果偶极子从环境吸收的热量大于 ΔU，则偶极子有可能在能垒的顶部，之后或者转到相反的平衡位置（相当于调换正、负方向）或者返回原来的平衡位置（正、负方向调换的两种排布的平衡位置相当于两个势阱），在外电场为零时，这种随机过程的概率是 1/2。该双势阱模型和以 NO_2 偶极子两种可能位置的概率为例的示意可参见图 0.9，外电场 $E = 0$ 时，偶极子取向并不偏向"＋"或"－"的任何一方，能量也不变，因此在 z 轴的平均偶极矩 $\langle \mu_0 \rangle$ 为零；当 $E \neq 0$ 时，偶极矩与电场的作用能分别为 $\mu_+ E$ 和 $\mu_- E$。将此定量化描述，偶极子能量超过 ΔU 的概率（$1/\tau_0$）（τ_0 为单位时间转向次数）与 Boltzmann 因子 $\exp\left(-\dfrac{\Delta U}{k_B T}\right)$ 成正比，则单位时间越过能垒向反方向转动的概率为[1]

$$\frac{1}{2\tau_0} = A \exp\left(-\frac{\Delta U}{k_B T}\right) \qquad (0\text{-}86)$$

根据该双势阱模型，可以获得当施加电场时，从"＋"→"－"旋转或从"－"→"＋"旋

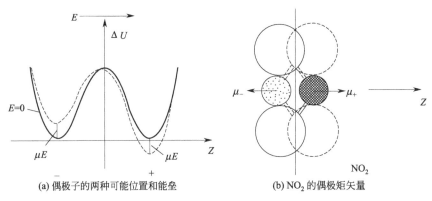

(a) 偶极子的两种可能位置和能垒　　　　　(b) NO$_2$ 的偶极矩矢量

图 0.9　双势阱模型示意

转的概率为：

$$w_{+-}=\frac{1}{2\tau_0}\exp\left(-\frac{\mu_0 E}{k_B T}\right) \qquad w_{-+}=\frac{1}{2\tau_0}\exp\left(\frac{\mu_0 E}{k_B T}\right) \tag{0-87}$$

取向 "+" 的偶极子 N_+ 和取向 "-" 的偶极子 N_- 的时间变化率（即单位时间不同取向的偶极子数）为

$$\frac{d}{dt}N_+=-w_{+-}N_++w_{-+}N_-$$

$$\frac{d}{dt}N_-=-w_{-+}N_-+w_{+-}N_+ \tag{0-88}$$

用电场方向的平均偶极矩 $\langle\mu_0\rangle=\mu_0(N_+-N_-)/N$ 代入上式，得到

$$\frac{d}{dt}\langle\mu_0\rangle(t)=-(w_{+-}+w_{-+})\mu_0-(w_{+-}-w_{-+})\mu_0 \tag{0-89}$$

当 $\dfrac{\mu_0 E}{k_B T}\ll 1$ 时，式(0-87) 中的 $\exp\left(\dfrac{\mu_0 E}{k_B T}\right)\approx 1+\dfrac{\mu_0 E}{k_B T}$，这时

$$\frac{d}{dt}\langle\mu_0\rangle(t)=-\frac{1}{\tau_0}\big[\langle\mu_0\rangle(t)-\alpha_0 E(t)\big] \tag{0-90}$$

电场为周期性交流电场 $E(t)=E(\omega)\exp(j\omega t)$ 的情况，该方程的解为

$$\langle\mu_0\rangle(t)=\langle\mu_0\rangle_0\exp\left(-\frac{t}{\tau_0}\right)+\alpha_0\frac{E(\omega)\exp(j\omega t)}{1+j\omega\tau_0}$$

$$=\langle\mu_0\rangle_0\exp\left(-\frac{t}{\tau_0}\right)+\alpha_0(\omega)E(\omega)\exp(j\omega t) \tag{0-91}$$

其中 $\langle\mu_0\rangle_0$ 为用初始条件可以确定的常数。第一项当 $t\to\infty$ 时等于零，第二项因包含一个永久偶极子的动态极化率 $\alpha_0(\omega)\equiv\alpha_0/(1+j\omega\tau_0)$ 项，所以反映的是取向极化的贡献。考虑 0.1.4.2 节中定义的电压作为方程式(0-90) 的初始条件进行求解，可得到：

$$\langle\mu_0\rangle(t)=\alpha_0 E_0\exp\left(-\frac{t}{\tau_0}\right) \tag{0-92}$$

τ_0 对应于一个永久偶极子从施加电场（或切断电场）后达到一个平衡状态的时间，以后我们称之为永久偶极子的弛豫时间（relaxation time）。这样便得到了 0.1.4.2 中定义的余效函数（弛豫函数）的指数函数形式：

$$\Psi(t)=\frac{N\alpha_0}{\varepsilon_0}\exp\left(-\frac{t}{\tau_0}\right) \tag{0-93}$$

以上，通过双势阱 Debye 模型描述了弛豫型极化，并获得了描述该弛豫型极化的弛豫函数的具体表达式。

0.1.5.4　Debye 方程和 Cole-Cole 图

　　如果在交流电场 $E(t)=E(\omega)\exp(j\omega t)$ 下，方程式(0-90) 的解的形式表示为 $\langle\mu_0\rangle(t)=\langle\mu_0\rangle(\omega)\exp(j\omega t)$，将两者代入方程式(0-90) 中，根据数学上卷积的拉普拉斯变换，可以得到频率依存的平均偶极矩为：

$$\langle\mu_0\rangle(\omega)=\alpha_0\,\frac{1}{1+j\omega\tau_0}E(\omega) \tag{0-94}$$

类似的，考虑 N 个独立永久偶极子的体系，将 $\alpha_0(\omega)$ 代入复介电常数表示的克劳修斯-莫索蒂式(0-16) 中，得到：

$$\frac{\varepsilon^*-1}{\varepsilon^*+2}=\frac{N}{3\varepsilon_0}\left(\alpha_e+\alpha_0\,\frac{1}{1+j\omega\tau_0}\right) \tag{0-95}$$

进而得到我们感兴趣的复介电常数的频率依存性：

$$\varepsilon^*(\omega)=\varepsilon_\infty+\frac{\varepsilon_s-\varepsilon_\infty}{1+j\omega\tau} \tag{0-96}$$

其中的 τ 为

$$\tau=\frac{\varepsilon_s+2}{\varepsilon_\infty+2}\tau_0 \tag{0-97}$$

而静态介电常数 ε_s 和光学介电常数 ε_∞ 与微观极化率的关系分别为：

$$\frac{\varepsilon_s-1}{\varepsilon_s+2}=\frac{N}{3\varepsilon_0}(\alpha_e+\alpha_0),\frac{\varepsilon_\infty-1}{\varepsilon_\infty+2}=\frac{N}{3\varepsilon_0}\alpha_e \tag{0-98}$$

显然，ε_s 与电子极化和取向极化有关，而 ε_s 只与电子极化有关，而且由式(0-30) 知，ε_s 和 τ 都是温度的函数。式(0-96) 就是著名的 Debye 方程，满足该方程的弛豫称为 Debye 型弛豫[5]。

　　由 Debye 方程很容易知道复介电常数的实部和虚部各为

$$\varepsilon(\omega)=\varepsilon_\infty+\frac{\varepsilon_s-\varepsilon_\infty}{1+(\omega\tau)^2} \tag{0-99a}$$

$$\varepsilon''(\omega)=\frac{(\varepsilon_s-\varepsilon_\infty)\,\omega\tau}{1+(\omega\tau)^2} \tag{0-99b}$$

它们作为角频率 ω 的函数给出如图 0.10(a) 所示的曲线。从介电常数频率依存性即 $\varepsilon(\omega)$ 的曲线 (a) 可以看到，在 $\omega-\frac{1}{\tau}$ 的角频率附近 $\varepsilon(\omega)$ 急剧减小，ω 称为弛豫频率；在 $\omega\tau\gg1$ 时 $\varepsilon(\omega)$ 趋近于 ε_∞，这意味着电场频率加快导致偶极子运动跟不上电场的变化，此时电场对介电常数不起作用。从表示介电损失频率依存性的曲线可以看到，$\omega\tau=1$ 或 $\omega=\frac{1}{\tau}$ 时，介电常数虚部即介电损失 $\varepsilon''(\omega)$ 为极大值，这样，通过测定介电损失的极大值可以求得 τ。

　　在 Debye 方程的式(0-96) 中消去 $(\omega\tau)$ 项，得到

$$\left[\varepsilon(\omega)-\frac{\varepsilon_s-\varepsilon_\infty}{2}\right]^2+\varepsilon''(\omega)^2=\left(\frac{\varepsilon_s-\varepsilon_\infty}{2}\right)^2 \tag{0-100}$$

这是一个在以 $\varepsilon(\omega)$ 为横坐标、$\varepsilon''(\omega)$ 为纵坐标的复平面上的圆的方程，圆心为 $\left(\frac{\varepsilon_s+\varepsilon_\infty}{2},0\right)$、半径为 $\frac{\varepsilon_s-\varepsilon_\infty}{2}$。图 0.10(b) 称为 Cole-Cole 图。Debye 方程的数学意义就是图 0.10(b) 中半圆曲线的参数方程，半圆曲线中的每一个点对应着 Debye 方程在某频率 ω 下计算出来的值 $(\varepsilon,\varepsilon'')$。实验上常常通过对测量的 $(\varepsilon,\varepsilon'')$ 值作图，看曲线是否为半圆来判断是否为 Debye 型弛豫过程[2]。

　　实际上 Cole-Cole 图表示出的是复平面上不同频率下的一组组测量值 $(\varepsilon,\varepsilon'')$，Debye 型

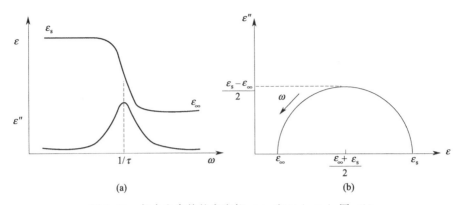

图 0.10 复介电常数的实虚部 (a) 和 Cole-Cole 图 (b)

弛豫的半圆只是 Cole-Cole 图的一个特例，它反映单一的弛豫过程。而大多数情况下的实验数据在 Cole-Cole 图上表示出的往往是偏离半圆的圆弧，这时它指出存在多种机制参与弛豫过程的可能性。比如在一个具有不同偶极子的混合材料中，或者在一个由不同电性质的物质构成的复合材料中，因为不同偶极子的取向极化机制，或者界面极化机制产生的介电响应都可能发生在不同的频率段，如果它们出现的弛豫频率（或者响应时间）相隔很近，几种极化机制的叠加结果使得 Cole-Cole 图可能不仅偏离半圆，甚至是歪斜非对称的弧。当然，当多种极化机制同时起作用时，其弛豫时间不再是单一的，而是具有分布的，这些将在后继的章节中予以讨论。Cole-Cole 图作为图解法具有实际意义，因为通过它可以直接读得参数 ε_s、ε_∞ 和 τ（在实际应用中，ε_s 和 ε_∞ 常被 ε_l 和 ε_h 所取代，下标"l"和"h"分别指低频、高频）。

0.1.5.5 介电性质的频率依存性——介电谱

如前所述，物质和电磁场相互作用时，一般有电子极化、离子（原子）极化、取向极化和界面极化四种基本的极化机制产生，反映这些微观过程（严格地讲是电子、离子和取向极化三种微观过程）的宏观物理量是（相对）介电常数 ε。介电常数对电场频率的响应，即对电场的频率依存性关系称为介电谱（dielectric spectroscopy，DS），也称为介电弛豫谱（dielectric relaxation spectroscopy，DRS）。复数形式的介电常数为

$$\varepsilon^*(\omega) = \varepsilon(\omega) - j\varepsilon''(\omega)$$

其实部 $\varepsilon(\omega)$ 和虚部 $\varepsilon''(\omega)$ 分别是实验上可以测量的介电常数和介电损失。

电磁波中的包括紫外、可见以及远红外线的振动频率区域（$10^{12} \sim 10^{16}\,Hz$）称为光学振动频率，此区域因（价）电子和离子（原子）极化引起的分散称为共振型分散，而在包含微波、射频和音频的振动频率区域称为电振动频率（低于 $10^{12}\,Hz$），此区域因偶极子取向和界面极化（包括对离子极化）引起的分散称为弛豫型分散。但是，在全频范围，对于给定材料的介电性质的频率依存性往往是各种机制的叠加。这里，我们假想一个理想化的模型材料，可以预期它的介电常数和介电损失在全频范围内随频率的变化有如下示意的形式（图 0.11）：图中上面的曲线表示的是介电常数随频率的变化（介电常数谱），下面的曲线是伴随介电损失的频率变化（介电损失谱）。显然，二者遵循前述的 Kramers-Kronig 关系是相互关联的。同时，图中还标示了与图 0.2 的四种极化机制对应的弛豫位置（对离子极化除外）。在光学振动频率范围的共振型介电谱和在电学振动频率范围的弛豫型介电谱，分别由光折射率和介电常数表示[2]，通常所说的介电谱多指弛豫型介电谱，它也是本书讨论的重点。在实际中，研究者感兴趣的常常只是谱的一小部分，但可能包含反映同一时刻多种极化机制的精细结构，共振响应部分可用量子力学方法处理，而对弛豫型介电谱因为没有分子水平的十

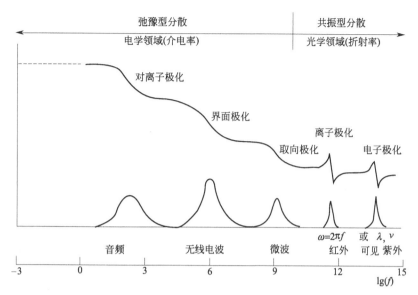

图 0.11　全频的 $\varepsilon(\omega)$ 和 $\varepsilon''(\omega)$ 的频率依存性、共振型和弛豫型弛豫以及极化机制

分有效的处理方法，因此在解析上是十分困难的[9]。尽管如此，仅图 0.11 中所示意的一条或两条曲线 $[\varepsilon(\omega)-\omega, \varepsilon''(\omega)-\omega]$ 中就包含了如此大量的信息，那么，在实际中如何获得具体的各种类型的材料或体系内部的信息，这无疑是介电谱研究的巨大魅力所在。

0.2　介电谱在化学和生物学研究中的作用

介电谱，因为讨论的是体系在外时间变化电场刺激下的滞后响应，故也称为介电弛豫谱，因此，在读者进入本书的中心内容之前对广义的弛豫现象，特别是化学中弛豫现象给予一般的介绍。

0.2.1　化学中的弛豫

如果注目自然界中众多动态过程的话，就会发现其中有很多是可以作为弛豫现象来理解的[10,11]。比如，黏弹性体受到外力作用而发生变形的过程；另外如前节所述的，具有电偶极矩的分子受到电场作用发生取向，这个施加电场后取向发生的过程以及切断电场后取向消失的过程也是一种弛豫现象。一般的，由于外部摄动（扰动）偏离平衡的体系，因内部运动回到新的平衡状态的现象称为弛豫现象。对于弛豫的概念，最早是 Maxwell 从黏弹性物质受外力而变形的考察出发而导入的[12]。

在弹性体被一外力拉伸了的情况中，弹性体内的原子或分子的相对位置发生变化，产生内应力，外力所做的功变成了原子或分子间的势能积蓄下来，在外力除去时物体立刻回到原来的形式，这表现为物质的弹性；在此之上，再考虑积蓄下的应力势能作为热扩散的情况，就是一个黏弹性物质，很多聚合物材料都具有黏弹性。黏弹性物质由于内部分子的热运动发生向低势能的位置的重新分配过程，对于这样的应力势能向热能的转换过程，Maxwell 提出了如下方程：

$$\frac{\mathrm{d}\sigma}{\mathrm{d}t} = G\frac{\mathrm{d}\gamma}{\mathrm{d}t} - \frac{\sigma}{\tau}$$

(0-101)

第一项表示应力 $\sigma(t)$ 随时间的变化与形变 $\gamma(t)$ 随时间的变化成正比，G 为弹性系数，表示弹性部分；第二项是外力撤去后形变不能立刻恢复的黏性部分，应力以某种速度减小。当物体的形变随时间变化很小的情况下，该方程的解为

$$\sigma = \sigma_0 e^{-t/\tau} \tag{0-102}$$

这里的 τ 意味着应力减少到起始时应力 $\sigma_0 = \sigma(0)$ 的 $1/e$ 倍时所需的时间，称为（应力的）弛豫时间。因为受到外部的刺激后某个量偏离平衡状态，再以与该偏离成正比的速度向新的平衡态移动的例子不只是应力弛豫，所以，上面的简单模型被广泛地使用着，同时，与式 (0-101) 和式(0-102) 同样的形式也出现在很多不同的对象中，包括前节所述的介电极化情况。

到了 20 世纪，化学领域中的弛豫现象被提了出来。在与物质内的电子、离子以及偶极子等因电场引起的运动有关的电弛豫现象中，最重要的是与电偶极子取向相关的介电弛豫，自 1929 年 Debye[13] 的偶极子理论发表以来，在分子构造领域中作为重要的和有利的研究手段不断地得到发展。与电弛豫并列在 20 世纪引起关注的应该是前述的应力弛豫等机械的弛豫现象。高分子和胶体分散系所显示的非牛顿流体等黏弹性行为，一直是作为机械的弛豫现象来理解的。在流变学领域，弛豫现象也发挥着重要的作用。此外，弛豫现象在化学中的应用范围在近半个世纪以来急剧扩大并继续显示其重要性。这与核磁共振和顺磁共振等磁弛豫现象，化学弛豫法的研究和开发，以及分子的电子能、振动能等能量弛豫过程的研究方法的发展有很大的关系。所谓化学弛豫法是通过测量浓度作为变量的对应于外部摄动（电场、温度、压力等急速变化）下在化学平衡附近的弛豫响应，来了解反应的速率和机制的方法。这主要是以 Max Planck 物理化学研究所的 Eigen（艾根）等的研究为中心发展起来的，除了电场脉冲法、温度跳跃法、压力跳跃法外，还有所谓的离解物效应法，该方法使得研究以溶液中的质子移动为中心的高速现象的机制成为可能。由于该业绩，Eigen 获得了 1967 年诺贝尔化学奖。还可以列举的是所谓超声波弛豫法，即通过分析超声波的吸收解析弛豫过程，跟踪水溶液中的电离速度等高速现象的方法。

弛豫现象是从因外部扰动产生的非平衡态向新的平衡态移动的过程，是由于外部的广义力扰乱了体系而产生的不可逆过程。因此，包括介电弛豫的弛豫现象是不可逆过程统计力学的研究对象。随着不可逆过程统计力学以及对外力的线性响应的处理方法的发展和进步，弛豫现象的理论处理也正在逐渐更新。

0.2.2 介电谱——谱学家族中的重要成员

从 0.1 节的内容可知，介电谱是物质或体系的介电常数随电场频率的变化，本质上是物质与电磁波相互作用的结果：物质在电场 $E(t) = E_0 \exp(j\omega t)$ 作用下产生电极化 $P(t) = \varepsilon_0 \chi E(t)$。从近红外到紫外可见的大约 $10^{11} \sim 10^{16}\,Hz$ 频率段，主要是电磁场与原子的外层电子，以及晶体中的原子或离子相互作用产生的位移极化响应；而在后面的 $10^{10} \sim 10^{-2}\,Hz$ 很宽的频率范围，即微波以及微波以下的射频和音频段，属于我们将要讨论的弛豫型介电谱，主要是电磁场与固有偶极子以及与空间电荷相互作用而分别产生的取向和界面极化响应。因此，从极化机制的角度，可以很自然地将化学者所熟知的红外光谱、紫外可见光谱等与介电谱联系在一起。换言之，考虑到光折射率 n 与介电常数 ε 所具有的简单关系[2]，以频率（波长、波数）为坐标的参照系（图 0.11）可将介电谱与红外光谱、紫外可见光谱等视为一个系统。此外，从获得体系信息的角度，介电谱与振动光谱都能够获得物质或体系内部结构的和动力学的信息，因此，也有把这样的谱图称为（广义）介电谱的。需要补充的是，在广义

介电谱中，在频率介于远红外和微波之间的太赫兹电磁波（$0.1\sim10\,THz$）最近得到开发，发现很多生物的和化学的物质在该频率段具有色散响应[14~16]。

但介电谱方法与常规的谱学方法，如 NMR 或振动光谱相比，覆盖的测量频率范围宽。同时，介电谱对分子间相互作用特别敏感，解析介电谱中个别的弛豫过程能够告诉我们分子运动的特征时间，监测协同过程，因此介电谱方法提供了一种检测个别组成的分子光谱与表征样品的本体性质的连接，尤其，介电谱与黏弹性和流变性技术之间存在密切的关系。在最新的一本名为"宽频介电谱（BDS，broadband dielectric spectroscopy）"（Kremer，2003年）的书中这样描述[8]："在 $10^{-6}\sim10^{12}\,Hz$ 频率范围电磁波与物质的相互作用是宽频介电谱的主要领域，在这个格外宽的动力学范围内，出现因分子或分子集合体的偶极波动、电荷转移以及在体系内部相界面和外部边界上电荷积累而引起的极化效应，可由此确定所研究物质体系的介电性质"。因此，宽频介电谱使我们能根据分子体系的详情，获得与分子的构造、束缚的和移动的电荷相关的大量信息。此外，根据各具体研究体系的测量结果对介电谱采取模型化解析，还可获得关于界面构造、内部构成相电性质以及与环境的依存性等诸多信息。因此，虽然介电谱和振动光谱等均是一种利用电磁波对物质体系进行内部"透视"的方法，但介电谱因测量频率之宽、研究对象之广，在众多近代用于材料的物理的和化学的分析方法中占有特殊的位置，甚至是不可替代的。特别是最近十几年宽频介电谱的成功发展已经从根本上改变了对介电谱的态度，使得它成为了在宏观、介观以及微观水平上，研究固体和液体物质以及非均匀体系和复杂体系的有效工具。

0.2.3 介电谱的动力学范围

介电谱研究物质对外界电刺激的响应的滞后现象，该滞后现象是一个动力学过程。如前节所述，介电谱在很宽的特征时间范围内（大约 $10^{6}\sim10^{-15}\,s$），对不同物质或体系中产生的不同弛豫过程是极其敏感的，这种敏感是通过电子密度波动的振幅和时间，以及不同宏观尺度的物质体系对电场的响应时间，即弛豫时间反映出来的。这些响应时间和物质体系自身的物理化学性质、物理状态以及空间结构有关，粗略地讲，在时间尺度和空间尺度上存在着一定的关联性。为了便于理解本书后面各章节的内容，将本书所关注的图 0.11 中微波及微波以下频率范围的（弛豫型）介电谱中不同的物质体系与它们可能出现的弛豫时间对应起来（图 0.12）。图 0.12 只列举了典型的，以水为介质的与化学和生物相关的体系，而省略了大量的固体材料。

图 0.12 表示的弛豫时间范围的弛豫现象大都源于具有固有偶极子的或具有相界面的非均匀体系。大致可以包括：①分子固有偶极子的取向极化，极性气体或极性液体分子在微波领域，而较大的或柔软性分子如生物大分子或高分子中偶极部分的转动运动发生在微波的偏低频或射频的偏高频部分，固体中的偶极子极化则在射频甚至音频范围；②非均匀体系的界面极化，代表性的有胶体分散系，生物细胞悬浮液、微乳、胶束、囊泡等表面活性剂有序组合体，高分子膜等，其弛豫在较宽的射频和音频范围；③在荷电的胶体粒子、生物细胞以及生物大分子表面的对离子的运动或其它离子迁移所引起的弛豫发生在射频和音频范围。此外，含有杂质的无定形玻璃等体系因热离子弛豫引起的极化也发生在上述的宽域频率范围。

具体讲，较小的分子液体，如作为介质的水，可以因处于各种不同空间形态，（自由水，束缚水）其弛豫出现在 $10^{9}\sim10^{10}\,Hz$ 的微波领域的不同位置（有时特殊的吸附水的弛豫可能出现在更低的频率段），或极低的频率段（冰）。电解质溶液的介电响应也发生在微波段[17]。较大的分子液体如生物大分子和高分子溶液，除了因整体的取向速度较慢，低于水等小分子

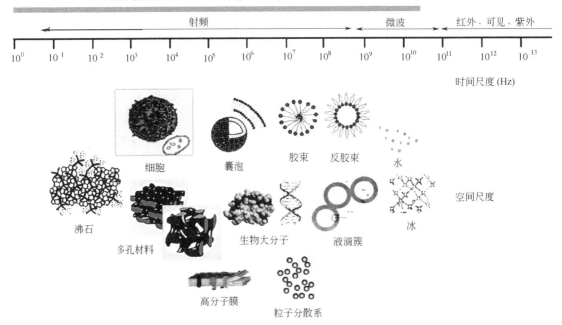

图 0.12　宽频范围各种物质体系可能出现的（弛豫频率表示的）动力学过程

的弛豫之外，高分子聚合物中常因存在局部偶极矩，其转动也将产生接近但不同于分子整体取向的弛豫，弛豫时间与分子构造和尺度有较好的对应关系。还有，三维尺度较大的大分子也会产生界面极化的弛豫，故该类体系弛豫出现的频率范围将更宽。而生物细胞和胶体粒子分散系主要因为构造和带电情况等因素，其宏观弛豫时间出现在较宽的射频段，这是基本得到公认的，并很早就在生物领域中被定义为所谓的 β 弛豫，同样比较确认的还有上述体系中对离子迁移的 α 弛豫。此外，表面活性剂分子构筑的体系，如微乳液、胶束、囊泡，以及超分子体系和分子簇等处于介观尺度的所谓软物质体系，巨大的相界面、不同的几何构型以及偶极取向极化机制的存在，弛豫时间大致出现在 $10^{-7} \sim 10^{-9}$ s 之间；多孔材料因其不规则几何构造、内部复杂的限制空间区域，以及可能存在的大量对离子使得弛豫分布较宽。总之，解析上述体系现在各频率段的弛豫，可以获得反映各弛豫过程的相当丰富的动力学信息。

　　这里需要注意的是，以上给出的仅仅是粗略的分类，目的是为了帮助了解在近 10 个数量级的频率范围内介电谱可能研究的物质对象。因此，不仅不可以机械地理解为物质的尺度越大，动力学过程的时间就越长，弛豫频率就越低；而且还须注意到，对于同一物质体系在全频范围都可能出现弛豫现象，而唯一可以确定的只是这些动力学时间尺度（从低黏性液体的几皮秒到玻璃态或大块物质界面极化的数小时），即弛豫频率的位置除了取决于样品之外，更重要的是微观极化机制，这在前面已经阐述过。

0.2.4　介电谱方法的特点

　　红外、紫外可见等共振型色散在很窄的特定频率区域电磁波与物质中的极化电荷产生共振，量子论可以给出很好的解释，并且，测量结果有标准的谱图数据可以参照。相比之下，对 10^{11} Hz 以下的极化，尽管以 Debye 理论为主的很多理论也能很好地描述这个频率段的弛豫现象，但没有如共振弛豫那样的定量解释，所以没有所谓的谱图可以对照并以此获取研究对象的信息。这样，如何解析这个宽频范围的不同频率段出现的极化现象、并定量地获取研究体系的内部信息，一直是除了实验上实现介电测量之外的又一个难题。那么，为什么介电谱这个古老的实验手段还能始终地、特别是近 20 年来日趋扩大地得到来自各领域研究者的青睐并不断得到发展呢，显然该方法有其自身的特点。

（1）测量的频率宽　迄今，介电谱已经可以涵盖大概 $10^{-4} \sim 10^{12}$ Hz 约 16 个数量级的极宽的频率范围，这使得研究者可通过介电谱研究近代物理学中的很多问题给予特有的贡献[8,18]。当然，在该频率范围的不同频率段的测量原理以及所用的仪器都有所不同。如此宽的测量范围也极大地拓宽了对化学和生物领域的适用体系。能够同时记录同一体系在不同频率段因不同机制而发生的多种弛豫过程，可以相互印证获得结构的、电的和动力学的全面信息。

（2）非入侵（non-invasive）测量　指的是具有无须从变化的体系中进行物理量的取样分析，此外，因强度很小的电场微扰不至于破坏体系的结构和状态，因此可以实时获取研究物质的内部信息，比如物质吸附释放、分子的聚集、化学反应或形态变化以及生物细胞培养等动态过程的信息，即，这种保持研究对象原本状态的原位测量可以获得体系实际“工作（working）”状态的信息。非入侵测量对于由不同相组成的，或同一物质内存在不同区域的所谓非均匀体系的研究非常适合，或者说，非均匀体系内部信息的摘取要求具有这样特点的测量方法，因为通过解析介电谱数据可以获取体系中不同相以及不同区域的各自的参数，这也是其它任何一种单一的谱学方法所不能完成的任务，因此，利用解析介电谱获得内部信息的方法也常被称为非破坏（non-destroyed）诊断法。

（3）测量迅速　这里的测量迅速包括两部分：第一是因为介电测量属于电学测量，因此与其它谱学方法相比，从测量系统建立到测量操作上都相对简单和容易，这样可以迅速完成前期工作；第二也是最重要的就是测量本身的速度快，而且可以连续和自动测量。对于频域介电谱（frequency-domain spectroscopy，FDS）可以在数秒或者数十秒内完成大约 8 个数量级频率的超过 100 个频率点的测量；而时域介电谱（time-domain spectroscopy，TDS）则更快。后者的数据经过傅里叶变换为复介电常数并可转化为频率域谱图的表达形式，这也将在后面的第 3 章介绍。测量上的快捷十分有利于捕捉研究体系的“瞬间”信息，同时也提高了研究效率[19]。

（4）测量对象限制小　对样品的体积和形状几乎没有限制，重要的是可以测量光学上难以测定的浑浊样品或有色样品，显然，该特点是几乎所有其它谱学方法都不具备的。因此，利用该特点开发的介电谱方法可以适用到很多实际的应用领域，比如原油的成分分析和酿造过程的生物量分析等。

特点（2）和（3）则直接导致所谓介电监测方法[20~25]；而特点（4）使得测量对象扩大，以及便于实用化[26]。正是由于介电谱具有上述特点，在化学和生物领域的研究中已经或正在显示出突出的、有时是不可替代的优势，当然，这些优势都依赖于对获得的介电谱的合理解析，这将是本书后面章节的中心内容。

0.2.5　介电谱在化学研究中的作用及其解决的问题

奠定了介电谱重要理论基础的 P. Debye 在 1936 年获得了诺贝尔化学奖，仅此一点，介电谱方法作为化学研究中的重要方法之一是不容怀疑的。但是，经过了相当长的发展时期，目前介电谱在化学研究中的位置究竟是怎样的呢？将本节的题目换一句话来表述：化学学科中有哪些体系用介电谱方法来研究是有效的？介电谱方法在化学研究中具有哪些优势和特色？读者也许从前面的介电谱测量之特点已得出答案。

P. Debye

20世纪中叶以前，以 Debye 理论为基础的一些理论模型在解释实验上测得的气体、非极性和极性纯液体的介电性质中就逐渐得到发展和完善，并扩展到稀溶液体系；溶胶等胶体分散系的介电测量和一些早期的理论模型，如著名的 Maxwell-Wagner 模型等都是同时发展的[27,28]。而对固体的介电研究很早就从冰开始了，到含有结晶水的无机盐晶体、脂肪族化合物、苯的衍生体等，固体和高黏度液体的混合物等，Cole-Cole 圆弧也是通过解释这些体系而得到认同和广泛使用的。由此可以看出，化学物质体系很早就是介电谱方法研究的主要对象。

20世纪50～60年代，对于高分子材料的介电性质和介电谱从基础和技术上的理解得到了加强和发展，并使其成为至今还是研究高分子构造、电性质和动力学的重要手段之一[29,30]。高分子物质可以因分子的构造、温度和处理方式等不同而处于不同的状态：结晶的，溶解的，玻璃态，橡胶态，玻璃转移态以及流体等，这些状态的高分子在不同温度或压力下将是一个极其庞大的研究对象，加上介电弛豫和机械弛豫现象同时存在于很多高分子中，因此高分子作为介电谱的重要理论分支也得到迅速的发展[8,29,31～33]。从化学或者物理化学的角度，感兴趣的是高分子的分子结构、链的形状、运动方式（热运动为主的微布朗运动和平动转动为主的宏观布朗运动）、黏弹性以及电性质等，这些都可以通过解析频率变化的或温度变化的介电谱得到反映。获得的信息无疑对材料的研究开发提供重要的基础数据。目前介电谱用于高分子领域最多的还是集中在非晶态和液晶高分子的研究上。

下面从时间（频率）轴总结介电谱对以水为介质的化学体系作为研究对象时所能够获得的信息。在宽带介电谱中大约 10^7～10^{11} Hz 之间可以研究大分子的结构和动力学以及水的各种状态，因为自由水和束缚水对电场响应是不同的[31～33]。以含水颗粒体系中水合的介电谱研究为例，自由水偶极子的平均弛豫时间在 293K 为 9.3ps，而水合水大约为自由水的 20～30 倍，因此弛豫的响应频率将给出水的状态的信息。变温下的研究能够确定分子取向的活化能，并由此估计在不同体系中水的相对键能。在一个水合材料的第一水合层水的极化率（等效于介电常数）远低于第二、三水合层，以及本体水的极化率，因此，介电谱也能提供关于各种含水材料中水分子的取向自由度的信息。对于如大分子溶液，聚电解质溶液，聚合物-水体系等含氢键的液体体系[34～41]，因为氢键的断裂和重取向很敏感，因此介电谱可以检测到，即使对于含有氢键的固体，如存在于固体高分子的链、环或网络中的氢键，其构型和数量的不同对外电场的响应的差异可以作为介电常数的变化在上述频率范围被检测到。微波段介电谱也可以研究电解质溶液的介电行为[42,43]，这不仅可为化学反应，也可以为生物物理以及药学等领域的研究提供有用的信息。从高分子体系看，介电弛豫谱大致以 10^7 Hz 为界分成两个区域：分子液体和液晶的分子转动动力学过程发生在高射频和微波区域[44,45]；而对于晶体、液晶高分子、玻璃态液体以及高浓度柔软的和棒状高分子等，其介电弛豫则发生在小于 10^7 Hz 的区域[46,47]。总之，微波介电谱可以研究分子整体的取向运用和内旋转运动、氢键运动以及分子间相互作用等分子构造和动力学问题。

在 10^3～10^8 Hz 的射频范围，主要是界面极化机制占支配地位的介电响应，介电谱在此频率范围可研究的体系（以水或液体为介质的体系）十分丰富：

① 包含表面活性剂构筑的分子有序组合体系（胶束、微乳液、囊泡、液晶等）、超分子体系（在较高的频率段），以及纳米粒子分散系等所谓介观体系[48～65]，这些体系的极化机

制比较复杂，目前都还没有定论，出现的弛豫现象用界面极化和偶极取向极化两种机制来解释是常见的，弛豫时间介于典型的偶极极化和界面极化区之间。

② 典型的胶体分散系，如乳状液、胶体粒子、粉体和多孔材料等体系[66~79]。这些体系的介电谱，大都采用以 Maxwell-Wagner 界面极化理论为基础建立的一些模型方法进行介电谱的解析，结果可以给出反映非均质体系内各组成相的电性质、分散相的浓度以及表征分散相结构特征的信息。在此类非均匀体系中，如果分散相粒子的表面带有固定电荷，那么连续相液相中的对离子将在与粒子表面垂直和切线方向扩散，引起所谓的对离子极化，该极化响应出现在大约 $10^3 \sim 10^4$ Hz 的更低的频率段，对离子极化的弛豫给出粒子表面电导、粒子界面电荷、流动电势以及双电层中离子分布等信息[80,81]。

③ 对于溶液中的高分子膜或有机膜体系，介电响应出现在 $10^2 \sim 10^5$ Hz 的频率段，以回路模型为基础解析介电谱可以获得膜结构、膜相电性质等信息[82~95]。

除了上述从频率轴介绍的介电谱方法所适用的体系之外，介电谱还有效地用于一些特殊体系或特殊的研究中。主要的例子有：①研究过冷液体体系的分子动力学[96,97]；②研究各种限制空间体系中分子的结构和动力学问题[43,98,99]；③研究氢键自组合形成的超聚合物体系的复杂动力学过程[100]；④作为跟踪特定物质的介电探针研究反应体系和物质微观构象的动力学过程[101~103]；⑤对化学反应进行原位监测[104]。

0.2.6 介电谱在生物物理学中的作用

介电谱对生物体系的研究由来已久，这也许可以归结为以下两个事实。第一个事实是因为生物学方法主要以所谓生化学派和生理学派两个分支的发展而建立，而生理学派又始自 18 世纪末的电生理的实验研究；因为很多理由而对组织和细胞悬浮液的电性质引起关注已经超过了一个世纪，其中理由之一就是因为这些电性质可决定电流穿过生物体的路径，因此而使用阻抗技术、电磁场的生物学效果，以及肌肉收缩和神经细胞传输等研究可获得生理学的参数。确实，生物阻抗研究在电生理和生物物理领域很长时间一直是很重要的，而且，证明细胞膜存在的最初实例之一就是通过对细胞悬浮液的介电研究。总括起来，早期的对生物组织和细胞的直流和交流阻抗测量，特别是 20 世纪上半叶大量的关于生物细胞的介电测量和理论研究的发展，奠定了介电谱在电生理研究中的基础[105~109]，并成为生物物理学的重要分支之一。第二个事实是生物体对介电测量的适应性：因为生物体系的构成物质多为绝缘或半绝缘的所谓电钝性物质，比如构成细胞主体的是非导电性脂质分子。具有被动电学性质的一类所谓非兴奋细胞，其膜阻抗不随时间变化，但在外交流电场下产生的被动极化正是介电谱所能检测的物理量。此外，几乎所有生物分子都是极性的，而且水作为典型的偶极子体系是介电理论和实验上最早的研究体系之一，以水为介质的生物体系在微波和射频段有很强的介电吸收。因此，生物材料是介电谱研究的最适合体系之一。

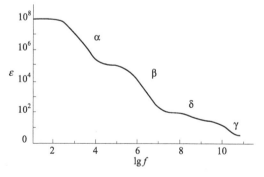

图 0.13　生物体系（组织）代表性的介电分散示意图

类似的，结合图 0.13 示意的是生物组织代表性的介电弛豫模式图，总结并说明介电谱对哪些生物体系的研究是有效的。在大约 $10^3 \sim 10^{11}$ Hz 频率范围，生物体系可存在三种典型弛豫（或称介电分散）现象，根据由低频向高频分别命名为 α、β 和 γ 分散，这三种分散分别对应不同的微观极化机制[110]，而介于β和γ分散之间的δ分散是与束缚水相关的强度较小的分散[150,151]。

注："分散"和"弛豫"这两个术语在大多数论文和专著中不太加以区分，甚至在同一文章中"混用"。但实际上，根据作者希望表达的意思而采用不同的术语：介电分散包括存在机制分布的含义，但更多的是简单地指介电常数对电场频率依存性；而介电弛豫指的是介电体对外电场频率的弛豫响应，常以复介电常数作为频率的函数来描述过程的时间因素或动力学因素。

微波段的分散主要是由于氨基酸、少数缩氨酸、尿素等小分子的转动取向机制所引起的，其中最值得关注的应是水的弛豫现象。生物水溶液中自由水的弛豫和纯水的相近[111,112]，25℃的纯水弛豫频率大约在20GHz，相当于弛豫时间约为8.3ps，这样的动力学特征会因为形成氢键、束缚水或者处于限制空间中水的结构形态变化而发生变化：弛豫时间变长，弛豫频率也向略低的频率移动。其它分子因分子大小、几何构型和带电情况不同其转动取向需要的时间也各不相同，这些都会以不同的弛豫时间在γ分散范围被检测到，换言之，γ分散范围出现的弛豫能够确定地反映水分子和其它生物分子的动力学和构造特征。β分散主要是指出现在射频范围的因界面极化机制引起的弛豫现象，大量具有明显相界面的生物体系，如细胞悬浮液以及生物组织等的弛豫将出现在这个频率段[111]，界面极化的理论模型也是伴随着对细胞悬浮液的研究而发展的。在射频范围的介电谱研究可以给出有关细胞膜的结构和电的信息，特别是利用生物量与介电增量（弛豫强度）成正比的理论可以有效地应用在细胞培养中。本书在第7章和第8章将结合实例，重点介绍在该频率范围的介电理论和介电谱的解析。在很多蛋白质水溶液中观察到的δ分散，其弛豫强度与蛋白质分子的表面积大小成正比，这是由于蛋白质表面的束缚水或水合水的取向引起的，弛豫时间和强度完全取决于蛋白质的浓度。同时，由于水分子在蛋白质中的束缚位置和程度不同，其弛豫时间将有微小的差别，δ分散是这些弛豫的叠加。因此，解析δ分散可以获得与大分子溶液浓度有关的，以及不同类型的束缚水的结构和动力学信息[113]。α分散的弛豫机制是三个中最清楚的一个，尽管细胞悬浮液引起的界面极化产生β分散也是公认的，但α分散的形状、强度和弛豫时间等对组织新陈代谢状态的依赖性，在电生理领域中已经有了清楚的认识，同时，在生物物理学领域中认定它是由于细胞膜或生物大分子固定电荷周围的对离子迁移所引起的弛豫，与对离子弛豫相对应。

α、β、γ和δ分散之间没有严格的区分，可能出现介电响应的生物材料也不能明确指定，比如，任何蛋白质和其它大分子溶液在α到γ分散的频率范围内都可能出现弛豫现象；细胞悬浮液的介电谱可能涵盖α到δ频率范围。何况，并不是所有的生物材料在组成上都像蛋白质水溶液那样简单。一块组织，除了含有大量的水和从1百万左右相对分子质量的脂蛋白下至100左右的氨基酸分子的各种大分子之外，由于细胞的存在还包含大量的膜物质同时也有很多离子，因此，在全频范围可能出现图0.13所示的介电谱曲线，这样，通过解析这样的介电谱可以获得生物体系内部的相当丰富的信息。

综上可见，介电谱可以研究从纯水到生物组织的几乎所有生物体系的介电性质，并获得结构的、电的和动力学的信息。概括起来也许可以包括：

（1）各种状态的水和小的生物分子　利用Debye的极性分子理论可以获得水和小生物分子的动力学和构造方面的信息。因为水是最基本的生物材料也是几乎所有生物材料的基本介质，因此水参与的复杂液体和生物体系相当普遍而且十分重要，尽管在解释该类体系的实验数据方面仍遇到理论上的困难，但围绕着生物体系的介电研究仍然是热点之一。因为组织水的介电性质以及与生物体系输运性质的关系，使得解明水在生物体中的作用成为生命科学中重要的任务。

（2）蛋白质、核酸等生物大分子　这是个内容丰富而且包含很多理论问题的研究领域，可以获得关于核酸结构和分子偶极矩，以及蛋白质构象的动力学信息。尽管生物大分子的分子参数不能从介电测量中精确获得，因为它不能像小分子那样作为一个刚性体转动。但是可以获得另外一种有用的信息：比如分子从螺旋结构到盘绕结构转化期间发生的大的偶极矩和弛豫时间的变化可以被介电常数明显地反映出来[11,114~117]。

（3）各种生物组织　血液是最基本的组织也是最早的研究体系，因为这些研究结果可以应用到更复杂的组织中，所以至今仍然是研究热点之一。主要包含血细胞和血浆蛋白的全血组织是一个复杂体系，在全频范围都有介电响应，因而分段详细研究可以获取水分子动力学的、细胞结构以及整体电导性的很多信息[118,119]。肌肉组织的介电响应主要出现在微波以下，其中 α 弛豫主要反映肌管系统和肌原纤维相关的信息，而 β 弛豫与肌细胞浓度和细胞类型有关。介电谱还可有效地研究生物组织的微观结构，例如对肌肉组织的纵横向介电测量可以得到不同的离子渗透性的微观信息[120,121]。对一些含水量高的软组织的研究可以获得与细胞结构、膜电导以及组织蛋白有关的参数，并能检测正常组织和肿瘤组织等[122,123]。特别是，介电谱方法正有效地用于生物组织的在体和离体的电性质研究中[124,125]。

（4）各种细胞悬浮液　介电谱在生物物理学中的最为普遍的应用之一就是对细胞的介电性质的研究，因为介电谱能够提供不同的细胞结构、它们的功能和代谢机制等方面的有价值的信息。细胞的结构和电性质直接影响组织的介电性质和生理学特征，外加电磁场和细胞内部区室和膜的相互作用影响组织的生理行为；为细胞膜的介电性质对介质（如 D-葡萄糖）的浓度产生非线性行为，结合其它辅助实验的深入研究可能导致细胞生物学的一个新的方向；对正常细胞、变性细胞和癌变细胞进行比较研究可在病理学中提供重要的基础参数[126~128]。此外，有关复杂结构和形状的细胞模型和理论计算等解析方法研究也一直得到极大的关注[129~131]。

（5）介电监测技术　由于介电测量具有非入侵的原位测量之特点，并且生物体系服从介电增量和生物量之间存在相关性原理，由此奠定了介电监测技术的基础。具体讲，确定体积分数可以监测细胞培养过程的细胞量的变化；弛豫强度的减小暗示细胞膜受损，由此可判定细胞的生死；弛豫频率位置变化暗示电导率的变化，可间接地考察细胞的离子膜通过性。目前介电监测已经成功地应用到细胞培养、发酵等基础和很多实际体系中[132~135]。

自 Schwan 于 1957 年[136] 发表了关于从 10Hz 到 10GHz 的组织和细胞悬浮液电性质的综述以来的这 50 年间，介电谱在生物体系的研究得到了飞速的发展，除了介电模型之外，对测量数据的模型化模拟计算更使得很多复杂体系的介电谱能够得到很好的解释，并从中获取更多的信息。随着精确且迅速的、计算机自动控制的介电测量时代的到来，介电谱不仅将会扩大在生物物理领域的应用，而且也将应用到与生物相关的如医疗、食品和卫生健康等关系到国计民生的很多领域。

0.3　历史概观和最近的发展

0.3.1　历史概观

从前节的叙述可知，介电谱方法无论对于生物材料或是化学体系的研究都已经有超过 100 年的历史。介电谱的理论研究应该追溯到 P. Debye 在 20 世纪 20 年代关于介电体中储存电荷的衰减的研究工作[13]，该工作可视为研究介电弛豫现象的经典，因而以著名的论著"Polar Molecules"宣告了介电谱理论研究时代的开始。根据 Debye 先驱性的工作，20 世纪中叶开始了关于分子偶极矩的很多研究，包括几何学的、定位的和立体异构的[137]。尽管该确定分子结构的传统方法已被近代的光谱方法（特别是多核的 NMR 谱）所取代，但是分子偶极矩的测量仍然在分子结构测定的历史上保持了一个重要的位置。特别是在以 Debye 的极性分子理论为中心的一系列介电模型基础上，成功地利用介电测量技术确定了偶极矩和简单固体及液体分子的参数之后，20 世纪 30 年代很多关注转向生物材料。尽管当时出现了很多相当出色的研究项目，但主要由于两个原因使得关于液体体系的研究被减缓了：一个是实验上的；另一个来自于理论方面。两者都与研究体系中的水、特别是生物体系中的水有关。因为介电测量是在高射频和微波段，故需要设备的更新；此外，在解释介电数据上也因体系的复杂性而遇到了困难：存在于生物体中或作为介质存在于化学体系中时，表现为变化幅度很大的不同的特性。因此，水和离子的存在使得测量数据的重复性较低，难以对测量结果给出一个明确的解释。

关于介电谱对于以水为介质的化学和生物体系研究的早期发展大体有以下几个主要阶段。20 世纪开始的关于电解质溶液[138,139]和胶体溶液[140~142]的介电性质测量和理论解释。后来，在生物体系的研究方面得到了更加引人注意的发展：20 世纪 30 年代，Wyman 使用了几百兆赫兹频率的共振法以测量很多小生物分子，包括氨基酸、少数缩氨酸、尿素、水溶液的静态介电常数[143]；Oncley 用电桥法在 100kHz 到 10MHz 频率范围对大量蛋白质水溶液进行了介电测量，由此推出该分子偶极子大小和分子的构型，并在 Debye 方程基础上讨论了 β 分散的弛豫时间分布[144]。其它早期工作还有 Bateman 和 Potapenko 关于小的生物分子[145]和 Conner 等[146]关于生物大分子的研究。第二次世界大战期间因为微波源的开发而扩展了介电测量的频率范围，因此在 20 世纪 40 年代末和 20 世纪 50 年代初第一次完整地测得了 γ 分散[147,148]。几乎同时，Schwan 等着眼于如何在低于 100kHz 频率范围测量具有较大电导率的生物材料的问题，因此，高分辨率的电桥被 Schwan 和 Sittl 开发出来了[149]。得益于电桥法以及为电导性液体介电常数测量而设计的传输线法，生物材料介电研究有了很大进展。当时的电桥测量覆盖了从大约几千赫兹到接近 100MHz 的频率范围，而传输线方法则在大约从 500MHz 到 25GHz。随后，电桥法的高频限制被不断地向上提升，而同轴线设备的低频限制向下移动。这导致了 20 世纪 50 年代后期到 60 年代初在研究某些蛋白质溶液时 δ 分散的发现。像其它学科分支一样，60 年代初计算机的导入对生物介电谱的研究也产生了巨大的影响。对大量蛋白质分子偶极矩的计算表明：从介电分散曲线中获得的偶极矩不仅仅是一个经验上的量，而且是一个具有分子意义的参数。当然，计算机的导入也使得很多实验技术自动化，结果是不仅缩短了测量所需的时间而且提高了测量结果的精度，同时近代数据分析的计算机方法能够从实验数据中获得更多的信息。进入 70 年代"时间域谱"（TDS）和"时间域反射计"（time domain reflectometry，TDR）等测量生物材料介电常数的新实验技术的导入，使得介电研究得到了更大的发展。

对于化学体系，除了前述的电解质溶液和胶体体系之外，还有 20 世纪 30 年代前后与 Debye 理论同时发展的有机物的极性和非极性液体。而作为介电谱研究最广泛研究对象的固体高分子材料，在 50、60 年代处于兴旺时期，"固体高分子中的滞弹性和介电效果"等全面综述了高分子介电研究的早期工作[150,151]。之后的二三十年这个领域似乎一度远离了视野，但是在过去二十年间又再度出现。这至少部分地来自于介电谱自身发展的力量，即介电谱理论和实验上的成熟都促使对液晶和共混等复杂固体高分子以及对高分子溶液的聚合和加工反应的动力学的理解[152]。如前言中所讲，高分子材料特别是固体体系不在本书的记述范畴，而与化学体系特别是生物体系有密切关系的高分子-水体系因具有与生物大分子溶液相似的介电行为，故两者在理论上的发展几乎是并行的。从 80 年代开始，对 TDR 开发做出重要贡献的 Mashimo 研究组利用 TDR 对高分子溶液-水的构造进行了全面研究。因为水在化学和生物体系中的特殊位置和重要性，而介电谱可以探测与高分子或生物大分子相互作用的水与纯的或本体水的动力学和结构的差异，进而能从时间和空间尺度研究水以及高分子-水等复杂体系的构造和物性，以及高分子-水体系的冻结和过冷状态的动力学，因此，这方面的研究与扩大有效的测量频率范围等实验手段的开发一道，一直是介电谱研究的重要内容，近十几年来大量的研究出自 Mashimo-Yagihara 研究组。

前面介绍的主要是生物和高分子体系介电谱，这并非作者对上述两个领域的偏爱。实际上，排除纯材料的介电研究，生物细胞和高分子确实是 20 世纪中叶或 20 世纪 70 年代之前的介电谱研究的主角。但是，自 20 世纪后半叶以来，胶体分散系作为介电谱研究的重要对象也一直受到较稳定的关注，其原因之一可归结于 Maxwell-Wagner 界面极化理论以及在此基础上 20 世纪 30、40 年代陆续出现的相应的理论和模型在胶体分散系中得到了充分的应用[227]。胶体分散系介电研究的理论是围绕着微波以下的两种弛豫机制展开的：MHz 附近的界面极化机制和 kHz 附近的所谓对离子极化机制。而在胶体分散系的界面极化理论的发展和完善过程中，具有重要意义的是，20 世纪 30 年代 Bruggeman 提出的有效介质模型[153]，但广泛使用的是 60 年代 Hanai 建立的浓厚系理论公式以及包括对 Wagner 理论的定量化方法，这一理论方法体系的重要贡献在于它可以解释大量实际的化学和生物体系的介电行为，并获得内部组分的电的结构的信息[154~159]。另一方面，O'Konski 将表面电导率概念引入到界面极化理论中，使得理论与实验测量更加吻合[160]。其后，陆续出现了一些同样考虑了双电层结构和电性质的、针对不同粒子分散系的重要理论研究[161~164]，使得这些界面极化理论得到完善，但其重要作用和意义在于，通过建立的理论公式结合解析界面极化引起的弛豫，可以获得分散粒子表面电导率等电参数。相对的，围绕对离子极化机制的理论则发展较迟，因为它是 20 世纪 50 年代末在解释生物组织和细胞悬浮液低频弛豫时遇到困难为开端的[165]。最早的工作应该始于 Schwan 和 Schwarz[166,167]，他们确认该弛豫的起因不同于上述传统的界面极化机制，由此，关于对离子极化机制的研究便长期成为了粒子分散系和生物材料的研究热点。在对离子弛豫理论发展中，里程碑性的工作应该属于 70 年代以 Shilov 和 Dukhin 在薄双层近似理论上的代表性的本体扩散模型研究[161,168,169]，其后又相继出现大量关于对理论公式进行数值解方面的报道[170~174]。

正是由于上述两种弛豫机制在理论上的发展，以及它们在解释大量实际体系上的成功，使得胶体体系的介电谱研究一直处于稳定阶段。近年来，随着合成化学的成就以及计算机模拟技术的普及和向介电谱领域的渗入，研究内容趋于新颖化，获得的信息也变得更加多样化，这不仅使胶体体系再度成为化学体系介电谱研究的中心，而且介电谱方法也因其具有原位获取复杂体系各组成相内部信息方面的突出优势，成为探测物质内部构造和电性质，以及界面电动力学参数等多种信息的不可多得的物理化学研究手段。目前介电谱方法适用的体系除了传统的胶体分散系之外，还包括分子有序组合体系、纳米粒子、高分子或有机膜体系以及具有限定几何空间的非均质材料等体系；在理论方面，在对两种弛豫进行统一处理的理论[175,176] 基础上，V. N. Shilov 等近年导出的宽频偶极系数解析式[177] 给出了两种极化机制之间的联系，从而建立了胶体分散系宽频介电谱的理论框架。尽管胶体分散系介电谱发展至今仍存在着以下两点遗憾：一是实验研究实例在数量上明显少于理论方面的研究；二是因绝大多数理论都是在稀薄分散系条件下建立的，因此在使用上具有局限性。

除了在生物和化学学科的研究与应用之外，介电谱方法在药学、农学等领域的研究也有相当久远的历史。但限于主题和篇幅在这里不做介绍。

最后，从国际学术交流来看介电谱的历史发展。最早在学会上把介电弛豫现象作为重要课题讨论的是 1946 年在英国伦敦由 Faraday 协会主持的讨论会[178]，其后是 1953 年在德国的马尔堡（Marburg）[179]、1961 年在德国的莱比锡（Leipzig）[180] 以东欧研究者为主的会议，以及 1965 年在威尔士（英国）的会议[181]。即，20 世纪的中后半叶介电谱方面的学者就开始有了密切交流，但主要在欧洲。也就是从那时开始，介电谱在高分子领域、材料领域以及生物领域的研究处于鼎盛时期，其后的相当一段时期内，专业会议就显得相对减少，直至 21 世纪初的 2001 年，主题为介电谱方法应用的首届国际介电谱会议在以色列的耶路撒冷召开，其后的 7 年内又相继在欧洲的 Leipzig、Delft、Poznan 以及 Lyon 举行四次，会议的主题也更加宽泛，更重要的是参与者由很早的多为从事电工学和材料学以及高分子和生物领域的研究者，扩展到化学、化工、医药、农业、食品等相当多的分支领域，这说明介电谱研究正在进入一个引人注目的时期。

0.3.2 尖端科技中最近的应用

介电谱因为具有测量简便、测量频率宽以及非破坏原位监测等特点，因此在应用领域也具有出色的表现，特别是在医药、食品、农业等领域的实际生产过程中。一些重要的和成熟的研究成果将在本书的最后，作为一章专门予以评述，本节仅介绍近年来备受关注的介电谱在几个尖端技术领域的应用和技术开发方面的动态。

0.3.2.1 太空生物学——NASA 火星探测计划

"火星上是否有生命曾经存在"是至今仍然受到关注的问题，因为这个论点对于地球上生命的演变以及生命在宇宙的分布状态有着深刻的科学含义[182]。1976 年美国海盗计划第一次完成了探测在火星土壤中是否有活着的或变成化石的生命体存在的尝试，结果不清楚更似乎是否定的[183]。但是，大约 10 多年前的对火星陨星的研究认为大约 40 亿年以前火星上存在微生物[184~187]，这重新燃起了人类对开发探测火星表面生命物质的新技术的兴趣。

当前一些探测和表征生命形式存在的主要方法和技术，如气相色谱、质谱、辨认生物大分子免疫测定、细胞培养、流动血细胞计数、聚合酶链反应（PCR）等，都是昂贵和耗时的，并且大都需要宽泛的知识背景以及在分子生物学方面的训练。因此，需要开发一种小而轻便的、低成本和低功率的，并且能够由宇航员执行自动操作的装置。基于物质与电磁波相互作用原理的介电谱技术，以其特有的能够克服上述弊端并满足探测火星中生命体的研究项目的需求的优势，被纳入了美国国家宇航局（NASA）星球开发计划之中。最近，以休斯敦大学 John. H. Miller 和 NASA 在休斯敦的约翰逊太空中心以研究介电谱和相关方法[188~190]作为探测活的生命体的可能的新技术为目的，展开了"介电谱用于火星环境的微生物生命形式的探测"方面的工作。显然，开发一种有能力辨别含有生命形式的拟态样本的原位手段或器械，是对火星和其它外星体的太空生物学的一个挑战。研究的对象是火星原位环境拟态的样本，比如，对一般的土壤和作为拟态的火星风化层选择的夏威夷的火山灰进行介电谱研究[191]。目前的研究结果显示，在改变温度条件下使用介电谱技术，将增加从无生命的复杂生物大分子溶液中识别出活生命体的能力。这预示着：在变温下的介电谱测量也许能应用到火星表面的原位太空生物学研究中，或最终能应用到木星的冰表层以下的液体研究中。即介电谱方法作为最终能用来开发探测外星体中活的生物体存在的新的传感技术，与传统的方法相比有其独特的优势，因此除了可作为探测生命形式的基础研究工具之外，在适用太空的介电传感仪器开发方面更是令人期待的。

0.3.2.2 生物信息学——DNA 微芯片开发

在由美国司法部提供的、联邦基金资助的一个属于生物信息学领域中的 DNA 介电检测技术的开发项目中，有题为"DNA 微芯片检测的电荷标签作为电子的标记"的总结报告，其中记述了以下的内容：该项目提出了一种为在 DNA 微芯片上使用的、类似于 DNA 短纵列重复片断检测中荧光标记的"电荷标签"作为电子标记的新技术。这种技术在设计和方法论上利用了分子或分子团的偶极矩将产生介电信号的原理，在构思上有意识地在带有电荷的标的物上杂交上一个与其相反电荷的探针[192,193]。以所谓的 PNA 缩氨酸核酸探针为例，如图 0.14 所示，将一个一端带有正电荷的 PNA 探针加到带有相反电荷的 DNA 标的物的另外一端，这样的杂交将产生一个巨大的偶极矩。具体讲，一个 N-端多溶酶可以提供一个大的正电荷，而一个 C-端聚谷氨酸盐能够提供一个大的负电荷。因为在任何一个单股片断上没有相反电荷，而且两者是比较柔软的，所以不能够反映出偶极矩。但是，如果用刚硬结构的 PNA 与之形成

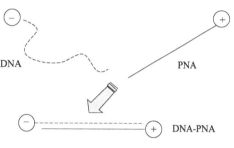

图 0.14 DNA 微芯片检测的
介电技术示意图[192]

DNA-PNA 杂交，理论上可以形成一个能产生一个额外信号的偶极矩[194~196]。即，通过这样设计的特定偶极子在电场下的取向运动将产生特殊的介电信号，期待着使用介电谱探测这些偶极子的存在。显然，这在原理上是行得通的，因为介电谱可以探测出与电荷特别是偶极子长度相关联的偶极矩，由此能够区分出 STR 重复碎片长度大小。

因为介电谱方法是建立在电磁作用的所谓电子力支配的基础上的，具有微观尺度的固有优越性，这使得反映电荷分离情况的偶极矩是 DNA 片断长度的度量，并且它将随着偶极子大小而线性地增加，这与分辨率随着片断的增大而减小的电泳和质谱形成对照。因此，可以期待利用该特征在介电谱信号与不同长度的 DNA 片断之间建立一个定量的关系，并可以将这样的设计用在 DNA 身份鉴定上，因为惯例上的司法 DNA 测试是基于以片断长度为基础来进行 STRs 分析的。

此外，与传统的毛细管电泳、聚合酶链反应（PCR）等 DNA 鉴定方法相比，DS 分析既不需要电泳分离，更不需要近代 DNA 测试上使用的昂贵的荧光染料试剂，以及光源和探测器等。因此可以说，即通过特定的工程偶极子和创造一个大的偶极子取向所能产生特殊的信号，进一步让这个信号与偶极子长度相联系，区分 STR 重复碎片长度大小。因此，有望创建一个能够更快（因为不需要电泳分离）、更经济（因为无须昂贵的荧光染料试剂）的革命性的新技术。此外，有可能创建一个低廉的、一次性使用的、综合的微芯片技术平台以使用这些体系。

但是，介电谱用于生物体系将受到因生理溶液的高电导和复杂的电荷分布所引起的混乱谱图等限制，例如维持生理机能的盐溶液的信号掩盖了拟检测的 DNA 片断的信号[197]，因此到现在为止，与该技术相关的研究还只是处于尝试阶段。尽管如此，强烈的背景需求使得我们不能否认该技术开发的意义所在，而 DNA 微芯片的最终成功根本上仍然取决于介电谱检测技术以及相关的测量仪器的精确化，而不是原理和设计本身。

0.3.2.3 细胞介电谱技术的应用

利用细胞介电谱（cellular dielectric spectroscopy，CDS）方法所具有的以动态的和非入侵的方式监测细胞的生理学之特点，正在开发一种不需转染接受靶和标记蛋白或报道基因的，对细胞表面受体进行无标记实时监测的通用细胞技术。该技术可以对细胞表面受体进行

实时的全面的药理学评价。因为 CDS 允许使用同样的平台测量包括 G 蛋白偶联受体和蛋白质酪氨酸激酶受体的很多类型的受体，而不需要转染细胞和特殊试剂，因此，利用 CDS 方法有希望产生出高于使用遗传的和化学操作下所获得的生理学背景的数据。此外，同样因为 CDS 不需要稳定的转染细胞和特殊的试剂，因此检验阶段简单且迅速。由于这个 CDS 平台具有使用性、通用性和无标记的特点，使得它非常适合于药物开发环境的二级筛选。介电谱方法也被使用在其它学科的尖端技术领域中。例如在地质学科，利用电磁波对不同性质的岩石的反射速度不同的原理，介电谱方法正在被用于探测地下岩石的分层结构分析矿物质分布以及探测地下水层深度和位置等领域中[198]。

0.3.3 现状、动态和问题点

介电谱经过 100 多年的发展，无论介电谱理论本身、谱的解析和介电测量技术，还是介电谱在各个领域的应用都有了非常大的进步，特别是近一二十年，介电谱作为一种探测物质内部物理的、化学的以及生物方面信息的不可或缺的手段展现出了全方位的进步，因而得到了越来越多的青睐。本节就这两大方面中的主要分支的研究现状、发展趋势以及存在的问题点作一评述。

0.3.3.1 高分子科学方面

在与化学相关的领域中，应该说高分子的介电谱研究一直占据着首要位置，这不仅是因为高分子材料本身容易产生明显的介电响应以及较长的研究历史，而且最近很多新体系的出现也是重要原因之一。其中，非晶态的和液晶高分子（LCPs）动力学方面集中了更多的关注。介电谱的解析给出了复介电常数与高分子的化学结构、链的构造以及基团偶极矩的相关性。多重介电弛豫过程的机制也成为越来越多的讨论焦点，而且基本上有了相当一致的认同：产生于偶极子基团部分的和整体的取向运动（对非晶态高分子），或者产生于偶极子基团组成的不同运动模式(对于液晶高分子)。对于非晶态高分子的运动机制，最近的实验证据认为：主弛豫过程的特征宽形状谱是由于非晶态固体内在的不同动力学成分引起的弛豫时间分布所致。关于高分子链的同质异构状态模型的研究，非晶态高分子和玻璃化液体中结构的频率依存性以及次级弛豫的频率依存性的研究也有很多报道[199~201]。近年来，介电谱在液晶高分子动力学方面的研究体系种类之多是一大特点[202]。同时，传统的共混或复合高分子材料[203]、离子导电高分子和聚电解质溶液的介电谱研究仍然有新的研究报道[204~207]。此外，聚合物水凝胶体系及其在药学方面的应用[208]；氢键形成的超分子聚合物的分级动力学[100] 以及超薄高分子膜中有限空间对玻璃态转移的影响[209,210] 等新方向的出现都大大增加了介电谱方法在高分子领域的研究热点。

0.3.3.2 传统的胶体分散系

以乳状液和粒子分散系为主要内容的传统胶体体系也是介电谱发展历史较长的领域，这是由于在中低频的弛豫现象及其极化机制（Maxwell 界面极化以及对离子极化）的归属很早就已经有了无可争议的一致认同，而且也有了与不均匀体系介电理论同步发展起来的较为完整的模型和公式[211~216] 之缘故。因此，DS 已经成为研究胶体分散系的成熟手段，特别是 Hanai 浓厚系理论建立之后，以及关于对体系内部参数的一系列定量解析方法在各类典型体系中的应用中获得了成功[157,217~222]，使得胶体的 DS 研究有了相对大的发展，并对生物细胞悬浮液的研究进展起到了很大的推动作用。

因为介电谱在皮秒和纳秒尺度对各种偶极矩的极化十分敏感，因此在由于材料科学和合成化学的迅速发展而出现很多新异体系的当今，介电谱方法在研究胶体体系方面出现了新的发展阶段。研究体系的多样化使测量技术和解析手段都面临新的挑战。以分子有序组合体系为代表的所谓近代胶体体系，以及各种新材料构成的具有多孔的、限定几何空间的不同形态的分散系的研究也成为了介电谱方法的主流之一，特别是纳米科学热潮的出现，纳米尺度的胶体分散系等新体系也不断地给介电谱研究带来新的课题[223~226]。从另一个方面也可以看到，近年来随着计算机模拟手段在各个领域的普及，使得采用标准电动力学方法对稀薄粒子分散系的理论解析也有了很大的发展，一些过去必须在实验中才能获得的界面信息，如 zeta 电势、离子淌度、表面电导率等，可以通过解析测量介电谱来获得[227]，所以，这个古老体系也一直还有着平稳和上升的发展态势[228~230]。

0.3.3.3 胶束、反胶束、微乳液

随着测量仪器灵敏度和精度的提高，特别是介电谱解析方法的完善使得介电谱也很快成为了用于研究表面活性剂构筑的体系的重要技术。近年来，对表面活性剂溶液以及以胶束、反胶束和微乳液为主的分子有序组合体系的介电谱研究在整个胶体体系中所占的比重出现了明显的上升趋势[231,232]。介电谱所能获得的动力学的，微环境下界面电的和结构的信息往往是其它传统表征方法，至少使用单一的手段所无法直接得到的。对多个弛豫过程的胶束溶液体系，DS 能获得各种信息：离子种类对胶束尺寸的影响，头基在球形胶束中的旋转弛豫模式，依靠分子之间作用力对离子在胶束表面形成的分子间缔合的离子旋转弛豫模式等[233~237]，相对的，关于反胶束的研究比较少[238,239]，微乳液是分子有序组合体系的重要部分，因其结构和反胶束相似，所以基础研究都是相关联的。由于微乳液复杂的双连续结构，目前还没有很好的理论模型描述其弛豫过程，更没有像乳状液体系那样对内部参数的完整解析。但是，因为它具有广泛的应用背景，因此，无论是基础和应用方面的研究都十分活跃[240~244]。其它表面活性剂构成的复杂体系，如聚合物-表面活性剂复合物的结构和动力学的介电谱以及分子动力学模拟的结合研究目前也有较多的报道[245,246]。

0.3.3.4 脂质体、囊泡

脂质体和囊泡也是分子有序组合构成的集合体，因为封闭的磷脂双层或表面活性剂双层构成的聚集体可以模拟生物膜，因此很早就有研究并一直得到广泛的关注[247~249]。目前的研究主要是限定空间中的束缚水的分子动力学模拟与介电测量结合，以来来自脂质体和囊泡的介电模型和在药学领域的应用方面的报道[59,250~252]。

0.3.3.5 蛋白质溶液

目前仍然是生物大分子的中心内容。结合分子动力学模拟研究有三个目标：①蛋白质水合度的估算；②溶剂相偶极矩的计算；③蛋白质分子的形状或对称性的计算。此外，蛋白质介电性质的模拟近年也逐渐增多，可以预言蛋白质内部的介电常数和评价相互作用[253,254]；时域介电谱研究球蛋白和膜蛋白的静态和动态介电性质的研究[255,256]，以及介电谱作为探测蛋白质构象性质和表征蛋白质的冷冻干燥效果的手段等方面均有报道[257~259]。

0.3.3.6 氨基酸、缩氨酸和 DNA 水溶液

近一二十年介电测量与分子动力学模拟相结合的研究不仅界定了该类体系的弛豫机制，而且也能更好地计算各组分的介电性质[260~265]。早期关于 DNA 水溶液的介电谱研究发现的低频区域存在大的介电弛豫[263,266]，其产生的原因和 DNA 的介电性质曾吸引了很多研究者的关注。目前研究表明这个低频弛豫来自于离子沿 DNA 链的波动对弛豫的贡献，因为 DNA 的双螺旋没有净的分子偶极矩。它给出了 DNA 和水的介电常数和弛豫时间，表明 DNA 溶液中水的弛豫时间受 DNA 和离子的影响很大。

总之，介电谱对蛋白质、核酸等生物大分子的研究由来已久，总体上在介电测量和弛豫机制解释方面没有太大的更新，而分子模拟等计算机手段的引入则对过去实验上推测的介电性质给予了分子水平的解释和确认，需要指出的是：与生物大分子体系相关的所谓复杂液体

体系，与液态水、玻璃态水以及过冷水的动力学这一物理学中热点课题有关[96]，尽管人们对这个特殊的物理性质还没有很好的理解，例如水的玻璃转化温度值依然无法确定[267]，但是，关于生物体中或混合液体中水的介电性质的研究有着上升的趋势[268~270]。总体上，对蛋白质核酸生物大分子的介电研究一直是生物领域的主要内容[271~273]。

0.3.3.7　生物细胞悬浮液

自 Frike，Cole，Schwan 在 20 世纪 60 年代以前对生物细胞悬浮液的介电研究以来又经过近半个世纪的发展，目前在实验技术、理论模型和解析手段等方面都已经达到了相对完善的水平。特别是采用悬浮液介电谱法可以获取各种形状和结构的细胞内部的详细信息[274~276]。但是，由于该方法获得的信息是体系所有细胞电性质的平均，因此具有一定的局限性。Asami 等开发了单一粒子的测量和解析方法可以直接获得个别细胞的内部电参数[277]。但该方法对尺度很小的细胞在测量上是困难的。代替它的是通过电动机械的方法[278]，如介电泳动法（dielectrophoresis）[279,280] 和电旋转法（electrorotation）[281]。这两种方法都是利用了粒子在印加交流电场下的运动而产生的响应，同样可以得到细胞的介电信息，近 20 年来，电旋转法得到越来越多的研究者的青睐[282,283]，另外，10 多年前 Asami 开发的扫描介电显微镜（scanning dielectric microscope，SDM），可以在宽的频率范围内扫描溶液中的细胞，并将微细探针所探触到的局部介电常数和电导率图像化[284]。该方法对于单个 PS-微胶囊粒子的解析和在基板上培养的细胞进行介电成像是成功的。尽管细胞悬浮液法很早就已经在理论上、实践中都视为有效，但各种实验和基础研究的尝试还在不断进行，特别是它作为对生物细胞进行实时监测的技术开发基础，对该方法的进一步完善研究一直没有停止过。最近，Asami 等利用三维有限微分法（3D-FDM）等数学手段对细胞悬浮液相关的很多体系进行了理论模拟的研究：考察了骨骼肌中横小管的极化机制以及对介电谱的影响；对血液中的红细胞聚集体进行模型化和模拟计算，结果显示细胞间诱导偶极子相互作用对悬浮液介电谱产生很大的影响；用不同类型通讯连接的细胞模型模拟了通讯连接对组织介电弛豫的贡献，并指出通过通讯连接的细胞间电偶合是产生弛豫的原因[285~287]；还利用 3D-FDM 对细胞膜受损状态和细胞培养过程的一些介电特征进行了理论上的研究：对各种存在孔洞的细胞模型进行了模拟研究并给出了用介电谱方法监测受损细胞的可能性之评价；对酵母单细胞分离方式进行了数值模拟，很好地解释了发育酵母的同步细胞生长的介电行为[288,289]，特别是对复杂几何形态的细胞悬浮液的理论模型和模拟研究不仅对生物细胞而且对胶体体系都具有指导性意义[290]。

0.3.3.8　限定几何空间体系

一般的，在水中的胶束和囊泡，在碳氢化合物中的反胶束和微乳液等自组织分子集合体中，陷于笼状主体中的超分子（例如环糊精或环芳烃），以及微孔固体（如沸石），半刚性的材料（如聚合物，水凝胶等）等体系中，都存在一定的限定几何空间，即在一个很小的尺度范围内存在很多不同于本体的、运动受限的溶剂分子。这样的限制引起局域的介电常数和黏度发生变化。从介电谱的角度，以下三种类型的几何形态是今后研究的重点：分散在高分子网络中的纳米液滴玻璃态转移过程的 3D 限制，多孔膜和碟状分子晶体或晶体层结构间的 2D 限制，以及超薄层中或极窄孔道中准 1D 限制[43,291,292]。用介电探针探测限定空间弛豫动力学的研究也是一个最近的有趣课题[103]。

0.3.3.9　应用领域

介电谱方法对化学和生物体系的基础研究已经趋于成熟和完善，计算机的发展和测量仪器的提升为介电谱在实际体系的应用提供了必要的条件，目前取得较为显著成效的应用领域为：①因为很多药物分子在高分子网络中对介电弛豫贡献的敏感性，所以介电谱方法可用于高分子的药物传递体系中，通过分析不同弛豫时间分布和强度获得传递过程的药物传输动力学和动能学方面的信息；②因为水分子的介电弛豫参数能够表征体系中自由的和成键的水之比及其变化，所以可以利用含水粉体或多孔材料的微波介电谱对水的敏感性进行水合体系湿气含量的在线测量，该技术已经用于农产品和医药保管等方面；③用于监测药物胶囊和物质吸附或缓释体系，这在药物评价、环境监测等领域具有广阔的应用前景；④利用介电谱方法的非侵入检测的特点和样品不需要稀释的事实，可用于乳制品或石油制品的品质管理等食品和化工工业中；⑤利用多种类型水溶液充填的多孔材料（如硅和离子交换树脂）中因表面电导产生不同的介电响应的原理，正在尝试分离介质方面的应用；⑥生物细胞培养，发酵，化学反应和高分子固化等方面的介电监测；⑦"扫描介电显微镜"，这个适用于液体环境的扫描介电成像技术的开发有望为医疗上的临床病理诊断提供新的手段。⑥、⑦将在后面的第 9章中专门加以阐述。

0.3.3.10 问题点

在射频和微波的低频段的大约 $10^2 \sim 10^9$ Hz 之间这样一个很宽的频率范围出现的典型弛豫现象大多与体系的不均匀性有关，而非均匀体系的弛豫现象是以界面极化为主要机制的。因此，从介电谱理论和对谱的解析的角度来看，主要有以下两个方面的问题：一个是目前尚没有一个能明确区分由均一体系或同质引起的弛豫，或由非均匀体系的界面极化引起的弛豫的有效方法；二是由非均匀体系发展起来的弛豫理论能够适用到多小尺度的分子集合体的问题。比如，对于半径为 100nm 程度大小的粒子分散系能够利用目前一些成熟的理论对介电谱进行解析，但对低于这个尺度的不均匀系，目前的解析方法是否仍然适用一直是个难题。对于某一特定的弛豫现象，尽管绝大部分论文或是以界面极化理论，或是以偶极极化理论为基础对弛豫的机制进行解释，但两者兼用的解释也是有的。这样问题的解决，也许有待于通过不断地对新体系进行尝试，同时也有待于新的理论模型的建立。

从实验的角度，最大的问题点应该是测量时在电极表面产生的电极极化，尽管一般发生在 10^3 Hz 以下的较低频率，但很大的介电常数会掩盖接下来可能发生的弛豫，而且随着体系中导电性物质浓度的增加而愈发明显并移向高频；同时，也容易被初学者误认为是体系本体的现象。尽管如此重要的问题一直受到研究者的极大关注并为之付出了巨大的努力，但仍没有理想的解决办法。十几年前，一种以电磁诱导原理为基础开发出来的所谓无电极测量法的出现给研究者们带来了一些希望[293]，然而，由于这种测量法是对于包含大量介质体系的监测而研究的，不满足对少量样品进行测量的需要，所以并不能解决大多数基础研究中的问题。此外，在非均匀体系中预测的介电弛豫的个数不仅取决于不同界面数，而且还应该取决于分散相的几何形状，但在实际上，因为测量的灵敏度和频率范围的限制，所有预测的弛豫并不都能被观测到。

生物物理领域介电谱研究中的问题点主要出现在含水生物体系，因为绝大多数生物体都是含水的，因此给介电谱基础研究和实际应用都带来了麻烦。主要是因为生理状态下的生物体中含有大量离子，强烈的低频响应将使生物体分子自身的信息被隐藏起来。为了从整个介电谱中去掉离子的贡献，研究者们做了各种各样的努力，包括 20 世纪 80 年代由 Cole 和 Mashimo 开发出来通过观测射入物质的脉冲反射波求介电常数的时域反射法[294]，该方法使得 MHz-GHz 的频率段测量中直流传导的介电贡献在 GHz 领域减少了很多。尽管如此，还是无法解决在 MHz 或更低的频率范围因为直流电导而加重的电极极化的问题。另一方面，由于在微波以下且包括了低频段的介电谱中，除了电极极化之外，还有因解离基和不均匀构造的界面产生的弛豫，这无疑增加了介电谱的复杂性，正因为如此，为了获取不均匀体系内部更多信息的介电谱研究也一直经久不衰。

总括起来，可以说介电谱方法在以水为介质的化学和生物体系的研究中的真正进步，或可能产生的重大发展应该是 20 世纪 90 年代以后，这是因为脉冲技术的稳定化和计算机的进步而带动了宽频介电谱技术的发展，使得包含水的损失峰频率的宽频率域弛豫测量成为了可能。同时，也因为测量时间缩短了，因此可以对水介电常数进行系统和巧妙的实验，从而获得生物和化学体系中最重要物质的水的各种信息。对于水、水溶液的介电谱研究的进展，应该对以水为介质的很多化学和生物体系的研究带来新的发展空间甚至革命性的进步，这是我们所期待的。

参 考 文 献

[1] 德永正晴. 誘電体. 新物理学ミリーズ 25, 培風館, 1991.
[2] 殷之文. 电介质物理学. 第二版. 北京: 科学出版社, 2003.
[3] 倪尔瑚. 材料科学中的介电谱技术. 北京: 科学出版社, 1999.
[4] Harrop P J. Dielectrics. LONDON BUTTERWOTHS, 1972.
[5] Daniel Vera V. Dielectric Relaxation. Academic press London and New york, 1967.
[6] 岡小天. 誘電体論. 岩波書店, 1954.
[7] 岡小天. 中田修. 固体誘電体論(Ⅰ). 岩波書店, 1954.
[8] Roland Coelho, Bernard Aladenize. 电介质材料及其介电性能. 张冶文, 陈玲译. 北京: 科学出版社, 2000.
[9] Kremer F, Schönhals A. Broadband dielectric spectroscopy. Springer, 2003.
[10] Dattagupta S. Relaxation Phenomena in Condensed Matter Physics. Academic Press, Orlando, 1987.
[11] Haase W, Wróbel S. Relaxation Phenomena. Springer-Verlag, 2003.
[12] 東健一, 長倉三郎. 缓和现象的化学. 岩波書店, 1973: 5-51.
[13] Debye P W. Polar molecules. New York: Chemical Catalog Co, 1927.
[14] Stefan Gorenflo, Ulrike Tauer, Iliyana Hinkov, Armin Lambrecht, Richard Buchner, Hanspeter Helm. Chemical Physics Letters, 2006, 421: 494-498.
[15] Han J G, Xu H, Zhu Z Y, Yu X H, Li W X. Chemical Physics Letters, 2004, 392: 348-351.
[16] Chen J Y, Knab J R, Ye S J, He Y F, Markelz A G. Applied Physics Letters, 2007, 90: 243901.
[17] Peyman A, Gabriel C, Grant E H. Bioelectromagnetics, 2007, 28: 264-274.
[18] Pissis P, Kanapitsas A. Journal of the Serbian Chemical Society, 1996, 61 (9): 703-715.
[19] McLaughlin B L, Robertson P A. J Phys D: Appl Phys, 2007, 40: 45-53.
[20] Nahm S H. Journal of Coatings Technology Research, 2006, 3 (4): 257-265.
[21] Cadène A, Rotenberg B, Durand-Vidal S, Badot J-C, Turq P. Physics and Chemistry of the Earth, 2006, 31 (10-14): 505-510.
[22] 李玉红, 赵孔双, 疋田巧, 反渗透膜 UTC-70 在水溶液中的介电谱及其解析, 物理化学学报, 2003, 19(6): 523-527.
[23] Marand E, Baker K R, Graybeal J D. Macromolecules, 1992, 25 (8): 2243-2252.
[24] Fitz, Benjamin D, Mijovic Jovan. J Phys Chem B, 2000, 104: 12215-12223.
[25] Krairak S, Yamamura K, Nakajima M, Shimizu H, Shioya S. Journal of Biotechnology, 1999, 69: 115-123.
[26] Shayegani A A, Borsi H, Gockenbach E, Mohseni H. IEEE International Conference on Dielectric Liquids, ICDL 2005, 285-288.
[27] Maxwell J C. Treatise on electricity and magnetism. Oxford: Clarendon Press, 1891.
[28] Wagner K W. Arch Electrotichnik (Berl), 1914, 2: 371-387.
[29] James P Runt, John J Fitzgerald. Dielectric spectroscopy of polymer materials. Washington DC: American Chemical Society, 1998.
[30] Tsuwi J, Hartmann L, Kremer F, Pospiech D, Jehnichen D, Häußler L. Polymer, 2006, 47(20): 7189-7197.
[31] Nilashis Nandi, Kankan Bhattacharyya, Biman Bagchi. Chem Rev, 2000, 100: 2013-2045.
[32] Hayashi Y, Puzenko A, Feldman Y. Journal of Non-Crystalline Solids, 2006, 352(42-49 SPEC ISS): 4696-4703.
[33] Tyagi M, Murthy S S N. Carbohydrate Research, 2006, 341(5): 650-662.
[34] Chandrika Akilan, Glenn Hefter, Nashiour Rohman and Richard Buchner. J Phys Chem B, 2006, 110: 14961-14970.
[35] Kazuyuki Yoshizaki, Osamu Urakawa, Keiichiro Adachi. Macromolecules, 2003, 36: 2349-2354.
[36] Viciosa M T, Dionísio M, Silva R M, Reis R L, Mano J F, Biomacromolecules, 2004, 5: 2073-2078.
[37] Simon Schrödle, Glenn Hefter and Richard Buchner. J Phys Chem B, 2007, 111: 5946-5955.
[38] Hayashi Y, Puzenko A, Feldman Y. Journal of Physical Chemistry B, 2005, 109 (35): 16679-16981.
[39] Wolfgang Wachter, Richard Buchner, Glenn Hefter. J Phys Chem B, 2006, 110: 5147-5154.
[40] Hayashi Y, Puzenko A, Balin I, Ryabov Y E, Feldman Y. Journal of Physical Chemistry B, 2005, 109 (18): 9174-9177.
[41] Bordi F, Cametti C, Sennato S, Zuzzi S, Dou S, Colby R H. Physical Chemistry Chemical Physics, 2006, 8 (31): 3653-3658.
[42] Wolfgang Wachter, Werner Kunz, Richard Buchner, Glenn Hefter. J Phys Chem A, 2005, 109: 8675-8683.
[43] Aliev F M, Nazario Z, Sinha G P. Journal of Non-Crystalline Solids, 2002, 305: 218-225.

［44］ Pradeep K Rai, Morton M Denn, Boris Khusid. Langmuir, 2006, 22：2528-2533.

［45］ Bordi F, Cametti C, Paradossi G. Biopolymers, 2000, 53 (2)：129-134.

［46］ Kortaberria G, Solar L, Jimeno A, Arruti P, Gómez C, Mondragon I. Journal of Applied Polymer Science, 2006, 102 (6)：5927-5933.

［47］ Mustafa Okutan, S Eren San, Oğuz Kö ysal. Dyes and Pigments, 2005, 65：169-174.

［48］ Bonincontro A, Cametti C, Colloids and Surfaces A. Physicochem Eng Aspects, 2004, 246：115-120.

［49］ Christian Baar, Richard Buchner,Werner Kunz. J Phys Chem B, 2001, 105：2914-2922.

［50］ Yang L K, Zhao K S, J X Xiao. Langmuir, 2006, 22：8655-8662.

［51］ Yang L K, Zhao K S. Langmuir, 2007,23：8732-8739.

［52］ Alexandrov Y, Kozlovich N, Puzenko A, Feldman Y. Progress in Colloid and Polymer Science, 1998, 110：156-162.

［53］ Zhao K S, He K J, Wei S X. Progress in Natural Science, 2006, 16(3)：221-230.

［54］ Yuri Feldman, Nikolay Kozlovich, Ido Nir, Nissim Garti. Physical Review E, 1995, 51：478-491.

［55］ Bordi F, Cametti C, Sennato S, Viscomi D. Journal of Colloid and Interface Science, 2006,304 (2)：512-517.

［56］ M D'Angelo, D Fioretto, G Onori, L Palmieri,A Santucci. Physical Review E, 1995, 52：4620-4623.

［57］ Shyuji Itatani and Toshiyuki Shikata. Langmuir, 2001, 17：6841-6850.

［58］ Shin-ichiro Imai, Mamoru Shiokawa,Toshiyuki Shikata. J Phys Chem B, 2001, 105：4495-4502.

［59］ Mónica Tirado, Constantino Grosse, Wilfried Schrader, Udo Kaatze. Journal of Non-Crystalline Solids, 2002, 305：373-378.

［60］ Mónica Tirado, Constantino Grosse. Wilfried Schrader, Udo Kaatze. Journal of Colloid and Interface Science, 2004, 278：243-250.

［61］ Ermolina I, Smith G, Ryabov Ya, Puzenko A, Polevaya Yu, Nigmatullin R, Feldman Yu. Journal of Physical Chemistry B, 2000, 104 (6)：1373-1381.

［62］ Shahid Hussain, Ian J Youngs,Ian J Ford. J Phys D: Appl Phys, 2004, 37：318-325.

［63］ Chen Z, Zhao K S, Guo L, Feng C H. J Chemical Physics, 2007, 126：164505.

［64］ He K J, Zhao K S. Langmuir, 2005, 21：11878-11887.

［65］ Zhao K S, He K J. Physical Review B, 2006,74(20)：205319-205328.

［66］ Førdedal H, Schildberg Y, Sjöblom J, Volle J-L. Colloids and Surfaces A: Physicochemical and Engineering Aspects, 1996, 106 (1)：33-47.

［67］ Hiroshi Furusawa, Kohzo Ito,Reinosuke Hayakawa. Physical Review E, 1997, 55：7283-7287.

［68］ Chen Z, Zhao K S. Colloid and Surface A, 2007, 292：42-50.

［69］ Zhao K S, Chen Z. Colloid and Polymer Science, 2006, 284(10)：1147-1154.

［70］ Zhao K S, Asami K, Lei J P. Colloid and Polymer Science, 2002, 280：1038-1044.

［71］ Chen Z, Zhao K S. Journal of Colloid and Interface Science, 2004, 276：85-91.

［72］ Ni N, Zhao K S. Journal of Colloid and Interface Science, 2007, 312：256-264.

［73］ Chassagne C, Bedeaux D, Van der Ploeg J P M, Koper G J M. Langmuir, 2003, 19：3619-3627.

［74］ Carrique F, Arroyo F J, Shilov V N, Cuquejo J, Jiménez M L, Delgado A V. JCP, 2007, 126：104903-104912.

［75］ Axelrod E, Urbach B, Sa'ar A, Feldman Y. Journal of Physics D: Applied Physics, 2006,39 (7)：1326-1331.

［76］ Ahualli S, Delgado A V, Miklavcic S J, White L R. JCIS, 2007,309：342-349.

［77］ Ekaterina Axelrod, Benayahu Urbach, Amir Sa'ar, Yuri Feldman. J Phys D: Appl Phys,2006, 39：1326-1331.

［78］ Axelrod E, Givant A, Shappir J, Feldman Y, Sa'ar A. Physical Review B-Condensed Matter and Materials Physics, 2002, 65 (16)：165429/1-165429/7.

［79］ Dervos C T, Mergos J A, Iosifides A A. Materials Letters, 2005, 59 (22)：2842-2849.

［80］ G Blum J H，MaierJ F，Sauer J,H P Schwan. J Phys Chem, 1995, 99：780-789.

［81］ Mónica Tirado, Constantino Grosse. Journal of Colloid and Interface Science, 2006, 298：973-981.

［82］ Lupaşcu V, Picken S J, Wübbenhorst M. Journal of Non-Crystalline Solids, 2006, 352 (52-54)：5594-5600.

［83］ Wang M-J, Tabellout M, Chang Y-I, Poncin-Epaillard F. Surface and Interface Analysis, 2005, 37 (9)：737-742.

［84］ Zhao K S, Li Y H. Journal of Physical Chemistry B, 2006, 110：2755-2763.

［85］ Li Y H,Zhao K S. Journal of Colloid and Interface Science, 2004, 276：68-76.

［86］ 李玉红, 赵孔双. 化学学报, 2007,65：2124-2132.

［87］ 赵孔双,李玉红. 膜科学与技术, 2007, 27(2)：1-6.

［88］ Asaka K, Zhao K S, Asami K. Maku (Membrane), 1994, 19(6)：411-419.

［89］ Hanai T, Zhao K S, K Asaka,K Asami. Colloid and Polymer Science, 1993, 271(8)：766-773.

［90］ Zhao K S, Asaka K, Asami K,Hanai T. J Colloid and Interface Science, 1992, 153：562-571.

［91］ Zhao K S, Matsubara K, Asaka K, Asami K, Hanai T. J Membrane Science, 1991, 64：163-172.

［92］ Zhao K S,Hanai T.Chinese Journal of Chemical Physics,1996,9:154-161.

［93］ 赵孔双. 科学通报,1996,41：1583-1587.

［94］ 李玉红,赵孔双,韩英. 中国科学,B,2008,38：411-419.

［95］ Hanai T, Zhao K S, Asaka K, Asami K. J Membrane Science, 1991, 64：151-161.

［96］ Bergman R, Swenson J. Nature, 2000, 403：283-285.

［97］ Jan Swenson, Hele'n Jansson, Rikard Bergman. PHYSICAL REVIEW LETTERS,2006, 96：247802-247805.

[98] Ryabov Y E, Puzenko A, Feldman Y. Physical Review B-Condensed Matter and Materials Physics, 2004, 69 (1): art no 014204, 142041-1420410.

[99] Wübbenhorst M, Klap G J, Jansen J C, van Bekkum H, van Turnhout J. JOURNAL OF CHEMICAL PHYSICS, 1999, 111: 5637-5640.

[100] Wünhorst M, van Turnhout J, Folmer B J B, Sijbesma R P, Meijer E W. IEEE Trans Dielectr: Electr Insul, 2001, 8(3): 365-372.

[101] Leung G, Tang H R, McGuinness R, Verdonk E, Michelotti J M, Liu V F. JALA-Journal of the Association for Laboratory Automation, 2005, 10 (4): 258-269.

[102] Bonincontro A, Risuleo G. Spectrochimica Acta-Part A: Molecular and Biomolecular Spectroscopy, 2003, 59 (12): 2677-2684.

[103] van den Berg O, Sengers W G F, Jager W F, Picken S J, Wubbenhorst M. Macromolecules, (Article) 2004, 37(7): 2460-2470.

[104] Fitz B D, Mijovic J. JPCB, 2000, 104: 12215-12223.

[105] Foster K B, Schwan H P. Dielectric properties of tissues—a review//C Polk and E/ Postow, Eds. Handbook of Biological Effects of Electromagnetic Radiation. CRC Press, 1986, 27-96.

[106] Cole K S. Membrane, Ion, and Impulses. University of California Press, Berkeley,1972.

[107] Grant E H, Sheppard R J, South G P. Dielectric behaviour fo biological molecules in solution. Oxford: Oxford University Press, 1978.

[108] Pethig R, Kell D B. Phys Med Biol, 1987, 32: 933.

[109] Schwan H P, Foster K R. Proe, IEEE, 1980, 68: 104.

[110] Schwan H P.Adv Boil Med, Phys, 1957, 5: 147.

[111] Takashima S. Electrical Properties of Biopolymers and Membranes. Philadelphia: Institute of Physics Publishing,1989.

[112] Miura N, Hayashi Y, Shinyashiki N, Mashimo S. Biopolymers, 1995, 36: 9-16.

[113] Mashimo S, Kuwabara S, Yagihara S, Higashi K. J Phys Chem, 1987, 91: 6337-6338.

[114] Bonincontro A, Cametti C, Nardiello B, Marchetti S, Onori G. Biophysical Chemistry,2006, 121(1): 7-13.

[115] Fedotov V D, Feldman Y D, Krushelnitsky A G, Ermolina I V. J Mol Struct, 1990, 219, 293-298.

[116] Kamyshny A, Ermolina I, Magdassi S, Feldman Yu. J Phys Chem B, 2000, 104: 7588-7594.

[117] Bonincontro A, Cametti C, Di Biasio A, Pedone F. Biophysical Journal, 1984, 45 (3): 495-501.

[118] Prthing R. IEEE Trans Elect Insul. , E1-19, 1989: 453.

[119] Pethig R. Dielectric and electronic properties of biological materials. John Wiley & Sons, New York: Wiley,1979.

[120] Frasch H F, Kresh J Y. Ann Biomed Eng, 1994, 22(1): 45-57.

[121] Schafer M, Kirlum H J, Schlegel C, et al. Annals of the New York Academy of Sciences, 1999, 873 : 59.

[122] Stoy R D, Foster K R,Schwan H P. Phys Med Biol, 1982, 27: 501.

[123] Campbell A M,Land D V. Phys Med Biol, 1992, 37: 193.

[124] Burdette E C, Cain F L,Seals J. IEEE Trans Micowave Theory Tech, 1980, 18: 414.

[125] Magin R,Burdette E C.In Non-Invasive Physiological Measurements, Vol 2 Rolfe P M, Ed. New York:Academic Press,1983.

[126] Basoli A, Bordi F, Cametti C, Gili T. Journal of Biomedical Materials Research, 2002, 59(1): 100-109.

[127] Bordi F, Cametti C, Rosi A, Calcabrini A. Biochimica et Biophysica Acta-Biomembranes,1983, 1153 (1): 77-88.

[128] Polevaya Yu, Ermolina I, Schlesinge M R, Ginzburg B-Z,Feldman Yu. Biochem Biophys Acta, 1999, 1419: 257-271.

[129] Asami K, Takahashi Y, Takashima S. Biochem Biophys Acta, 1989, 1010: 49-55.

[130] Irimajiri A, Hanai T,Inoue A. J Theor Biol, 1979, 78: 251-269.

[131] Bordi F, Cametti C, Gili T. Journal of Non-Crystalline Solids, 2002, 305 (1-3): 278-284.

[132] Mimura M K A, Asami K, Hanai T. Fermentation and Bioengineering, 1991, 72:291-295.

[133] Cannizzaro C M, Valentinotti S, Marison I W. ABSTR PAP AM CHEM S,2003,225: U189.

[134] Cannizzaro C, Gugerli R, Marison I, et al. On-line biomass monitoring of CHO perfusion culture with scanning dielectric spectroscopy. BIOTECHNOL BIOENG,2003,84 (5): 597-610.

[135] 赵孔双. 生物化学与生物物理进展, 1997, 24 (4): 316-322.

[136] Schwan H P. "Electrical Properties of issue and cell suspension"//advance in Biological and Medical Physics. Vol 5,New York: Academic Press,1957:147.

[137] Smyth C P. Ann Rev Phys Chem, 1966,17: 433.

[138] Walden P, Ulich H, Werner O. Z phys Chem,1925,115:177.

[139] Carman A P, Schmicdt C C. Phys Rev, 1928, 31: 157.

[140] Frendlich H. Kapillarchemie, 1932, 2 (62): 332.

[141] Voet A. J Phys Collod Chem, 1947, 51: 1037.

[142] Bruggeman D A G. Ann D Phys,1935, 24: 626.

[143] Wyman J. Chem Rev, 1936, 19: 213.

[144] Oncley J L. J Am Chem Soc, 1938, 60: 1115-1123.

[145] Bateman J B, Potapenko G. Phys Rev, 1940,57: 1185.

[146] Conner W P, Smyth C P. J Am Chem Soc, 1942, 64: 1870.

[147] Buchanan T J. Proc Inst Radio Engrs, 1952, 99Ⅲ:61.

[148] Cook H F. Br J appl Phys, 1952, 3: 249.

[149] Schwan H P, Sittl K. Trans Am Inst elect Engrs, 1953, 5: 114.

[150] McCrum N G, Read B E, Williams G. Anelastic and Dielectric Effects in Polymeric Solids. New York:Wiley,1967.

[151] Hedvig P, Dielectric Spectroscopy of Polymers. New York: Wiley,1977.

[152] Runt J P,Fitzgerald J J. Dielectric Spectroscopy of Polymer Materials: Fundamentals and Applications. Washington DC: American Chemical Society,1997.

[153] Bruggeman D. Ann Phys, 1935, 24: 636-679.

[154] Hanai T. Kolloid-Z, 1960, 171: 23-31.

[155] Hanai T. Electrical properties of emulsions//Sherman P, editor. Emulsion science. London: Academic Press, 1968: 353-478.

[156] Hanai T, Koizumi N, Gotoh R. Kolloid-Z, 1959, 167: 41.

[157] Ishikawa A, Hanai T, Koizumi N. Jpn J Appl Phys, 1981, 20: 79-86.

[158] Hanai T, Sekine K. Colloid Polym Sci, 1986, 264: 888-895.

[159] Irimajiri A, Doida Y, Hanai T, Inouye A. J Membr Biol, 1978, 38: 209-232.

[160] O'Konski C T. J Phys Chem, 1960, 64: 605-619.

[161] Dukhin S S. Dielectric phenomena and the double layer in disperse systems and polyelectrolytes. New York: John Wiley and Sons, 1974.

[162] Hinch E J, Sherwood J, Chen W C, Sen P N. J Chem Soc Faraday Trans 2, 1984, 80: 535-551.

[163] O'Brien R W. J Colloid Interface Sci, 1983, 92: 204-216.

[164] Grosse C. Ferroelectrics, 1988, 86: 181-190.

[165] Schwan H P. Advan Biol Med Phys, 1957, 5: 147-206.

[166] Schwan H P, Schwarz G, Maczuk J, Pauly H. J Phys Chem, 1962, 66: 2626-2635.

[167] Schwarz G. J Phys Chem ,1962, 66: 2636-2642.

[168] Dukhin S S//B V Derjaguin, Ed. Issledovania v oblasti poverhnosnih sil. Moscow: Nauka, 1967, 335-356.

[169] Shilov V N, Dukhin S S. Colloid J (Kollidn Zh), 1970, 32: 293-300.

[170] DeLacey E H B, White L R. J Chem Soc Faraday Trans, 1981, 2(77): 2007-2039.

[171] Vogel E, Pauly H. J Chem Phys, 1988, 89: 3830-3835.

[172] Mangelsdorf C S, White L R. J Chem Soc Faraday Trans 2, 1981, 93: 3145-3154.

[173] Zukoski C F, Saville D A. J Colloid Interface Sci, 1986, 114: 45-53.

[174] Hill R J, Saville D A, Russel W B. J Colloid Interf Sci, 2003, 268: 230-245.

[175] O'Brien R W. J Colloid Interf Sci, 1986, 113: 81-93.

[176] Grosse C. J Phys Chem, 1988, 92: 3905-3910.

[177] Shilov V N, Delgado A V, Gonzalez-Caballero F, Grosse C. Colloids Surf A, 2001, 192: 253-265.

[178] Dielectrics, A General Discussion,(reprinted from the Transaction of the Faraday Society,42A), Faraday Soc London, 1946.

[179] Des Relaxationsverhalten der Materie. Marburg Diskussionstagung,(Sonderausgabe der Kolloid Zeitschrift Bd. 130), Steinhopff, Darmstadt, 1953.

[180] Spectroscopy of Relaxation at Radiofrequencies,(Compte Rendu Du Xe Collogue Ampère), North-Holland Publ., Amsterdam,1962.

[181] Molecular Relaxation Processes, (Chemical Society Special Publication No. 20). London:Chem Soc London & Academic Press, 1966.

[182] Jakosky B M, Shock E L. J Geophys Res, 1998, 103(19): 359-364.

[183] Margulis L, Mazur P, Barghoorn E S, Halvorson H O, Jukes T H, Kaplan I R. J Mol Evol, 1979, 14: 223-232.

[184] McKay D S, Gibson E K Jr, Thomas-Keprta K L, Vali H, Romanek C S, Clemett S J, Chillier X D F, Maechling C R, Zare R N. Science, 1996, 273: 924-930.

[185] Thomas-Keprta K L, Clemett S J, Bazylinksi D A, Kirschvink J L, McKay D S, Wentworth S J, Vali H, Gibson E K, Jr, M F McKay,C S Romanek. Proc, Nat Acad Sci USA, 2001, 98: 2164-2169.

[186] Weiss B P, Yung Y L, Nealson K H. Proc, Nat Acad Sci USA, 2000, 97: 1395-1399.

[187] Nealson K H. J Geophys Res, 1997, 102(23): 675-686.

[188] Nawarathna D, Claycomb J R, Miller J H, Jr,Benedik M J. Appl Phys Lett, 2004, 86: 023902-1-3.

[189] Warmflash D, Miller J H, Jr, McKay D S, Fox G E, Nawarathna D. Mars Astrobiology Science and Technology Workshop, Carnegie Institution of Washington, Washington DC, Sept 8-10, 2004.

[190] Prodan C, Mayo F, Claycomb J R, Miller J H Jr, Benedik M J. J Applied Physics 2004,95: 3754-3756.

[191] Allen C C, Griffin C, Steele A, Wainwright N, Stansbery E. Microbial Life in Martian Regolith Simulant JSC Mars-1, 31st Lunar and Planetary Science Conference, Johnson Space Center, Houston, TX, March 13-17, 2000.

[192] Baker-Jarvis J, Jones C A, Riddle B. Electrical Properties and Dielectric Relaxation of DNA Solution, NIST Technical Note 1509, November, 1998.

[193] Foster K R, Epstein B R, Gealt M A. Biophys J, 1987, 52(3): 421-425.

[194] Hefti J, Pan A, Kumar A. App Phys Letters, 1999, 75(12): 1802-1804.

[195] Bonincontro A, Caneva R, Pedone F. J Non-crystalline Solids, 1991, 131-133.

[196] Bonincontro A, Caneva R, Pedone F, Romano T F. Phys Med Biol, 1989, 34: 609-616.

[197] Sakamoto M, Hayakawa R, Wada Y. Biopolymers, 1980, 19: 1039-1047.

[198] Marc Rütschlin, Cloete Johannes H, Mason Iain M, Palmer Keith D. Journal of Applied Geophysics, 2007, 62: 354-360.

[199] Gustavo Dominguez-Espinosa, Ricardo D$_1$'az-Calleja, Evaristo Riande. Macromolecules 2006, 39: 5043-5051.

[200] M Arndt, R Stannarius, W Gorbatschow, F Kremer. Dielectric investigations of the dynamic glass transition in nanopores, PHYSICAL REVIEW E VOLUME 1996, 54(5): 5377-5390.

[201] Nath R, Goresy T El, Geil B, Zimmermann H, Böhmer R. PHYSICAL REVIEW E , 2006,84:021506.

[202] Pradeep K Rai, Morton M Denn, Boris Khusid. Langmuir, 2006, 22: 2528-2533.

[203] Subba Reddy Ch V, Han Xia, Zhu Quan-Yao, Mai Li-Qiang, Chen Wen. Microelectronic Engineering, 2006, 83: 281-285.

[204] SINGH K P, GUPTA P N. Eur Polym J Vol, 1998, 34(7): 1023-1029.

[205] Bordi F, Cametti C, Sennato S, Zuzzi S, Dou S, Colby R H. Phys Chem Chem Phys,2006, 8: 3653-3658.

[206] Bockstaller M, Fytas G, Wegner G. Macromolecules, 2001, 34: 3497-3499.

[207] Kazuyuki Yoshizaki, Osamu Urakawa,Keiichiro Adachi. Macromolecules, 2003, 36: 2349-2354.

[208] He R,Craig D Q M. Journal of Pharmaceutical Sciences, 1999, 88(6): 635-639.

[209] Smits A L M, Wübbenhorst M, Kruiskamp P H, Van Soest J J G, Vliegenthart J F G, Van Turnhout J. J Phys Chem B, 2001, 105: 5630.

[210] Fukao K, Uno S B, Miyamoto Y, Hoshino A, Miyaji H. J Non-Cryst Solids, 2002, 307: 517.

[211] Fricke H. J Phys Chem, 1953, 57: 934-937.

[212] van Beek L K H. Dielectric behaviour of heterogeneous systems//Birks J B, editor. Progress in dielectrics, vol 7,London: Heywood Books,1967: 69-114.

[213] Stepin L D. Sov Phys, 1965, 9: 1348-1351.

[214] Fricke H. J Phys Chem, 1955, 59: 168-170.

[215] Schwarz G, Saito M, Schwan H P. J Chem Phys, 1965, 10: 3562-3569.

[216] Schwan H P, Schwarz G, Maczuk J, Pauly H. J Phys Chem, 1962, 66: 2626-2635.

[217] Sax B M, SchÖn G, Paasch S, Schwuger M J. Prog Colloid Polym Sci, 1988, 77: 109-114.

[218] Ishikawa A, Hanai T, Koizumi N. Colloid Polym Sci, 1984, 262: 477-480.

[219] Constantino Grosse, Vladimir Nikolaievich Shilov. Journal of Colloid and Interface Science, 2007, 309: 283-288.

[220] Han M J, Zhao K S, Zhang Y P, Chen Z, Chu Y. Colloid and Surface A, 2007, 302: 174-180.

[221] 智霞, 陈震, 赵孔双, 李国明, 何广平. 化学学报, 2006,64 (8): 709-715.

[222] 陈震, 赵孔双, 何广平, 陈炳念. 物理化学学报, 2004,20 (2): 158-163.

[223] Chen Z, Zhao K S, Guo L, Feng C H. J Chemical Physics, 2007, 126: 164505.

[224] He K,Zhao K S. Langmuir, 2005, 21: 11878-11887.

[225] Zhao K S, He K J. Physical Review B, 2006,74 (20): 205319-205328.

[226] Tokeer Ahmad, Ashok K. Materials Letters, 2006, 60: 3660-3663.

[227] 李娇阳, 赵孔双. 高等学校化学学报, 2006, 27: 2362-2365.

[228] Ahualli S, Jiménez M L, Delgado A V, Arroyo F J,Carrique F. IEEE Transactions on Dielectrics and Electrical Insulation, 2006, 13(3): 657-663.

[229] Constantino Grosse, Vladimir Nikolaievich Shilov. Journal of Colloid and Interface Science, 2007, 309: 283-288.

[230] Daniel M Chipman. THE JOURNAL OF CHEMICAL PHYSICS, 2006, 124: 224111.

[231] T Ganesh, R Sabesan, S Krishnan. Dielectric relaxation studies of alkanols solubilized by cationic surfactants in aqueous solutions, 2008, 137: 31-35.

[232] Alessandro Galia, Onofrio Scialdone, Giovanni Begue, Salvatore Piazza, Giuseppe Filardo. J of Supercritical Fluids, 2007,40: 183-188.

[233] Toshiyuki Shikata T. Langmuir, 2001, 17: 6841-6850.

[234] Bonincontro A, Cametti C,Marchetti S,Onori G. J Phys Chem B, 2003, 107: 10671-10676.

[235] Shin-ichiro Imai, Kanae Yamanaka, Toshiyuki Shikata. Langmuir, 2003, 19: 8654-8660.

[236] Buchner R, Baar C, Fernandez P, Schrfdle S,Kunz W. J Molecular Liquids, 2005, 118: 179-187.

[237] Buchner R, Baar C, Fernandez P, Schrfdle S, Kunz W. Journal of Molecular Liquids, 2005, 118: 179-187.

[238] Freda M, Onori G, Paciaroni A,Santucci A. Journal of Non-Crystalline Solids, 2002, 307-310.

[239] Partha Hazra, Nilmoni Sarkar. Chem Phys Lett, 2001, 342: 303-311.

[240] Asami K. Langmiur, 2005, 21: 9032.

[241] Feldman Y. J Chem Phys, 1999, 111: 7023.

[242] He K J, Zhao K S, Chai J L, Li G Z. Journal of Colloid and Interface Science, 2007, 313: 630-637.

[243] Mu H, Zhao K S, Wei S X, Li Y, Li G Z. Chemical Journal of Chinese Universities, 2004, 20 (1): 92-98.

[244] Asami K. J Phys Condens, Matter 2007, 19: 376102.

[245] Bonincontro A, Michiotti P, Mesa C La. J Phys Chem B, 2003, 107: 14164-14170.

[246] Subrata Pal,Biman Bagchib. J Chem Phys, 2004, 120 (4): 1912-1920.

[247] Redwood W R, Takashima S, Schwan H P,Thompson T E. Biochim Biophys Acta, 1972, 255: 557.

[248] Sekine K, Hanai T, Koizumi N. Bull Inst Chem Res Kyoto Univ, 1983, 61: 299-313.

[249] Kaatze U. Prog Colloid Polym Sci, 1980, 67: 117.

[250] Di Biasio A, Cametti C. Bioelectrochemistry, 2007, 70: 328-334.

[251] Bonincontro A, Spigone E, Ruiz Peña M, Letizia C, La Mesa C. Journal of Colloid and Interface Science, 2006, 304: 342-347.

42

[252] Smith G, Duffy A P, Shen J, Olliff C J. Journal of pharmaceutical sciences, 1995, 84(9): 1029-1044.
[253] De S K, Aswal K, Goyal V K, Goyal P, Bhattacharyya S. J Phys Chem B, 1998, 102:152.
[254] Voges D, Karshikoff A. J Chem Phys, 1998, 108:2219.
[255] Kamyshny A, Ermolina I, Magdassi S, Feldman Yu. J Phys Chem B, 2000, 104:7588-7594.
[256] Hayashi Y, Miura N, Isobe J, Shinyashiki N, Yagihara S. Biophys J, 2000, 79:1023-1029.
[257] Hayashi Y, Miura N, Shinyashiki N, Yagihara S, Mashimo S. Biopolymers, 2000,54: 388-397.
[258] Adalberto Bonincontro, Gianfranco Risuleo. Spectrochimica Acta Part A, 2003, 59:2677-2684.
[259] David S Pearson, Geoff Smith. PSTT, 1998, 1 (3):108-117.
[260] Loffler G, Schreiber H, Steinhauser O. J Mol Biol, 1997, 270:520.
[261] Nandi N, Bagchi B. J Phys Chem B, 1998, 102:18217.
[262] Bone S, Small C A. Biochim Biophys Acta, 1995, 1260:85.
[263] Umehara T, Kuwabara S, Mashimo S, Yagihara S. Biopolymers, 1990, 30:649.
[264] Yang L, Weerasinghe S, Smith P E, Pettitt B M. Biophys J, 1995, 69:1519.
[265] Yaoung M A, Jayaram B, Beveridge D L. J Phys Chem B, 1998, 102:7666.
[266] Bonincontro A, Bultrini E, Onori G, Risuleo G. Journal of Non-Crystalline Solids, 2002, 307-310:863-867.
[267] Velikov V, Borick S, Angell C A. Science, 2001, 294:2335-2338.
[268] Kalinovskaya O E, Vij J K, Johari G P. J Phys Chem A, 2001, 105:5061-5070.
[269] Susan K Allison, Joseph P Fox, Rowan Hargreaves, Simon P Bates. PHYSICAL REVIEW B, 2005,71:024201-024205.
[270] Snehasis Chowdhuri, Amalendu Chandra. THE JOURNAL OF CHEMICAL PHYSICS 2005, 123:234501-234508.
[271] Makoto Suzuki, Syed Rashel Kabir, Md Shahjahan Parvez Siddique, Umme Salma Nazia, Takashi Miyazaki, Takao Kodama. Biochemical and Biophysical Research Communications, 2004, 322:340-346.
[272] Yoichi Katsumoto, Shinji Omori, Daisuke Yamamoto, Akio Yasuda, Koji Asami. PHYSICAL REVIEW E, 2007, 75:011911.
[273] Katsumoto Y, Omori S, Yamanoto D, Yasuda A, Asami K. Phys Rev E, 2007, 75:011911-011918.
[274] Asami K. J Non-Crystalline Solids, 2002, 305(1-3):268-277.
[275] Asami K. Phys Rev E, 2006, 73: 52903-1-3.
[276] Bai W, Zhao K S, Asami K. Biophysical Chemistry,2006,122:136-142.
[277] Asami K, Zhao K S. Colloid Polym Sci,1994,72: 64-71.
[278] Jones T B. Electromechanics of particles. Cambridge:Cambridge University Press, 1995.
[279] Pethig R, Huang Y, Wang X, Burt J P H. J Phys D: Appl Phys, 1992, 24:881-888.
[280] Sanchis A, Brown A P, Sancho M, Martínez G, Sebastia Muñoz J L S, Miranda J M. Bioelectromagnetics, 2007, 28:393-401.
[281] Fuhr G, Gimsa J, Glaser R. Stud Biophys,1985,108:149-164.
[282] Gimsa J. Characterization of particles and biological cells by AC Electrokinetics//A V Delgado, ed. Interfacial Electrokinetics and Electrophoresis. New York:Marcel Dekker Inc,2001:369-400.
[283] Jutiporn Sudsiri, Derk Wachner, Jan Gimsa. Bioelectrochemistry, 2007, 70:134-140.
[284] Asami K. Meas Sci Technol, 1994, 5:589-592.
[285] Sekine K, Hibino C, Kimura M, Asami K. Bioelectrochemistry, 2007, 70:532-541.
[286] Asami K, Sekine K. J Phys D: Appl Phys, 2007,40:2197-2204.
[287] Asami K. J Phys D: Appl Phys, 2007, 40:718-3727.
[288] Asami Koji. J Phys D: Appl Phys, 2006, 39:4656-4663.
[289] Asami Koji, Sekine Katsuhisa. J Phys D: Appl Phys, 2007, 40:1128-1133.
[290] Asami Koji. J Phys D: Appl Phys, 2006, 39:492-499.
[291] Wübbenhorst M, Klap G J, Jansen J C, van Bekkum H, van Turnhout J. J Chem Phys,1999, 111:5637-5640.
[292] Fouad M Aliev a, Manuel Rivera Bengoechea, Gao C Y, Cochran H D, Sheng Dai. Journal of Non-Crystalline Solids,2005, 351:2690-2693.
[293] Wakamatsu H A. Hewlett-Packard Journal, 1997, 48:37-44.
[294] Cole R H, Mashimo S, Winsor P. J Phys Chem,1980, 84:786-793.

第1章 介电谱方法的理论基础

电磁场与分子体系相互作用产生电子的、振动的和转动的分子能量状态的量子化迁移，这可以在高于 1THz（10^{12} Hz）以上的频率段通过紫外可见和红外吸收光谱观测到。这些气态、液态和固态性质的量子光谱学构成了大家比较熟知的物理化学或化学物理分支。但是，如果我们问，当将从接近于 10^{12} Hz 的远红外以下的频率至 10^{-4} Hz 甚至更低的宽频的电磁场作用于上述体系时，将检测到什么现象？回答常常是不完全的或尝试性的。这反映了大部分研究者对发生在这个宽频领域的介电弛豫现象的生疏。在前面的 0.1 节中，围绕着分子偶极子转动为起因的取向极化（约 $10^{8}\sim10^{11}$ Hz）和由于电荷迁移引起的界面极化机制（约 $10^{4}\sim10^{8}$ Hz）等问题，对介电谱基础知识和相关概念进行了介绍和阐述。本章介绍介电弛豫现象的基本理论，目的是对理解后面的弛豫本质以及解析介电谱奠定一定的基础。

1.1 介电弛豫的理论概述

1.1.1 电磁场与物质作用的基本方程

介电谱在实验上源于 19 世纪后期对分子液体和固体以及弱导电性材料的测量，在理论上应该是始于 20 世纪 20 年代 Debye 极性分子理论的提出。但是，描述并揭示电磁场与物质作用本质的是 Maxwell 方程组[1]：

$$\mathrm{rot}\boldsymbol{E}=\frac{\partial}{\partial t}\boldsymbol{B} \tag{1-1a}$$

$$\mathrm{rot}\boldsymbol{H}=\boldsymbol{j}+\frac{\partial}{\partial t}\boldsymbol{D} \tag{1-1b}$$

$$\mathrm{div}\boldsymbol{D}=\rho \tag{1-1c}$$

$$\mathrm{div}\boldsymbol{B}=0 \tag{1-1d}$$

式中，$\boldsymbol{E}$、$\boldsymbol{H}$ 分别表示电场和磁场；$\boldsymbol{D}$ 和 $\boldsymbol{B}$ 分别是电位移（电感强度）和磁感强度；$\boldsymbol{j}$、ρ 分别为电流密度和电荷密度；表达物质电磁性质的物质方程[2,3] 为：

$$\boldsymbol{D}=\varepsilon\boldsymbol{E} \tag{1-2a}$$

$$\boldsymbol{B}=\mu\boldsymbol{H} \tag{1-2b}$$

$$\boldsymbol{j}=\kappa\boldsymbol{E} \tag{1-2c}$$

ε、κ 为介电常数和电导率，这里的 μ 代表的是磁导率。物质方程表达了物质的电学和磁学性质，给出了电磁波和介质中大量分子相互作用的平均结果。物质方程中的式(1-2a)与式(0-6)相同，也可以写成如下形式：

$$\boldsymbol{D}=\varepsilon^{*}\varepsilon_{0}\boldsymbol{E} \tag{1-3}$$

根据 Maxwell 方程组式(1-1)，复介电常数（或称介电函数）ε^{*} 是物质中起因不同的动力学过程的时间（或频率）的函数。原子的或分子的振动产生的共振现象由光学谱观测并分析，而由于分子偶极子的波动或移动电荷载体的电导贡献而产生的弛豫现象是介电谱所研究的内容。由前章的内容可知：一般的，物质内的时间依存过程将导致外电场的时间依存性 $\boldsymbol{E}(t)$ 和作为结果的介电位移的时间依存性 $\boldsymbol{D}(t)$ 之间的差异，这个差在静态表现为相位移，当外电场为周期性交流电场时，$\boldsymbol{E}(t)=E_0\exp(-j\omega t)$，复介电常数表示为

$$\varepsilon^*(\omega)=\varepsilon(\omega)-j\varepsilon''(\omega)=\varepsilon(\omega)-j\frac{\kappa(\omega)}{\omega\varepsilon_0} \tag{1-4}$$

根据 Maxwell 方程组，复介电常数与折射率有下面的简单关系

$$\varepsilon^*=(n^*)^2 \tag{1-5}$$

在这个意义上，介电谱可以看成是光学谱向低频的延续。此外，式(1-4) 中包含了物质方程中的两个重要物理参数：介电常数和电导率，这是在进入介电谱这个领域的理论和实验研究，特别是实验研究之前必须牢记在脑子中的。

物质方程中的式(1-2c) 也可以写为

$$j=\kappa^* E \tag{1-6}$$

该式给出了电场和电流密度之间的关系，其中复电导率与复介电常数之间有如下的关系：

$$\kappa^*=j\omega\varepsilon_0\varepsilon^* \tag{1-7}$$

同样，这也是 Maxwell 方程和物质方程给出的重要结果。

1.1.2 静态介电理论的几个关系式

在第 0 章电介质物理基础中已经介绍了宏观极化强度 P 与某体积内的分子或粒子偶极矩的关系 [式(0-2)]。微观偶极矩具有固有的和诱导的特征，而诱导偶极矩是由于局部电场 E_{loc} 引起的，对于线性情况，有 $\boldsymbol{\mu}=\alpha E_{loc}$，这里的极化率 α 衡量负、正电荷的淌度。诱导的电子极化是电子云相对于原子核的移动，发生在 10^{-12} s 的尺度；原子极化发生在略长的时间尺度，这些诱导极化归为 $\boldsymbol{P}_\infty$。因此，对于只有一种偶极子的分子体系，考虑固有偶极矩的取向极化和诱导极化后的极化表示式 [式(0-2)] 变为：

$$P=\frac{1}{V}\sum\boldsymbol{\mu}_i+\boldsymbol{P}_\infty=\frac{N}{V}\langle\boldsymbol{\mu}\rangle+\boldsymbol{P}_\infty \tag{1-8}$$

$\langle\boldsymbol{\mu}\rangle$ 为平均偶极矩。如果体系中含有不同种类的偶极子，必须对所有种类求和。

一般的，偶极矩的平均值 $\langle\boldsymbol{\mu}\rangle$ 是由不同的因素决定的，如偶极子相互作用能和偶极子运动的热能。根据 Boltzmann 统计，这时的 $\langle\boldsymbol{\mu}\rangle$ 可以表示为

$$\langle\boldsymbol{\mu}\rangle=\frac{\displaystyle\int_{4\pi}\langle\boldsymbol{\mu}\rangle\exp\left(\frac{\boldsymbol{\mu}\cdot\boldsymbol{E}}{k_B T}\right)\mathrm{d}\Omega}{\displaystyle\int_{4\pi}\exp\left(\frac{\boldsymbol{\mu}\cdot\boldsymbol{E}}{k_B T}\right)\mathrm{d}\Omega} \tag{1-9}$$

T、k_B 和 Ω 分别是温度、Boltzmann 常数和立体角，因子 $\exp[(\boldsymbol{\mu}\cdot\boldsymbol{E})/(k_B T)]\mathrm{d}\Omega$ 给出偶极矩矢量在 $\mathrm{d}\Omega$ 内取向的概率。考虑到只有平行于外电场方向的偶极矩分量才对极化有贡献（参考图 0.4），则可得到前章的式(0-26)。将式(0-28)～式(0-30) 代入到式(1-8) 中，得到包含固有偶极矩和诱导偶极矩的极化表达式

$$P=\frac{\mu^2}{3k_B T}\frac{N}{V}E \tag{1-10}$$

借助于式(0-8)，最终得到从介电谱中计算取向极化对介电常数贡献的公式：

$$\varepsilon_s-\varepsilon_\infty=\frac{1}{3\varepsilon_0}\frac{\mu^2}{k_B T}\frac{N}{V} \tag{1-11}$$

这里的 $\varepsilon_s=\lim_{\omega\to 0}\varepsilon(\omega)$，而 $\varepsilon_\infty=\lim_{\omega\to\infty}\varepsilon(\omega)$ 包含了在光学领域中所有因电子和原子极化 $\boldsymbol{P}_\infty$ 对

介电常数的贡献。值得注意的是，上式是在不考虑偶极子之间的相互作用和局部电场这两个假定下导出的，因此仅对分子间无相互作用的稀薄体系（如气体或以非极性液体为介质的稀薄极性分子溶液）有效[4,5]。

Onsager（昂萨格）利用反作用场理论，考虑有效电场为空洞电场（cavity field）和反作用场（reaction field）之和，将忽略了分子间远程相互作用的 Debye 方程［式(0-97)］拓展到一般的体系，得出 Onsager 方程[6,7]：

$$\varepsilon_s - \varepsilon_\infty = \frac{1}{3\varepsilon_0} F \frac{\mu^2}{k_B T} \frac{N}{V} \tag{1-12}$$

其中的

$$F = \frac{\varepsilon_s(\varepsilon_\infty + 2)^2}{3(2\varepsilon_s + \varepsilon_\infty)^2} \tag{1-13}$$

该方程可计算非缔合的有机液体的偶极矩，但并不适合于计算缔合性分子液体，其原因在于该方程的推导并没有考虑到由氢键、空间相互作用等引起的分子间的静态取向因素而导致的分子缔合。这样液体的介电谱给出的是分子集合的有效偶极矩。

为了考察包含所有相互作用后的极化公式或介电常数公式，根据统计力学原理，可以写出取向极化对介电常数的贡献的表达式

$$\varepsilon_s - \varepsilon_\infty = \frac{1}{3k_B T \varepsilon_0} \frac{\langle P(0)P(0)\rangle}{V} = \frac{1}{3k_B T \varepsilon_0} \frac{\left\langle \sum_i \boldsymbol{\mu}_i(0) \sum_j \boldsymbol{\mu}_j(0) \right\rangle}{V} \tag{1-14}$$

其中的 $\langle P(0)P(0)\rangle$ 是任意 $t = 0$ 时刻偶极极化波动的静态相关函数。括号表示的是包含了所有相互作用的整个体系的平均，但因为利用此公式在实际计算上的困难，Kirkwood 和 Fröhlich 考虑了与中心分子接近并发生强相互作用的分子，导入了相关因子 g 以对偶极子间无相互作用的理想模型进行修正[8~11]，并将 Onsager 方程扩展为：

$$\varepsilon_s - \varepsilon_\infty = \frac{1}{3\varepsilon_0} F g \frac{\mu^2}{k_B T} \frac{N}{V} \tag{1-15}$$

这里的 μ^2 是没有相互作用的孤立偶极子的均方偶极矩，对气相或稀溶液是可以测量的。仅考虑与中心分子最接近的分子的相互作用时，g 可以简化地表示为

$$g = 1 + z(\cos\gamma) \tag{1-16}$$

这里的 z 是与中心最接近的分子的数目，γ 是与中心分子最接近的偶极矩之间的夹角。g 可以小于或大于 1，取决于分子的反平行或平行取向的倾向。这样，实验上若能确定因子 g，便可以估计分子彼此的取向。

对于不考虑偶极子远程相互作用的 Debye 方程、忽略了近程相互作用的 Onsager 方程以及包含了所有相互作用的 Kirkwood 公式，还有另外的表达形式：

Debye 方程
$$\frac{3(\varepsilon - n^2)}{(\varepsilon + 2)(n^2 + 2)} = \frac{N\mu_0^2}{9\varepsilon_0 k_B T} \tag{1-17}$$

Onsager 方程
$$\frac{(\varepsilon - n^2)(2\varepsilon + n^2)}{\varepsilon(n^2 + 2)^2} = \frac{N\mu_0^2}{9\varepsilon_0 k_B T} \tag{1-18}$$

Kirkwood-Fröhlich 方程
$$\frac{(\varepsilon - n^2)(2\varepsilon + n^2)}{\varepsilon(n^2 + 2)^2} = g \frac{N\mu_0^2}{9\varepsilon_0 k_B T}$$
$$g = 1 + z(\cos\gamma) \tag{1-19}$$

这三个方程源于用光折射率的平方 n^2 替换了介电常数 ε 的 Clausius-Mossotti 方程［参见式(0-16)］，称为 Lorentz-Lorenz（洛伦兹-洛伦茨）方程：

$$\frac{n^2-1}{n^2+2}=\frac{N\alpha}{3\varepsilon_0} \tag{1-20}$$

因为光折射率 n 在磁导率为 1 的介质中（一般的电介质均如此）有 $n^2=\varepsilon$。式(1-17)～式(1-19) 和 Clausius-Mossotti 方程都是静态介电理论重要的关系式。

1.2 介电弛豫的统计理论

实际上物质中的分子不是处于热力学平衡状态，同时，介电谱是建立在外电场下的分子或分子的某些部分的统计热运动基础之上的，所以统计热力学方法对于讨论介电现象十分重要，它可提供一种获得宏观量的途径。本节简要介绍当体系受到外加扰动时的线性响应的统计力学处理。

1.2.1 体系对外部扰动的线性响应

在外部扰动的能量相对于体系的总能量是非常小的假定下，这时的扰动由表现体系与外部力场相互作用能的时间依存哈密顿函数 $H(p,q)$ 描述：

$$H(p,q)=-\sum_i B_i(p,q)F_i(t) \tag{1-21}$$

式中，p 和 q 分别是广义动量和坐标，$B_i(p,q)$ 是受外力 $F_i(t)$ 影响的动力学变量。在电场中的偶极子体系中，扰动是角频率为 ω 的周期性外电场 $F_i(t)=E_i(t)$，动力学变量为极化 $B_i\equiv P_i$，即体系的偶极矩浓度。这时的扰动哈密顿函数为：

$$H_t(p,q)=-\sum_\omega B_\omega(p,q)\exp(-j\omega t)$$

对于单一频率的周期扰动

$$H_t(p,q)=-B(p,q)E_0\exp(-j\omega t) \tag{1-22}$$

如果 t' 时刻一个瞬间扰动 $H_{t'}=-B\delta(t-t')$ [$\delta(t-t')$ 是 Dirac 函数] 加到体系中，那么体系中任意一个动力学变量 A 的响应表示为

$$\langle A\rangle=\langle A\rangle_0+\langle\!\langle A(t)B(t')\rangle\!\rangle \tag{1-23}$$

其中 Green 函数 $\langle A(t)B(t')\rangle$ 描述的是当加上一个无限小的扰动之后，一个变量的平均值偏离平衡值 $\langle A\rangle_0$ 的时间依存性。一般的，A 可由著名的 Kubo（久保）公式[12,13] 描述：

$$\langle A\rangle=\langle A\rangle_0+\sum_j\int_{-\infty}^t\phi_{AB_j}(t-t')F_j(t')\mathrm{d}t' \tag{1-24}$$

其中

$$\phi_{AB_j}(t-t')=\frac{1}{\theta}\langle\dot{B}_j(t')A(t)\rangle_0$$

为时间相关函数，参数 θ 在热平衡时等于 $k_\mathrm{B}T$。

作为以上讨论的一个特例，当一个交流电场

$$E=E_0\cos(\omega t)\equiv\mathrm{Re}[E_0\exp(-j\omega t)] \tag{1-25}$$

作用到荷电体系时，作为偶极子相互作用能的扰动哈密顿函数是

$$H_{t'}=-\sum_j e_j\boldsymbol{D}r_j\cos(\omega t)=-\boldsymbol{DP}\cos(\omega t) \tag{1-26}$$

$\boldsymbol{P}=\sum e_jr_j$（$e$、$r$ 分别是第 j 个粒子的电荷和半径），等于净的偶极矩浓度。在这个表达式中，外加力场的振幅 $F\equiv D$，受该场影响的动力学变量是极化 $B\equiv P$，即宏观偶极矩密度。

选择电流作为式(1-23) 和式(1-24) 中的动力学变量，即 $A \equiv I$，可以得到

$$\langle I_\alpha \rangle = \sum_\beta \mathrm{Re}[\chi^*_{\alpha\beta}(\omega) \exp(-j\omega t) \boldsymbol{D}_\beta] \tag{1-27}$$

其中宏观极化率

$$\chi^*_{\alpha\beta}(\omega) = \int_{-\infty}^{\infty} \exp(-j\omega t) \langle\!\langle I_\alpha \boldsymbol{P}_\beta(t) \rangle\!\rangle \mathrm{d}t \tag{1-28}$$

α 和 β 指的是方向。式(1-27) 还可以写为

$$\langle I_\alpha \rangle = \sum_\beta \mathrm{Re}[\kappa_{\alpha\beta}(\omega) \exp(-j\omega t)] \boldsymbol{E}_\beta \tag{1-29}$$

因为复电导率 $\kappa^*(\omega)$ 和 $\chi^*(\omega)$ 之间关系的张量形式为

$$\kappa^* = \chi^* \varepsilon^* \tag{1-30}$$

所以，根据式(0-6) 和式(0-10)，复电导率 $\kappa^*(\omega)$ 可以写为

$$\kappa^*(\omega) = \chi^*(\omega) \left[1 + \frac{4\pi \chi^*(\omega)}{j\omega} \right]^{-1} \tag{1-31}$$

可见体系的复介电常数和复电导率是通过式(1-24) 表示的时间相关函数联系起来的。

1.2.2　偶极自相关函数

R. H. Cole 在 1965 年以 Kubo 公式为基础计算溶液中球形分子的介电常数[14] 时，将 N 个相同分子体系的平均极化即体系的宏观偶极矩密度表示为

$$\langle \boldsymbol{P} \rangle = \frac{N\alpha E_0}{V} - \frac{N \langle \mu(0) \cdot \mu(0) \rangle_0}{3k_{\mathrm{B}}TV} \int_{-\infty}^{t} E_0(t') \dot{\Phi}(t-t') \mathrm{d}t' \tag{1-32}$$

其中

$$\Phi(t) = \frac{\langle \mu(0) \cdot \mu(t) \rangle}{\langle \mu(0) \cdot \mu(0) \rangle} \tag{1-33}$$

称为偶极自相关函数（dipole-moment autocorrelation function，DACF），该函数的益处在于，它用一个很通常的方法将偶极子体系对外电场的线性响应进行了公式化。根据上面两个方程，并考虑外部电场和洛伦兹电场的关系［式(0-13)］以及式 (0-8)，可以获得下式[15]：

$$\frac{\varepsilon^* - \varepsilon_\infty}{\varepsilon_0 - \varepsilon_\infty} = \left\{ 1 + \left(\frac{\varepsilon_0 + 2}{\varepsilon_\infty + 2} \right) [L(-\dot{\Phi})^{-1}] \right\}^{-1} \tag{1-34}$$

其中

$$\varepsilon_0 - \varepsilon_\infty = 4\pi N \frac{(\varepsilon_0 + 2)}{3} \frac{(\varepsilon_\infty + 2)}{3} \frac{\langle \mu(0) \cdot \mu(0) \rangle}{3k_{\mathrm{B}}TV} \tag{1-35}$$

$L(-\dot{\Phi})$ 为 $\dot{\Phi}$ 的拉普拉斯变换：

$$L(-\dot{\Phi}) = -\int_0^{\infty} \exp(-j\omega t) \dot{\Phi}(t) \mathrm{d}t \tag{1-36}$$

在忽略了偶极矩 $\mu(0)$ 与相邻偶极矩之间的相互作用的特例中，偶极自相关函数可以写成单一弛豫时间近似的形式：

$$\Phi(t) = \frac{\langle \mu(0) \cdot \mu(t) \rangle}{\langle \mu(0) \cdot \mu(0) \rangle} = \exp(-1/\tau) \tag{1-37}$$

这时，式(1-34) 可以写成球形偶极子的单一弛豫时间的近似 Debye 方程：

$$\frac{\varepsilon^* - \varepsilon_\infty}{\varepsilon_0 - \varepsilon_\infty} = \frac{1}{1 + j\omega \left(\dfrac{\varepsilon_0 + 2}{\varepsilon_\infty + 2} \right) \tau} = \frac{1}{1 + j\omega \widetilde{\tau}} \tag{1-38}$$

其中

$$\widetilde{\tau} = \left(\frac{\varepsilon_0 + 2}{\varepsilon_\infty + 2}\right)\tau \tag{1-39}$$

为宏观弛豫时间。方程式 (1-38) 是根据 Kubo 公式得出的,与 1921 年 Debye 从经典方法导出的公式相一致[16]。

根据偶极自相关函数,含有一种刚性偶极子的体系的复介电常数 ε^* 可表示为:

$$\frac{\varepsilon^*(\omega) - \varepsilon_\infty}{\varepsilon_0 - \varepsilon_\infty} = \left\{1 + \left(\frac{3\varepsilon_0}{2\varepsilon_0 + \varepsilon_\infty}\right)\left[L(-\dot{\Phi})^{-1} - 1\right]\right\}^{-1} \tag{1-40}$$

而

$$L(-\dot{\Phi}) = -\int_0^\infty \exp(-j\omega t)[-\dot{\Phi}(t)]\mathrm{d}t \tag{1-41}$$

式 (1-40) 中的因子 $3\varepsilon_0/(2\varepsilon_0 + \varepsilon_\infty)$ 与局部电场有关,当忽略该局部电场,即 $3\varepsilon_\infty/(2\varepsilon_0 + \varepsilon_\infty) \approx 1$ 时,式 (1-40) 变为:

$$\frac{\varepsilon^*(\omega) - \varepsilon_\infty}{\varepsilon_0 - \varepsilon_\infty} = \int_0^\infty \exp(-j\omega t)[-\dot{\Phi}(t)]\mathrm{d}t \tag{1-42}$$

其实、虚部分别为:

$$\frac{\varepsilon(\omega) - \varepsilon_\infty}{\varepsilon_0 - \varepsilon_\infty} = \int_0^\infty [-\dot{\Phi}(t)]\cos\omega t\,\mathrm{d}t$$

$$\frac{\varepsilon''(\omega)}{\varepsilon_0 - \varepsilon_\infty} = \int_0^\infty [-\dot{\Phi}(t)]\sin\omega t\,\mathrm{d}t \tag{1-43}$$

从统计力学方法也可以导出以宏观极化率 $\chi^* = \chi - j\chi''$ 表示的 K-K 关系:

$$\chi(\omega) = \frac{2}{\pi}\int_{-\infty}^\infty \chi''(\omega')\frac{\omega'}{\omega'^2 - \omega^2}\mathrm{d}\omega'$$

$$\chi''(\omega) = \frac{2}{\pi}\int_{-\infty}^\infty \chi(\omega')\frac{\omega'}{\omega'^2 - \omega^2}\mathrm{d}\omega' \tag{1-44}$$

该方程也暗示 χ 与 ε、ε'' 是互相关联的。

表征一个宏观样品的热力学量是一个平均值,由于分子(或粒子)随机的热运动,这些量是围绕其平均值波动的,对于物质的极化也是同样情况。静态的自相关函数 $\Phi(\tau)$ 由下式给出 [参见式 (1-14)]

$$\Phi(\tau) = \frac{\langle \Delta P(\tau) \cdot \Delta P(0) \rangle}{\langle \Delta P^2 \rangle} \tag{1-45}$$

τ 表示时间变量。很明显,$\Phi(0) = 1$ 和 $\Phi(\tau \to \infty) = 0$。将式 (1-8) 代入上式,得到:

$$\Phi(\tau) = \frac{\sum_i \boldsymbol{\mu}_i(0)\sum_j \boldsymbol{\mu}_j(\tau) + 2\sum_i\sum_{i<j}\langle \boldsymbol{\mu}_i(0)\mu_j(\tau)\rangle}{\left\langle \left(\sum_i \boldsymbol{\mu}_i\right)^2\right\rangle} \tag{1-46}$$

上式是式 (1-14) 的时间依存上的推广,式中的分子的第一部分是偶极自相关函数,而第二部分表示交叉相关性。交叉相关项相当大并且其符号可以是正的或负的,对于理解复杂的协同弛豫 (cooperative relaxation) 过程是重要的。应该注意到,交叉相关项不仅包括原则上可以被 Kirkwood-Fröhlich 相关因子描述的静态的相关性,而且也包括动态的相关性,它随着偶极子 i 和 j 间的距离增大而衰减。$\Phi(\tau)$ 的逆傅里叶变换

$$(\Delta P^2)_\omega = \frac{\langle \Delta P^2\rangle}{\pi}\int_{-\infty}^\infty \Phi(\tau)\exp(j\omega\tau)\mathrm{d}\tau \tag{1-47}$$

称为光谱密度 (spectral density),它是波动 ΔP 的频率分布的度量。若 $\Phi(\tau)$ 能够以一个

相关时间 τ_C 表征的话 ［例如 $\Phi(\tau)=\Phi(\tau/\tau_C)$］，则在围绕 $1/\tau_C$ 的频率附近的 $(\Delta P^2)_\omega > 0$ 成立。

上面讲过，统计力学中，作为坐标和动量函数的极化体系可以用哈密顿函数描述其能量：

$$H = H_0 + H_1(t) \qquad\qquad H_1(t) = -P(p,q)E(t) \qquad\qquad (1\text{-}48)$$

H_0 和 $H_1(t)$ 分别表示体系平衡时的能量和微小的涨落。极化涨落的相关函数由下式给出：

$$\langle P(0)P(\tau)\rangle = \int \mathrm{d}p P(p,q)f(p,q)$$

$$f(p,q) = \frac{1}{Q}\exp\left[-\frac{H(p,q)}{k_B T}\right] \qquad\qquad (1\text{-}49)$$

这里的 Q 是体系的配分函数[17]。但是，该方程很难使用，因为只有在极少的例子中，极化作为坐标和动量的函数才是已知的。这样，必须利用模型来描述介电弛豫现象并从中获取信息。每一个相关函数 $\Phi(t)$ 都可以用一个余效函数 $K(t)$ 来表示（参见 0.1.4.2 节）[18]：

$$\frac{\mathrm{d}\Phi(t)}{\mathrm{d}t} = -\int_0^t K(t-\tau)\Phi(\tau)\mathrm{d}\tau \qquad\qquad (1\text{-}50)$$

如果 $K(t)$ 能够通过分子模型计算或用经验函数表达的话，不仅相关函数，还有如介电常数等可测量的量便可以通过计算得到。

1.3 介电弛豫的唯象理论

上一节，在非平衡统计热力学基础上介绍了一个体系对外部电扰动的线性响应，表明体系在外加电场作用下从一个非热平衡态经过一个时间依存的弛豫过程转移到一个的热平衡态。在低外电场强度下，该非热平衡状态可以用与体系的复宏观极化率相关联的时间相关函数来描述。尽管统计力学方法是非常成熟的，但由于计算上的难度而在实际使用上难以推广。在实践中，经常使用的是容易处理的直观的唯象模型，但是，正确理解和使用这些模型仍然需要一定的基本理论。

1.3.1 线性响应理论

研究非平衡过程的最简单方法是假定外部的扰动能相对于体系的总能量是非常小的，这时的介电弛豫理论是线性响应理论的特例[19]，因此这里简单介绍各相同性体系的线性响应理论。该理论的基本思想是，受到扰动后体系的时间响应可以被一个线性方程来描述。对于一个线性介电体，这个扰动是时间依存的外加电场，而体系对外电场的响应便是极化。这时，线性响应理论给出极化和外电场的关系[20]

$$P(t) = P_\infty + \varepsilon_0 \int_{-\infty}^t \varepsilon(t-t')\frac{\mathrm{d}E(t')}{\mathrm{d}t'}\mathrm{d}t' \qquad\qquad (1\text{-}51)$$

$\varepsilon(t)$ 是时间依存的介电函数，P_∞ 包括了所有产生于诱导极化的贡献。式（1-51）是建立在线性因果关系基础之上的，即体系满足两个条件：第一，对两个扰动的响应是两个单独的反应之总和；第二，仅仅包含扰动之后的某时刻 t 对极化的贡献，只有对符合叠加原理的线性介电体，方程式（1-51）才成立。若对体系施加交变电场，上式可以写成

$$\boldsymbol{P}(t)(\omega) = \varepsilon_0\left[\varepsilon^*(\omega)-1\right]\boldsymbol{E}(t)(\omega) \qquad\qquad (1\text{-}52)$$

复介电常数 $\varepsilon^*(\omega)$ 与时间依存的介电常数 $\varepsilon(t)$ 之间的关系由下式给出：

$$\varepsilon^*(\omega) = \varepsilon_\infty - \int_0^\infty \frac{d\varepsilon(t)}{dt} \exp(-j\omega t) dt \tag{1-53}$$

$\varepsilon^*(\omega)$ 的实部和虚部是通过 Kramers-Kroning 关系[17] 相联系的：

$$\varepsilon(\omega) - \varepsilon_\infty = H[\varepsilon''(\omega)] = \frac{1}{\pi} \oint \frac{\varepsilon''(x)}{x - \omega} dx \tag{1-54a}$$

$$\varepsilon''(\omega) = H[\varepsilon(\omega) - \varepsilon_\infty] \tag{1-54b}$$

这里的 $H[\ ]$ 指的是 Hilbert 变换。这些内容在 0.1.4 节中曾涉及过，详细的还可阅读参考文献 [20，21]。从实验的观点，方程式 (1-54) 意味着 $\varepsilon(\omega)$ 和 $\varepsilon''(\omega)$ 携带着同样的信息[22]。但是，由于电极极化等原因在限定的频率范围内，K-K 变换对于介电测量数据的实用性受到一定的限制。从式 (1-53) 可以直接得到一个著名的关系式，也就是用介电常数虚部的积分表示的介电弛豫强度 $\Delta\varepsilon$：

$$\varepsilon_s - \varepsilon_\infty = \Delta\varepsilon = \frac{2}{\pi} \int_0^\infty \varepsilon''(\omega) d\ln\omega \tag{1-55}$$

1.3.2 单一弛豫时间函数（Debye 弛豫）

回顾图 0.5 示意的介电体的极化随施加和切断的变化情况，瞬间的上升和衰减与分子的电子云位移有关，通常认为是极快的电子极化（$t < 10^{-12}$ s）；而衰减响应是由于偶极子的取向极化或界面极化的弛豫。对各向异性的线性介电体，宏观弛豫函数 $\Phi(t)$（相当于前节的统计解释中的偶极自相关函数）可以作为电场切断时的瞬间电荷衰减函数 $\Phi_d(t)$ 或作为电场施加时的瞬间电荷上升函数 $1 - \Phi_d(t)$ 来测量[23~25]。在唯象理论中，计算介电行为的时间依存性的最简单假想形式是假定极化的变化与它的真实值成正比[26,27]：

$$\frac{dP(t)}{dt} = \frac{1}{\tau} P(t) \tag{1-56}$$

其中的 τ 是特征弛豫时间。方程式 (1-56) 导致一个指数衰减的弛豫函数（相当于单一弛豫时间模型）的 $\Phi(t)$，即

$$\Phi(t) = \exp(-t/\tau) \tag{1-57}$$

另一方面，由叠加原理，物质对上述电场刺激的介电响应可以用下式表示：

$$\varepsilon^*(\omega) = \varepsilon_\infty + (\varepsilon_s - \varepsilon_\infty)\{1 - j\omega F[\Phi_d(t)]\} \tag{1-58}$$

即，介电弛豫的现象论解释给出了时间域测量的介电谱和频率域测量的介电谱的连接。式中的 F 表示的是单向傅里叶变换（纯虚部的拉普拉斯变换）。将式 (1-57) 代入式 (1-58) 得到：

$$\varepsilon^*(\omega) = \varepsilon_\infty + \frac{\varepsilon_s - \varepsilon_\infty}{1 - j\omega\tau} \tag{1-59}$$

这就是大家熟悉的单一弛豫时间的方程，现在更多地称之为 Debye 方程，因为 Debye 首次利用该方程解释了液态和固体中的极性分子的介电弛豫现象。该方程形式上等价于由一个串联 $[R_S, C_S]$ 回路与 C_∞ 并联组成的回路所导出的公式，这在几乎任何一本关于电磁学或电工学等方面的书籍中都可以发现。但是，在介电弛豫的唯象理论中不采用等价回路，而是采用上面所描述的以物质对阶跃电压的介电响应为基础的方法。

通过不同的分子模型可以证明唯象学公式 (1-57) 是合理的[5]。第一个分子模型是一个具有两个稳态的简单的双势阱模型（在 0.1.5.3 节中有过简介介绍），在这两个状态中分子各自占有的比例为 n_1 和 n_2。热涨落导致以速度 Γ_{12} 从态 1 转移到态 2 和以速度 Γ_{21} 从态 2 到态 1。但是，当外加电场时情况发生了变化：电场 $\Delta U = -\mu E \neq 0$ 扰乱了对称电势（$\Gamma_{12} = \Gamma_{21} = \Gamma, n_1 = n_2 = 1/2$），导致 $\Gamma_{12} \neq \Gamma_{21}$ 和 $n_1 \neq n_2$：

$$n_2 = n_1 \exp\left(-\frac{2\Delta U}{k_\mathrm{B} T}\right) \tag{1-60}$$

因为体系的极化可以用式 $\boldsymbol{P} = \boldsymbol{\mu}(n_1 - n_2)$ 表示，当切断施加到体系上的电场之后，分子按照 $\mathrm{d}n_1/\mathrm{d}t = -n_1\Gamma + n_2\Gamma$ 分布，极化随时间的变化为

$$\frac{\mathrm{d}\boldsymbol{P}}{\mathrm{d}t} = \boldsymbol{\mu}\left[\frac{\mathrm{d}n_1}{\mathrm{d}t} - \frac{\mathrm{d}n_2}{\mathrm{d}t}\right] = -2\boldsymbol{\mu}\Gamma[n_1 - n_2] = -2\Gamma P(t) \tag{1-61}$$

方程式(1-61) 相当于当 $\tau = (1/2)\Gamma$ 时的式(1-57)。

另一个证明式(1-57) 之合理性的是转动扩散模型。该模型关注的是一个在黏性介质中的刚性的孤立偶极子在随机力作用下的运动，转子的半径和转动扩散系数 D_rot 决定其动力学行为，为简化起见取外电场 $E(t)$ 方向选为转子 z 轴方向时，取向分布函数 $f(r,t)$ 可以用 Focker-Planck 方程描述[28]：

$$\frac{\partial f(r,t)}{\partial x} = D_\mathrm{rot}\Delta\left[f(r,t) - \frac{\boldsymbol{\mu}\,\boldsymbol{E}(t)}{k_\mathrm{B}T}f(r,t)\right] \tag{1-62}$$

这里的 Δ 代表关于空间坐标的二阶微分。由此经过一系列数学上的推导，介电弛豫的转动扩散模型导致一个弛豫时间 $\tau = 1/(2D_\mathrm{rot})$ 的指数相关函数。将下面的余效函数形式代入方程式(1-50)

$$K(t-\tau) = \frac{\delta(t-\tau)}{\tau} \tag{1-63}$$

可以得到 Debye 弛豫。

1.3.3 具有弛豫时间分布的函数（Non-Debye 弛豫）

实际上，只有很少的例子可用方程式(1-57) 和式(1-59) 所描述的 Debye 型弛豫，换言之，Debye 是相对理想化的情况，而弛豫时间存在分布的情况则是在很多体系中经常见到的，一个含有两种以上偶极子的物质体系或因不同物质构成体系等原因，具有很多弛豫时间对整个弛豫有贡献，这时，通常测量的介电损失峰远宽于 Debye 方程所预测的，而且在很多情况中是不对称的，这称为 non-Debye（非德拜）型弛豫行为。

这样的非德拜型弛豫在很多情况下可以用具有不同弛豫时间的 Debye 函数的叠加来描述：

$$\frac{\varepsilon^*(\omega) - \varepsilon_\infty}{\varepsilon_0 - \varepsilon_\infty} = R(\omega) = \sum_i a_i R_i(\omega) = \sum_i a_i\{1 - j\omega F[\Phi_i(t)]\} \tag{1-64}$$

a_i 是第 i 个弛豫过程在总弛豫中的分数，$R_i(\omega)$ 是在频率域表达的 i 过程的弛豫函数（复数量）：

$$R_i(\omega) = \frac{1}{1 - j\omega\tau_i} \tag{1-65}$$

应该指出的是，非德拜型弛豫形式上分离成不同的 Debye 型弛豫过程并不能证明可以用独立 Debye 弛豫过程进行分子水平的解释（应该注意到线性响应框架内不能判定弛豫过程是否是同类或异类）。$\Phi(t)$ 是在时间域表达的相应的弛豫函数（实数量），$\sum a_i = 1$。对于由分布函数 $H(\tau)$ 表征的弛豫时间的连续分布，可以写成下式：

$$\varepsilon^* = \varepsilon_\infty + \Delta\varepsilon\int_{-\infty}^{\infty}\frac{H(\tau)}{1 + j\omega\tau}\mathrm{d}\ln\tau \qquad \int_{-\infty}^{\infty}H(\tau)\mathrm{d}\ln\tau = 1 \tag{1-66}$$

其中的弛豫函数为

$$\Phi(t) = \int H(\tau)\exp(-t/\tau)\mathrm{d}\tau \tag{1-67}$$

这样，通过适当的分布函数可以对频率域或时间域获得的介电数据进行数值拟合。因为如果

$\Phi(t)$ 或 $R(\omega)$ 是已知的，则分布函数 $H(\tau)$ 在数值上可以被确定[29]。

对非德拜型的介电弛豫行为最敏感的判定是它在复平面中常常偏离由单一弛豫时间给出的半圆（图 0.10），这种偏离已经被各种经验方程给予了公式化说明，其中具代表性的有 Cole-Cole[30]，Cole-Davidson-Cole[31]，Havriliak-Negami[32] 以及其它很多研究者[33~36]提出的对单一弛豫时间函数

$$R(\omega)=\frac{1}{1+j\omega\tau}$$

的改进。上述的三个典型经验表达式都可包含在下面的 Havriliak-Negami（HN）方程中：

$$\varepsilon^*(\omega)=\varepsilon_\infty+\frac{\varepsilon_s-\varepsilon_\infty}{[1+(j\omega\tau)^{(1-\alpha)}]^\beta} \qquad (0<\alpha<1,0<\beta\leqslant1) \qquad (1\text{-}68)$$

这是一个在频率域中最通用的函数，α 和 β 都是与弛豫时间分布相关的参数。当 $\beta=1$ 时 HN 方程变为具有一个分布参数 α 的 Cole-Cole 方程：

$$\varepsilon^*(\omega)=\omega_\infty+\frac{\varepsilon_s-\varepsilon_\infty}{(1+j\omega\tau)^{(1-\alpha)}} \qquad (0<\alpha<1) \qquad (1\text{-}69)$$

当 $\alpha=0$ 时，HN 方程则变为具有分布参数 β 的 Davidson-Cole 方程：

$$\varepsilon^*(\omega)=\varepsilon_\infty+\frac{\varepsilon_s-\varepsilon_\infty}{(1+j\omega\tau)^\beta} \qquad (0<\beta\leqslant1) \qquad (1\text{-}70)$$

这些方程不仅常因为方便而用于指定物质的介电弛豫，而且也常用于从介电弛豫数据中获取弛豫的特征参数。但是，与弛豫时间分布相关的这些参数的物理（或分子）意义仍然是一个尚需商榷的问题。此外，在利用这些公式获取参数时，必须记住：具有多个参数的不同的公式有时能够适合同一组实验数据，即同一个介电谱。

在很多情况，时间域的非德拜弛豫行为被一个广泛使用的经验的弛豫函数 Köhlrausch-Williams-Watts（KWW）函数所描述[37,38]：

$$\Phi(t)=\exp[-(t/\tau_{\text{KWW}})^{\beta_{\text{KWW}}}] \qquad 0<\beta_{\text{KWW}}\leqslant1 \qquad (1\text{-}71)$$

β_{KWW} 为伸展参数（stretching parameter），与指数衰减的弛豫函数［式(1-57)，相当于 $\beta_{\text{KWW}}=1$］相比，β_{KWW} 在短时间（高频）导致 $\Phi(\tau)$ 的不对称的加宽；τ_{KWW} 是弛豫时间。图 1.1 和图 1.2 分别给出的是单一指数衰减函数（$\beta_{\text{KWW}}=1$）和 KWW 函数（$\beta_{\text{KWW}}=0.5$）时，$\Phi(t)$ 对 (t/τ) 和介电参数对 $\lg\omega$ 的示意图。与单指数衰减函数相比，KWW 函数开始下降很快，当 $(t/\tau)>1$ 后衰减变缓；$\beta_{\text{KWW}}=0.5$ 时的介电常数和介电损失也在 (t/τ) 附近明显变宽。

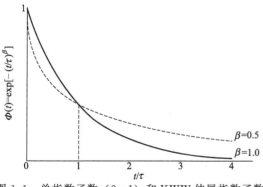

图 1.1　单指数函数（$\beta=1$）和 KWW 伸展指数函数（$\beta=0.5$）的弛豫函数 $\Phi(t/\tau)$ 的衰减

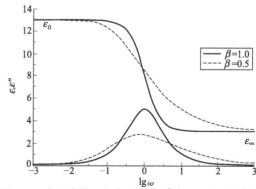

图 1.2　介电常数 ε 和介电损失 ε'' 对 $\lg(t/\tau)$ 的曲线
实线表示单一弛豫时间函数；虚线表示
KWW 伸展指数函数（$\beta=0.5$）

应该注意到，如果对于给定的 β_{KWW} 值，α 和 β 值选择在一定范围的话，HN 函数和 KWW 函数将表现出非常相似的弛豫行为[39]，这两个函数目前最广泛地被用于描述非晶态和液晶高分子，以及其它化学和生物材料的多重弛豫（α、β 和 γ 等）的弛豫函数。此外，式(1-64) 可以转换为如下关系[40,41]：

$$\Phi(t) = \frac{2}{\pi} \int_0^\infty \left[\frac{\varepsilon_s - \varepsilon(\omega)}{\varepsilon_s - \varepsilon_\infty} \right] \sin(\omega t) \mathrm{dln}\omega$$

$$\Phi(t) = \frac{2}{\pi} \int_0^\infty \left[\frac{\varepsilon''(\omega)}{\varepsilon_s - \varepsilon_\infty} \right] \cos(\omega t) \mathrm{dln}\omega \tag{1-72}$$

公式(1-72) 提供了一个从介电弛豫 $\varepsilon(\omega)$ 或介电吸收 $\varepsilon''(\omega)$ 数据中确定弛豫函数的方法。

1.3.4 介电性质（弛豫强度和弛豫时间）的温度依存性

根据 1.1.2 节中的 Kirkwood-Fröhlich 方程式(1-15)，介电弛豫强度 $\Delta\varepsilon$ 的温度依存性是由 ε_s、ε_∞、有效偶极矩 μ_{eff} 和衰减因子 g_r 的温度依存性决定的。由 Clausius-Mosotti 方程 [式(0-97)] 可知，高频介电常数不依赖于温度；在有自由转动偶极子的情况中，低频介电常数则是温度依存的，表示为：

$$\frac{\varepsilon_s - 1}{\varepsilon_s + 2} = \frac{N}{3\varepsilon_0} \left(\alpha + \frac{\mu_{eff}^2}{3k_B T} \right) \tag{1-73}$$

这样，弛豫强度的温度依存性主要是由出现在方程式(1-15) 中的 $1/T$ 和空间因子 g_r 的温度依存性决定的：

$$\varepsilon_s - \varepsilon_\infty = \frac{a}{T} g_r(T) \mu_{eff}^2(T) \tag{1-74}$$

这里的 a 是几乎与温度无关的参数。如果分子的构象是变化的，则有效偶极矩 $\mu_{eff}(T)$ 仅仅取决于温度。由下式定义的空间因子是温度依存的，因为它反映分子内相互作用：

$$g_r = 1 - \frac{\langle \mu_{eff}^2 \rangle}{\mu_0^2} \tag{1-75}$$

因此，从弛豫强度 $\Delta\varepsilon = \varepsilon_s - \varepsilon_\infty$ 的温度依存性可以获得关于分子内相互作用的重要信息。从式(1-74) 可以看到，当分子构型 μ_{eff} 和分子内相互作用 g_r 在某温度范围内不变时，$\Delta\varepsilon$ 应该随着温度的增加而减少，这是通常可以在稀溶液或熔化状态中观察到的。但是更普遍的是，高分子的弛豫强度是随温度的增加而增加的，这暗示着该依存性主要受分子内相互作用 $g_r(T)$ 的变化所控制。

通过上面的讨论以及方程式(1-35) 可知，尽管单一弛豫过程的弛豫强度 $\Delta\varepsilon_i = \varepsilon_{s,i} - \varepsilon_{\infty,i}$ 取决于温度 T，但是，对于一个给定的弛豫过程 i，这样的温度依存性与平均弛豫时间 $\langle \tau_i \rangle$ 的变化相比是很小的。有两个常见的描述实验上观察到的弛豫时间的温度依存性（主要针对高分子聚合物体系）的表达式，第一个是 Vogel-Fulcher (VF) 方程：

$$\langle \tau(T) \rangle = A \exp[B(T - T_\infty)] \tag{1-76}$$

式中，A、B、T_∞ 是与物质相关的拟合参数。Vogel-Fulcher 方程可以很好地描述非晶态聚合物体系中的 α 弛豫，该方程整理后变成著名的 Williams-Lander-Ferry 方程[29]。

$$\ln \frac{\langle \tau_1 \rangle}{\langle \tau_2 \rangle} = \frac{C_1(T_1 - T_2)}{C_2 + (T_1 - T_2)} \tag{1-77}$$

此处的 C_1 和 C_2 都是与物质相关的参数，$\langle \tau_1 \rangle$、$\langle \tau_2 \rangle$ 分别为 T_1、T_2 时的值。第二个弛豫时间的温度依存关系式是多用来描述非晶态和晶体聚合物中 β 弛豫的 Arrhenius 方程：

$$\langle \tau(T) \rangle = C \exp\left(\frac{E}{RT} \right) \tag{1-78}$$

E 为表观活化能，R 为气体常数。通过 $\ln\langle\tau(T)\rangle$ 对于 $1/T$ 的作图可求得活化能 E。除了上述两个常见的方程之外，还有一个常用来描述聚合物和玻璃化液体的弛豫行为的 Adam-Gibbs 方程[42]：

$$\langle\tau(T)\rangle = C'\exp\frac{E}{TS_C(T)} \tag{1-79}$$

这里的 C' 和 F 也是与物质有关的常数；S_C 是构型熵，随温度的升高而减小，因此 $\langle\tau(T)\rangle$ 随温度增加而增加。该方程在一定温度范围内，当 $S_C\to0$ 时 $\langle\tau(T)\rangle\to\infty$，这相当于 VF 方程［式(1-76)］中的温度 $T\to T_\infty$ 的情况。

1.4 介电弛豫的微观解释

1.4.1 时间相关函数方法表示介电弛豫

在液体和固体中极性分子介电弛豫的 Debye 原始理论中，包括了交流或直流扰动电场存在下的偶极子整体的宏观偶极矩的解释。分子的运动可以用电场存在时的转动扩散等运动的公式来模型化[43,44]，但是，因为这样的理论在数学处理上的复杂性，因此难以获得推演出的弛豫时间的真实物理意义，并且难以给出足够的信息。Glarum[45] 和 Cole 发展了该理论[14,46]，他们把 Kubo 等人的线性响应理论应用到偶极分子体系，并且发现体系的复介电常数 $\varepsilon^*(\omega)$ 可以与没有外电场存在时的偶极分子取向运动的时间相关函数 $\Phi_\mu(t)$（time-correlation function，TCF）相关联。下式的 TCF 与统计理论中给出的偶极自相关函数 DACF［式(1-33)］没有本质区别：

$$\Phi_\mu(t) = \frac{\langle\boldsymbol{\mu}(0)\cdot\boldsymbol{\mu}(t)\rangle}{\boldsymbol{\mu}^2} = \langle\cos\theta(t)\rangle \tag{1-80}$$

这里的 $\theta(t)$ 是 $t=0$ 和 $t=t$ 时的偶极矢量的夹角。

使用介电弛豫的相关函数方法存在的一个普遍困难是时间依存统计机制的原理在大学的化学、物理学、材料科学或者高分子科学等课程或教科书中并不出现。因此，有必要对 $\varepsilon^*(\omega)$ 是如何通过线性响应理论与相关函数发生联系的这样一个命题进行简短概述。

对于体积 V 中的 N 个相同的极性分子，考虑相空间分布函数 $f(p,q)$，$f(p,q)\mathrm{d}p\mathrm{d}q$ 是在区间 $\mathrm{d}p\mathrm{d}q$ 获得的构型 p 和相关动量 $q[p=f(p_i,p_j\cdots),q=f(q_i,q_j\cdots)]$ 的系综的概率，运动的 Liouville（刘维）方程给出：

$$\frac{\mathrm{d}f}{\mathrm{d}t} = \frac{\partial f}{\partial t} + \mathcal{L}f = \frac{\partial f}{\partial t} + \sum_i^N\left[\frac{\partial H}{\partial p_i}\frac{\partial f}{\partial q_i} - \frac{\partial H}{\partial q_i}\frac{\partial f}{\partial p_i}\right] \tag{1-81}$$

这里的 "$\mathcal{L}$" 是刘维算符，$\mathcal{L}f = -\{f,H\} = \{H,f\}$，$\{\}$ 是 Poisson（泊松）括号，H 是哈密顿算符，当对体系施加均一电场时 H 为

$$H(p,q:t) = H_0(p,q) - M(q)E(t) \tag{1-82}$$

这里的 $M(q)E(t) = -\sum_i m_i(q)E(t)$，是个别偶极矩和电场相互作用的总能量。根据线性响应理论[19,47]，有 $\mathcal{L}=\mathcal{L}_0+\mathcal{L}_1$，从该刘维方程可求解最终得到电场方向的宏观的平均偶极矩为[25]：

$$\langle\boldsymbol{M}(t)\rangle = \iint\boldsymbol{M}(q)f(p,q:t)\mathrm{d}p\mathrm{d}q$$

$$= -\frac{\langle \boldsymbol{M}(0) \cdot \boldsymbol{M}(0) \rangle}{3k_B T} \int_{-\infty}^{t} E(t') \dot{\Phi}_\mu (t-t') \mathrm{d}t' \qquad (1\text{-}83)$$

这里的 $\boldsymbol{M}(0) = \sum_i \boldsymbol{\mu}_i(0)$，则系综的偶极矩时间相关函数 $\Phi_\mu(t)$ 写为：

$$\Phi_\mu(t) = \frac{\langle \boldsymbol{M}(0) \cdot \boldsymbol{M}(t) \rangle}{\langle \boldsymbol{M}(0) \cdot \boldsymbol{M}(0) \rangle} \qquad (1\text{-}84)$$

这样，宏观偶极矩 $\langle M(t) \rangle$ 正比于平衡量 $\langle M(0) \cdot M(0) \rangle$，这个平衡量是与介电常数相关联的（参见 1.2.2 节），并且与施加电场的时间经由以及电场不存在时导出的分子固有性质 $\Phi_\mu(t)$ 的积分有关。

由方程式(1-83)可以求解得出三种情况时的 $\langle M(t) \rangle$[48]：

① 在 $t'=0$，E_0 作为阶跃电场施加到体系时

$$\langle M(t) \rangle = p_\mu E_0 [1 - \Phi_\mu(t)] \qquad (1\text{-}85)$$

② 在 $t = -\infty$ 施加的电场 E_0 在 $t'=0$ 被切断时

$$\langle M(t) \rangle = p_\mu E_0 \Phi_\mu(t) \qquad (1\text{-}86)$$

③ 稳态交流电场 $E(t') = E_0 \exp(j\omega t')$ 时

$$\begin{aligned} \langle M(t) \rangle &= -p_\mu E_0 \exp(j\omega t') \mathcal{F}[\dot{\Phi}(t)] \\ &= p_\mu E_0 \exp(j\omega t') \{1 - j\omega \, \mathcal{F}[\Phi_\mu(t)]\} \end{aligned} \qquad (1\text{-}87)$$

这些公式将瞬时实验 [式(1-85)和式(1-86)，线性体系的必要条件] 和稳态交流实验 [式(1-87)] 的结果连接了起来，$\Phi_\mu(t)$ 的傅里叶变换得到体系的稳态交流行为。因为

$$\langle M(t) \rangle = [\varepsilon^*(\omega) - \varepsilon_\infty] E(t) K(t) \varepsilon_s \qquad (1\text{-}88)$$

这里的 $K(t)$ 是连接外电场和局部电场的内场因子。这样，从式(1-87)得到：

$$\frac{\varepsilon^*(\omega) - \varepsilon_\infty}{\varepsilon_s - \varepsilon_\infty} \cdot p(j\omega) = 1 - j\omega \, \mathcal{F}[\Phi_\mu(t)] \qquad (1\text{-}89)$$

与式(1-58)相比，该式包含了一个内场因子 $p(j\omega) = K(\omega)/K(0)$[49]。从以上推导可以看出，线性响应理论将实验上的复介电常数 $\varepsilon^*(\omega)$ 与分子的时间相关函数 $\Phi_\mu(t)$ 联了起来，方程式(1-89)是该线性响应理论的重要结果。这样，如果知道偶极矩相关函数是怎样随着时间变化的，即找到 $\Phi_\mu(t)$ 的具体函数关系，那么，方程式(1-89)可以用来计算 $\varepsilon^*(\omega)$。

例如，对分子的小幅转动扩散，有[48]：

$$\Phi_\mu(t) = \exp(-2D_r t) \qquad (1\text{-}90)$$

即指数衰减 $\tau = (2D_r)^{-1}$，D_r 为转动扩散系数，令 $p=1$，联立解方程式(1-89)和式(1-90)可得与式(1-59)类似的单一弛豫时间方程，因此 $\varepsilon(\omega)$ 和 $\varepsilon''(\omega)$ 对 $\lg\omega$ 可得类似于图 1.2 中实线的曲线。即，偶极子的简单转动扩散给出类似单一弛豫时间的频域介电弛豫，而且可以用 $\Phi_\mu(t)$ 对该弛豫行为的物理意义给予解释。

1.4.2 离子电导的分子解释

在无外加电场条件下，液体和非晶态固体的离子无规则运动可用 Einstein 方程定义的时间依存的扩散系数 $D(t)$ 来描述[50]：

$$D(t) = \frac{\langle r^2(t) \rangle}{2d \cdot t} \qquad (1\text{-}91)$$

此处 $\langle r^2(t) \rangle$ 是一个离子在某时刻 t 的均方位移；d 是体系的几何维数（对液体或非晶态固体为 3）。离子运动的复电导率 $\kappa^*(\omega)$ 通过 Nernst-Einstein 关系式与 $D(t)$ 联系起来：

$$\kappa^*(\omega) = D(\omega) p \frac{e^2}{kT} \qquad (1\text{-}92)$$

此处的 k 和 e 意义同前，p 为量化因子，$D(\omega)$ 表示为：

$$D(\omega) = -\omega^2 \lim_{\delta \to \infty} \int_0^\infty \langle r^2(t) \rangle \exp(j\omega t - \delta t) \mathrm{d}t \tag{1-93}$$

由式(1-91)～式(1-93) 可知，$\kappa^*(\omega)$ 通过傅里叶-拉普拉斯变换可以与 $\langle r^2(t) \rangle$ 建立联系，详细的求解需要考虑到每个离子的扩散以及离子各自的扩散系数 $D(t)$。

另一种连接 $\kappa^*(\omega)$ 与 $\langle r^2(t) \rangle$ 的方法是要将离子运动的速率自相关函数考虑在内的，表示为[51]：

$$\kappa^*(\omega) = \frac{1}{3kTV} \int_0^\infty \langle J(0) \cdot J(t) \rangle \exp(j\omega t) \mathrm{d}t \tag{1-94}$$

这里的 $\langle J(0) \cdot J(t) \rangle$ 是离子运动的电流-电流时间相关函数；$J(t) = \sum q_i v_i$ 是对体积 V 中所有离子求和，其中的 q_i 和 v_i 分别为第 i 个离子的电荷和速率。对单独的荷电离子，$\langle J(0) \cdot J(t) \rangle$ 通过下式与体系的速率-速率时间相关函数 $\langle v(0) \cdot v(t) \rangle$ 相联系：

$$\langle v(0) \cdot v(t) \rangle = q^2 \langle J(0) \cdot J(t) \rangle \tag{1-95}$$

应注意，电流 TCF 和速率 TCF 都包括离子间的交叉相关项。由式(1-91) 可得到单独离子的扩散系数（Einstein 扩散的迁移系数）：

$$D = \frac{\langle r^2(t) \rangle}{6t} = \frac{1}{3} \int_0^\infty \langle v(0) \cdot v(t) \rangle \mathrm{d}t \tag{1-96}$$

它是一个时间平均的量。这样，式(1-92)～式(1-94) 以不同形式把 $\kappa^*(\omega)$ 与液体或非晶态固体介质的离子扩散运动联系起来。很明显，复电导率 $\kappa^*(\omega)$ 的分子解释存在于 $\langle r^2(t) \rangle$、$\langle v(0) \cdot v(t) \rangle$ 和 $D(t)$ 表示的离子运动项中。

本章从统计力学、唯象理论和分子理论几个方面介绍了处理介电弛豫现象的基本方法，从原理上描述了几个问题：经验弛豫函数是如何用来表示时间域和频率域介电行为的？分子理论是怎样解释表现为弛豫和电导行为的体系的介电特性？偶极分子的取向运动可用偶极相关函数［或分子的时间相关函数 $\Phi_\mu(t)$］来描述；体系的复介电常数 $\varepsilon^*(\omega)$ 可以通过对 $\Phi_\mu(t)$ 的傅里叶变换求得；离子的迁移运动产生体系内的电导，它可用均方位移 $\langle r^2(t) \rangle$ 或离子速率相关函数 $\langle v(0) \cdot v(t) \rangle$ 来表示，复电导率 $\kappa^*(\omega)$ 可通过这些时间函数的 Fourier 变换得到。这样，对于因为偶极子的运动和因为体系中离子运动导致的频率依存的电导这两个因素而产生的介电弛豫，就可借助分子的性质以及分子和离子的动力学方面的知识来理解。

以上仅仅是对介电弛豫中的几个重要理论的概述和总结，在给出的参考文献中可以找到相应的理论或公式的详细描述和推导，以及数学分析方法的出处。

参 考 文 献

[1] Maxwell J C. Phil Trans,1865,155:459.

[2] E M Purcell，Electricity,Magnetism.Berkeley Physics Course Vol 2 McGraw Hill,1965.

[3] 冈小天. 誘電体論. 岩波書店,1954.

[4] Luorentz H A. Ann Phys,1879,9:641.

[5] Kremer F,A Schönhals. Broadband dielectric spectroscopy,Springer,2003.

[6] Onsager L. J Am Soc,1936(58):1486.

[7] 殷之文. 电介质物理学. 第二版. 北京：科学出版社,2003.

[8] Kirkwood J G. Chem Phys,1939,58:911.

[9] Kirkwood J G. Ann NY Acad Sci. 1940,40:315.

[10] Kirkwood J G. Trans Faraday,1946,42A:7.

[11] Frohlich H. Theory of dielectrics. London：Oxford University Press,1958.

[12] Kubo R. J Phys Soc Japan,1957,12:570.

[13] Kubo R. Lectures in Theoretical Physics. Interscience New York,1958.

［14］ Cole R H. J Chem Phys,1965,42:637.

［15］ Pèter Hedvig(Hedvig,P). Dielectric Spectroscopy of Polymers. New York:Wiley,1977.

［16］ Debye P. Ann Physik,1921,39:789.

［17］ Landau L D,Lifschitz E M. Textbook of theoretical physics,vol V Statistical physics. Berlin:Akademie-Verlag,1979.

［18］ Berne B J//Eyring H,Henderson D,Jost W,eds. Physical chemistry,an advanced treatise,vol. ⅧB. The liquid state. New York: Academic Press,1971.

［19］ Böttcher C J F,Bordewijk P. Theory of dielectric polarization,vol. Ⅱ. Dielectrics in time-dependent fields. 2nd Ed. New York:Elsevier Amsteradm,Oxford,1978.

［20］ Landau L D,Lifschitz E M. Textbook of theoretical physics,vol. V. Statistical physics. Berlin:Akademie-Verlag,1979.

［21］ 倪尔瑚. 材料科学中的介电谱技术. 北京:科学出版社,1999.

［22］ Roland Coelho,Bernard Aladenize. 电介质材料及其介电性能. 张冶文,陈玲译. 北京:科学出版社,2000.

［23］ Steeman P A M,van Turnbout J. Colloid Polym Sci,1997,275:106.

［24］ 冈小天,中田修. 固体誘電体論(Ⅰ). 岩波書店,1959.

［25］ Runt J P, Fitzgerald J J,Washington DC:American Chemical Society,1997.

［26］ Debye P. Polar molecules. Chemical catalog,reprinted by Dover,1929.

［27］ Fröhlich H,Theory of dielectric. London:Oxford University Press,1958.

［28］ Kubo R,Toda M,Hashitsume N. Statistical Physics Ⅱ. Springer. Berlin Heideberg New York,1985.

［29］ Ferry J D. Viscoelastic Properties of Polymers,2 nd ed. New York:Wiley,1970.

［30］ Cole K S,Cole R H. J Chem Phys,1941,9:341-351.

［31］ Davidson D W,Cole R H. J Chem Phys,1951, 19:1484-1490.

［32］ Havriliak S,Negami S. A Polymer 1967,8:161-210.

［33］ von Schweidler E R. Studien über die Anomalien im Verhalten der Dielektrika. Ann Phy (Leipzig)1907,24:711-770.

［34］ Williams G,Watts D C. Trans Faraday Soc,1970,66:80-91.

［35］ Fuoss R M,Kirkwood J G. J Am Chem Soc,1941,63:385-394.

［36］ Jonscher A K. Colloid Polym Sci,1975,253:231-250.

［37］ (a) Köhlrausch R. Poggendorff's Ann Phys,1854,91:198. (b) KöHlrausch R. Ann Phys,1847,12:393.

［38］ Williams G,Watts D C. Trans Faraday Soc,1970,66:80.

［39］ Lindsey C P,Patterson G D. J chem Phys. 1980,73:3348.

［40］ Williams G. Chem Rev. 1972,72:55.

［41］ Cook M,Watts D C,Williams G. Trans Faraday Soc,1970,66:2503.

［42］ G Adam,J H Gibbs. J Chem Phys,1965,43:169.

［43］ Kirkwood J G, Fuoss R M. J Chem Phys. 1941,9:329.

［44］ Hoffman J D, Williams G,Passaglia E. J Polym Sci,1966,C14: 173.

［45］ Glarum S H. J Chem Phys,1960,33:1371.

［46］ Cole R H. J Chem. Phys,1965,42:637.

［47］ Hill N,Vaughan W E,Orice A H,Davies M. New York:Van Nostrand,1969.

［48］ Williams G. Chem Soc Rev. 1978,7:89.

［49］ Provencher S W. Comput Phys Commun,1982,27:229.

［50］ Meyer M,Maas P,Bunde A. J Non Cryst Solids,1994,172-174:1292.

［51］ Forsyth M,Payne V A,Ratner M A,S W de Leeuw,D F Shriver. Solid State Ionics,1992,53:1011.

第 2 章　非均匀体系的介电理论及谱的解析

非均匀体系为介电研究提供了一个庞大而有趣的分支：如果在一个不均匀介质中组成相的电性质存在差异，则空间电荷积累在不同相之间的界面上，产生界面极化。界面极化常发生在低于典型偶极极化时间尺度的很宽的频率段（相当于生物体系通常认定的所谓 β 分散），而且界面极化对介电谱的贡献也常常远大于偶极极化的贡献，即弛豫强度远大于偶极极化，因此构成了介电谱的重要组成。不仅仅如此，更重要的是，绝大部分化学和生物体系都是由不同相构成的非均匀材料，因而弛豫机制大都源于界面极化，因此，本章内容对理解本书后面章节更具有实际指导意义。

2.1　引言

2.1.1　理论研究的历史概述

在第 0 章曾提到，在介电极化的理论中，界面极化不同于电子极化、离子极化和偶极子的取向极化，它不属于分子极化框架下的机制，更不像 Debye 的极性分子理论那样被人们所熟知。但是，非均匀体系的极化理论的发展历史比极性分子理论的要长，因为它是建立在早在 19 世纪末就提出了的 Maxwell 界面极化概念之上的。虽然在很长的时间内，极性分子理论在介电研究中一直占据着相对主要的位置，但界面极化理论在早期对胶体的和组织、细胞等的化学和生物体系的研究也有很多发展，人们认识到了荷电粒子或生物组织的介电谱是无法用极性分子理论来解释的。正是由于这一认知以及在科学研究中大量新体系的出现，加速了界面极化介电理论的完善和发展，如高分子膜、纳米粒子分散系、分子有序组合体以及 DNA 等就是典型之例。

很多研究者已经把与界面极化这一主题相关的一些典型的研究结果整理为综述和专著[1~8]，这些综述和专著显示了关于非均匀介质的介电理论已经发展到了相当的水平：19 世纪末 Maxwell 界面极化概念奠定了界面极化的理论基础，20 世纪初 Wagner 将其拓展到球形非均匀体系，建立了著名的 Maxwell-Wagner 界面极化理论，此后，在 20 世纪的上半叶，很多早期的经典理论都已经相继出现并被一些实验所证实[1]。其中重要的有 Miles 和 Robertson 最早对覆有薄层的球形粒子所进行的理论处理[9]，以及考虑了粒子之间相互作用的 Bruggeman 理论模型[10]。在 20 世纪后半叶，由于 Pauly 和 Schwan 对这些重要的前驱性工作进行了模型化[11]，特别是 Hanai 混合理论[12] 的建立，使得大多数分散系的介电现象能够得到完满的解释，从而分散系介电理论框架得到最终完成。而且因为 Hanai 理论公式对大多数粒子分散系特别是生物细胞悬浮液的适用性，以及相应的系统解析方法的确立，使得 Hanai 理论在化学和生物体系广为使用并延续至今。20 世纪 60 年代初，关于球形粒子的对离子极化理论的提出也是对界面极化理论的一个划时代的发展[13,14]，它使得人们能够对生物体系发现的低频强介电响应有了深刻的理解，其后的相关理论研究曾一度占据了界面极化研究的大部分内容[3,15]。到了 20 世纪后期，随着宽频介电谱时代的到来，使得很低频率段（大约 mHz 范围）的介电测量成为了可能，因此，关于界面极化机制的详细实验研究也得到了发展。

2.1.2　介电谱研究的必要性

在大量的研究积累下，研究者们很快在以下问题上达成了高度一致的认同：在不均匀介质中观察到的很强的极化效应并不是来自偶极极化机制，是由在体系中不同相之间边界的电荷累积所引起的宏观性质，而这些强的极化现象多来自具有明显相界面的化学和生物体系，它们包括生物组织和细胞[7]、液相中的膜、多孔介质[16,17] 和复合材料、乳状液和粒子分散系等相关的胶体体系[18,19] 等。关于这些非均匀体系界面极化理论的早期发展的原动力，可归结为极性分子理论在解释聚合物分子和蛋白质溶液等体系介电行为时的无能为力。从上一章的基础部分可以看到，以讨论偶极极化为起因的极性分子理论是介电理论的主流，因此，一直都认为聚合物或生物大分子溶液中的电极化主要是由固有偶极矩所致，但如核酸等生物大分子并没有永久偶极矩。因此，生物大分子溶液、细胞悬浮液以及胶体粒子分散系一开始就成为界面极化理论适用的主要体系。这些不均匀体系通过以不同的组成构成而具有各异的结构和功能，而且，不均匀体系的特征要求原位地、非破坏地去测量和探测，才可以获得内部各相的性质。如前章所述，作为测量频率的函数的复介电常数（介电常数和电导率）的介电谱方法是非常适合这个目的的，并且能在分子的和宏观的水平上提供关于不均匀体系结构和电性质的很多信息。

如上节所述，半个世纪以来得到不断发展的界面极化理论对很多非均匀体系的适用性和有效性已经得到验证，目前，在理论方面的研究仍然是继续寻找并探讨更逼真的模型并建立相应的理论。本章将集中讨论 Maxwell-Wagner 理论和在此基础上建立的经典介电理论，包括相应的介电模型和解析公式，同时也将重点讨论并评述近代发展起来的对离子极化理论。而介电谱解析方面的细节将在后面的第 4～8 章中针对不同类型体系的特点和具体实例分别加以介绍和评述。

2.2　界面极化的理论基础

首先，从电的角度对非均匀介质作一基本定义。第一，这些体系必须有不连续的区域，如具有明显表面边界的粒子悬浮液或生物细胞悬浮液，虽然可能这些悬浮粒子只有微观或介观尺度，但它们仍然比溶剂分子大很多，所以视溶剂相为连续的介电体；第二，边界两边的物质必须有不同的电性质，如有不同的介电常数和（或）电导率。那么，如果一个材料或体系在电学上是不均匀的，则该材料将出现一个来自材料内界面电荷的分布所产生的弛豫现象，这个弛豫并不是起因于材料本体相的介电弛豫，而是关于相界面的电场边界条件的一个结果。

2.2.1　两相非均匀材料和 Maxwell-Wagner 理论

生物材料从本质上来说都不是均相体系。一个简单的例子是红细胞悬浮在血浆中所形成的体系，很久以前人们就意识到了血浆的电导率远远大于悬浮的血细胞的电导率，而且通过测量这个混合物的电导率应该能够为确定血细胞的体积分数提供一个基础。1897 年，Bugarzky 等导出了关于狗血液中血浆的体积分数的经验公式，而 Maxwell 也已经研究了非均相电介质的各个方面的理论，后来被 Wagner 进一步扩展。由他们的研究可知：一般的，一个非均匀介质会表现出频率依存的介电性质，该性质与组成它的各个单相所表现出来的性质是不同的。而非均匀介质介电性质的频率依存性即介电弛豫产生的原因就是人们所熟知的Maxwell-Wagner 极化或界面极化。

2.2.1.1　平面层状非均质材料的复介电常数

最简单的也是最早被 Maxwell 研究的非均质材料就是图 2.1 所示的平板电容材料，即两个（1 和 2）互相接触且具有不同的不依存频率的介电性质（例如分别具有的介电常数和电导率为：ε_1、κ_1 和 ε_2、κ_2）的平板构成的层状介电体。

如图 2.1 所示，每一个平板都可以用电容和电阻并联的电容器来表示，整个介电体的复电容 C^* 与两层的复电容 C_1^*、C_2^* 的关系为：

$$\frac{1}{C^*}=\frac{1}{C_1^*}+\frac{1}{C_2^*} \tag{2-1}$$

利用关系式(0-70) 和式(0-74)，即得下式

$$G^*=G+j\omega C=j\omega C^*$$

可导出整个介电体的复电容 C^*[20]：

$$C^*=C_h+\frac{C_1-C_h}{1+j\omega\tau}+\frac{G_1}{j\omega} \tag{2-2}$$

很显然，该式具有 Debye 型弛豫的形式［参见式(0-95) 和式(1-38)］。其中

$$C_h=\frac{C_1C_2}{C_1+C_2},C_1=\frac{C_1G_2^2+C_2G_1^2}{(G_1+G_2)^2},G_1=\frac{G_1G_2}{G_1+G_2},\tau=\frac{C_1+C_2}{G_1+G_2} \tag{2-3}$$

这里的电容 C_1、C_h 和电导 G_1 的下标"l"和"h"表示在低频（$\omega\to0$）和高频（$\omega\to\infty$）时的极限值，同前面用下标"s"和"∞"具有相同的意义。式(2-3) 表明：该介电体中各层的电容和电导可以用实验上测得的电导和电容极限值来表示。根据 $C^*=S\varepsilon^*\varepsilon_0/(d_1+d_2)$（$S$ 为介电体的面积），式(2-2) 可以转化为复介电常数的表达式：

$$\varepsilon^*(\omega)\equiv\varepsilon(\omega)+\frac{\kappa(\omega)}{j\omega\varepsilon_0}=\varepsilon_h+\frac{\varepsilon_1-\varepsilon_h}{1+j\omega\tau}+\frac{\kappa_1}{j\omega\varepsilon_0} \tag{2-4}$$

其中

$$\varepsilon(\omega)=\varepsilon_h+\frac{\varepsilon_1-\varepsilon_h}{1+(\omega\tau)^2} \tag{2-5a}$$

$$\kappa(\omega)=\kappa_1+\frac{(\kappa_h-\kappa_1)(\omega\tau)^2}{1+(\omega\tau)^2} \tag{2-5b}$$

$$\tau=\frac{(\varepsilon_1-\varepsilon_h)\varepsilon_0}{\kappa_h-\kappa_1} \tag{2-5c}$$

从上面的推导结果可知：一个层状的不均匀介质的介电常数（电容）和电导率（电导）是测量频率的函数，虽然其形式与经典唯象理论已经统计理论导出的偶极弛豫过程的著名 Debye 方程非常相似［如果介电体中的直流电导率非常小的话，式(2-4) 便是 Debye 方程的形式］，但是 ε_h、$\Delta\varepsilon$（$\Delta\varepsilon=\varepsilon_1-\varepsilon_h$）和 τ 等所代表的内容则完全不同。

2.2.1.2　球形粒子的 Maxwell-Wagner 方程

Maxwell 是推导出一种特殊非均质材料的平均电场理论的第一人[21]，该非均质材料是

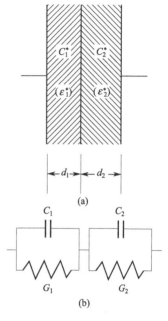

图 2.1　不同复介电常数的两个层状介电体相接触（a）构成的不均匀体系的等价回路（b）

如下构成的：具有不随频率变化的介电常数 ε_i 的介电球以体积分数 Φ（Φ 值很小）分散在同样不随频率变化的介电常数 ε_a 的连续介质中。参见图 2.2(a)，可以帮助理解他在推导理论时所采取的两个步骤：第一步是通过求解拉普拉斯方程计算介质中的一个球粒子的球外的电势，然后计算一个含有 N 个这样粒子的大球（假定球内小球浓度很低因此忽略球之间的相互作用）外某点的电势 $V_{N,\text{out}}$；第二步是将这个包含着 N 个小球粒子的大的非均质球看成是具有表观（等价）介电常数 ε^* 的均质球，将它的外部电势 $V_{\varepsilon^*,\text{out}}$ 与 $V_{N,\text{out}}$ 等价起来。但在最初推导混合理论时，Maxwell 对粒子和介质使用的都是实介电常数，即并没有考虑电导因素，后来，Wagner 发展了 Maxwell 的理论方法[22]，用复介电常数 $\varepsilon^* = \varepsilon - j(\dfrac{\kappa}{\omega\varepsilon_0})$ 代替了 Maxwerll 混合方程中的实介电常数，最终得到著名的 Maxwell-Wagner 方程，现在多称为 Wagner 方程[7,20,23]：

$$\frac{\varepsilon^* - \varepsilon_a^*}{\varepsilon^* + 2\varepsilon_a^*} = \Phi \frac{\varepsilon_i^* - \varepsilon_a^*}{2\varepsilon_a^* + \varepsilon_i^*} \tag{2-6}$$

求解该方程，得到介质 i 以球形粒子的形式分散到介质 a 中所构成的非均质材料的复介电常数表达式：

$$\varepsilon^* = \varepsilon_a^* \frac{2\varepsilon_a^* + \varepsilon_i^* - 2\Phi(\varepsilon_a^* - \varepsilon_i^*)}{2\varepsilon_a^* + \varepsilon_i^* + \Phi(\varepsilon_a^* - \varepsilon_i^*)} \tag{2-7}$$

在 $\Phi \ll 1$ 时，上式可以表示成复介电常数 ε^* 和体积分数 Φ 之间的线性关系：

$$\varepsilon^* = \varepsilon_a^* \left[1 + 3\Phi \frac{\varepsilon_i^* - \varepsilon_a^*}{2\varepsilon_a^* + \varepsilon_i^*} \right] \tag{2-8}$$

显然，$\Phi = 0$ 时 $\varepsilon^* = \varepsilon_a^*$ 变为了介质的介电常数。对该式进行实虚部分离，并考虑到式 $\varepsilon^* = \varepsilon - j(\dfrac{\kappa}{\omega\varepsilon_0})$，便得到形式上同样类似于 Debye 方程的介电常数表达式：

$$\varepsilon(\omega) = \varepsilon_\infty + \frac{\Delta\varepsilon}{1 + (\omega\tau)^2} \tag{2-9}$$

其中

$$\varepsilon_\infty = \varepsilon_a \frac{2\varepsilon_a + \varepsilon_i - 2\Phi(\varepsilon_a - \varepsilon_i)}{2\varepsilon_a + \varepsilon_i + \Phi(\varepsilon_a - \varepsilon_i)} \tag{2-10a}$$

$$\Delta\varepsilon = \frac{9(\varepsilon_a\kappa_i - \varepsilon_i\kappa_a)^2 \Phi(1-\Phi)}{[2\varepsilon_a + \varepsilon_i + \Phi(\varepsilon_a - \varepsilon_i)][2\kappa_a + \kappa_i + \Phi(\kappa_a - \kappa_i)]^2} \tag{2-11a}$$

$$\tau = \varepsilon_0 \frac{\Delta\varepsilon}{\Delta\kappa} = \varepsilon_0 \frac{2\varepsilon_a + \varepsilon_i + \Phi(\varepsilon_a - \varepsilon_i)}{2\kappa_a + \kappa_i + \Phi(\kappa_a - \kappa_i)} \tag{2-12}$$

相应的，静态电导率和电导率增量分别为：

$$\kappa_s = \kappa_a \frac{2\kappa_a + \kappa_i - 2\Phi(\kappa_a - \kappa_i)}{2\kappa_a + \kappa_i + \Phi(\kappa_a - \kappa_i)} \tag{2-10b}$$

$$\Delta\kappa = \frac{9(\kappa_a\varepsilon_i - \kappa_i\varepsilon_a)^2 \Phi(1-\Phi)}{[2\kappa_a + \kappa_i + \Phi(\kappa_a - \kappa_i)][2\varepsilon_a + \varepsilon_i + \Phi(\varepsilon_a - \varepsilon_i)]^2} \tag{2-11b}$$

从上面的公式可以看出，目前考虑的体系的介电性质与分散的球形粒子的大小无关。同时，式(2-11) 表明，只要 $\varepsilon_a\kappa_i \neq \varepsilon_i\kappa_a$ 或 $\varepsilon_a/\varepsilon_i \neq \kappa_a/\kappa_i$，换言之，只要非均质体系中混合着的两相的介电常数之比与电导率之比不等，介电增量便不等于零 $\Delta\varepsilon \neq 0$，即非均质体系中将因界面极化而产生介电弛豫现象，这是非均匀体系的一个重要特点。

Maxwell-Wagner（M-W）理论奠定了非均匀体系的介电理论基础，并因此而著名且成

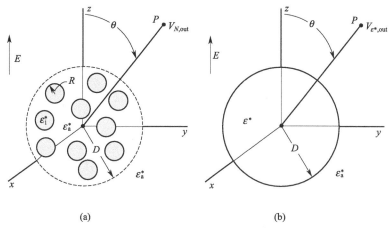

(a)   (b)

图 2.2　Maxwell-Wagner 理论的介电模型

（a）包含 N 个半径为 R、介电常数为 ε_i^* 的小球分散在半径为 D、介电常数为 ε_a^* 的连续球形介质内；

（b）与（a）图 D 区域具有相同 V_{out} 值的一个介电常数为 ε^* 的均匀球体 D

为后者的代言词。后来，Sillrs 又将这个理论拓展到包含椭圆形粒子的非均质体系中[24]，因此，作为最终结果，这个理论也称为 Maxwell-Wagner-Sillrs（M-W-S）理论。与层状结构的非均匀体系相似，它预测了一个由于组成相的电导率和介电常数的差异引起的极化过程，因此，界面极化通常被称为 M-W 极化或 M-W-S 极化。

2.2.2　浓厚分散系的非均质材料和 Bruggeman-Hanai 理论

如上面的讨论所明确的，Maxwell-Wagner 方程是对分散球体的体积分数很低的非均质材料推导出来的，即没有考虑到球体之间的相互作用，而且式(2-9)～式(2-12)也是在 $\Phi \ll 1$ 前提下导出的，因此，Wagner 方程只适用于体积分数较小的体系，或称稀薄粒子分散系。Bruggeman[10] 为了导出能够适用于高体积分数的体系的方程，引入了一个不对称积分技术：他假定增加无穷小量的填充粒子到在任意的体积分数的介质中，对于这个无穷小的混合物的介电常数可以用 Maxwell 方程来计算；再对这些体积分数增量进行积分，便可获得没有体积分数限制的非均匀材料的介电常数的关系式。Hanai[12] 将 Bruggeman 的微分方法拓展到复介电常数领域，其理论的主导思想和推导过程是：逐渐地给方程式(2-7)中的体积分数 Φ 增加一个微小值 $\Delta\Phi$，随之该混合体的复介电常数也由 ε^* 增加到 $\varepsilon^* + \Delta\varepsilon^*$，同时，介质的介电常数也由纯介质的 ε_a^* 变为混合体的介电常数 ε^*。而且，Φ' 也被 $\Delta\Phi'/(1-\Phi')$（Φ' 是增加过程中的体积分数）所替代，将这些值代入式(2-7)并整理，得到：

$$\frac{2\varepsilon^* + \varepsilon_i^*}{3\varepsilon^*(\varepsilon^* - \varepsilon_i^*)}\Delta\varepsilon^* = -\frac{\Delta\Phi'}{(1-\Phi')} \tag{2-13}$$

当体积分数以无穷小量的方式增加，直到某一个较高的值 Φ 时，介电常数也由原来的介质的值变为最终体积分数时混合体的值，对这一连续过程进行积分得到：

$$\int_{\varepsilon_a^*}^{\varepsilon^*}\frac{2\varepsilon^* + \varepsilon_i^*}{3\varepsilon^*(\varepsilon^* - \varepsilon_i^*)}d\varepsilon^* = \int_0^\Phi \frac{-d\Phi'}{(1-\Phi')} = \lg(1-\Phi) \tag{2-14}$$

最终获得浓厚混合体系的著名的 Hanai 方程：

$$\frac{\varepsilon^* - \varepsilon_i^*}{\varepsilon_a^* - \varepsilon_i^*}\left(\frac{\varepsilon_a^*}{\varepsilon^*}\right)^{1/3} = 1-\Phi \tag{2-15}$$

该方程似乎与稀薄体系的 Wagenr 方程在数学形式上是相似的，但 Hanai 方程要比

Wagner 方程复杂很多，它还没有推导出如式（2-9）那样的形式，因此弛豫时间的理论表达式也没有导出，即 Bruggeman-Hanai 理论没有像 M-W 理论那样的复介电常数作为频率函数的直接的解析表达。但是，Hanai 方程要远比 Wagner 更加符合大多数体系的实验结果，特别是胶体粒子分散体和生物细胞悬浮液体系，因此，Hanai 方程相当广泛地被物理、化学、生物以及材料等领域的研究者使用着[25~27]，并因此而著名。本书后面章节列举的实例大都是依 Hanai 理论公式对体系的性质进行解释的。

对式（2-15）两边立方后整理为：

$$(\varepsilon^*)^3 - 3\varepsilon_i^*(\varepsilon^*)^2 + \left\{ 3(\varepsilon_i^*)^2 + \frac{[(\Phi-1)(\varepsilon_a^* - \varepsilon_i^*)]}{\varepsilon_a^*} \right\}\varepsilon^* - (\varepsilon_i^*)^3 = 0 \qquad (2\text{-}16)$$

同样将式 $\varepsilon^* = \varepsilon - j\left(\dfrac{\kappa}{\omega\varepsilon_0}\right)$ 代入其中，理论上可以用计算机寻找多项式的复数根，从而计算出组成相介电常数和电导率的值。将 Hanai 式实虚部分离（这是个相当烦琐的推导[2,20]），代入组成相的参数值（相参数）计算出混合体的介电常数和电导率的频率依存性（介电谱），结果表明：该浓厚非均匀材料虽然存在着弛豫，但弛豫过程在形式上也不再是 Debye 型曲线，而是有些变宽了[2]。Hanai 方程 20 世纪 80 年代又被 Boned 等扩展到椭球形粒子分散系中[28]。

2.2.3　含有多于两相的非均匀材料

2.2.1.1 中列举的关于两层非均质材料的分析原则上可以容易地扩展到多层平板介电体中。但是，随着平板数目的增加，数学运算也变得越来越烦琐。对三层平板来说，数学运算已经很复杂了，因为与只有一个时间常数的双层体系不同，三层体系需要两个时间常数来描述体系的介电性质，这在数值计算上已经很难严格做到了。对于更平常的多相体系，比如球体或椭球体等具有不同几何形状的电介质分散（嵌入）到一个基质中的情况，可以将前面采用的有效介质方法（M-W 理论和 Hanai 理论中混合体的复介电常数表示法）拓展到多于两种成分的混合体系中[29]：将复介电常数为 $\varepsilon_i^*(\omega)$、形状因子为 L_i、体积分数各为 Φ_i 的 i 种物质嵌入到具有混合体介电常数 $\varepsilon_c^*(\omega)$ 的有效介质中，从下面方程中可以计算该混合体的复介电常数：

$$\sum_i \frac{[\varepsilon_i^*(\omega) - \varepsilon_c^*(\omega)]\Phi_i}{\varepsilon_c^*(\omega) + [\varepsilon_i^*(\omega) - \varepsilon_c^*(\omega)]L_i} = 0 \qquad (2\text{-}17)$$

在这种基质-内含物类型的多组成相的非对称的混合物的情况中，有一种特殊的例子：包围了一层材料 $[\varepsilon_m^*(\omega)]$ 的内含物 $[\varepsilon_f^*(\omega)]$ 嵌入到一个有效介质 $[\varepsilon_c^*(\omega)]$ 中。将该两相内含物的有效复介电常数 $\varepsilon_i^*(\omega)$ 代入方程式（2-17）中，混合体的复介电常数可以由下式计算得到[30]：

$$\varepsilon_c^*(\omega) = \varepsilon_m^*(\omega) \frac{[\varepsilon_{fi}^*(\omega) - \varepsilon_m^*(\omega)][L_{fi} - \Phi_{fi}L_{mi} + \Phi_{fi}] + \varepsilon_m^*(\omega)}{[\varepsilon_{fi}^*(\omega) - \varepsilon_m^*(\omega)][n_{fi} - \Phi_{fi}L_{mi}] + \varepsilon_m^*(\omega)} \qquad (2\text{-}18)$$

这里的 Φ_{fi}、$\varepsilon_{fi}^*(\omega)$ 和 L_{fi} 分别是第 i 种内含物的体积分数、复介电常数和形状因子，L_{mi} 是包围该内含物 i 的材料的形状因子，详细推导请参考文献[31]。

2.2.4　含有一个界面层的非均匀材料

对于在嵌入粒子和基质材料之间存在一个界面层的非均匀材料（实际上就是上面提到的特例），有很多与有效介质法类似的研究[32,33]，其中较近期的一个所谓"界面层模型"的研究[34] 给出了嵌入物为椭球体并且存在界面层的非均匀体系的一般解：

$$\varepsilon_c^*(\omega) = \frac{\varepsilon_f^*(\omega)\Phi_f - \varepsilon_i^*(\omega)\Phi_1 R^* + \varepsilon_m^*(\omega)\Phi_m S^*}{\Phi_f + \Phi_1 R^* + \Phi_m S^*} \qquad (2\text{-}19)$$

式中，ε_f^*、ε_1^*、ε_m^* 和 Φ_f^*、Φ_1^*、Φ_m^* 分别是嵌入物、界面层和介质的复介电常数和体积分数；R^* 和 S^* 都是与电场和椭球体的几何因素有关的参数[29]。而在实际对化学和生物体系的应用上，上面讨论的具有界面层的非均匀材料就是所谓的球壳型粒子（覆壳球形粒子）分散系模型，详细的理论研究也已经给出了实用的介电常数表达式。

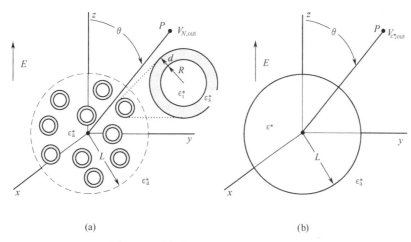

(a)   (b)

图 2.3　覆壳球形粒子分散系介电模型

(a) 包含 N 个半径为 $D=R+d$（d 为壳的厚度）的覆壳粒子（球和壳的介电常数分别为 ε_i^* 和 ε_s^*）分散在半径为 L、介电常数为 ε_a^* 的连续球形介质内；(b) 与 (a) 图 L 区域具有相同 $V_{\rm out}$ 值的一个介电常数为 ε^* 的均匀球体 L

对于如图 2.3 所示的球壳型粒子分散系模型，严格通过解关于球粒、外覆界面层、外部介质这三个电势的拉普拉斯方程，来计算各相的外部电势是相当烦琐和困难的。但 Miles-Robertson[9] 最早获得了部分解，并将 Wagner 的理论结果拓展到球壳型体系，使得我们能够计算该模型的介电增量和弛豫时间，这个工作最终是由 Pauly 和 Schwan 完成的[9]。基本思路是[20,23]：考虑一个相参数如图 2.3 所示的球壳粒子分散在介质相中的情况，在交流电场 $E=E_0 e^{j\omega t}$ 下，该球外任意一点（距球心距离为 r）的电势为

$$V_{\rm out}=-\left[r+\frac{(\varepsilon_a^*-\varepsilon_s^*)(2\varepsilon_s^*+\varepsilon_i^*)+(\varepsilon_a^*+2\varepsilon_s^*)(\varepsilon_s^*-\varepsilon_i^*)v}{(2\varepsilon_a^*+\varepsilon_s^*)(2\varepsilon_s^*+\varepsilon_i^*)+2(\varepsilon_a^*-\varepsilon_s^*)(\varepsilon_s^*-\varepsilon_i^*)v}\cdot\frac{D^3}{r^2}\right]E_0\cos\theta \quad (2\text{-}20)$$

这里的

$$v=\left(\frac{R}{R+d}\right)^3=\left(\frac{D-d}{D}\right)^3$$

是内核球相在球壳粒子中所占的体积比，相当于 Wagner 模型中的体积分数，因此，这个球壳粒子可按照 Wagner 理论计算这个"稀薄分散系"的复介电常数，效仿 2.2.1.2 节中关于稀薄球形粒子分散系的推导思路，现在的球壳粒子相当于内核的球相"分散"在连续的介质壳相构成的稀薄分散系中，因此相仿于式(2-7)，该等价球的复介电常数可写为：

$$\varepsilon_q^*=\varepsilon_s^*\frac{2(1-v)\varepsilon_s^*+(1+2v)\varepsilon_i^*}{(2+v)\varepsilon_s^*+(1-v)\varepsilon_i^*} \quad (2\text{-}21)$$

考虑这个半径为 D，介电常数为 ε_q^* 的等价球分散到半径为 L 的介质 ε_a^* 相中的情况，这时外连续介质中距离球心为 r 的任意一点的电势为：

$$V_{q,\rm out}=-\left[r+\frac{(\varepsilon_a^*-\varepsilon_q^*)}{(2\varepsilon_a^*+\varepsilon_q^*)}\cdot\frac{L^3}{r^2}\right]E_0\cos\theta \quad (2\text{-}22)$$

式(2-20) 与上面两式应该相等，等价球和覆壳球在球外同一点的电势相等，由此我们得到：

$$\frac{\varepsilon_a^* - \varepsilon_q^*}{2\varepsilon_a^* + \varepsilon_q^*} = \frac{(\varepsilon_a^* - \varepsilon_s^*)(2\varepsilon_s^* + \varepsilon_i^*) + (\varepsilon_a^* + 2\varepsilon_s^*)(\varepsilon_s^* - \varepsilon_i^*)v}{(2\varepsilon_a^* + \varepsilon_s^*)(2\varepsilon_s^* + \varepsilon_i^*) + 2(\varepsilon_a^* - \varepsilon_s^*)(\varepsilon_s^* - \varepsilon_i^*)v} \tag{2-23}$$

最后，采用与 2.2.1.2 节相同的手法，将式(2-20)的一个覆壳球的电势方程拓展到 N 个覆壳球体系，也就是将含有 N 个球壳粒子的半径为 L 的区域的外电势 $V_{N,\text{out}}$ 和具有复介电常数 ε^* 的同样大小的均质球体 L 的外电势 $V_{\varepsilon^*,\text{out}}$ 等价起来，最终得到稀薄球壳粒子分散系的复介电常数表达式：

$$\frac{\varepsilon_a^* - \varepsilon^*}{2\varepsilon_a^* + \varepsilon^*} = \frac{(\varepsilon_a^* - \varepsilon_s^*)(2\varepsilon_s^* + \varepsilon_i^*) + (\varepsilon_a^* + 2\varepsilon_s^*)(\varepsilon_s^* - \varepsilon_i^*)v}{(2\varepsilon_a^* + \varepsilon_s^*)(2\varepsilon_s^* + \varepsilon_i^*) + 2(\varepsilon_a^* - \varepsilon_s^*)(\varepsilon_s^* - \varepsilon_i^*)v}\Phi \tag{2-24}$$

其中的

$$\Phi \equiv \frac{D^3}{L^3} = \frac{(R+d)^3 N}{L^3} \tag{2-25}$$

为覆壳球在分散介质中的体积分数。很明显，式(2-24)与式(2-23)形式上相同，这是因为推导中两次用到了 Wagner 稀薄分散系模型的理论处理。这样的处理方法避免了复杂的计算。依此类推，对于同一中心的多层覆盖的球壳体系，原则上也可以从内向外地、两相两相地按照 Wagner 理论式将其混合体的理论式表达出来。方程式(2-24)经过复杂的推导和计算，可以得到具有两个弛豫时间的介电增量的表达式，尽管式中的弛豫时间相当复杂，详细推导过程可参考文献 [7,20]。覆壳椭球形粒子分散系的推导原理上完全相同，只是数学形式和处理上要更加复杂，但是很明显它更具代表性，因为球壳粒子是其中一个特例，而扁长或扁平的旋转椭球体等特殊形状的粒子分散系均可以由此模型得出，这在后面生物体系的章节中会有具体的介绍。

上面是稀薄粒子分散系的推导思路和结果，对于浓厚球壳粒子分散系，可以效仿上面的思路，但不是以 Wagner 方程而是应以 Hanai 方程为基础进行推演，这时的 Hanai 方程式(2-15)写为：

$$\frac{\varepsilon^* - \varepsilon_q^*}{\varepsilon_a^* - \varepsilon_q^*}\left(\frac{\varepsilon_a^*}{\varepsilon^*}\right)^{1/3} = 1 - \Phi$$

而等效复介电常数 ε_q^* 与式(2-21)具有相同的形式。因为这个式子中包含有立方根的形式所以非常复杂，只能通过导出容易使用的近似表达式[20]。

2.3　对离子极化理论

之前我们已经介绍了介电极化的几种机制，以及非均匀体系界面极化机制和相关理论，这些理论都暗含着下面基本的物理过程：在外加电场作用下电荷（如离子）趋向并堆积在相界面（如粒子或膜的表面）产生表观偶极子，使得界面两侧正、负电荷中心分离，因此产生表观偶极矩。但是，此时只考虑离子径向移动而没有考虑离子沿切向的移动。20 世纪 50 年代末，在一些细胞和胶体分散系的介电测量中发现在较低的频率段（大约数千赫兹）出现非常大的弛豫现象[13]，介电增量远大于 M-W 极化机制所预测的。例如荷电的生物大分子，如 DNA，即使浓度很低其静态介电常数的值也达到了数千，这是 Maxwell-Wagner 理论所不能解释的，故有必要引入新的概念。由此，曾被忽视了的切线方向的离子运动开始重新引起了研究者的关注。

2.3.1　表面电导率的引入

实际上，M-W 极化机制无法解释上述低频段强介电弛豫是因为该理论本身的局限。因为

Maxwell 界面极化理论是建立在非均匀系中各相的电导率为常数的假设之上的，或者说只考虑了各个成分相本体的电性质，而忽略了在相界面的空间电荷分布。但对于多数体系，如前述的细胞或胶体粒子分散系，颗粒表面带有固定电荷而介质中含有可移动离子，这些自由离子在电场作用下会积聚在颗粒表面，与固定电荷形成空间电荷的不对称分布，即产生所谓"对离子极化"。作为对 M-W 理论的修正，对离子极化理论在 20 世纪 60 年代开始发展起来。

1960 年 O'Konski 将表面电导率的概念引入到非均匀体系的介电理论中[35]，他的理论模型考虑的是一个被一层可移动的离子（对离子）包围着的球形粒子分散在连续介质中的非均匀体系，这些对离子除了径向运动外还沿着离子表面做切向运动。通过联立求解粒子内外电场的拉普拉斯方程以及表面电荷运动的连续方程，引入了有效电导率 κ_s 的概念，对 M-W 理论中粒子电导率 κ_p 进行了如下修正：

$$\kappa_s = \kappa_p + \frac{2\lambda}{R} \tag{2-26}$$

其中 R 为粒子的半径，λ 是与单位粒子表面的电荷数目、离子淌度以及离子价态有关的表面电导率[7]，即 O'Konski 的理论推导引入了含有表面电导率的因子 $2\lambda/R$，将空间电荷分布的影响归入粒子的电性质中，从而完整地描述了体系的介电性质。

2.3.2 球形粒子的对离子极化理论

虽然表面电导率的引入能够在一定程度上解释实验现象并使实验数据和理论值更加吻合，但两者之间还有很大的差距，这是因为 O'Konski 理论中的表面电导率只是纯电导性的而没有阻抗的成分。Schwan 和 Schwarz 等最早将阻抗成分引入到表面电导中[13]，而作为对离子极化理论研究对象的低频弛豫，也是首先由 Schearz 用对离子沿粒子表面的重新分配来解释的[36]，由此奠定了对离子极化理论的基础。

由前面的讨论可知，对离子极化与粒子界面双电层极化中的离子在电场作用下的重新分布有关。当外电场作用于一粒子分散系时，粒子本身和双电层中对离子向相反的方向运动从而打破了双电层的对称性，而电导扩散过程的效果是重建平衡。这一结果是产生随电场不断变化的诱导偶极矩，体系的介电行为与该诱导偶极矩的传输过程有关，主要包括对离子沿着粒子表面的运动和双电层中的对离子与介质本体中对离子的交换[37]（参见图 2.4）。由此，逐渐发展为两种双电层极化机制，也称为构成对离子极化理论的两种模型：表面扩散模型

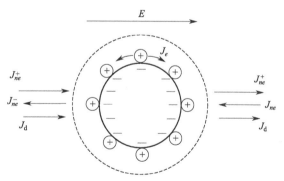

图 2.4 对离子极化理论中两种扩散机制的示意图

（surface diffusion model，SDM）和本体扩散模型（volume diffusion model，VDM）。

2.3.2.1 表面扩散模型（SDM）

对离子极化理论是 1962 年首先由 Schwarz 完成公式化处理的，使用的模型是表面覆盖一层可移动对离子层的荷电的球形粒子：假定在电场作用下，对离子只沿半径为 R 的粒子表面运动（切向运动），这时的离子流为

$$J_e = u e_0 \sigma E_s \tag{2-27}$$

式中，u 为粒子的淌度；在球坐标下的表面电场密度 E_s 定义为 $E_s = \dfrac{-1}{R \left(\partial \Psi_s / \partial \theta \right)}$

（Ψ_s 为表面电势）；σ 为电场作用下单位面积的对离子的数目，尽管这个量超出平衡时的表面电荷密度 σ_0 很少，但在交流电场下它也是随时间周期性变化的。另外，由对离子浓度梯度产生的扩散流为：

$$J_d = ukT\left(-\frac{1}{R}\cdot\frac{\partial\sigma}{\partial\theta}\right) = D\left(-\frac{1}{R}\cdot\frac{\partial\sigma}{\partial\theta}\right) \tag{2-28}$$

D 为扩散系数。对离子层的连续方程为：

$$\frac{\partial\sigma}{\partial t} = -\nabla(J_e + J_d) \tag{2-29}$$

通过在球坐标下求解该方程和粒子内外电势的拉普拉斯方程，经过整理可得到粒子表面对离子层介电常数的表达式：

$$\Delta\varepsilon_{cp}^* = \frac{1}{1+j\omega\tau}\cdot\frac{e_0^2 R\sigma_0}{kT\varepsilon_0} = \frac{1}{1+j\omega\tau}\cdot\frac{\lambda R}{D\varepsilon_0} \tag{2-30}$$

以及包含对离子层的粒子的复介电常数的表达式：

$$\varepsilon_p^* = \varepsilon_i^* + \frac{2\Delta\varepsilon_{cp}^*}{R} \tag{2-31}$$

该方程清楚地表明：由于可极化的对离子层（或表面电导率 λ）的存在，该粒子分散系增加了一个频率依存的介电增量 $\Delta\varepsilon_{cp}^*$。这就是说，包含对离子层的粒子的复介电常数 ε_p^* 等于粒子的复介电常数 ε_i^* 与对离子层引起的介电常数增量 $\Delta\varepsilon_{cp}^*$ 之和。将这样的粒子 ε_p^* 分散到导电性的介质中时，利用 Wagner 方程，可以得到整个粒子分散系的复介电常数表达式：

$$\varepsilon^*(\omega) = \varepsilon_h + \frac{\Delta\varepsilon_{cp}}{1+j\omega\tau_{cp}} + \frac{\Delta\varepsilon_{MW}}{1+j\omega\tau_{MW}} + \frac{\kappa_1}{j\omega\varepsilon_0} \tag{2-32}$$

其中对离子极化的弛豫时间为：

$$\tau_{cp} = \frac{R^2}{2ukT} = \frac{R^2}{2D} \tag{2-33}$$

显然，式(2-32)表现为具有两个 Debye 型弛豫的形式，一个是由传统的 M-W 界面极化引起的，另一个是由对离子表面切向扩散引起的，而且很明显，该弛豫的弛豫时间 τ_{cp} 与对离子扩散有关。假定粒子的介电常数和电导率都远远小于介质的相应值，即 $\varepsilon_i\ll\varepsilon_a$ 和 $\kappa_i\ll\kappa_a$（这符合大多数粒子分散体系的实际情况），方程式(2-30)可表示为与体积分数相关的形式：

$$\Delta\varepsilon = \frac{9}{4}\cdot\frac{\Phi}{(1+\Phi/2)^2}\cdot\frac{e_0^2 R\sigma_0}{kT\varepsilon_0} \tag{2-34}$$

σ_0 为平衡状态时单位面积的对离子数，相当于表面电荷密度。

2.3.2.2 本体扩散模型（VDM）

在 Schwarz 的理论中，只考虑了离子沿表面切向方向的离子运动，而完全没有顾及径向的离子流。Schurr[38] 曾经提出了一个包含 O'Konski 理论和 Schwarz 模型的杂化了的理论，通过代替 Schwarz 的连续方程式(2-29)，推导出包含对离子层的粒子的复介电常数表达式：

$$\varepsilon_i^* = \left(\varepsilon_i + \frac{2\varepsilon_{cp}}{R}\right) - j\frac{1}{\omega\varepsilon_0}\left(\kappa_i + \frac{2\lambda}{R}\right) \tag{2-35}$$

该方程实部与 Schwarz 理论的式(2-31)相同，而虚部与 O'Konski 理论结果相同[参见式(2-26)]。Schurr 导出的与式(2-34)对应的介电增量为：

$$\Delta\varepsilon = \left(\frac{2\lambda}{R}\cdot\frac{1}{j\omega\varepsilon_0} + \frac{1}{1+j\omega\tau}\cdot\frac{e_0^2 R\sigma_0}{kT\varepsilon_0}\right)\cdot\frac{9}{4}\cdot\frac{\Phi}{(1+\Phi/2)^2} \tag{2-36}$$

Grosse 和 Foster 也曾提出过修正模型[15]：将 Schwarz 的模型用厚度为 $1/\chi_m$（χ_m 是 Debye 长度的倒数）的离子层（ε_m）覆盖的荷电粒子来代替，将体系看做中心粒子球（等价于

Schwarz 粒子）和 Debye 离子层两个电容器的串联，并由此模型将 Schwarz 方程推演为：

$$\Delta\varepsilon = \frac{\lambda R/(D\varepsilon_0)}{1 + \lambda R/(D\varepsilon_0)/(\varepsilon_m \chi_m R)} \tag{2-37}$$

根据 Schwarz 对表面电导率的定义，该方程的分子正是 Schwarz 模型中的介电增量 $\Delta\varepsilon = \lambda R/(D\varepsilon_0)$［见式（2-30）］，而分母中的校正项修正了由于 Schwarz 忽略了对离子层的厚度而使介电增量产生的误差。此外，在 Grosse 的其它研究[39,40] 中还假定对离子只能和与本体电解质中相同符号的离子（同离子）自由交换，实际上相当于径向扩散。Grosse 通过求解一套关于离子浓度和电流密度的联立微分方程，得到了关于粒子介电常数的一个非对称的宽的低频介电分散，和一个形式上相似于 Schwarz 模型中的弛豫时间：

$$\tau = \frac{R^2}{D} \tag{2-38}$$

但这里的 D 是本体电解质中的离子扩散系数，并不是 Schwarz 理论中的表面扩散系数。

还有一些对 Schwarz 模型的修正，这些模型更强调本体介质以及本体中的离子和对离子层中离子之间的交换[41~46]。尽管对 Schwarz 理论有过如上所述的不断修正，但真正在本质上进行了改进的应该是 Shilov 和 Dukhin[3,46] 于 20 世纪 70 年代建立的所谓本体扩散模型，该模型基本思想是认为薄双电层极化导致双电层与其相邻本体介质之间浓度梯度的形成，即本体溶液的浓差极化。在外交流电场下，离子将在电场和扩散两者的共同影响下采取分布，达到一个稳定的浓度梯度，为 R^2/D。该本体扩散模型在其后的几十年中得到了很大的发展，比如前述的 Grosse 模型以及结论就是最重要的实例。其它实例还包括将该理论扩展至任意 $R\chi_m$ 值的粒子分散系[42,43,47,48]，以及浓厚粒子分散系中[49]。

从上面的讨论可知，本体扩散模型是由很多研究者经历过不断的修正而逐渐趋于完善的，但因原始性工作来自 Dukhin，故目前多称之为 Dukhin 的本体扩散模型。当然这也与 Dukhin 等首先考虑了双电层中的对离子与本体溶液中的相同离子的相互交换，以及与他们首先提出了下面的介电增量表达式等重要贡献有关：

$$\frac{\Delta\varepsilon}{\varepsilon_a} = \frac{9}{4}\Phi(\chi R)^2 \frac{(A_1 a_2 - A_2 a_1)(1 + W + W^2)}{(A_1 + A_1 W)^2 + (A_1 W + A_2 W^2)^2} \tag{2-39}$$

式中，参数 A_1、A_2、a_1 和 a_2 是与对离子价态、离子强度和 ζ 电势有关的量；而参数 W 是与外电场强度以及离子扩散系数有关的量。

迄今关于对离子极化的理论研究还在持续[50~55]，普遍认为：一般情况下上述两种扩散机制是同时存在的，哪种极化机制占主导地位取决于分散粒子、介质以及它们之间相界面的性质。例如，对非导电粒子或惰性分散介质的体系，表面扩散机制占主导；而对于导电或半导体粒子分散系，本体扩散机制占主导。但是，无论哪种扩散机制，对于对离子极化本质上都可以看做是离子在外电场下的迁移：迁移一个分散粒子的半径 R 为特征长度的距离从而导致整个分散粒子的极化，即形成感应偶极矩。

2.4 典型非均匀体系的介电模型和解析式

2.4.1 引言

对于由不同相构成的非均匀体系实施介电测量，其介电谱本身只能给出体系整体的宏观介电性质，而各组成相内部的信息以及相内的或界面的分子信息需要通过解析介电谱来获得。本书中提到的解析主要是指基于一定的物理模型的对多相体系中内部相参数的计算。对于具有不同形状的复相体系，这种计算适合于各类分子集合体系、粒子分散系、细胞或组织以及生物大分子体系，获得内部电的、结构的以及动力学方面的信息。关于非均匀体系的模型以及公式推导可以在为数不多的综述或书籍中找到[7,18,20]。

根据本章前节的讨论，解析非均匀体系的介电谱是要基于界面极化理论的，而不属于分子极化机制理论框架内的界面极化机制，是用宏观方法处理分子行为，因此该方法受到限制，有些仍在争议之中。但是，如果对非均匀体系中界面现象的细节作一级近似处理，那么它们的介电性质可以从"复合的材料"的观点来处理，这在 Kremer 的书中有所阐述[29]。实际上，复合材料法导出的一些理论模型和解析式已经通过在很多非均匀体系的成功实例而证明是非常有效的，这些例子正是本书后面章节所要展示的。因此，本节以复合材料法，即 Maxwell-Wagner 界面极化理论为基础，介绍各种几何形状嵌入物的复合材料构成的非均匀体系的介电模型以及由这些模型导出的介电谱解析的理论式。

作为前节基础理论部分的应用，下面简要介绍建立在椭球体模型之上的二元体系复介电常数的一般表达式。尽管因为篇幅所限而省略了烦琐的推导，但表达式仍较为复杂，然而以椭球体的一般公式可以推演出针对不同形状的、两相以上体系的解析式。因此，在理解的基础上记住这些模型和解析式，对解析介电谱是非常必要的。

2.4.2 两相非均匀体系

2.4.2.1 交流电场下椭球体的电势和诱导偶极矩

在 2.2 节中曾简要介绍了 Maxwell-Wagner 理论处理有无薄层包覆的球形粒子分散系，这对很多胶体体系特别是生物体系（例如球状蛋白和细胞）是很好的模型，而且简单的几何形状使数学处理比较容易。但是，实际上很多体系并不能近似为球体而必须用椭球处理，而且椭球体的处理结果具有一般性，很多形状如球体、柱状体、扁平体甚至平面体等都可以作为其特例。为此，虽然椭球体的拉普拉斯方程十分复杂，但也有必要对交流电场下从椭球体外的电势出发推导出的一些基本结果作一介绍。

首先，当对图 2.5 示意的一个分散在介质 a 相（复介电常数为 ε_a^*）的椭球形粒子（ε_p^*）施加交流电场 $[\boldsymbol{E}(E_x, E_y, E_z)]$ 的情况。球面可用下面方程描述：

$$\frac{x^2}{R_x^2} + \frac{y^2}{R_y^2} + \frac{z^2}{R_z^2} = 1 \tag{2-40}$$

R_x、R_y 和 R_z 分别为椭球体的三个半轴。通过解在椭球表面边界条件下的拉普拉斯方程，求得椭球体外部和内部的电位分别为：

$$V_{\text{out}} = - \sum_{k=x,y,z} E_k k \left\{ 1 - \frac{\varepsilon_p^* - \varepsilon_a^*}{\varepsilon_a^* + (\varepsilon_p^* - \varepsilon_a^*) L_k} L'_k \right\} \tag{2-41a}$$

$$V_{\text{in}} = - \sum_{k=x,y,z} E_k k \frac{\varepsilon_a^*}{\varepsilon_a^* + (\varepsilon_p^* - \varepsilon_a^*) L_k} \tag{2-41b}$$

L_k 和 L'_k 为与椭球体形状有关的沿 k 轴的去极化因子，因此有 $\sum\limits_{k=x,y,z} L_k = 1$；在远离椭球体距离为 r 的某点，L'_k 近似为 $L'_k \approx (R_x R_y R_z / 3)(1/r^3)$，详细的表达式可参见文献[18,56]。

实际上，式(2-41)给出的椭球体的外部电位应该包含外加电场 $\boldsymbol{E}$ 以及由该电场诱导的椭球体偶极矩两部分的贡献。诱导偶极矩在 x 轴的分量 μ_x 对椭球体外部电位的贡献为：

$$V_{\text{out},x} = - \frac{\mu_x}{4\pi r^2 \varepsilon_a^* \varepsilon_0} \cos\theta \tag{2-42}$$

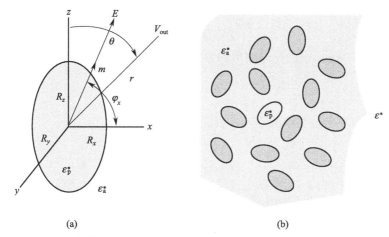

图 2.5 连续介质中椭球体外某点的电势（a）及椭球粒子分散系示意图（b）

R_x、R_y、R_z 分别为该椭球体的三个半轴，m 为偶极矩在电场方向的分量，

φ_x 为电场与 x 轴的夹角

其中

$$\mu_x = 4\pi\varepsilon_0 \frac{\varepsilon_p^* - \varepsilon_a^*}{\varepsilon_a^* + (\varepsilon_p^* - \varepsilon_a^*)L_x} \frac{R_x R_y R_z}{3} E_x \tag{2-43}$$

而诱导偶极矩在电场方向的分量为

$$m = \mu_x \cos\varphi_x + \mu_y \cos\varphi_y + \mu_z \cos\varphi_z$$
$$= \frac{4\pi R_x R_y R_z}{3} \varepsilon_a^* \varepsilon_0 E \sum_{k=x,y,z} \frac{\varepsilon_p^* - \varepsilon_a^*}{\varepsilon_a^* + (\varepsilon_p^* - \varepsilon_a^*)L_k} \cos^2\varphi_k$$

$$\tag{2-44}$$

这里的 φ_k 为电场方向与各轴之间的夹角，因此有 $\cos^2\varphi_x + \cos^2\varphi_y + \cos^2\varphi_z = 1$。

2.4.2.2 椭球粒子悬浮液的复介电常数

当大量的椭球体粒子分散到连续介质中时就构成了图 2.5(b) 所示的两相非均匀体系。考虑单位体积中有 N 个具有偶极矩 m 的椭球体，那么这个体系（参照 2.2.1.2 节中 Wagner 理论的模型）的极化强度为 $P = mN$，电位移为

$$D = \varepsilon_a^* \varepsilon_0 E + P = \varepsilon_a^* \varepsilon_0 E + mN \tag{2-45}$$

将式(2-44) 代入上式，得到椭球体的稀薄悬浮液的复介电常数表达式[57]：

$$\varepsilon^* = \frac{D}{\varepsilon_0 E} = \varepsilon_a^* \left[1 + \Phi \sum_{k=x,y,z} \frac{\varepsilon_p^* - \varepsilon_a^*}{\varepsilon_a^* + (\varepsilon_p^* - \varepsilon_a^*)L_k} \cos^2\varphi_k \right] \tag{2-46}$$

这里的 $\Phi = (4\pi R_x R_y R_z N)/3$ 为该椭球体在悬浮液中的体积分数。对上式进行整理重排可以得到包含三个 Debye 型弛豫时间的表达式：

$$\varepsilon^* = \varepsilon_h + \sum_{k=x,y,z} \frac{\Delta\varepsilon_k}{1 + j\omega\tau_k} + \frac{\kappa_1}{j\omega\varepsilon_0} \tag{2-47}$$

其中反映弛豫过程的弛豫参数，或称介电参数（ε_h、$\Delta\varepsilon$、τ_k、κ_1）都与该非均匀体系中的相参数（ε_p、κ_p、ε_a、κ_a、Φ）以及去极化因子 L_k 相关联。因此，利用介电谱获得介电参数，通过解析此关系式可以求得反映非均匀体系内部各组成相的电性质和结构性质的参数。

当悬浮液中的椭球体是任意取向时，式(2-46) 变为具有三个 Debye 型弛豫时间项的理论表达式[57~60]：

$$\varepsilon^* = \varepsilon_a^* \left[1 + \frac{1}{3}\Phi \sum_{k=x,y,z} \frac{\varepsilon_p^* - \varepsilon_a^*}{\varepsilon_a^* + (\varepsilon_p^* - \varepsilon_a^*)L_k} \right] \tag{2-48}$$

Sillars 以与 Maxwell-Wagner 的推导相似的方式导出了球形粒子悬浮液的另外一个公式[24]：

$$\frac{\varepsilon^* - \varepsilon_a^*}{\varepsilon_a^* + (\varepsilon^* - \varepsilon_a^*)L_k} = \Phi \frac{\varepsilon_p^* - \varepsilon_a^*}{\varepsilon_a^* + (\varepsilon_p^* - \varepsilon_a^*)L_k} \tag{2-49}$$

此外，Asami 等也曾导出过类似的理论方程[61]：

$$\frac{\varepsilon^* - \varepsilon_a^*}{\varepsilon^* + 2\varepsilon_a^*} = \frac{1}{9}\Phi \sum_{k=x,y,z} \frac{\varepsilon_p^* - \varepsilon_a^*}{\varepsilon_a^* + (\varepsilon_p^* - \varepsilon_a^*)L_k} \tag{2-50}$$

这个方程形式上相似于 Wagner 方程［式(2-6)］，但比 Wagner 方程更具有普遍性。

由于去极化因子 L_k 中包含几何形状成分，因此随着形状的简单化弛豫时间项将减少。比如球状体（旋转椭球体）其中的两个轴相同 $R_x = R_y \neq R_z$，弛豫时间项将由三个变为两个，同时根据上式的理论计算也表明：球状体的轴比 $q = R_z/R_x = R_z/R_y$ 对两个弛豫的弛豫强度和弛豫时间影响很大。对其它变形的椭球体因为对称性质的不同，对其介电弛豫的影响也将有所不同[18]。

2.4.2.3　稀薄球形粒子悬浮液（Wagner 理论的解析式）

很明显，当椭球体模型中的三个半轴相等，即 $R_x = R_y = R_z$ 时，图 2.5(a) 变为球形模型［图 2.6 中的 (a)］，此时的去极化因子变为 $L_k = 1/3$，因此相应的方程式(2-49)或式(2-50)也将演变为球形粒子稀薄悬浮系的 Wagner 方程，即式(2-6)。

介电解析的目的是从介电谱的特征弛豫参数（介电参数）中获得相参数。对于 Wagner 方程，Hanai 给出了具体由介电参数计算相参数的解析公式[2,20]：

$$H(\kappa_a) \equiv \sqrt{\frac{\kappa_1 \varepsilon_a - \kappa_a \varepsilon_1}{\kappa_a \varepsilon_1 - \kappa_1 \varepsilon_h}} - \frac{\kappa_a}{\varepsilon_a} \cdot \frac{\varepsilon_1 - \varepsilon_h}{\kappa_h - \kappa_1} = 0 \tag{2-51}$$

式中，ε_1、ε_h、κ_1、κ_h 分别是介电常数和电导率在低频和高频的极限值，是介电谱观测到的，称为介电参数；ε_a 为连续介质的介电常数，实验上可以单独测量或从手册等资料获得。将这些作为已知量代入上式，寻找满足 $H(\kappa_a)=0$ 成立时的介质电导率 κ_a 值，粒子内部的介电常数 ε_i 和电导率 κ_i 的表达式如下：

$$\varepsilon_i = \varepsilon_a \frac{(2\varepsilon_a + \varepsilon_h)\Phi - 2(\varepsilon_a - \varepsilon_h)}{(2\varepsilon_a + \varepsilon_h)\Phi + (\varepsilon_a - \varepsilon_h)} \tag{2-52a}$$

$$\kappa_i = \kappa_a \frac{(2\kappa_a + \kappa_1)\Phi - 2(\kappa_a - \kappa_1)}{(2\kappa_a + \kappa_h)\Phi + (\kappa_a - \kappa_h)} \tag{2-52b}$$

从以上两式可以求得体积分数 Φ 的解析式。这样，可以通过介电参数和已知量计算稀薄球形粒子悬浮系的相参数。

(a) 球形粒子　　　　(b) 柱状粒子　　　　(c) 平面层状

图 2.6　分散相分别为球形粒子、柱状粒子以及平面层状的二元体系的介电模型

2.4.2.4 浓厚球形粒子悬浮液 (Hanai 理论的解析式)

对于浓厚球形粒子悬浮系，由于需要处理粒子诱导偶极矩间的相互作用，因此严格求解电势的拉普拉斯方程是困难的。Hanai 在 Bruggeman 有效介质理论处理浓厚粒子混合系介电常数的基础上，建立了实用的 Hanai 理论公式，即 2.2.2 节的式(2-15)。由此式出发，Hanai 建立了从介电参数计算相参数的理论解析式[2]。对于以下两种特殊的情况，可以从 Hanai 方程中直接求解出相参数。

① 对于 Hanai 理论式中的 $\kappa_i \gg \kappa_a$，即相对于介质而言，粒子的导电性要大很多的情况（典型的体系是 W/O 型乳状液）：

$$\Phi = 1 - \left(\frac{\varepsilon_a}{\varepsilon_l}\right)^{1/3} \tag{2-53a}$$

$$\kappa_a = \kappa_l (1 - \Phi)^3 \tag{2-53b}$$

$$\varepsilon_i = \varepsilon_a + \frac{\varepsilon_h - \varepsilon_a}{1 - (\varepsilon_h/\varepsilon_l)^{1/3}} \tag{2-53c}$$

$$\kappa_i = \kappa_h \frac{1 - (1/3)(2 + \varepsilon_h/\varepsilon_l)(\varepsilon_h/\varepsilon_l)^{1/3}}{[1 - (\varepsilon_h/\varepsilon_l)^{1/3}]} \tag{2-53d}$$

这样，便可以按顺序求得 Φ、κ_a、ε_i 和 κ_i 的值。

② 对于 $\kappa_i \ll \kappa_a$，即相对于介质而言，粒子的导电性要小很多的情况（典型的体系是 O/W 型乳状液）：

$$\varepsilon_i = \varepsilon_a - \frac{(\varepsilon_a - \varepsilon_h)}{1 - (1 - \Phi)(\varepsilon_h/\varepsilon_a)^{1/3}} \tag{2-54a}$$

$$\varepsilon_a + \frac{2(\varepsilon_a - \varepsilon_l)}{1 - (1 - \Phi)^{3/2}} = 3 \frac{2(\varepsilon_a - \varepsilon_h)}{1 - (1 - \Phi)(\varepsilon_h/\varepsilon_a)^{1/3}} \tag{2-54b}$$

$$\kappa_a = \frac{\kappa_l}{(1 - \Phi)^{3/2}} \tag{2-54c}$$

$$\kappa_h = \kappa_a \frac{\varepsilon_h(\varepsilon_h - \varepsilon_i)(2\varepsilon_a + \varepsilon_i)}{\varepsilon_a(\varepsilon_a - \varepsilon_i)(2\varepsilon_h + \varepsilon_i)} \tag{2-54d}$$

求解 Φ 值需要将 ε_a 和介电参数代入式(2-54b)进行计算机查找，然后将求得的 Φ 代入式(2-54a)和式(2-54c)求出 ε_i 和 κ_a 的值。以上介绍的球形粒子悬浮液因为是两相体系，所以其解析式是最简单的，但解析式导出的过程却是相当烦琐的。这里详细解说的目的是给出一个解析介电谱的基本思路和线索，对于后面的复杂体系的解析结果将不得不予以省略。

2.4.2.5 圆柱状粒子分散系

对于连续介质中分散的分散相的形状为圆柱体的情况，如果圆柱体的纵向与电场方向垂直 [图 2.6(b)]，去极化因子 L_k 近似为 $L_k = 1/2$，这样，将 $L_k = 1/2$ 代入式(2-49) 中可以得到相应的方程：

$$\frac{\varepsilon^* - \varepsilon_a^*}{\varepsilon^* + \varepsilon_a^*} = \Phi \frac{\varepsilon^* - \varepsilon_p^*}{\varepsilon^* + \varepsilon_p^*} \tag{2-55}$$

2.4.2.6 平面层状两相体系

类似的，将去极化因子 $L_k = 1$ 代入式(2-49) 中可以得到两相平面层状体系的相应方程：

$$\frac{1}{\varepsilon^*} = (1 - \Phi)\frac{1}{\varepsilon_a^*} + \Phi \frac{1}{\varepsilon_p^*} \tag{2-56}$$

关于平面层状非均匀体系的介电解析式将在后面第 6 章中讨论。

从以上介绍可以看到，由椭球体模型推演出来的上述特殊形状的粒子悬浮液体系或非均质膜体系，其复介电常数的数学表达式都可以用与几何形状有关的去极化因子 L_k 来表达，因此清晰而简练。自然，平面层状两相体系不属于分散系范畴，但是理论上的公式演变结果说明了椭球形模型所具有的最高代表性。

2.4.3 三相非均匀体系

粒子分散系和细胞悬浮系等体系的介电测量常常显示介电增量很大、同时又多于一个弛豫的介电谱，其原因来自于围绕胶体粒子周边的双电层以及包裹细胞质的细胞膜。这样的例子还可以列举出很多。总括起来，大量非均匀体系在固/液界面区域都存在着电性质异于固、液本体，包括本体水的界面水层。对于边界较整齐规范的典型粒子分散系，可借助两相模型的做法拓展到三相中并导出解析式，但推演过程特别是解析表达式将变得相当复杂，下面主要介绍具代表性的三相非均匀体系的模型化解析的思路。

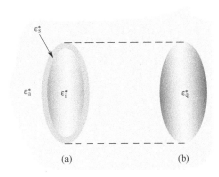

图 2.7　覆壳椭球体的介电
模型（a）和等价模型（b）

2.4.3.1 单壳椭球体分散系

对于粒子在其表面和外部介质之间存在一个"层"的情况，可以采用具有两个共焦表面的壳-椭球体模型（shell ellipsoid model）［图 2.7(a)］。

$$\frac{x^2}{R_x^2}+\frac{y^2}{R_y^2}+\frac{z^2}{R_z^2}=1 \tag{2-57a}$$

$$\frac{x^2}{R_{ix}^2}+\frac{y^2}{R_{iy}^2}+\frac{z^2}{R_{iz}^2}=1 \tag{2-57b}$$

$$R_{ik}^2=R_k^2-s \tag{2-57c}$$

这里的 R_k 和 R_{ik} 分别表示沿 k 轴的外表面和内表面的半轴，s 是表达一族共焦表面的参数。对于具有复介电常数 ε_i^* 的内相和 ε_s^* 的壳相的覆壳椭球体，其外部电势是通过在两个表面的边界条件下解拉普拉斯方程获得的[56,61,62]：

$$V_{out}=-\sum_{k=x,y,z}E_k k\left\{1-\frac{\varepsilon_{pk}^*-\varepsilon_a^*}{\varepsilon_a^*+(\varepsilon_{pk}^*-\varepsilon_a^*)L_k}L'_k\right\} \tag{2-58}$$

形式上完全与椭球体的式(2-41a)相同，只是用 ε_{pk}^* 代替了 ε_p^*，但在 ε_{pk}^* 表达式

$$\varepsilon_{pk}^*=\varepsilon_s^*\left[1+\frac{\varepsilon_i^*-\varepsilon_s^*}{\varepsilon_s^*+(\varepsilon_i^*-\varepsilon_s^*)(L_{ik}-vL_k)}\right] \tag{2-59}$$

中的去极化因子 L_{ik} 和 L_k 的内含与椭球体的不同[18]，上式中的 v 为：

$$v=\frac{R_{ix}R_{iy}R_{iz}}{R_x R_y R_z} \tag{2-60}$$

应该注意到，方程式(2-48)和式(2-59)结合起来可以提供 6 个关于任意取向的覆壳椭球体的 Debye 型弛豫项[63]。对于单壳球体，可以获得与式(2-21)相同的等价复介电常数表达式，这说明椭球模型具有更好的一般性，球形粒子模型或球壳型粒子模型都可以作为覆壳椭球模型的特例处理。对于这样的覆壳椭球粒子分散到介质中构成的三相非均匀体系的介电方程包含两个 Debye 型弛豫时间项，详细内容请参考文献 [7,11]。

2.4.3.2 圆筒状粒子分散系

对于覆壳圆柱体（shell-cylinders）的情况，同样，当圆柱体纵向垂直电场方向时，其

等价圆柱体（参见图2.8）的介电方程为：

$$\varepsilon_q^* = \varepsilon_s^* \frac{2(1-v)\varepsilon_s^* + (1+v)\varepsilon_i^*}{(1+v)\varepsilon_s^* + (1-v)\varepsilon_i^*} \tag{2-61}$$

该覆壳圆柱粒子分散到介质中构成的非均匀体系的复介电常数 ε^* 可以通过将上式代入式 (2-55) 中得到。

虽然此类覆壳圆柱状粒子，包括上节的圆柱状粒子在化学、生物包括材料科学的实际体系中并不多见，即使有也大都是接近于类棒状或杆状的，如棒状胶束、棒状粒子以及大肠杆菌等，这些都可以看作是一个柱状体的两端扣上半个球再覆一层薄壳。但是，理论公式的导出对于理解该类体系的介电行为和估计粒子悬浮液内部参数都具有实际的意义。近年，Sekine 用覆壳类棒状粒子悬浮液的模型和推导出的复介电常数的理论式与扁长覆壳椭球体模型进行了比较，发现几个模型之间并没有太大的差别[64,65]。

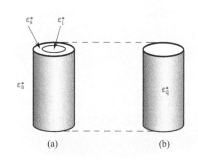

图 2.8　圆筒的介电模型 (a)
和等价模型 (b)

2.4.3.3　平面层状三相体系

三相平面体系可以先将其中两相合为一相 ε_q^*，参考式(2-56)，其等价复介电常数应该写为：

$$\frac{1}{\varepsilon_q^*} = (1-v)\frac{1}{\varepsilon_s^*} + v\frac{1}{\varepsilon_i^*} \tag{2-62}$$

上式结合方程式(2-54)可以导出平面三层体系的复介电常数：

$$\frac{1}{\varepsilon^*} = (1-\varPhi)\frac{1}{\varepsilon_a^*} + \varPhi\left[(1-v)\frac{1}{\varepsilon_i^*} + v\frac{1}{\varepsilon_s^*}\right] \tag{2-63}$$

平面层状非均匀体系在实际中例子很多，特别是膜-溶液体系，具体的解析式可以通过等效回路法导出。关于这些内容，包括如何从介电常数计算相参数的解析步骤等都将在后面的第6章中予以介绍和讨论。三相平面体系见图2.9。

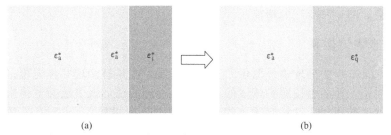

(a)　　　　　　　　　　　　　　　　(b)

图 2.9　三相平面体系的介电模型 (a) 和等价模型 (b)

2.4.3.4　向浓厚体系的拓展

对于浓厚的覆壳椭球体悬浮液，可以根据 Bruggeman-Hanai 方法和处理程序容易地将覆壳椭球体稀薄悬浮液的方程拓展到体积分数较高的浓厚体系，Boned 和 Peyrelasse 为获得浓厚覆壳椭球体悬浮液的解析方程也曾求解了在任意取向的覆壳椭球体悬浮液的 Bruggeman-Hanai 拓展方程[28]。对于球壳型浓厚悬浮液，Hanai 等[66] 曾导出过理论解析式 (2.2.4节)，作为 Pauly-Schwan 覆壳椭球体悬浮液方程[11] 向浓厚体系的一个延伸。无论是稀薄的还是浓厚的覆壳椭球体悬浮系，包括球壳型粒子体系，其相参数的严格解析表达形式都相当复杂，在此不做列举，有兴趣者可参考本章列举的专著和文献。

2.4.3.5 内含小滴的粒子分散系

图 2.10(a) 示意的是另外一种三相非均一体系：复介电常数为 ε_s^* 的椭球粒子中含有（嵌入）复介电常数为 ε_i^* 的很多球形小滴，小滴的体积分数为 v，将这样的具有等价复介电常数 ε_q^* 的椭球体粒子再以 Φ 的体积分数分散到复介电常数为 ε_a^* 的连续介质中，构成了特殊的由小滴相 p、椭球介质相 s 和外连续相 a 组成的三相非均一体系 [图 2.10(b)]。对于内含小滴的体积分数较小的情况（$v<0.1$），相当于小滴的稀薄球形粒子悬浮系，这时椭球粒子的 ε_q^* 可以由方程式(2-21)计算；而对于较高的 v 值的情况，可以使用 Hanai 公式：

$$\frac{\varepsilon_q^* - \varepsilon_p^*}{\varepsilon_s^* - \varepsilon_p^*}\left(\frac{\varepsilon_s^*}{\varepsilon_q^*}\right)^{1/3} = 1-v$$

求出等价椭球体的 ε_q^* 值，再结合式(2-49)（用 ε_q^* 代替式中的椭球粒子的复介电常数 ε_p^*），可以得到任意取向的内含小滴的椭球体粒子悬浮系整体的复介电常数表达式。

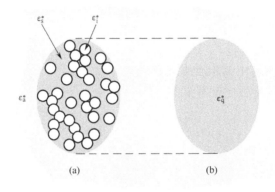

图 2.10 内含小滴的粒子分散系模型 (a) 和等价模型 (b)

该类模型也许在化学或生物体系中是罕见的，但可适用于特殊的粒子聚集体系，比如微乳液中的絮凝和沉降作用导致小液滴的不均匀分布，即在同一连续介质中由于粒子聚集成"簇"而形成非均匀系的情况[67]，这相当于在上面模型中椭球体内连续空间与外连续相具有相同复介电常数，即 $\varepsilon_s^* = \varepsilon_a^*$ 的情况。

2.4.4 多相非均匀体系

如果 2.4.2.1 节中的椭球体外覆盖的壳不止一层，而是被多层共焦壳覆盖，这样便构成了多相非均匀体系，如果也按照椭球体的基本模型处理的话，该多层椭球体模型和相应的介电方程可以在前面的两相、三相椭球体的公式基础上拓展得到[68]。这个多壳椭球体的复介电常数可以通过连续应用表达单壳椭球体有效复介电常数的方程式(2-59)实现公式化，但是，这样的多次迭代不可能得到如前面那样的较为简单明了的表达式，一般只能定义函数表达式[18]。此外，随着层数（相数）的增加计算也变得越来越复杂。

该多壳模型适用于带有细胞器的细胞悬浮液和多层脂质体囊泡体系（膜层和内水层的交错排布），由于该类体系最常见的是多层球形粒子模型，因此，一些研究者[68,69]建立了如下函数表达式，表示了多层球体中的某个球体作为内相（复介电常数为 ε_i^*）与其覆盖的外壳层（复介电常数为 ε_s^*）之间的函数关系，它也类似于式(2-21)：

$$f(\varepsilon_s^*, \varepsilon_i^*, v) = \varepsilon_s^* \frac{2(1-v)\varepsilon_s^* + (1+2v)\varepsilon_i^*}{(2+v)\varepsilon_s^* + (1-v)\varepsilon_i^*} \tag{2-64}$$

这里 v 表示的是内外两个同心球体的体积比，该方程反映了相邻两相介电性质以及它们结构性质之间的关系，换言之，结构因素和电性质都可能影响多层球形粒子体系的介电行为。Irimajiri 等推导了多层球形粒子悬浮液复介电常数与各层的电参数和结构参数相关联的理论表达式[70]，他们的研究还指出，这样的多层体系一般应该产生多个介电弛豫，而弛豫的个数是与相邻两层的界面个数相对应的。关于非均匀体系中相界面个数与弛豫模式的关系将在下节阐述。

非均匀体系介电模型经过长期的理论研究和实验验证，已经得到了很大的发展和完善，但是正如以上所看到的，能够实现模型化并较严格地进行数学处理，而且得到确定解析式的仅限于具有较为简单几何形状的体系；而对于复杂几何形状的体系的介电行为目前仍然没有数学解析式。此外，上面的模型没有讨论弛豫时间分布的问题，很多公式中出现的都是 Debye 型弛豫项，但在实际使用上常会出现偏差。这是因为制备测量样品时即使非常仔细，而且分散相是同类材料，但粒子在形态学上（大小、形状以及表面粗糙程度等）以及电性质上也会有微小的差异。这种粒子在半径、形状因子以及电参数上的分布将会引起弛豫时间分布，从而使得介电谱变宽。这个情况，方程(2-48)和式(2-50)可以拓展到一个包含 n 种粒子的悬浮系，即认为由于形状或表面粗糙程度等以及表面电性质等其它原因，尽管材料相同的粒子也应该考虑为不同种类的粒子来处理。但是，即使是对于只有两种分散粒子构成的分散系的情况，解析方程也已经变得相当复杂了[71]。也就是说，虽然椭球体模型有助于理解和解释粒子的形状对非球形粒子悬浮液的介电弛豫的影响，但该模型对于很多不规则形状的以及表面形态不均匀的粒子体系还是相当不充分的。最近，Asami 和 Sekine 等通过使用边界积分方程法、有限元素积分法等数学方法，模拟计算复杂几何形状的二元或多元混合体的介电弛豫，使得规则模型以外的解析研究得到了很大的发展[71~79]。

2.5 非均匀体系中介电弛豫的数目

2.5.1 基本原理

非均匀体系因为含有两个或多于两个的组成相，因此将存在多于一个的相界面。根据 Maxwell-Wagner 界面极化理论以及上面 2.2 节的讨论可知，在这样的非均匀体系中出现的介电弛豫行为将依体系内结构的复杂性而定，具体讲，就是弛豫的个数以及介电谱的形状（模式）随体系内组成相数目以及组成相的形状不同而不同。一般的，几何形态分布的复杂性使得介电弛豫变宽，而组成相的数目增加将使得弛豫时间项增加。例如两相体系（粒子分散系）的介电方程含有一个弛豫时间项，三相体系（球壳粒子分散系）则含有两个弛豫时间项。根据 Maxwell 界面极化概念的理论分析，一般的，对于含有 n 个组成相的非均匀体系（其中 κ_i、ε_i 分别为任意组成相 i 的电导率和介电常数），只要下式的条件不能满足：

$$\frac{\kappa_1}{\varepsilon_1} = \frac{\kappa_2}{\varepsilon_2} = \cdots = \frac{\kappa_i}{\varepsilon_i} = \cdots = \frac{\kappa_n}{\varepsilon_n} \tag{2-65}$$

则在相界面上将有电荷的累积，这意味着将产生界面极化，从而发生由 n 个弛豫时间表征的介电弛豫现象。上面条件换成弛豫时间来表述，将是如果弛豫时间满足下式，即所有的弛豫时间 $\tau_i = \varepsilon_0(\varepsilon_i / \kappa_i)$ 都不相等的话，体系将出现 $n-1$ 个弛豫[7,23]：

$$\tau_1 \neq \tau_2 \neq \cdots \neq \tau_i \neq \cdots \neq \tau_n \tag{2-66}$$

虽然这是根据 Maxwell 理论对平面层状多相体系得出的结论，但在一般意义上应该是正确的。Hanai 等通过总结一系列典型的非均匀体系的解析式和实验实例，归纳出了类似的规律[80]。

2.5.2　实验归纳

Hanai 等从实验和理论上进行考察的两相、三相典型体系包括：以高分子溶液、乳状液、悬浮液为主的平面的和球状的非均匀体系；以溶液（Ⅰ）/膜/溶液（Ⅱ）、脂质体囊泡、微胶囊、生物细胞悬浮液等组成的三相体系。实验上已经确认了它们各自的介电行为特征，即依体系的组成和结构不同而显示两个或三个弛豫现象；根据各类体系的理论公式，从介电

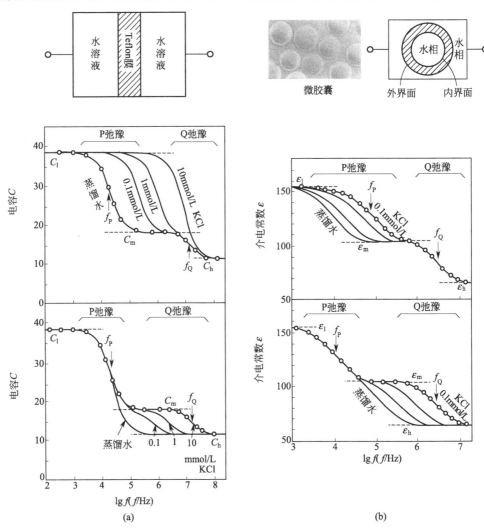

图 2.11　溶液（Ⅰ）/Teflon 膜/溶液（Ⅱ）构成的三相系（a）与聚苯乙烯微胶囊悬浮液（b）

（a）最初，膜的左右两侧分别为蒸馏水（D. W.）和 10mmol/L KCl 电解质溶液，上图表示的是右侧浓度固定，使左侧由 D. W. 逐渐变为 0.1mmol/L、1mmol/L、10mmol/L KCl，即逐渐变为膜两侧液体相同时，弛豫由 2 个变为 1 个，低频的 P 弛豫逐渐移向高频最终合一，说明 P 弛豫反映左侧膜界面的性质；下图表示的是左侧的 D. W. 固定，而右侧的 KCl 由原来的 10mmol/L 逐渐减小浓度直至变为与左侧相同，高频的 Q 弛豫移向低频最终消失，因为这时膜两侧界面的性质也变为相同，弛豫的个数同样也由原来的 2 个变为 1 个。（b）内水相与外介质的电解质浓度不同，故内外两个界面的性质也不同，因此介电谱显示低、高频的两个弛豫，类似的，当降低外相的电解质浓度直至为 D. W. 时，明显的，低频 P 弛豫的弛豫频率减小而高频的 Q 弛豫不变；相反的，外水相固定为 D. W.，微胶囊内水相的浓度由 0.1mmol/L KCl 逐渐降低浓度直至同样为 D. W. 时，Q 弛豫发生变化，因此，Q 弛豫可以认为是胶囊内膜和电解质之间的界面[80~82]。

谱中计算出了组成相的介电常数和电导率以及分散相的体积分数。这些例子的结果显示了介电弛豫的个数是与组成相的个数相关联的，严格讲，与介电弛豫的个数紧密相关的并不是组成相的个数而是相界面的种类数。图 2.11 给出了有利的佐证：两个典型的三相体系［溶液（Ⅰ）/膜/溶液（Ⅱ）体系和微胶囊悬浮液］的介电谱[81,82]。两个例子都显示出相同的结果：弛豫时间（频率）会随着改变界面的性质而发生变化（增加或减小），最终当体系中两个界面的性质相同，即只存在一种界面时，弛豫的个数由原来的两个变为一个，即与界面种类数相同。

图 2.11(a) 表示的是溶液（Ⅰ）/膜/溶液（Ⅱ）三相体系的介电谱；图 2.11(b) 表示的是相同膜材质且大小均一的微胶囊悬浮液的介电谱。实验结果清晰地显示：当膜两侧或胶囊内外溶液相性质不同（电解质溶液的浓度不等）时，膜两侧的膜（m）/液（l）界面，以及胶囊壳内侧膜/液和壳外侧膜/液界面的性质不同，即 $\varepsilon_{m}\kappa_{l1} \neq \varepsilon_{m}\kappa_{l2}$，因此介电谱显示明显的两个弛豫；当逐渐改变其中一侧的浓度最终达到与另外一侧相等时（$\kappa_{l1} = \kappa_{l2}$），因为膜两侧界面的性质相同，所以膜两侧界面极化机制和极化的程度是一样的。换句话说，当界面的种类数由原来的两个变为一个时，介电弛豫的个数也由原来的两个变为一个。该实验结果不仅说明了相界面的种类数与介电弛豫的个数有着相等的关系，也说明了高频和低频的不同，介电弛豫（P 弛豫和 Q 弛豫）是分属于在不同的相界面上发生的极化而产生的。

2.5.3 理论预测

尽管还有一些例子也可以说明介电弛豫模式与体系内组成相数目或者相界面的种类数之间的关系，但是，这个归纳能否拓展到包含更多组成相的非均匀体系，实验上的证明往往是难以做到的，因为制备具有非常整齐组成相的样品将是非常困难的，何况分散相还不止一种。Hanai 等对于实际体系中尚没有观察到的球形分散的四相和五相体系进行了理论上的研究，提出了一个关于含有两种球壳粒子的悬浮系介电弛豫的一般理论[83]。按照这个一般理论，能够讨论由图 2.12(a) 所示的由五个相构成的多相非均匀体系：两种球壳粒子（用下标 j 和 k 标注）被分散在介电常数为 ε_{a}、电导率为 κ_{a} 的连续介质中，两种球壳粒子的外直径 D、壳厚度 d、壳的介电常数 ε_{s} 和内相介电常数 ε_{i} 都相同，但壳的电导率 κ_{s} 和内相电导率 κ_{i} 不同，$\kappa_{sj} \neq \kappa_{sk}$ 和 $\kappa_{ij} \neq \kappa_{ik}$，即两种球壳粒子是由不同材质制备而成的，而且内部包裹不同的电解质。显然，这样的体系包含四种界面和由五个相所构成（两个球壳相，两个球壳内部的溶液相和一个连续介质相）。

根据提出的一般理论的数值计算结果表明（图 2.12）：包含四种界面的非均匀体系的 ε 和 κ 的频率依存性（图中只给出 ε 的频率依存性）以及 $\Delta\varepsilon''$ 对 ε 的复平面图清楚地显示了四个介电弛豫，理论上这四个弛豫归结于上面描述的四种界面。这个介电弛豫数目与界面种类数目之间的简单关系对于平面结果的五相非均匀体系也是有效的，但是，对于具有复杂的弯曲界面的多相体系的理论模拟将会非常复杂。例如，对于某些椭球体悬浮液，具有不同厚度的球壳粒子悬浮液以及复壳球粒子的悬浮液体系，介电弛豫的数目可能会超过界面的种类数。因为这与分散相的几何因素有关，比如椭球形粒子由于包含不同坐标轴，而各轴之比决定弛豫形状与个数，因此，结构形状因子必须引入到理论中来，这使得模拟变得更加复杂。探究这些原因，除了理论上的难度之外，实验上也将需要进一步对体系进行探索。另一方面，实验上观察到的弛豫个数往往小于从组成和结构上预测的个数，例如，含有两种界面的球壳型三相体系，理论上分析，因界面极化应该产生两个介电弛豫，但是，当壳厚度与球直径之比充分小的时候，其中的一个较高频的弛豫与低频的相比是微不足道的，可以忽略，即

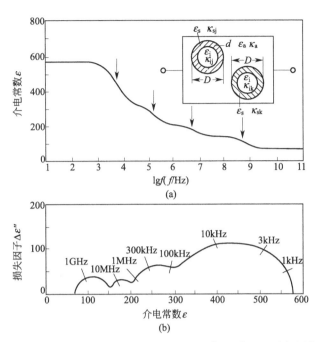

图 2.12　两种球壳粒子分散在同一介质中构成的五相体系 [（a）中插图]，以及该体系的介电常数频率依存性（a）和介电常数的复平面图（b）的理论计算结果[83]

实验上几乎观察不到。比如脂质体囊泡悬浮液以及最简单的红细胞悬浮液，结构上与上面介绍的微胶囊类似，脂质体膜和红细胞膜的内外两侧具有两个界面，但因为这些膜非常薄，因此只有一个介电弛豫能够观察到[84,85]。

　　尽管仍然存在一些问题，但是，从实验和理论上概括总结出的介电弛豫个数 n 与界面个数 m 之间的简单关系对判断所研究体系的内部结构和组成，选择解析手段都是有益的。该关系可概述如下：从非均匀体系（多相体系）的介电谱中观测到的介电弛豫的个数等于体系内组成相的个数 $n=m$（一般情况）。严格地讲应该是：介电弛豫的个数等于或小于体系内的界面种类数 $n \leqslant m$，而不是简单的组成相的数目。

参 考 文 献

[1]　Van Beek. Dielectric behaviour of heterogeneous systems//Birks J B, ed. Progress in dielectrics, vol. 7. Heywood, London, 1967: 69-114.

[2]　Hanai T. Electrical properties of emulsions//Sherman P, ed. Emulsion science. London: Academic Press, 1968: 353-478.

[3]　Dukhin S S. Dielectric phenomena and the double layer in disperse systems and polyelectrolytes. New York: John Wiley and Sons, 1974.

[4]　Landauer R//Garland J C, Tanner D B, ed. Proceedings Electrical Transport and Optical Properties of Inhomogeneous Media (ETOPIM Conference). New York: American Institute of physics, 1978: 2-45.

[5]　Clausse M//Becher P, ed. Dielectric properties of emulsions and related systems. New York: Marcel Dekker, 1983: 481-715.

[6]　Baánheegyi G. Colloid Polym Sci, 1986, 264: 1030-1050.

[7]　Takashima S. Electrical properties of biopolymers and membranes. Bristol: Adam Hilger, 1989.

[8]　Priou A, ed. Dielectric properties of heterogeneous materials. Amsterdam: Elsevier, 1992.

[9]　Miles J B Jr, Robertson H P. Phys Rev, 1932, 40: 583-591.

[10]　Bruggeman D A G. Berechnug vershiedener physikalischen Konstanten von heterogenen Substanzen. Leipzig: Ann Phys, 1935, 24: 636-664.

[11]　Pauly H, Schwan H P. Z Naturforsch, 1959, 14b: 125-131.

[12]　Hanai T. Kolloid-Z, 1960, 171: 23-31.

[13] Schwan H P, Schwarz G, Maczuk J, Pauly H. J Phys Chem, 1962, 66:2626-2635.

[14] Schwarz G. J Phys Chem, 1962, 66:2636-2642.

[15] Grosse C, Foster K R. J Phys Chem, 1987, 91:6415-6417.

[16] Hilfer R. Phys Rev B, 1991, 44:60-75.

[17] Hilfer R. Transport and relaxation phenomena in porous media//Prigogine I, Rice SA, ed. Advances in chemical physics, vol 92. New York: Wiley, 1996: 299-424.

[18] Asami K. Prog Polym Sci, 2002, 27:1617-1659.

[19] Feldman Y, Skodvin T, Sjöblom J. Dielectric spectroscopy on emulsion and related colloid systems-a review//SJöblom J, ed. Encyclopedic handbook of emulsion technology. New York: Dekker, 2000.

[20] 花井哲也. 不均質構造τ誘電率. 吉岡書店, 1999.

[21] Maxwell J C. Treatise on dielectricity and magnetism, vol 1. Dover(reprint), New York; Maxwell J C. Treatise on electricity and magnetism. Oxford: Clarendon Press, 1891.

[22] Wagner K W. Arch Electrotichnik (Berl), 1914, 2:371-387.

[23] 岡小天, 中田修. 固体誘電体論(I). 岩波書店, 1959:80-109.

[24] Sillars R W. J Inst Electl Engrs(Lond), 1937, 80:378-394.

[25] Zhao K S, He K J. Phys Rev B, 2006, 74(20):205319-205328.

[26] He K J, Zhao K S, Chai J L, Li G Z. J Colloid Interface Sci, 2007, 313:630-637.

[27] Asami K. Dielectric relaxation spectroscopy of biological cell suspensions//Hackley V A, Texter J, ed. Handbook on ultrasonic and dielectric characterization techniques for suspended particulates. Westerville: The American Ceramic Society, 1998:333-349.

[28] Boned C, Peyrelasse J. Colloid Polym Sci, 1983, 261:600-612.

[29] F Kremer, A Schönhals. Broadband dielectric spectroscopy. Springer, 2003.

[30] Biboul R R. J Phys D, 1969, 2:921-923.

[31] Lamb W, Wood D M, Ashcroft N W//Garland J C, Tanner D B, ed. Proceedings ETOPIM Conference. New York: American Institute of Physics, 340-354.

[32] Fröhlich J. Sack R, Proc R Soc A1, 1946, 85:415-430.

[33] Maurer F H J//Seldlacek B, ed. Polymer composites. Berlin: De Gruyter, 1986:399-411.

[34] Zetsche A, Kremer F, Jung W, Schulze H. Polymer, 1990, 31:1383-1387.

[35] O'Konski C T. J Phys Chem, 1960, 64:605-619.

[36] Schwarz G. J Phys Chem, 1962, 66:2636-2642.

[37] O'Brien R W. J Colloid Interface sci, 1986, 113:81-93.

[38] Schurr J M. J Phys Chem, 1964, 68:2407-2413.

[39] Grosse C, Foster K R. J Phys Chem, 1987, 91:3073.

[40] Grosse C. J Phys Chem, 1988, 92:3905-3910.

[41] Lyklema J, Springer M M, Shilov V N, Dukhin S S. J Electroanal Chem, 1986, 198:19-26.

[42] Fixman M. J Chem Phys, 1980, 72:5177-5186.

[43] Fixman M. J Chem Phys, 1983, 78:1483-1491.

[44] Chew W C, Sen P N. J Chem Phys, 1982, 77:4683-4693.

[45] Chew W C. J Chem Phys, 1984, 80:4541-4552.

[46] Shilov V N, Dukhin S S. Colloid J, (Kollidn Zh), 1970, 32:293-300.

[47] O'Brien R W. Adv Colloid and Interf Sci, 1982, 16:281-320.

[48] DeLacey E H B, White L R. J Chem Soc Faraday Trans, 1981, 277:2007-2039.

[49] Vogel E, Pauly H. J Chem Phys, 1988, 89:3830-3835.

[50] Grosse C, Pedrosa S, Shilov V N. J Colloid Interface Sci, 1999, 220:31-41.

[51] Delgado A V, Arroyo F J, Carrique F, Jiménez M L. J Phys: Condens Matter A 2000, 12:233-238.

[52] Shilov V N, Borkovskaya Yu B. Colloid J, 1994, 56:647-652.

[53] Delgado A V, Arroyo F J, González-Caballero F, Shilov V N, Borkovskaya Yu B. Colloids Surf A, 1998, 140:139-149.

[54] Delgado A V, Carrique F, Arroyo F J, Bellini T, Mantegazza F, Giardini M E, Degiorgio V. Colloids Surf, 1998, 140:157-167.

[55] Shilov V N, Delgado A V, González-Caballero F, Horno J. J Colloid Interface Sci, 2000, 232:141-148.

[56] Saito M, Schwan H P, Schwarz G. Biophys J, 1966, 6:313-327.

[57] Niesel W. Leipzig: Ann Phys, 1952, 10:336-348.

[58] Polder D, Van Santen JH. Physica, 1946, 12:257-271.

[59] Altshuller A P. J Phys Chem, 1954, 58:544-547.

[60] Fricke H. J Phys Chem, 1953, 57:934-937.

[61] Asami K, Hanai T, Koizumi N. Jpn J Appl Phys, 1980, 19:359-365.

[62] Schwarz G, Saito M, Schwan H P. J Chem Phys, 1965, 10:3562-3569.

[63] Asami K, Yonezawa T. Biochim Biophys Acta, 1995, 1245:317-324.

[64] Sekine K, Torii N, Kuroda C, Asami K. Bioelectrochemistry, 2002, 57:83-87.

[65] Sekine K, Bioelectrochemistry, 2000, 52:1-7.

[66] Hanai T, Asami K, Koizumi N. Bull Inst Chem Res Kyoto Univ, 1979, 57:297-305.

［67］ Skodvin T，Sjöblom J. J Colloid Interf Sci，1996,182:190-198.

［68］ Stepin L D. Sov Phys Tech Phys,1965,10:768-772.

［69］ Fricke H. J Phys Chem,1955,59:168-170.

［70］ Irimajiri A，Hanai T，Inouye A. J Theor Biol,1979,78:251-269.

［71］ Hanai T，Sekine K. Colloid Polym Sci,1986,264:888-895.

［72］ Asami K，Sekine K. J Phys D:Appl Phys,2007,40:2197-2204.

［73］ Sekine K，Hibino C，Kimura M，Asami K. Bioelectrochemistry,2007,70:532-541 .

［74］ Sekine K. Colloid Polym Sci,1999,277:388-393.

［75］ Sekine K,Hibino C,Kimura M,Asami K,2007,70:532-541.

［76］ Vrinceanu D，Gheorghiu E. Bioelectrochem Bioenerg,1996,40:167-170. Asami K. J Phys D:Appl Phys,2006,39:492-499.

［77］ Asami K. J Colloid Interface Sci,2005,292:228-235.

［78］ Sekine K，Watanabe Y，Hara S，Asami K. Biochim Biophys Acta,2005,1721:130-138.

［79］ Sekine K，Torii N，Kuroda C，Asami K. Bioelectrochemistry,2002,57:83-87.

［80］ Hanai T，Zhang H Z，Sekine K，Asaka K，Asami K. Ferroelectrics,1988,86:191-204.

［81］ Zhang H Z，Sekine K，Hanai T，Koizumi N. Colloid Polym Sci,1984,262:513-520.

［82］ Zhao K S，Asaka K，Asami K，Hanai T. Bull Inst Chem Res，Kyoto Univ,1989,67:225-255.

［83］ Hanai T，Sekine K. Collod & Polymer Sci,1986,264:888-895.

［84］ Sekine K，Hanai T，Koizumi N. Bull Inst Chem Res Kyoto Univ,1983,61:299-313.

［85］ Asami K，Hanai T，Koizumi N. J Membrane Biol,1976,28:169-180.

第3章 宽频介电谱技术和谱的一般分析方法

在过去的 20 几年中，由于能够精准而迅速地完成宽频范围测量的计算机控制仪器不断地被开发并成为市售产品，介电测量技术已经发生了彻底的改变，成为当今的宽频介电谱。所谓宽频一般是指 $10^{-6} \sim 10^{12}$ Hz（波长是 $3 \times 10^{16} \sim 0.03$cm）这样的频率范围，在这样一个跨度为 18 个数量级的宽频率范围内，测量物质或体系的复介电常数为

$$\varepsilon^*(\omega) = \varepsilon(\omega) - j\varepsilon''(\omega) = \varepsilon(\omega) - j\kappa(\omega)/(\omega\varepsilon_0)$$

必须根据不同的频率段选择不同的测量原理[1,2]。换句话说，根据选择不同的测量方法或技术，可以完成从直流到微波或更高频率范围的介电测量。图 3.1 是不同频率段的介电测量所对应的测量技术和测量仪器的示意图。

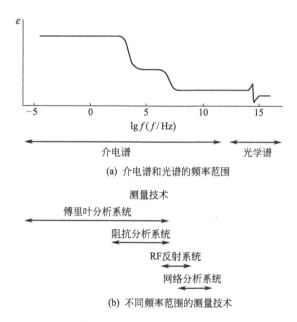

(a) 介电谱和光谱的频率范围

(b) 不同频率范围的测量技术

图 3.1　$10^{-6} \sim 10^{12}$ Hz 频率范围的介电谱和所使用的测量技术

3.1　测量方法的分类

3.1.1　集总常数回路法和分布常数回路法

根据频率段位置的不同，测量方法也有很大的不同，从大的方面可以分为两种：一种是将样品作为电容器测量其电容量；另一种是由电磁波的传输特性求算介电特性。大约从 $10^{-2} \sim 10^8$ Hz 频率段的测量使用集总（常法）回路法（lumped circuit method），该法是将样品作为理想的电容和电阻的串联或并联的等价回路来处理的（意味着回路中的电容、电阻

等分别集中在一点上作为一个回路常数）。集总回路法包括的基本测量技术有电桥法、谐振回路法和矢量阻抗法。实际上集总回路法的测量是将样品与空气为介质的电容进行比较而实现的，在这种情况下，可以忽略样品的空间尺度对电场贡献的影响。但随着测量频率的增加，样品电容器的几何维度变得越来越重要，这个频率的极限值大约是 300MHz（这时仪器已经采用了与部分分布常数回路的结合形式）。因为在高频领域波长变短，当测量频率超过大约 300MHz 以上时，测量样品或导线的长度与波长达到相近的程度时，集总常数回路法便不适合使用。但这时可以认为电容、电感是分布在回路的各部分的，称为分布（常数）回路法（distributed circuit method），该法包括同轴回路和波导回路，利用这两种回路可以完成 $10^7 \sim 10^{11}$ Hz 频率段的介电测量。分布回路法包括的基本测量技术有传输线法、谐振腔法和自由空间法。集总常数法和分布常数法两者之间理论上并没有明确的频率界限，可以根据测量样品的大小、形状选择，但两个测量系统（仪器）价格等差异相当大。

3.1.2 频（率）域和时（间）域介电谱方法

介电谱测量方法的另外一个区别是频率域法（frequency domain method）和时间域（time domain method）法。前者是改变频率，测量各个频率点的介电常数和介电损失（相当于电导率），是一种将介电特性作为频率的函数来求解的方法；后者是给样品施加跃阶电压脉冲，观察样品对这个刺激的响应，是一种将暂态电流或电荷作为时间的函数来观测，通过解析该观测结果来求解介电特性的方法。时域法可以对频域法无法使用的超低频的介电特性测量作为暂态电流法来使用，因此对频域法是最大的补充。但随着最近脉冲技术和微小间隔测量技术的进步，在微波领域也可以用时域法进行介电测量。目前的时域法可以测量的频率范围大约在 $10^{-6} \sim 10^{10}$ Hz，换言之，在这个宽频范围内物质或体系的复介电常数 $\varepsilon^*(\omega)$ 的频率依存性可以通过测量时间依存的介电常数 $\varepsilon(t)$ 经过傅里叶变换推演得到：

$$\varepsilon^*(\omega) - \varepsilon_\infty = \int_{-\infty}^{\infty} \dot{\varepsilon}(t) e^{-j\omega t} dt \tag{3-1}$$

这里的 ε_∞ 是频率约为 10^{11} Hz 时的介电常数。

在图 3.1(a) 中，大约 $10^{10} \sim 10^{12}$ Hz 的低频电磁波与光波的交界区域，是频率域和时间域介电谱法无法测量的频率段，在此频率段的测量大都使用 Mach-Zehnder（马赫-曾得尔）干涉仪或适于超低介电损失材料和低温测量的超大空腔谐振器的准光学仪器。因为这个频率段不是常见的介电谱测量范围，更不属于本书非均匀体系所涉及的测量范围，因此不做介绍。这样，图 3.1(a) 表示的 $10^{-6} \sim 10^{12}$ Hz 的频率段的测量可以用三种测量系统完成，这就是所谓的宽频（带）介电测量技术，目前各种理论以及实验方法和测量技术已经建立和完善[2]。

3.2 频率域介电谱测量

频率域介电谱测量交流电场刺激下的极化响应，可以对不同的刺激频率进行逐点或扫频测量，这样便可获得复介电常数对测量频率的函数关系。频域介电谱是最广泛使用并已经为很多领域研究者所熟悉的介电谱方法。如前所述，其原理是用集总回路法将样品作为电容器来测量的，对于一个填充研究物质的电容器，其复介电常数 $\varepsilon^*(\omega)$ 表示为电容器电容 $C^* = C - jG/\omega$ 与真空电容之比：

$$\varepsilon^*(\omega) = \frac{C^*(\omega)}{C_0} \qquad\qquad (3\text{-}2)$$

当给样品材料施加一个正弦电场 $E^*(\omega) = E_0 \exp(j\omega t)$ （对大多数材料来讲，振幅 $E_0 \leq 10^6 \mathrm{V/cm}$ 以保证在线性响应区间）时，$\varepsilon^*(\omega)$ 是通过测量样品的复阻抗 $Z^*(\omega)$ 得到的：

$$\varepsilon^*(\omega) = \frac{1}{j\omega Z^*(\omega) C_0} \qquad\qquad (3\text{-}3)$$

而在 $10^{-6} \sim 10^{11} \mathrm{Hz}$ 这样宽的频率域中，其 $\varepsilon^*(\omega)$ 的测量是无法只用一种技术就完成的。一般是使用建立在以下四种不同测量技术之上的测量系统（装置）来完成整个差不多 10 个频率数量级的测量[3]：在 $10^{-6} \sim 10^7 \mathrm{Hz}$ 频率范围的傅里叶相关性分析与介电变频器结合的测量系统[4-6]；在 $10^1 \sim 10^7 \mathrm{Hz}$ 段的阻抗分析；在 $10^6 \sim 10^9 \mathrm{Hz}$ 段的 RF 反射计[7] 以及在 $10^7 \sim 10^{11} \mathrm{Hz}$ 频率段的网状分析系统[8,9]。

3.2.1　结合了介电变频器的傅里叶分析系统

傅里叶相关分析是通过附加的频率响应分析仪或者锁定放大器完成的，可测量样品的复阻抗 $Z^*(\omega)$，但因这样的测量系统存在一些限制，因此需要引入一个介电变频器完成信号转换，这样的结合可以实现从 $10^{-6} \mathrm{Hz}$ 到 $10^7 \mathrm{Hz}$ 的频率范围的介电测量。商业上开发的如 Agilent、EG&G 和 Novocontrol 等系统的产品一般可以达到此目的。

3.2.2　阻抗分析

上述技术是涉及到样品电流和电压的直接测量的 I-V 方法，而阻抗分析系统则是为人所熟知的交流阻抗电桥法。市售的交流阻抗分析仪为一些不要求很高频率和高阻抗范围的体系提供了一个适当的和经济的测量方法，由于交流阻抗桥测量并不是很快，因此特别适合于测量有时间依存介电性质的材料（监测化学反应、相转变性质等）。阻抗分析仪和电桥可以使用商业化的各种市售产品，如 Agilent、Novocontrol、Solartron、QuadTech 和 Wayne Kerr。

综合了带有介电变频器的傅里叶相关性分析和阻抗分析优点的测量系统，即所谓的综合介电分析仪。这种分析仪在一个装置中合并了一个直接数字化合成发生器、两个数字化正弦波关联器、一组介电变频器以及一个适用于低阻抗范围的电流-电压直接转换器。商业上提供的高分辨率的介电分析仪是一个覆盖大约数赫兹到 $10^7 \mathrm{Hz}$（或 $10^8 \mathrm{Hz}$）频率范围的单一装置。

3.2.3　RF 反射计

同轴线反射计可以用在 $1 \mathrm{MHz} \sim 10 \mathrm{GHz}$ 的频率范围的介电性质测量。与上述的低频技术相比，高于 $1 \mathrm{MHz}$ 后测量电缆对样品阻抗的贡献是明显的。大约高于 $30 \mathrm{MHz}$ 时电缆线上将会出现驻波，此时已不可能直接测量样品的阻抗。但是，可以通过采用同轴探针、传输线以及空腔共振和自由空间等微波技术来避免：微波技术将测量线作为测量阻抗值的主要部分考虑了进来。因此，这样的系统需要精密的传输线和有确定传播常数的样品池，样品电容器作为精确同轴线的终端，通过一个微波反射计，直接测量决定于样品阻抗的测量线的反射因子。为此，利用两个定向耦合器将入射波和反射波分开，并测量它们的振幅和相角。同轴线反射计覆盖的频率范围是 $1 \mathrm{MHz} \sim 3 \mathrm{GHz}$，具有很高的精度，在通常的 Agilent 交流阻抗分析仪基础上有很多商业开发的产品。

3.2.4　网络分析

在频率高于 $1 \mathrm{GHz}$ 时可使用网络分析仪。它不仅通过波的振幅和相角分析反射波而且分析通过样品的传输波，这使得频率范围可以扩展到高至 100GHz，但是随着测量频率增加，要求波导或同轴线截面积减小，这在校正程序上会变得非常麻烦。但是商业上提供的产品如 Agilent 网状分析仪可以完成这段频率的测量，并达到很高的测量精度。

综上可知，利用建立在四种测量技术之上开发的最新仪器设备构成的测量系统，无遗漏地完成覆盖 $10^{-6} \sim 10^{12}$ Hz 之间的测量是可能的。针对以上四种技术的相关测量原理的详细内容请阅读给出的文献，或参见倪尔瑜和 Kremer 书中的相关章节[1,2]。

3.3 时间域介电谱测量

由上面的讨论可以看出，频率域介电谱法可以测量材料在 $10^{-6} \sim 10^{12}$ Hz 频率范围的复介电常数，但需要多种测量技术。时间域介电谱是通过检测样品对刺激的跃阶电压的响应来求得材料的介电性质的技术，是测量一种随时间变化的量的暂态法，可以分为慢响应和快响应两类技术。其中慢响应技术就是所谓的电容法：将样品作为电容对其施加稳态的直流电压，再将记录的极化电流和时间的关系，利用傅里叶变换把时域数据转换为频率域，获得复介电常数的频率域谱，因为该技术的测量范围从 10^{-6} Hz 到大约 10^6 Hz，所以也称为低频时域法[10~12]。这种方法更适用于固体的介电弛豫研究，因此被广泛使用，但是往往引入较大的实验误差。暂态法研究在射频高段至微波领域的快响应过程使用的方法是基于快速上升的入射脉冲施加到含有样品的同轴线上，因为与物质作用后的反射脉冲信号的性质完全不同于入射脉冲，因此通过记录入射脉冲和样品的反射脉冲可以获得复电容在宽频段的全部信息。这样通过傅里叶变换或拉普拉斯变换同样可以把这些信息转换成频率域介电谱[13~15]。一般文献中所说的时域法指的都是这种高频时域技术，目前已经成为测量液体物质的主要技术，大致的频率范围在 10^4 Hz 到 10^{10} 之间[16]。时域法与频域法相比，精度会降低，但具有测量快之优势，而且在最近的一二十年，时间域反射计技术（或称时域反射法 TDR 法）在精度上得到了很大的改进而且也完成了 $10^5 \sim 10^{10}$ Hz 的测量[17~20]，同时也因为在探针电极上的特点：只用很小的电极接触样品故测量简便，因此，在研究液态材料的快速现象中被广泛地使用。

关于 $10^{10} \sim 10^{12}$ Hz 的频率范围的低频侧（大约≤100GHz）可以使用同轴探针和波导技术；在超过 300GHz 的高频侧使用傅里叶变换谱；中间的远红外区域可以使用通过"自由空间"传播的非波导单频电磁波的所谓"准光学"方法来完成[21,22]。关于上述内容以及一些测量技术细节等也请参见相应的文献以及给出的参考书籍[1,2]。

总括上述，在图 3.1(a) 示意的 $10^{-6} \sim 10^{12}$ Hz 的宽频范围的介电测量可以用商业上提供的设备完成，但是，必须与建立在不同物理原理基础上的不同测量技术相结合；图 3.1(b) 表示了使用的测量系统（装置）和相应的技术。为了完成不同对象的准确测量，并获得完整的介电数据，与测量技术相关的测量样品池、电极结构配置等也是至关重要的。

3.4 测量的外部配置和测量值的校正

3.4.1 测量池和电极

测量的外部配置指的是测量仪器以外的电极和样品部分，即测量池和电极的结构配置

（图 3.2）。对于以水为介质的非均匀体系，绝大部分弛豫响应都出现在大约 10^8 Hz 以下的频率段，而这部分的测量是使用集总常数回路法的测量仪器完成的，因此通常都使用平板电容器类型的样品-电极配置（测量池）。虽然可以采用市售的测量池，但由于其种类很少，因此，根据测量样品的状态、介电性质、测量频率范围以及测量的目的，很多研究者都采取自己设计和制作的方法解决测量外部配置。能不能将观察到的现象充分彻底地摘取出来，与测量池或电极的设计制作有很大关系，因此样品-电极配置的测量池系统在介电谱研究中应该是需要充分研究的问题。作为制作和选择测量池的参考，对比较容易使用的，或在测量水介质体系中经常使用的几种典型配置给予图示（图 3.2），并简要说明。

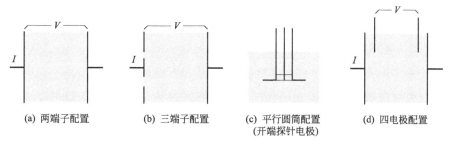

(a) 两端子配置   (b) 三端子配置   (c) 平行圆筒配置   (d) 四电极配置
                                    （开端探针电极）

图 3.2　典型的样品-电极配置（测量技术）

图 3.2(a) 表示的是典型的样品与电极同大小的两端子测量配置，这样的测量池因为在两端有因电力线泄漏而产生的浮游电容（stray capacitance），以及产生于连接导线的残留电感（residual inductance），因此需要校正。该测量池只有低于 10MHz 频率范围才能保持测量的精度。如果在平行板电极边缘电场泄漏严重而产生很大的误差的话，选择包含保护电极的三端子法（three-terminal method）可以有效地消除这个误差，三端子法的样品-电极配置如图 3.2(b) 所示。类似的，考虑到填入电极之间的样品的化学性质和物理状态，也可以采用如图 3.2(c) 表示的同心圆筒型样品-电极配置，除了同样需要校正浮游电容之外，设计测量池时也要考虑池常数的估算问题[23]，该配置适合于在超过 100MHz 以上（频率上限应随测量仪器系统而定）用网络分析系统或时域反射计技术测量时使用，即所谓的开端同轴探针（open-ended coaxial probe）技术，该技术最适合于液体和半固体材料，需特别警惕的是预防空气（对于液体样品是气泡）进入样品和电极之间（实际上所有配置都要避免这样的情况发生）。当测量含有电解质样品时，由于在低于千赫兹附近将产生电极极化（即在金属电极和电解质溶液界面之间的阻抗，电极极化将在后面一节介绍）影响解析介电谱，这时，可以采用图 3.2(d) 配置的四电极测量技术[24]。因为四电极法是将提供电流的电极和测量电压的电极分开，在原理上可以消除电极极化的影响，但是在实际测量上未必能理想地实施，而且也不能满足一定的测量精度。因此，一种所谓的电磁感应法（electromagnetic induction method）近年来被开发出来（见下面的 3.4.3 节）。

3.4.2　测量值误差的校正

对于上面图 3.2(a) 表示的两端子测量配置，测量值包含如图 3.3(a) 所示的测量池周围和由导线产生的浮游电容量 C_r 或残留电感 L_r 而导致的误差，将 C_r 和 L_r 用集总常数回路法表示见图 3.3(b)。样品的电容 C_s 和电导 G_s 可以用测量得到的并联等价电容 C_x 和电导 G_x，以及浮游电容 C_r 和残留电感 L_r 依照下式计算[23]：

$$C_s = \frac{C_x(1+\omega^2 L_r C_x) + L_r G_x^2}{(1+\omega^2 L_r C_x)^2 + (\omega L_r G_x)^2} - C_r \tag{3-4a}$$

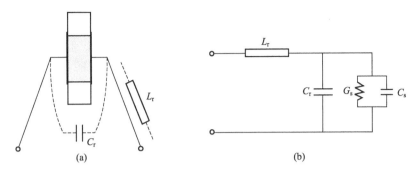

图 3.3 测量池及导线浮游电容和残留电感示意图 (a) 以及校正用的等价回路 (b)

$$G_s = \frac{G_x}{(1+\omega^2 L_r C_x)^2 + (\omega L_r G_x)^2} \tag{3-4b}$$

为此计算，预先应该确定 C_r 和 L_r 的值，C_r 可以通过测定池常数得到[23]，L_r 可利用式 (3-4a) 和式(3-4b) 在 $\omega \to 0$ 时的近似关系式

$$C_{x0} = (C_s + C_r) - L_r G_{x0}^2 \tag{3-5}$$

求得，这里的 C_{x0} 和 G_{x0} 是低频的测量值[25,26]。这样的校正在数十兆赫兹以下的测量是有效的，对于高于此频率的校正要对集总常数回路模型进行修正，相关的内容以及同轴测量池的测量值校正等方面的细节可以参见适当的书籍[23]。

3.4.3 电极极化及其消除电极极化的新方法——电磁诱导法

无论是上述的哪种样品-电极配置的测量系统，测量时都会出现介电常数随频率减小而急剧增加的现象，这是一种在样品和与其接触的电极之间的现象，称为电极极化。其微观原因可以归结于传导电荷在样品/电极间的积累导致正负电荷的分离，因此也属于界面极化机制。尽管一般出现在大约 10^3 Hz 的较低频率段，但由于它的数值异常得大（数十微法/平方厘米甚至更大）因而会掩盖低频段的真正体系的弛豫现象，因此在介电测量中是个多余的寄生效应。下节将详述电极极化的消除方法，这里简单介绍一种为了从原理上消除电极极化的新近发展的方法——电磁诱导法[27]。

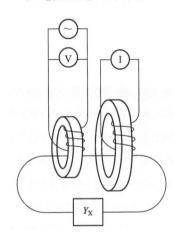

图 3.4 电磁诱导法样品-电极
配置和工作原理示意图[28]

图 3.4 表示的是该电磁诱导法的电极-样品配置和测量原理。电极-样品配置是一对同心环形线圈浸入到测量样品中，当交流电压 V 施加到初级线圈时，在线圈探针周围样品中诱导出一个导纳为 Y_x 的电场，由此在次级线圈内产生电流 I。因为两个线圈通过样品的感应结合在一起，所以通过比较对初级线圈施加的电压和次级线圈输出的电流，可以确定样品的介电常数和电导率。这样的一对环形线圈构成一个测量探针，连接测量仪器如精密 LCR 仪可以完成 75kHz 到 30MHz 频率范围的测量。同样的，为了提高精度对探针残留导纳的校正是必要的[27]。这样的测量法有效地避免了电极极化的发生，因而可以用到电导率较高的电解质溶液体系中，目前在生物细胞悬浮液的介电弛豫研究领域已经获得成功，具体的应用实例将在第 9 章中介绍。

3.5 介电谱的一般分析方法

3.5.1 引言

前面讲过,研究体系(样品)对外交流电场 $E=E_0\exp(j\omega t)$ 的响应是作为复介电常数 $\varepsilon^*(f)$ 来测量的,$\varepsilon^*(f)$ 与外电场的频率(即测量频率 f,与角频率 ω 的关系为 $\omega=2\pi f$)依存性,即介电弛豫。介电弛豫一般是由分子偶极子的波动、界面极化以及离子扩散等不同的极化机制引起的。当然,还必须提到的就是前节涉及到的与样品接触的电极上的极化。这些极化机制与相应的动力学过程相联系,而每个过程的复介电常数

$$\varepsilon^*(f)=\varepsilon(f)-j\varepsilon''(f)=\varepsilon(f)-j\frac{\kappa(f)}{2\pi f\varepsilon_0}$$

的实部 $\varepsilon(f)$ 和虚部 $\varepsilon''(f)$ 的频率(和温度)依存性都有着自己的特征,即可以用一套称为弛豫参数的参数来描述。一般的,典型的单一弛豫时间或两个弛豫时间的 Debye 型介电谱图可表示为图 3.5(a) 和(b)。

对于一个介电弛豫有一组如图 3.5(a) 表示的赋予该弛豫特征的参数群 $\langle\varepsilon_1,\varepsilon_h,\kappa_1,\kappa_h,$

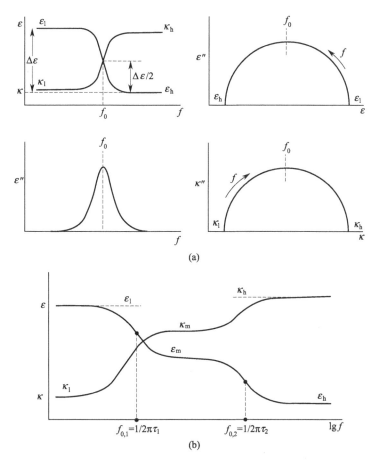

图 3.5 介电弛豫谱和弛豫参数的示意图

(a) 一个弛豫时间的介电谱:介电常数、电导率和介电损失的频率依存性,以及介电常数和电导率的Cole-Cole 图;(b) 两个弛豫时间的介电谱:介电常数和电导率的频率依存性

f_0}，ε_l、ε_h、κ_l 和 κ_h 分别是介电常数和电导率在低、高频的极限值，f_0 表示特征（弛豫）频率。类似的，图 3.5(b) 中标出的两个介电弛豫的特征参数群 {$\varepsilon_l, \varepsilon_m, \varepsilon_h, \kappa_l, \kappa_m, \kappa_h, f_{0,1}$, $f_{0,2}$}，这组特征参数群与一个弛豫的介电谱不同的是多出了中间频率段的介电常数 ε_m 和电导率 κ_m，以及需要两个特征频率 $f_{0,1}$ 和 $f_{0,2}$ 表征不同的弛豫过程，$\Delta\varepsilon = \varepsilon_l - \varepsilon_h$ 称为弛豫强度或介电增量。将这些表征介电弛豫行为的参数总称为介电参数（dielectric parameters）。

作为表示介电弛豫的方法也经常使用上式定义的损失因子 $\varepsilon''(f) = \dfrac{\kappa(f)}{2\pi f \varepsilon_0}$ 对频率作图的方法代替电导率 κ，如果直流电导率（相当于电导率的低频极限值 κ_l）较大不能忽略的话介电损失为 $\varepsilon''(f) = \dfrac{\kappa(f) - \kappa_l}{2\pi f \varepsilon_0}$，对于单一弛豫时间的 Debye 型弛豫，表示为具有一个对称损失峰的 $\varepsilon''(f)$-f 图，峰的最大值对应着弛豫频率的位置，根据损失峰的形状可以推断弛豫时间的分布。尽管 $\varepsilon(f)$ 和 $\varepsilon''(f)$ 因 Kramers-Kronig 关系式包含相同的信息，但通过图 3.5 给出的各种弛豫表示可以获得所有介电参数的值。

以上图示的是具有一个或两个 Debye 弛豫的、而且没有重叠的理想情况，然而，对于真实的化学和生物体系（其它体系也应如此），一些弛豫过程也许是平行发生的，也就是说总的介电响应要由几个相近的弛豫时间常数描述，即存在弛豫时间的分布，因此它们的交叠使得 $\varepsilon(f)$、$\kappa(f)$ 和 $\varepsilon''(f)$ 曲线变得加宽和平缓，复平面图也将称为偏离半圆的圆弧，甚至是非对称的歪曲形状。对于所有这些具有分布的介电谱，如在后面将要讨论的，可以用一些经验方程来描述。总之，由于体系的复杂使得弛豫过程的机制也非单一化，从而也使得介电谱分析变得复杂。此外，对电导率较大的体系电极极化效应将非常明显，因此而影响对低频段样品本体介电行为的解析。所谓介电谱分析的目的就是如何从测量获得的介电谱中分隔（摘取）或识别出各个不同的弛豫过程，并将其定量化以讨论它们各自对介电谱的贡献。

这里需要说明的是，本节的介电谱分析指的是不涉及研究体系内部模型的一般分析方法，是对所有体系而言的，与前面的 2.4 节介绍的非均匀体系的解析模型有所不同。2.4 节中的解析模型和理论公式大多是针对与本书后面应用部分密切相关的体系的。

3.5.2 利用模型函数分析介电谱

介电弛豫过程通常使用模型函数（或称模型方程）来分析。从能够在理论上给予很好解释的 Debye 方程开始，迄今已经提出了一些能够描述观察得到的介电谱数据的公式，其中最重要的在第 1 章中已经介绍过 ［式(1-59) 和式(1-68)～式(1-70)］，这里整理到表 3.1 中并逐一讨论。

3.5.2.1 Debye 方程

Debye 方程描述的弛豫复平面表示的是一个半圆（Debye 半圆），因此也称为半圆弧则（semicircular arc rule），虚部（介电损失）对频率作图为较窄的对称损失峰 ［图 3.5(a)］。复介电常数的实部和虚部分别为：

$$\varepsilon(\omega) = \varepsilon_h + \frac{\Delta\varepsilon}{1 + (\omega\tau)^2} \tag{3-6a}$$

$$\varepsilon''(\omega) = \frac{\Delta\varepsilon(\omega\tau)}{1 + (\omega\tau)^2} \tag{3-6b}$$

利用这两个公式可以得到图 3.5(a) 的所有介电弛豫的表示方式。但是，在大多数情况下，测量得到的复平面图与半圆有所偏离，损失峰的半峰宽也比 Debye 式所预测的要宽很多。有时这两个图的形状也都变为不对称。对于这些非德拜（Debye）型（或是非理想的）弛豫

表 3.1　重要的模型函数形式和表达式[28]

模型函数的形式	复介电常数	复 平 面 图
Debye(半圆弧则)	$\varepsilon^* = \varepsilon_h + \dfrac{\Delta\varepsilon}{1+j\omega\tau}$	ⓐ
Cole-Cole(圆弧则)	$\varepsilon^* = \varepsilon_h + \dfrac{\Delta\varepsilon}{1+(j\omega\tau)^{1-\alpha}}\,(0<\alpha<1)$	ⓑ $(1-\alpha)\pi/2$
Davidson-Cole(歪斜圆弧则)	$\varepsilon^* = \varepsilon_h + \dfrac{\Delta\varepsilon}{(1+j\omega\tau)^{\beta}}\,(0<\beta<1)$	ⓒ $\beta\pi/2$
Havriliak-Negami	$\varepsilon^* = \varepsilon_h + \dfrac{\Delta\varepsilon}{[1+(j\omega\tau)^{1-\alpha}]^{\beta}}\begin{pmatrix}0<\alpha<1\\0<\beta<1\end{pmatrix}$	ⓓ $(1-\alpha)\beta\pi/2$　$(1-\alpha)\pi/2$

行为，可以用表 3.1 中其它一些模型方程来描述，这些方程的大部分是由 Cole-Cole 经验方程衍变而来的。

3.5.2.2　Cole-Cole 圆弧型方程

一个具有弛豫时间分布体系的复介电常数可以用 Cole-Cole 方程描述[29]，复平面图为一个对称的圆弧，称为 Cole-Cole 图（柯尔-柯尔图）。因为存在时间分布所以与 Debye 式相比损失峰变宽、复平面由半圆变为圆弧。显然，当 $\alpha=0$ 时还原为 Debye 方程。Cole-Cole 模型函数表示的弛豫时间同 Debye 函数的弛豫时间在复平面图中都对应着圆弧或半圆的顶点弛豫频率的位置。在低 Cole-Cole 模型函数的实部和虚部可以写成与反映圆弧偏离半圆程度的参数 α 相关的表达式：

$$\varepsilon(\omega)=\varepsilon_h+\frac{\Delta\varepsilon\{1+(\omega\tau)^{1-\alpha}\cos[\pi(1-\alpha)/2]\}}{1+2(\omega\tau)^{1-\alpha}\cos[\pi(1-\alpha)/2]+(\omega\tau)^{2(1-\alpha)}} \tag{3-7a}$$

$$\varepsilon''(\omega)=\frac{\Delta\varepsilon(\omega\tau)^{1-\alpha}\sin[\pi(1-\alpha)/2]}{1+2(\omega\tau)^{1-\alpha}\cos[\pi(1-\alpha)/2]+(\omega\tau)^{2(1-\alpha)}} \tag{3-7b}$$

Cole-Cole 图能够直观地表示研究体系（样品）的弛豫过程，尽管对弛豫过程的机制不能给出确定的答案。或者说 Cole-Cole 方程中的弛豫时间分布参数 α 的具体物理意义并不清楚，但是，对于与 Debye 半圆有偏差的实验体系，可以根据偏离的形状和程度对于多重弛豫过程进行理论上的探讨。此外，Cole-Cole 方程对通常很多体系中的介电数据都能很好地拟合，即用表达式(3-7)拟合介电谱可以确定介电参数和分布参数的值。因此，Cole-Cole 方程和以该方程为基础的 Cole-Cole 图都是分析介电谱的重要方法之一。

3.5.2.3　Davidson-Cole 非对称圆弧方程

事实上，很多实验结果不仅不符合 Debye 方程，而且还与 Cole-Cole 经验方程有很大偏差，比如对液体或低分子玻璃化材料等体系的介电测量结果在复平面图中显示一个非对称的圆弧。这时其复介电常数可以用 Davidson-Cole（DC）方程描述[30]，当 $\beta=1$ 时该 DC 方程同样还原为 Debye 方程。这时值得注意的是，该不对称方程的特征弛豫时间不再像前两个对称方程那样与复平面圆弧顶点相对应。DC 方程的实虚部分别表示为：

$$\varepsilon(\omega) = \varepsilon_h + \Delta\varepsilon \cos(\beta\theta)\cos^\beta\theta \qquad (3\text{-}8a)$$

$$\varepsilon''(\omega) = \Delta\varepsilon \sin(\beta\theta)\cos^\beta\theta \qquad (3\text{-}8b)$$

其中

$$\theta = \tan^{-1}(\omega\tau) \qquad (3\text{-}8c)$$

3.5.2.4 Havriliak-Negami 方程

1967 年 Havriliak 和 Negami 为解释某些高分子体系介电弛豫和机械弛豫过程提出一个更普遍的模型函数[31]，称为 Havriliak-Negami 函数（HN 函数），事实上它是 Cole-Cole 函数和 Davidson-Cole 函数的结合。显然，当 $\alpha = 0$ 和 $\beta = 1$ 时 HN 函数方程也还原为 Debye 方程。HN 函数的实虚部分别为：

$$\varepsilon(\omega) = \varepsilon_h + r^{-\beta/2}\Delta\varepsilon \cos(\beta\theta) \qquad (3\text{-}9a)$$

$$\varepsilon''(\omega) = r^{-\beta/2}\Delta\varepsilon \sin(\beta\theta) \qquad (3\text{-}9b)$$

其中的参数 r 和 θ 如下

$$r = [1 + (\omega\tau)^{1-\alpha}\sin(\alpha\pi/2)]^2 + [(\omega\tau)^{1-\alpha}\cos(\alpha\pi/2)]^2 \qquad (3\text{-}9c)$$

$$\theta = \tan^{-1}\frac{(\omega\tau)^{1-\alpha}\cos(\alpha\pi/2)}{1 + (\omega\tau)^{1-\alpha}\sin(\alpha\pi/2)} \qquad (3\text{-}9d)$$

HN 模型函数中的参数 α 和 β 与复介电常数在低频和高频极限时的行为有关：

$$\varepsilon(\omega) \propto \varepsilon_1 + (\omega)^m, \varepsilon''(\omega) \propto (\omega)^m \qquad (\omega \ll 1/\tau_{HN}, m = \alpha) \qquad (3\text{-}10a)$$

$$\varepsilon(\omega) \propto \varepsilon_1 + (\omega)^{-n}, \varepsilon''(\omega) \propto (\omega)^{-n} \qquad (\omega \gg 1/\tau_{HN}, n = \alpha\beta) \qquad (3\text{-}10b)$$

即，形状参数 m 和 n 是 $\lg\varepsilon''(\omega)$-$\lg\omega$ 图在低频和高频对于最大损失位置的斜率。

上面三个模型函数，CC 方程，DC 方程和 HN 方程都是为描述因实验数据与 Debye 半圆的不同程度偏离而提出的，其中都引入了不同的经验校正因子，在模型函数方程中出现的 α 和 β 称为弛豫时间分布参数，α、β、θ 和 r 也称为形状参数，很显然在方程各自的复平面图表示中这些参数都与谱图的形状有关。这些方程不仅因方便而常常用于对各种材料的介电弛豫进行分类，而且还能利用它们拟合介电谱，从介电弛豫的数据中获取弛豫参数，如特征弛豫时间和弛豫强度。但是，有时具有多个参数的不同的方程可以拟合同一个数据。除上述主要的模型函数之外，还有 Nagel 等[32]、Fuoss-Kirkwood[33]、Williams 和 Watts[34] 以及 Jonscher[35] 提出的一些描述不同材料不同复介电常数的经验方程。关于这些方程各自的使用范围和特殊适用体系的详细分析实例请参见相关论文和 Kremer 的专著[3]。

3.5.2.5 频域和时域的模型函数的相关性

在为分析介电谱而建立的很多方程中，特别是近些年来发展的一些方程都与时间域和频率域相互转换有关。在线性响应理论框架内，频率域的介电行为通过傅里叶变换和时间域相互关联［式(1-53)］。因此，与 Debye 方程类似的方程在时间域是一个简单的指数衰减形式。这就意味着时间依存的介电函数由下式给出：

$$\varepsilon(t) = \varepsilon_h + \Delta\varepsilon\left[1 - \exp\left(-\frac{t}{\tau_D}\right)\right] \quad \text{或} \quad \frac{d\varepsilon(t)}{dt} = \frac{\Delta\varepsilon}{\tau_D}\exp\left(-\frac{t}{\tau_D}\right) \qquad (3\text{-}11)$$

第 1 章介绍过，在时间域方法中经常用一个经验的 KWW 函数描述非德拜（Debye）型弛豫行为［见式(1-71)］：

$$\varepsilon(t) = \varepsilon_h + \Delta\varepsilon\left[1 - \exp\left(\frac{-t}{\tau_{KWW}}\right)^{\beta_{KWW}}\right] \qquad (3\text{-}12)$$

从分子观点解释 KWW 函数的几个模型可参见 Kremer 书中第 1 章[3]。在时间域中与表 3.1

中 HN 函数类似的方程不存在，但是，根据线性响应原理，有：

$$\frac{d\varepsilon_{HN}(t)}{dt}\varepsilon_{HN}(t)=\frac{1}{\pi}\int_0^\infty\frac{\Delta\varepsilon}{[1+(j\omega\tau_{HN})^\alpha]^\beta}\exp(j\omega t)d\omega \tag{3-13}$$

该式表示一个在时间域中具有四个参数的模型函数，但是它无法进行解析解，只能得到数值解。在比 HN 模型函数的弛豫时间 τ_{HN} 长的和比 τ_{HN} 短的时间段，有以下关系：

$$t\frac{d\varepsilon}{dt}\propto t^{-m} \quad (t\gg\tau_{HN}, m=\alpha) \tag{3-14a}$$

$$t\frac{d\varepsilon}{dt}\propto t^{+n} \quad (t\ll\tau_{HN}, n=\alpha\beta) \tag{3-14b}$$

方程式(3-14)对应于频率域的方程式(3-10)。如已经在第 1 章讨论的，通过傅里叶变换导出的很多简单数学表达式，都能不同程度地在频率域和时间域的介电行为之间建立一定的联系，并比较它们的结果。其中最常见的是 Hamon 近似变换[10]，$\left(\frac{\pi}{2t}\right)\left(\frac{d\varepsilon}{dt}\right)$ 对 $\omega=\frac{0.2\pi}{t}$ 作图显示一个相应于复介电常数虚部的图，两个量具有相同的最大损失位置，而且也可以直接比较在高频的介电损失。

3.5.2.6 利用模型函数方程拟合介电数据

前面已经提到：模型函数不仅可以对材料进行分类，而且更重要的是用来拟合介电数据从而分析介电测量的结果。对于频率域最普遍的模型函数 HN 方程中的每一个参数可以利用最小二乘法拟合实验值来估计：

$$\sum_i w_i[\varepsilon^*(\omega_i)-\varepsilon^*_{HN}(\omega_i)]^2\rightarrow\min \tag{3-15}$$

其中 w_i 是考虑因不同仪器测量的数据具有不同精度的权重因子。这样的对介电谱的曲线拟合可以只对实部 $\varepsilon(\omega)$ 或只对虚部 $\varepsilon''(\omega)$，或者同时对两者。常用的拟合方法是利用非线性最小二乘法中的 Levenberg-Marquardt 方法。

通常观察到的弛豫带一般都较宽，因此包含了不同机制的弛豫过程，常常还有电导率的贡献。如果电导率的贡献是来自纯电子源（即高频的电子和原子极化机制）的话，那么它对 $\varepsilon(\omega)$ 没有贡献，虽然有 $\varepsilon''(\omega)=\sigma_0/(\omega\varepsilon_0)$（$\sigma_0$ 是电子的直流电导率），实际上通常只能观察到 $\varepsilon''(\omega)\propto(\omega)^{-s}$（$s<1$），这是离子电荷载体引起的电极极化和 M-W 极化效应。因此，下式表示的复介电常数

$$\varepsilon^*(\omega)=-ja\left(\frac{\sigma_0}{\omega^s\varepsilon_0}\right)+\varepsilon^*_{HN}(\omega) \tag{3-16}$$

能够用来拟合介电数据。a 是具有 Hz^{-1} 量纲的因子。对于纯的电子导体，ω^s 的 $s=1$，$a=1$ 时 σ_0 是电子的直流电导率。

如果在研究的频率区间观察到几个弛豫，仍然能够用 HN 函数来描述这个介电谱，并分离不同的弛豫过程。假设不同的弛豫过程是独立的，则需要对每个过程 k 对于复介电常数的贡献进行加合，式(3-14)变为：

$$\sum_i w_i\left[\varepsilon^*(\omega_i)-\sum_k\varepsilon^*_{HN,k}(\omega_i)\right]^2\rightarrow\min \tag{3-17}$$

上面讨论的用模型函数拟合介电测量数据的方法可以转换到时间域中：

$$\sum_j w_j\left[t_j\dot\varepsilon(t_j)-\sum_k t_j\dot\varepsilon_{HN,k}(t_j)\right]^2\rightarrow\min \tag{3-18}$$

这里的 $\dot\varepsilon_{HN}(t)$ 可以由式(3-13)计算。类似的，该方法可以容易地扩展到分析在部分时间域部分频率域的测量结果，使得下式最小化：

$$\sum_i w_i \left[\varepsilon^*(\omega_i) - \sum_k \varepsilon^*_{\mathrm{HN},k}(\omega_i)\right]^2 + \sum_j w_j \left[t_j\dot{\varepsilon}(t_j) - \sum_k t_j\dot{\varepsilon}_{\mathrm{HN},k}(t_j)\right]^2 \rightarrow \min$$

$$(3\text{-}19)$$

这里使用了相同的模型函数。因而，不需要在时间域使用 KWW 函数以及在频率域使用 HN 函数[36]。事实上，用上述的多种经验的模型函数拟合同一组试验数据（同一条曲线）是可能的，即都能吻合得很好，因此可能得到不同的介电参数，尽管差别不大，但会影响解析介电谱。因此，如果利用 Levenberg-Marquardt 法［式(3-20)］同时拟合两条曲线［如 $\varepsilon(\omega)$-ω 和 $\varepsilon''(\omega)$-ω］并使得残差 χ 的值尽可能小的话，可以达到更好的效果：

$$\chi = \sum_i \left[\varepsilon_e(\omega_i) - \varepsilon_t(\omega_i)\right]^2 + \sum_i \left[\varepsilon''_e(\omega_i) - \varepsilon''_t(\omega_i)\right]^2 \tag{3-20}$$

3.5.3 从介电谱中确定介电参数

3.5.3.1 利用 Cole-Cole 表示法获取介电参数

这里要讲的是如何从介电谱的形状上分析并获取介电参数。实际上，在 Cole K S 和 Cole R H 提出的 $\varepsilon''(\omega)$-$\varepsilon(\omega)$ 介电谱图中。Debye 函数的数据点在半圆上，该半圆与 $\varepsilon(\omega)$ 轴交于两点 ε_h 和 $\varepsilon_h + \Delta\varepsilon$ ［参见图 3.5(a)］，即使弛豫不能用单一弛豫时间描述，这种 Cole-Cole 表示法也是有效的。如在表 3.1 中的各种复平面图所表示的那样：对于 Cole-Cole 模型函数的 Cole-Cole 图，得到交 $\varepsilon(\omega)$ 轴两边的交角都是 $(1-\alpha)\pi/2$ 对称圆弧；对于 DC 模型函数的 Cole-Cole 图，其中一侧的 $\varepsilon(\omega)$ 轴交角为 $\beta\pi/2$；而在 HN 函数的 Cole-Cole 图中在低频和 $\varepsilon(\omega)$ 轴交角为 $(1-\alpha)\pi/2$，而在高频为 $(1-\alpha)\beta\pi/2$。由此可知，Cole-Cole 表示法除可以获得弛豫强度 $\Delta\varepsilon$ 之外，还可以估计形状参数；使用 Cole-Cole 表示法（Cole-Cole 图）很容易确定介电数据是否必须用对称的还是非对称的弛豫时间分布来描述。Cole-Cole 图除了可分析如上所述的单一弛豫过程（包括 Debye 型弛豫和具有时间分布的几种弛豫类型）的特征之外，也可用来分离重叠的弛豫过程，并获得每一过程的介电强度和形状参数。对于具有分布的展宽了的弛豫过程，形式上如式(1-66)那样可以用具有不同弛豫时间的 Debye 函数的叠加来描述。

3.5.3.2 平均弛豫时间的计算

在大多数情况下弛豫动力学都是由弛豫时间 τ 表征的，这个分子动力学的关键特征可以从实验数据中通过最大损失频率 $\omega_0 = 1/\tau$ 获取。对于具有分布的弛豫过程，借助于弛豫时间分布函数 $H(\tau)$ 和所讨论的模型函数，可以定义并计算各种弛豫时间的平均值。最简单的是

$$\langle\tau\rangle = \int_{\mathrm{peak}} \tau H(\tau)\mathrm{d}\tau \tag{3-21}$$

因为对于 Debye 弛豫的弛豫时间分布函数 $H(\tau)$ 是 δ 函数，所以这个线性平均弛豫时间 $\langle\tau\rangle$ 就等于 Debye 方程的弛豫时间 τ_D。对于 KWW 函数的平均弛豫时间 $\langle\tau\rangle_{\mathrm{KWW}}$ 可以通过下式计算：

$$\langle\tau\rangle_{\mathrm{KWW}} = \frac{\tau_{\mathrm{KWW}}}{\beta_{\mathrm{KWW}}}\Gamma(\beta_{\mathrm{KWW}}^{-1}) \tag{3-22}$$

$\Gamma(\beta_{\mathrm{KWW}}^{-1})$ 是伽马函数（Gamma function），τ_{KWW} 和 β_{KWW} 可以从介电实验数据中获得。此外，对于 DC 函数的平均值 $\langle\tau\rangle$ 可根据式(3-21)进行数值计算。但是，对于 CC 函数和 HN 函数的平均值 $\langle\tau\rangle$ 并不存在，因此，根据下式来定义这两个函数的弛豫时间的对数平均值：

$$\langle\lg\tau\rangle = \frac{\displaystyle\int_{\mathrm{peak}} \lg\tau H(\tau)\mathrm{d}\lg\tau}{\displaystyle\int_{\mathrm{peak}} H(\tau)\mathrm{d}\lg\tau}$$

通常，$\langle\tau\rangle$ 不同于介电谱中观察到的最大介电损失的位置，其偏离程度取决于介电谱的形状。关于各种平均值的详细讨论请参见 Kremer 的专著和文献 [3，37]。

3.5.3.3　Tikhonov 正则化算法

为了从实验数据估计弛豫时间谱（弛豫时间分布对弛豫时间作图），需要对式(1-66)进行逆运算，Provencher[38] 提供的软件包可以解决这个数学上难处理的问题。除此之外，关于计算弛豫时间的研究还有利用 Tikhonov 正则化算法从介电测量数据计算弛豫时间分布[39,40]，以及 Schäfer[41] 等对计算弛豫时间分布函数 $H(\tau)$ 程序的开发研究。利用 Tikhonov 算法分析弛豫时间分布的方法（Tikhonov 法）是通过附加项 $\lambda H''(\tau)$ [λ 是运算参数，$H''(\tau)$ 是弛豫时间分布函数的二阶导数] 考虑了曲率的因素。

通过比较利用 HN 方程的分析 [$\varepsilon''(\omega)$-$\lg\omega$] 和利用 Tikhonov 法 [$H(\lg\tau)$-$\lg\tau$] 对包含两个相邻弛豫过程的双峰谱的分解能力，发现 Tikhonov 算法能得到最好的拟合结果，但不能探测到原始介电数据的双峰的性质。使用这两个数值方法分析实验数据在技术上同样好用，并且对于弛豫时间分布函数会得出类似的结果。但是，在 $H(\lg\tau)$ 长时间（低频）一侧，Tikhonov 法容易受到电极极化的干扰。概括起来，Tikhonov 法的优点是能够从测量的介电数据中确定弛豫时间分布函数而不需要任何模型假设。然而，它与传统的 Havriliak-Negami 方程相比，并不能给出其它的信息。在辨别相邻弛豫过程或提高分辨率的能力方面，两者都没有明显的优势。

3.5.3.4　对导数法

为了便于分析由紧密相邻的弛豫过程组成的介电谱，最近，van Turnhout 和 Wübbenhorst[42]（TW）提出了分析复介电常数 $\varepsilon^*(\omega)$ 实部 $\varepsilon(\omega)$ 的对数微商 $\dfrac{\partial\varepsilon(\omega)}{\partial\ln\omega}$ 的频率依存性的方法，暂称为"对导数法"。对于 Debye 过程，对导数法可以导出：

$$\varepsilon''_{der}(\omega)=-\frac{\pi}{2}\frac{\partial\varepsilon(\omega)}{\partial\ln\omega}\approx\varepsilon''_{rel}(\omega) \tag{3-23a}$$

$$-\frac{\partial\varepsilon(\omega)}{\partial\ln\omega}\propto\left[\varepsilon''_{rel}(\omega)\right]^2 \tag{3-23b}$$

这里 $\varepsilon''_{der}(\omega)$ 和 $\varepsilon''_{rel}(\omega)$ 分别表示 TW 推导出来的介电损失和真实的介电损失值，由于两者的值有差异，所以不能直接用 $\varepsilon''_{der}(\omega)$ 拟合介电数据。在实际使用中，可以导出一个近似的公式(3-23b)。从式(3-23) 中可以看出以下特点：①$\varepsilon''_{der}(\omega)$ 曲线的弛豫峰等于极值 $\dfrac{\partial\varepsilon(\omega)}{\partial\ln\omega}$；②由于式(3-23b) 中的 $\dfrac{\partial\varepsilon(\omega)}{\partial\ln\omega}$ 是 $\varepsilon''_{der}(\omega)$ 的平方，所以该值比实验数据的 $\varepsilon''_{rel}(\omega)$ 的弛豫峰要窄。因此，该方法可以将重叠很近的弛豫峰较好地分解开[43]；③因为 $\varepsilon(\omega)$ 与频率无关，所以由 $\varepsilon''(\omega)\propto1/\omega$ 的电导率贡献并不起任何作用，因此，可以详细地分析电极极化和 Maxwell-Wagner 极化的影响[42]。综上，可以认为所谓对导数法是通过分析导数 $\dfrac{\partial\varepsilon(\omega)}{\partial\ln\omega}$ 对频率依存性的图来分解紧密相邻的弛豫过程的方法。具体的实例可以阅读相关文献 [44～46]。

3.5.4　对因荷电载体波动的介电谱的分析

电荷移动与上文所介绍的偶极极化机制在本质上有较大的不同，因此，对介电谱的分析方法上也有另外的思路。

3.5.4.1　电荷载体导电的弛豫

根据 Maxwell 方程，移动电荷产生的电流密度 $i=\kappa^* \boldsymbol{E}$ 和介电位移的时间微商 $\mathrm{d}\boldsymbol{D}/\mathrm{d}t=$

$j\omega\varepsilon_0\varepsilon^* \boldsymbol{E}$ 相等，因此，κ^* 和 ε^* 之间的关系为 [式(0-77b)]：

$$\kappa^*(\omega)=\kappa(\omega)+j\kappa''(\omega)=j\omega\varepsilon_0\varepsilon^*(\omega) \tag{3-24a}$$

其中 κ^* 的实虚部分别为

$$\kappa(\omega)=\omega\varepsilon_0\varepsilon''(\omega);\quad \kappa''(\omega)=\omega\varepsilon_0\varepsilon(\omega) \tag{3-24b}$$

纯的电子传导对 $\varepsilon(\omega)$ 没有任何贡献，而 $\varepsilon''(\omega)=\dfrac{\sigma_0}{\omega\varepsilon_0}$ 随着频率的减小而线性增加。因此，在电子传导的电导率的表示中，实部 $\kappa(\omega)=\sigma_0$ 是个常数，虚部 $\kappa''(\omega)$ 随频率线性增加。

根据线性响应理论，介电谱也可以用相应的复电模数 $M^*(\omega)$ 来描述，$M^*(\omega)$ 与复介电常数 $\varepsilon^*(\omega)$ 的关系为：

$$M^*(\omega)\cdot\varepsilon^*(\omega)=1 \tag{3-25}$$

如果 $\varepsilon^*(\omega)$ 是被 Debye 函数描述的，相应的电模数为

$$M^*(\omega)=M_h+\frac{\Delta M}{1+j\omega\tau_{DM}} \tag{3-26}$$

式中，$\Delta M=M_1-M_h$，$M_1=1/\varepsilon_1$，$M_h=1/\varepsilon_h$；电弛豫时间和 Debye 型弛豫介电弛豫时间的关系为 $\tau_{DM}=(\varepsilon_h/\varepsilon_1)\tau_D$，因为 $\varepsilon_h<\varepsilon_1$ 所以 $\tau_{DM}<\tau_D$。对于电子传导的介电性质可以用模数表示如下：

$$M''(\omega)=M_h\frac{\omega\tau_{cond}}{1+(\omega\tau_{cond})^2} \tag{3-27}$$

很明显，这与 Debye 型弛豫过程的虚部很相似，从 $M''(\omega)$-ω 图峰 $\omega_M\tau_{cond}=1$ 可以获得弛豫时间，再根据 $\tau_{cond}=\varepsilon_0\varepsilon_h/\sigma_0$ 可以求 σ_0。除了复电导率之外，介电模数表示也频繁地应用到从导电体系获得的介电数据的分析中。

在无序体系中由于跳跃传导而发生电荷传输，而且，在这些体系中一个电荷的运动伴随着一个电弛豫，实际上是极化电子云的弛豫：一个离子或电子（极化子的情况）的电荷被对电荷所包围形成极化电子云，极化电子云紧随着一个荷电体在不同位置跳跃。这种电荷体和电子云的极化互动需要一个电弛豫时间 τ_σ。外电场的频率越高，荷电体就越没有充分的时间来回跳跃，如果外电场的频率高于 $1/\tau_\sigma$，它对电荷传导的影响逐渐减小最终到达平衡。对于频率低于 $1/\tau_\sigma$ 的情况，极化电子云的弛豫和外电场同相，即跟得上外电场的变化，场支持电荷的传播。因此，这种电弛豫引起对复介电常数的贡献，它随着频率减小而增加。这是 Debye-Hükel-Falkehagen 理论的精髓[47,48]，它解释了电解质的介电实验：复介电常数的实部 ε 随着频率增加而减小。在这个唯象描述中，没有必要作为独自的过程分别处理混乱体系中的直流电导率和交流电导率。

3.5.4.2 无序离子导体电导率谱的分析

对于不同无序离子导体材料，例如离子玻璃，离子导电聚合物，电子传导聚合物等，它们电导率 $\kappa^*(\omega)$ 对频率和温度（也包括电荷载体浓度）的依存性都是相似的（图 3.6）。对于低频侧的 $\kappa(\omega)$ [注：文献中的电导率 $\sigma(\omega)$ 在本书中均用 $\kappa(\omega)$ 表示] 外推可得到直流电导率；弛豫开始出现的临界频率 ω_c 可以通过求 $\kappa(\omega)$ 对频率的二阶导数 $\dfrac{\partial^2\kappa(\omega)}{\partial\omega^2}$ 的最大值获得。对于半导体无序材料体系，根据 Barton-Nakajima-Namikawa（BNN）关系可知，直流和交流电导率是建立在相同的电荷传导机制之上并且紧密相连的[51]。

转换成电导率表示的模型函数，如 KWW 方程或 Davidson-Cole 方程等，可以用来分析复电导率的频率依存性。但两者都不能描述整个频率域的数据[52]。Jonscher[53] 提出了描述复电导率实部 $\kappa(\omega)$ 频率依存性的方程：

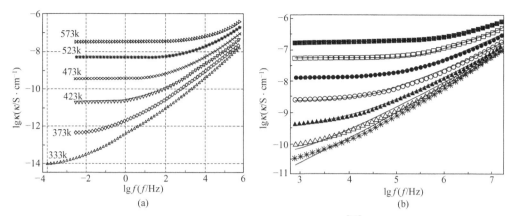

图 3.6 (a) $0.09Na_2O \cdot 0.91GeO_2$ 玻璃不同温度的电导率谱[49]；(b) 两性离子聚合物，聚{3-[N-(ω-甲基丙烯酸)-N,N-二甲基氨基酸]丙烷磺酸盐}的电导率谱[50]

$$\kappa(\omega)=\kappa_1+A\omega^s=\kappa_1[1+(\omega\tau)^s] \qquad (3\text{-}28)$$

τ 是与 ω_c 有关的电导率弛豫的时间常数。当 $\omega \gg 1/\tau$ 时，式(3-28) 给出指数形式 $(\omega\tau)^s$，而当 $\omega \ll 1/\tau$ 时，$\kappa(\omega)$ 等于直流电导率 κ_1。尽管该式缺少理论基础，但它能够合理地拟合介电数据尤其是对于 $\omega \gg 1/\tau$ 的情况。

Dyre 发展了随机自由能障碍模型，该模型假定电荷载体通过跳跃随机变化的能垒产生电导，这从理论上提供了一个分析无序体系电荷传导现象的基础[54]，其复电导率表达式为

$$\kappa^*(\omega)=\kappa_1\left[\frac{j\omega\tau_e}{\ln(1+j\omega\tau_e)}\right] \qquad (3\text{-}29)$$

τ_e 是克服决定直流电导率最大障碍的频率。上式分离实虚部得到：

$$\kappa(\omega)=\frac{\kappa_1\omega\tau_e\arctan(\omega\tau_e)}{\frac{1}{4}\ln^2(1+\omega^2\tau_e^2)+\kappa_1\omega\tau_e(\arctan\omega\tau_e)^2} \qquad (3\text{-}30a)$$

$$\kappa''(\omega)=\frac{\kappa_1\omega\tau_e\ln(1+\omega^2\tau_e^2)}{\frac{1}{2}\ln^2(1+\omega^2\tau_e^2)+2(\arctan\omega\tau_e)^2} \qquad (3\text{-}30b)$$

方程式(3-29) 可用来拟合图 3.6 和电导率虚部的数据。

3.5.5 对因 Maxwell-Wagner 极化的介电谱的一般分析方法

荷电载体如离子可以留置在介观尺度的相界面层（Maxwell-Wagner 极化），或是以宏观尺度堆积在与样品接触的外电极上（电极极化）。这两种情况都导致引起对极化有贡献的电荷发生分离，而电荷分离的距离很大，所以对介电强度的贡献在数量级上比分子偶极波动产生的介电响应要大得多。特别是当处理射频段测量的如下非均匀材料的介电数据时：如悬浮液、胶体分散系、聚电解质等化学体系；生物细胞或组织以及生物大分子溶液等生物体系；以及共混或分相聚合物，晶体或液晶聚合物等高分子材料，优先考虑界面极化是必要的。描述非均匀体系的最简单的介电模型分别在 0.1.3 节（图 0.5）和 2.2.1 节（图 2.1）中介绍过，其复介电常数表达式在第 2 章的式(2-4) 和式(2-5) 中也给出过。形式上与 Debye 方程类似，但式中的参数特别是弛豫时间的意义和物理基础已经完全不同。式(0-39) 显示的界面极化的弛豫时间与体系的电导率成反比，这意味着对于导电材料 Maxwell-Wagner 效应更显著。

应该指出的是：在前面 3.5.2 和 3.5.3 节中叙述的从模型函数和介电数据估计弛豫时间和弛豫强度的方法同样可以适用到因界面极化引起的弛豫过程中来，粗略地讲，因为在平面和球形非均匀体系的复介电常数表达式中［如式(2-9)和式(2-32)］都含有 Debye 型弛豫项 $\Delta\varepsilon/(1+j\omega\tau)$，而且界面上分离的电荷在电场下相当于宏观偶极取向极化。同样需要指出的是，本节的分析介电谱指的是从介电数据中获得介电参数。但是，因为非均匀体系是由电性质不同的很多相组成的，利用介电谱的一般分析方法获得的介电参数反映的只是整个体系的介电性质而不是体系内组成相的性质。Hanai 及其研究组从 20 世纪 60 年代开始建立了一系列解析非均匀体系介电谱的理论方法，该方法可以从介电参数群 $\{\varepsilon_l, \varepsilon_m, \varepsilon_h, \kappa_l, \kappa_m, \kappa_h, \cdots\}$ 中计算出体系内组成相的相参数 $\{\varepsilon_1, \kappa_1, \varepsilon_2, \kappa_2, \cdots, \varepsilon_k, \kappa_k, \cdots, \Phi\}$[55]，计算过程如图 3.7 所示。各种类型的非均匀体系的基本模型和原理在 2.4 节中已经给出了一定的描述，因为它是本书的核心，因此，结合具体实例的讨论将在应用篇中给出。

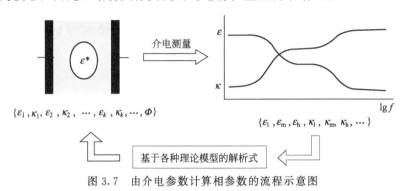

图 3.7 由介电参数计算相参数的流程示意图

3.5.6 电极极化的分析和消除或校正方法

在测量样品和电极的界面常出现的电极极化现象，是伴随测量而来的寄生产物，对研究体系本体的性质是多余的。对电极极化的理论研究早在 1901 年就已经由 Warburg 开始了，其后 Fricke 预测到了由于电极极化而引起的复介电常数的频率依存性[56]。因为电极极化产生的介电增量很大而常常掩盖体系真正的弛豫行为，影响准确的分析介电谱，这确实是一个非常重要但解决起来又非常棘手的问题，因此，关于电极极化的研究一直伴随着介电谱研究整体发展而不断地取得进展。除了 3.4.3 节提到的在测量方法和外部样品-电极配置等方面的努力之外，更多的研究集中在关于如何分析与电极极化相关的数据，并试图将其从介电谱中识别和分离出来的各种尝试上[57~63]。本节将讨论如何将电极极化从实验谱中识别并分离出来，或消除它对体系内真实数据的影响这样一个问题。

电极极化主要发生在导电性测量体系中，极化的大小和频率的位置取决于样品的电导率以及样品-电极的配置。考虑电荷在样品和电极界面积累可以用一个 Debye 长度为 χ_p^{-1} 的空间双电层来描述的简单模型，这种双电层与研究样品结合产生很大的电容 C_{EP}，电极极化的等价回路如图 3.8 所示。电极极化即 C_{EP} 或 G_{EP} 的时间依存性可以认为是该双电层的充电和放电过程引起的。当样品的厚度 D 远大于 Debye 长度 χ_p^{-1}，即 $D \gg \chi_p^{-1}$ 时，这个过程的特征

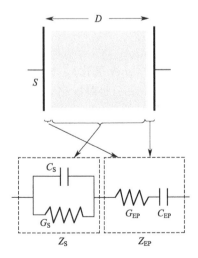

图 3.8 电极极化的等价回路

时间常数 τ_{EP}（电极极化并不是真正的弛豫过程，因此称为时间常数而不应称为弛豫时间）可由下式表示：

$$\tau_{EP} = \frac{\varepsilon_1 \varepsilon_0}{\kappa_1} \cdot \frac{D}{2\chi_p^{-1}} \tag{3-31}$$

该式表明：电极极化对测量的复介电常数的影响随着体系的低频（直流）电导率 κ_1 的增加而增加，因为低频电导率增加使得特征时间变小，特征频率移向高频，从而可能会掩盖后面本体样品的介电行为。另一方面，随着样品厚度 D 的增加，电极极化效应移向较低的频率段。因此，理论上讲，通过研究改变电极材料的性质和/或样品的厚度对介电常数频率依存性的影响，能够将电极极化从样品的本体行为中辨别出来。

为讨论样品的介电性质，必须要对测量结果的电极极化效应进行校正。但这是比较困难的，因为电极极化引起的电容 C_{EP} 非常大，尤其是对导电性较大的样品或水溶液体系。目前对于电极极化在理论上还没有明确的校正方法，也没有消除电极极化影响的公认有效的处理手段，但是一些实用上有效的方法还是常常被使用的。

（1）降低电导率 在图 3.8 所示的等价回路中，通常是电极极化的电容量远大于样品的电容量 $C_{EP} \gg C_S$，而电阻又小于样品的电阻 $R_{EP} \ll 1/G_S$，因此根据式（2-3）电极极化的"特征频率"可以用式 $f_{EP} = \dfrac{\frac{G_S}{C_{EP}}}{2\pi}$。由此可以看出，样品的电导 G_S 下降使 f_{EP} 向低频移动，这样扩大了可能测量的范围。为了降低样品的电导率，除了尽量降低电解质浓度之外，扩大电极间间隔，即上面提到的增加样品的厚度也是常用的方法。

（2）增大电极表面积 一般使用铂黑电极测量水溶液体系得到的介电谱，在低频的极化要比使用没镀铂黑的电极时测量的介电谱向低频移一个数量级左右，这样也减小了对本体弛豫现象的影响。

（3）改变电极间隔 利用电极间隔可变的测量池测量不同间隔 d_1 和 d_2 的样品，测得的阻抗分别为 Z_1 和 Z_2。这时因为电极极化的阻抗 Z_{EP} 不变，因为反映样品性质的阻抗 $Z_{EP} = 1/(\kappa + j\omega\varepsilon\varepsilon_0)$ 可以由下式求得：

$$Z_{EP} = (Z_1 - Z_2)S/(d_1 - d_2) \tag{3-32}$$

（4）变频法 上面讨论的双电层模型导致该极化过程为一个 Debye 型的频率依存性，因此原则上电极极化的频率依存性可用 3.5.2 提到的模型函数表述，但实际上因为电极表面的几何形状等因素，只有极少情况符合 Debye 型介电弛豫，通常观察到的复介电常数的频率依存性大都为与式（3-10b）类似的几何幂形式[56,58]：

$$\varepsilon_{EP}(\omega) = \varepsilon_1 + A(\omega)^{-\lambda}, \varepsilon''_{EP}(\omega) \propto (\omega)^{-\lambda} \quad (\omega > 1/\tau_{EP}) \tag{3-33}$$

这里的 λ（$0 < \lambda \leq 1$）是描述几何特征的参数，ε_S 是由于取向极化引起的介电常数。在利用模型函数拟合介电数据时可以将式（3-33）包括进来，即将模型函数与上式作为一个新的函数拟合介电数据，这样可以把电极极化从弛豫现象中分离出来。这种针对测量数据的校正方法在实际中是经常使用的。

除了上面阐述的几种常用的消除或校正电极极化效应的方法（尽可能降低样品电导率、选择宽的电极间隔、增大电极面积、从不同厚度样品测量中减去电极极化阻抗，以及用模型函数分离）之外，还有前面提及的四电极法：使用一对提供电流的电极和一对测量电位的电极的四电极测量系统，用高阻抗的电压计测量后一对电极间的电压，将其除以流过样品的电流，便可以求不含电极阻抗的样品的净阻抗。但该方法在实际使用上往往达不到预期的效果，即介电数据不好，所以很少被研究者所采用。

参 考 文 献

［1］　倪尔瑚.材料科学中的介电谱技术.北京:科学出版社,1999.

［2］　F Kremer,A Scho(..)nhals.Broadband dielectric spectroscopy.Springer,2003.

［3］　Kremer F,Boese D,Maier G,Fischer E W.Prog Colloid Poly Sci,1989,80:129.

［4］　Pugh J,Ryan T.IEE Conference on Dielectric Materials.Measurements and Applications,1949,177:404.

［5］　Schaumburg G.Dielectric Newsletter of Novocontrol.issue May,1994.

［6］　Schaumburg G.Dielectric Newsletter of Novocontrol.issue March,1999.

［7］　Böhmer R,Maglione M,Lunkenheimer P,Loidl A.J Appl Phys ,1989,65:901.

［8］　Collin R E.Foundations for microwave engineering.2nd edn.New York:McGraw-Hill,1966.

［9］　Hewlett Packard.Measuring the dielectric constant of solids with the HP8510 network analyzer.Hewlett Packard Product Note 8510-8513,1985.

［10］　Hamon B V.Proc Inst Electr Eng,1952,99:27.

［11］　Mopsik F I.Rev Sci Instrum,1984,55:79.

［12］　Feldman Y.Dielectric Newsletter of Novocontrol,issue March,1995.

［13］　Smyth C P."Dielectric Behavior and Structure".New York:McCraw-Hill,1955.

［14］　Fellner-Feldegg H.J Phys Chem,1969,73:616-623.

［15］　A M Niclson,G F Ross.IEEE Trans Instrum Meas,1970,IM-19:377～382.

［16］　Cole R H.J Phys Chem,1975,79:1459.

［17］　Cole R H,Berberian J G,Mashimo S,Chryssik G,Burns A,Tombari E.J Appl Phys,1989,66:793-802.

［18］　Feldman Y D,Zuev Y F,Polygalov E A,Fedotov V D.Colloid Polym Sci,1992,270: 768-780.

［19］　Feldman Yu,Andrianov A,Polygalov E,Ermolina I,Romanishev G,Zuev Yu,Milgotin B.Rev Sci Instrum,1996,67:3208-3216.

［20］　Mashimo S,Umehara T,Ota T,Kuwabara S,Shinyashiki N,Yagihara S.J Mol Liq,1987,36: 135-151.

［21］　Volkov A A,Goncharov Y G,Kozlov G V,Lebedev S P,Prokhorov A M.Infrared Phys,1985,25:369.

［22］　Schneider U,Lunkenheimer P,Pimenov A.Brand R,Loidl A.Ferroelectrics,2001,249:89.

［23］　日本化学会編.实驗化学講座(9):電氣・磁氣.第四版.丸善株式会社:215-243.

［24］　Schwan H P,Ferris C D.Rev Sci Instrum,1968,39:481-485.

［25］　Schwan H P."Physical Techniques in Biological Research",Vol.Ⅵ,Part B,ed.By W.L.Nastuk,Academic,1963:373.

［26］　Asami K,Irimajiri A,Hanai T,Koizumi N.Bull Inst Chem Res Kyoto Univ,1973,51: 231.

［27］　Wakamatsu H.Hewlett-Packard Journal,1997,48:37-44.

［28］　Asami K.Prog Polym Sci,2002,27: 1617-1659.

［29］　Cole K S,Cole R H.Chem Phys,1941,9:341.

［30］　Davidson D W,Cole R H.J Chem Phys,1951,19: 1484-1490.

［31］　Havriliak S,Negami S.Polymer,1967,8: 161-210.

［32］　Dixon K P,Wu L,Nagel S R,Williams B D,Carini J.Phys Rev Lett,1990,65:1108.

［33］　Fuoss R M,Kirkwood J G.J Am Chem Soc,1941,63: 385-394.

［34］　Williams G,Watts D C.Trans Faraday Soc,1970,66:80-91.

［35］　Jonscher A K.Colloid Polym Sci,1975,253: 231-250.

［36］　Alavarez F,Alegria A,Comenero J.Phys Rev B,1991,44:7306.

［37］　Hofmann A.Breitbandige dielektrische Spektroskopie zur Untersuchung von Relaxationsprozessen in glasbildenden Systemen,PhD Thesis,University Mainz,1993.

［38］　Provencher S W.Comput Phys Commun,1982,27:213.

［39］　Tikhonov A N,Arsenin V Y.Solusion of ill-posed problems.New York:Wiley,1977.

［40］　Honerkamp J,Weese J.Cont Mech Thermodyn,1990,2:17.

［41］　Schäfer H,Bauch H.Phys Lett A,1995,199:33.

［42］　Van Turnhout J,Wübbenhorst M.Dielectric Newsl,Issue Novermber,NOVOCONTROL GmbH,Hundsangen,2000.

［43］　Böttcher C J E,Bordewijk P.Theory of electric polarization,vol.Ⅱ.Dielectrics in time-dependentfields.Elserier,Amsterdam Oxford New York,1978.

［44］　Jimenez M L,Arroyo F J,Van Turnhout J,Delgado A V. J Colloid Interface Sci,2002,249:327-335.

［45］　Wubbenhorst M,Van Turnhout J.J Non-Cryst Solids,2002,305:40-49.

［46］　Schönhorst A,Ruhmann R,Thiele T,Prescher D//Jenekhe S A,Wynne,K J,ed.Photonic and opto-electronic polymers.ACS Sympo-sium Series,1997.

［47］　Debye P,Falkenhagen H.Phys Z,1928,26:121.

［48］　Debye P,Hückel E.Phys Z,1923,24:185.

［49］　B.Roling.Dielectric News,Issue Novermber,NOVOCONTROL GmbH,Hundsangen,2002.

［50］　F.Kremer.Dielectric News,Issue April,NOVOCONTROL GmbH,Hundsangen,2002.

［51］　Dyre J C,Schrøder T B.Rev Mod Phys,2000,72:873.

[52] Moynihsn C T.J Non-Cryst Solids,1994,172/174:13.

[53] Jonscher A K.Nature,1977,267:673.

[54] Dyre J C.Appl Phys,1988,64:2456.

[55] 花井哲也.不均質構造と誘電率.吉岡書店,1999.

[56] Fricke H.Phys Rev,1924,24:575; Fricke H.Phys Rev,1925,26:678; Fricke H.Philos Mag,1925,14:310.

[57] Schwan H P.Determination of Biologcal Impedances//W L Nastuk ed.Physical Techniques in Biological Research.Academic Press,1963,6: 323-408.

[58] Schwan H P.Biophysik,1966,201:181.

[59] Asami K,Irimajiri A,Biochim.Biophys Acta,1984,778: 570.

[60] Raicu V,Gusbeth C,Anghel D,Turcu G.Biochim Biophys Acta,1998,7:1379.

[61] Bordi F,Cametti C,Gili T.Bioelectrochemistry,2001,54:53-61.

[62] Hollingsworth A D,Saville D A.J Colloid Interf Sci,2003,257: 65.

[63] Hollingsworth A D,Saville D A.J Colloid Interf Sci,2004,272:235.

应用篇

第 4 章　胶体分散系的介电谱

4.1　基础概述

4.1.1　介电谱方法用于胶体分散系的特殊优势

　　分子集合形成的微粒分散在连续介质中构成的悬浮液称为胶体分散系。由于胶体分散系在自然界普遍存在，因此一直都作为胶体与界面科学领域里十分重要的内容展开着各种研究，其中围绕着粒子分散系的研究占据了主要部分，因此也发展了各种研究手法，如利用电泳为主的动电现象的研究等，而实际上利用介电方法的研究在 20 世纪初就开始了。这些研究的主要目的是为了更好地理解粒子表面带电状况以及相界面的一些离子迁移等信息，但对粒子分散系的大部分研究仍然集中在对处于静电场中的体系的各种效应上，如电泳、电渗等。然而，静电场中的这些动电现象通常一种实验方法只能准确获得一种参数，不仅提供的信息非常有限，而且对确定分散粒子的表面电荷并不敏感，因此无法提供诸如表面基团的离解常数以及对离子和表面电荷相互作用等信息。相比之下，粒子分散系在时间变化电场即交变电场中所表现出来的介电弛豫行为则包含了很多特殊的电性质的信息，因此解析介电谱可以获得电泳等方法所无法得到的参数，更能从本质上认识理解界面双电层的一些现象，从而获得对粒子表面和界面现象的新认知。此外，因为介电谱方法是一种非破坏探测物质或体系内部不同组成相信息的有效手段，以及具有如 0.2.4 节中提到的可迅速连续测量等特点，因此，介电谱方法是在医药、食品、化妆品、石油工业等领域中作为产品质量管理、生产过程监测的最有前途的方法之一。

　　因为粒子分散系中的粒子颗粒和连续介质之间存在相界面，因此是一种典型的非均质构造的体系，具有这种构造的体系在外加电场作用下产生的弛豫除了有连续介质中的分子偶极极化以外，主要是因荷电载体在界面的累积产生的界面极化机制所致。如第 0 章所述，胶体分散系是介电谱在实验上最早的研究体系之一，这不仅与胶体体系在自然界普遍存在有关，而且与生物细胞悬浮系和生物大分子体系都具有胶体分散系的性质有关；另一方面，因为从电介质物理学的角度，粒子分散系相当于导电或绝缘球嵌入连续介质中构成的非均质电介质，因此在理论上也是介电谱理论中最成熟的体系之一，Maxwell-Wagner 界面极化理论是解释粒子分散系介电现象和解析该体系介电谱的基础。在前面 2.4 节中讲述的介电模型和解析公式大都适用于该类体系，通过解析介电谱可以原位非破坏地获得粒子内部和介质的很多信息。本章将对几类典型的胶体分散系的介电谱解析实例分别加以评述，在此之前简要介绍一下界面极化理论和对离子极化理论（2.2 节和 2.3 节）以外的一些理论基础。

4.1.2　低、高频弛豫的极化机制

　　胶体粒子分散系的介电谱是指整个体系的介电常数和电导率与外电场频率的依存关系。

这种依存性与分散系中各组成相的以下性质密切相关：分散颗粒内部的、表面的以及形体特征，它们的浓度（即在连续介质中的体积分数）以及分散介质的特性（电解质溶液黏度，离子的浓度和化合价，以及所有离子的扩散系数）。因体系内部上述性质的差异使得源于不同弛豫机制的电极化反映在介电谱中不同的频率位置，因此，研究介电常数和电导率在不同频率段的介电谱可以获得胶体粒子分散系内部的各种特征信息，如粒子表面荷电状况、界面电荷迁移、粒子内部电性质以及分散系组成等。

以水为介质的粒子分散系（大多数胶体粒子分散系或生物细胞悬浮系）的介电模型如图4.1所示，这样的体系存在两个对粒子双电层极化非常敏感的介电弛豫，它们来自两个典型的极化机制：一个是由于包裹粒子的双电层中的对离子在外加电场作用下因形变而形成的一个大的诱导偶极矩，该偶极矩在电场下的极化产生的弛豫出现在相对较低频率段（大约 $10^2 \sim 10^4\,\mathrm{Hz}$ 的 kHz 范围），这种弛豫源于所谓的对离子极化机制，引起的弛豫称为低频介电分散（low frequency dielectric dispersion，LFDD）或 α 分散；另一个是因为 Maxwell-Wagner 界面极化机制引起的介电弛豫，该弛豫大都出现在相对较高的频率段（大约在 $10^3 \sim 10^8\,\mathrm{Hz}$ 的 kHz 到数百兆赫兹范围之间），故因 M-W 极化机制引起的介电分散也称为 HFDD（high frequency dielectric dispersion），或 β 分散。

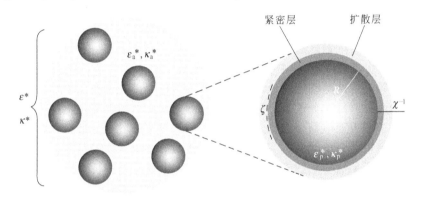

图 4.1　粒子分散系介电模型

其 ε_a^* 和 κ_a^*，ε_p^* 和 κ_p^* 分别为粒子和介质的介电常数和电导率，ε^* 和 κ^* 是整个分散系的
介电常数和电导率，χ^{-1} 为双电层的厚度

4.1.2.1　HFDD 弛豫

最初的 M-W 理论单纯地视界面为一个介于不均匀相之间的、没有任何特定性质的几何边界面，而对于粒子分散系，Maxwell-Wagner 效应来自于外加电场下连续相中的离子向粒子表面的电迁移，并堆积在界面，进而形成电荷的不对称分布。后来，被 O'Konski 通过引入表面电导率 λ 将 M-W 理论推广到具有表面电导率的粒子分散系[1]，一些研究表明引入表面电导率的结果与实验事实符合得更好[2~4]，这使得人们认识到粒子分散系中界面极化机制引起的高频弛豫必须考虑到表面电导率的因素，因此，常常称该高频段的弛豫 HFDD 为 Maxwell-Wagner-O'Konski（M-W-O）弛豫[5,6]。这里的 HFDD 的极化机制与传统的界面极化 M-W 理论有所不同，主要在于它充分考虑了在厚度为 χ^{-1}（近似为 Debye 长度）的双电层中空间电荷的形成，即因为不同物质电性质的差异而产生的界面极化导致粒子的感应偶极矩，根据 Einstein（爱因斯坦）方程，双电层中的空间电荷极化的时间为：

$$\tau_\chi = \chi^{-2}/D \tag{4-1}$$

从电动力学角度，图 4.1 所示的分散系的介电弛豫来源于粒子及其双电层在外电场作用下极化而形成的感应偶极矩（induced dipole moment，IDM）。根据 M-W 理论，若 $\kappa_a/\varepsilon_a \neq \kappa_i/\varepsilon_i$，则离子在界面双电层中厚度为 χ^{-1} 部分将形成极化电荷，从而也产生一个 IDM。因此，从电动力学的角度对 HFDD 的解释在本质上与传统的 M-W 理论是一致的。这样，考虑了表面电导率的界面极化理论能更全面地反映粒子界面的信息，也使得借用 M-W-O 理论通过测量 M-W 介电弛豫的参数来表征双电层的性质成为了可能，即除了可以解析获得分散系各组成相的如介电常数和电导率等电性质之外，还能够从该弛豫的介电参数获得粒子的表面电导率、离子淌度等物理化学参数。

4.1.2.2 LFDD 弛豫

相对的，低频弛豫（LFDD）的发现和研究要比 HFDD 晚很多，但是，近 20 多年来无论是理论、实验以及数据解析的研究方面都要比 HFDD 更受关注[7~14]。LFDD 可以由 2.3 节中讲述的对离子极化理论予以解释。关于对离子极化理论，目前的研究结果是由表扩散机制（SDM）和体扩散机制（VDM）两种模型构成的，这两种机制使得 LFDD 和电场下粒子表面的束缚离子（过剩离子）的扩散以及和双电层中自由离子和本体的离子的交换扩散联系了起来。对此，前面的 2.3 节也已经有了较为详细的阐述，简言之，LFDD 是来自双电层中的对离子极化和双电层与本体溶液之间的浓度极化。

LFDD 与粒子表面双电层的结构和电性质关系密切。在双电层中空间电荷的形成不仅导致了电荷在粒子表面的聚集从而产生界面极化，同时也导致了双电层内部局部电流的不均匀分布，这种不稳定状态自然会通过离子的迁移扩散趋于平衡；另外，在双电层中的对离子与本体溶液之间为了达到不同电性质离子流的平衡将出现离子的扩散，这两种扩散结果在低频处形成一个诱导偶极矩，因此产生低频弛豫现象。从这个意义上讲，低频弛豫产生的根本原因应是双电层内的界面极化过程，不同的是：界面极化过程是一个真实电流现象，而低频弛豫是一个扩散电流现象[15]。

Vodel 和 Pauly 第一个在 VDM 框架下理论上解释了浓厚分散系中的 LFDD[9]。他们认为 VDM 应用到浓厚粒子分散系是因为靠近给定粒子的相邻粒子通过改变体扩散机制的特征长度 L_D（相当于 Debye 长度）来影响极化率，也许因为扩散长度 L_D 随着体积分数 Φ 的增加而减小，因而引起体积分数对频率的依存性。与 SDM 相比，VDM 非常强地依赖于粒子的浓度，其原因是当分散系中的粒子浓度增加时，体扩散过程的传播和自由电解质体积一同减小，而表面扩散的特征长度则保持一个常数。相对的，当粒子浓度增加时 VDM 效应的弛豫时间将会减小，而 SDM 机制的弛豫时间则保持一个常数。这样，实验上通过改变分散系中粒子的浓度，可以分离 SDM 和 VDM 的分散曲线。A. V. Delgado 等[16] 提出了可以预测 LFDD 参数（特别是弛豫强度和临界频率）的体积分数依存性的模型，该模型能够很好地解释体积分数为 3%~16% 的聚合物乳胶分散系的实验数据，证明 VDM 在所研究的体系中占据主导地位。VDM 对体积分数的依赖性的发现对于分别研究这两种机制开辟了新的可能性。通常用这两种模型机制解释电解质溶液为介质的粒子分散系的 LFDD，可以获得粒子表面和界面离子迁移过程的很多信息。

关于球形粒子稀薄分散系的 LFDD，可以通过建立在适当模型之上的解析公式从低频弛豫参数中定量地获取体系内部以及粒子表面和界面的信息，如直流电导和离子淌度等[12,17,18]。Rosen 等通过考虑双电层中紧密层（Stern 层）的电导率，以略微不同的方法解释了 LFDD[19]。关于低频介电弛豫的理论也被推广到不同体系中：旋转电场的[20]，具有体相电导率的粒子[21,22]，浓厚分散系[16,23,24] 以及弱电解质体系[25,26]。

总之，对于 LFDD，无论哪种扩散机制占主导，其机制的本质都是源于在外加电场下因双电层的极化而导致的一个大的诱导偶极矩，该极化的时间相当于离子在粒子半径 R 的长度迁移所需要的时间，$\tau_R = R^2/D$。比较上式和式(4-1)得到 $\tau_R/\tau_\chi = (R\chi)^2$，当粒子半径 R 远大于 Debye 长度 χ^{-1}，即 $\tau_R/\tau_\chi \gg 1$ 时，HFDD 和 LFDD 两个弛豫分开，否则将发生重叠。

关于 LFDD 和 HFDD，在理论上的研究至少对于球形粒子分散系都已经有了一定的共识，也认为在高频段不会出现因双电层的浓度极化（VDM）现象。因此，在高频段时双电层的极化机理更加简单，因而期待着有进一步的发展，对于浓厚粒子分散系，着重于高频段的界面极化弛豫理论研究的前景要远大于低频弛豫。正是由于这两种弛豫过程对于粒子分散系而言都基于双电层的极化，目前越来越多的研究开始转向将这两种弛豫机制统一考虑[6,8,10,14,27,28]，无疑，这将促进人们对这两种弛豫的更深刻的认识和理解。

4.1.3 宽频介电谱的理论表达式（WFDS）

历史上，几乎关于粒子分散系介电弛豫的所有理论分析都是单独对上述两种弛豫（LFDD 和 M-W 弛豫，或称对离子极化弛豫和界面极化弛豫）中的一种进行的。因为很明显，如果没有包含两个弛豫特征的解析式，而是分段地描述在宽频范围获得的介电数据是不便的，也不利于理论上的对比研究。从上节的讨论可知，尽管上两种弛豫的产生机制不同，但都是以 M-W 理论为基础的，因而从理论上同时考虑这两种弛豫是可能的。O′Brein[3,27] 和 Grosse[29] 分别提出的理论包含了两个弛豫机制，因为他们提出的理论是建立在包含了表面电导率的对低频弛豫的简化处理基础之上的。Delacey 和 White[17] 基于一套适用于非导电且无紧密层表面电导的球形粒子稀薄分散系的标准电动力学模型公式，提出的宽频介电弛豫的数值理论，对双电层厚度和表面电位没有限制。在以上理论发展的基础上，最近，Grosse 和 V. N. Shilov 等在标准电动力学基础上对宽频介电理论做了更清晰的描述[6,10,30,31]。该理论以诱导偶极矩 IDM 为核心推导出实验上可测的介电常数和电导率的理论表达式：

$$\varepsilon(\omega) = \varepsilon_a \{ 3\Phi_p \mathrm{Re}[\gamma_p^*(\omega)] + 1 \} + 3\Phi_p \mathrm{Im}[\gamma_p^*(\omega)] \frac{\kappa_a}{\omega\varepsilon_0} \tag{4-2a}$$

$$\kappa(\omega) = \kappa_a \{ 3\Phi_p \mathrm{Re}[\gamma_p^*(\omega)] + 1 \} - 3\Phi_p \mathrm{Im}[\gamma_p^*(\omega)] \omega\varepsilon_0\varepsilon_a \tag{4-2b}$$

其中的 γ_p^* 为粒子诱导偶极矩的复偶极系数，其频率依存性的表达式为[3,6]：

$$\gamma_p^*(\omega) = \frac{2\mathrm{Du}-1}{2\mathrm{Du}+1} - \frac{3}{2} \times \frac{\varepsilon_i/\varepsilon_a - 2\mathrm{Du}}{(\varepsilon_i/\varepsilon_a+2)(\mathrm{Du}+1)} \cdot \frac{1}{j\omega\tau_{MW}} - \frac{3(R^+ - R^-)H}{2B} \cdot \frac{1+\sqrt{(2j\omega\tau_a)/S}}{1+\sqrt{(2j\omega\tau_a)/S}+j\omega\tau_a}$$

$$\tag{4-3}$$

式中，$\mathrm{Du} = \dfrac{\lambda}{R\kappa_a}$ 为表征粒子表面电导率对体系整体电导率贡献的 Dukhin 系数[15]；R、H 和 B 为推导时的中间变量[6]；$\tau_{MW} = 1/\omega_{MW}$ 和 $\tau_a = 1/\omega_L$ 分别为界面极化弛豫和对离子极化弛豫（低频弛豫）的特征弛豫时间，前者表示离子迁移一个数量级为 Debye 长度 χ^{-1} 所需时间，而后者则相当于离子从粒子的一侧迁移到另一侧所需的时间；$\omega_{MW} = D\chi^2$ 和 $\omega_L = D/(R+\chi^{-1})^2$ 分别对应低、高频弛豫频率。因此，理论上，方程式(4-2)可以将测量体系在宽频范围（大致在 $10^{-2} \sim 10^{10}$ Hz）中不同频率段因不同机制发生的介电行为完全描述出来。而式中的变量又与实际体系内部各种相参数有关，因此，建立数学上的定量关系可以通过测量体系的宽频介电弛豫谱获取体系内部的各种重要的信息，包括表面电导率、Zeta 电势、粒子的大小和体积分数以及表面电荷密度等。宽频介电理论不仅可以在一次测量中同时考虑到两种弛豫行为，从而能够一次性地获取体系内部更多的信息，而且也可以与通过上述两种弛豫分别获得的信息在某种程度上作为相互印证，因此，可以大大增加所获信息的准确性，但目前尚没有应用体系的实例。作者等从电动力学角度解释了两种弛豫之间的联系，并对 Shilov 等人提出的理论公式进行了程序化，通过计算机模拟得到带有紧密层表面电导率的非导电球形粒子分散系的宽频介电谱图，并讨论了体系内参数对介电谱的影响[32]。

图 4.2 是根据式(4-2)和式(4-3)模拟实际粒子分散系的计算结果，从该宽频介电图谱中可以看出明显的两个弛豫现象：对离子极化引起的弛豫发生在 $\omega=10^2\,\mathrm{rad}$ 附近，其强度远远大于发生在 $\omega=10^6\,\mathrm{rad}$ 附近的因 M-W 界面极化引起的高频弛豫。详细的模拟结果表明，分散系的参数如介质浓度、粒子大小以及双电层的 Zeta 电势都分别对介电谱中的 LFDD 或 HLDD 有明显的、但有区别的影响，如弛豫强度和弛豫时间等介电参数[32,33]。这样，通过计算机模拟实验体系的环境变化，可在一定程度上避免不必要的尝试实验。

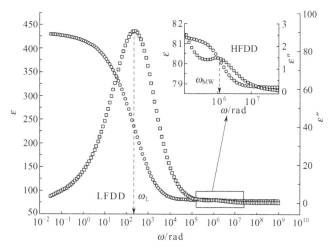

图 4.2　含有对 LFDD 和 HFDD 的宽频介电谱的计算机模拟[32]

这里值得注意的是，理论公式(4-2)是以稀薄非导电球分散系为基础导出的，尽管有这样的限制条件，但适用的粒子粒径可从纳米到毫米级，而且实际球形粒子分散系中，也有很多是满足上述条件的，如高分子微球、微乳液、绝缘无机粒子等。因此，描述宽频介电谱的方程有望在很多具体体系的应用中得到发展。

4.1.4　分散系介电谱的 Hanai 解析方法

标题的解析方法与 3.5 节的有所不同，在 3.5 节中介绍的是一些分析介电谱的弛豫过程和获取弛豫时间以及介电增量等介电参数的方法，而下面将要讲解的是如何从介电谱中获得粒子分散系结构和内部各组成相的电信息的方法。显然，前章所述的所有分析介电参数的方法都适用，因为解析相参数需要尽可能准确的介电参数，只是如何利用这些介电参数计算出相参数来，即完成图 3.6 中从介电参数群计算相参数群的具体步骤是本节的主要内容。

粒子分散系的介电理论尽管在 20 世纪上半叶就已经基本完成了，但直到 20 世纪 70 年代，在 Hanai 完成了介电谱研究中的一项重要工作之后，才有理由说介电谱方法是研究粒子分散系不可或缺的物理化学方法：Hanai 认为既然粒子分散系的介电行为决定于内部各种相参数（例如粒子和介质的介电常数、电导率以及分散相的体积分数等），那么就能够将测量得到的介电参数通过一些必然的联系计算得到体系内部的相参数，基于这样的考虑，他经过繁长的理论推导和数学运算，建立了一套关于稀薄和浓厚球形粒子分散系（Wagner 理论式和 Hanai 理论式）的系统解析方法。换言之，就是利用介电模型建立起介电测量观察到的介电参数 $\{\varepsilon_1,\varepsilon_h,\kappa_1,\kappa_h,\cdots\}$ 和体系相参数 $\{\varepsilon_i,\varepsilon_a,\kappa_i,\kappa_a,\cdots,\Phi,\cdots\}$ 两者之间的定量关系，从而计算出分散粒子和连续介质的参数以及体积分数等相参数的方法，称为 Hanai 解析方法，Hanai 方法建立后经过不断修正并已经拓展到了球壳形粒子分散系[34~43]。在这些相参数基础上可以进一步讨论粒子界面双电层的电动力学性质，因此，Hanai 方法在分散系介电研究中具有重要的理论意义，同时也更具有实用性，这里的结论不仅对本章讨论的粒子分散系，而且对后面将要讨论的生物细胞悬浮系的参数解析都起着十分重要的作用。

4.1.4.1 Wagner 式的理论解析法

在第 2 章的 2.2.1 节中给出了由 Wagner 稀薄粒子分散系理论确定的，由内部相参数表示弛豫特征的参数介电增量和弛豫时间的表达式(2-10)~式(2-12)，重新将表示稀薄分散系复介电常数的频率依存性的 Wagner 理论公式(2-7) 整理如下：

$$\varepsilon^* = \varepsilon_a^* \frac{2\varepsilon_a^* + \varepsilon_i^* - 2\Phi(\varepsilon_a^* - \varepsilon_i^*)}{2\varepsilon_a^* + \varepsilon_i^* + \Phi(\varepsilon_a^* - \varepsilon_i^*)} = \varepsilon_h + \frac{(\varepsilon_1 - \varepsilon_h)}{1 + j\omega/\omega_0} + \frac{\kappa_1}{j\omega\varepsilon_0} \tag{4-4a}$$

$$\kappa^* = \kappa_a^* \frac{2\kappa_a^* + \kappa_i^* - 2\Phi(\kappa_a^* - \kappa_i^*)}{2\kappa_a^* + \kappa_i^* + \Phi(\kappa_a^* - \kappa_i^*)} = \kappa_1 + \frac{(\kappa_h - \kappa_1)j\omega/\omega_0}{1 + j\omega/\omega_0} \tag{4-4b}$$

可以看出，这时的方程已经是用介电参数（第二个等式）来表示复介电常数或复电导率了。按照 Hanai 的推导，这里的介电增量 $(\varepsilon_1 - \varepsilon_h)$ 和 $(\kappa_h - \kappa_1)$，以及弛豫频率 $\omega_0 \equiv 2\pi f_0 = 1/\tau_0$ 分别表示为：

$$\varepsilon_1 - \varepsilon_h = \frac{9(\varepsilon_a\kappa_i - \varepsilon_i\kappa_a)^2 \cdot \Phi(1-\Phi)}{[2\varepsilon_a + \varepsilon_i + \Phi(\varepsilon_a - \varepsilon_i)] \cdot [2\kappa_a + \kappa_i + \Phi(\kappa_a - \kappa_i)]^2} \tag{4-5a}$$

$$\kappa_h - \kappa_1 = \frac{9(\kappa_a\varepsilon_i - \kappa_i\varepsilon_a)^2 \cdot \Phi(1-\Phi)}{[2\kappa_a + \kappa_i + \Phi(\kappa_a - \kappa_i)] \cdot [2\varepsilon_a + \varepsilon_i + \Phi(\varepsilon_a - \varepsilon_i)]^2} \tag{4-5b}$$

$$\omega_0 = \frac{1}{\tau_0} = \frac{2\kappa_a + \kappa_i + \Phi(\kappa_a - \kappa_i)}{2\varepsilon_a + \varepsilon_i + \Phi(\varepsilon_a - \varepsilon_i)} \cdot \frac{1}{\varepsilon_0} \tag{4-5c}$$

式(4-5) 清楚地表明，只要 $\varepsilon_a\kappa_i \neq \varepsilon_i\kappa_a$，介电增量便不为零，即存在单一弛豫型的介电弛豫。以上介电参数，加上可以单独测量的介质的介电常数作为已知量 $(\varepsilon_1, \varepsilon_h, \kappa_1, \kappa_h, \varepsilon_a)$，按照如下的程序可以计算相参数 $(\Phi, \varepsilon_i, \kappa_i, \kappa_a)$：首先利用下式求解介质的电导率值 κ_a：

$$H(\kappa_a) \equiv + \sqrt{\frac{\kappa_1\varepsilon_a - \kappa_a\varepsilon_1}{\kappa_h\varepsilon_a - \kappa_a\varepsilon_h}} - \frac{\kappa_a}{\varepsilon_a} \cdot \frac{\varepsilon_1 - \varepsilon_h}{\kappa_h - \kappa_1} = 0 \tag{4-6}$$

然后将已知量代入方程，利用计算机寻找 $H(\kappa_a) = 0$ 时的 κ_a，再利用由式(4-5)求得的式(4-7)，求出粒子的介电常数和电导率的值，ε_i 和 κ_i 为：

$$\varepsilon_i = \varepsilon_a \frac{(2\varepsilon_a + \varepsilon_h)\Phi - 2(\varepsilon_a - \varepsilon_h)}{(2\varepsilon_a + \varepsilon_h)\Phi + (\varepsilon_a - \varepsilon_h)} \tag{4-7a}$$

$$\kappa_i = \kappa_a \frac{(2\kappa_a + \kappa_1)\Phi - 2(\kappa_a - \kappa_1)}{(2\kappa_a + \kappa_1)\Phi + (\kappa_a - \kappa_1)} \tag{4-7b}$$

最后由下式求出体积分数 Φ：

$$\Phi = \kappa_a \frac{\varepsilon_a\varepsilon_h(\kappa_a - \kappa_1) + (\varepsilon_a - \varepsilon_h)(\varepsilon_a\kappa_1^2 - \varepsilon_1\kappa_a^2)}{(\varepsilon_a\kappa_1 - \varepsilon_h\kappa_a)^2 + (\varepsilon_1 - \varepsilon_h)(\varepsilon_a + \varepsilon_h)\kappa_a^2} \tag{4-8}$$

这样，就由实验上观测得到的介电参数把相关参数全部计算出来了。实际上，如果已知量是相参数，即无论通过什么方法确认了粒子和介质的性质，也可以反过来通过式(4-5)计算出介电参数，然后再利用式(4-4)计算复介电常数的理论曲线。将理论曲线与实验值进行比较，可以验证所使用的模型是否正确，并可以判断研究体系的结构类型。需要指出的是，将已知性质的粒子分散到已知性质的介质中，构成悬浮液之后，两者的参数值可能会与非混合前的纯态不同。由此可以看出，介电谱方法具有无须破坏研究体系［如单独取出其中一相（一般需要离心）进行分析］便可以获取内部参数信息的特点。对于上面的解析法可列举的应用实例很多，包括后面将要介绍的离子交换树脂悬浮系。

4.1.4.2 Hanai 式的理论解析法

对于粒子浓度很大的所谓浓厚粒子分散系，其复介电常数的频率依存性表达式由 Hanai 给出［见 2.2.2 节式(2-15)］，以 Hanai 方程为基础导出的高、低频的介电表达式为：

$$\frac{\varepsilon_h - \varepsilon_i}{\varepsilon_a - \varepsilon_i}\left(\frac{\varepsilon_a}{\varepsilon_h}\right)^{1/3} = 1 - \Phi \tag{4-9}$$

$$\kappa_h\left(\frac{3}{\varepsilon_h - \varepsilon_i} - \frac{1}{\varepsilon_h}\right) = 3\left(\frac{\kappa_a - \kappa_i}{\varepsilon_a - \varepsilon_i} + \frac{\kappa_i}{\varepsilon_h - \varepsilon_i}\right) - \frac{\kappa_a}{\varepsilon_a} \tag{4-10}$$

$$\varepsilon_l\left(\frac{3}{\kappa_l - \kappa_i} - \frac{1}{\kappa_l}\right) = 3\left(\frac{\varepsilon_a - \varepsilon_i}{\kappa_a - \kappa_i} + \frac{\varepsilon_i}{\kappa_l - \kappa_i}\right) - \frac{\varepsilon_a}{\kappa_a} \tag{4-11}$$

$$\frac{\kappa_l - \kappa_i}{\kappa_a - \kappa_i}\left(\frac{\kappa_a}{\kappa_l}\right)^{1/3} = 1 - \Phi \tag{4-12}$$

同样的，以参数 $\varepsilon_l, \varepsilon_h, \kappa_l, \kappa_h, \varepsilon_a$ 为已知量，从式(4-9)到式(4-12)按照如下顺序可以导出计算相参数 $\Phi, \varepsilon_i, \kappa_i, \kappa_a$ 的解析式：

$$C \equiv \left(\frac{\varepsilon_h}{\varepsilon_a}\right)^{1/3} 1 - \Phi, \quad D \equiv \left(\frac{\varepsilon_a \kappa_l}{\varepsilon_h \kappa_a}\right)^{1/3} = \frac{1 - \Phi}{C}\left(\frac{\kappa_l}{\kappa_a}\right)^{1/3} \tag{4-13}$$

利用上式，粒子的介电常数 ε_i 和电导率 κ_i 可分别写成

$$\varepsilon_i = \frac{\varepsilon_h - \varepsilon_a C}{1 - C} \tag{4-14a}$$

$$\kappa_i = \frac{\kappa_l - \kappa_a DC}{1 - DC} \tag{4-14b}$$

上式代入式(4-11)中消去 ε_i 和 κ_i，可以得到关于 C 的非常烦琐的二次方程，为了简单起见，将二次项 C^2 和一次项 C 的系数和常数项分别定义为：

$$P \equiv \left(\frac{\kappa_a}{\kappa_l} + 2\right)\varepsilon_l D - 3[\varepsilon_h D - \varepsilon_a(D-1)]D + \left(\frac{\kappa_l}{\kappa_a} - 1\right)\varepsilon_a D \tag{4-15}$$

$$Q \equiv 3[2\varepsilon_h D - \varepsilon_a(D-1)] - \left[\left(\frac{\kappa_a}{\kappa_l} + 2\right)D + 3\right]\varepsilon_l - \left(\frac{\kappa_l}{\kappa_a} - 1\right)\varepsilon_a D \tag{4-16}$$

$$R \equiv 3(\varepsilon_l - \varepsilon_h) \tag{4-17}$$

于是，关于 C 的二次方程表示为：

$$PC^2 + QC + R = 0 \tag{4-18}$$

其解（根据结果的合理性取负号"－"）

$$C = \frac{-Q - \sqrt{Q^2 - 4PR}}{2P} \tag{4-19}$$

将式(4-9)和式(4-12)代入式(4-10)中消去 ε_i 和 κ_i 得到下式：

$$J(\kappa_a) \equiv \kappa_h\left[3 - \left(2 + \frac{\varepsilon_a}{\varepsilon_h}\right)C\right](1 - DC) - 3[(1-C)\kappa_l + (1-D)C\kappa_a](1-C)$$

$$+ \kappa_a\left(3 - \frac{\varepsilon_h}{\varepsilon_a}\right)C(1 - DC) = 0 \tag{4-20}$$

因为 $J(\kappa_a)$ 仅仅是 κ_a 的函数，所以利用计算机寻找满足上式的 κ_a，确定合理的 κ_a 值。体积分数可以由式(4-13)求得：

$$\Phi = 1 - \left(\frac{\varepsilon_a}{\varepsilon_h}\right)^{1/3} C \tag{4-21}$$

这样，由式(4-20)得到 κ_m，将 C、D 和 ε_l、ε_h、κ_l、κ_a 代入式(4-14)中，可以求得 Φ、ε_i、κ_i，完成了从介电参数求解相参数的介电解析。为了便于理解，图 4.3 给出解析过程的流程示意图。应该指出的是，这里介绍的是没有限制的，具有一般性且相对严格的解析方

法。对于很多具体实例，有条件的解析过程将简化很多。此外，尽管计算机的发展使得计算变得异常迅速和便捷，但计算过程中计算机求 κ_a 值时存在一些技术性问题，所有这些内容包括上面详细推导可参见文献和 Hanai 的专著[35,36,44]。

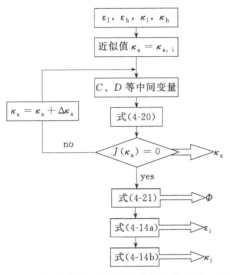

图 4.3 Hanai 方法求解球形分散系相参数的计算程序流程

4.1.4.3 覆壳球形粒子分散系的 Hanai 理论解析法

对于核-壳结构的球形粒子（或称覆壳球形粒子）分散系，如本章将要介绍的微胶囊等表面覆膜的粒子分散系以及后面章节中将讨论的生物细胞悬浮液等，对于这样体系的解析也有类似的 Hanai 解析法。只是随着体系结构的复杂，测量得到的多为两弛豫的介电谱，因此，不仅因介电参数和相参数的增加使得解析式变得异常烦琐和复杂，而且介电参数的准确获得也成为了解析上的难点之一。因此，建立严格且不附加近似条件的解析方法变得十分困难，但是，很多实际体系是可以近似处理的，换句话说，就是对于一些体系近似处理也不会产生多大的误差。因此，尽管相对严格的 Hanai 解析法已经建立，但是，近似的解析方法仍然适合解析大多数核壳结构的稀薄分散系和浓厚分散系的介电谱。下面简单介绍浓厚球壳粒子分散系的解析公式。

为了求球壳粒子分散系的复介电常数表达式，只要将等价复介电常数 ε_q^* 表达式［式(2-21)］代入 Hanai 方程式(2-15) 即可：

$$\frac{\varepsilon^* - \varepsilon_q^*}{\varepsilon_a^* - \varepsilon_q^*}\left(\frac{\varepsilon_a^*}{\varepsilon^*}\right)^{1/3} = 1 - \Phi \tag{4-22}$$

最理想的情况，从介电谱中可以获得介电参数 $(\varepsilon_l, \varepsilon_m, \varepsilon_h, \kappa_l, \kappa_m, \kappa_h)$ ［参考图 3.5(b)］，在分散介质和壳材质的介电常数 ε_a 和 ε_s 作为已知量的情况下，根据以下解析式可以按照图 4.4 给出的计算流程所示的顺序求解出球壳粒子分散系的相参数 $(\Phi, \kappa_a, d, \varepsilon_i, \kappa_i)$，其中 d 为球壳的厚度。

$$F(\Phi) \equiv \frac{\kappa_m}{\kappa_l}(1-\Phi)^{1/2} - \frac{\varepsilon_m + 2\varepsilon_a - 3\varepsilon_a(1-\Phi)(\varepsilon_m/\varepsilon_a)^{1/3}}{3\varepsilon_m - (2\varepsilon_m + \varepsilon_a)(1-\Phi)(\varepsilon_m/\varepsilon_a)^{1/3}}\left(\frac{\varepsilon_m}{\varepsilon_a}\right)^{3/4} = 0 \tag{4-23}$$

$$\kappa_a = \frac{\kappa_l}{(1-\Phi)^{3/2}} \tag{4-24}$$

$$\varepsilon_{ql} = \varepsilon_a + \frac{\varepsilon_m - \varepsilon_a}{1 - (1-\Phi)(\varepsilon_m/\varepsilon_a)^{1/3}} \tag{4-25}$$

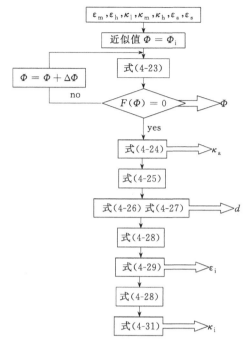

图 4.4　Hanai 方法求解覆壳粒子分散系相参数的计算程序流程

$$v = \frac{\varepsilon_{ql} - \varepsilon_s}{\varepsilon_{ql} + 2\varepsilon_s} \tag{4-26}$$

$$d = R(1 - v^{1/3}) \tag{4-27}$$

$$\varepsilon_{qh} = \varepsilon_a + \frac{\varepsilon_h - \varepsilon_a}{1 - (1 - \Phi)(\varepsilon_h/\varepsilon_a)^{1/3}} \tag{4-28}$$

$$\varepsilon_i = \frac{\varepsilon_{qh}(\varepsilon_{ql} + \varepsilon_s) - 2\varepsilon_s^2}{\varepsilon_{ql} - \varepsilon_{qh}} \tag{4-29}$$

$$\kappa_{qh} = \frac{1}{3(\varepsilon_a - \varepsilon_h)}\left[(\varepsilon_a - \varepsilon_{qh})(2\varepsilon_h + \varepsilon_{qh})\frac{\kappa_h}{\varepsilon_h} - (\varepsilon_h - \varepsilon_{qh})(2\varepsilon_a + \varepsilon_{qh})\frac{\kappa_a}{\varepsilon_a}\right] \tag{4-30}$$

$$\kappa_i = \kappa_{qh}\frac{(\varepsilon_{ql} + \varepsilon_i + \varepsilon_s)^2}{(\varepsilon_{ql} + 2\varepsilon_s)(\varepsilon_{ql} - \varepsilon_s)} \tag{4-31}$$

上面的求解方法也是没有限制条件的，对于特殊的球壳分散系比如细胞膜非常薄的生物细胞悬浮液体系，其计算过程可以大为简化，在第 7 章中将给予具体讨论。同样的，详细推导可参见相关文献 [42～45]。

4.1.5　电动力学参数的获取

4.1.5.1　利用标准电动力学模型

　　除了上面介绍的利用介电模型描述粒子分散系介电行为并求解相参数之外，利用严格理论推导出来的标准电动力学模型（standard electrokinetic model）也可以用来描述粒子分散系的介电行为，因为该模型特别考虑了双电层特征，但没有限制双电层的厚度，因此能够直接获得较为宽泛条件的分散系的电动力学参数。近年，Hill 发展了 Delacey 和 White 等的早期研究[12,17]，利用有限微分法将该模型的适用范围拓展到了高频，使得能够在大约 1kHz～1GHz 频率范围研究粒子分散系（包括被中性的和带电的壳层包裹的聚合物粒子分散系）的极化现象[46～48]。标准电动力学方程通过有效极化率 P^* 来描述介电增量：

$$\Delta\kappa = (\kappa_{\text{eff}} - 1)/\Phi = 3[\text{Re}(p^*) + \hat{\omega}\text{Im}(p^*)] \tag{4-32a}$$

$$\Delta\varepsilon = (\varepsilon_{\text{eff}} - 1)/\Phi = 3[\text{Re}(p^*) + \hat{\omega}^{-1}\text{Im}(p^*)] \tag{4-32b}$$

式中，κ_{eff} 和 ε_{eff} 是去除了介质电导率 κ_a 和介电常数 ε_a 的有效电导率和有效介电常数。在静电场下的有效极化率表示为：

$$p^* = \frac{\sum_{i=1}^{N} n_i^{\infty} z_i^2 D_i (p + G_i)}{\sum_{i=1}^{N} n_i^{\infty} z_i^2 D_i} \tag{4-33}$$

式中的

$$p = \frac{D}{\chi R} \tag{4-34}$$

$$D_i = \frac{J_i \times 2I}{[n_i^{\infty} z_i (\chi R)^3]} \tag{4-35}$$

I 为离子强度，z_i、n_i^{∞}、D_i 分别为第 i 种离子的价态、在本体溶液中的浓度以及扩散系数。当系数 $J_i = 0$ 时，p^* 相当于 p，即方程式(4-32) 中的 p^* 可以用 $p = D/(\chi R)$ 代替（这里的 D 为极化率，包含电泳淌度），χR 是 Debye 长度的倒数和粒子半径的乘积，它是影响介电增量变化的重要参数。利用 $J_i = 0$ 时的式(4-32) 拟合介电数据可以获得 Zeta 电势 ζ 和 χR 的值。

4.1.5.2 高频弛豫和双电层离子迁移现象的结合

在 2.3.1 节中阐述过，O′Konski 通过用有效电导率代替本体电导率［式(2-26)］将表面电导率 λ 的概念引入 Maxwell 界面极化理论，从而能够更好地描述双电层中离子迁移运动的情况。因此，因界面极化引起的弛豫和对离子极化的弛豫之间也具有一定的相关性，由式(2-32) 知，整个粒子分散系的复介电常数的频率依存性表达式中包含两个弛豫机制的贡献，其中界面极化对介电增量的贡献和相应的弛豫时间分别为：

$$\Delta\varepsilon_{\text{MW}} = \frac{9(\varepsilon_a/\varepsilon_0)[(\kappa_s/\kappa_a) - (\varepsilon_i/\varepsilon_a)]}{(\varepsilon_i/\varepsilon_0)[(\kappa_s/\kappa_a) + 2]} \tag{4-36}$$

$$\tau_{\text{MW}} = \frac{\varepsilon_a[(\varepsilon_i/\varepsilon_a) + 2]}{\kappa_a[(\kappa_s/\kappa_a) + 2]} \tag{4-37}$$

式中的 ε_i、ε_a、κ_a 等都是可以通过直接测量或从高频弛豫中解析求得的相参数，而有效电导率 $\kappa_s = \kappa_p + 2\lambda/R$ 中包含表面电导率 λ，因此从界面极化弛豫可以直接确定 λ 的值。另外，对离子极化理论告诉我们，表面电导率来自于双电层的扩散层内离子的扩散迁移和 Stern 层离子沿粒子表面的切向迁移两方面的贡献。其中扩散对表面电导率的贡献 λ_d 多用下面的 Bikerman 公式表示[6]：

$$\lambda_d = \frac{2\kappa_a}{\kappa}\left\langle \frac{D^+}{D^+ + D^-}\left[\exp\left(-\frac{ze\zeta}{2kT}\right) - 1\right](1 + 3m^+) + \frac{D^-}{D^+ + D^-}\left[\exp\left(\frac{ze\zeta}{2kT}\right) - 1\right](1 + 3m^-) \right\rangle$$

$$\tag{4-38}$$

式中各变量所代表的与通常的意义相同。我们关注的是 Zeta 电势 ζ，如果忽略 Stern 层对表面电导率的贡献 λ_s（这个近似对于导电粒子、半导体粒子、多孔粒子是合理的，因为垂直于粒子表面的电力线致使离子难以切线迁移）。因此，可以利用上面讲述的从界面极化弛豫得到的 λ（$\lambda \approx \lambda_d$），根据式(1-36) 计算出 Zeta 电势 ζ 的值。对于非导电粒子，λ_s 不仅不能忽视而且有时远远大于 λ_d，这时为获得更准确的 ζ 值，需要把介电弛豫获得的表面电导率和电泳实验获得的粒子淌度 u_e 结合起来，即利用下式计算 Zeta 电势 ζ[49]：

$$u_e = \frac{\varepsilon_a \zeta}{\eta} + \frac{2\varepsilon_0 kT}{e\eta} \cdot \frac{2Du}{2Du+1} \ln \left[\frac{2}{1 + \exp|e\zeta/(2kT)|} \right] \tag{4-39}$$

式中 $Du = \frac{\lambda}{R\kappa_a}$ 为 Dukhin 系数,因为它包含表面电导率,所以,根据式(4-38)和式(4-39)可以准确地获得粒子的 Zeta 电势和表面电导率的值 ζ 和 λ,以及 Stern 层的表面电导率 λ_s 在整体表面电导率中所占的比率,进一步得到离子在 Stern 层的扩散系数等很多界面信息[11]。

这样,通过两个弛豫的介电参数,结合粒子分散系的电动力学结果可以获得粒子表面双电层的很多电信息,特别是两个表征双电层电性质的重要物理量:表面电导率 λ 和 Zeta 电势 ζ,其中界面极化的弛豫可以确定 λ;而对离子极化弛豫可以确定 ζ。

4.2 乳状液

4.2.1 概述

19 世纪末,Maxwell 广泛地讨论了由非均匀物质引起的介电行为。那时,胶体分散系就被确定为一种非均质分散体系。后来,Debye 提出的偶极分子理论将很多研究者对这个理论的兴趣拓展到物质的胶体状态中来,这个倾向主要集中在大分子、蛋白质溶液、分子在固体粉末上的吸附等研究中。但是,相当数量的不能用偶极分子理论解释的胶体分散系的介电现象,使得研究者寻找某些适合于胶体分散系的解析方法。乳状液体系就成为了最早作为理论方法研究的重要体系之一,其发展经历了以下主要阶段。①大约在 20 世纪 20 年代之前出现以半经验公式 $f(\varepsilon) = (1-\Phi)f(\varepsilon_a) + \Phi f(\varepsilon_b)$($\varepsilon_a$、$\varepsilon_b$ 分别为分散相和连续相的介电常数)为主的一系列函数形式。②1892 年的 Rayleigh 方程是通过静电场计算球形粒子分散系介电常数的最早尝试,Rayleigh 根据提出的模型,相同半径的粒子(ε_p)规则地排布在连续介质(ε_m)的立方晶格点上,导出了介电常数的表达式:

$$\varepsilon = \varepsilon_m \left[1 + \frac{3\Phi}{(\varepsilon_p + 2\varepsilon_m)/(\varepsilon_p - \varepsilon_m) - \Phi - 1.65(\varepsilon_p - \varepsilon_m)/\left(\varepsilon_p + \frac{4}{3}\varepsilon_m\right)\Phi^{10/3}} \right]$$

③稀薄分散系的 Wagner 方程。④1935 年的 Bruggeman 方程,将 Wagner 方程拓展到了浓厚系。⑤1952 年的 Böttcher 方程,Böttcher 认为分散系是两种小球,ε_p 和 ε_m 的紧密聚集体,分散相和连续相无区别,因此根据静电场理论导出的表达式

$$\frac{\varepsilon - \varepsilon_m}{3\varepsilon} = \frac{\varepsilon_p - \varepsilon_m}{\varepsilon_p + 2\varepsilon_m}\Phi$$

表示乳状液在相转移时介电常数 ε 不发生变化。⑥1953 年 Kubo-Nakamura 从偶极矩增量角度推导的浓厚球形粒子分散系的介电方程[50],以及一些描述乳状液电导率的理论方程[51,52]。自从到了 20 世纪 60 年代,Hanai 建立了浓厚分散系理论和解析公式之后,关于乳状液介电性质的研究更加趋于完善,而且该理论被大量地用于实际体系并获得成功。

由上述可知,乳状液的介电谱研究意义不仅在于体系自身,而且作为球形粒子分散系界面极化机制研究的典型实例具有更深的含意,这主要是由于它的介电现象明显以及关于它的模型研究具有较长的历史,但更重要的是因为乳状液体系是 M-W 介电混合方程最有效的检验体系[35,53]。

4.2.2 W/O 型乳状液

对于水滴分散在油相的所谓油包水型(W/O)乳状液,可以认为作为连续相油相的电

导率比分散相水滴的电导率低很多，即 $\kappa_a \ll \kappa_i$，这时如 2.4.2 节所述的，Hanai 理论式可以简化为式(2-53a)～式(2-53d)。使用这些公式，从测量的介电参数 $(\varepsilon_1, \varepsilon_h, \kappa_1, \kappa_h)$ 以及油相的 ε_a 可以求出该乳状液的相参数：水滴的体积分数 Φ、油相的电导率 κ_a、水滴介电常数 ε_i 和电导率 κ_i。

列举 Hanai 早期对乳状液体系的研究实例，能够很好地理解 Hanai 理论对浓厚分散系的适用性以及解析方法的重要性。他采用的 W/O 乳状液是在含有 0.4% Span80 作为表面活性剂的油相（体积比为 72∶28 的煤油和四氯化碳混合物）中加入蒸馏水并使水相的体积分数为 75% 搅拌混合而成的。图 4.5 表示的是该乳状液的介电测量结果和理论计算的曲线[54]。这是个典型的 W/O 型乳状液的介电弛豫谱，将从这个弛豫中获得的介电参数逐次代入式(2-53a)～式(2-53d) 计算出相参数，介电参数和相参数见表 4.1。

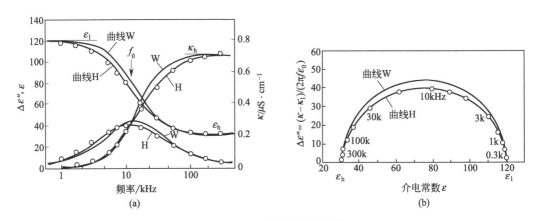

图 4.5　W/O 乳状液的介电谱

(a) 介电常数、电导率、介电损失增量谱；(b) 介电常数的 Cole-Cole 图

○—测量值；曲线 W—Wagner 公式计算值；曲线 H—Hanai 公式计算值[54]

表 4.1　W/O 乳状液的介电解析结果

$\varepsilon_1=121$　$\varepsilon_h=30.6$　$\kappa_1=1.27\text{nS/cm}$　$\kappa_h=0.700\mu\text{S/cm}$　$f_0=11.3\text{kHz}$
调制乳状液时的体积分数 $\Phi=0.75$
测量后分离油相和水相后分别测量 $\varepsilon_a=2.23$　$\varepsilon_i=78.5$　$\kappa_i=3.09\mu\text{S/cm}$
计算值 $\Phi=0.738$　$\kappa_a=0.023\text{nS/cm}$　$\varepsilon_i=79.6$　$\kappa_i=2.939\mu\text{S/cm}$

很明显，理论算出的水滴体积分数 $\Phi=0.738$ 与制备时的 $\Phi=0.75$ 值非常吻合，除此之外，其它理论计算的相参数值 ε_i 和 κ_i 也与测量后离心从油相分离出来的水相的介电常数和电导率非常一致，而这两个参数是其它方法所无法获得的，因此，这个例子充分表明了建立在理论解析基础上的介电谱方法具有非入侵的获取内部信息的特点。另外，从图 4.5 中也明显可以看出，利用 Hanai 公式计算的理论曲线和实验点符合得很好，而 Wagner 理论计算结果则与实验值有所偏离。这说明 Hanai 的浓厚分散系介电理论能够很好解释高体积分数乳状液的介电行为，而稀薄粒子分散系的 Wagner 理论则不适合，这种不适合程度随着体积分数的增加也愈发明显。

4.2.3　O/W 型乳状液

对于油滴分散在水中的 O/W 型乳状液，能够很好地从理论上给予说明的例子还是 Hanai 早期的研究[55,56]：蒸馏水为水相；流动石蜡中混入四氯化碳（以使油相和水相的相对密度相近）作为油相；Span80 和 Tween20 作为表面活性剂，调制出分散油滴直径大约为 $6\sim20\mu m$ 的乳状液。当油滴的体积分数为 0.7 时测量的介电谱如图 4.6(a) 所示，无论是介电常数或是电导率都不随测量频率而变化（低频段介电常数的上升是电极极化引起的）。不论是搅拌乳状液使其流动，还是改变表面活性剂的浓度，同样观察不到明显的弛豫现象。图 4.6（b）是利用 Hanai 和 Wagner 理论式分别计算的 ε 和 κ 的体积分数 Φ 依存性质的比较。很明显，在整个体积分数变化范围（$\Phi=0\sim1$），Hanai 理论计算的值与实验值完全吻合，而 Wagner 理论计算值在 $\Phi>0.3$ 时与实验点仍然有所偏差。这再一次显示了 Hanai 理论对浓厚体系的正确性和解释实际体系实验结果的有效性，这也是至今 Hanai 理论仍被广泛使用的原因。

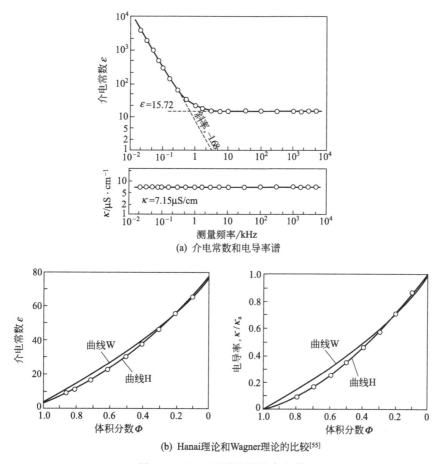

(a) 介电常数和电导率谱

(b) Hanai理论和Wagner理论的比较[55]

图 4.6 O/W 型乳状液的介电谱

进一步从数值计算角度分析上面的结果。因为分散相油滴的电导率与连续水相的相比可忽略不计，故假定 $\kappa_i\ll\kappa_a$ 是合理的。此时，同样的，Hanai 理论式也简化为式(2-54a)～式(2-54d)。利用这些公式使我们能够估算 O／W 型乳状液介电弛豫的数量级：取水的介电常数为 $\varepsilon_a=78$，油相的 $\varepsilon_i=2.5$，体积分数为 $\Phi=0.7$ 时，计算得到 $\varepsilon_l=15.95$ 和 $\varepsilon_h=15.80$，因此介电强度 $\Delta\varepsilon=0.15\ll\varepsilon_l$、$\varepsilon_h$，即与低、高频的介电常数相比是一个很小的值，以至于在实验上无法观察到。通常大多数 O/W 型乳状液体系大都是如上面估计的数值，因此并不显示可以观察到的弛豫现象。但是，根据 Hanai 的理论式，当使用较高介电常数的物质作为分散的油相时，将产生明显的介电弛豫。对此，Hanai 进行了实验和理论上的研究[57]：

以硝基苯代替前面的石蜡/四氯化碳混合物作为油相，这时油相的介电常数由原来的 2.5 变为 35，当体积分数同样为 0.7 时，理论计算结果表明介电增量的值大约为 $\Delta\varepsilon\approx11$，这与前面的 $\Delta\varepsilon=0.15$ 相比，无疑是个足以在实验中观察到的值。在实验方面，以硝基苯和水分别作为油相和水相，用 Tween20 作为表面活性剂调制成直径为 $1\sim5\mu m$ 的乳状液（N/W 型，N 代表硝基苯），体积分数 $\Phi=0.5$ 以上的体系的测量结果都显示了明显的弛豫。由此可以得出一个结论：不论分散粒子是不是绝缘性的，只要粒子的介电常数很大，无论是理论上还是实验上都可以确认将有介电弛豫现象出现。

4.2.4　流动条件下 W/O 乳状液的介电谱

介电谱对检测乳状液流动状态的有效性可以通过下面的实验证实：Hanai 研究了乳状液体系在剪切力作用下的介电行为[58~60]，使用的连续相油相为煤油和四氯化碳混合物（体积比为 72：28）和 5％体积分数的乳化剂 Span80，分散水相为蒸馏水，在激烈搅拌下制得体积分数接近 0.8 的高浓度的 W/O 型乳状液，水滴粒子直径为 $2\sim5\mu m$。对此高体积分数的乳状液，分别在静止和不同流动速率条件下进行介电测量，结果表示在图 4.7 中。

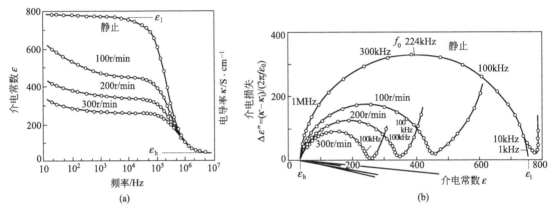

图 4.7　乳状液静止和流动条件下的介电行为（$\Phi=0.8$，30℃）

（a）介电常数的频率依存性；（b）介电常数的复平面表示（Cole-Cole 图）[58]

首先考察图中静止状态下乳状液的介电常数和电导率的频率依存性：介电增量 $\Delta\varepsilon\approx750$ 非常大。介电常数的复平面表示的 Cole-Cole 图［图 4.7(b)］是一个偏离半圆的圆弧，说明有粒子大小的分布。再考察搅拌该 W/O 乳状液使其流动的条件下的介电行为变化情况，样品-电极配置采用的是在同心双重圆筒型的旋转黏度计的内外两侧加上电极、两圆筒之间填充乳状液的测量系统，内筒固定，使外筒以 $100\sim300$ r/min 的转速转动同时进行测量。显然，该条件下乳状液中的水滴粒子受到强烈的剪切力的作用。从图中可以看出，使外圆筒的转速，即样品的流动程度增加时 ε_l 明显减小。对不同体积分数（$\Phi=0.3\sim0.8$）的乳状液进行同样的实验测量和理论计算结果都表明：相同的转速下 ε_l 与 Φ 成正比；而高频介电常数 ε_h 则随 Φ 的增加而增大。按照此趋势推断，Φ 接近于 0 时 ε_h 的值为连续相油相的介电常数值 2.5；而 Φ 接近于 1 时 ε_h 的值为水相的值 77，这是一个合理的结果。

乳状液在流动条件下显现的特异介电行为的原因虽然尚未清楚，但可以归结为剪切力下对水滴聚集的切割所致。在静态，水滴粒子聚集形成所谓絮状物的特殊集结形式；当使乳状液流动时，该聚集构造遭到剪切力破坏使水滴粒子离散，作为结果，ε_l 减小，旋转速度越快即剪切力越大，聚集的絮状物结构瓦解得越彻底，因而 ε_l 的值降低得越厉害。这说明乳状液构造特别是分散相形成的聚集体对介电性质产生很大的影响。除了乳状液之外，对于固体粒子悬浮液也有类似的报道：矿物油中炭黑悬浮液的介电性质和导电性质强烈地依存于剪切力[61]，认为体系为可逆的絮凝悬浮液，当剪切力施加到絮凝的悬浮液时，液滴聚集体被扯开，介电常数减小；而当剪切停止介电常数回到原来的水平，时间域和频率域的介电测量得到相同的结果。这说明絮凝的悬浮液中的聚集体瓦解的可逆性也可以被介电谱跟踪到。

4.2.5 电流变现象和介电性质

以上实例清楚地表明：介电测量对乳状液黏度的变化以及体积分数的变化十分敏感，这很容易从0.2.1节中所讨论的介电弛豫的本质联想到电流变（electrorheological，ER）现象。事实上，粒子悬浮液的介电现象和电流变现象关系非常密切，除了两者在数学表达形式上极为相似之外，对ER效应产生的本质研究也是离不开介电方法的[62]。从施加电场的角度，直流电场主要产生电流变现象，使得ER悬浮液中粒子极化，因此Maxwell-Wagner界面极化是产生ER效果的本质原因[63]，而交流电场作为研究ER的机制和探测ER悬浮液的电场响应的最有用的方法，常常被用来研究粒子的介电性质是如何影响ER效应的[64]。

理论研究表明ER悬浮液中分散相粒子和连续介质的介电常数差异很大程度上决定ER效应，简单地说就是介电常数越大ER效应越大。进一步讲，就是如果能够了解ER液内部连续相和分散相的介电性质，便有益于理解电流变机理和提高电流变效应。对ER液进行介电研究的目的主要是建立悬浮液介电性质和ER效应的直接相关性。大量研究表明：粒子的导电性和介电性质，粒子的体积分数和介质的电导性，以及粒子的聚集状态和黏度等都会直接影响ER效应。具体讲，含有电解质的ER悬浮液的介电常数要比不含电解质的大很多，这就是为什么含电解质ER效应强的原因[65]；ER悬浮液的屈服力和黏性很大程度上取决于粒子的体积分数，而且悬浮液的屈服力与介电常数随频率依存性具有相同的变化趋势[64]，体积分数和介电常数之间的线性增加关系在很多以油为连续介质的无机粒子悬浮液和聚合物粒子悬浮液中观察到；ER悬浮液中粒子的聚集状况也与ER效应关系密切[66]；ER悬浮液的介电性质与电场强度有关（随电场强度增加而增加[67]），而电场强度决定ER效应；粒子的电导率也与ER效应有关，它不仅影响ER效应而且也决定整个悬浮液的电流密度和ER流体的响应时间[68]；含水量也对ER效应起到重要作用，ER悬浮液的屈服力随着水含量出现最大值，这是因为高的表面张力使得水能够促使粒子聚集在一起[65]。以上涉及到的ER悬浮液的介电性质都可以通过解析介电谱获得，此外，通过解析通常使用的ER材料的介电数据，可以提供可选择的ER悬浮液的经验标准（如在1000Hz的介电损失应该在0.10）。总之，介电谱方法在电流变液的基础研究中有着巨大的潜力，这方面可参见相关的文献[62]。

4.2.6 J. Sjöblom 的修正模型

为了解释或者预测乳状液的介电行为，通常使用混合体系的介电理论。但是，这些理论模型［如Hanai模型（球形粒子）及Boned和Peyrelasse模型（旋转椭球体粒子)[34,69]］都要求分散相的均匀分布，而这个要求在实际体系中很少能够得到满足，因为实际的乳状液因其内在的不稳定性使其在相分离过程中往往经历以下不同的阶段，如沉淀、絮凝和聚结，这些过程不断地改变体系的状态，也影响体系的介电性质。J. Sjöblom等为了使这些模型适用到絮凝的乳状液中并获得W/O型乳状液在絮凝状态时的信息，在对絮状物聚集体作了如下的一些假定的基础之上，完成了模型的修正[70~72]：如果假定絮凝聚集体为一些球形水滴直线聚结成的近椭球体，并假定该絮状物的体积分数等于液滴的体积分数，则乳状液整体的介电常数可以直接用 Boned 和 Peyrelasse 方程来预测。显然，这样的模型与实际的情况相差太大。但是，如果将絮状物作为具有自身介电性质的乳状液的子系统来处理就更接近于实际，这个概念可以通过图 4.8（该模型与实际的絮凝乳状液的电镜照片给出的液滴聚集状态相近[70]）来理解。

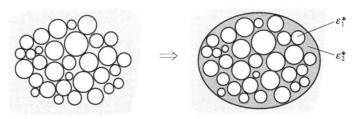

图 4.8　连续相中絮状物的示意图和介电模型

ε_1^* 和 ε_2^* 分别为液滴和连续介质的复介电常数[70]

　　图中所示在絮状物聚集体中，部分连续相被包含在乳状液液滴之间（图 4.8 右图的黑色部分）。这样，絮状物占有的体积超过了构建该絮状物的个别液滴的体积，絮状物占据的体积分数 Φ_f 表示为：

$$\Phi_f = \frac{V_f}{V} = \frac{(V_f V_d)/V_d}{V} = \Phi \frac{V_f}{V_d} = \frac{\Phi}{\Phi_{d,f}} \quad (\Phi < \Phi_{d,f} < 1) \tag{4-40}$$

V_f、V_d 和 V 分别是絮状物、液滴和乳状液的总体积，Φ 是分散液滴占整个乳状液的体积分数，$\Phi_{d,f}$ 是分散相相对于絮状物的体积分数，它表示絮状物中液滴的填充程度，即如果 $\Phi_{d,f}$ 的值小就意味着絮状物具有一个宽松的结构，而 $\Phi_{d,f}$ 的值大则描绘一个紧密堆积的絮状物。如果絮状物中的液滴为球形，那么可以用 Hanai 方程（体积分数为 $\Phi_{d,f}$）计算该絮状物的介电常数 ε_f^*，如果液滴为椭球体，则可用形状因子作为指数项的 Boyle 方程来计算 ε_f^*：

$$1 - \Phi_{d,f} = \left(\frac{\varepsilon_f^* - \varepsilon_1^*}{\varepsilon_2^* - \varepsilon_1^*}\right)\left(\frac{\varepsilon_2^*}{\varepsilon_f^*}\right)^{A_f} \tag{4-41}$$

然后，将絮状物作为分散相以 Φ_f 分散在连续介质 ε_2^* 中，利用下式可计算整个乳状液体系的复介电常数 ε^*：

$$1 - \Phi_f = \left(\frac{\varepsilon^* - \varepsilon_f^*}{\varepsilon_2^* - \varepsilon_f^*}\right)\left(\frac{\varepsilon_2^*}{\varepsilon^*}\right)^{3d,f} \cdot \left[\frac{\varepsilon_2^*(1+3A_f) + \varepsilon_f^*(2-3A_f)}{\varepsilon^*(1+3A_f) + \varepsilon_f^*(2-3A_f)}\right]^{3K,f} \tag{4-42}$$

其中参数 A_f，3d，f 和 3K，f 是表示类球体的形状因子，即在这个模型中絮凝的聚集体通过在絮状物中的液滴填充密度和形状因子来表征。

　　上面模型考虑的是所有的分散水滴都包含在絮状物中的情况，而实际上这种近似与实际的体系还有一定的差距。毋庸置疑，图 4.9 所示的部分絮凝的两组分模型更加逼真。该体系的性质除了取决于絮状物的介电常数和 $\Phi_{d,f}$ 之外，还取决于自由液滴的介电常数和体积分数。对于这样的模型，应该考虑到在 2.5 节提到的情况：体系内含有介电常数分别为 $\varepsilon_{1,j}$ 和 $\varepsilon_{1,k}$ 的两种不同类型粒子，以分别为 $\Phi_{1,j}$ 和 $\Phi_{1,k}$ 的体积分数分散在同一介质中的情况。将自由水滴和絮状物分别作为不同类型的两种粒子，利用 Hanai 和 Sekine 导出的方程描述体系介电常数[73]。

　　以上介绍的 Sjöblom 对 Hanai 理论的修正模型还存在一些问题：例如，对絮状物形状的近似不同将改变模型和公式，究竟怎样的近似更加适合？因此，在没有提供实际的显微镜观察结果之前建立模型显然是需要慎重考虑的。尽管如此，Sjöblom 等在浓厚系理论之上考虑

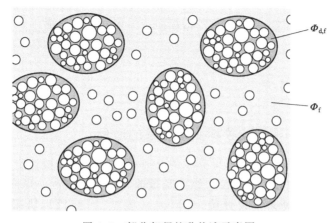

图 4.9 部分絮凝的乳状液示意图

$\Phi_{d,f}$、Φ_f 分别为液滴在絮状物中的体积分数和絮状物在乳状液中的体积分数[70]

到絮凝的乳状液的实际情况所建立的模型在理论研究和解释实验结果上都很有意义，可以认为该模型是 2.4.3.4 节介绍的含有小液滴的三相非均匀体系的一个特例，因此可以期待将其进一步应用到更多的实际体系中。

4.2.7 时域介电谱对原油乳状液稳定性的研究

随着介电谱方法在乳状液领域的成熟和成功，在石油工业上也开始扮演着重要的角色。原油中因表面活性组分沥青质和树脂的存在稳定了原油乳状液，因此，理解使原油乳状液稳定的固有表面活性组分之间、商业的和固有的表面活性剂型防蜡剂之间的相互作用，即表征乳状液的稳定性在解决原油生产和运输过程中的一些问题方面十分重要。J. Sjöblom 等在传统的时域介电谱法的基础上建立了可以在高电压下完成介电测量的设备，并进行了系列性研究，如在高电场下观察 W/O 乳状液中水滴的聚集[74,75]；用高压电场下时域介电谱测量跟踪沥青质的量、沥青质和树脂两者量之比对 W/O 型乳状液的稳定作用，以及乳状液制备后的时间变化对于稳定性的影响等[76]，大量的研究表明介电谱监测原油乳状液稳定性是个可行且有效的手段[71,77]。

时域介电谱法也被用于研究在水/油乳状液中气体水合物的形成动力学[78]。研究背景是海底油产品的运输中存在的实际问题：气体水合物是笼状水合物，天然的笼状水合物主要由甲烷气体形成，20 世纪 70 年代初在美国西海岸的深海沉积物中发现。在海底油产品的开发和运输过程中存在的操作问题之一就是气体水合物的形成，预防其形成的方法之一是动力学方法。因为 CCl_3F 在温和条件下，在由非离子表面活性剂稳定的水/油乳状液中形成笼状水合物，因此，J. Sjöblom 等将其作为深海沉积物中天然气体水合物的模型体系，利用时域介电谱技术跟踪了该水/油乳状液中的 CCl_3F 的形成动力学。采用的模型是 CCl_3F 水合物在液滴界面开始形成，然后在液滴内生长并围绕乳状液液滴形成一个具有固定介电常数的壳。根据该模型介电常数可以转化为浓度，从而可以讨论动力学问题。这个模型化过程和计算中利用了 Hanai 的球壳介电模型和理论公式，通过代入连续相、分散相（水）和壳（CCl_3F 水合物）的介电参数，得到不同相对壳厚度（d/R）的乳状液的介电谱，表明存在包含了该乳状液和笼状水合物信息的三个弛豫。根据添加不同量的 CCl_3F 到这个乳状液中后测量的静态介电常数作为时间函数的谱，得出水转化形成 CCl_3F 水合物速度取决于 CCl_3F 和 H_2O 之比的结论。由体系的 Cole-Cole 方程获得的弛豫参数表明：弛豫时间 τ 在 CCl_3F 水合物形成期间减小，反映了自由水和束缚水在本体和笼状水合物格子中的分布；而弛豫分布参数 α 增加，反映了因分散液滴中 CCl_3F 水合物的增加而产生多分散的液滴。

4.3 离子交换树脂

4.3.1 Hanai 理论对阳离子交换树脂悬浊系的适用

柱色谱法被广泛地用于离子和有机分子的分离中，而离子交换树脂（ion-exchange resin，IER）微球是重要的填充材料之一。该树脂微球分散在水溶液中形成悬浊液，其电性质能够通过介电谱测量和解析来加以评价。Ishikawa 等[39,79] 广泛地研究了各种 IER 微球在蒸馏水中的介电弛豫，发展了一个建立在 Hanai 混合方程基础上的从介电弛豫中估算微球电性质的方法，并应用到下面的体系中：阳离子交换树脂 Sulfopropyl-Sephadex（直径大约是 0.1mm）堆积在蒸馏水中所构成的悬浊液。该树脂是在纤维素基底上带有强电离性解离基磺化丙基—$CH_2CH_2SO_3^-$ 的高分子微球，解离基浓度很高为 $0.4eq/dm^3$，该荷负电的解离基上原来静电吸引的 H^+ 等小分子当树脂浸入水成为凝胶状后成为自由移动的对离子，因为这些分布在树脂微球表面和内孔道的固定电荷解离基周边的可移动的对离子，使得内部电导率远远高于外部介质的电导率。对该悬浊液测量的介电谱如图 4.10 所示的在大约 30MHz 附近出现一个介电弛豫。如果考虑树脂表面的对离子扩散的话，理论上可以预测在较低的频率段还应该有另一个介电弛豫。但是，由于电极极化的影响这个介电弛豫并没有被观测到。

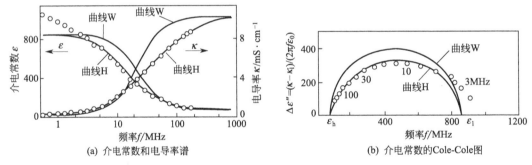

图 4.10 阳离子交换树脂悬浊液的介电谱

○—测量值；曲线 W—Wagner 公式计算值；曲线 H—Hanai 公式计算值[39]

弛豫机制可以近似地理解为类似于前节的 W/O 乳状液，因为 IER 球带有固定电荷，因此球内与外蒸馏水相相比具有很强的导电性。但是，该树脂凝胶粒子悬浊液的外连续相的电导率 κ_a 虽然很小，但比油相还是大很多，不能忽视。因此，解析上不能采用 W/O 型乳状液那样的近似，而是采用 4.1.4 中图 4.3 给出的计算流程，由谱图中读取的介电参数求出外水相的电导率 κ_a，水中分散的树脂的体积分数 Φ，以及树脂球内的介电常数 ε_i 和电导率 κ_i 的值。解析结果与预想的一样：粒子内的电导率 $\kappa_i = 16.9mS/cm$ 与介质的 $\kappa_a = 25.6\mu S/cm$ 相比在数量级上相差很大，可以认为是内相中离子交换基周围的对离子移动所致。将这样得到的组成相的值代入 Hanai 理论式计算出悬浊液整体的介电常数和电导率的频率依存性 $\varepsilon(f)$ 和 $\kappa(f)$ 与测量值相比较，如图所示的 Hanai 理论比 Wagner 理论更与实验相吻合，这是预料之中的。

Ishigawa 等在改变交换基的种类和密度以及改变对离子的种类等条件下对该离子交换

树脂悬浊系进行了广泛深入的研究，结果显示：体积分数 Φ 和树脂内介电常数 ε_i 都不依赖于对离子的种类，而 IER 内电导率 κ_i 随对离子种类不同而明显改变。这样，利用相参数可以很好地讨论树脂中对离子淌度或对离子和交换基的结合强弱。这样不破坏 IER 悬浊系地对其进行介电测量和解析，除了可以表征分散粒子的物理参数、估算内部电导率、提供关于对离子运动的信息以及对离子和树脂中残基相互作用的信息之外，还能监测粒子内部电性质的时间变化情况，例如对实际使用树脂进行离子交换时的监测。

4.3.2 大孔离子交换树脂悬浊液的介电谱

因为离子交换树脂带有固定电荷，而且可以通过离子交换改变 IER 微球的荷电类型，从而改变分散相的性质。因此通过研究连续介质电性质变化条件下的介电谱可以讨论离子交换过程中的 Donann 平衡等问题，并获取关于荷电密度等信息。进行过详细研究的例子是具有大孔结构的阴离子交换树脂（商品名 D_{354}）作为分散相，不同电解质种类和浓度的水溶液作为连续相的粒子悬浊液[33]。

D_{354} 树脂微球在不同浓度电解质溶液中的介电谱表示：在 $10^6 \sim 10^7$ Hz 之间出现一个弛豫强度和弛豫时间随着电解质浓度改变（浓度增加弛豫强度和弛豫时间都减小）的 Maxwell-Wagner 极化机制的弛豫现象（符合导电性球 M-W 极化机制[80]）。对于这样的弛豫产生的原因可以推测如下[81,82]：考虑到浓厚粒子分散系相邻粒子之间的相互作用区的 Debye 长度（近似等于双电层厚度），以及滑动面内的滞留层中对离子和表面固定电荷作用的情况，可以较好地解释在外加交变电场作用下弛豫产生的本质原因。认为对于该大孔荷电粒子的浓厚悬浊系因界面极化弛豫的弛豫时间相当于扩散层中的离子在相邻两个粒子的切滑动面之间的迁移所需的时间，因为这两个滑动面之间的距离是以 Debye 长度来衡量的，所以根据 Einstein 方程可以估算特征弛豫时间，浓度增加 Debye 长度变小从而导致弛豫时间缩短，这与实验结果相一致，此外，利用表面电荷密度和 Donnan（杜南）电位的关系，可以导出介电增量 $\Delta\varepsilon$ 与 Donnan 电位 ψ_D 的关系式：

$$\Delta\varepsilon \propto \frac{2\pi RF\varepsilon_0\varepsilon_a}{RT}\sinh\left(\frac{\psi_D}{2}\right) \tag{4-43}$$

这样介电参数和 Donnan 电位建立了定量的联系，因此可以利用介电谱讨论离子交换机制方面的问题。

构成 IER 悬浊液的连续相和分散相的性质对介电行为的影响在一个细致的设计下被详细研究了[83]。当通过改变电解质种类来改变连续介质的性质时，弛豫行为发生了非常有趣的变化：因为如前所述的浓厚分散系的界面极化弛豫主要决定于相邻粒子间的相互作用区域中的离子迁移，而在该区域中对离子贡献为主，因此选择以下两组悬浊液进行介电测量：同离子（阳离子）浓度相等前提下的 Cl-型树脂球分别与 0.2mmol/L 的 NaCl、KCl、MgCl₂、CaCl₂ 和 AlCl₃ 构成的悬浊液；对离子（阴离子）浓度相等前提下的 Cl-型树脂球分别与 0.8mmol/L NaCl、0.8mmol/L KCl、0.4mmol/L MgCl₂、0.4mmol/L CaCl₂ 以及 0.8/3mmol/L AlCl₃ 构成的悬浊液。对测量进行解析后的结果显示：决定界面极化弛豫行为的主要因素是充分溶胀平衡后的介质溶液的浓度，因为它直接决定了 Donnan 电位和 Debye 长度，而因为在相互作用区中同离子数量很少因此可以忽略其对弛豫的贡献，但对离子的种类也似乎对弛豫没有太大的影响。

改变分散相性质的情况。即测量不同离子型的 IER 球（F-型、Cl-型、Br-型和 I-型）分别浸在对应的 0.2mmol/L 的卤钠盐中以及 Cl-型树脂球分别浸在 0.2mmol/L 的 NaF、NaCl、NaBr 及 NaI 溶液中的两组介电谱，然后利用 Hanai 方法分别解析并计算了固定电荷密度和 Donnan 电位，结果表示：尽管在卤离子相同的介质中，但介电强度随着树脂球类型的不同有很大差别（由 F-型、Cl-型、Br-型和 I-型逐渐减小），但弛豫时间不变，这也许可以说明分散相的性质决定极化程度而不改变弛豫机制；此外，溶液中作为对离子的卤离子种类并不影响介电弛豫的行为。总结上述结果，可以得出 IER 球表面和内部的固定电荷是决定弛豫行为的主要因素之结论，它暗示着 Donnan 电位与弛豫强度的关系，这与对极化机制的推测结果是相一致的［参见式(4-43)］。

4.3.3 离子交换树脂/(醇-水混合液) 的介电谱及其非平衡过程的介电监测

当离子交换树脂 D_{354} 分散在醇以及醇-水混合体系中时，介电谱给出了不同于介质为水溶液体系时的弛豫现象。具体的研究实例是使用 Cl 型树脂球分散在不同正醇以及醇-水混合液的悬浊液，对这样的体系在平衡状态下，以及体系内发生随时间变化的物质交换的非平衡状态下进行介电谱研究，在体系经历一个与时间相关的动态变化过程的非平衡状态下，作为跟踪该过程中的瞬间内部参数变化的手段，介电谱方法是怎样实现实时监测的？这是下面主要讨论的内容[84]。

首先，讨论 IER/醇和 IER/(醇-水) 悬浊液在平衡态的情况。对于 IER/(甲醇、乙醇、正丙醇、正丁醇、正戊醇、正己醇) 达到溶胀平衡后的介电谱显示：在 $10^4 \sim 10^7$ Hz 频率范围，低碳链的甲醇、乙醇、正丙醇只有一个弛豫，而正丁醇、正戊醇、正己醇则显示出相互重叠的两个弛豫［参见图 4.11(b) 的合成拟合图］，而且弛豫频率（时间）是随着分子大小的顺序依次降低（增大）的（图 4.11）。这也许可以通过以分子大小顺序决定充满 IER 孔道来解释，因为较大的正丁醇、正戊醇、正己醇在由氢键形成链状结构后只能部分地填充纳米级的微孔道，因而导致因空气、醇溶液和树脂三相存在而产生的两个弛豫的介电谱，从图 4.11 看，两个弛豫的介电谱是随着分子大小顺序渐进形成的，因此这种解释具有合理性。另外，从粒子表面即双电层可以解释弛豫时间的变化规律，因为界面极化的弛豫时间 $\tau_{MW} = (\chi^{-1})^2 / D$ 相当于离子迁移经过 Debye 长度 χ^{-1} 所需要的时间，近似于比值 ε_a / κ_a，由此可以推断出，对于分散在正丁醇、正戊醇、正己醇中的 IER 悬浊液，其较高频率段的弛豫起因于树脂球和溶剂之间的相界面，而较低频率段的则来自于空气和高分子凝胶之间的相界面。

利用 Cole-Cole 方程拟合得到介电参数，并利用 Hanai 方法理论计算溶胀后的 IER 球和连续介质性质的相参数，相参数表示：所有体系的介质溶液的 $\varepsilon_a > 10$ 且随醇分子碳链增加

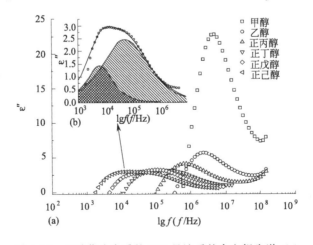

图 4.11　正醇作为介质的 IER 悬浊系的介电损失谱（a）和正己醇谱的合成拟合图（b）[84]

而减小，电导率 κ_a 同样。介电弛豫的强度 $\Delta\varepsilon$ 和电导率增量 $\Delta\kappa$ 随 ε_a 增加而增加，弛豫时间 τ 则随 ε_a 增加而减小，这表明介质性质 ε_a 与双电层厚度有关。由前面章节的讨论可知，弛豫强度很大程度上取决于双电层中过剩的可自由移动的对离子数量，因此，弛豫强度的变化在某种程度上可以判断对离子与树脂表面荷电官能团的作用强度，显然这与介质的极性和介电常数有关。此外，相参数变化还显示 IER 球在醇中的溶胀行为：树脂球内部介电常数 ε_i 随 ε_a 增加而减小；树脂内部的电导率始终小于介质的电导率即 $\kappa_i < \kappa_a$；树脂在悬浊液中所占的体积分数 Φ 随醇的链长增加而减小。因此，IER 在醇介质中表现出与在水溶液介质中不同的介电行为[33]，而这些内部性质的变化都可以通过介电解析获得的参数反映出来。

当醇中加入水或在水中增加醇的含量时，悬浊液的介电谱显示了完全不同的介电行为，图 4.12 表示的是 IER/（水-乙醇）悬浊液的只有一个弛豫的介电谱，其特征是随着乙醇含量的增加弛豫强度 $\Delta\varepsilon$ 规律性地减小，但 20% 乙醇的情况除外，这与醇-水混合液体的结构特征有关。根据 Mashimo 等的研究结果：只有当水含量超过大约 80% 以上时混合液才出现类似纯水的水分子簇，因而产生微波段的弛豫[85]；醇含量很少时处于被水包围的分散状态[86]，也许有理由认为：因为较小醇含量的混合液具有与纯水相类似的介电行为，因此导致该树脂球悬浊液也具有大小相当的介电增量，弛豫的强度也受到因醇含量变化改变混合液结构的影响。另一方面，因为醇进入树脂球的孔道会引起球的溶胀，因而导致悬浊液体积分数 Φ 的改变，从而改变球的性质以及混合介质的性质。因此，从介电谱方法探测非均质体系的内部信息的角度对该介电谱进一步考察，介电解析的结果表示：乙醇含量的增加不仅影响 Φ，而且也影响 IER 球内部的介电常数 ε_i 和电导率 κ_i 等参数，以及介质电导率 κ_a。由以上的讨论再一次表明，介电解析可以获得非均质内部各组成相及其在环境改变下的很多信息，至少对多孔导电性离子悬浊液是如此。

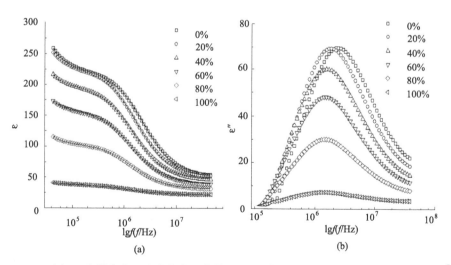

图 4.12 IER/水-乙醇混合液悬浊液的介电常数（a）和介电损失（b）谱的乙醇含量依存性[84]

上面讨论的 IER 球悬浊液的介电谱都是在平衡态时测量的，因此这些悬浊液及其组成相的性质都不随时间变化。利用介电测量在线实时监测的特点，也可以讨论在该悬浊系处于非平衡时体系内部各参数的经时变化。图 4.13 给出的是 IER 球（Cl 型树脂球）/乙醇悬浊液在两种非平衡态的介电常数随测量频率以及随时间变化的三维介电谱：图 4.13(a) 是被水平衡了的树脂球重新分散在乙醇中，介电常数频率依存性随时间变化的介电谱，图 4.13(b) 则是被乙醇平衡了的树脂球重新分散在水中相同的介电谱。从图中可以看出，这两种体系经历的过程都展示了明显的随重新分散后的时间变化的弛豫现象。类似的用 Cole-Cole 方程拟合获得所有时间点的介电参数，表示在图 4.14 和图 4.15 中。

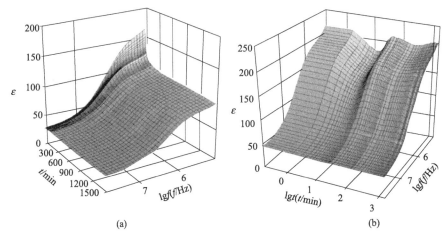

(a)　　　　　　　　(b)

图 4.13　水平衡树脂球（a）和乙醇平衡树脂球（b）重新分散后的悬浊系介电谱的经时变化[84]

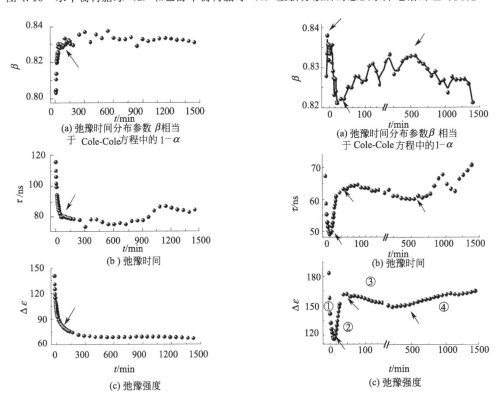

图 4.14　用 Cole-Cole 方程对图 4.13(a) 拟合得到的介电参数的时间依存性[84]

图 4.15　用 Cole-Cole 方程对图 4.13(b) 拟合得到的介电参数的时间依存性[84]

　　图 4.14 是被水平衡了的树脂球再重新分散在乙醇中的悬浊液的介电参数，弛豫强度 $\Delta\varepsilon$、弛豫时间 τ 以及时间分布参数 β（相当于表 3.1 Cole-Cole 方程中的 $1-\alpha$）随时间的变化。大约在重分散后的 100min 左右（图中箭头所指处），三个参数都出现一个明显的转折，在该转折时间之前这些参数随时间急剧减小，之后保持一个较为稳定的值。这暗示在重分散后的大约 100min 后体系趋于平衡状态。可以从该平衡经历高分子凝胶对乙醇的吸收、溶液

本体乙醇分子向球内水中的扩散以及树脂球内部的水分子向本体乙醇中的扩散三个同时发生的过程中，用球内介电常数和 Cl^- 离子浓度的改变来解释上述结果。

图 4.15 是拟合图 4.13(b) 的数据获得的三个参数 $\Delta\varepsilon$、τ 和 β 在被乙醇平衡了的树脂球重新分散在水中后的经时变化，很明显，不仅变化规律与前面的不同而且也变得复杂，出现了箭头所示的三个转折点。由此该非平衡过程分为四个阶段（①，②，③和④），而整个非平衡过程可考虑为同时发生着四种过程：a. Cl^- 离子由树脂球内向水中扩散；b. 因浓度梯度驱动的球内孔道中的乙醇分子向本体水中的扩散；c. 同样因浓度梯度本体的水分子向树脂球内孔道中扩散；d. 树脂球内原来吸收的乙醇分子向本体水中的扩散。介电参数在各阶段的变化与该时刻体系内特别是球内的极性和导电性以及球的溶胀和界面状态等性质密切相关，详细地分析可以捕捉到关于对离子与荷电基团相互作用、Donnan 电位以及双电层厚度等细微特征方面的信息，详细内容可参见相关文献[33,84]。

除了前三节介绍的两种离子交换树脂悬浊系的介电谱研究之外，近年还有一些涉及到对离子交换过程中的动力学等问题的研究[87,88]，本节只列举出能够示范介电谱方法的典型实例。尽管主要关注于获得内部各组成相以及界面信息，而较少讨论实际离子交换过程的行为，但是，上述的两个研究实例的确给出了一个强烈的信息：同乳状液体系一样，建立在界面极化理论之上的 Hanai 解析法同样能够有效地研究离子交换树脂悬浊系的介电弛豫现象，并原位地获得内部参数和界面电动力学性质的信息；同时，介电谱方法对实时监测动态离子交换过程的有效性无疑是最有前途和最具期待性的有效方法之一。

4.4　聚合物粒子分散系

聚合物粒子分散在连续介质中构成的粒子分散系同前两节的乳状液和离子交换树脂微球悬浊系都是具有较大相界面的不均匀体系，而且因为高分子相的电导率较低，所以弛豫现象通常都较为明显。在解析介电谱的理论方法上也与乳状液和 IER 球十分相近，因此也是建立在模型解析之上的介电法的适用体系之一。另一方面，由于聚合物容易制备成光滑而具有刚性的，尺寸分布很窄的规则球形颗粒，并能通过条件控制改变表面功能基团的种类和荷电量，所以常作为模型粒子来研究界面电动力学。从介电的角度研究分散在电解质溶液中的聚合物粒子，因为可以展开对对离子极化机制方面的理论研究而一直非常盛行，因此，在本节中将更多涉及该方面的一些基础研究结果。

4.4.1　聚苯乙烯粒子分散系

聚合物微球中最有代表性的是聚苯乙烯（PS，polystyrene）胶粒，这里不考虑它在实际应用中的广泛性，而是考虑 PS 微粒分散在电解质水溶液中形成具有荷电表面的 PS 粒子分散系后，为研究双电层中离子扩散对介电行为影响所提供的最佳试验体系。早在 20 世纪的 60 年代，Schwan 等[89] 发现 PS 粒子悬浮液在 kHz 附近显示一个介电弛豫，其后，一些研究报道了关于 PS 分散系的两个弛豫过程：低于 1MHz 的低频弛豫和超过 1MHz 的高频弛豫[10,28,90,91]，特别是关于以 PS 为模型的对离子极化的理论研究更加盛行并一直延续至今[10,92~96]。在具有表面电导率的绝缘球模型基础上的，包含了低频弛豫和高频弛豫的混合方程对 PS 球典型的两个弛豫的介电行为给出了很好的解释[10,92]。

4.4.1.1　Grosse 全频介电理论表达式

实际上 Grosse 理论模型[29] 是 4.1 节中提到的宽频介电谱理论的主要支柱，也是伴随着解释 PS 微球在电解质溶液中发现的两个弛豫现象而发展的。关于 PS 球介电研究的关注点集中在低频的对离子极化机制上，但由于数学处理的复杂性，理论研究基本局限于大粒子在对称电解质溶液中的情况，并且也不能覆盖全频范围。在这种背景下，Grosse 提出了全频介电理论。他假定电解质溶液中的两种离子的电荷和迁移率是任意的，粒子被一层具有表面电导率 λ 和有限厚度的对离子层所包裹，当粒子半径 R 远大于 Debye 长度 χ^{-1}，即 $(R\chi)^2 \gg 1$ 时，两个弛豫便于分离开。Grosse 理论的数学推导分为电势和离子密度的解、复偶极系数表达式以及低、高频弛豫的复介电常数表达式三部分。实际上在前面 4.1.3 中已经给出了复偶极系数和介电常数以及电导率的表达式［式(4-2) 和式(4-3)］，这里给出具体的展开式[10]：

$$\varepsilon(\omega) = \varepsilon_{a,h} + \frac{\Delta\varepsilon_\gamma}{1+(\omega\tau_\gamma)^2} + \frac{\Delta\varepsilon_\beta}{1+(\omega\tau_\beta)^2} + \frac{\Delta\varepsilon_\alpha(1+\sqrt{\omega\tau_\alpha})}{(1+\sqrt{\omega\tau_\alpha})^2 + \omega\tau_\alpha(1+\sqrt{\omega\tau_\alpha}S)^2} \tag{4-44}$$

$$\kappa(\omega) = \kappa_\alpha + 3\Phi\kappa_m d_{a,L} + \frac{\omega^2\Delta\varepsilon_\gamma\tau_\gamma}{1+(\omega\tau_\gamma)^2} + \frac{\omega^2\Delta\varepsilon_\beta\tau_\beta}{1+(\omega\tau_\beta)^2} + \frac{\omega\Delta\varepsilon_\alpha\sqrt{\omega\tau_\alpha}(1+\sqrt{\omega\tau_\alpha})}{(1+\sqrt{\omega\tau_\alpha})^2 + \omega\tau_\alpha(1+\sqrt{\omega\tau_\alpha}S)^2} \tag{4-45}$$

式中，$\varepsilon_{a,h}$ 是电解质溶液高频电导率；$\Delta\varepsilon_\gamma$、$\Delta\varepsilon_\beta$、$\Delta\varepsilon_\alpha$ 分别是从高频到低频的三个弛豫强度，τ_γ、τ_β、τ_α 分别是相应的弛豫时间，这三个弛豫分别与水分子的取向极化、界面极化和对离子极化有关；S 是一个与表面电导率 λ、粒子半径 R 以及溶液电导率 $\kappa_a = N^+e^+u^+ + N^-e^-u^-$ 有关的无量纲量；$d_{\alpha,L}$ 是与低频的 α 弛豫相关的偶极系数，是 ω 的函数同时也包含对离子层以及粒子扩散等信息。

低频弛豫的弛豫参数 $\Delta\varepsilon_\alpha$ 和 τ_α 与粒子表面电动力学性质相联系，弛豫通过下式与离子扩散相联系：

$$\tau_\alpha = \frac{R^2(D^+ + D^-)}{4D^+ \cdot D^-} \tag{4-46}$$

而弛豫强度 $\Delta\varepsilon_\alpha$ 与对离子层中的 Zeta 电势 ξ、粒径和对离子层厚度之比 χR，以及溶液的黏度 η 等因素以下面的公式相联系：

$$\Delta\varepsilon_\alpha = \frac{9\Phi\varepsilon_a}{4D^+ \cdot D^-}(\chi R)^2 S^2 \frac{(R^+ - R^-)^2}{(R'+2)^2} \tag{4-47}$$

$$R' = \frac{D^+}{D^+ + D^-}R^+ + \frac{D^-}{D^+ + D^-}R^- \tag{4-48}$$

$$R^\pm = \frac{4}{\chi R}\left[\exp\left(\frac{\mp ze\xi}{2kT}\right) - 1\right](1+3m^\pm) \pm \frac{6m^\pm ze\xi}{\chi RkT} \tag{4-49}$$

$$m^\pm = \frac{2\varepsilon_a}{3\eta D^\pm}\left(\frac{kT}{ze}\right)^2 \tag{4-50}$$

相对于 α 弛豫，高频的 β 弛豫时间 τ_β 和弛豫强度 $\Delta\varepsilon_\beta$ 分别表示为：

$$\tau_\beta = \frac{kT}{2e^2N} \cdot \frac{\varepsilon_0(\varepsilon_i + 2\varepsilon_a)}{(2R^+ + 1)D^+ + (2R^- + 1)D^-} = \frac{\varepsilon_i + 2\varepsilon_a}{\kappa_i + 2\lambda/R + 2\kappa_a} \tag{4-51}$$

$$\Delta\varepsilon_\beta = 9\Phi\frac{[\varepsilon_i\kappa_a - \varepsilon_a(\kappa_i + 2\lambda/R)]^2}{(\varepsilon_i + 2\varepsilon_a)(\kappa_i + 2\lambda/R + 2\kappa_a)^2} \tag{4-52}$$

因为由式(4-48)～式(4-50) 以及式(4-38) 可知，M-W 界面极化弛豫参数也包含着粒子表面离子层的离子扩散以及 Zeta 电位等信息。

4.4.1.2 PS 粒子/电解质溶液的双弛豫介电谱

相对于理论研究而言，聚苯乙烯粒子悬浮液在实验方面的介电研究较少，而能够发现清晰的两个弛豫的研究就更鲜见报道[97~100]，这与测量技术以及电极极化影响有关。自 1981

年 Sasaki 等[97] 确认了 PS 分散系中的两个弛豫之后，在 Grosse 研究组对分散在电解质溶液中的 PS 粒子体系的系列研究中，给出了对双弛豫现象最好的宏观和微观解释，最近，Grosse 组报道了对离子和同离子对 PS 粒子介电谱的影响，以及双弛豫的理论分析的研究结果。图 4.16 是单分散（半径 $R = 0.5\mu m$）的 PS 粒子在四种电解质（NaCl，KCl，NaAc，KAc）溶液中的实验和理论计算的介电谱[92]。所有体系除了电解质的种类不同外，其它都保持不变：粒子浓度即体积分数 $\Phi = 0.01$、表面电荷密度（$7.6\mu C/cm^2$）以及离子浓度即离子的密度 $C_\infty = 1.765 \times 10^{23} m^{-3}$。很明显在大约 800kHz 和 500MHz 附件有两个弛豫，LFDD 和 HFDD，因为采用了 3.4.3 节中提到的消除电极极化的测量方法，LFDD 可以确认是由于粒子体系的对离子极化所致，而 HFDD 是源于 M-W 界面极化机制。使用如下表示的模型函数（该模型函数是描述 LFDD 的 Nettelblad-Niklasson 函数[99] 和表征高频单一弛豫的 Debye 方程的结合）拟合图 4.16 的介电谱：

$$\kappa_a^*(\omega) = \kappa_a(\omega) + j\omega\varepsilon_0\varepsilon_a(\omega) = \kappa_{a,1} + j\omega\varepsilon_0\left[\Phi\left(\frac{\Delta\varepsilon_1}{1 + \gamma\sqrt{j\omega\tau_1} + j\omega\tau_1} + \frac{\Delta\varepsilon_h}{1 + j\omega\tau_h}\right) + \varepsilon_{a,h}\right]$$

(4-53)

其中 $\gamma = \sqrt{R^2/(D_{eff}\tau_1)}$ $[D_{eff} = 2D^+D^-/(D^+ + D^-)]$ 为无量纲的拟合参数。拟合结果见图 4.16(b) 中实线，与实验点十分吻合。

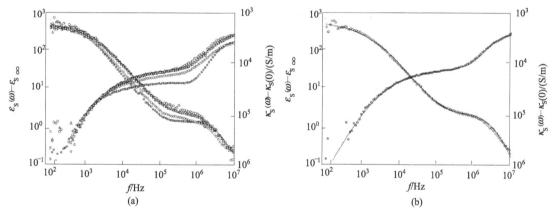

图 4.16 PS 球在四种电解质（NaCl，KCl，NaAc，KAc）
溶液中的介电谱（a）及 NaCl 溶液中 PS 的介电谱（b）
（b）中虚线为理论线，实线为利用式(4-53)的拟合曲线[92]

这样的拟合可以获得公式(4-53)中的宏观介电参数，Zeta 电位 ζ，电解质溶液的高频介电常数 $\varepsilon_{a,h}$ 和低频电导率 $\kappa_{a,1}$，低、高频弛豫的强度 $\Delta\varepsilon_1$ 和 $\Delta\varepsilon_h$，以及对应的弛豫时间 τ_1 和 τ_h。为了获得进一步的信息，使用描述低频弛豫的 Shilov-Dukhin 模型[20,100] 和高频弛豫的 M-W-O 模型，导出考虑到两个弛豫的粒子悬浮液偶极系数的公式

$$d^*(\omega) = d_1^*(\omega) + d_h^*(\omega) = \frac{\Delta d_1}{1 + [j\omega\tau_1/(1 + \sqrt{2j\omega\tau_1}/S)]} + \frac{\Delta d_h}{1 + j\omega\tau_h} + d_\infty \quad (4-54)$$

式中，$\Delta d_1 = -3(R^+ + R^-)H/(2B)$ 这里的 H、B 与式(4-48)～式(4-52)的一样，包含着离子表面和扩散层大量的电动力学参数。因此，由上式可以计算悬浮液中粒子的性质（如 ε_i 和 κ_i）和各种电泳迁移率等动电性质，以及悬浮液的介电性质（如 ε_a 和 κ_a），因为根

据 Grosse 理论，它们包含在解析式的中间变量和介电参数中。固定离子浓度 $C_\infty = 1.765 \times 10^{23}\,\mathrm{m}^{-3}$，电解质介电常数为 $\varepsilon_a = 78.54$，离子介电常数为 $\varepsilon_i = 2$ 以及 Zeta 电位 $\xi = -210\,\mathrm{mV}$，将介电常数和电导率强度作为频率的函数进行理论计算的结果为图 4.16(b) 中的虚线。理论预测值和实验值在低频段的差异（理论值远小于实验值）被认为来源于电动力学模型。尽管如此，详尽的介电谱分析还是获得了很多信息，不仅得到了很多有价值的电动力学参数以及粒子和介质的介电性质，而且还确认了粒子表面层对离子和同离子的扩散对介电行为的影响：对于高荷电的 PS 球，低频的介电参数主要取决于同离子的扩散系数，而高频介电参数取决于对离子的扩散。最近，作者研究组同样发现了单分散的 PS 球悬浮液在相似的频率段的双弛豫现象，LFDD 和 HFDD 的弛豫位置也与图 4.16 的相似，所不同的是，我们是从利用 Hanai 理论解析高频界面极化弛豫获得相参数切入，不仅获得了 PS 球内和介质的介电信息，而且通过解释粒子内部的电导率以及双电层中同离子和对离子之比随外界环境中电解质浓度之变化规律，从本质上说明 PS 粒子在电解质溶液中所呈现的非导电特征，还同样获得了与 Grosse 理论预测相吻合的电动力学信息，包括表面电荷密度[101]。

还有一些研究比较注重双电层中 Stern 滑动面电导率对弛豫的贡献，例如 A. V. Delgado 等[11] 在关于聚苯乙烯悬浮液滞留层表面电导率 κ_{SL} 的研究中，利用测量的高频弛豫（M-W-O 机制）参数计算粒子的表面电导率，由高频数据结合简单的电泳淌度测定得到的 Zeta 电位 ζ，可以获得扩散层表面电导率 κ_D^σ，并估计了 κ_{SL}^σ 和 κ_D^σ 对整个胶体粒子表面电导率的不同贡献，证明了 κ_{SL}^σ 随温度而增加。A. V. Delgado 还曾报道了粒子尺度对考虑了 Stern 层的 PS 粒子悬浮液介电弛豫的影响[102]。

4.4.1.3 PS-PBA 粒子悬浮液的 Hanai 解析和电动力学参数

PS 是一个刚性致密和表面荷电的光滑微球，因为它可以观察到明显的低频弛豫，因此可作为界面电动力学研究的理想体系。为了考察当 PS 的化学和物理性质改变时其悬浮液的介电弛豫行为是否有所不同，最近，作者研究组测量了聚苯乙烯-丙烯酸丁酯（PS-PBA）微球悬浮液的介电谱。该乳胶粒子同样带有固定的负电荷，但因为 PS-PBA 在聚合时引入了亲水酯基（丙烯酸丁酯单体），故含水量与 PS 相比增加，导电性增强，表面结构也相对疏松。因此，预期 PS-PBA 悬浮液也将是考察双电层中离子扩散对粒子悬浮液介电行为影响的另一个略微不同的研究体系。图 4.17 是 PS-PBA 微球悬浮液在不同浓度 KCl 溶液中的介电谱。分别在 $10^5\,\mathrm{Hz}$ 和 $10^7\,\mathrm{Hz}$ 附近出现两个弛豫。因为电解质浓度影响双电层的厚度，因此根据

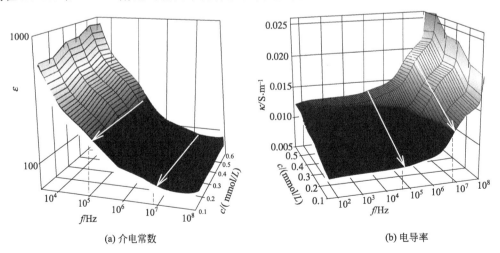

(a) 介电常数　　　　　　　　　　　　　　(b) 电导率

图 4.17　PS-PBA 微球悬浮液介电谱的电解质浓度依存性

离子扩散导出的弛豫时间表达式［式(4-46)和式(4-51)］和 Einstein 方程式(4-1)可以从微观上解释两个弛豫的机制。进一步，通过测量不同粒子浓度（即体积分数）的介电谱得出低频弛豫是由于体扩散机制（VDM）为主导对离子极化所致的结论。

选择如下表示的含两个弛豫项的 Cole-Cole 方程与描述电极极化贡献的指数项 $A\omega^{-m}$［以消除低于 10^4 Hz 的电极极化的影响，参见式(3-33)］的结合作为模型函数：

$$\varepsilon^*(\omega)=\varepsilon(\omega)-j\varepsilon''(\omega)=\varepsilon_h+\frac{\Delta\varepsilon_1}{1+\left(\dfrac{j\omega}{2\pi f_{0,1}}\right)^{1-\alpha_1}}+\frac{\Delta\varepsilon_1}{1+\left(\dfrac{j\omega}{2\pi f_{0,1}}\right)^{1-\alpha_h}}+A\omega^{-m} \quad (4\text{-}55)$$

用实部的介电常数的表达式拟合图 4.17 的介电数据（图 4.18 表示的是电解质浓度为 0.1mmol/L KCl 时的拟合曲线），获得弛豫强度和弛豫频率（时间）以及弛豫分布等介电参数。利用 4.1.4.2 节介绍的 Hanai 方法解析高频弛豫，得到 PS-PBA 微球内和介质的介电性质以及体积分数等相参数。结果发现，粒子介电常数 ε_i 平均约为 21，远远高于 PS-PBA 共聚物材料自身介电常数 $\varepsilon_{\text{PS-PBA}}$ 的值 2.5～5 倍，将 $\varepsilon_w\approx79$、$\varepsilon_{\text{PS-PBA}}\approx5$ 和 ε_i 代入下面的简单公式

$$\varepsilon_i=\varepsilon_w f_w+\varepsilon_{\text{PS-PBA}}(1-f_w) \quad (4\text{-}56)$$

计算出球粒子内部水溶液占据的体积分数，大约在 20%～40% 之间，表明粒子内部具有很高的含水率，而同样方法计算的 PS 球的含水率只有 1.5% 左右[101]，解析结果还

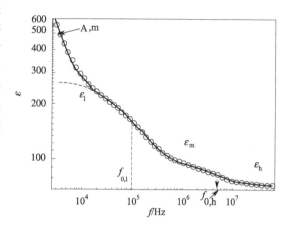

图 4.18　图 4.17 中 KCl 浓度为 0.1mmol/L KCl 时的介电数据的拟合示意图

表明 PS-PBA 微球内的电导率远大于介质的，即 $\kappa_i>\kappa_a$，因为在 Hanai 模型中的球内电导率应包括球内孔道中溶液中离子的贡献，因此球内电导能力增强，这两个结果说明 PS-PBA 球内部结构是疏松的。PS-PBA 球在不同种类电解质中的研究也给出了同 PS 球相同的结论：LFDD 的弛豫时间主要由同离子扩散系数决定，HFDD 的弛豫时间主要由对离子扩散系数决定。

利用宽频介电谱的复介电常数表达式［式(4-2)和式(4-3)］模拟了电解质溶液的浓度、粒子的浓度等相参数对两个弛豫的影响，图 4.19 是当电解质浓度为变化参数时的宽频

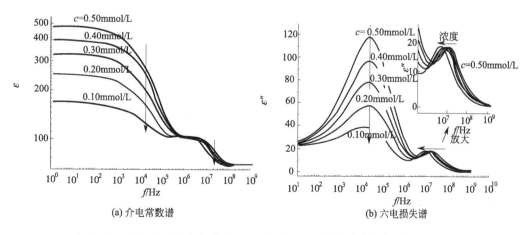

(a) 介电常数谱　　　　　　　　　　(b) 六电损失谱

图 4.19　利用宽频介电方程式(4-2)和式(4-3)模拟浓度变化时的介电谱

介电模拟的一个例子，表示：电解质浓度影响 LFDD 的弛豫强度而不影响弛豫时间，而 HFDD 的弛豫时间（频率）则随浓度增加而减小（增大）；体积分数 Φ 影响两弛豫的弛豫强度，这些都与实验结果基本相符，但 Φ 不影响弛豫时间的模拟结果与实验数据不符，这反映了薄双电层理论模型的欠缺。利用式（4-51）以及式（2-33）和式（2-34）等电动力学关系式，可以求得表面电导率、表面电荷密度以及 Zeta 电位等参数。

综合上面的讨论可以看到：介电谱方法在研究单分散的表面荷电的粒子悬浮液体系时具有独特的优势，不仅可以非破坏地探测到粒子球内很多其它方法所无法原位得到的介电性质，而且界面双电层中的很多电动力学信息也可以通过一次介电测量获得，这当然是介电理论和经典电动力学理论结合的结果。但是，与单纯的经典电动力学方法相比较，介电谱方法因为具有测量迅速、对界面现象敏感等优势，可以获得更全面的信息。同时，对 PS 悬浮液的研究也揭示出理论模型上一些需要修正和完善的部分，比如在解释 LFDD 的介电模型时应该考虑粒子浓度以及双电层中表面电导率的影响因素。

除了聚苯乙烯粒子之外，介电谱方法也被广泛地用于研究其它一些聚合物粒子悬浮液。例如，苯乙烯-丁二烯乳胶粒子分散系的介电谱研究也同样获得了类似 PS 球的信息[103]，体系的介电性质依存于乳胶粒子大小和浓度，以及电解质溶液的浓度和 pH；对离子浓度增大会导致双电层扩散区收缩；增加电解质浓度或乳胶浓度将抑制对离子扩散。最近，C. Chassagne 等导出了一个电解质溶液中荷电球偶极系数作为频率的函数的精确解析表达式[104,105]，该表达式描述的粒子可以看做是由 Stern 层、紧密双层和扩散层包裹的多层壳构成，而且对任意双层厚度和 Zeta 电位都有效。他们将该解析理论用到了一个实际体系：硫酸基修饰的单分散乳胶微球悬浮液，解释了微球的粒径、表面电荷密度，以及介质的离子强度变化时的介电行为。发现介电谱中的电导增量对讨论 Stern 层电导是至关重要的变量[106]，通过详细分析 Stern 层电导与乳胶大小和离子强度的关系，给出了关于粒子表面电性质和粗糙度、粒子界面层的构造、连续介质盐度等方面的信息。这个例子可为一般的荷电粒子悬浮液介电行为研究提供全面的参考。

4.4.2　壳聚糖微球悬浮液

壳聚糖（chitosan）微球的水溶液悬浮液从介电解析的角度看也是一种类似于前面的 W/O 型乳状液、聚合物微球的非均质体系，可以用 Hanai 理论解析该体系的介电弛豫。与一般的聚合物粒子分散系不同的是，因为壳聚糖是自然界普遍存在的生物大分子，具有特殊的功能，又具有良好的生物相容性、无毒以及来源丰富等特点，而广泛地使用在医药、环境、化学和材料等领域。介电谱应该可以作为探测壳聚糖微球在实际使用状态时的内部电的和结构信息的有利手段。

4.4.2.1　壳聚糖离子吸附能力的介电检测

壳聚糖因带有氨基和羟基两个基团故具有特殊的对物质选择吸附的能力，因此在控制释放领域具有潜在的应用。在关于壳聚糖性质的研究中很少报道它的吸附性，尽管有少量的报道也都是壳聚糖以膜的形式时所表现的性质。然而，分散在悬浮液中的壳聚糖微球因为具有能有效吸附物质的巨大表面，因此常常被用在药学和环境领域中。当靶向药物是离子时，介电谱方法可以研究对理解离子控制释放过程极为重要的离子和壳聚糖材料之间的相互作用。作者等曾系统地研究了壳聚糖微球悬浮液在不同种类电解质溶液中的介电谱，并通过解析的方法检测到了 Ca^{2+}、Mg^{2+}、Cu^{2+} 和 La^{3+} 四种金属离子在壳聚糖微球上的吸附能力的差异[107]。

测量在 1～500MHz 频率范围进行，90μm 粒径的壳聚糖微球分散在 pH 值大约为 4～6

的弱酸电解质溶液中，四种电解质溶液在 $10MHz$ 附近都观察到一个弛豫强度随电解质浓度减小的介电弛豫现象。使用含低频电导率项的 Cole-Cole 方程

$$\varepsilon^* = \varepsilon_h + \frac{\varepsilon_1 - \varepsilon_h}{1 + (j\omega\tau)^{1-\alpha}} + \frac{\kappa_1}{j\omega\varepsilon_0} \tag{4-57}$$

拟合该介电谱获得介电参数，然后利用 4.1.4.2 节的 Hanai 解析法求得悬浮液的相参数：分散相微球内部的介电常数 ε_i 和电导率 κ_i、连续相电解质溶液的介电常数 ε_a 和电导率 κ_a 以及微球的体积分数 Φ。表 4.2 中列举的是对以下两种体系测量数据的解析结果：第一种体系为壳聚糖微球在四种同样为 1mmol/L 的盐溶液中的测量，第二种是将与离子达到充分吸附平衡的微球（大约 6h）再充分地冲洗后分散到蒸馏水中的测量。表中计算的微球内部介电常数 ε_i、连续介质的电导率 κ_a 以及体积分数 Φ 都是合理的值，我们感兴趣的是微球内部电导率在冲洗前后的变化，因为它反映的是暗示吸附能力的离子与微球作用强弱。因此，通过检测在这两种情况下（达到吸附平衡和冲洗后）壳聚糖微球内部的电导率 κ_i 的差值 $\Delta\kappa_i = \kappa_{i,before} - \kappa_{i,after}$ 考察微球对特定离子的吸附能力。令人兴奋的是 $\Delta\kappa_i$ 的值给出了一个惊奇的结果：只有 Cu^{2+} 处理后的情况与其它三种离子不同，吸附平衡后再冲洗对内部电导率几乎没有任何改变，这说明 Cu^{2+} 最牢固地被固定在壳聚糖中，这可以考虑为 Cu^{2+} 与氨基的螯合作用在几种离子中是最强的（Cu^{2+} 与 NH_2^- 的螯合常数远大于其它三种离子），同时，也说明壳聚糖对离子的吸附能力主要取决于离子与氨基或羟基的相互作用，而不是离子价态。$\Delta\kappa_{i,Cu} = 1$ 与其它三个离子的 $\Delta\kappa_{i,Cu} \approx 55 \sim 77$ 相比完全是个可以忽略的值，即便考虑到实验测量上和解析上可能存在的误差，这个结论对证实壳聚糖对离子的吸附能力和吸附机制也是可信的。

表 4.2　壳聚糖微球在 1mmol/L 盐溶液中的以及用蒸馏水冲洗后解析求得的相参数

盐种类	用 D.W. 冲洗	κ_a/(mS/m)	Φ	ε_i	κ_i/(mS/m)	$\Delta\kappa_i$/(mS/m)
CaCl$_2$	前	16.7	0.67	19	168	55
	后	2.00	0.60	10	113	
MgCl$_2$	前	16.3	0.67	18	174	57
	后	2.10	0.61	11	117	
LaCl$_3$	前	21.1	0.67	19	235	77
	后	2.96	0.61	9	158	
CuCl$_2$	前	1.96	0.59	8	101	1
	后	1.71	0.59	6	100	

这个例子不仅为壳聚糖在吸附领域的应用提供了基础方面的参考，同时它也证实了介电谱在估计和评价离子在粒子中的分布和约束力方面是个有希望的研究方法。换言之，该研究结果表明了使用自动介电测量的方法，实时监测目标离子在粒子内部和外连续相之间的分布的可行性。

4.4.2.2　交联度对壳聚糖性质影响的介电谱检测

因为在壳聚糖分子链上分布着大量的羟基和氨基，因此在一定条件下通过分子内和分子间的氢键，可以形成具有三维网状结构的水凝胶。而自然状态的水凝胶机械强度较差，故常常通过用戊二醛交联以增强其机械强度，但因戊二醛有毒害神经的作用，因此在医药领域中戊二醛的浓度受到限制。实际上，适当的交联可以改变壳聚糖凝胶微球（chitosan gel beads，CGB）的表面形貌和内部结构，进而起到调节药物释放速率的作用，即交联强度决定药物的释放；基于以上原因，在不含药物分子的情况下，考察低交联浓度范围内交联对 CGB 悬浮液介电行为的影响，有助于理解和分析交联后微球对药物的控制释放过程。而利

用上述研究得到的结论可以通过含有药物分析的相关实验加以验证。最近，作者研究组等对不同交联度制备的CGB悬浮液在有无药物分子释放过程分别进行了系统的研究。

作为实时监测方法研究的基础步骤，对没有药物成分或模型药物分子掺入的CGB悬浮液的内部结构以及介电性质的交联度依存性关系进行介电谱研究，特别是确认模型的适用性是必要的。用不同浓度戊二醛［<1.00%(w/w)］和不同交联时间（<3h）制备的粒径为1.25～1.5mm范围的CGB分散在蒸馏水中进行介电测量，并按照前面叙述的方法获得介电参数和计算相参数[108]：各种交联浓度下的电导率增量 $\Delta\kappa$、弛豫时间 τ、CGB的介电常数 ε_i 和电导率 κ_i 以及连续介质的电导率 κ_a 等，通过分析这些介电参数和相参数对交联时间所作的变化曲线，可以分别得出关于交联改变CGB表面形貌和内部结构的结论：交联使得CGB表面变得粗糙；与未交联的凝胶球相比，交联的CGB显现出能够容纳更多水分的空隙结构，且这种结构会随着交联度的增加而变得紧密。介电参数和相参数对交联时间依存性的解释中得到相同的结论，这表明所采用的介电模型的合理性。这些信息可以为CGB的制备以及开发实时监测壳聚糖在水介质中药物释放过程的方法提供前期理论预测。

介电解析方法用于监测模型药物（如水杨酸）的释放过程具有独特的效果：不同交联度的CGB在溶液介质中溶胀程度不同，因此而导致的体积变化（随交联度增加而增加）可以通过解析介电谱求得的体积分数反映出来；交联度改变CGB的表面形貌可以通过弛豫时间变化（随交联度增加而减小）反映出来；交联改变CGB对吸附物质的释放速度可以通过介电谱给出的低频电导率 κ_l（相当于直流电导率）以及介电解析求出的连续介质电导率 κ_a ［参见图4.20的（a）和（b）］或CGB内部电导率 κ_i 的时间依存性反映出来。总括起来，通过模型函数拟合得到的介电参数和解析介电谱获得的相参数都直接与因交联而改变的CGB结构有关，利用这些反映悬浮液整体和CGB内部，以及介质电性质的参数可以从微观上讨论结构和扩散机制的关系。采用标准曲线法，利用 κ_a 导出交联度与CGB的载药量以及释放量之间的定量关系，从而达到实时定量监测之目的。表观上，从介电解析求出的与释放相关的连续介质的电导率 κ_a 随时间变化的曲线上可以直接监测释放过程。

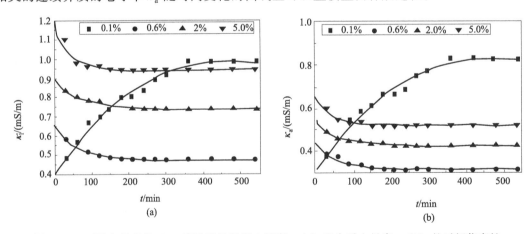

图4.20 不同交联度的CGB悬浮液的低频电导率 κ_l(a) 和介质电导率 κ_a(b) 的时间依存性

以上可以看出，这些内部信息是在不破坏CGB悬浮液原位状态下获得的，它得益于建立在适当模型基础上的介电解析，所谓不破坏原位状态是指无需对悬浮液定时地进行离心分离或取样化学分析等方式，只需在CGB悬浮液外部施加交流电场，就可以监测到内部发生的变化过程，再通过适当的计算可以获得进一步的定量化信息。这再一次证实了介电谱法作为实时监测的手段在研究粒子分散系上所具有的独特优势。

4.5 稀薄纳米粒子分散系以及厚双电层的解析模型

4.5.1 问题的背景

在上一节讨论的以聚苯乙烯微球悬浮液作为模型的理论研究中，也有一些是数百纳米尺度的粒子[109,110]，另外也有关于纳米尺度的无机或半导体粒子分散系的介电谱研究的报道[111]，但很少是从理论角度考察纳米粒子介电行为的，也没有给出尺度如何改变纳米悬浮液介电性质或使得粒子界面动电性质发生明显变化的预测。然而，如在本章的4.1节以及前面的2.3节中所提到的，在已经提出的粒子分散系介电理论和模型的推导过程中，多数都是在薄双层假设前提下完成的，即粒子周围双电层的厚度远远小于粒子的半径（$\chi R \ll 1$），因为这样才能避免烦琐的推导并容易得到方程的解，即使仅有的没有对双电层厚度加以限制的标准电动力学模型，也需在复杂的计算机程序帮助下通过求取极化率的数值解来描述粒子的介电行为。但在实际中，厚双电层的粒子分散系并不少见。因此，关于厚双电层粒子分散系的介电谱表征，以及粒子内部和界面电动力学参数的获取的基础研究无疑是一个重要的课题。

近年，作者研究组在实验和理论上研究了一个数纳米级二氧化硅粒子的溶胶体系的介电谱[112,113]。该研究告诉我们纳米粒子尺度的大小对介电行为的影响主要取决于粒子外双电层的性质，特别是与连续介质盐浓度等因素密切相关的双电层的厚度。

4.5.2 介电模型和两步解析法

当粒子半径很小、特别是小粒子分散在电导率很低的介质中时，会有 $\chi R \ll 1$ 的体系出现，表4.3给出的粒子体系提供了这样一个厚双电层的实际体系，因此，建立描述这样体系的模型和获得这样体系界面信息便成为纳米粒子分散系介电谱研究的一个重要课题。两个不同粒径的体系在 40Hz～110MHz 频率范围测量的结果都只在 10^6 Hz 附近观察到一个明显的弛豫，图4.21表示的是半径为8nm的情况[112]。图4.21(b)显示出体系的电导率随粒子浓度增大而增大的趋势，这是因为分散系的电导率来自于电泳电导率（电场下荷电粒子的运动）和离子电导率（介质中自由离子的迁移运动）两部分的贡献，因此，在粒子浓度很低的情况下不用考虑粒子之间的相互作用，这时分散粒子数量决定着整个体系的导电能力。

表4.3 实验中使用的二氧化硅纳米粒子悬浮液的基本特性参数

粒子半径/nm	电导率/(10^6S/cm)	pH	χR
8	1.0	6.5	0.04
24	3.4	6.7	0.1

这样的介电行为似乎不能用 Wagner 理论来描述，也就是说用通常的稀薄粒子分散系的解释遇到了挑战。在排除了已有模型不适合解释目前的实验数据之后，考虑如图4.22示意的被厚度为 χ^{-1} 的双电层所围的半径为 a、复介电常数为 ε_{rp}^* 的球形粒子分散在复介电常数为 ε_m^* 的连续介质中的介电模型，以该模型为基础提出了求解厚双电层粒子分散系相参数的两步解析法。该模型中认为整个双电层的电导率为一常数，定义为有效电导率，粒子真实的体积分数为 Φ_r，而包含双电层的等价球体（具有表观介电常数 ε_{ap}^*）占整个分散系的体积分数为表观体积分数 Φ_a；模型还认为观察到的介电常数是由于表观球体引起的。因此，解析步骤如下：首先用式(4-57)表示的 Cole-Cole 方程拟合介电数据，得到了表观介电参数 $\varepsilon_{a,1}$，

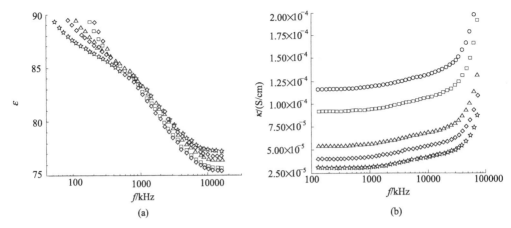

(a)　　　　　　　　　　　　　　(b)

图 4.21　不同粒子浓度的二氧化硅纳米粒子 （$R = 8nm$）
分散系的介电常数 （a） 及电导率 （b） 频率依存性

○ 4.0%；□ 3.0%；△ 2.0%；◇ 1.5%；☆ 1.0%[112]

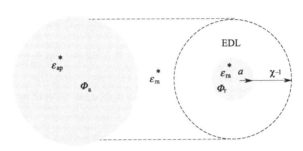

图 4.22　为实现对厚双电层纳米粒子
体系的两步介电解析法的介电模型

$\varepsilon_{a,h}$ 和 $\kappa_{a,l}$，$\kappa_{a,h}$，通过 3.5.3.1 的方法获得；利用 Hanai 解析法 ［式(4-9)～式(4-20) ］从这些表观介电参数可以计算出表观相参数 Φ_a，ε_{ap}，κ_{ap}，κ_{aa} 和 τ_a 的值；然后，将这些相参数代入由 O'Konski 修正了的 M-W 理论方程式(4-58)～式(4-61) （其中的 $r = \kappa_s/\kappa_m$） 中：

$$\frac{\varepsilon_1 - \kappa_m}{\Phi} = \frac{3\left[(r^2 - 2r - 2)\varepsilon_m + 3\varepsilon_p\right]}{(r+2)^2} \tag{4-58}$$

$$\frac{(\kappa_1 - \kappa_m)/\kappa_m}{\Phi} = 3\frac{r-1}{r+2} \tag{4-59}$$

$$\frac{(\varepsilon_1 - \varepsilon_m)/\varepsilon_m}{\Phi} = \frac{3(\varepsilon_p^2 + \varepsilon_m\varepsilon_p - 2\varepsilon_m^2)}{(\varepsilon_p + 2\varepsilon_m)^2} \tag{4-60}$$

$$\frac{(\kappa_h - \kappa_m)/\kappa_m}{\Phi} = \frac{3(\varepsilon_p^2 - 2\varepsilon_m\varepsilon_p - 2\varepsilon_m^2 + 3\varepsilon_m^2 r)}{(\varepsilon_p + 2\varepsilon_m)^2} \tag{4-61}$$

即将式中介电参数的下标 "l 或 h" 前面加上 "r" 变成 "r，l 或 r，h"，相参数的下标 "m或 p" 前面加上 "a" 变成 "am 或 ap"，代入相应的表观相参数，求得所谓 "真实的介电参数" $\varepsilon_{r,l}$，$\varepsilon_{r,h}$，$\kappa_{r,l}$ 和 $\kappa_{r,h}$，这些参数不包含双电层对介电性质的贡献。因为式(2-26) 表示的有效电导率 κ_s 在本模型中被包含了粒子和双电层的表观电导率 κ_{ap} 取代 （式中的 $r = \kappa_{ap}/\kappa_{aa}$），故包含粒子和双电层的贡献。最后，再一次利用 Hanai 解析方法的理论式从真实介电参数求出模型图中右面表示的真实的相参数值。

两步解析法不仅同其它体系一样，能够获得粒子和介质的介电常数和电导率，粒子的体积分数以及 Zeta 电势等信息，而且从拟合获得的表观介电常数以及两步解析法计算出的真实相参数，得到了许多关于对稀薄纳米粒子分散系介电性质的新认识：M-W 理论预言介电增量与分散粒子的大小无关，但上面的研究显示无论是真实的还是表观的介电增量似乎都与粒子大小有关；介电谱中观察到的一个弛豫的弛豫时间处于界面极化和双电层极化引起的弛豫时间之间，说明此弛豫过程是由这两种机制共同支配的。

尽管采用提出的两步解析法求解了粒子内部的信息也合理地解释了实验观察到的现象，但解析处理上的麻烦是显而易见的，而且这种唯象模型的导入没有严格的理论根据。为了确定这一模型在理论上的有效性，利用 4.1.5.1 节中的 Hill 标准电动力学模型进行验证：将真实相参数代入 Hill 模型的理论式（4-32）和式（4-33），可得极化率的频率依存性，再将之与实验数据比较，结果如图 4.23（8nm 与 24nm 的结果类似）所示非常吻合。

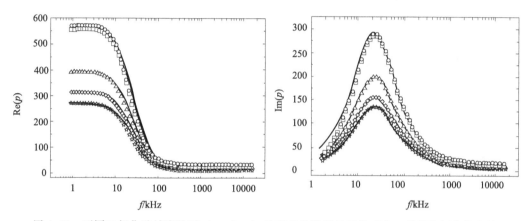

图 4.23　不同二氧化硅纳米粒子（$a=8$nm）浓度的分散系的极化率实、虚部的频率依存性

○ 4.0%；□ 3.0%；△ 2.0%；◇ 1.5%；☆ 1.0%

实线是 Hill 模型计算结果[112]

用两步解析法解析具有厚双电层的稀薄纳米粒子分散系介电谱的另一个成功例子是讨论当粒子浓度增加时的介电弛豫融合现象[113]。从图 4.24 给出的粒径为 24nm 的二氧化硅粒子分散系的介电谱可以看出，当粒子由较高的浓度变到较低的浓度时，两个分开的弛豫逐渐融合成为一个分布很宽的一个弛豫。分别利用含有两个弛豫项和一个弛豫项的 Cole-Cole 方程拟合这些介电数据，得到介电参数。对于包含 LFDD 和 HFDD 的两个弛豫体系，因为考虑为分别由对离子极化和 M-W 界面极化所致，因此按照前面介绍的 PS 球悬浮液的方法进行解析，同样可获得详细的粒子和介质的介电和内部结构以及界面电动力学的信息；而对于一个弛豫的体系则按照上面的两步解析法。利用 Hill 的标准电动力学模型拟合介电数据验证两步解析法的同时，也可以获得粒子内部信息和界面电动力学参数。详细的内容可以参见相关

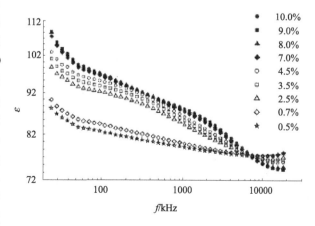

图 4.24　不同二氧化硅纳米粒子（$R=8$nm）浓度的分散系介电常数的频率依存性[113]

箭头指弛豫

文献[113,114]。

从上面的讨论可以相信，对于具有厚双电层的稀薄粒子分散系，分布解析法是有效的，因为除了该解析法可以解释稀薄纳米粒子溶胶的介电行为并获得各相和相界面电动力学信息之外，求解出的二氧化硅粒子内部结构的性质和电学性质也与文献报道基本吻合。此例也表明介电谱是一种探测非均匀体系内部信息的方法，而且其有效性依赖于所考虑模型的适当性以及解析方法的合理性。当然，如果有其它方法的辅佐将有利于对结论的确认。

4.6　非典型粒子分散系

上述比较典型的粒子分散系，比较容易利用成熟的理论方法进行解析。然而，一些非典型结构的胶体分散系在材料领域是常常可以见到的，比如链状粒子、线状粒子或其它不规则颗粒，以及导电金属粒子等。这些体系的解析大都停留在利用 3.5.2 节和 3.5.3 节的方法获取介电参数上，利用介电参数并根据与所研究体系相关的理论来解释介电行为和获取内部信息。

4.6.1　金属纳米粒子悬浮液的介电谱解析

近代合成化学的迅速发展，使得一些具有特殊功能的纳米材料，如金属纳米组装体等不断地在实验室中被制备出来，为了全面了解它们的性质，利用包括介电谱法等各种现代物理手段对这些纳米组装体进行研究十分必要。介电谱法对研究分散在溶液介质环境下的体系，并获得材料本身内部信息具有特别的优势。一个研究实例是对于水溶液中合成的链状金属纳米粒子集合形成的粒子悬浮液的介电解析[115]：测量样品是纳米钯粒子分散在聚乙烯吡咯烷酮（PVP）和乙二醇（EG）的混合溶液中形成的胶体分散系，由于制备上的原因混合液中存在少量小的无机离子。实际上，钯纳米粒子在该混合液中形成的大部分都是如图 4.25(a) 透射电镜表示的链状结构（链中钯粒子的平均粒径为 8nm，相邻钯粒子之间的距离约为 1.4nm±0.6nm，纳米链的长度则超过 100nm），其形状可能随介质环境而变。该悬浮液体系与前几节讨论的体系相比，最大的不同是钯纳米粒子为导电球，而且并没有形成如个别球体镶嵌在介质中那样的可以用传统模型描述的完全球形粒子分散系。

对这样的构成钯纳米链的混合液悬浮液进行测量解析，首先要确认粒子浓度即体积分数，根据制备中二价钯元素被还原，体积分数 Φ 需要用钯的初始浓度 [Pd(Ⅱ)]、分子量 M 和密度 ρ 按照公式 $\Phi=M[Pd(Ⅱ)]/\rho$ 估算，由母液的体积分数 $\Phi=0.319$ 计算稀释后的样品的体积分数在 0.02～0.159 之间。测量的介电谱发现只有体积分数在 0.02～0.159 之间的样品才有弛豫现象，并能够确认是属于纳米链而不是介质溶液的。介电弛豫的强度比较小，因此为了消除电极极化的影响以及准确地确认弛豫位置即弛豫时间，谱的解析采用 3.5.3.4 节介绍的所谓"对导数法"（LD method）和 0.1.4.2 节提到的 KK 转化法[116]，通过介电损失-频率曲线的峰确认弛豫的位置和分布。图 4.25(b) 表示的是典型的解析结果：从介电常数谱看，KK 转化法给出最好的拟合结果，可以给出最好的介电参数；从介电损失谱看，两种方法表示的弛豫都可以确认在大约 $10^5～10^7$ Hz 之间的弛豫，因为对导数法相对地具有分峰效果，因此认为这个弛豫是由两个相互靠近的弛豫叠加而成的。介电参数的获取，同样采取模型函数拟合介电数据的方法。一般的，可以根据介电谱分布情况判断使用怎样的模型函数，对于估计为两个弛豫过程重叠的情况，经验上，利用含有两个弛豫项的 Cole-Cole 方程拟合是比较常用的选择。

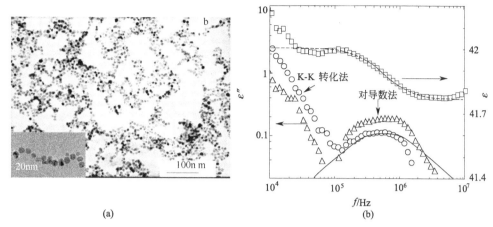

图 4.25 （a）钯纳米链的电子透射显微图；（b）钯纳米链悬浮液的介电常数（□）
和介电损失（对导数法△、KK 转化法○）的频率依存性
其中虚线是拟合曲线，实线为理论曲线[115]

拟合结果显示两个弛豫过程都为 Debye 型弛豫，同时也确定了两个弛豫的弛豫参数：κ_1、ε_1、ε_m、ε_h、τ_L 和 τ_H，以及除以各自体积分数后的介电增量 $\delta\varepsilon_L/\Phi(\delta\varepsilon_L=\varepsilon_1-\varepsilon_m)$ 和 $\delta\varepsilon_H/\Phi(\delta\varepsilon_H=\varepsilon_m-\varepsilon_h)$。结果显示，每个弛豫强度都非常小［从图 4.25（a）的 $\varepsilon\text{-}f$ 图也可以看到，总的弛豫增量 $\Delta\varepsilon$ 也只有 0.2 左右］，这也许是金属纳米球分散系的特点。从 4.2.3 节关于乳状液的讨论中可知，弛豫强度的大小也取决于分散粒子和连续相两相介电常数的比值，特别是粒子的介电常数。另外，获得的介电参数与纳米粒子的体积分数的关系表明，尽管弛豫强度非常小，但是两个弛豫的介电增量 $\delta\varepsilon_L$ 和 $\delta\varepsilon_H$ 都随 Φ 增加而规律变化。图 4.26（a）、（b）和（c）分别表示的是低频和高频弛豫的弛豫时间 τ_L 和 τ_H、高频和低频弛豫的介电增量 $\delta\varepsilon_H$ 和 $\delta\varepsilon_L$ 以及悬浮液的低频电导率 κ_1 随体积分数的变化规律，结合对离子极化和界面极化理论总结规律如下：图 4.26（a）表示的因对离子极化（无论哪种机制）引起低频弛豫的弛豫时间 τ_L 都随 Φ 增加而减小，而因界面极化引起的高频弛豫的弛豫时间 τ_L 则随 Φ 增加而增加。高频弛豫在极限体积分数 Φ_t 以下不受粒子聚集的影响，从双电层相互作用和极化的微观机制角度的进一步分析似乎可以得出钯纳米链的分散状态会因体积分数而改变的结论；高、低频弛豫的介电增量 $\delta\varepsilon_H$ 和 $\delta\varepsilon_L$ 都随体积分数 Φ 的增加而减小［图 4.26（b）］，但同样在极限体积分数 $\Phi_t=0.18$ 点前后变化的趋势不同，这同样表示钯纳米链聚集状态的变化；κ_1 的体积分数依存性［图 4.26（c）］说明钯纳米链悬浮液具有的渗滤现象，其极限体积分数 Φ_t 大约在 0.18 左右，认为在 $\Phi<\Phi_t$ 的体系中绝大多数的钯纳米链是孤立的，而当 $\Phi>\Phi_t$ 时，钯纳米链可能形成交联结构从而导致体系电导率的急剧增大。

总结以上三个图的分析结果：悬浮液中粒子的体积分数变化使得双电层性质改变从而导致链之间相互作用的变化，结果产生不同的聚集状态。这样的规律也许可以用图 4.26（d）解释：体积分数非常低时，钯纳米链因为孤立故可以充分伸展；随着体积分数的增大，这些链之间开始因静电排斥而收缩导致折叠或扭曲；当体积分数进一步增大接近 $\Phi_t=0.18$ 时，扭曲了的链之间可能会部分地聚集，而当体积分数大于 Φ_t 时，由于这些钯纳米链的全面聚集，一个金属链交织体似乎形成，而且其内部可能存在离子通道，这将不仅导致前面的渗滤行为而且导致在测量频率段观察不到母液的介电弛豫行为，详细解释可参见文献［33，115］。

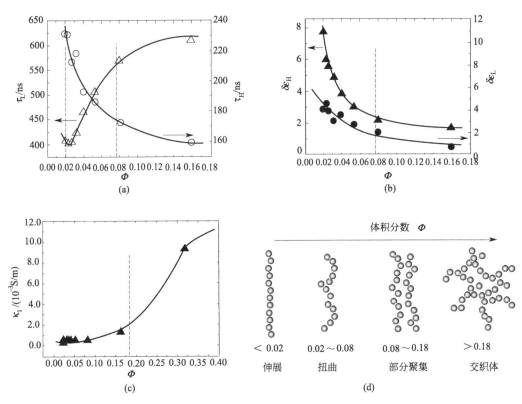

图 4.26　介电参数随粒子体积分数的变化

（a）低、高频弛豫的弛豫时间；（b）低、高频弛豫的介电增量；（c）悬浮液的

低频电导率；（d）粒子体积分数与聚集状态关系的示意图[33]

4.6.2　某些实际体系的应用

以介电谱方法为主要手段研究纳米级分散系的研究报道相对很少，主要用于药物体系以及材料体系的表征中，但由于体系的复杂性可视为非典型的粒子分散系，因此使得在 2.4 和4.1 节中介绍的模型难以适用，所以很少采用严格解析方法。尽管如此，介电谱方法作为表征所研究体系的一种特殊手段仍显示出其特有的效果。例如，在药物领域的基础研究中，用低频介电谱测量探测卵磷脂在纳米悬浮体系中的分布[117]；介电测量实施于由不同浓度的卵磷脂表面活性剂和药物粉末构成的粒径大约在数百纳米级的粒子悬浮体系，根据不同频率段介电响应与卵磷脂浓度的关系分析卵磷脂中杂质的存在，根据一定的理论分析也可以获得不同表面活性的卵磷脂对药物粒子的稳定效应。介电谱研究药物分子在纳米粒子上吸附问题[118,119]：在右旋糖酐和右旋糖酐硫酸盐混合物作为稳定剂条件下，心得安氢氯化物吸附在聚（异丁基氰基丙烯酸盐）纳米粒子表面，这样的悬浮液由于纳米粒子本身的表面电荷以及药物分子的吸附使得界面性质变得相对复杂。由于硫酸根的存在，右旋糖酐能够通过离子交换过程绑定心得安氢氯化物使得药物分子吸附到粒子表面。通过检测作为表面活性剂的右旋糖酐硫酸盐在本体溶液中量的变化研究吸附动力学，即介电测量可以间接地监测溶液中表面活性剂浓度的变化；同时，介电谱也可以检测到纳米粒子所负载的药物的量，而无需通过超离心分离分析以及取样化验的方法，这个实例也显示出介电谱非破坏原位检测的优势，但是，如前面例子所见到的，这也是需要基于适当的模型进行分析的。实际上，药物分子吸附

在粒子表面与目标对象的荷电载体或离子具有离子交换的功能，因此，介电谱通过捕捉界面信息可以进行离子交换过程的动力学研究。

一些无机粒子悬浮液往往不具有典型的球形结构而是椭球或针状的，如硅石溶胶或赤铁矿悬浮液等，对于这样的分散系也已经存在解释其介电行为的理论和模型，主要是利用针状粒子的长短轴之比来讨论弛豫的机制、描述紧密相邻的弛豫行为。同时，利用理论模型，也可以很好地解释轴比对界面电动力学行为的影响。例如，一些研究发现[120,121]：针状的赤铁矿粒子悬浮系的介电谱显示低频和高频的两个行为弛豫，同球形分散系类似，低频的也与双电层性质有关，高频的弛豫则源于典型 M-W-O 弛豫。但是，这样的体系发现两个典型弛豫之间出现一个次级弛豫（子弛豫）现象，这个现象随着轴比增大而渐显清楚，说明由次级弛豫粒子结构特征所致，利用对导数法可以使交叠的弛豫分开便于解析。根据类似于聚苯乙烯粒子分散系中的 Grosse 理论模型的解析办法，同样可以获得关于 Zeta 电位等电动力学信息，确认双电层的结构特别是高表面电导率的滞留层的存在。关于滞留层的相关信息也许可以通过最近发展的一个偶极矩系数的精确表达式来获得[122]，该解析式是描述电解质中荷电粒子偶极系数作为频率的函数给出的，它对双电层厚度没有限制，而且与覆盖若干层不同复电导率的球形粒子表达式有着相同的形式。这样，可以借用该表达式描述一个任意粒子表面双电层中的 Stern 层和扩散层的电性质。

关于一些特殊材料介电性质的研究有很多，尽管大多数研究都不涉及到对体系进行系统的介电解析（当然这与体系形貌和结构的不规则性以及不确定参数过多等有关），也可以较好地表征体系的介电性质并获得很多其它手段所难以得到的信息。例如，介电测量的方法确定 C_{60} 粒子在不同极性溶剂中的介电常数[123]；粉体矿石悬浮系吸附性质的介电表征[124]；对于一些具有特殊用途的材料，如掺杂的或表面包裹特殊电性质层的无机粒子分散系，可以通过体系的宏观介电参数随研究体系的介质或者内部材料以及覆壳膜等改变的变化规律来表征体系，并获得宏观的和体系内部的一些信息。因为介电谱对于粒子表面覆盖层十分敏感，因此可以得到覆盖层厚度以至于检测覆盖层物质的量[125,126]。

粒子分散系在测量上和理论上都是介电谱研究的最适合的体系之一，因此，相关的研究论文和综述很多，因为本书的重点是讲解介电谱解析原理和方法，因此相当数量的表征性的研究无法一一介绍，有兴趣者可按 0.2.5 节相关部分提供的文献通过原始论文了解。

4.7 微胶囊悬浮液

前几节介绍的体系大都是简单的球形粒子分散系，即使在解析介电谱时考虑到周围的双电层性质，也与作为一种材料包覆在球形粒子表面所构成的体系在解析方法上大不相同。微胶囊（microcapsule）本身因在医药、食品以及在工业制品等实际领域得到广泛的应用，所以吸引了很多关于其制备、性质表征等方面的研究。而用介电谱的方法测量微胶囊悬浮液并解析实验数据，除了能够获得胶囊的透过性以及有关释放动力学方面的基础信息之外，同样重要的是：微胶囊悬浮液提供了一个验证 2.5 节关于介电弛豫个数与体系内相界面种类数关系的最适合体系，还是对 2.4.3 节中介绍的覆壳球形粒子分散系介电模型和理论解析方法的最好试验体系。本节在 2.4.3 节内容的基础上，结合以聚合物作为膜材料的微胶囊悬浮液的介电测量实例，简述解析该类覆壳球形粒子分散系的基本方法（该解析手法和使用的基本理论与生物细胞悬浮液的介电解析类似）。

4.7.1 PS-MCs 悬浮液的介电谱解析

Hanai 等在 20 世纪 80 年代从理论和实验上详细地考察了聚合物微胶囊悬浮液的介电行

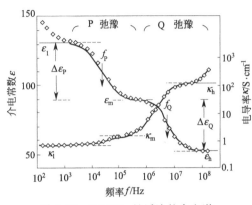

图 4.27 PS-MCs 悬浮液的介电谱，
理论和实验值的比较[127]

为，并根据建立的解析方法进行了相参数的解析[127~130]。选择聚苯乙烯（PS）作为胶囊材料，这是因为 PS 相对容易制备出简单且具有明确结构的聚苯乙烯微胶囊（PS-MCs），便于进行模型研究。绝缘性的聚苯乙烯薄壳内含电解质水溶液的 PS-MCs 分散在水溶液介质中构成的悬浮液显然是三相非均匀体系，其介电模型同图 2.3。因此，2.4.3.1 节的理论以及 4.1.4.3 中介绍的介电常数表达式和相应的 Hanai 解析法可以并且是最适用于该体系的。浓厚 PS-MCs 悬浮液（体积分数大概在 0.5～0.6 范围）的介电谱如图 2.11(b) 所显示的包含两个明显的因界面极化引起的介电弛豫，低

频弛豫归结于胶囊的壳的外界面的极化，因为它不受胶囊内溶液相改变的影响，但却因外溶液相改变而改变；高频弛豫是因为内部壳/液界面的极化所致（参见 2.5 节内容）。利用式 (4-22)～式(4-31) 和图 4.4 示意的解析流程可以从介电参数（见图 4.27）计算出胶囊内、外侧的介电常数和电导率，以及实际的体积分数等相参数值。显然，这样的计算结果的合理性取决于模型和解析公式，因此，常常用解析得到的相参数代入理论公式［式(4-22) 和式 (2-21)］计算介电常数和电导率对频率的依存曲线，并将其与实验值进行比较，图 4.27 表示的是 PS-MCs 悬浮液的理论曲线和实验值[127,128]，在整个测量频率范围非常吻合，这说明 Hanai 理论和解析法在处理球壳三相体系的成功。

4.7.2 PMMA-MCs 悬浮液的介电谱解析

同样的解析方法也可以适用到不同壳材料制备的微胶囊体系中，但因壳材料性质的差异可能导致透过性以及界面极化程度的改变，以至于表现出不同的介电行为。例如，聚甲基丙烯酸甲酯微胶囊（PMMA-MCs）体系尽管也出现两个弛豫，但却显示与 PS-MCs 略有不同的、由 m 指数表达的弛豫描述的介电行为。Sekine 从理论和实验两方面进行了详细的研究[129,130]：根据界面极化理论考察了胶囊壁的介电常数 ε_s 和电导率 κ_s 的频率依存性对 PMMA-MCs 悬浮液介电行为的影响；也研究了 KCl 从胶囊内向外水相渗透和扩散性质，认为该体系出现的两个弛豫分别是由于对 KCl 可透过的壁和对 KCl 不可透过的壁两部分引起的，这种微胶囊壳膜在透过性上的分布不均匀会引起不同的弛豫时间分布的加宽，这是值得深入考察的问题。利用与解析 PS-MCs 类似的方法计算获得了评价胶囊结构和壳膜透过性的参数。Sekine 和 Hanai 还在理论上考察了 W/O 型微胶囊的电解质释放速率对介电弛豫分布的影响[131]，结果显示，释放速率的分布与胶囊内部电传导有关，胶囊内部的电解质的分布特征与悬浮液所表示的弛豫时间分布特征紧密相关，并导出了描述释放速率的分布特征和弛豫时间的分布特征之间关系的表达式。这个结果可以为利用介电谱方法研究药物的释放提供一定的参考。综上所述，介电谱法可以对微胶囊悬浮液不加破坏包括任何形式的入侵（例如分离测量或取样化验等方式）地获取悬浮液内各组成相信息：胶囊内部电性质，连续介质电性质、壳膜厚度以及胶囊浓度等参数，这对于实际体系的过程（如药物释放或微粒对物质吸

附过程等）监测无疑是最好的手段之一。

需要指出的是，在解析上述微胶囊体系时认为壳膜材料是致密的和近乎绝缘的（聚苯乙烯微胶囊应是如此），所以采用了相对简化的方程和计算程序，如果当选用的壳材料是多孔性的，即渗漏性的壳材料时，或者是相对导电性的壳材料时，必须按照严格的解析公式，使用没有任何假定的方程利用计算机辅助进行曲线拟合的方式获取介电参数和相参数。此外，以上研究的"微胶囊"都是在数百微米的尺度范围，而且具有相当的机械强度及缺少弹性和物质透过性，这在物理性质上与实际在制药领域中使用的微胶囊有很大的不同，尽管如此，上述研究所能提供的信息以及测量手段一定会作为介电谱方法用于实际体的最重要的铺垫。

从以上各节的内容中读者可以看到，本章讨论的胶体分散系涉及到了非均匀体系介电谱的几乎所有理论和解析方法，因此，对于后续章节的讲解起着基础性的作用，特别是在生物细胞以及分子有序组合体系部分可以看到很多理论和方法雷同的地方。如果回顾 0.2 节和 0.3 节的内容，这些都丝毫不应感到奇怪，因为早期以水为介质的介电谱研究就是以生物细胞和胶体体系为背景发展起来的。但是，尽管理论上具有相当的相近之处，因具体体系的性质（物质自身和所处的环境性质等）的微小差异，对于外观上相近的介电谱却需要采取不同的解析方法处理，也许这就是所说的介电解析具有相当的发展空间的缘故之一。

参 考 文 献

[1] O′Konski C T.J Phys Chem,1960,64：605.
[2] Hunter R J.Foundation of Colloid Science.Oxford:Oxford University Press,Vol 11,1989.
[3] O′Brien R W.J Colloid Interf Sci,1981,81:234; 1986,113:81.
[4] Midmore B R,O′Brein R W.J Colloid Interf Sci,1988,123:486.
[5] Dsolier J,Extremadura U S.J Colloid and Interface Sci,2004,274:76-88.
[6] Shilov V N,Delgado A V,Gonzalez-Caballero F,Grosse C.Colloids Surf A Physicochem Eng Aspects,2001,192：253-265.
[7] Chew W C,Sen P N.J Chem Phys,1982,77: 4683.
[8] Grosse C,Foster K R.J Phys Chem,1987,91: 3073.
[9] Vogel E,Pauly H.J Chem Phys,1988,89：3830.
[10] Grosse C,Tirado M,Pieper W,Pottel R.J Colloid Interf Sci ,1998,205: 26-41.
[11] Jimenez M L,Arroyo F J,Carrique F,Kaatze U,Delgado A V.J Colloid Interf Sci,2005,281: 503-509.
[12] Mangelsdorf C S,White L R.J Chem Soc Faraday Trans,1997,293: 3145.
[13] López-Garc′la J J,Horno J,González-Caballero F,Grosse C,Delgado A V.Journal of Colloid and Interface Science,2000,228: 95-104.
[14] Grosse C,Arroyo F J,Shilov V N,Delgado A V.J Colloid Interface Sci,2001,242: 75.
[15] Dukhin S S.Adv Colloid and Interf Sci,1995,61:17.
[16] Delgado A V,Arroyo F J,Shilov V N,Borkovskaja Yu B.Colloids and Surfaces A,1998,140：139-149.
[17] Delacey E H B,White L R.J Chem Soc Faraday Trans,2,1981,77：2007.
[18] Mangelsdorf C S,White L R.J Chem Soc Faraday Trans,1990,86:2859.
[19] Rosen L A,Saville D A.Langmuir,1991,7:36;
Rosen L A,Baygents J C,Lyklema J.J Chem Phys,1993,98：4183.
[20] Grosse C,Shilov V N.J Phys Chem,1996,100：1771.
[21] Simonov I N,Shilov V N,Kolloidnii Zh.1977,39：878,891.
[22] Tirado Mónica C,Arroyo Francisco J,Delgado Angel V,Grosse Constantino.Journal of Colloid and Interface Science,2000,227: 141-146.
[23] Borkovskaya Yu B,Shilov V N,Kolloidnii Zh.1992,54:173.
[24] Shilov V N,Borkovskaya Yu B,Kolloidnii Zh.1994 56：647.
[25] Grosse C,Shilov V N.J Colloid Interface Sci,1999,211：160.
[26] Constantino Grosse and Vladimir Nikolaievich Shilov.Journal of Colloid and Interface Science,2000,225：340-348.
[27] O′Brien R W.J Colloid Interf Sci,1981,81:234.
[28] BlumJ G,Maier H,SauerJ J F,Schwan H P.J Phys Chem,1995,99：780-789.
[29] Grosse C.J Chem Phys 1988,92: 3905.
[30] Grosse C//Eucyclopedia of Surface and Colloid Science,2002:1404.

［31］　Dukhin S S,Shilov V N//Delgado A V,ed.Interfacial Electrokinetics and Electrophoresis.New York;Marcel Dekker,2001:55-85.

［32］　陈震,赵孔双,刘昊.化学学报,2006,64(17):1780-1784.

［33］　陈震.博士论文,北京师范大学,2007,34-85.

［34］　Hanai T.Electrical properties of emulsions//Sherman P,ed.Emulsion science.London: Academic Press,1968:353-478.

［35］　Hanai T.Bull Inst Chem Res Kyoto Univ.1961,39(6):341-367.

［36］　Hanai T,Ishikawa A,Koizumi N.Bull Inst Chem Res Kyoto Univ,1977,55(4):376-393.

［37］　Hanai T,Koizumi N.Bull Inst Chem Res Kyoto Univ,1975,53(2):153-160.

［38］　Hanai T,Asami K,Koizumi N.Bull Inst Chem Res Kyoto Univ,1979,57: 297-305.

［39］　Ishikawa A,Hanai T,Koizumi N.Jpn J Appl Phys,1981,20: 79-86.

［40］　Hanai T,Koizumi N.Bull Inst Chem Res Kyoto Univ,1980,58 (5-6): 534-547.

［41］　Hanai T,Sekine T,Koizumi N.Bull Inst Chem Res.Kyoto Univ,1985,63(3):227-240.

［42］　Hanai T,Asami K,Koizumi N.Bull Inst Chem Res Kyoto University,1979,57:297-305.

［43］　Asami K,Hanai T,Koizumi N.Japanese J Appl Phys,1980,19:359-365.

［44］　花井哲也.不均質構造と誘電率.吉岡書店,1999:229.

［45］　花井哲也,浅見耕司.膜.1977,2(3): 175-193.

［46］　Hill R J,Saville D A,Russel W B.Phys Chem Chem Phys,2003,5:911.

［47］　Hill R J,Saville D A,Russel W B.J Colloid Interface Sci,2003,268:230.

［48］　Hill R J,Saville D A,Russel W B.J Colloid Interface Sci,2003,263:478.

［49］　Shubin V E,Hunter R J,O′Brien R W.J Colloid Interface Sci,1993,159: 174-183.

［50］　Kubo M,Nakamura S.Bull Chem Soc Japan,1953,26: 318.

［51］　Meredith R E,Tobias C W.J Appl Phys,1960,31:1270.

［52］　de la Rue R E,Tobias C W.J Electrochem Sco,1959,106:827.

［53］　Clausse M//Becher P,ed.Dielectric properties of emulsions and related systems.New York: Marcel Dekker,1983,481-715.

［54］　Hanai T,Imakita T,Koizumi N.Colloid Polym Sci ,1982,260: 1029-1034.

［55］　Hanai T,Koizumi N,Gotoh R.Kolloid-Z,1959,167: 41-43.

［56］　Hanai T,Koizumi N,Sugano T,Gotoh R.Kolloid-Z,1960,171: 20-23.

［57］　Hanai T,Koizumi N,Gotoh R.Kolloid-Z,1962,184: 143-148.

［58］　Hanai T.Kolloid Z,1961,177:57-61.

［59］　Hanai T.Kolloid Z ,1960,171: 23-31.

［60］　Hanai T.Kolloid Z,1961,175(1):61-62.

［61］　Genz U,Helsen J A,Mewis J.J Colloid Interface Sci,1994,165:212-220.

［62］　Hao Tian.Advances in Colloid and Interface Science,2002,97:1-35.

［63］　Mukund Parthasarthy,Daniel J.Klingenberg, Materials Science and Engineering,1996,R17:57-103.

［64］　Hao T,Xu Z,Xu Y.J Colloid Interface Sci,1997,190:334.

［65］　Uejima H.Jpn J Appl Phys,1972,11: 319.

［66］　Eric Dickinson.Journal of Colloid and Interface Science,2000,225:2-15.

［67］　Deinega Yu F,Popko K K,Kovganich N Ya.Heat-Transfer-Sov Res,1978,10:50.

［68］　Block H,Kelley J P,Qin A,Watson T.Langmuir,1990,6:6

［69］　Boned C,Peyrelasse.J Colloid Polym Sci,1983,261: 600.

［70］　Skodvin T,Sjöblom J.J Colloid Interf Sci ,1996,182: 190-198.

［71］　Tore Skodvin,Johan Sjöblom,Jens Olav Saeten,Olav Urdahl and Bo Gestblom.J Colloid Interface Sci,1994,166: 43-50.

［72］　Tore Skodvin,Johan Sjöblom,Jens Olav Saeten,Torbjörn Wärnheim and Bo Gestblom.Colloid Surface A,1994,83: 75-82.

［73］　Hanai T,Sekine K.Colloid Polym Sci,1986,264: 888-895.

［74］　Gestblom B,Nodland H,Sjöblom J.J Dispersion Sci Technol,1994,15:449.

［75］　Fordedal H,Schildberg Y,Sjöblom J.Volle J-L,Colloid and Surface A,1996,106: 33-47.

［76］　Renningsen H P,Sjoblom J,Mingyuan L.Colloids Surf,1995,97: 119.

［77］　Sjöblom J,Urdahl O,Borve K G N,Mingyuan L,Saeten J O,Christy A A,Gu T.Adv Colloid Intherface Sci,1992,41:241.

［78］　Jakobsen T,Sjöblom J and Ruoff P.Colloid and Surface A,1996,112:73-84.

［79］　Ishikawa A,Hanai T,Koizumi N.Colloid Polym Sci,1984,262: 477-480.

［80］　O′Brien R W.J Colloid Interface Sci,1986,113: 81.

［81］　Chen Z,Zhao K S.Journal of Colloid and Interface Science,2004,276: 85-91.

［82］　智霞,陈震,赵孔双,李国明,何广平.化学学报,2006,64(8): 709-715.

［83］　Zhao K S,Chen Z.Colloid and Polymer Science,2006,284(10): 1147-1154.

［84］　Chen Z,Zhao K S.Colloid and Surface A,2007,292: 42-50.

［85］　Mashimo S,Umehara T,Redin H.J Chem Phys,1991,95: 6257-6260.

［86］　Onori G.J Chem Phys,1988,89: 4325-4332.

［87］　Yano T,Nagano T,Lee J,Shibata S, Yamane M.Solid State Ionics,2002,150: 281-290.

［88］　Bessiere J,Kleber A,Sutapa I,Perdicakis M.Sensors,Actuators B,1995,26-27:411-413.

［89］　Schwan H P,Schwarz G,Maczuk J,Pauly H.J Phys Chem,1962,66: 2626-2635.

144

[90] Ballario C,Bonincontro A,Cametti C.J Colloid Interf Sci,1979,72: 304-313.

[91] Sasaki S,Ishikawa A,Hanai T.Biophys Chem,1981,14: 45-53.

[92] Mónica Tirado,Constantino Grosse.Journal of Colloid and Interface Science,2006,298: 973-981.

[93] Constantino Grosse,Susana Pedrosa,Vladimir Nikolaievich Shilov.Journal of Colloid and Interface Science,1999,220:31-41.

[94] López-García J J,Grosse C,Horno J.Journal of Colloid and Interface Science,2003,265:341-350.

[95] Constantino Grosse,Vladimir Nikolaievich Shilov.Journal of Colloid and Interface Science,2007,309:283-288.

[96] Mónica C,Tirado Francisco J,Arroyo Angel V Delgado,Constantino Grosse.Journal of Colloid and Interface Science,2000,227: 141-146.

[97] Sasaki S,Ishikawa A,Hanai T.Biophysical Chemistry,1981,14: 45.

[98] Blum G,Maier H,Sauer F,Schwan H P.J Phys Chem,1995,99: 780-789.

[99] Nettelblad B,Niklasson G A.J Colloid Interface Sci,1996,181:165.

[100] Dukhin S S,Shilov V N.Dielectric Phenomena and the Double Layer in Disperse Systems and Polyelectrolytes,Kerter Publishing House,Jerusalem,1974.

[101] 李娇阳,赵孔双.高等学校化学学报,2006,27: 2362-2365.

[102] Arroyo F J,Carrique F,Bellini T,Delgado A V.J Colloid Interface Sci,1999,210; 194-199.

[103] Yohannes Chonde,Mani Shabrang.J Colloid Interface Sci,1997,186: 248-253.

[104] Chassagne C,Bedeaux D,Koper G J M.J Phys Chem B,2001,105: 11743-11753.

[105] Chassagne C,Bedeaux D,Koper G J M.Physica A,2003,317: 321.

[106] Chassagne C,Bedeaux D,Van der Ploeg J P M.Langmuir,2003,19: 3619-3627.

[107] Zhao K S,Asami K,Lei J P.Colloid and Polymer Sci,2002,280: 1038-1044.

[108] Ni N,Zhao K S.Journal of Colloid and Interface Science,2007,312: 256-264.

[109] Delgado A V,Arroyo F J,González-Caballero F,Shilov V N,Borkovskaya Y B.Colloids and Surfaces A,1998,140: 139-149.

[110] Barchini R,Saville D A.J Colloid Interface Sci,1995,173:86-91.

[111] Chassagne C,Bedeaux D,Koper G J M.J Colloid Interface Sci,2002,255:129-137.

[112] He K J,Zhao K S.Langmuir,2005,21: 11878-11887.

[113] Zhao K S,He K J.Physical Review B,2006,74 (20) : 205319-205328.

[114] 何克娟.博士论文,北京师范大学,2006:29-63.

[115] Chen Z,Zhao K S,Guo L,Feng C H.J Chemical Physics,2007,126: 164505.

[116] Jimenez M L,Arroyo F J,Carrique F,Kaatze U.J Phys Chem,2003,107: 12192-12200.

[117] Peters K,Muller P H,Craig D Q M.International J Pharmaceutics,1999,184:53-64.

[118] Prot O,Benoit E,Maincent P,Bessière J.J Colloid Interface Sci,1996,184:251-258.

[119] Benoit E,Prot O,Maincent P,Bessière J.Bioelectrochemistry and Bioenergetics,1996,40: 175-179.

[120] Chassagne C,Bedeaux D,Koper G J M.Journal of Colloid and Interface Science,2002,255:129-137.

[121] María L Jiménez,Francisco J Arroyo,Félix Carrique,Udo Kaatze.J Phys Chem B,2003,107: 12192-12200.

[122] Chassagne C,Bedeaux D,Koper G J M.J Phys Chem B,2001,105:11743-11753.

[123] Chad R Snyder and Jack F Douglas.J Phys Chem B ,2000,104:11058-11065.

[124] Bessiere J,Etahiri A.Int J Minaeral Process,1993,38: 125.

[125] Hong J I,Winberg P,Schadler L S,Siegel R W.Materials Letters,2005,59: 473-476.

[126] John Texter.Journal of Non-Crystalline Solids,2002,305: 339-344

[127] Zhang H Z,Sekine K,Hanai T,Koizumi N.Colloid Polym sci,1983,261: 381-389.

[128] Zhang H Z,Sekine K,Hanai T,Koizumi N.Colloid Polym Sci,1984,262:513-520.

[129] Sekine K.Colloid Polym Sci ,1986,264: 943-950.

[130] Sekine K.Colloid Polym Sci,1987,265: 1054-1060.

[131] Sekine K,Hanai T.Colloid Polym Sci,1990,268: 1059-1065.

第5章　分子有序组合体系的介电谱

5.1　引言

如前第 0 章中所述，研究具有偶极矩的官能团的分子运动是介电谱方法最本质的特点，因而早期关于介电谱的研究大都是建立在 Debye 的极性分子理论基础上、对纯物质的分子体系展开的。但是，从上一章的内容已经可以明显地看出，介电谱方法对于估算如乳状液、粒子悬浮液等非均匀体系的介电性质也是十分有效的，特别是在原位获得组成相和界面信息方面有着明显的优势。上述的胶体分散系具有明显相界面，因此研究的理论依据与 Debye 理论完全不同，它是利用建立在两种不同组成相之间界面的宏观电极化基础上的 Maxwell-Wagner（M-W）理论来讨论的，而对大量的实际体系，特别是在理论解析介电谱从而获取内部组成相信息方面，Hanai 理论和解析方法显示出了很大的优势。

本章将要讨论的内容，从分散相的尺度上看是介于微观的分子大小和宏观的较为粗大的分散系之间的一类体系，即所谓介观物质体系的介电谱问题。该类体系是指构筑体系的分子通过弱的分子间力保持在一起的分子集合体，形成具有各种形状的分散相，一般称为自组织集合或称为分子有序组合体，它们包括在水中的胶束、在碳氢化合物中的反胶束和微乳液、单层或多层封闭结构的囊泡、液晶以及陷于笼状主体（如环糊精或环芳烃）中的超分子体系，半刚性的材料（如聚合物，水凝胶等）。虽然在分散相的尺度上它们与典型的胶体体系不同，但因为存在更为巨大的相界面而同属于非均匀体系，因此，正像将要看到的，以 M-W 极化为基础的很多理论原则上仍然适合。但是，表面活性剂为主的分子溶液是多组分的非均匀体系，具有内部构造的多样性和微环境的复杂性，这样，在 M-W 理论基础上发展起来的一些理论公式能否很好地解释其介电行为，一些更加适合这类特殊体系的新理论或新方法的出现无疑是一种期待。

尽管过去有关分子有序组合体的介电谱方面的报道仍然相对较少，但近年来，无论是在模型的发展上还是在实验的多样性上，都呈现出了明显的上升趋势。特别是因为分子有序组合体中的溶剂水分子动力学表现出一种非常类似于生物体系的弛豫特征，因为在组合体内的水分子受到限制而显示出局部介电常数和黏度的很大改变，这些改变用介电谱方法进行探测可以获得一些以往的探针方法所得不到的动力学的特殊信息[1]。同时，用这些有序组合体模拟生物体系的一些过程也不会过于复杂并且能得到很好的效果，这也是最近对分子有序组合体介电谱研究方法的兴趣呈现出增长趋势之原因所在。

本章主要介绍以人工合成的和天然的表面活性剂构筑的胶束、反胶束和微乳液、脂质体和囊泡以及液晶等有序组合体在外交流电场下的介电行为，以及如何利用介电谱的理论去解释它，特别是介电谱解析能够获得该类体系内部的哪些信息，从而从物理化学的角度加深对该类分子有序组合体系的认识，在实际应用方面提供一些积极的参考。

146

5.2 表面活性剂胶束体系

5.2.1 背景概述

两亲性表面活性剂在某临界浓度以上和超过一定温度（称为 Kraft 温度）时形成被称为胶束的球形或近似球形的聚集体[2]。胶束的大小一般在 1～10nm，聚集数在 20～200 个单位的范围。图 5.1 示意的是一个水溶液中容易形成的球形胶束，由疏水的碳氢链作为核与伸向外水相中的极性且荷电的头基所组成，环绕着头基的 Stern 层是由离子的或极性的头基、被束缚的对离子以及水分子所组成[3]。在 Stern 层和本体水之间存在一个扩散层，扩散层包含自由的对离子和水分子。胶束的结构是亚稳态的，它伴随着胶束聚集体和本体溶液中的单体之间的连续交换。小角 X 衍射和中子散射（SANS）研究揭示了关于胶束多样化复杂结构和相变等更详细的信息[4,5]。该聚集体是被非极性烷烃链之中的"疏水相互作用"和极性的或离子的头基自身的、与对离子的以及和溶剂的静电相互作用的复杂平衡所支配。

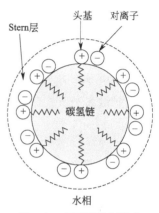

图 5.1　表面活性剂胶束
水溶液示意图

近些年，相当可观的研究都在阐述这些分子内力和由此产生的形成聚集体的结构和动力学之间的关系，由于介电响应对所有种类的偶极矩在兆分之一和纳秒时间级别上的波动十分敏感，所以介电谱技术已经成为研究表面活性剂溶液特别是胶束结构和动力学的有效手段之一。原则上，介电谱技术是可以从水分子或离子对对于源于荷电胶束周围的对离子云的极化瞬间偶极矩波动的取向，来监测一个宽范围的胶束动力学过程，M-W 极化理论中的一些模型公式也可以借用来解释因胶束周围对离子移动引起的介电弛豫行为。但是，迄今为止，主要由于测量精度和频率范围所限，这方面的研究还不是很多，也仍然没有被普遍接受的解释胶束弛豫行为的介电模型，以及没有充分区分胶束或表面活性剂溶液以及溶剂所引起的弛豫的有效方法。正因为如此，在最近的 10 年间，介电谱作为研究胶束溶液的一个相当具有潜力和发展空间的手段而显示出明显的增长趋势。

5.2.2 适用于胶束体系的介电理论

尽管表面活性剂胶束体系的介电理论或模型并没有像胶体粒子分散系那样的成熟或被大家所认知和普遍接受，但描述该类体系介电弛豫行为的基本方法都是相同的，都可以用 3.5 节讲述的一般分析方法获得宏观介电参数所表达的基本弛豫特征。然而，胶束溶液体系内部的微观信息的获取则需要根据具体体系，借用粒子分散系中的一些理论方法并结合介电谱的基本理论进行解析，至少 Pauly-Schwan 方法和 Grosse 方法能够部分地对大多数胶束体系介电弛豫行为给出合理的解释和描述。这里简单介绍它们的基本模型和常用的相关公式。

5.2.2.1 Grosse 模型

在前一章 4.4.1.1 节中已经介绍了该模型的基本表达式，这里给出的是描述胶束的 Grosse 模型［图 5.2(a)］和解析式。半径为 R、介电常数和电导率分别为 ε_p 和 κ_p 的绝缘球代表胶束的疏水核（干核），分散在一个介电常数和电导率分别为 ε_a 和 κ_a 的介质中，理论上 $\kappa_p=0$，但该球负载电荷 $q=\alpha N e_0$（N 是胶束的聚集数，α 是对离子的解离度，e_0 是基本电荷单位）（图中例子是球荷正电），球核被一产生于 $1-\alpha N$ 个对离子（负离子）切向运

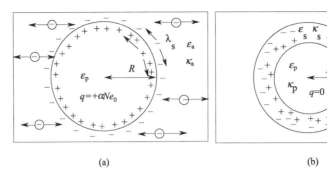

(a)   (b)

图 5.2   描述胶束的 Grosse 模型 (a) 和 Pauly-Schwan 模型 (b) 的示意图[9]

动的表面电导率 λ_s 的极薄层所覆盖,解离的对离子形成由 Debye 长度 χ^{-1}(扩散层的厚度)表征的扩散离子云。Debye 长度 χ^{-1} 与离子扩散系数存在下面的关系:

$$\chi^{-1}=\sqrt{\frac{\varepsilon_a\varepsilon_0 D}{\kappa_a}} \tag{5-1}$$

Grosse 模型表示,由离子型表面活性剂构成的图 5.1 所示的胶束溶液,在外电场作用下将会产生两个弛豫:在相对较低的频率段,对离子在与电场平行方向的径向运动引起的弛豫,以及在较高频率段的对离子沿胶束表面切向运动引起的弛豫。如果体系中胶束的个数即体积分数 Φ 不大,扩散层很薄,即 $R\gg\chi^{-1}$,则该模型可以给出表示弛豫特征参数的解析表达式[6]。对于低频弛豫,平均弛豫时间 τ_L 和弛豫强度 $\Delta\varepsilon_L$ 分别为:

$$\tau_L=\frac{R^2}{D} \tag{5-2}$$

$$\Delta\varepsilon_L=\frac{9\Phi\varepsilon_a(2\chi\lambda_s/\kappa_a)^4}{16\left[\frac{2\chi\lambda_s}{\kappa_a}\left(\frac{2\lambda_s}{R\kappa_a}+1\right)+2\right]^2} \tag{5-3}$$

式(5-2) 与 2.3.2.2 节中的式(2-38) 相同,均表示体扩散机制的弛豫时间;而因对离子沿胶束表面切向运动引起的高频弛豫的平均弛豫时间 τ_H 和弛豫强度 $\Delta\varepsilon_H$ 分别为:

$$\tau_H=\frac{\varepsilon_0\varepsilon_a(\varepsilon_p/\varepsilon_a+2)}{\kappa_a[2\lambda_s/(R\kappa_a)+2]} \tag{5-4}$$

$$\Delta\varepsilon_H=\frac{9\Phi\varepsilon_a[2\lambda_s/(R\kappa_a)-\varepsilon_p/\varepsilon_a]^2}{(\varepsilon_p/\varepsilon_a+2)[2\lambda_s/(R\kappa_a)+2]^2} \tag{5-5}$$

当 $2\lambda_s/(R\kappa_a)\gg\varepsilon_p/\varepsilon_a$ 时,上述表达式可以还原为导电薄层覆盖绝缘球的 Maxwell-Wagner 弛豫的结果。

5.2.2.2   Pauly-Schwan 模型

这里的 Pauly-Schwan 模型借用了 Pauly 和 Schwan 早期建立的描述球壳粒子分散系因 M-W 极化引起的弛豫的理论[7],考虑一个被厚度 d、介电常数和电导率分别为 ε_s 和 κ_s 的壳覆盖的未荷电球悬浮在水介质中构成一个胶束,非荷电的球为碳氢链即胶束的核,外壳包含荷电的头基、结合水以及由束缚的对离子形成的 Stern 层[见图 5.2(b)]。该模型作为描述球壳粒子是具有一般化意义的,而且并没有显示体积分数,它可以描述前章介绍的微胶囊,也是后面第 6 章将要讨论的生物细胞的模型基础。作为模型假设的结果,球周围的对离子的波动并不在该模型所能解释的范围。由于模型中存在三相,因此也将给出两个弛豫,尽管如此,该模型与 Grosse 模型的不同是显而易见的。这两个弛豫过程在形式上都是被 Debye 型弛豫描述的,其弛豫强度和弛豫时间分别为:

148

$$\Delta\varepsilon_L = \frac{\varepsilon_0\varepsilon_a - \kappa_a\tau_L}{\varepsilon_0 C(\tau_H - \tau_L)\tau_L}[A\tau_L^2 - E\tau_L + B] \tag{5-6}$$

$$\Delta\varepsilon_H = \frac{\varepsilon_0\varepsilon_a - \kappa_a\tau_H}{\varepsilon_0 C(\tau_H - \tau_L)\tau_H}[-A\tau_H^2 + E\tau_H - B] \tag{5-7}$$

和

$$\tau_L = \frac{F + \sqrt{F^2 - 4CD}}{2C} \tag{5-8}$$

$$\tau_H = \frac{2D}{F + \sqrt{F^2 - 4CD}} \tag{5-9}$$

式中，A、B、C、D、E 和 F 是包含模型中相参数 ε_p、κ_p、ε_s、κ_s、ε_a、κ_a、d 和 R 等的中间变量，其意义和推导可参见 4.1.4.2 节和 4.1.4.3 节以及文献 [8，9]。

从上述两个模型中出现的半径 R 可以计算相应的体积分数：

$$\Phi = \frac{4}{3}\pi R_m^3 N_A \frac{c - CMC}{N} \tag{5-10}$$

式中的 c 和 CMC（critical micelle concentration）分别是表面活性剂溶液的浓度和自由单体的浓度（临界胶束浓度）。在 Grosse 模型中 $R_m = R$，而在 Pauly-Schwan 模型中 $R_m = R + d$。

5.2.3　阳离子表面活性剂胶束体系的介电弛豫 I ——Shikata 解释

尽管介电谱解析在乳状液等胶体分散系已经获得了成功，特别是乳状液明显的两相区域可以很正当地用 Maxwell-Wagner 理论进行讨论，并使用 Hanai 理论方法进行解析。但对于包括离子型表面活性剂在内的表面活性剂胶束溶液，介电谱的研究则很少，这与离子型胶束的电结构不同于乳状液等分散系有关。离子表面活性剂在水溶液中形成的球形胶束体系至少有两个不同电性质的区域：含有从表面活性剂中解离出的对离子的水介质和表面活性剂烷基链的疏水核，这似乎和 O/W 乳状液类似，但是第三个区域是必须要考虑到的，即因头基解离产生的胶束荷电表面区域。这样，胶束溶液和 O/W 乳状液除了液滴大小之外，每一相的电环境也都是不同的。此外，离子型表面活性剂胶束溶液具有高的电导率，也许会掩盖的低频部分可能是我们需要检测的响应，由于电极极化和解析上的困难，介电解析对表面活性剂胶束溶液的物理化学研究开展得很晚。

利用介电谱法研究表面活性剂胶束体系最多的是日本 Osaka 大学 Toshiyuki Shikata 研究组，他们大约在 10 年前开始在射频高频段和微波领域（$10^6 \sim 10^{11}$ Hz）的频率范围，研究了各类离子型表面活性剂的胶束体系，并对出现的弛豫现象从微观机制上给予了很好的说明[10~16]。这里介绍其中一些关于阳离子表面活性剂胶束的介电弛豫模式的代表性解释以及利用介电理论解析介电谱的方式[10~13]。

5.2.3.1　CTAB 胶束体系

对十二、十四、十六烷基三甲基溴化铵（C_{12}TAB、C_{14}TAB 和 C_{16}TAB）等阳离子表面活性剂为研究对象，发现这些表面活性剂在水介质中形成的球形胶束，在 $10^6 \sim 10^9$ Hz 有两个弛豫时间分别为 $\tau_s = 5$ns 和 $\tau_f = 0.5$ns 的慢、快弛豫模式。图 5.3(a) 和图 5.3(b) 分别示意了两种弛豫模式引起的弛豫过程[10]：慢弛豫模式 [图 5.3(a)] 是由于覆盖胶束的离子云中对离子的分布波动，或者在胶束表面解离的阳离子表面活性剂分布的波动产生的诱导偶极矩所引起的；而快弛豫模式 [图 5.3(b)] 则是由胶束中的阳离子和对离子形成的离子对 CTA^+-Br^- 的旋转运动或离子对沿胶束表面迁移引起的。上两个弛豫现象也可以称为偶极矩弛豫和离子对弛豫。尽管 Shikata 等也利用 M-W 理论按照 O/W 型乳状液那样分析了介电谱并提出所谓两相弛豫模式，但实际计算弛豫强度等参数明显不符合，这是可以预料的。

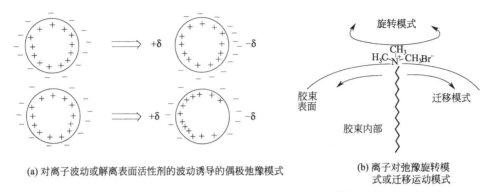

(a) 对离子波动或解离表面活性剂的波动诱导的偶极弛豫模式   (b) 离子对弛豫旋转模式或迁移运动模式

图 5.3 两种弛豫模式引起的弛豫过程[10]

慢弛豫模式的弛豫时间可以由式（5-2）估计：$\tau_s \approx R/D_{Br^-}$，对离子 Br^- 扩散系数在 $C_{12}TAB$、$C_{14}TAB$ 和 $C_{16}TAB$ 中是一样的，根据三个胶束半径 R 的差异 $R = 3 \sim 5nm$，所以三种胶束的弛豫时间在 $\tau_s = 4 \sim 12ns$，这与实验观测到的一致。但是，究竟图 5.3(a) 中的哪一个微观机制是慢弛豫模式的本质机制尚没有确认。关于快弛豫的弛豫模式是由于离子对旋转运动或是由于离子对迁移运动引起的，采用 Stokes-Einstein 关系计算旋转运动的弛豫时间为 $\tau = 80 \sim 40ns$，显然与实验不符（实验中的慢弛豫也远小于这个值），因此 Shikata 认为离子对沿胶束表面的迁移运动是离子对介电弛豫的本质。因为实验上观测到的 τ_f 值随表面活性剂的长度（碳原子数）的增加而增加，所以球形胶束中离子对的分子运动随构成胶束的表面活性剂的长度增加而变得更慢，即球形胶束中离子对的分子运动受表面活性剂的长度控制。

当上述的 CTAB 胶束溶液中加入较高浓度的电解质 NaBr 时，得到不同于上述体系的介电谱，用含有多个弛豫项的 Debye 方程拟合介电数据，发现仍然有两个主要的弛豫模式，其弛豫时间分别在 $\tau_f = 0.7ns$ 和 $\tau_s = 10ns$ 附近[11]。快弛豫模式是阳离子基团 CTA^+ 与对离子 Br^- 之间的离子对的取向弛豫；慢弛豫模式是由于围绕胶束表面的离子云中束缚对离子的波动引起的，其强度随着添加 NaBr 的增加，随着 NaBr 浓度的增加，胶束的形状由球形胶束转变为线状胶束，这个变化可以通过介电谱的弛豫依存性反映出来：从一个较规则的形状变到一个宽分布的谱，弛豫时间对应着最快的弛豫时间 $\tau = 0.3ns$。线状胶束中离子对旋转弛豫模式要比在球状胶束中的略快。

5.2.3.2 CTAB 胶束的微波介电谱

在 1MHz 到 20GHz 的频率范围测量浓度范围在 $2 \sim 1000mmol/L$ 的 CTAB 胶束水溶液，用极性溶液模型研究其介电谱发现三个弛豫模式[13]。在高频的最快的弛豫模式的弛豫时间是 1ns，是由 CTA^+ 和 Br^- 之间形成的离子对的旋转引起的；当表面活性剂浓度超过 100mmol/L 时，因为在相互接触的两个胶束的表面接触区域离子对旋转运动受到影响，因此弛豫强度随浓度的增加而减小。从最快的弛豫模式介电弛豫强度可以估算三甲基铵基的中心和 Br^- 之间的距离；随着浓度的增加，弛豫时间大约是 20ns 的最慢的弛豫模式出现，并且其弛豫强度增加。中间的弛豫模式（弛豫时间是 8ns，强度随浓度的增加而减小），是由于球形胶束附近的电束缚的 Br^- 的迁移引起的，从该模式的弛豫强度和弛豫时间可估计胶束中心到束缚的 Br^- 之间的距离。整个介电谱的解析是通过分析根据极性溶液介电模型的方程进行拟合的结果，结合前面的同样体系弛豫模式的分析基础完成的。

以上关于 CTAB 阳离子表面活性剂胶束的介电谱研究是以 Shikata 等提出的弛豫模式的

解释为基础进行的，非常系统地解释了微细的弛豫现象，获得了胶束表面动力学和结构的信息，但是还有不足，如在对离子影响方面与 Hedin 和 Furo 的 Br⁻ 的 NMR 结果不一致，该结果排除了四烷基季铵溴盐胶束表面存在确定的离子对[17]，当然这是个有争议的话题。此外，Shikata 组的工作几乎没有涉及到溶剂即水的弛豫问题，对此，下面介绍的 Buchner 研究组的研究给出了胶束和溶剂的统一结果。

5.2.4 阳离子表面活性剂胶束体系的介电弛豫Ⅱ——Buchner 解释

5.2.4.1 胶束溶液中溶剂的介电谱

德国 Regensburg 大学 Richard Buchner 研究组的研究主要集中在射频的高频段和微波领域，在研究阳离子表面活性剂 C_8TAB、$C_{12}TAB$、$C_{16}TAB$ 和 $C_{12}TAC$ （$c \leqslant 1mol/L$）水溶液在 $10^7 \sim 10^{11}$ Hz 频率范围的介电谱时，对球形胶束弛豫的解释使用的是不同于 Shikata 等的模型，除此之外，没有特意加入电解质，同时还研究了溶剂的弛豫[18]。即在相对较高的频率段不仅研究了球形胶束的弛豫过程，而且还利用介电弛豫谱在皮秒和纳秒尺度内对各种偶极矩的波动非常敏感的特点，讨论了胶束溶液中各个部分水分子的弛豫过程，探测从荷电胶束附近束缚的对离子云的极化而引起的瞬间偶极矩的波动到水分子或离子对的取向运

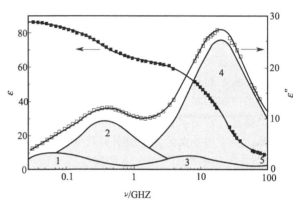

图 5.4 浓度为 $c = 0.40020mol/L$ 的 $C_{16}TAB$ 水溶液在 25℃时的介电常数和介电损失谱[18]
阴影下的峰表示单独的 5 个弛豫过程对整体介电损失的贡献

动的动力学。图 5.4 表示的是 $C_{16}TAB$ 水溶液的介电常数和介电损失谱。对于这样的介电数据的解析可以按照 3.5.2 节讲述的方法进行：使用基于 Levenberg-Marquardt 算法的非线性最小二乘法对 $\varepsilon(\nu)$ 和 $\varepsilon''(\nu)$ 进行同时拟合，对每种弛豫过程模型函数可以选择表 3.1 中给出的几种弛豫模式。Buchner 等采用的是将 5 个 Debye 型函数的总和作为模型函数（见下式）进行拟合，全部使用 Debye 方程在拟合上由于参数较少可以提高精度。

$$\Delta\varepsilon^*(\nu) = \sum_{i=1}^{5} \frac{\Delta\varepsilon_i}{1 + 2\pi\nu\tau_i} + \varepsilon_\infty$$

结果表示该体系的介电谱可以考虑为是由 5 种弛豫过程贡献组成的：弛豫时间为 $\tau_1 \approx$ 1.5ns 和 $\tau_2 \approx 300ps$ 的两个频率较低的弛豫分别是由荷电胶束附近自由对离子和束缚对离子的扩散引起的。而其它的几个弛豫均为溶剂的贡献：像在纯溶剂中一样可以观察到水分子的快速移动产生的一个小的贡献 $\tau_5 \approx 1ps$；如图所示的 $\tau_4 \approx 8ps$ 的主要弛豫是本体水的氢键网络产生的，尽管多少有些争议，但它反映了那些以氢键网络形式的水分子和那些位于阴离子水合壳的水分子的平均动力学；而较慢的溶剂弛豫过程，$\tau_3 \approx 25ps$，是由胶束内以及在 C_8TAB 单体的疏水链附近的水分子引起的。从上述测量频率范围的溶剂水分子的弛豫的强度 $\Delta\varepsilon_i (i = 3, 4, 5)$，可以计算表面活性剂离子和胶束的水合数，以及胶束的体积分数；从弛豫时间 $\tau_i (i = 3, 4, 5)$，借助于 Eyring 公式可以计算水合的活化焓 ΔH^* 和相应的熵 ΔS^*。关于溶剂水的弛豫过程的解析表示，四烷基季铵表面活性剂形成的胶束结合了两种不同类型的束缚水：一部分是接近胶束的碳氢核的具有 $\tau_3 \approx 25ps$ 的所谓"slow"水，另外的绝大部分的水几乎不能对溶剂的介电弛豫有贡献，因为这些水分子被束缚在阳离子的极性基团上或

在基团之间。上述讨论可以确认，通过介电分析能够获得很多有关表面活性剂胶束溶液中溶剂的微观动力学信息。

5.2.4.2 胶束溶液中溶质（胶束）的弛豫解释

Buchner 等对于上述的 C_8TAB、C_{12}TAB 和 C_{16}TAB 三种表面活性剂体系的低频弛豫的考察结果表示：代表性的图 5.4 中弛豫时间为 $\tau_1 \approx 1.5$ns（大约 80MHz）和 $\tau_2 \approx 300$ps（大约 250MHz）的两个弛豫过程是由荷电胶束表面自由的和束缚的对离子引起的[19]，这与 Shikata 的解释是一致的，但是他们采用不同的模型解释各自的实验数据（对照图 5.3 和相关的叙述）。Buchner 认为 5.2.2 节提到的 Grosse 模型能够同时合理地解释在低浓度时的这两个弛豫过程的弛豫时间和弛豫强度；用描述束缚对离子过程的类似于 Pauly-Schwan 模型的模型函数，可以在整个浓度范围拟合大约 250MHz 过程的介电参数。即对于同样的实验体系，Buchner 与 Shikata 不同，考虑用表示在图 5.2 中的两个模型解释介电数据。利用这两个模型可以确定胶束的半径和表面电导率的值，再由半径可确定胶束的体积分数，这样获得的体积分数不仅与文献结果一致，而且也与从水的弛豫过程解析的结果相一致。对于浓度小于 CMC 的 250MHz 的弛豫是由于溶剂离子对翻转运动引起的；对于低于 CMC 的 C_8TAB 水溶液体系在 80MHz 也发现一个弛豫，它暗示着在自由的和离子对形式的表面活性剂离子浓度低时，形成松散的预胶束聚集体。关于预胶束的介电谱研究目前尚很少见到。这表明，这些表面活性剂溶液在 0.09GHz 到 89GHz 的频率范围（图 5.4 的测量范围）所确定的复介电常数谱能够指定微观过程。

因为目前尚没有被普遍接受的离子胶束的水合模型，也没有准确划分测量频率范围内溶质和溶剂弛豫的足够的介电谱研究。因此，上述的 Buchner 等关于溶剂动力学的介电谱方法无论是在解析方法上还是在获得的结论上都具有重要的意义和价值。

5.2.5 阴离子表面活性剂 SDS 水溶液以及与 C_nTAX 水溶液的比较

相对于上面的阳离子表面活性剂溶液，对阴离子表面活性剂溶液的介电研究较少，1994 年 Barchini 和 Pottel 曾研究了没有添加盐的十二烷基硫酸钠（SDS）水溶液胶束体系的介电谱[20]，主要注重于考察对离子对弛豫的贡献。利用经验方程拟合获得介电谱数据，结合对离子层电动力学理论结果讨论了特征参数；并提出具有厚双层的直观模型，它很好地解释了胶束表面离子运动与介电谱特征参数的关系。由该模型可以得到关于表面活性剂分子的解离度、胶束的有效大小和对离子淌度的信息。此外，对 SDS 水溶液体系研究较详细的还是 Buchner 研究组[21,22]，他们对浓度高于 0.1mol/L 的体系在 0.005GHz 到 89GHz 频率范围的介电测量发现四个弛豫过程，其中在 0.03GHz 和 0.2GHz 附近的两个弛豫与胶束的存在有关；在 18GHz 附近的弛豫是溶剂水分子的弛豫过程；而与胶束结合的水分子在 1.8GHz 附近的弛豫过程显现一个非常小的贡献。采用与前面 C_nTAB 溶液体系一样的解析方法，用包含四个 Debye 弛豫项的总函数拟合介电数据，结果如图 5.5 所示，四个弛豫过程的弛豫时间分别为 $\tau_1 = 5.5$ns、$\tau_2 = 500$ps、$\tau_3 = 120$ps 和 $\tau_4 = 8.3$ps。从拟合曲线可以看出，胶束弛豫的弛豫强度是随着 SDS 浓度的增加而增加的规律，而溶剂的弛豫几乎不随 SDS 的浓度而变化。在 SDS 胶束中，每个 SDS 单元束缚大约 20 个水分子，但是束缚作用不像 C_nTAB 那样强。低频的两个弛豫时间和弛豫强度可以用 Grosse 理论给予解释；对高频的水弛豫过程的解析表明，SDS 胶束体系的水合与 C_nTAX 胶束是不同的，结合水的弛豫时间超出本体水值的 12～20 倍，转动淌度的减小以及确定的水合数也被最近的分子动力学模拟所证实[23]。

介电谱提供胶束水合、胶束大小以及束缚对离子的动力学等信息。表面活性剂体系中的胶束和溶剂的弛豫时间和弛豫强度等弛豫参数可以单独分析，而且对溶剂和胶束获得的信息

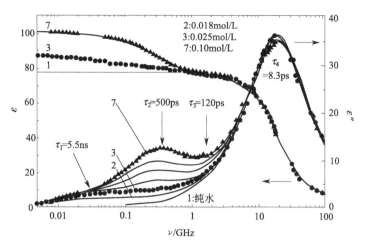

图 5.5　浓度为 $c=0.0$ mol/L（曲线 1）、$c=0.018$ mol/L（曲线 2）、$c=0.025$ mol/L（曲线 3）、$c=0.035$ mol/L（曲线 4）、$c=0.052$ mol/L（曲线 5）、$c=0.069$ mol/L（曲线 6）和 $c=0.10$ mol/L（7）的 SDS 水溶液在 25℃时的介电常数和介电损失谱

曲线是利用包含 4 个 Debye 过程的函数拟合的结果，为了清晰起见，

只列出 $c=0.025$ mol/L 和 $c=0.10$ mol/L 两组实验点[22]

可以通过介电谱数据的内在关联性互相验证。由介电谱解析获得的一些物理量，如与胶束结合的水分子数、Grosse 半径、对离子的表面扩散系数等可以和其它技术得到的相应值直接进行比较。但是，另外一些量，如每摩尔表面活性剂的结合水的数目或氢键的数目是其它方法所难以获得的。比较经过仔细解析的两个典型阴、阳离子表面活性剂 SDS 和 C_nTAX 溶液的介电谱数据，可以得出结论：SDS 胶束由于表面硫酸盐头基与水形成的氢键，因此表面是强烈亲水的，束缚的钠离子沿着 Grosse 半径移动，通常被水合的钠离子从胶束表面分隔开；而 C_nTAX 胶束表面本质上是疏水的，束缚的卤离子 X^{-1} 直接与三甲基铵头基接触，远离这些束缚对离子的胶束表面是疏水的，如图 5.4 中 $\tau_3 \approx 25$ ps 的弛豫所示，胶束的表面也束缚了大量的水，可能是因为同时与头基以及束缚卤离子的相互作用的结果。比较图 5.6 中的两个图可以看出，两个体系介电谱的主要区别在于胶束表面离子扩散和束缚的水分子的弛豫。除了表征扩散离子云大小的 Debye 长度不同之外，SDS 和 C_nTAX 之间的主要差异还有胶束的半径，即 Grosse 模型的有效半径是疏水核加上头基直径的胶束有效半径。对于阴

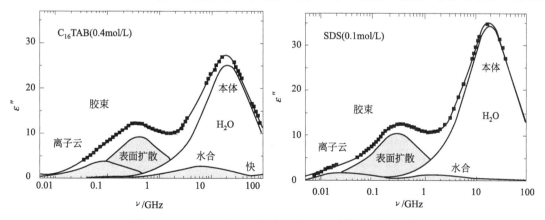

图 5.6　C_{16}TAB 和 SDS 水溶液在 25℃时的介电损失谱

阴影部分是分解的弛豫过程[22]

离子表面活性剂 SDS，介电谱解析和动力学模拟结果都表示存在一个将头基和束缚对离子分隔的水层，而对于阳离子表面活性剂 C_nTAX 则没有。对于 SDS 和 C_nTAX 两者，水合层是不同于本体水的，但只有后者显示无旋转的束缚，推测这源于 C_nTAX 胶束中存在大量的接触离子对。

5.2.6 阴离子碳氟表面活性剂水溶液

5.2.6.1 结构变化的介电监测

全氟辛酸四丁基铵（TBPFO）在改变温度或浓度的情况下，能够出现两个浊点，并表现出明显的温度依赖和浓度依赖的结构变化和相跃迁性质[24]。作者实验室最近在 40Hz～110MHz 频率范围研究了 TBPFO 水溶液体系在由温度和浓度的变化而引起的相跃迁附近的介电弛豫行为，利用介电谱方法对该体系中发生的结构变化过程进行了监测，介电弛豫参数的变化指出了温度依赖和浓度依赖两个方向的确存在相跃迁过程[25]。介电谱的解析是利用含有一个和两个弛豫过程的 Cole-Cole 方程和电极极化校正项的模型函数［式(5-11)］拟合介电数据，获得弛豫时间和介电增量等弛豫参数。结合弛豫参数和图 5.7，可以看到相跃迁的温度依赖关系是很明显的：在 15℃时，介电谱表示特征频率在 188kHz 和 6MHz 附近的两个弛豫，尽管 25℃时两个弛豫仍保留，但它们彼此互相接近，特征频率分别位于 247kHz 和 0.4MHz 左右，且介电增量增加；当温度增加到 30℃时，只有一个在 277kHz 附近的弛豫出现，随着温度进一步增加到 40℃，又再次出现两个弛豫，但是介电增量较小。图 5.7 中的插图是 15℃和 40℃的放大谱。

$$\varepsilon^*(f) = \varepsilon_h + \sum_{i=1}^{n} \frac{\Delta\varepsilon_i}{1+(2\pi f \tau_i)^{1-\alpha}} + A\omega^{-m} \tag{5-11}$$

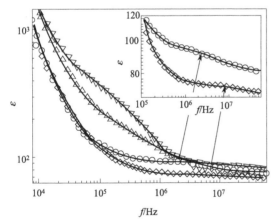

图 5.7　不同温度下浓度为 70mmol/L
体系的介电谱[25]

实线表示最佳拟合曲线，15℃(○)、
25℃(△)、30℃(▽)、40℃(◇)

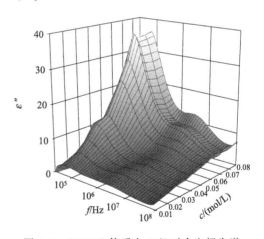

图 5.8　TBPFO 体系在 20℃时介电损失谱
浓度依赖性的三维图

图 5.8 是 20℃时 TBPFO 水溶液体系的浓度依存介电损失谱的三维图，从图中以及类似分析方法获得的弛豫参数可以判断存在两个弛豫。详细研究得出结论：随着温度和浓度的变化，利用模型函数的拟合获得的介电弛豫参数表现出与相图中的变化一致的分布规律，表明介电谱方法可以监测 TBPFO 胶束水溶液的相转移和结构跃迁。利用 Grosse 模型中相关的理论公式对各个相区的弛豫仔细分析给出了胶束形变的信息：低温度的均相区因为出现两个

弛豫时间相近的弛豫，故可以判断为自由对离子分别沿棒状胶束长短轴方向的扩散运动所致，因此间接地确认胶束的形态。随着温度的升高，由于虫状胶束间的连接点或缠绕点的形成，在30℃时只剩余一个弛豫，根据计算得到的弛豫时间数值可估算出棒状胶束的长半轴长度和短半轴长度，以及虫状胶束节点之间的平均距离。

5.2.6.2 对离子种类对弛豫变化的影响

在以上研究的基础上，研究了改变表面活性剂的对离子对介电弛豫的影响。这里的离子改变指的是使对离子的大小发生明显的变化，即逐渐改变四丁基铵离子碳链的长度，从四丁基铵 TBA^+ 逐渐过渡到四丙基铵 TPA^+、四乙基铵 TEA^+、四甲基铵 TMA^+、铵离子 NH_4^+，直至变成最简单的 Na^+，在这种情况下，不仅对离子的大小发生了本质性的变化，而且对离子的疏水性质也发生了很大的改变。全氟辛酸四烷基铵 $C_7F_{15}COON(C_nH_{2n+1})_4$（$n=1、2、3、4$）（分别表示为 TMPFO、TEPFO、TPPFO 和 TBPFO）、全氟辛酸铵（APFO）和 NaPFO 中，除 TBPFO 外，在不同的表面活性剂体系中都只有一个弛豫出现。参考 Grosse 模型对介电弛豫参数进行分析推断弛豫机制彼此相近，判断上述几种体系中的胶束基本上是球形的，因此可估算胶束的平均半径，同时给出平均半径随表面活性剂种类不同而呈现的变化顺序：依 APFO、NaPFO、TMPFO、TEPFO、TPPFO、TBPFO 增加。对于因碳链尺度不同的对离子所产生的弛豫行为变化与胶束结构以及界面离子动力学的关系无疑是一个十分有趣的课题，上面介绍的只是初步的考察。

5.2.7 AOT-水体系——胶束形状的估计

最近，作者实验室在射频段对 AOT-水两组分体系在很宽浓度范围的弛豫行为进行了详细考察，同时还考察了温度和对离子等因素对弛豫的影响，从弛豫参数分析中获得了对形成的 AOT 胶束的可能形状的基本估计。研究发现，体系在 $15\sim50\,mmol/L$ 浓度范围有两个弛豫，且随浓度增加而变得明显，当到了远超过 CMC 的 $55\sim150\,mmol/L$ 浓度范围，两个弛豫达到平稳，而且随着浓度增加两个弛豫的强度呈完全不同的变化规律（参见图 5.9）。由含有两个 Cole-Cole 弛豫项的方程拟合介电数据获得其它弛豫参数：两个弛豫的弛豫时间和时间分布参数。高、低频弛豫时间只相差一个数量级（分别为 $0.1\mu s$ 和 $1\mu s$ 数量级），且随浓度的变化趋势基本相同，由此估计在该浓度范围 AOT-水体系形成棒状胶束溶液，高、低频弛豫分别对应于对离子 Na^+ 沿着棒状胶束短、长轴的扩散。利用 Grosse 公式计算出长短轴半径，而且给出胶束形状（长短轴之比）随浓度的变化。此外，考察温度对弛豫行为的影响的研究结果发现，$30\sim65℃$ 之间的介电谱没有发现胶束的形状随温度的改变，但明显出现开始出现弛豫的温度随着浓度的增加而呈现指数增加的变化，由此也许可以推测这是源于体

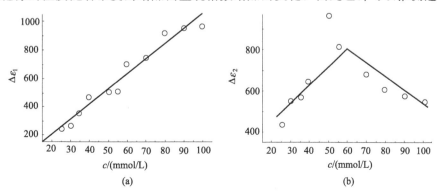

图 5.9 低频弛豫（a）和高频弛豫（b）的介电增量随 AOT 浓度的变化

系在不同温度出现的相变所致。对离子 Na^+ 的浓度增加似乎没有影响胶束的形状，但对离子在胶束表面分布的改变同时影响两个弛豫的介电参数。

5.2.8　非离子和两性离子表面活性剂 DDAO 体系

对于非离子表面活性剂溶液体系的介电谱研究很少，其中可以列举的是 Shikata 等关于十二烷基二甲酰胺氧化物（DDAO）表面活性剂水溶液的研究[26]。

DDAO 分子由于头基上的配位化学键 O←N 而有一个电偶极矩，而 O←N 型偶极矩随添加 HBr 而减小，而 HO←N$^+$ 型偶极矩则增加。在 DDAO 的浓度（c_D）在 $100 \sim 500\text{mmol/L}$ 的范围内变化时，体系平均的质子化程度（α）通过 HBr 的加入而变化。这些变化过程也可以通过介电谱检测到，Shikata 的结果给出四种弛豫模式。最快的弛豫时间（$\tau_1 \approx 10^{-10}\text{s}$）几乎与 c_D 无关，而弛豫强度 $\Delta\varepsilon_1$ 在质子化程度 $\alpha = 0$ 时正比于 c_D，而且随 α 的增加而减小，因此，τ_1 的快弛豫归于球形胶束中 O←N 型头基在球形胶束中的转动弛豫模式。第二个弛豫（$\tau_2 \approx 10^{-9}\text{s}$）也与 c_D 无关，而弛豫强度 $\Delta\varepsilon_2$ 正比于 c_D。因为弛豫强度 $\Delta\varepsilon_2$ 和胶束表面的 Br^- 的个数随着 α 的增加而减小，所以 τ_2 模式归于在 $\alpha \geqslant 0$ 时 HO←N$^+$ 和 Br^- 之间在胶束表面形成的离子对的转动弛豫模式。在 $\alpha > 0$ 时第三个弛豫模式（$\tau_3 \approx 10^{-8}\text{s}$）是由于分子之间的作用力在质子化的和未质子化的 DDAO 分子之间形成的分子间缔合粒子的旋转弛豫模式而引起的。最慢的模式（$\tau_4 \approx 10^{-7}\text{s}$）是由于 DDAO 球形胶束表面的对离子分布所致。当 $\alpha \geqslant 0.5$ 时，DDAO 溶液的介电行为与离子型表面活性剂，如 CTAB 基本相同。在 $\alpha \geqslant 0.5$ 时向 DDAO 溶液中添加 NaBr，使得胶束形状变为椭球体，因此导致介电谱变得比仅含有球形胶束的离子型表面活性剂溶液宽很多。

因为 DDAO 水溶液根据不同的 pH 可以以中性或是阳离子的形式存在，因此控制 pH 可以在 CMC 以上形成离子的或非离子型的胶束。这样，在不同 pH 下的 DDAO 水溶液会显示不同的介电谱。Bonincontro 等的研究认为，在较低浓度，中性的胶束的介电响应相当平缓，pH 值低于 7 时，在射频段出现介电弛豫，弛豫机制除了通常的 Maxwell-Wagner 效应之外，还有因胶束表面质子化诱导产生的电偶极矩的取向极化[27]。由介电谱观察的弛豫时间可计算出胶束的平均大小，而胶束半径随着由 pH 值诱导的胶束离子化的增加而降低，动力学光散射的实验很好地支持了介电谱得到的结果。

甜菜碱型表面活性剂——十二烷基二甲基甜菜碱（C_{12}DCB）、十四烷基二甲基甜菜碱（C_{14}DCB）、十六烷基二甲基甜菜碱（C_{16}DCB）以及油醇二甲基甜菜碱（OleyDCB）等两性离子表面活性剂水溶液的介电行为随表面活性剂浓度的变化的研究表明：C_{12}DCB 和 C_{14}DCB 水溶液中形成的是球形胶束，表面活性剂的两性头基的旋转弛豫时间均在 ns 附近；而 C_{16}DCB 和 OleyDCB 的水溶液中形成的则是线状胶束，弛豫时间也为 ns 级，但与表面活性剂的浓度无关，仅随着烷基链的增长而增加，弛豫强度的大小与表面活性剂的浓度成正比[28]。

5.2.9　线状胶束体系

水溶液中的离子型表面活性剂随着增加盐而聚集形成荷电的线状（棒状或虫状）胶束。这种线状胶束因为有着电荷分布以及与聚离子相似的线状构造也被称为准聚离子，但与聚离子不同的是组成胶束的表面活性剂分子的数量是可随环境而改变的，例如，当通常的盐加到离子表面活性剂溶液时，表面活性剂发生聚集，因此线状胶束的长度变长。尽管用介电谱方法对这种非常有意思的体系进行研究的报道很少，但是，下面的例子还是可以看出介电测量数据的解析可以给出关于体系内线状胶束间相互作用等动力学方面的很多信息。Shikata 等

在 $10^8 \sim 10^{10}$ Hz 的射频和微波段研究了等物质的量的 CTAB 和 NaSal（水杨酸钠）组成的线状胶束体系的弛豫行为[29]，证实了线状胶束体系中存在纠缠点，与之相关的介电谱具有较宽的分布，可以用四个 Debye 型弛豫时间（1.2ns～0.7μs）描述。弛豫时间为 1.2ns 的快弛豫是由于线状胶束中 CTA^+ 和 Sal^- 之间的离子对的转动运动引起的，随着 CTAB 和 NaSal 的浓度超过 30mmol/kg，这个转动模式的弛豫强度减小，而具有弛豫时间为 6ns 的弛豫强度增加；另外两个较长弛豫时间的弛豫被解释为 Sal^- 离子在两个 CTA^+ 离子之间的交换速率引起的，其弛豫强度不随 CTAB 和 NaSal 的浓度变化。这些介电弛豫参数的考察结果暗示着，在线状胶束之间的纠缠点由于胶束表面的相互作用，胶束中的离子对的转动运动被中断和减慢了。

介电谱方法可以用于研究聚合物黏弹性是众所周知的，因此对线状胶束的类似行为一定会有很高的期待。Shikata 组利用介电谱考察了阳离子表面活性剂 CTAB 和聚苯乙烯以及聚苯乙烯硫酸钠混合体系形成的混合线状胶束的黏弹性行为[30]，结果发现形成的混合线状胶束长且柔韧性好，结构稳定且彼此缠结，弛豫时间和弛豫强度表现出 Maxwell 要素所描述的明显的黏弹性行为。该类研究体现了介电谱和黏弹性在理论方法上的相近性。此外，也有使用频率域电子双折射弛豫光谱（FEB）和高频介电谱研究线状胶束的结构和束缚对离子的动力学的报道[31,32]。在有外加的盐如水杨酸钠（NaSal）的 CTAB 的水溶液中，NaSal 的浓度 c_S 影响线状胶束的形成：线状胶束的伸直长度 L 随着 c_S 增加而增加，但当 CTAB 的浓度超过一定范围时，再增加 c_S，L 会减小；FEB 和介电测量的弛豫时间和增量也可以给出线状胶束上的束缚对离子水杨酸钠离子的扩散常数等动力学信息。

5.2.10 聚合物-表面活性剂胶束的复合体

以上介绍的是表面活性剂胶束水溶液体系介电谱研究的较为典型的结果，实际上，用介电谱法研究表面活性剂胶束和聚合物形成的复合体同样具有特殊的效果，Bonincontro 等报道的研究结果就是较好的一例[33]。该研究的介电谱显示：在表面活性剂型防蜡剂溶液中，在临界胶束浓度以上出现一个弛豫，当存在 PACTA（十六烷基三甲基聚丙烯酸酯）和 SDS 时，则发现两个弛豫过程。它们分别是由于自由的胶束和聚合物束缚的胶束引起的，因为它可以用聚合物束缚态的胶束和自由态的胶束之间的化学平衡来解释。介电分析结果不仅指出胶束与 PACTA 之间发生相互作用，而且给出了吸附在聚合物骨架上的胶束之间的距离（接近 40nm），并指出这取决于表面活性剂的量。类似的，对于胶束、蛋白质以及很多复杂生物大分子的混合溶液，介电谱可以在介于本体的水取向弛豫和这些有序集合体或大分子的取向弛豫之间检测到另外的一些弛豫过程。介电谱方法自身目前并没有对这些弛豫过程的原因给出十分清晰的结论，但是，借助分子动力学模拟可以研究这些介电弛豫现象[34]。其它一些关于表面活性剂-生物大分子复合体中弛豫过程的研究，也显示出介电谱方法在获得有序组合体以及聚集体-聚合物复合体动力学和结构信息方面的优势，如 CTAB-DNA 等体系[35,36]。

5.3 反胶束和微乳液体系

5.3.1 概述

反胶束（inverse micelle）是表面活性剂在非极性有机溶剂中自发形成的一种聚集体，如图 5.10 所示，在该聚集体中表面活性剂的极性头向内排列形成极性核，而碳氢链指向外

部的非极性溶剂，反胶束最重要的性质是其具有容纳大量水后形成所谓的"微乳液"的能

图 5.10　碳氢化合物介质中反胶束示意图

力，比如 AOT［Aerosol-OT，二(2-乙基己基)磺化琥珀酸盐］分子可以容纳上至 50 个水分子于反胶束内。这样的一个分散在表面活性剂包裹的纳米大小的水滴被称为"水池"（water pool）。由于 AOT 是一种典型的双链阴离子表面活性剂，与其它表面活性剂相比具有的显著特征是其特有的双链结构，这种结构使得其在无助表面活性剂下，就能够与其它非极性溶剂在室温形成稳定的胶束或微乳液。关于微乳液以及水池的信息除了可以通过动力学光散射、SANS、小角 X 衍射、超频速测量、NMR、ESR、差热分析等方法获得之外，介电弛豫谱方法也是一个非常有效的研究手段[1,37]。

反胶束溶液包括微乳液，通常由表面活性剂、助表面活性剂（通常为醇类）、油（通常为碳氢化合物）和水（或电解质水溶液）组成，因此，可以联想到上一章讲述的 W/O 型乳状液体系，即表面活性剂包裹的水滴分散在连续油相中。由于存在巨大的相界面，该类体系将出现因 Maxwell-Wagner 极化而引起的弛豫。从这个角度讲，就不难理解目前简单且易被接受的反胶束结构模型为以界面极化理论为基础的两相模型了。该模型假定反胶束为球形，胶束内核的水可分为自由水和束缚水，而且两种水可以迅速交换。束缚水的性质主要由表面活性剂的极性和离子的性质决定，它处于表面活性剂分子和自由水之间，因此又称束缚水界面层。显然，如果考虑到表面活性剂头基的电性质，以及界面双电层性质等因素，该两相模型至少在直观上是略微粗糙的。如果单纯地考察弛豫机制以及得到内部水相和油相的电性质，Wagner 理论和 Hanai 理论以及相应的解析式［如式(2-49)～式(2-51)］均可以适用到球形反胶束以及微乳液体系中。详细解析界面信息可根据 2.3 和 4.3 节讲述的理论方法，结合具体研究体系进行适当的拓展。

5.3.2　反胶束体系

5.3.2.1　反胶束模型的研究

用介电谱方法研究反胶束体系通常是与微乳液体系的研究结合在一起的，因此，在大多数文献中对这二者并没有严格的界定。最初的研究对象主要集中于最常见的阴离子型表面活性剂 AOT 上，而且注重介电解析的模型。法国的 Peyrelass 等研究了低摩尔比的水-AOT-十二烷体系的时域介电谱，以 Hanai 球形模型、椭球分散模型以及各向异性模型球的混合形式完整地解释了实验数据[38]；瑞典的 Sjöblom 等用时域介电谱法研究了电解质 KCl 和 CaCl$_2$ 对 AOT-甲苯-水、辛酸钠-正癸醇-水和四甘醇苯酚醚-十二烷-水等反胶束体系介电弛豫的影响[39,40]。在所选择的前两种体系中并没有发现介电参数随频率有明显的变化，但是在非离子体系中，在 MHz 附近出现了一个明显的因为 M-W 极化引起的介电分散，并且在高电解质含量时介电增量和弛豫时间都减小。其中在对辛酸钠-水-正癸醇介质中的反胶束体系的研究表明，在胶束浓度很低时球形胶束模型可以解释实验数据，但当胶束的浓度非常高时介电常数出现一个突然的增加，为解释这一现象提出了预测具有离子水核的扁长反胶束介电行为的模型，通过导入一个适中的轴比（2～3）在理论上解释该现象，获得的结果与几何计算、黏度和 X 测量的早期数据非常一致[39]。

5.3.2.2　水池内水分子湍度

反胶束中束缚水的介电弛豫研究可提供关于在纳米尺度的水池中水分子湍度等动力学信息[41～43]。对 AOT 反胶束体系在 0.2～2THz 的太拉赫兹频率段的实验发现有两个弛豫存

在，利用包含两个 Debye 过程的方程拟合实验数据，从获得的弛豫参数发现，水池中介电弛豫的强度远远小于本体水，这可归结于水分子运动的受限，通常液体中的长程聚集运动被中断，因此证明水池内的"自由"水并不等于本体水，同时还发现由于氢键产生的弱弛豫[40]。在 0.01～20GHz 频率段，在水与 AOT 的比 W（反胶束的尺度用水含量 $W=$ [H_2O]/[S] 表征）变化的条件下，测量 AOT 在正庚烷和四氯化碳中的反胶束的介电谱表示的弛豫现象是与单一粒子动力学相联系的，因为弛豫取决于 AOT 的水合情况，因此显著地受到粒子间相互作用的影响，在低体积分数时粒子间相互作用可以忽略，不同 W 下的弛豫行为被解释为两个共存的扩散机制：胶束整体的转动和水合 AOT 离子对的自由转动扩散。随着体积分数增加粒子间相互作用开始起作用，因此，介电弛豫受到外油相的性质以及少量添加的电解质影响，这些信息都是通过分析弛豫时间和弛豫强度等介电弛豫参数以及它们与体积分数的关系获得的。该研究结果还表示：低水含量时弛豫表示的是脱水胶束的弛豫，而在高水含量时观察到的弛豫则产生于水核的头基运动[41]。在 0.02～0.3GHz 频率范围对 AOT-水-四氯化碳的微乳区（0.2＜W＜10）体系的介电谱探测到了一个单独的弛豫时间（在最低的水含量，$W=0.2$ 时大约为 7ns），这个时间随着 W 的增加变得更短。因此可认为该弛豫时间表达的是胶束本身在外电场下的取向时间。随着增加 W，极性头基增多因而湍度也逐渐增加，在 W 值最大时的弛豫也可归于头基区域水核中 AOT 离子对的转动弛豫[42]。

5.3.2.3 水合对动力学的影响

对 AOT-水-CCl_4 反胶束溶液，作为比 $W=$[D_2O]/[AOT]（含少量重水 D_2O）的函数的介电测量结果表明：该体系显现的因 AOT 头基流动性增加而导致的弛豫过程是水合度的函数[44]。因为弛豫是复杂的，用含有 Cole-Cole 和 Debye 两种类型的弛豫过程拟合介电数据得出两个弛豫的强度和时间，大约为 $\tau_1=5.9\times10^{-12}$s 的高频弛豫对应着 Debye 弛豫项没有分布，是由于反胶束内本体 D_2O 的取向极化；对于 AOT-D_2O-CCl_4 以及 AOT-H_2O-CCl_4 两个体系的低频弛豫时间大致在 0.1～10ns 之间，它大致来自于在低 W 时的整个胶束的取向极化以及与自由水结合的 AOT 头基的取向极化，因此具有一定的分布，该弛豫时间不随 W 的增加而发生变化，说明在反胶束核的液体中同位素置换完全没有影响到体系的动力学性质。这样的结果告诉我们可以直接将介电数据和中子散射的结果进行比较，因此证实了介电谱能够反映反胶束内部的复杂的动力学。当水合程度超过一定值时，在 AOT 分子中碳氢尾链的局部流动性会增加。

5.3.2.4 双弛豫的模型解释

最近，作者实验室对 CTAB-异辛烷-正己醇-水体系中阳离子反胶束溶液的弛豫行为进行了模型研究[45]。在对 CTAB 浓度从 0.02mol/L 变到 0.1mol/L、水含量 W 从 5 增加到 40 的条件下，进行的 40～110MHz 频率范围的介电测量发现，在 $10^3\sim10^7$Hz 的射频段有两个因界面极化引起的弛豫（图 5.11），这在许多其它反胶束的研究中很少见到。但事实上，此现象并不奇怪，因为如分散系一章所讲述的，分散体系在射频范围内会出现两个对双电层极化和组成相的电性质都很敏感的弛豫。低频弛豫出现在千赫兹范围，是由于双电层中对离子的扩散；高频弛豫一般出现在兆赫兹范围，是由 M-W 界面极化效应引起的。利用两个 Cole-Cole 弛豫项且包含电极极化项的模型函数［式(5-11)］拟合获得两个弛豫的参数，为稍后的高频弛豫的相参数计算之用。CTAB 反胶束中出现的这两个弛豫与一般的粒子分散系中出现非常相似，因此考虑用图 5.12(a) 所示的示意图来表示这一体系的结构特征和对离子的分布。球外是表面活性剂异辛烷油相，CTAB 分子和助表面活性剂正己醇同在表面活性剂分子层，水滴中包括从表面活性剂中解离出的对离子 Br^-。推测表面活性剂头基

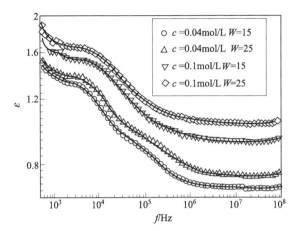

图 5.11　CTAB-异辛烷-正己醇-水体系在四种条件下的介电常数谱[45]

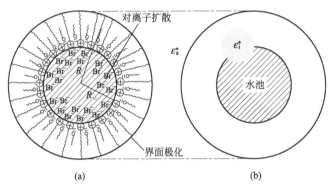

图 5.12　CTAB-异辛烷-正己醇-水反胶束的结构简图（a）以及高频介电弛豫的介电模型（b）[45]

附近 Br⁻ 的扩散导致了低频介电弛豫，而高频弛豫是源于反胶束中的油水界面的 M-W 极化。在该模型中水滴和油水界面的表面活性剂分子层视为一个整体分散相在连续的油介质中，这样，高频弛豫可以近似地用图 5.12(b) 示意的介电模型进行解析。

　　根据图 5.12(b) 表示的电模型，采用与 4.2.2 中处理 W/O 乳状液类似的方法利用前面获得的介电参数计算出表面活性剂壳的液滴内部参数 ε_i 和 κ_i、油相的参数 ε_a 和 κ_a 以及模型中体积分数 $\varPhi$ 的值，再根据式(5-2) 和式(5-4) 或式(4-37) 计算低、高频弛豫的弛豫时间，这是因为低、高频弛豫都与对离子 Br⁻ 的运动有关，因此高频弛豫时间的计算也必须用 M-W-O 理论的计算公式。但是计算结果表明，低频和高频的弛豫时间都比介电谱观察到的要小很多，导致差异的原因被考虑为由于胶束内部水滴空间很小，无论是头基附近的束缚 Br⁻ 的扩散还是双电层中的 Br⁻ 扩散都将受到限制，从而导致扩散系数降低所致，即对式(5-2) 的扩散系数修正后，$\tau_L = R^2/(D-A)$ 可以得到与实验基本符合的结果。这个差异的微观原因也可从水滴的诱导偶极矩产生及其与实验上获得的介电参数之间的关系给予解释。因为模型将 CTAB 反胶束的水滴和表面活性剂分子层作为一个整体球来考虑，因此按照 Hanai 方程计算出来的体积分数 $\varPhi$ 大于实验中的水含量。通过解释其它介电常数和相参数随表面活性剂浓度以及水含量变化的规律，可得到关于 CTAB 反胶束的结构和电性质的进一步的信息，同时也对模型的合理性给予了一定的支持。

　　与上节的正胶束水溶液相比，用介电谱方法研究反胶束体系的例子相对较少，好在反胶束和微乳液无论从结构模型上或是数据解析上，以介电的角度看是没有多大区别的。因此，接下来着重介绍微乳液的一些典型实例。

5.3.3 微乳液体系——一般的解析模型

由前面章节的讲述可知，介电测量对油水体系具有敏感的响应，因此微乳液体系的基本相行为以及作为其结果的形貌学特征对其介电性质将产生很大的影响，正是基于这种基本考虑，微乳液领域也集中了大量的介电谱研究工作。而且相对于其它表面活性剂体系，微乳液的介电谱研究开展较早，当然，这也是因为球形液滴的物理概念比较清晰，以往用于解释乳状液和分散粒子的一些模型和方法都可以适用的缘故。例如，1981 年 Chou 等[46] 在研究油包水微乳液［表面活性剂、异丁醇、氯化钠水溶液和十二烷烃构成的油包水（半径为 11.5～17.5nm）单分散球形液滴］微乳液时就在理论上解释了 0.5～100MHz 频率范围内发现的两个弛豫过程，在讨论介电数据时用到了 M-W 界面极化理论、考虑了表面电导率的 O′Konski 模型以及具有薄壳相的所谓三相界面极化模型，得出了关于低频弛豫时间与分散水滴的半径的平方成正比、高频弛豫时间与半径成正比的结论，并利用低、高频弛豫的介电参数来确定微乳液液滴的表面电荷密度和表面电导率。该研究认为，介电常数的大小不能被 Maxwell-Wagner 理论框架内的模型所描述是因为布朗运动导致的微乳液滴聚集的形成动力学所致。考察用 D_2O 置换 H_2O 的微乳液的介电谱研究表明：虽然 D_2O 和 H_2O 两者介电常数几乎相同，但含有 H_2O 盐或 D_2O 盐的微乳液的介电性质是明显不同的，H_2O 体系的表面电荷密度、介电弛豫时间和介电增量高于 D_2O 体系 2～4 倍，这些观察表明水合作用对微乳的界面和双层极化有着重要的影响。

5.3.3.1 一般的解析模型

解析微乳液内部信息的一般解析模型是考虑表面活性剂为油相外壳的粒子分散系模型，对于两个弛豫的介电谱可以采用如下的模型函数拟合以获得介电参数［参见式(2-47)］：

$$\varepsilon^*(f)=\varepsilon_h+\frac{\Delta\varepsilon_1}{1+(j2\pi f\tau_1)^{1-\alpha_1}}+\frac{\Delta\varepsilon_2}{1+(j2\pi f\tau_2)^{1-\alpha_2}}+\frac{\kappa_1}{j2\pi f\varepsilon_0} \tag{5-12}$$

等式右边最后一项在体系电导率很低时可忽略。该式实虚部分离可得到介电常数和电导率的频率依存表达式，同时拟合可确定其中不同弛豫过程的弛豫时间、介电增量以及时间分布参数。而体系内水滴和连续介质的介电常数、电导率以及体积分数等相参数需要根据 2.2.4 节和 4.1.4.3 节的内容和其中的理论解析式来求算，如果将得到的相应的参数值代入下式后可计算因 M-W 界面极化产生的弛豫的弛豫时间，通过将其与实验上获得的弛豫时间进行比较可以判断弛豫的机制：

$$\tau=\frac{2\varepsilon_a+\varepsilon_w+\Phi(\varepsilon_a-\varepsilon_w)}{2\kappa_a+\kappa_w+\Phi(\kappa_a-\kappa_w)}\varepsilon_0 \tag{5-13}$$

该式忽略了界面层对介电弛豫的贡献，因此只能判断弛豫机制，为了获得界面层的信息，需要考虑 O′Konski 理论修正（详见 2.4 节和 4.1 节）。反胶束内液滴（半径 R）很小时也可考虑为球形偶极子，利用 Debye 的取向极化弛豫时间公式讨论弛豫动力学：

$$\tau=4\pi\eta R^3/(kT) \tag{5-14}$$

这里的 η 是连续介质的黏度；分子量为 M 的液滴在电场下的电泳运动的弛豫时间可根据 Schwan 的理论公式计算：

$$\tau=M/(6\pi N_A\eta R) \tag{5-15}$$

如果厚度为 d 的壳相的电导率相对于连续介质的大很多，即 $\kappa_s\gg\kappa_a$，而且因为 $\kappa_w\gg\kappa_a$，这时的低频弛豫时间 τ_1 和高频弛豫时间 τ_2 分别近似为：

$$\tau_1\approx(\varepsilon_s/\kappa_s)\varepsilon_0 \tag{5-16}$$

和

$$\tau_2 \approx \frac{\varepsilon_w + 2(d/R)\varepsilon_s}{\kappa_w + 4(d/R)\kappa_s}\varepsilon_0 \tag{5-17}$$

低频弛豫时间 τ_1 的物理意义显然取决于具体体系"壳相"的种类，因为它源于双电层的对离子极化理论。考虑表面电导率的 τ_1 和 τ_2 分别为：

$$\tau_1 = e^2\sigma_0 R^2/(2kT\lambda_0) \tag{5-18}$$

$$\tau_2 \approx \frac{\varepsilon_w + (e^2\sigma_0 R)/(kT\varepsilon_0)}{\kappa_w + (4\lambda_0)/R}\varepsilon_0 \tag{5-19}$$

显然，上两式包含了表面电荷密度 σ_0 和表面电导率（λ_0 为表面电导率的低频极限值）等很多界面信息。上述理论公式都是源于粒子分散系理论的，在胶束体系中也常被使用。

5.3.3.2 拓展的混合介电模型

Sjöblom 在 M-W 界面极化理论和 Hanai 公式基础上根据几种微乳液和反胶束体系的介电测量实例总结了针对微乳液和反胶束的介电模型[39,47,48]：对于椭球形聚集体（通常为水滴，用 w 表示）以体积分数 Φ 分散在连续介质 a 中构成的非均匀体系的复介电常数表示为：

$$\varepsilon^* = \varepsilon_a^* + \frac{\Phi(\varepsilon_w^* - \varepsilon_a^*)\varepsilon_a^*}{\varepsilon_w^* + A(1-\Phi)(\varepsilon_w^* - \varepsilon_a^*)} \tag{5-20}$$

对于导电性聚集体分散到非导电性介质（微乳液的情况即如此）中的情况，即 $\kappa_w \gg \kappa_a$ 时，体系的静态介电常数可以由下式给出：

$$\varepsilon_s = \varepsilon_{as}\left[1 + \frac{\Phi}{A(1-\Phi)}\right] \tag{5-21}$$

体系的弛豫时间表示为：

$$\tau = \varepsilon_0\frac{\varepsilon_{as} + A(1-\Phi)(\varepsilon_{ws} - \varepsilon_{as})}{A(1-\Phi)\kappa_w} \tag{5-22}$$

ε_{as}、ε_{ws}、κ_w 可取水液滴和连续油相的相应值。对于球形液滴的微乳液或反胶束，式(5-20)的形状因子 $A = 1/3$。对于具有微观区域结构的双连续微乳液体系，通过建立水相和碳氢链区的分层电容模型可以粗略计算两个互相垂直方向分层的静态介电常数，但实际的双连续型微乳液的介电常数应该是在这两个极端方向的计算值之间。

5.3.4 微乳液体系——Sjöblom 组的研究

介电谱技术应用到胶体体系时，重要的介电参数是介电谱给出的体系静态（低频）介电常数、介电增量以及弛豫时间。前者主要提供整个体系内部结构变化方面的信息；而弛豫时间则给出表示偶极模式，如极性基团等偶极矩取向运动（快弛豫时间）、水合结构（中间弛豫时间）以及由荷电界面上的对离子运动（慢弛豫时间）的体系动力学的整体图像，因此，介电谱应用到含有缔合构造的体系是可以获得很多特别信息的。

Sjöblom 等利用上面的理论公式研究了大量微乳液体系的介电行为[49]，其中之一是离子型和非离子型表面活性剂微乳液体系在 $50\text{MHz}\sim11\text{GHz}$ 频率范围的时域介电谱[48]：辛酸钠-癸烷-水离子型微乳液体系和十二烷-水-四乙基乙醇壬基苯酚（Triton N42，非离子表面活性剂）的非离子型微乳液体系。因为具有 $3\sim5$ 个组分的微乳液是具有内部双连续的复杂体系，所以准确地解释弛豫模式是非常困难的。除了微波段的各种状态的水的弛豫之外，作为助表面活性剂的醇一般因为链骨架转动、羟基转动以及分子的某种运动形式而出现的各种弛豫过程，最多可达到三个弛豫。更重要的是，因为微乳液液滴具有巨大的油/水界面因此产生 MW 弛豫，特别是对于离子型微乳液体系来讲，对离子极化也需要考虑。上面的离子型和非离子型两种微乳液体系分别发现以三个和两个弛豫时间表示的、认为是基于微乳液中不同化学组成的弛豫模式。

Sjöblom 等还论证了介电谱理论用于一个复杂的微乳液体系（十二烷基二甲基溴化铵-水-十二烷）的有效性[47]。方法是利用静态介电常数对聚集体几何变化的敏感性，以及弛豫时间和强度能够反映聚集体的内部极化和对离子迁移等特性，确定不同模式的介电谱与微乳相中不同区域的相关性。详细的结构方面的信息是利用式(5-20)～式(5-22)得到的。例如，对于椭球形体系可以用形状因子 A 预测静态介电常数的值，分散液滴的轴比越长 A 值越低，这样通过比较不同 A 值计算的静态介电常数和低频介电常数，可以估计液滴的几何形态。因为微乳液体系的复杂性以至于不能用一个简单的形状因子来表征，例如，不同几何形态的液滴分散在连续介质中构成的多分散微乳液体系引起因 M-W 机制的弛豫，该弛豫在介电谱上表现为一个很宽分布的谱图，这样，从谱图的形状特别是分布参数可以估计液滴的形态分布状况。对于上述体系，当十二烷的量增加时介电谱反映为低频介电常数减小、弛豫时间缩短（弛豫频率移向高频），由此可以推算 A 值增大（轴比降低），说明较大液滴趋于球形。电解质对液滴聚集体结构的影响也可在介电谱中得到反映，例如四甘醇壬基-水（电解质）-十二烷的体系发现在电解质增加时，弛豫时间和低频介电常数都减小，形状因子 A 增加（轴比降低），这种现象的直接解释是电解质的加入使得聚集体变得更加紧密，形状接近于球形。

5.3.5 微乳液体系——渗滤现象

最近十多年间，介电谱方法研究微乳液形成动力学方面的报道有很多，其中比较集中的是关于渗滤现象的研究。当分散相（油或水）的体积增加到一临界值，微乳液发生微结构变化时，经常出现称为渗滤的一种特殊现象，一般有两种模型解释渗滤的阈值：向双连续油水结构渗透的静态渗滤模型和考虑液滴聚集形成渗透簇的动态渗滤模型[50,51]，特别是后者已经广泛地用于解释实际微乳液体系的渗滤现象，其中具代表性研究之一是以色列 Feldman 组对离子型微乳液的工作。

5.3.5.1 偶极相关函数 DCF 的动力学解释

介电谱数据采用式(1-33)表示的偶极相关函数 DCF 将微乳液的结构和体系的动力学性质联系起来。DCF 可以用包含平均弛豫时间 τ 和分布因子 β_{KWW} 的 KWW 函数 $\exp[-(t/\tau)^{\beta_{KWW}}]$ 表示的宏观弛豫定律来描述 [见式(1-71)]，这反映在自相似介质中偶极子相互作用的特殊性。协同弛豫模型用来描述微乳液中处于分形的渗滤区域的弛豫，并可以解释与微乳液结构有关的唯象参数 τ 和 β_{KWW}，因此可以反映在接近渗滤阈值的微乳液滴的协同行为。Feldman 等用时间域介电谱在 12～40℃温度范围研究了水-油-表面活性剂三相体系在渗透阈值附近的协同动力学，研究证明：通过考察作为温度、频率、微乳液组成相水、油、表面活性剂和助表面活性剂浓度的函数的微乳液静态的和动态的介电性质，可以获得体系中存在的主要动力学过程的信息[52,53]。在时间域介电谱中根据偶极相关函数，在频率域中根据复介电常数可以对微乳液动力学行为进行数据处理。前者，用多个 Debye 函数的组合表示 DCF 可以描述体系的弛豫行为，如下式是由 4 个 Debye 弛豫形式的和表示的 DCF，它可描述 AOT-水-癸烷微乳液的弛豫行为：

$$\Phi(t) = \sum_{i=1}^{4} A_i \exp(-t/\tau_i) \tag{5-23}$$

可获得反映对离子极化和束缚水以及自由水的极化引起的弛豫的弛豫时间[53]。

5.3.5.2 渗滤前后介电性质的变化

阴离子表面活性剂 AOT-水-油微乳液在很宽的温度范围内是由纳米尺度的水滴分散在油相中形成的，该水滴被一层厚度不能忽略的表面活性剂所包裹，表面活性剂的亲水头基朝向水池内而疏水链伸向连续相油相。AOT 分子可以电离成停留在界面上的荷负电的头基 SO_3^- 以及分散在液滴内电扩散层的 Na^+。这样的离子型微乳液的介电常数和电导率，在温度、水的比例以及水和表面活性剂的比值变化时将产生明显的变化，因此，介电谱方法是研究该类体系的适宜方法。Feldman 组的研究表明当温度达到渗滤开始的温度 T_{on} 时，微乳液表现出明显的渗滤行为：介电常数和电导率迅速增加（图 5.13）[55,56]。渗滤的外观显示在 $T>T_{on}$ 时水滴形成瞬时的"簇"；当体系接近于渗滤阈值 T_p 时，簇的特征尺度增加，导致观察到的电导率和静态介电常数增加。低于 T_{on} 的电导率随温度和体积分数的增加可以用电荷波动模型描述，由于液滴界面的荷电表面活性剂头基与液滴内部的对离子的波动交换使液滴获得电荷，因此电导率正比于体积分数和温度：

$$\kappa=\frac{\varepsilon_0\varepsilon k}{2\pi\eta R_d^3}T\Phi \tag{5-24}$$

η 是溶剂的黏度，R_d 是含有表面活性剂的水滴的半径。

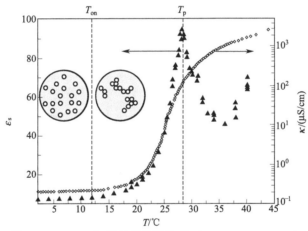

图 5.13　AOT-水-癸烷微乳液体系（17.5∶21.3∶61.2）
静态介电常数和电导率的结构以及温度依存性[54]

5.3.5.3 渗滤前后温度和液滴浓度对介电常数的影响

静态介电常数的温度依存行为至今尚不清楚，因为极性液体的静态介电常数正比于单位体积内体系的宏观均方偶极矩而反比于温度，$\varepsilon\propto\langle M^2\rangle/T$，但 Feldman 的研究表示离子型微乳液的介电常数在整个测量温度范围内都随温度的增加而增加[54,56]。对于离子型表面活性剂，总的偶极矩的贡献可以表示为服从统计力学机制的扩散层离子移动产生的偶极矩和体系中其它电位移产生的偶极矩两部分。由整个体系电偶极矩导出的介电常数 ε 与非离子源的介电常数 ε_{mix}［它是非均匀体系极化的介电常数，可以由一个球壳（表面活性剂层）的 M-W 混合模型公式求解］之间服从下面的关系：

$$\frac{(\varepsilon-\varepsilon_{mix})(2\varepsilon+\varepsilon_{mix})(2\varepsilon-\varepsilon_w)}{\varepsilon^2}=\frac{9\Phi\langle\mu^2\rangle}{R_d^3kT} \tag{5-25}$$

其中 $\langle\mu^2\rangle$ 是下式给出的液滴的均方偶极矩：

$$\langle\mu^2\rangle\approx\frac{32\sqrt{3}}{15}\pi e^2\left(\frac{R_w^9 K_s}{A_s}\right)^{1/2} \tag{5-26}$$

R_w、K_s 分别是水核的半径和表面活性剂电离平衡常数，K_s 的温度依存性可表示为 Arrihenius 行为即 $K_s(T) = A \exp\left(\dfrac{-\Delta E}{kT}\right)$，$\Delta E$ 为液滴水池中表面活性剂电离的表观活化能。液滴的极化正比于液滴的均方波动偶极矩，该均方偶极矩和相应的介电增量的值取决于扩散层中对离子的平衡分布。考虑 ε、ε_{mix} 以及 ε_w 的相对大小，因为 $\varepsilon_w \approx 78$ 和 $\varepsilon \sim \varepsilon_{mix} \ll \varepsilon_w$，上面方程可以简化为：

$$\varepsilon \approx \varepsilon_{mix}(1-X)^{-1} \tag{5-27}$$

其中 $X = [(32\sqrt{3}\pi\Phi e^2)/(5R_w^3 kT\varepsilon_w)](R_w^9 K_s/A_s)^{1/2}$，当液滴含量 Φ 很小时，$X \ll 1$，上式变为：

$$\varepsilon \approx \varepsilon_{mix}(1+X) \tag{5-28}$$

因此，介电常数是随温度增长的函数。图 5.14 是静态介电常数 ε_s 作为温度和液滴体积分数的函数的结果。温度可以分为超出和低于渗滤阈值（T_{on}）的两个温度区域，各曲线的拐点处的温度分别为各体积分数的体系的阈值。$T > T_{on}$，ε_s 随温度增加是因为液滴聚集成簇，在 $T \approx T_{on}$ 形成大约有 10 ± 5 个水滴组成的簇。而在远低于渗滤开始温度 T_{on} 时，离子型微乳液由分离的非相互作用的水滴构成（见图 5.13）。对 AOT-水-癸烷和 AOT-水-正己烷微乳液两个体积分数均为 0.13 的体系的介电测量结果显示，当油的链长减小时渗滤区域向高温方向移动（图 5.14 插图）。

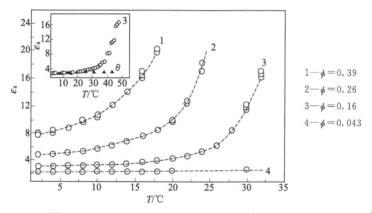

图 5.14　不同体积分数的 AOT-水-癸烷微乳液的静态介电常数随温度的变化[54]
插图是 $\Phi = 0.16$ 的 AOT-水-癸烷微乳液（○）和 AOT-水-正己烷微
乳液（▲）的类似图
所有的微乳液都保持 $W = [H_2O]/[AOT] = 26.3$

1—$\phi = 0.39$
2—$\phi = 0.26$
3—$\phi = 0.16$
4—$\phi = 0.043$

介电谱可以给出离子型微乳液体系温度变化的直观图像，如图 5.15 所示的是 AOT-水-癸烷微乳液体系的介电常数 [图 5.15(a)] 和介电损失 [图 5.15(b)] 的频率和温度依存性的三维图。很明显，介电弛豫行为是依存于温度的。随着 T 接近于阈值 $T_p = 28.5\,℃$ 介电常数急剧增加并在 T_p 达到一个山脊，在低频更突出。在超过 35℃ 的温度区域，在介电损失面可以识别出第二个同样在低频更突出的山脊。因此，在这个温度区间在频率轴上可以辨别出两个弛豫过程：长弛豫时间是液滴形成簇的重排列；短弛豫时间源于形状波动模式，可分别用式(5-13) 的 M-W 弛豫时间和式(5-14) 的转动弛豫时间来解释。

总括以上 Feldman 组的研究：对于离子型微乳液，时域介电谱以及偶极相关函数可以提供关于体系内部微细结构和动力学的信息，是监测聚集簇的构成过程以及研究包括了重排和形成簇的液滴运动弛豫过程的有效技术。

类似的 AOT-水-油微乳液体系的渗滤行为的介电谱研究在 Feldman 之前还有很多，比

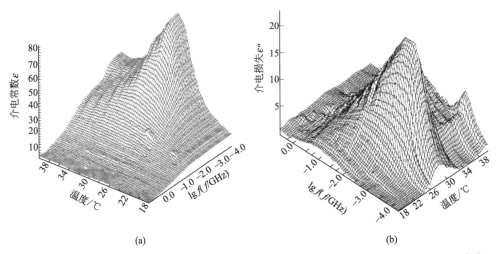

图 5.15　AOT-水-癸烷微乳液的介电常数（a）和介电损失（b）谱的温度依存性三维图[55]

如 AOT-水-异辛烷微乳液同样获得了渗滤阈值前后复介电常数的变化规律，而且用渗滤理论给予了很好的解释[57~59]。用电导率谱研究微乳液电导率和渗滤现象的关系，特别是讨论对于不同水和表面活性剂的摩尔比 W，在渗滤阈值前后电导率的弛豫并考虑了各种解释数据的模型[60]。最近的十年来，意大利的 F.Bordi 等在很宽的组成和温度范围，系统地研究了 AOT 与戊烷、庚烷、癸烷和四氯化碳形成的油包水微乳液的电导率弛豫行为[61~63]：在 $10^6 \sim 10^9$ Hz 频率范围测量渗滤下水-AOT-正癸烷微乳液的介电谱中，同样发现一个由于表面活性极性头基对离子在水滴内迁移引起的、介于本体水取向极化和界面极化之间的弛豫，用 3.5.4 节中介绍的复电模数形式和直接的复介电常数形式描述了介电谱并分析了弛豫机制。用复电模数方法分析介电数据不仅有益于分离低、高频两者对弛豫的贡献，而且还有利于确定弛豫峰，这些往往是用复介电常数形式所达不到的[63]；在 $5 \sim 60$℃ 的温度范围，在 1MHz 到 1GHz 范围对高浓度同样微乳液的介电弛豫研究表明体系的结构经历一个从渗滤阈值以下分散在油中的水滴到超过渗滤阈值时的两个双连续区域的变化。对于出现明显弛豫现象的两个双连续区域，用标度定律的解析指出在高温接近于相转移时，存在略微超过渗滤阈值的是一个静止的渗滤过程和一个可以用一个很小的临界指数值表征的过程[61]；利用电导率的 Arrhenius 型温度依存性，计算作为水对 AOT 的摩尔比 W 的函数的液滴离子化动力学反应的总平衡常数 K，并获得取决于油相性质的总的电导过程活化能约为 $25 \sim 40$kJ/mol。由这些结果判断：观测到的电导率和水滴的电离是由于当液滴结合然后再分离时液滴内 Na^+ 离子（来源于表面活性剂分子的离解）的交换所引起的[62]。

正如从上面介绍可以看到的，关于微乳液渗滤现象的介电谱研究主要是出现在最近十年内的报道，大量的研究工作集中在组成和温度变化时渗滤阈值附近体系变化过程的介电弛豫与微结构和体系动力学的关系的讨论上，以理解微乳液液滴聚集过程以及渗滤体系的物理化学性质。尽管如此，它们的讨论并不完全一致。

5.3.5.4　离子型微乳液形成和渗滤行为的介电监测

Tanaka 等通过介电监测 AOT-水-不同链长的烷烃体系在水增加时微乳液的形成过程，提出 AOT 的 W/O 聚集体的可能形成机制[64]。在 1kHz~30MHz 频率范围测量了作为水和 AOT 摩尔比 W 的函数（直到渗滤开始）的 AOT+WH_2O 在环己烷、庚烷、辛烷和癸烷中的介电常数 ε 和电导率 κ，发现聚集过程与所用的油和 W 有很大关系，因为大的粒子是直接从小的聚集体形成的，而发生渗滤转变是因为随着水的加入液滴发生合并，这可以通过 ε 和

κ 的显著增加而监测到。在环己烷中，在很大的 W 范围水都可以被稳定在球形反胶束中；对于庚烷和辛烷，水束缚在不对称的聚集体中，然后随着增加水而形成反胶束；而癸烷中的行为则与上述体系有很大不同。诱导渗透的 W 的值的顺序为：癸烷＜辛烷＜庚烷≪环己烷，这个顺序与液滴的受油的渗透程度影响的弯曲能有关。通过分析介电谱的弛豫参数，可以获得不同 W 值时不同油溶剂的微乳液聚集状态的信息：AOT 在增加水时的聚集过程很强地依赖于使用的溶剂，且随着直链烷烃中的水量阶梯式进行。聚集开始于 $W \approx 1.5$，开始形成小聚集数的聚集体，形状不对称性的碳氢化合物具有偶极矩，但在环己烷中聚集体是非常对称的，接下来形成的反胶束是接近于对称的聚集体。在所有体系，$W > 15$ 时反胶束开始增长为微乳液，微乳液的水池中水结构的变化可以在介电测量中反映出来，随着粒子达到临界大小，液滴和液滴相互作用渗滤现象发生，发生的顺序与水滴在油相中的稳定状态有关，因此，这些过程和现象能够作为体系介电常数和电导率的变化被敏感地监测到。

还有很多关于 AOT-水-癸烷微乳液体系的介电谱研究，但与前面的研究角度有所不同。例如关于临界微乳液以及浓厚微乳液的介电谱[65]，在摩尔比为 40.8 的临界 AOT-水-癸烷微乳液体系发现两个可明确区分的弛豫机制：MHz 附近的慢弛豫和 $0.1 \sim 1$GHz 之间的快弛豫。通过比较从低和高体积分数体系获得的介电数据发现，慢弛豫过程即使在温度和体积接近于渗滤阈值时也不变，因此认为慢过程是 AOT 微乳液的内在特征不是渗滤现象；推测快弛豫与产生于液滴间的长程相互吸引作用相关联。并将两个弛豫与低频和高频的声速率和声吸收的测量进行了比较：声吸收的温度变化和低频介电常数非常相似；高频弛豫现象与从极高频率的声学测量得到的弛豫频率相一致。

以上可以看出，几乎所有的研究体系都是 AOT 微乳液体系，关于 AOT 以外的微乳液的介电谱研究有十二烷基硫酸钠微乳液体系[66]。对于十二烷基硫酸钠/水，戊醇/正十二烷体系和十二烷基硫酸钠/水，丁醇/甲苯两个微乳液，在 100kHz~ 15GHz 的介电测量给出一个包含四个不同弛豫过程的宽分布的介电弛豫谱：大约 1MHz 和 100MHz 的两个低频弛豫与大多数胶束体系的解释相同，归于不均匀体系的 M-W 效应和在界面层的对离子运动；而在 1GHz 附近的高频段观察到的弛豫可归于微乳表面水和醇的弛豫，在 15GHz 附近的极高频的弛豫强度因为取决于水的含量，因此可推测为水滴内自由水的弛豫。

5.3.6 微乳液体系——相转移行为

除了微乳液的渗滤现象之外，某些微乳液表现出与温度依存的乳状液类型转换的所谓相转移，即 W/O 型或 O/W 型向双连续结构的转变，这种激烈的相转移在研究分子聚集体和自组织结构中引起很大关注，因此也被各种技术如 NMR、光散射、中子散射和电子显微镜等表征。但是，从非均匀体系的介电行为角度来看，相转化过程的介电弛豫也是相当有趣的。Asami 在 2005 年报道了非离子型表面活性剂 Triton X-100 微乳液在接近相转换时温度依存的相转移行为的介电研究结果[67]，该工作与包括上述的大量已有研究不同的是，它聚焦于介电谱方法的基本理论，根据基本原理推演得出并用普遍认同的方法获取弛豫参数、解析内部相参数，进而解释弛豫现象和机制、阐明体系内部发生的变化的本质。

Asami 研究的体系是由水（10mmol/L KCl），甲苯和 Triton X-100（具有聚氧乙烯链的非离子型表面活性剂）构成的混合体系，在改变温度下测量了很宽频率范围（10Hz～1GHz）的介电谱，发现在 10MHz 附近出现因油水界面的极化引起的介电弛豫，如图 5.16 所示，该弛豫在 $25 \sim 30$℃之间变化明显，从介电常数谱中可以看到弛豫强度在 27℃时出现峰值，该峰值与低频电导率在 $25 \sim 30$℃之间的大约 3 个数量级的增加相关联。这个温度依存的介电行为被界面极化理论和渗滤模型（在连续油相中规则排列的球形水滴通过氢键与其最邻近的水滴随机结合）解释了。从图 5.16(a) 中分别在 38.4℃、30.3℃、27.0℃ 和 25.0℃ 四个温度点截取四个断面成为图 5.17 表示的二维介电谱图。其中，38.4℃ 的介电谱表现一个非常确定的具有一个弛豫时间（在 10MHz 附近）的介电谱；30.3℃ 的介电谱明显出现两个弛豫（低于 10kHz 和 1MHz 附近）；在 27.0℃ 附近尽管两个弛豫仍然保留，但体系似乎变得具有导电性，以至于在低于 1kHz 的低频段出现因电极极化引起的介电常数急增；而在 25.0℃ 电极极化现象变得明显，说明导电性增加。

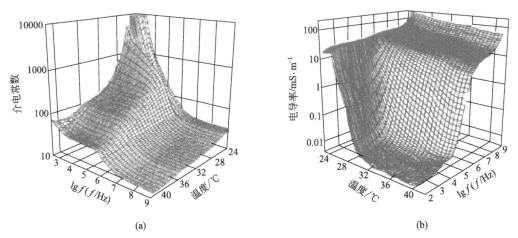

(a)   (b)

图 5.16　水（10mmol/L KCl），甲苯和 Triton X-100 微乳液的介电谱（a）和电导率谱（b）的温度依存性的三维表示[67]

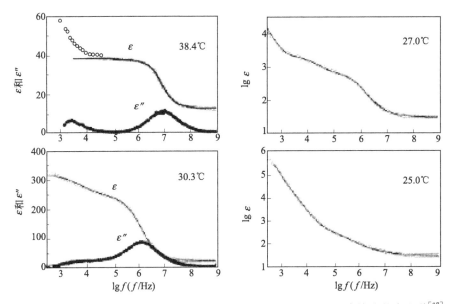

图 5.17　从图 5.16(a) 中在 38.4℃、30.3℃、27.0℃ 和 25.0℃ 温度摘取的介电谱[67]

在弛豫出现的任何一个温度下的介电谱（包括图 5.17 的四个温度）都可以用如下的方法进行解析：采用含有一个或两个弛豫过程的 Cole-Cole 方程［对于电极极化明显的图 5.17 中 27℃ 和 25℃ 下的介电谱采用含有电极极化项的 Cole-Cole 方程，见式（5-11）］，利用式（3-15）对介电常数和电导率进行同时拟合，获得低频介电常数 ε_l 和电导率 κ_l 以及弛豫时间 τ 和分布参数 β 等介电参数。27.0～30.0℃ 之间的两个弛豫拟合结果表示低频的 β 值小于高频的，说明存在着水滴大小或形状的分布。对于远离相转换温度 37℃ 的体系，可以按照 W/O 微乳液处理，利用 Hanai 理论和解析方法获得水滴和连续油相的介电常数和电导率等相参数。对于介电谱激烈变化的低于 36℃ 温度区域，可以认为是体系由 W/O 经过双连续结构向 O/W 转化发生的温度区域，为了能得到相转移过程的信息，Asami 提出了描述一个双连续立方结构的模型，它是一个油、水二元混合物充填的并列电容器的立方系。因为双连续结构的介电谱和 O/W 型微乳液差别较小，利用有限微分法 FDM 可以计算从 W/O 微乳液向双连续立方结构转换过程的复介电常数。该模型借助于渗滤模型，考虑在连续油相中规则排列的球形水滴通过氢键与其最邻近的水滴随机结合，这样引入了一个所谓的结合概率参数 P_b，定义为已经结合了的液滴之间的氢键与总的可结合的液滴氢键之比。这样，$P_b=0$ 和 $P_b=1$ 分别对应着 W/O 微乳液和双连续相。基于此模型利用介电参数和 P_b 的关系解释相转移过程如下：在较小的 P_b 值时 ε_1 和 κ_1 都随 P_b 增加而逐渐增加，说明水滴之间结合很少，因此在电极之间还没有形成水的通道，介电参数的变化认为是由于水滴的变形，即由球形变为棒状。水滴形变对介电弛豫的影响可以用椭球模型解释；在 P_b 很大时，ε_1 和 κ_1 都急剧增加，表明体系形成双连续结构。由球形液滴变成双连续结构的水通道，椭球形的轴比一定和介电参数相联系，计算结果表明：随着轴比从 1（球形）增加，ε_1 和 κ_1 都增加，而伴随着分布参数 β 减小，说明存在液滴形状的分布。Asami 的研究表明，用界面极化理论和渗滤模型可以很好地解释相转移附近的介电行为：在 25～30℃ 之间体系是由 W/O 型微乳液向双连续相转移为特征的，在油连续相中的水滴相互连接改变了它们的形状，由球形变成了管状，然后在电极间形成了水通道。

5.3.7　非离子表面活性剂型微乳液

由以上的内容可知，大量的微乳液都集中在 AOT 表面活性剂体系，而介电谱研究非离子表面活性剂型微乳液的工作则非常之少，上节介绍的是一个为数不多的典型例子。还可以列举的也许就是较早 Schechter 等对非离子表面活性剂型微乳液在不同水含量、温度、烷烃碳数以及电解质浓度下的介电谱研究[68]，研究证实了微乳液的相行为以及形貌学极大地影响体系的介电性质这一基本考虑，而且也表明不能用简单的液滴模型去理解微乳液的介电常数，因此提出：即使在低的水含量以及低的电导率下，W/O 区域与 O/W 区域也是共存的，而介电常数对体系中任意类型区域的体积分数都是敏感的，利用平均电场近似即 Bruggeman-Hanai 方程计算了在 O/W 微乳液支配的体系中与油连续相共存的 W/O 的体积分数，这些内容的细节都可在 Asami 的研究[67] 中得到答案。

最近，作者实验室研究了非离子型表面活性剂 APG［alkyl polyglucosides，聚烷基葡萄糖苷，实际上是不同碳链长度 (i) 及不同葡萄糖单元数 (j) 的糖苷混合物，因此常表示为 APG(C_iG_j)］微乳液的介电谱[69]。对 APG($C_{10}G_{1.54}$)-正丁醇-环己烷-水微乳液在水含量增加的过程实施了介电测量和解析，以跟踪体系内微结构的变化。介电谱解析方法同上节 Asami 的方法类似，用包含一个或两个弛豫项以及电极极化校正项的 Cole-Cole 方程拟合介电谱获得介电参数。考虑随着水含量的逐渐增加，微乳液的微结构从 W/O 型过渡到双连续型，最终形成 O/W 型。其中 W/O 和 O/W 型结构类似，都是球形液滴分散在连续介质中，因此解析这两种结构的微乳液都可以使用球形介电模型和 Hanai 方法。对于双连续结构微乳液尽管尚没有一般性的方法，但因为它常常伴随渗滤现象，因此考察介电参数与水含量的关系也能给出双连续结构中渗滤动力学信息。图 5.18 给出的是介电参数低频电导率 κ_1 随含水量 Φ_w 的变化，由于 APG 是非离子型表面活性剂，κ_1 随 Φ_w 只增大了一个数量级，这不同于增加三个数量级以上的离子型微乳液，但与前述的其它研究得出的在一定温度范围介电参数表达的渗滤现象相类似（参见图 5.13）。渗滤发生时的临界水体积分数 Φ_c 是一个重要特征参数，该值可根据动态渗滤模型和实验中获得的电导率数据计算得到。发现水含量 Φ_w 小于 16% 的微乳液体系是微小水滴分散在油连续相中的 W/O 型微乳液，而大于 16% 的体系是已经发生了渗滤的双连续型和最终转变成 O/W 型微乳液的混合体。获得 Φ_c 后，可以从最接近渗滤开始的体系（Φ_w 为 15.8%）的实验数据估计 APG（$C_{10}G_{1.54}$）-正丁醇-环己烷-水微乳液的液滴簇重组时间，这一时间常数反映出 APG 这种极性头基较大而亲油尾链较小的非离子型表面活性剂组成的界面层的特征。关于介电参数对 APG 微乳液结构变化的表征，在对 APG（$C_8G_{1.46}$）-正丁醇-环己烷-水微乳液体系在助表面活性剂正丁醇含量变化的介电谱研究中体现得更为明显[70]：当微乳液结构从双连续型转变成 W/O 型时，弛豫时间 τ 突然增加；介电增量 $\Delta\varepsilon$ 随正丁醇浓度增加在 O/W 区不断增加，在双连续区出现最大值，而在 W/O 区域快速下降；κ_1 随着正丁醇含量的增高，微乳液从 O/W 型过渡到双连续型再到 W/O 型，由于连续相从水逐渐过渡到油，因此这一过程中体系的电导率必然快速降低，而在 W/O 区域保持不变（图 5.19）。

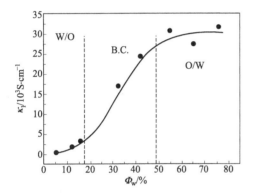

图 5.18　低频电导率随含水量的变化
虚线是微乳液不同结构区域的大致界限[69]

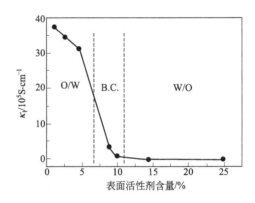

图 5.19　低频电导率随正丁醇含量的变化[70]
虚线是微乳液不同结构区域的大致界限

从上面的讲述可以看出，由于油水结构的体系对电场频率响应的敏感性，因此介电解析获得的参数可以描述由水含量和醇含量诱导的 APG 微乳液随环境变化而引起的结构变化，并获得包括渗滤前后水池内离子扩散动力学的信息，包括不同醇以及油相环境因素对微结构变化的介电监测等方面的深入研究尚在继续。

5.4　囊泡和脂质体体系

5.4.1　概述

某些具有庞大的疏水基团的双亲性分子无法堆砌成如胶束或反胶束那样的闭合结构，但能形成延展的双分子层。在一定条件下双分子层趋于闭合并形成如图 5.20 所示的球形囊泡（vesicle）。天然的或合成的磷脂（一般含有两条烃链尾和一个极性头）构成的囊泡称为脂质体（liposome），即脂质体是具有双层脂质膜 BLM_S 的囊泡，它是通过在水溶液中混合磷脂或者类似物自发形成的一种分子有序组合体，其直径一般在 $0.02 \sim 2\mu m$，脂质双分子层的厚度一般约为 4nm。因制备方法和材料等的不同，可形成多室结构的囊泡或脂质体。

目前已报道了各种类型的脂质体囊泡：小单薄片囊泡（small Uni-lamella vesicle，SUV），复薄片囊泡（MLV）[71]，大的单薄片囊泡（LUV）等[72]。从结构上看，囊泡（脂质体）与胶束或反胶束的最大不同是，前者是以双层（脂质）膜构成的具有封闭空间的球体。因此，脂质囊泡是与生物细胞最接近的模型。但囊泡中被脂质双层膜封闭的水池和生物细胞内的水以不同的方式不同于溶液本体的水，因此，无论是它的基础研究还是实际应用都一直吸引着很多领域的关注，最广泛的应用是作为药物载体出现在药物和医学研究领域。

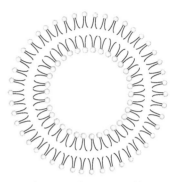

图 5.20　囊泡（脂质体）结构示意图

在最近一些年，一些物理手段被大量的用于研究脂质体的链动力学，如小角中子散射 SANS、电导率和电子显微镜法、自旋标记脂质的 ESR 法等。此外，分子动力学模拟和NMR 晶体结构等方法也大量地被用来揭示关于脂质体囊泡的结构以及在其周围的水分子结构和动力学方面的信息。有大量的文献或专著介绍这方面的工作。因为细胞和生物组织的介电研究能提供细胞质和细胞膜的电性质以及结构性质等内部信息，因此作为其模型的脂质体的介电研究，无疑也将获得关于生物体系基础方面的有价值的信息。

一般的，脂质体水溶液的介电弛豫除了在大于 1GHz 频率段的自由水的弛豫之外，还有三个弛豫过程：大约在 1kHz～1MHz 范围的沿脂质体表面的对离子运动引起的弛豫；在1～100MHz 频率段的因脂质体和连续介质两相的界面极化引起的弛豫[73]；在 30～500MHz 频率段由脂质体中极性头基的取向极化引起的弛豫[74]。确认各个弛豫过程归属对于获得准确信息是重要的，对于小的单片囊泡 SUV，因界面极化引起的介电弛豫在强度和弛豫时间上与因极性头基取向极化所引起的是相当的，但是两个弛豫过程因为温度依存性不同所以是可以相互区别的[75]；而对于大的脂质体，界面极化则变为起支配作用的弛豫过程[76]。从2.5 节内容可知，因为单层囊泡可用单壳介电模型描述，具有两个相界面，因此应该预测存在两个弛豫过程，但 LUV 的介电谱并没有给出这样的结果。这种情况大都是因为以下两个条件：双层膜的厚度远小于囊泡半径，以及内相的电导率与外部介质的电导率大小相当，这样，预测的两个弛豫之一太小以至于不能检测到。

5.4.2　研究实例

5.4.2.1　卵磷脂脂质体的弛豫

早在 20 世纪 70 年代，Schwan 等就对分散在稀的盐水溶液中的直径 28nm 的卵磷脂脂质体囊泡进行了介电研究[73,77]，结果表明，在 40MHz 附近显示一个类似于在生物细胞悬浮液和细胞器中观察到的"β弛豫"的弛豫，显然是由界面极化引起的。当向纯的脂质体囊泡体系中加入硬脂酸时，在低于 1MHz 处出现了原来整个测量频率范围没有的低频"α弛豫"，显然该弛豫是由荷负电的脂质体表面的对离子极化所致。在 Pauly-Schwan 模型和解析方程基础上解析高频弛豫，算出了磷脂膜的电容为 $3.3～4.2\mu F/cm^2$，并指出膜电容值与脂质体球半径有关。该研究是继承生物细胞悬浮液的经典解析方法（将在第 7 章讲述）的早期研究的典型实例。

近期也有关于多重卵磷脂脂质体（MLV）的研究。主要集中在对于磷酸胆碱头基的离子淌度的介电解析[78]。结果表明：卵磷脂浓度、温度以及脂质体大小对介电响应（弛豫强度和弛豫时间）都是敏感的，增加卵磷脂浓度就会增加相邻头基的相互作用，以及增加在非均质的电场下因偶极极化引起的局部场效应。这些影响在 0.2～6GHz 的高频段出现的两个弛豫，其中在 100MHz 附近的弛豫是由磷酸胆碱头基引起的，而高频的弛豫源于水的偶极极化。Cole-Cole 函数拟合介电数据获得弛豫时间等介电参数，通过不同温度下的介电数据获得的弛豫时间，利用速率常数 $k=1/\tau$ 与活化能关系的 Eyring 方程

$$\tau = \frac{1}{k} = \frac{h}{kT} \exp\left(-\frac{\Delta S}{R}\right) \exp\left(\frac{\Delta H}{RT}\right) \tag{5-29}$$

可获得低频弛豫过程的活化能，大约 $\Delta H \approx 6.3 \text{kJ/mol}$，相当于液体氢键焓（18.8kJ/mol）的 1/3，与卵磷脂头基的理论模型计算的值相近。熵变 ΔS 与从未极化到极化状态的转变相关，ΔH 相当于这个转变过程的活化能，微观上相当于打破限制偶极子取向的分子间键所需的能量，暗示 PO_4^{-1}—$CH_3^+ N$ 之间相互作用的强度。多重脂质通过超声分散变成小的脂质体，介电测量表明，与磷酸胆碱头基相关的低频弛豫的参数不受脂质体大小的影响，但影响高频段因层间水分子取向极化引起的弛豫，随着多重脂质体变为单层脂质体高频介电常数减小。这样，高频弛豫可以探测脂质体结构，即单位 MLV 脂质体中所包含层的数量。

另一个例子是利用球壳模型对大的单层脂质体（LUV）悬浮液的解析[79]，在膜相电导率远远低于脂质体内部以及外水溶液相电导率，即 $\kappa_s \ll \kappa_i$、κ_a，以及膜厚与脂质体半径相比非常薄，即 $d \ll R$ 的前提下（对于双层脂质），以及 4.1.4.3 中的球壳粒子 Hanai 理论式（4-22）～式（4-31）的解析式可以大大地简化成如下各式：

$$\Phi = 1 - \left(\frac{\kappa_1}{\kappa_a}\right)^{2/3} \tag{5-30}$$

$$C_M = \frac{\varepsilon_s \varepsilon_0}{d} = \frac{\varepsilon_0}{R} \cdot \frac{2}{3}\left[\varepsilon_1 + \frac{\kappa_1(\varepsilon_1 - \varepsilon_a)}{\kappa_a - \kappa_1}\right] \tag{5-31}$$

$$\varepsilon_i = \varepsilon_a - \frac{\varepsilon_a - \varepsilon_h}{1 - (1-\Phi)(\varepsilon_h/\varepsilon_a)^{1/3}} \tag{5-32}$$

$$\kappa_i = \frac{1}{3(\varepsilon_a - \varepsilon_h)} \cdot \left[(\varepsilon_a - \varepsilon_i)(2\varepsilon_h + \varepsilon_i)\left(\frac{\kappa_h}{\varepsilon_h}\right) - (\varepsilon_h - \varepsilon_i)(2\varepsilon_a + \varepsilon_i)\left(\frac{\kappa_a}{\varepsilon_a}\right)\right] \tag{5-33}$$

这样，将从介电谱摘取的介电参数 ε_1、ε_h、κ_1、κ_h 以及脂质体双层的介电常数 ε_s、外水相的介电常数 ε_a 和电导率 κ_a，包括脂质体结构参数代入上式，并假定膜电导率 $\kappa_s = 0$，就可以算出膜电容值，$C_M = 1.3\mu F/cm^2$，以及脂质体内外溶液相的介电常数和电导率的值。$\Phi = 0.258$、$\varepsilon_i = 63.6$、$\kappa_i = 76.3\mu S/cm$ 和 $\varepsilon_s = 7.27$，都是合理的值，特别是膜电容的值与红细胞等生物细胞的膜电容值十分接近，说明使用的模型以及简化的解析式是适当的。

5.4.2.2 包含水弛豫的脂质体介电谱

Kaatze 等曾对卵磷脂和其它磷脂脂质体悬浮液在很宽的频率范围进行了详细的研究[80～84]，结果发现：在大多数这样的体系中，在大约 0.1GHz 和 10GHz 附近有两个弛豫，高频弛豫是由于溶剂弛豫，而低频的是由于对离子偶极子的热取向弛豫。束缚水的弛豫要比纯自由水的弛豫慢很多，这与在反胶束水池中观察到的结果是相同的。因此，认为通过在射频高频段以及微波领域观察到的两个弛豫，应该是与纯溶剂水分子或束缚水分子以及磷脂分子的取向极化和脂质体悬浮液的界面极化有关。如果排除界面极化的弛豫，溶剂对复介电常数的贡献可以分为溶剂中自由水分子 $S(\omega)$ 和脂质体表面的束缚水分子 $L(\omega)$ 两部分

$$\varepsilon(\omega) = S(\omega) + L(\omega) - j\frac{2\kappa}{\omega}$$

但这只是一个大概的概念，由于实际脂质体物质不同，以及温度、浓度和溶剂环境等因素，高频的两个弛豫的归属并没有这样简单，对此，存在着大量的各异解释的研究报道。但是，一般来讲，认为卵磷脂悬浮液的介电谱表示出三个显著的弛豫过程：由于脂质体表面对离子

极化产生的低于 40MHz 的低频弛豫，磷脂脂质体本身在这个频率区间没有弛豫，当脂肪酸或脂肪酸盐加到磷脂脂质体悬浮液中时出现该低频弛豫；在大约 1～300MHz 的中间频率应该是脂质体和溶剂界面的界面极化或由于荷电脂质体分子和它的对离子的转动运动引起的弛豫；在大约 1～80GHz 的微波频率段是各种状态或结构的水分子引起的弛豫，本体水弛豫的频率是稍微高于相应的纯水的弛豫频率。对两性磷脂脂质体悬浮液在 30℃ 的介电谱表示分别在 22GHz、80MHz 和 40MHz 的三个弛豫[84]，它们归结于水分子和两性磷脂的基团的偶极取向和转动扩散：22GHz 附近的高频弛豫是由水分子引起的；40MHz 的低频弛豫来源于对离子极化。

5.4.2.3 对离子和两性卵磷脂头基的弛豫

除了如上述的在微波领域考察因不同水分子产生的弛豫之外，大量的研究集中在射频和射频以下的频率范围，考察因磷脂头基和对离子沿表面运动的弛豫以及界面极化的弛豫。因为囊泡和脂质体是典型的表面带电的球体，因此，介电弛豫现象的解释依据大都与粒子分散系和胶束以及微乳液体系所采用的相近，或从粒子分散系以及球壳粒子分散系基本介电模型演绎出解释各自体系的具体模型。

很多对脂质体囊泡悬浮液的介电研究都是以电动力学为基础展开的，比如在对悬浮在 1-1 型和 2-1 型电解质中的单层二油酰磷脂酰丙三醇囊泡的低频介电谱研究中[85]，提出了建立在薄双层近似以及切向和扩散层之间对离子的快交换基础上的双层动力学模型，以及介电常数频率依存的解析式，尽管模型忽略了脂质体内部电解质的存在，但也很好地解释了介电数据，获得的反映离子运动的参数与脂质体的电泳淌度相一致。因为该模型假定脂质体表面双电层可划分为 Stern 层和扩散层，Stern 层和扩散层的离子都可以沿脂质体表面切向运动，因此表面电导可以分成两部分的贡献，这两部分贡献的弛豫时间分别用 $\tau^s = \dfrac{R^2}{2D^s}$ 和 $\tau^d = \dfrac{R^2}{D^d}$ 表示。结果表示脂质体的表面电流密度起源于 Stern 层中对离子切向运动的淌度。在所研究的电解质溶液浓度范围内，观察到了对离子化合价的影响，但是对双层动力学来说，其它离子的特异性影响不显著。

Kaatze 等早期的很多工作都涉及到脂质体中磷脂头基参与的弛豫过程的介电谱研究：在 C_{14}-卵磷脂水溶液的相转移附近的几个温度，研究了该聚集体体系的介电谱[86]，介电数据是用包含 Cole-Cole 方程的为获得各种弛豫参数的总的模型函数拟合的，详细讨论了相转移温度附近弛豫参数的变化。得到了很多重要的结论：双层表面卵磷脂基团的扩散运动存在显著的协同效应；三甲基铵阳离子头基的淌度与水溶液中溶血卵磷脂相比非常小，束缚水的弛豫时间明显小于同样温度下纯溶剂中的水分子的偶极取向弛豫的时间。此外，Kaatze 等用频率域和时间域介电谱法研究了在水和甲醇介质中分散的不同形状的磷脂聚集体在 1～1000MHz 之间的介电行为[87]，结果显示大约在 100MHz 的弛豫过程且与磷脂分子的聚集状态无关：形成囊泡、胶束或以分子形式分散，是由于溶质磷脂分子的极性头基的取向运动所致。通过使用提出的溶液模型计算了该头基的淌度并与非结合的两性离子分子或相关的有机离子进行了比较，理论解释是基于 M-W 极化机制以及 Hanai 理论方程的介电数据的解析与前面提到的 Schwan 使用的类似。总的结果表明介电谱可以研究反映极性的磷脂头基（起着证实双层表面存在微观运动的分子标记作用）的扩散取向过程的动力学。

Feldman 等用时域介电谱方法研究了渗透促进剂存在下卵磷脂（PC）脂质体悬浮液的动力学行为：研究了两种皮肤渗透调节剂（Azone 和 Transcutol）对脂质体囊泡的影响[88]。囊泡悬浮液的复数介电常数可以由下面两个过程的总和来描述：双层的界面极化和与双层近似相切的平面内的两性 PC 头基的取向极化。介电数据的拟合采用 Debye 过程和 Cole-Davidsion 过程的组合作为模型函数，渗透促进剂对双层囊泡 PC 头基的结构和动力学性质的影响可以用 Cole-Davidson 参数 β 和 Kirkwood 细胞模型的相关因子 g 的内部联系来分析。对 PC 双层的极性表面相的介电弛豫解析表示，渗透促进剂显著地影响 PC 头基的动力学行为。该研究提出了反映 PC 囊泡头基的结构和动力学参数之间关系的模型，通过非同性头基偶极子的空间分布，可以将模型中的参数联系起来。Feldman 的研究表明：介电谱方法可以讨论温度和渗透促进剂浓度对界面性质的影响所导致的弛豫行为的改变，通过分析这个变化推断界面极性基团的微观动力学机制。

5.4.2.4 脂质体界面双电层的弛豫

无论是对离子运动还是极性头基取向极化的弛豫都与界面双电层性质密切相关，脂质体膜层因对离子扩散引起的射频段界面极化是脂质体悬浮液介电研究的重要内容。有关于荷电的脂质体囊泡悬浮液介电响应的理论研究表明[89]：假定溶液盐浓度很高以至于与大小约为 $1\mu m$ 的囊泡相比 Debye 长度很小，这样在脂质双层的每一侧都存在薄的双电层，在此假定之上导出了计算介电增量和弛豫时间的理论公式，计算结果表明薄双电层的盐弛豫产生在低频（kHz），弛豫包含较高的 Zeta 电位，它可以解释实验上观察到的 α 弛豫；双电层的改变也影响到 Maxwell-Wagner 方程描述的高频 β 弛豫。研究结果还预示，如果改变扩散方程和 Laplace 方程的边界条件，导出的计算公式可以扩展到其它双层几何体中。

最近，一个关于两性离子双棕榈酰卵磷脂（dipalmitoylpho-sphatidyl-choline，DPPC）形成的单层脂质体囊泡悬浮液的介电研究详细地考察了界面极化机制、介电参数与脂质体自身以及与双电层性质的关系[90]：测量的频率范围是 $1kHz \sim 10MHz$，DPPC 脂质体的直径大约为 $100 \sim 1000nm$，介电数据的分析是在有效介质理论基础上进行的。该研究的主要贡献是引入表征脂质体内、外分子表面电性质的表面电荷密度 $\sigma_0(R)$ 和 $\sigma_0(R+\delta)$，认为由于表面电荷密度的存在，引起对离子在膜层两侧的扩散从而导致表观偶极矩，因此在实验上观察到巨大的介电弛豫。在非导电壳（$\kappa_s = 0$）并忽略脂质体之间相互作用的情况下，导出了描述整个脂质体悬浮液的复介电常数表达式，它表示为与电场 E_0 下表观偶极系数 $M^*(\omega)$ 相关的函数：

$$\varepsilon^*(\omega) = \varepsilon^* \frac{1 + 2\Phi\{M^*(\omega)/[E_0(R+\delta)^3]\}}{1 - \Phi\{M^*(\omega)/[E_0(R+\delta)^3]\}} \tag{5-34}$$

在表面电荷密度为零，$\sigma_0(R) = 0$，$\sigma_0(R+\delta) = 0$，以及没有离子扩散的情况下，该式可以还原为通常使用在生物细胞悬浮液中的一般的 M-W 方程形式。根据壳球形分散系的非均匀体系介电理论[91]，脂质体囊泡水溶液应该存在两个相近的弛豫，但是如果脂质体内外的水溶液相电性质相同（即 $\varepsilon_i \approx \varepsilon_a$ 和 $\kappa_i \approx \kappa_a$），那么，脂质体膜两侧的油水界面应该具有相同的性质，按照 2.5 节介绍的介电弛豫模式与界面数关系，应该只有一个弛豫被观测到，这与实验上的介电谱是一致的。对于具有相当通透性的脂质体来说，内外溶液的物化性质以及界面化学结构相同是可以理解的。当然，按照 M-W 界面极化理论，高频弛豫的弛豫时间 $\tau_H = \varepsilon_0(\varepsilon_a/\kappa_a)$ 受介质电导率 κ_a 影响很大，而介质水的介电常数 ε_a 在温度一定时为一常数，当 κ_a 很大时 τ_H 减小，即弛豫频率增大可能落在实验研究的频率范围之外而观察不到。该研究的介质电导率具有 10^{-2} S/m 数量级，所以即便存在高频的贡献也应该在 10MHz 之外。在该模型下的介电解析获得了脂质体内外的电性质：ε_i、κ_i、ε_a 和 κ_a，以及扩散参数 D_i 和 D_a，并讨论了重要介电参数与脂质体半径的关系，很好地解释了实验结果。

5.4.2.5 磷脂囊泡的宽频研究

从以上的讨论可以看出，脂质体囊泡水溶液悬浮系的介电谱应该包含从低频的对离子弛豫到高频的自由水分子的弛豫，但是即便是实验上完成这样大约 10 个数量级频率段的测量，在理论上统一地解释介电谱也是不可能的。但是，也有关于不考虑自由水的 γ 弛豫，只将低频 α 弛豫和高射频段的 β 弛豫以及介于 β 弛豫和 γ 弛豫之间的 δ 弛豫（参见 0.2.6 节图 0.13）进行统一理论描述的研究报道[92]：在 1kHz～1GHz 的频率范围研究了单层磷脂囊泡 MLV〔MLV 是从不同浓度比的非离子型磷脂 DMPC（1,2-二肉豆蔻酰基-sn-蔗糖-3-磷脂）和离子型磷脂 DMPG〔L-α-磷酸-DL-蔗糖二肉豆蔻酰磷脂酰甘油基（钠盐）〕制成的，平均直径为 116nm〕分散在蒸馏水和 NaCl 水溶液中形成的悬浮液的介电行为。发现在 1kHz、100kHz 和 10MHz 附近有所谓 α、β 和 γ 三个弛豫，排除电极极化的影响，确认是源于对离子极化、膜的界面极化。建立了一个源于 Pauly-Schwan、O′Konski 理论和 Grosse 模型（即考虑了包含表面电导率的界面极化以及对离子极化）的介电常数表达式：

$$\varepsilon(\omega) = \frac{\Delta\varepsilon_\alpha(1+\sqrt{\omega\tau_\alpha/S})}{1+2\sqrt{\omega\tau_\alpha/S}(1+\omega\tau_\alpha)+2\omega\tau_\alpha/S+(\omega\tau_\alpha)^2} + \frac{\Delta\varepsilon_{\beta\delta}^a}{1+(\omega\tau_{\beta\delta}^a)^2} + \frac{\Delta\varepsilon_{\beta\delta}^b}{1+(\omega\tau_{\beta\delta}^b)^2} + \varepsilon_\infty \quad (5-35)$$

用包含 α 弛豫（$\Delta\varepsilon_\alpha$，τ_α）和 β-δ 联合弛豫（$\Delta\varepsilon_{\beta\delta}^a$，$\Delta\tau_{\beta\delta}^a$，$\Delta\varepsilon_{\beta\delta}^b$，$\Delta\tau_{\beta\delta}^b$）以及离子扩散相关参数 S 的该表达式拟合介电数据，其中只有一个可调整的参数 Zeta 电位包含在 S 中。对于在蒸馏水中的 ULV 和在 NaCl 水溶液中的 ULV，分别得到 Zeta 的值为 $\zeta = -60\text{mV}$ 和 $\zeta = -38\text{mV}$。利用 Zeta 的值和表面电荷密度的关系可以讨论有关双电层结构和离子的扩散运动。与试验结果相对照，Zeta 的值 ζ 随离子成分 DMPG 的增加而增加，正如所预料的，由于相应的电解质电导率增加导致 χR（见 2.3.2.2 节）增加，单位体积的 α 弛豫强度 $\Delta\varepsilon_\alpha/V$ 随着 DMPG 浓度的增加而增加，特征弛豫时间 τ_α 近似为一常数。因为 β 和 δ 弛豫的弛豫时间非常接近，所以不可能单独解释 β 和 δ 弛豫的弛豫参数。实验显示弛豫强度 $\Delta\varepsilon_{\beta\delta}^a/V$ 随 DMPG 增加，由于 DMPG 的增加电解质溶液电导率也相应增加，这将导致两个弛豫时间 $\tau_{\beta\delta}^a$ 和 $\tau_{\beta\delta}^b$ 都随 DMPG 增加而减小。

5.4.2.6 脂质体和短杆菌肽结合的介电弛豫

介电谱方法还可以研究脂质体中结合短杆菌肽的重要的生物学过程[93]。在 0～60℃ 和 1～1000MHz 频率范围对有和没有短杆菌肽 A 离子通道两种情况下的 L-α 溶血卵磷脂的介电研究显示一个介电弛豫：对于 0.4mol/L L-α 溶血卵磷脂溶液的弛豫位于 103.3MHz（1.54ns）；而对于片层状 L-α 溶血卵磷脂-短杆菌肽 A 水溶液（0.4mol/L L-α 溶血卵磷脂，0.0308mol/L 短杆菌肽 A）的弛豫在 20℃ 时移向 71.7MHz(2.22ns)，当短杆菌肽 A 结合到 L-α 溶血卵磷脂时，介电强度弛豫减小而弛豫时间增加。这些介电变化部分地与由于短杆菌肽 A 结合到 L-α 溶血卵磷脂诱导的胶束向片层脂质体的相转移有关。脂质体上短杆菌肽 A 存在与否除了体现在弛豫的强度和弛豫时间上之外，还与溶液的介电常数有关，L-α 溶血卵磷脂的胶束溶液和 L-α 溶血卵磷脂-短杆菌肽 A 的片状脂质体溶液之间溶液介电常数的差异也许是由于水的体积（即在片状脂质体中水的体积小于在胶束结构中的）所决定的，可被解释为当短杆菌肽 A 结合到 L-α 溶血卵磷脂时两性离子基团的转动运动。研究也表明：纯的脂质体（溶血卵磷脂）溶液和结合了短杆菌肽的脂质体溶液显示了不同类型的温度依存的介电谱，短杆菌肽的结合引起了聚集体水合的变化，由此导致介电谱形状的改变。

5.4.2.7 聚合物诱导的脂质体的介电弛豫

最近，有关于脂质体悬浮液在聚合物诱导聚集过程的介电损失谱的研究报道[94]：对阳离子磷脂脂质体（直径大约 80nm 的 ULV）被聚电解质粘在一起的复合物悬浮液体系在 100Hz～2GHz 频率范围、25℃ 下实施介电测量，介电数据是在标准电动力学框架下对于非常稀薄聚合物黏附脂质体悬浮液（$\Phi = 10^{-3}\sim10^{-2}$）的情况下导出的方程所描述和分析的。聚集过程作为聚离子含量的函数主要由对离子的极化所反映，决定于因脂质体表面的聚合物形成的表面电荷密度而产生的 Zata 电位。总的介电损失由三部分组成：

$$\frac{\kappa}{\varepsilon_0\omega}=\frac{\kappa_1}{\varepsilon_0\omega}+\varepsilon''(\omega)+\varepsilon''_{H_2O}(\omega) \tag{5-36}$$

第一项是直流电导率相关项，最后一项是产生于溶液相水分子的偶极极化的介电损失贡献，可以用 Debye 函数描述为

$$\varepsilon''_{H_2O}(\omega)=\frac{\Delta\varepsilon_{H_2O}(f/f_0)}{1+(f/f_0)^2} \tag{5-37}$$

在实验的 25℃ 时，$\Delta\varepsilon_{H_2O}=75$、$f_0=17\text{GHz}$。与对离子极化有关的弛豫用 Cole-Cole 函数描述：

$$\varepsilon''(\omega)=\frac{\Delta\varepsilon(\omega\tau)^{1-\alpha}\cos(\pi\alpha/2)}{1+(\omega\tau)^{2(1-\alpha)}+2(\omega\tau)^{1-\alpha}\sin(\pi\alpha/2)} \tag{5-38}$$

显然，式(5-36)忽略了通常的 Maxwell-Wagner 效应以及与脂质体的薄层结构有关的效应（膜效应）对整体介电损失的贡献，这对于体积分数极低的聚集体体系也许是可以的。

根据标准电动力学模型，半径为 R 的球形脂质体以体积分数 Φ 分散在介质中构成的悬浮液与对离子极化相关的介电常数增量和弛豫时间可表示为：

$$\Delta\varepsilon=\frac{9}{16}f(\zeta)\Phi\varepsilon_a(\chi R)^2 \tag{5-39}$$

$$\tau=f(\zeta)\left(\frac{R^2}{2D}\right) \tag{5-40}$$

式中，$f(\zeta)$ 是 Zate 电位的函数，与溶液的 kT、黏度以及对离子价等因素有关，其它符号的意义参见 2.3 节内容。结果可以看出，脂质体-聚合物复合物的形成过程是由 Zate 电位，或者说是由表面电荷密度所控制的，即表面电荷密度影响该介电性质表达式。用式(5-36)~式(5-38)拟合介电数据，再利用标准电动力学原理获得的式(5-39)和式(5-38)可以解释聚离子诱导脂质体复合物悬浮液的诱导形成过程的介电行为，聚离子黏着的脂质体表面的电性质以及双电层的性质。

5.5　表面活性剂液晶体系

介于固体和液体之间的液晶态可认为是材料的一种相变化过程的产物，这种体系作为材料学中的重要种类，其介电性质已经早有研究，而与化学关系较为密切的高分子液晶，它们的介电性质以及介电谱能够获得其哪些信息，也有很多研究报道并已总结在相当多的书籍中[95,96]。相对的，也许是因为测量上的难度的原因，对于表面活性剂形成的液晶体系的介电研究则非常之少。

表面活性剂液晶至少具有一维有序结构。通过测量具有不同中心结构和极性取代基的液晶化合物的平行介电常数的频率和温度依存性，可以获得关于丝状液晶分子大小和结构的信息，利用弛豫频率和分子长度之间的关系，也可以计算分子间相互作用[97]。介电谱和傅里叶转换红外振动光谱（FT-IR）的结合研究可以给出液晶的结构和动力学性质之间的关系，以及由高黏度的微非均匀体系（极性的和非极性的微区）的微波辐射产生的热效应。V. Turco Liveri 等研究了作为摩尔比 $W=[水]/[AOT]$ 的函数的水/钠，双(乙基己基)磺酸琥珀酸盐（AOT）液晶体系的介电谱[98]：在 150MHz 和 5GHz 频率附近存在两个弛豫过程，反映了与表面活性剂头基的水合有关系的水-AOT 液晶的结构和动力学，在 $W>23$ 的

高含水量时，水-AOT界面极化是受钠对离子的迁移动力学控制的，慢极化是由AOT离子的头基的取向动力学控制的。Liveri等还利用介电谱（介电测量由时域反射计TDR完成）结合FT-IR研究了不同水含量下的水-四乙基己二醇单十二烷基醚（$C_{12}E_4$）体系的纳米限定效应[99]，为了证实离子型和非离子（$C_{12}E_4$）型表面活性剂组成的液晶的相似之处和区别，将水-AOT液晶体系与水-$C_{12}E_4$液晶体系进行了对比研究。水-$C_{12}E_4$体系在25℃时是片层状的，即是由油层被水层分开的平行的表面活性剂构成的。FT-IR可以区别水含量低时在等距离的表面活性剂层之间的水与纯水，因为它们具有不同的振动，而对水含量略大时，FT-IR则变得无能为力。另一方面，即使在较高的水含量时，因为限定在水-$C_{12}E_4$液晶中的水区域的介电性质受到限定效应的强烈影响，TDR观察到具有对称弛豫时间分布的单一弛豫过程，它被解释为界面极化效应和水-表面活性剂头基动力学中的拓扑限制。该研究也给出了结论：在商业的微波加热条件下，AOT体系比$C_{12}E_4$体系具有更大的微波加热效果。Liveri组的研究表明了介电谱方法在讨论液晶中微非均质区域的微结构问题上具有独特的作用。

另一个例子证实了介电谱方法在获取双亲性糖脂中倾斜层结构中所发挥的作用[100]。生物细胞膜中手性双亲脂质表示出铁电流体液晶的性质，但产生铁电结构的原因并不清楚，而糖脂类是在生物细胞膜中发现的三种脂质之一，其烷基链的长度和糖基的数量决定在溶致和热致结构中的多晶性。尽管糖脂类的双层结构通过粉末衍射测量的详尽研究已得到一些公认的结论，但最近发现由糖类十二烷基-β-D葡萄糖吡喃糖苷（$C_{12}G_1$）超分子是反铁电的香蕉型弯曲结构液晶，所以糖脂类层易被电极化。介电谱测量提供了区别该结构的一个可能的研究方法，因为它能提供关于液晶对于电场的取向依存响应。对三个不同糖脂（两个糖头基$C_{6-2}G_2$、$C_{8-4}G_2$和一个糖头基$C_{12}G_1$）的介电测量以及介电分析的结果给出以下结论：在层状相和在各向同性相中的Arrhenius型的温度依存性；同时也表明了三个化合物在各向同性相中的活化能低于在层状相中的活化能；具有两个糖头基的糖脂的介电常数和磁化系数是相同的，而且总是比具有一个糖头基的大很多；弛豫分布参数也与典型的液晶相似；高频介电常数指出在高频可能存在某些新的与一个绕长轴的旋转有关的弛豫模式；糖层状相中的糖脂分子在双层中是翘起的，形成弯曲液晶的超分子结构。介电测量和解析之所以能够给出上述体系的结构特征和介电性质是由于倾斜的手性糖脂分子的双层是电极化的。该研究结果暗示：与这些糖脂类似的其它两亲脂质在层状相中也可能具有倾斜结构；在生物细胞膜中的倾斜的脂质双层有可能产生铁电区域。这对研究细胞膜的传输性质是至关重要的。

相对于溶致液晶，热致液晶的介电研究较多，Duncan Q M Craig等在$10^{-2} \sim 10^6$ Hz和15～100℃的频率和温度范围对甘油基单甘油脂肪酸-水体系的热致相变过程进行了介电研究[101]，报道了体系在经历薄层状、立方体、倒转六角形和L2相之间的相转移过程的介电常数对频率的依存性和对温度的依存性。结果表明，体系的介电性质的频率依存性对相变化是高度敏感的，因此介电谱应该是研究热致相变过程的一个非常有潜力的方法，特别是用介电技术研究制药学感兴趣领域中的非均匀微结构。

最后必须提及的是，介电谱方法对研究限制空间液晶体系的结构和电性质具有独到的作用，近年来有较多的报道，但由于篇幅和内容所限，相关的内容可参考第0章中提供的文献[55，84]。

参 考 文 献

[1] Nandi N，Bhattacharyya K，Bagchi B. Chem Rev，2000，100：2013-2045.

[2] (a)Attwood D,Florence A T.Surfactant systems.London:Chapman Hall,1983;(b)Surfactant solution. New Methods of Inverstigation. Zana R,ed.New York:Marcel Dekker,1987.

[3] (a)Almgren M.Adv Collioid Interface Sci,1992,41:9;(b)Gehlan M,DeSchryver F C. Chem Rev,1993,93:199;(c)Kalyansundaram K.Microheterogeneous systems,Academic New York,1987.

[4] (a)Paradies H H. J Phys Chem,1980,84:599;(b)Berr S S.J Phys Chem,1987,9:4760;(c)Berr S S,Coleman M J,Jones R R M,Johnson J S. J Phys Chem,1986,90:5766;(d)Berr S S,Caponetti E, Jones R R M,Johnson J S,Magld L J. J Phys Chem,1986,90:5766.

[5] (a)Phillies G D J,Hunt R H,Strang K,Sushkin N. Langmuir,1995,11:3408;(b)Phillies G D J,Hunt R H,Strang K,Sushkin N. Langmuir,1995,11:3408.

[6] Grosses C. J Phys Chem,1988,92:3905-3910.

[7] Pauly H,Schwan H P. Z Naturforsch,1959,14b:125-131.

[8] Hanai T. Electrical properties of emulsions. //Sherman P,ed. Emulsion science. London:Academic Press,1968:353-478.

[9] Baar C,Buchner R,Kunz W. J Phys Chem B,2001,105:2914-2922.

[10] Shikata T,Imai S I. Langmuir,1998,14:6804-6810.

[11] Imai S I,Shikata T. Langmuir,1999,15(24):8388-8391.

[12] Itatani S,Shikata T. Langmuir,2001,17(22):6841-6850.

[13] Imai S I,Shiokawa M,Shikata T. J Phys Chem B,2001,105(19):4495-4502.

[14] Shikata T,Imai S I. Langmuir,2000,16:4840-4845.

[15] Imai S I,Yamanaka K,Shikata T. Langmuir,2003,19:8654-8660.

[16] Nakamura K,Shikata T. Macromolecules,2003,36:9698-9700.

[17] Hedin N,Furo I. J Phys Chem B,1999,103:9640.

[18] Baar C,Buchner R,Kunz W. J Phys Chem B,2001,105:2906-2913.

[19] Baar C,Buchner R,Kunz W. J Phys Chem B,2001,105:2914-2922.

[20] Barchini R,Pottel R. J Phys Chem,1994,98:7899-7905.

[21] Fernandez P,Schrödle S,Buchner R,Kunz W. Chemphyschem,2003,4:1065-1072.

[22] Buchner R,Baar C,Fernandez P,Schrfdle S,Kunz W. J Mol Liq,2005,118:179-187.

[23] Bruce C D,Senapati S,Berkowitz M L,Perera L,Forbes M D E. J Phys Chem B,2002,106:10902-10907.

[24] Yan P,Huang J,Lu R C,Jin C,Xiao J X,Chen Y M. J Phys Chem B,2005,109(11):5237 -5242.

[25] Yang L K,Zhao K S,Xiao J X. Langmuir,2006,22(21):8655-8662.

[26] Itatani S,Shikata T. Langmuir,2001,17:6841-6850.

[27] Bonincontro A,Cametti C,Marchetti S,Onori G. J Phys Chem B,2003,107:10671-10676.

[28] Ono Y,Shikata T. J Phys Chem B,2005,109:7412-7419.

[29] Shikata T,Imai S I. Langmuir,2000,16:4840-4845.

[30] Nakamura K,Shikata T. Macromolecules,2004,37:8381-8388.

[31] Oizumi J,Kimura Y,Ito K,Hayakawa R. Colloids and Surfaces A,1998,145:101-106.

[32] Oizumi J,Furusawa H,Kimura Y,Ito K,Hayakawa R. Langmuir,1997,13:3052-3054.

[33] Bonincontro A,Michiotti P,Mesa C L. J Phys Chem B,2003,107:14164-14170.

[34] Pal S,Balasubramaniana S,Bagchib B.J Chem Phys 2004,120(4):1912-1920.

[35] Bonincontro A,Marchetti S,Onori G,Rosati A. Chem Phys,2005,312:55-60.

[36] Bonincontro A,Bultrini E,Onori G,Risuleo G. J Non-Cryst Solids,2002,307-310:863-867.

[37] 赵孔双,魏素香.介电弛豫谱方法对分子有序聚集体系研究的新进展.自然科学进展,2005,15(3):357-364.

[38] Peyrelasse J,Boned C. J Phys Chemi,1985,89(2):370-379.

[39] Sjöblom J,Jonsson B,Nylander C,Lundstrom I. J Colloid Interf Sci,1984,1(100):27-32.

[40] Gestblom B,Sjoblom J. Langmuir,1988,4(2):360-364.

[41] Mittlenman D M,Nuss M C,Colvin V L. Chem Phys Lett,1997,275:332.

[42] D'Angelo M,Fioretto D,Onort G,Palmleri L,Santucci A. Phys Rev E,1996,54:993.

[43] D'Angelo M,Fioretto D,Onort G,Palmleri L,Santucci A. Phys Rev E,1995,52:4620.

[44] Freda M,Onori G,Paciaroni A,Santucci A. J Non-Cryst Solids,2002,307-310:874-877.

[45] Yang L K,Zhao K S. Langmuir,2007,23:8732-8739.

[46] Chou S I,Shah D O. J Phys Chem,1981,85:1480-1485.

[47] Sjöblom J,Skurtveit R,Saeten J O. J Colloid Interf Sci,1991,141(115):329-337.

[48] Sjöblom J,Gestblom B. J Colloid Interf Sci,1987,2(115):535-543.

[49] Sjöblom J,Lindberg R,Friberg S E. Adv Colloid Interfac,1996,65:125-287.

[50] Talmon Y,Prager S. J Chem Phys,1978,69:2984-2991.

[51] Laguës M. J Phys(Paris)Lett,1979,40:L-331.

[52] Feldman Y,Kozlovich N,Alexandrov Y,Nigmatullin R,Ryabov Y. Physical Review E,1996,54:5420-5427.

[53] Feldman Y,Kozlovich N,Nir I,Garti N. Colloid Surface A,1997,128:47-61.

[54] Kozlovich N,Puzenko A,Alexandrov Y,Feldman Y. Colloid Surface A,1998,140:299-312.

[55] Feldman Y,Kozlovich N,Nir I,Garti N. Phys Rev E,1995,51:478-491.

[56] Alexandrov Y,Kozlovich N,Puzenko A,Feldman Y. Progr Collod Polym Sci,1998,110:156-162.

178

[57] Van Dijk M A.Phys Rev Lett,1985,55(9):1003-1005.

[58] Van Dijk M A,Casteleijn G,Joosten J G H,Levine Y K. J Chem Phys,1986,85(1):626-631.

[59] Bhattacharya S,Stokes J P,Kim M W,Huang J S. Phys Rev Lett,1985,44(18):1884-1887.

[60] Cametti C,Codastefano P,Tartaglia P,Chen S H,Rouch J. Phys Rev A,1992,45(8):5358.

[61] Bordi F,Cammetti C,Codastefano P,Sciortino F,Tartaglia P,Rouch J. Progr Colloid Polym Sci,1997,105:298-301.

[62] Bordi F,Cametti C. Colloid Polym Sci,1998,276:1044-1049.

[63] Bordi F,Cametti C. J Colloid Interf Sci,2001,237:224-229.

[64] Tanaka R,Shiromizu T. Langmuir,2001,17(26):7995-8000.

[65] Letamendia L,Pru-Lestret E,Panizza P,Rouch J,Sciortino F,Tartaglia P,Hashimoto C,Ushiki H,Risso D. Physica A,2001, 300:53-81.

[66] Ponton A,Nozaki R,Bose T K . J Chem Phys,1992,97(11):8515-8521.

[67] Asami K. Langmuir,2005,21(20):9032-9037.

[68] Middleton M A,Schechter R S,Johnston K P. Langmuir,1990,6(5):920-928.

[69] He K J,Zhao K S,Chai J L,Li G Z. J Colloid Interf Sci,2007,313:630-637.

[70] 何克娟.博士论文,北京师范大学,2006:82-90.

[71] Bangham A D,Hill M W,Miller N G A. Preparation and use of liposomes as models of biological membranes//Korn E D,ed. Methods in membrane biology:vol 1. New York:Plenum Press,1974:1-68.

[72] Kim S,Martin G M. Biochim Biophys Acta,1981,646:1-9.

[73] Schwan H P,Takashima S,Miyamoto V K,Stoeckenius W. Biophys J,1970,10:1102-1119.

[74] Pottel R,Kaatze U,Muller S. Bunsen B Ges Phys Chem,1978,82:1086-1093.

[75] Ermolina I,Smith G,Ryabov Y,Puzenko A,Polevaya Y,Nigmatullin R,Feldman Y. J Phys Chem 2000,104:1373-1381.

[76] Sekine K,Hanai T,Koizumi N. Bull Inst Chem Res Kyoto Univ,1983,61:299-313.

[77] Redwood W R,Takashima S,Shwan H P,Thompson T E.Biochim Biophys Acta,1972,255:557.

[78] Smith G,Shekunov B Y,Shen J,Duffy A P,Anwar J,Wakerly M G,Chakrabarti R. Pharm Res,1996,13(8):1181-1185.

[79] Sekine K,Hanai T,Koizumi N. Bull Inst Chem Res Kyoto Univ,1983,61:299-313.

[80] Tirado M,Cross C,Schrader W,Kaatze U. J Non-Cryst solids,2002,305:373-378.

[81] Kaatze U,Henze R,Seegers A,Pottel R. Ber Bunsen-Ges Phys Chem,1975,79:42.

[82] Kaatze U,Limberg C H,Pottel R. Ber Bunsen-Ges Phys Chem,1974,78:561.

[83] Kaatze U,Henze R. Ber Bunsen-Ges Phys Chem,1980,84:1102.

[84] Pottel R,Gopel K D,Henze R,Kaatze U,Uhelendorf V. Biophys Chem,1984,19:233-244.

[85] Barchini R,Van Leeuwen H P,Lyklema J. Langmuir,2000,16:8238-8247.

[86] Kaatze U,Henze R,Pottel R. Chem Phys Lipids,1979,25:149-177.

[87] Kaatze U,Gopel K D,Pottel R. J Phys Chem,1985,89:2565-2571.

[88] Ermolina I,Smith G,Ryabov Y,Puzenko A,Polevaya Y,Nigmatullin R,Feldman Y. J Phys Chem,2000,104:1373-1381.

[89] Lu C Y D.Europhys Lett,1996,36(3):215-220.

[90] Biasio A D,Cametti C. Bioelectrochemistry,2007,70:328-334.

[91] Clausse M.Dielectric properties of emulsions and related systems//P Becher,ed. Encyclopedia of Emulsion Technology:Basic Theory.New York:Marcel Dekker Inc,1983.

[92] Tirado M,Cross C,Schrader W,Kaatze U.J Non-Cryst solids,2002,305:373-378.

[93] Buchet R,Luan C H. Biophys Chem,1988,32:199.

[94] Bordi F,Cametti C,Sennato S,Viscomi D.J Colloid Interf Sci,2007,309:366-372.

[95] Kremer F,Schönhals A.Broadband dielectric spectroscopy.Springer,2003:385-403.

[96] Runt J P,Fitzgerald J J. Dielectric Spectroscopy of Polymer Materials:Fundamentals and Applications,American Chemical Society,Washington DC 1997:329-378.

[97] Sato H,Sawada A,Manabe A,Naemura S. Molecular Crystals and Liquid Crystals,2001,366:2165-2172.

[98] Calandra P,Caponetti E,Chillura Martino D,D'Angelo P,Minore A,Turco Liveri V. J Mol Struct,2000,522:165-178.

[99] Caponetti E,D'Angelo P,Pedone L,Turco Liveri V.J Chem Phys ,2000,113(19):8783-8790.

[100] Abeygunaratne S,Hashim R,Vill V.Phys Review E,2006,73:011916.

[101] Renren He,Duncan Q. M Craig,Int J Pharm,1998,169:131-141.

第 6 章　高分子膜/溶液体系的介电谱

6.1　引言

本章将介绍介电谱方法是如何获得膜/溶液体系内部各组成相信息的。在进入正文之前，提醒读者注意本章所使用的膜英译为 membrane，指的是自支撑的高分子膜，而出现在书籍或文献中的 film，大都不是本章所要讨论的范畴。而且，如序言所强调的，本书的主旨是讨论以水为介质的非均匀体系，也就是本章题目所提示的由合成的高分子膜与水构成的非均质体系，而关于附着于支撑物上的固体膜的介电（或阻抗）研究不在本章的范畴。

从前几章中应该可以看出，介电谱方法尽管测量条件较为宽松，时间也较短，但它是需要通过一系列的数学和物理模型才能将电信号反映的研究体系内部信息解析出来的一种较为烦琐的谱学方法。其程序包括选择适当的模型函数拟合介电数据获取介电参数（弛豫参数），而且对于电解质浓度较大的体系往往要去除介电数据中的电极极化对电信号贡献的部分，然后还要确定弛豫机制并根据极化机制考虑解析相参数的介电模型，最后经过烦琐的计算或者拟合等手段得到研究体系内部各区域的信息。那么，为什么对于由膜和溶液构成的体系还要进行如此麻烦的介电谱研究呢？它究竟具有怎样的效果和特殊意义？希望本章的内容能够对此给出回答。

6.1.1　水中膜体系介电研究的必要性和特色

所谓"membrane"，一个强烈的印象应该是将两种不同物质分隔开，或是将同一种物质分隔为两部分的一种材料。其目的无非是防止一种物质中的某种组分泄漏或两种物质的混合，最典型且最能说明问题的在自然界中的就是生物细胞膜，在物质生活实践中的例子可列举的是各类高分子功能膜。对于生物膜，不必说自然是与水介质在一起的，而对于用于物质分离（包括分子或离子）的功能性膜也大都是在水溶液中使用的。但是，大多数表征膜的手段只能获得膜在干燥状态下的一些特征，而实际使用过程中的膜因处于含水状态而膨胀，为了知道含水后膨胀状态的膜的性质，在水中进行"原位"测量是必要的。另外，作为生物细胞模型的脂质黑膜等也都是在水溶液中形成并只有在水中才稳定的，没有邻近的水相就不存在膜。因此，对这样的体系性质的研究也必须在与水共存的状态下进行，最有效的方法之一就是介电谱。此外，很多实际体系或是离子浸入膜中，或在膜表面有特异的物质吸附等，这样，使膜浸入水环境中使之与溶液中物质相互作用，为了求得处于平衡状态的膜的特性进而评价膜在实际使用状态时的功能，测量水中的膜体系也是必要的。对应上述的必要性，加上介电谱方法所具有的如下特点：无需破坏测量对象便可获得内部构造和各组成相电性质等信息，并且可以实施在线监测这些物理量的变化，因此，介电测量用于研究膜/溶液体系是必要和有效的，有时也许是唯一的手段。

6.1.2　复介电常数与膜

因为本章讨论的膜体系主要是高分子膜在水溶液中的介电行为，特别是功能性高分子膜在电解质溶液中的介电行为，获取在接近于实际操作状态下有关膜的结构、离子对膜的透过性以及离子在膜内和膜界面的分布信息。因此，与前面介绍的胶体分散系以及分子有序组合系一样，建立在合理的电模型基础上的对数据的理论解析是必要的。

那么，我们也许会问：对整个膜/溶液体系的介电测量或膜的介电性质是如何与获取膜内部信息这样的事件联系在一起的？进一步讲，就是如何通过介电常数的变化探知膜体系内部的信息的？以下的解说也许能够从理论上确认介电谱研究膜体系的合理性和有效性。首先，从一个抽象的角度看介电常数是如何影响膜透过的。粗糙地讲，相对于水相高分子膜是"油"膜，当离子从水相向膜内部移动时，相当于从介电常数很大（$\varepsilon_{water} \approx 80$）的水中进入介电常数很小（一般 $\varepsilon < 10$）的膜相，必须克服相当于离子在水、膜两相能量差的巨大能垒（例如，当一个半径为 0.2nm 的一价离子从水中进入 $\varepsilon_{oil} \approx 2$ 的油相时需跃过 68kT 的能垒），这几乎是不可能的。但若在膜中开一个充满水的孔通道，离子相当于在水的环境下进入并通过膜，因此该能垒大为降低［半径 a、电荷 q 的离子的自身能量为 $E = q^2/(8\pi\varepsilon_0 a)$，而离子在介质中的能量变为 $E = q^2/(8\pi\varepsilon_0 \varepsilon a)$，$\varepsilon_{water}/\varepsilon_{oil} \approx 40$］。研究表明，对于膜，其介电常数和膜孔径；对于离子，其大小和价态是离子透过膜难易程度的度量[1]。除了该离子与膜的长程相互作用之外，离子与膜中荷电基团的短程作用也能降低该能垒[2]，离子与膜的短程相互作用很大程度上决定膜对离子的选择性。因此，考虑离子和膜的两种作用（即介电排斥和杜南排斥理论）的总结果是讨论膜透过现象的基础。换个角度，因为试图穿过膜的微孔中的离子将会受到来自高分子材料的介电排斥作用、空间位阻作用，以及来自固定电荷的杜南排斥作用，这些综合作用阻碍离子通过膜[3,4]，即膜与溶液介电常数 ε 的差异是阻碍离子透过膜的根本原因。另一方面，离子透过膜的难易又可以通过溶液中膜的电导率 κ 来表征，这是容易接受的。而 ε 和 κ 这两个物理量恰恰又是以测量体系的复介电常数

$$\varepsilon^*(f) = \varepsilon(f) - j\frac{\kappa(f)}{2\pi f \varepsilon_0}$$

为基础的介电谱解析的结果。因此，对膜/溶液体系进行介电常数和电导率的频率依存的测量对理解膜选择透过性是必要的。这些将在后面的纳滤膜、反渗透膜和离子交换膜几节中予以验证。

6.1.3　溶液中高分子膜的介电（阻抗）谱研究背景概述

如第 0 章所涉及到的，介电谱方法很早就用于研究生物材料，关于膜的研究最多的是生物细胞中膜的阻抗性质。尽管这种膜研究源于 20 世纪 20 年代，但介电谱方法真正用于人工膜体系是 20 世纪 80 年代之后的事。特别是合成的多孔膜电阻抗测量已经被广泛应用到研究膜的微结构中，因为膜体系的电响应时间受到扩散时间常数、膜的介电时间常数以及膜的微结构的影响，这些影响通过电容和电导随频率变化反映出来。扩散过程可以用 Nernst-Planck-Poisson 方程分析，介电谱（阻抗谱）法以其自己特有的解析手段在膜研究中担当着重要的角色。研究涉及的膜种类很广，主要的研究包括：澳大利亚 New South Wales 大学 UNESCO 膜科学技术中心的 Coster 组一直致力于各种膜的阻抗谱研究，其理论解析是使用电子回路模型模拟体系的各组成，获得相应电参数，涉及的膜体系有脂质双分子膜[5]、超滤膜[6]、双极膜[7] 和支撑体膜等[8]，其中很多工作是以 0.1～100Hz 的低频介电测量为基础的，后频率段最高扩展至 100kHz，低频的介电测量理论上采用四电极测量配置，这样可以避免电极极化获得膜表面的阻抗信息，Coster 也曾对膜对低频介电响应的机制给出了详尽的论述[9]。西班牙的 Mafé 建立了双极膜交流阻抗谱的模型[10,11]，并用阻抗谱方法研究双极膜结合处的性质以及双极膜在电场中水的电离现象[12,13]；乌克兰的 Zholkovskij 对很多膜体系的介电响应给出了理论推导，其中就包括复合多层膜的介电响应[14]；挪威的 Martinsen 利用长圆柱介电模型解释了多孔膜的低频介电弛豫并估算了膜的孔径[15,16]。

日本京都大学 Hanai 组，在 20 世纪 80 年代初开始从非均匀体系介电模型角度研究高分子膜体系，其理论基础是 Hanai 在 60 年代导出的两层平面层状分散系复电容与组成相电性质关系的理论表达式[17]，研究体系和内容主要集中在聚合物膜在溶液中的介电行为[18] 和反渗透膜的离子膜透过行为上[19,20]。Hanai 和笔者等曾从静电场的角度推导了两相和三相平面层状体系的复电容表达式，并证明其与用等效回路导出式的结果相同；同时，也建立了获取三相膜体系相参数的严格解析方法，通过对水中高分子膜模型体系的介电测量和理论解析，验证了所导出的理论表达式以及建立的解析方法的正确性[21~23]。最近，该三相平面层状体系的介电解析法被 Osaki 等用来解释双极膜的水裂解现象[24,25]。90 年代初笔者等提出了浓差极化的介电模型和解析理论式，并适用到离子交换膜体系[26~30]，其后，利用建立的理论式开展了一些存在导电性分布的膜体系的介电研究，包括近期的关于纳滤膜方面的系列研究[31~37]。

本章主要结合上述的高分子膜体系的研究实例，阐述如何利用介电模型和解析方法处理膜体系的介电数据并获得内部信息，从而帮助理解平面状非均匀体系与胶体分散系在介电理论和解析方法上的异同，以及介电谱方法对于膜/溶液非均匀系的适用性和优势。

6.1.4 高分子膜/溶液体系介电谱的一般弛豫模式

对于具有典型平面构造的人工膜/溶液体系在电场下的介电行为，根据第 2 章的内容从 Maxwell-Wagnar 界面极化理论的角度是最容易理解的，因为该体系至少包含膜、溶液两个相，如果膜是具有多层结构的复合膜或者被膜隔开的溶液电性质不同，那么由式(2-65)该膜-溶液体系的介电谱将预期出现多个弛豫。这些弛豫与因极性分子的偶极取向极化、甚至是分散系的界面极化引起的弛豫相比，出现在较低的频率段，并因较薄的膜层和较大的膜面积而显示很大的弛豫强度。而且，弛豫的个数与组成相的个数基本上符合 2.5 节所归纳的关系。

除了因各相界面的 M-W 极化机制产生的弛豫（一般属于约在 $10^3 \sim 10^6$ Hz 之间的 β 弛豫）之外，膜-溶液体系在交流电场下还可能有因其它机制引起的弛豫现象。如图 6.1 所示的在低频段出现 α 弛豫和在高频段的 γ 弛豫，一般认为是 α 弛豫由膜-溶液界面处的离子极化引起，而 γ 弛豫是由高分子膜材料自身分子的运动产生的。图中的 α 弛豫又被划分的 α-low 领域和 α-high 领域两部分，对于前者的 α-low 弛豫，除了电极极化的因素之外，可能它源于电极和膜界面的未搅动层的扩散极化，

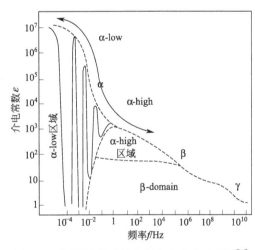

图 6.1 膜/溶液体系的宽频介电弛豫示意图[9]

扩散电流往往滞后于电场，而且取决于与水流的耦合度，扩散电流和水流的耦合可能导致操作上出现电容的负值，即介电谱有时包含非常大的正的或负的"假"介电常数值；而后者的 α-high 弛豫则源于膜本身的固定电荷。对于低频的 α 弛豫，Coster 等给出了充分的理论解释[9,38]。

6.1.5 解析谱必要的一般化模型和公式

6.1.5.1 一般化模型

如上所述，膜/溶液体系存在明显相界面，至少在膜和液体之间，因此它是典型的非均质体系，符合 Maxwell 界面极化概念处理范畴，在前面的 2.2.1 节中介绍界面极化时就已经将其作为典型的模型。该类体系的介电谱特征主要是在射频段显示强度很大的、可归结为 M-W 极化机制的介电弛豫（图 6.1 的 β 弛豫）。从 M-W 理论上分析，当具有复介电常数 ε_m^* 的均质平面膜将两个具有相同复介电常数的溶液相 ε_a^* 分隔开时［图 6.2(a)］，从介电的角度这样的溶液/膜/溶液体系可以表示为图 6.2(b) 所示意的介电配置，显然这是具有一种相界面的两相非均匀体系。其整个体系的复介电常数 ε^* 由方程式(2-56) 表示，重写如下：

$$\frac{1}{\varepsilon^*} = (1-\Phi)\frac{1}{\varepsilon_a^*} + \frac{\Phi}{\varepsilon_m^*} \tag{6-1}$$

若体系的截面积为 S［相当于膜面积，用图 3.2(a) 示意的平板测量池测量的话，也相当于电极面积］，长度为 l（相当于电极间距离）；膜的厚度为 d，而相当于体积分数的 $\Phi = d/l$，这时上式可表示为

$$\frac{1}{C^*} = \frac{1}{C_a^*} + \frac{1}{C_m^*} \tag{6-2}$$

其中的总的复电容 C^* 和膜相的复电容 C_m^* 以及溶液相的复电容 C_a^* 分别由下面的各式定义：$C^* = \varepsilon_0\varepsilon^*(S/l)$、$C_m^* = \varepsilon_0\varepsilon_m(S/d)$ 和 $C_a^* = \varepsilon_0\varepsilon_a^*[S/(l-d)]$。这样的膜-溶液体系的复电容可以用图 6.2(b) 表示的两个［C-G］回路单元的串联等价回路描述。

如果均质膜在不对称溶液中，即均质膜分隔了两个不同的溶液，或者具有两个不同层的膜（结构上的非对称膜）在对称溶液中，这两种情况都构成了具有两种相界面的三相非均匀体系，图 6.2(c) 表示的是膜分隔两个不同溶液的情况，溶液（a）/膜/溶液（b），显然，具有两种相界面的三相非均匀体系公式为：

$$\frac{1}{C^*} = \frac{1}{C_a^*} + \frac{1}{C_m^*} + \frac{1}{C_b^*} \tag{6-3}$$

类似的，该溶液（a）/膜/溶液（b）体系可以由图 6.2(c) 表示的三个［C-G］回路单元的串联等价回路描述。无论是图 6.2(b) 或图 6.2(c) 中的哪种情况，整体的复电容 $C^*(f)$ 是以图 6.2(a) 表示的等价回路测量的。根据式（0-77a）可知，整个体系的复电容 $C^*(f)$ 可

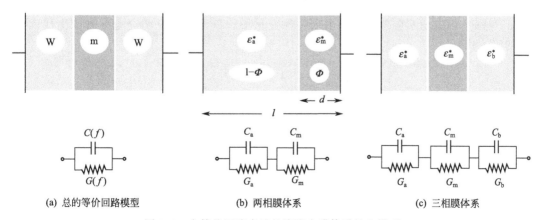

(a) 总的等价回路模型   (b) 两相膜体系   (c) 三相膜体系

图 6.2 由等价回路表示的溶液中膜体系的电模型

以表示为

$$C^*(f) = C(f) + \frac{G(f)}{j2\pi f} \tag{6-4}$$

这样，实际对上述体系的介电测量得到的是整个体系的表观电容 $C(f)$ 和表观电导 $G(f)$ 随测量频率 f 的变化的介电谱。这样的等价回路表示可以拓展到 n 层复合膜结构的非均匀体系，由 n 个 [C-G] 回路单元的串联表示。实际上作者等从静电场理论出发推导的多相平面层状体系的介电响应表达式，已经证明了该表达式与用等效回路解释介电谱的一致性，并用建立的解析方法证实了用两相或三相膜体系的等价回路来描述其介电行为的合理性[21,22]。

6.1.5.2 求解相参数的解析式

将式(6-4)定义的每一相的复电容 $C_m^*(f)$ 和 $C_a^*(f)$ 以及整个体系的复数电容 $C^*(f)$ 代入式(6-2)中，并考虑到 $C^*(f) = G^*(f)/(2\pi f)$ 的关系，对式(6-2)进行重新整理，可得到式(6-4)中可测量的体系宏观电容和电导与各组成相的电容和电导之间的关系式：

$$C(f) = \frac{(C_m G_a^2 + C_a G_m^2) + (2\pi f)^2 C_m C_a (C_m + C_a)}{(G_m + G_a)^2 + (2\pi f)^2 (C_m + C_a)^2} \tag{6-5a}$$

$$G(f) = \frac{G_m G_a (G_m + G_a) + (2\pi f)^2 (C_m^2 G_a + C_a^2 G_m)}{(G_m + G_a)^2 + (2\pi f)^2 (C_m + C_a)^2} \tag{6-5b}$$

式(6-5)可用来拟合测量得到的介电数据，从而获得体系中各相的电容和电导值 C_m、G_m 和 C_a、G_a。反过来，若各组成相的电容和电导已知，则可以利用上两式计算体系的介电谱，并与实验数据比较。式(6-5)也可表示为大家熟知的 Debye 型弛豫的介电谱表达式：

$$C(f) = C_h + \frac{C_1 - C_h}{1 + (f/f_0)^2} \tag{6-6a}$$

$$G(f) = G_1 + \frac{(G_h - G_1)(f/f_0)^2}{1 + (f/f_0)^2} \tag{6-6b}$$

C_1、G_1 和 C_h、G_h 分别是电容和电导在低、高频的极限值。

除了利用式(6-5)拟合介电数据可以获得膜-溶液体系中各组成相的相参数之外，通过上面模型建立起介电参数和回路模型中组成相的参数之间的定量关系，进行直接的数值计算也可以求出这些相参数的值。对于两相膜体系可以按照如下的方法求解相参数 C_a、G_a 和 C_m、G_m（令 $G_a/C_a = \alpha$、$G_m/C_m = \beta$）[39]。

首先，由测量的介电谱中获取介电参数 C_1、C_h、G_1、G_h 和 f_0（计算上不需要 f_0），然后将弛豫强度 $\Delta C = C_1 - C_h$ 和 $\Delta G = G_h - G_1$ 根据下式计算特征弛豫频率：

$$\omega_0 = \frac{\Delta G}{\Delta C} \tag{6-7}$$

$f_0 = \omega_0/(2\pi)$ 可以与实验值比较。引入中间变量 B、D 和 E，并将介电参数依次代入中间变量的表达式：

$$B = \omega_0 + \frac{G_h}{C_h}, \quad \left(B = \alpha + \beta = \frac{G_a}{C_a} + \frac{G_m}{C_m}\right) \tag{6-8}$$

$$D = \frac{G_1 \omega_0}{C_h}, \quad \left(D = \alpha\beta = \frac{G_a}{C_a} \cdot \frac{G_m}{C_m} = \frac{G_1}{C_h} \cdot \frac{\Delta G}{\Delta C}\right) \tag{6-9}$$

$$E = \sqrt{B^2 - 4D}, \quad \alpha = \frac{B - E}{2}, \beta = B - \alpha \tag{6-10}$$

这些式子要求 $\beta > \alpha$。最后，相参数 C_a、G_a 和 C_m、G_m 可以由下列公式求出：

$$C_a = C_h \frac{E}{\omega_0 - \alpha}, \quad C_m = C_h \frac{E}{\beta - \omega_0} \tag{6-11a}$$

$$G_a = \alpha C_a, \quad G_m = \beta C_m \tag{6-11b}$$

三相膜体系的一般解法非常烦琐,限于篇幅可参见文献 [22,23]。该解析式是针对一般简单层状多相组合的非均匀体系的,对于复杂膜结构(如多层或多孔结构等)或者膜表面有某些特定吸附的膜/溶液体系,应该对解析式进行修正,具体的解析式将结合后面章节中出现的不同体系分别进行介绍。

6.2 高分子膜/溶液体系

本节的膜体系指的是没有特殊分离功能的,只是将高分子材料制成平面膜再与溶液相组成的体系,显然,在电解质溶液中的膜因为自身的电性质与介质的差异,根据 M-W 极化原理将产生弛豫现象,对这样的弛豫的解析是研究功能高分子膜的基础。

6.2.1 典型的绝缘膜——Teflon/水体系

对坚实致密的、在水中根本不膨胀的 Teflon(聚四氟乙烯)膜(也许这里应称为 film)进行介电测量能得到任何反映性质上变化的信息吗?回答是否定的。这样的选择完全是为了说明平面层状三相体系的解析方法的合理性,或者说作为一个解析方法研究而考虑的模型体系。因为 Teflon 膜本身的高绝缘性和非功能性,对这样单纯的平面层状三相体系容易进行简单的数值计算,从而验证解析方法。

膜/溶液体系的测量系统如图 6.2(a) 所示的配置。膜夹在两电极中间分隔可注入溶液的两个腔室,对这样构成的水溶液(1)/Teflon 膜/水溶液(2)体系(溶液从蒸馏水开始增加电解质浓度,而且对膜两侧具有相同和不同溶液的体系都进行了考察)的测量结果如图 2.11(a) 中所示。除了通过改变膜两侧电解质溶液性质判断界面性质和弛豫模式的关系之外(详细可阅读 2.5 中的图 2.11 的说明),还对体系进行了详细的相参数解析,即按照 6.1.5.2 和文献 [22,23] 介绍的方法计算出 C_a、G_a 和 C_m、G_m 的值(两相体系),或 C_a、G_a、C_b、G_b 和 C_m、G_m 的值(三相体系)。介电数据的电容和电导的复平面图都表示了半圆,说明是两个 Debye 型弛豫,这是因为膜的完全绝缘性。介电谱以及解析的相参数反映了这个特点:整个体系的低频电导(相当于直流电导)$G_l = 0$,说明绝缘膜的隔直作用;而高频(10^7 Hz)体系的电导 G_h 随电解质溶液的浓度即导电性变化(在 1mmol/L KCl 以内的浓度,G_h 大约在 $100\mu S$)。无论膜两侧溶液的性质如何变化,Teflon 的电容 C_m 的值总是在 $31.2 \sim 31.4$ pF 之间的一个常数值,而 Teflon 的电导 G_m 总是等于 0。因为 Teflon 在水中保持原态不膨胀,计算时可以使用直接测量的膜厚度 $d = 0.193$ mm。根据测量池的几何参数将溶液相和 Teflon 相换算成介电常数:Teflon 相 $\varepsilon_{Teflon} = 2.17$,水溶液相 $\varepsilon_a = 83.4$ 和 $\varepsilon_b = 80.8$,考虑 25℃ 的测量温度以及电解质浓度对介电常数的影响,计算获得的值与实际体系的值是吻合的,计算的溶液相的电导率与实际使用的相应浓度的电解质的值也是吻合的。这个例子说明通过解析膜/溶液体系的介电谱可以获得内部各组成相的参数,建立在回路模型基础上的解析方法是可信的,至少对于典型的非导电性膜和电导性较低的体系是适合的。

6.2.2 非功能性均质高分子膜/水体系

若要了解聚合物材料的某种物理的或物理化学的特性时,比如考察该材料在水溶液中对某种离子的选择透过性时,常常将其制备成膜(film)与水溶液组成如上例的水相/Teflon/水相那样的三明治式配置,然后测量整个体系的介电谱。对均质的聚苯乙烯(PS)膜/

NaOH 水溶液体系的测量给出图 6.3 表示的一个弛豫的介电谱[40]，根据该介电谱图可以很

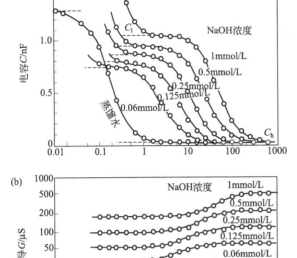

容易地确定介电参数，按照 6.1.5.2 节中的式（6-8）～式（6-11）计算出水溶液中 PS 膜的电容值，它为一个不依赖于 NaOH 浓度的常数［C_m（PS）≈2.7nF］，这符合介电常数作为物质之特性的常识；利用膜厚度和该膜电容值计算出膜的介电常数 ε_m（PS）＝2.74，这个值接近于干燥状态下 PS 的文献值［ε（PS）＝2.46～2.68］，考虑到膜内部可能含有少量的水（PS 膜是一个相对致密的材料，因此浸入的溶液分子的量很少），可以认为介电解析获得的是一个非常合理的值。解析结果还表明：水溶液相电导率 κ_a 随 NaOH 的浓度增加而增大，这也是符合常识的结果。但是，PS 膜的电导率 κ_m 并不是一个常数，它随电解质 NaOH 浓度的增加而增加，这可解释为 PS 膜中含有非常少的水通道，因此，当电解质溶液浸入后产生的膜相电导率的值随电解质的浓度而增加。

图 6.3　不同浓度的 NaOH 水溶液中聚苯乙烯（PS）膜的电容（a）和电导（b）的介电谱[18]

　　上面的解析结果说明介电解析可以获得水中膜的导电性质，这为高分子材料在有水参与的其它用途上的使用提供了基本的电参数。例如，测量 PS 膜在水环境中的介电行为之目的是为了考察以 PS 材料制成的微胶囊的离子选择透过性。同样，对其它类似的材料，如聚甲基丙烯酸甲酯（PMMA）制成膜后，通过同上的解析法也可以考察和评价其在不同种类和不同浓度的电解质溶液中对离子的选择透过能力[41]。

6.2.3　高分子膜/溶液体系的低频弛豫

6.2.3.1　与孔径和孔径分布相关的低频弛豫

　　介电谱在研究高分子膜的结构以及渗透性方面也有较好的应用。Stuart O Nelson 等曾用介电谱方法研究了复合膜（Saran/Mylar，各为 1.5μm 厚）/NaCl 溶液体系的低频介电性质[42]，并考察了膜中的孔径大小和分布对介电弛豫的影响。将使用的约 3μm 厚的复合膜用针刺成不同直径和数量的孔，对这样的膜与电解质溶液组成的测量体系，测量配置并不是通常的三明治式，而是将膜贴近平板电极中的一个电极。因为是多层体系，所以理论上是可以根据式（6-3）进行解析的。该研究考察了不同孔径以及不同孔数量的复合膜体系的低频介电行为，在一个薄复合膜/电解质溶液体系中观察到了与膜孔（离子通道）有关的低频弛豫，认为弛豫的主要原因是类似于胶体颗粒表面的对离子双电层所致，因此提出了一个解释低频弛豫的模型，该模型认为低频弛豫受孔结构因素的影响。首先，考察带有 50μm 孔径的膜的介电数据后提出所谓的大孔机制，因为 50μm 的孔径相对于 3μm 厚的膜来讲是很大的，因此孔径远远大于膜表面的薄对离子层的厚度，对离子层不能覆盖孔。假定孔边界是圆滑的，

其几何形状类似于半个胶体颗粒，因此就可以认为 1kHz 附近的低频弛豫是对离子极化引起的。其次，当采用小孔或者厚的膜以使孔径大小与膜厚度在同一数量级时，这时膜表面的对离子层将大部分覆盖膜上的孔，因此影响了低频弛豫的行为。此外，孔的数量增多以及孔径的变小都能使得低频弛豫变得更加明显。该研究的结论从一个方面可以解释一些高分子膜的渗透能力。在生物组织中，细胞膜的厚度和孔径大小是与对离子层大小同数量级的，因此该研究也许会对生物体系产生在同样频率范围的 α 弛豫的理论解释有所帮助。

6.2.3.2　微孔膜的低频弛豫

Ørjan G Martinsen 等采用四电极法［参考图 3.2(d) 配置］测量了微孔膜在电解质中的低频弛豫，并利用对离子极化理论解释了测量结果[16]。实验上使用的是具有 100nm 孔径、$3 \times 10^8/cm^2$ 孔密度、$6\mu m$ 厚的聚碳酸酯膜，介电谱在 0.1Hz 附近显示一个低频介电常数 ε_1 约为 7×10^5 的很大的弛豫现象，通过对没有膜的溶液的背景测量确认该弛豫是因为膜孔（具有圆柱状）中的对离子极化引起的。理论上的解释借助了 Takashima 导出的长圆柱形悬浮液介电常数增量和弛豫时间表达式：

$$\Delta\varepsilon = \frac{e^2 \sigma_0 a^2}{bkT} \cdot \frac{9\pi\Phi}{2(1+\Phi)^2} \cdot \frac{1}{1+j\omega\tau} \quad (a \gg b) \tag{6-12}$$

$$\tau = \frac{(a^2+b^2)e}{2ukT} \cdot \approx \frac{a^2 e}{2ukT} \tag{6-13}$$

式中，σ_0 是表面电荷密度；a 和 b 分别是圆柱体的长度和半径；Φ 是圆柱体的体积分数。其中对离子淌度表示为

$$u = u_0 \exp\left(-\frac{E}{kT}\right) \tag{6-14}$$

u_0 为本体溶液的离子淌度，当对离子与表面固定电荷之间的距离远小于表面电荷之间的距离时，活化能 $E \approx e^2/(4\pi\varepsilon_0\varepsilon_a\delta)$（$\delta$ 为对离子与表面固定电荷之间的最小距离）。用 ε_a 和 δ 作为调节参数，利用上面的公式拟合介电数据，可以获得弛豫时间、对离子淌度以及孔结构参数等物理量。研究表明，这些数据有利于理解人体排汗管的电性质对整个表皮角质层电性质的贡献。

6.3　反渗透膜/水溶液体系

反渗透膜（reverse osmosis membrane）多为醋酸纤维素膜，具有只透过水不透过离子的性质，发挥该特点，作为海水和咸水脱盐来制备纯水的手段而被广泛使用，因此，反渗透膜是必须在与水共存的状态中使用的。另外，脱盐使用的反渗透膜是由一个超薄的致密层和一个多孔的支撑层构成的非对称膜。致密层是在很高的跨膜压力差下起反渗透作用的层，确认和估算该层的结构和电性质对理解反渗透机理、增进脱盐效率都是非常重要的。因为反渗透膜具有离子难以通过即低导电性的特征，因此与水溶液构成的体系是用介电谱方法研究的适合体系。

K. Asaka 研究了在各种电解质水溶液中的非对称的醋酸纤维素（AC）膜的介电弛豫[43~45]。其中对商品膜 DRS10，50，92，97 系列膜（排盐率分别为 10%，50%，92% 和 97%）进行了详细的介电研究[43]，图 6.4 所示的是一个典型的介电谱。根据前面介绍的介电原理这个弛豫是可以预知的。因为在电解质溶液中，DRS92 和 DRS97 两种反渗透膜分别大约只有 8% 和 3% 的盐和水一道通过膜，因此这两种膜具有小于水相的电导率，相当于非

导电性的高分子膜和水溶液构成的具有相界面的非均匀体系，因此将产生一个介电弛豫（谱图中低于 1kHz 部分的电容随频率减小而急剧上升属于电极表面的极化，非体系内性质所致）；而 DRS10 和 DRS50 两种含盐率较高的膜也许因为高的导电性没有产生弛豫现象。按照 6.1.5.2 节介绍的解析方法对 DRS97 膜的数据进行解析，从弛豫参数求得膜电容 C_m 和膜电导 G_m，从 $C_m=1.24\mu F$ 估算膜的厚度大约为 $d_m=26nm$，它不同于 DRS97 膜商品标明的厚度，与用厚度测量仪测量的厚度 $74\mu m$ 也不一致，即远远小于整个膜的厚度值。但是，它却与用电子显微镜确定的致密皮层厚度（大约 30nm）在同一数量级。这个结果强烈地暗示：膜电容 C_m 表示的是反渗透膜中致密皮层的电容值，介电弛豫是因为该致密层的高绝缘而引起的，而多孔的含有大量水的支撑层对介电弛豫没有贡献，d_m 表示膜参与分离的有效厚度，正是这样薄的有效厚度才产生 $C_m\approx1\mu F$ 这样大的膜电容，大约高出上节中 PS 膜的膜电容（$C_m\approx2.7nF$）1000 倍。此外，由膜电导 G_m 根据 $\kappa_m=G_m(d_m/S)$ 计算出的致密层的电导率与单独测量含水状态的均质醋酸纤维的电导率值很接近。

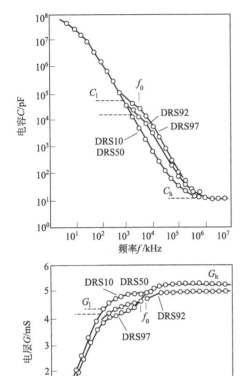

图 6.4　DRS 膜和 20mmol/L NaCl 电解质溶液体系的介电谱[43]

另一方面，解析由不同种类的浓度为 20mmol/L 的电解质溶液和反渗透膜 DRS97 组成的体系的介电数据，得到以下结果：膜电容不依赖于水溶液中的电解质种类 $C_m=1.1\sim1.5\mu F$，这个值是 DRS97 超薄膜部分的固有值；而膜的电导 G_m 值则随电解质种类变化很大。因此得出结论：膜电导 G_m 不仅取决于水溶液的电导 G_a，还取决于电解质的类型。考虑膜电导 G_m 对水溶液相的电导 G_a 的比 G_m/G_a，对于不同类型电解质的 G_m/G_a 的次序反映离子的膜透过能力，该比值越小表示离子的膜透过越少，分离效果越好，反之亦然。就物质分离次序而言，由 DRS 膜和各种电解质种类的水溶液构成的体系进行的介电解析获得的结果与由 Matsuura 等[46] 根据反渗透法分离电解质的实验获得的从溶液中分离电解质的效果相比较，在分离次序上是相同的。因此，为了比较反渗透膜的离子选择性和透过性，利用在短时间内可完成的介电谱解析方法是非常有效的。同时，在确认反渗透膜的有效超薄膜结构上也体现了介电谱方法的特色。

6.4　离子交换膜（浓差极化）体系

在给离子交换膜膜面垂直方向施加电压（称为 BIAS 电压）时，只允许阳离子或阴离子通过（电渗析过程），因此，离子交换膜被广泛地用于海水淡化、净化污水、除去果汁酸味等与环境和食品制造相关的工业领域。但经过一段时间离子透过就会受阻，这是因为在膜表面的水相中出现离子浓度大大降低的薄层。这个薄层称为浓差（浓度）极化层（concentration polarization layer，CPL），这种浓差极化（CP）现象在实际工业应用中是不利的，因为它会减小可传输电流的离子透过，并因此有水分解的发生。因此，CP 现象在如电渗析、过滤和反渗透等膜分离过程中被广泛地研究了。

6.4.1 偏压下离子交换膜-水溶液体系的特异弛豫现象

作者等用介电谱方法研究了水中离子交换膜［ASAHI GLASS（旭硝子），商品名为SelemionCMV 和 AMV］的浓差极化现象[47,48]。测量体系如图 6.2(a) 示意的，膜夹在中间，两侧注入蒸馏水后构成水/离子交换膜/水的层状体系。在没加直流偏压时，该体系没有显示任何弛豫现象，这是因为高荷电的离子交换膜具有很高的电导率，因此作为结果，在膜/溶液界面没有电荷的积累。而当在两电极板间加上一定的直流偏压后，一个包含两个时间项的双弛豫（定义低、高频的弛豫分别为 P 弛豫和 Q 弛豫）模式显现出来，而且如图 6.5（阳离子交换膜 CMV 的介电谱）表示的，随着直流偏压的增加双弛豫模式愈显明显，特别是高频的弛豫。详细的实验考察确认低频的 P 弛豫是由于在施加直流偏压时在与膜/水界面水相部分产生的浓差极化（本质上是离子在膜内外的迁移数不同所致）引起的。具体的实验操作是通过测量撤除直流偏压以及搅拌包含 CPL 后进行介电测量，发现低频的 P 弛豫消失而高频的 Q 弛豫保持不变。这样的特异介电现象在阴离子交换膜 AMV 体系中也同样发现。

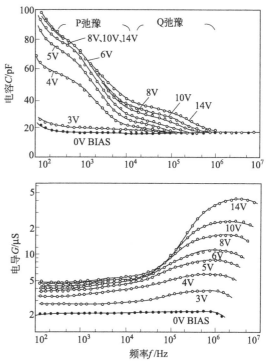

图 6.5　不同直流偏压下 CMV 膜-蒸馏水体系的电容和电导的频率依存性[47]

对于这样一种产生于膜以外溶液部分的弛豫现象，简单地用 M-W 界面极化理论和前面6.1.2 节的一般解析式是无法解释的。因此，我们考虑了新的理论描述。

6.4.2 浓差极化的介电理论

6.4.2.1 浓差极化构造的模型考察

图 6.6 表示的是在 10V 偏压下阳离子膜 CMV 体系的电容和电导弛豫谱以及电容的复平面图，图中明显的两个弛豫暗示体系中至少有电性质不同的三个相存在。通常，CPL 存在于膜的两侧，称为（离子浓度远低于本体溶液浓度的）离子消耗层和（离子浓度远高于本体溶液浓度的）离子堆积层。但是，理论模拟结果指出离子堆积层和膜本身对介电弛豫都没有贡献[49]。因此从介电的角度，认为该三相体系是由离子消耗层 CPL（复电容 C_{CP}^*）、两个水溶液本体相（复电容分别为 C_a^* 和 C_b^*）所组成的，图 6.7 表示整个膜/水体系的电导（率）分布状态。电性质不同的三部分用三个［R-C］回路单元的串联表示［图 6.7(b)］，其中CPL 的电容和电导是频率的函数，这在下面的理论推导中给出。

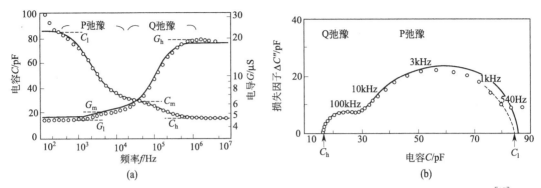

图 6.6　10V 偏压下 CMV 膜-水体系的电容和电导的介电谱（a）以及电容的复平面图（b）[47]

圈为实验数据，实线为理论计算值

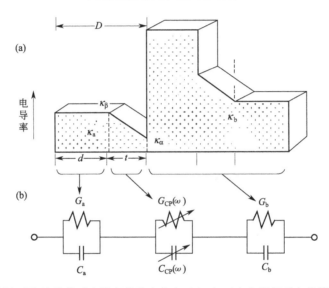

图 6.7　偏压下膜-溶液体系电导率的分布状态（a）与三个电容器对应的等价回路（b）

6.4.2.2　CPL 的介电模型和理论公式

为了探索浓差极化层的介电行为，考虑一个图 6.8 示意的介电模型：厚度为 t 的 CPL 中，假定从本体溶液变到膜的表面，电导率线性地从 κ_β 变化到 κ_α，但 CPL 中介电常数 $\varepsilon_{CP} = \varepsilon$ 保持不变，这种介电常数的假定是合理的，因为水溶液中离子浓度对介电常数影响较小。如图 6.7(a) 所示，将 CPL 分割成无限多个面积为 S、厚度为 Δx_i、介电常数为 $\varepsilon = \varepsilon_{CP}$、电导率为 κ_i、复阻抗为 ΔZ_i 的薄层。图 6.7(b) 表示在 CPL 内，电导率随位置 x 从 κ_β 变化到 κ_α。在此模型基础上，根据阻抗的基本关系式可推导出 CPL 的复电容 C_{CP}^* 的介电表达式[49]：

因为图中第 i 块薄板的复电导为

$$\Delta G_i = \left[\kappa_i(x) + j\omega\varepsilon_0\varepsilon\right]\frac{S}{\Delta x_i} \tag{6-15}$$

因此整个 CPL 的复阻抗应整理成如下的形式

$$\Delta Z_{CP}^* = \sum_i \Delta Z_i = \sum_i \frac{1}{\Delta G_i} = \frac{1}{G_{CP}^*} \tag{6-16}$$

在此基本框架下，利用式(6-4) 以及阻抗和电容、电导之间的基本关系式导出浓差极化层的复电容的表达式，从其实虚部可以得到实验上可测的宏观电容和电导的介电表达式：

190

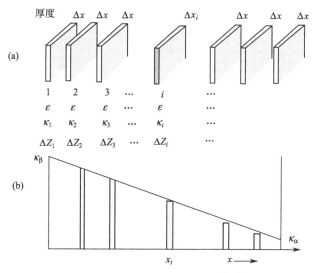

图 6.8 CPL 的介电模型图示[47]

(a) CPL 内薄板的细分和阻抗构成；(b) 电导率随 CPL 位置的变化

$$C_{CP}(\omega) = \frac{S(\kappa_\beta - \kappa_\alpha)}{t} \cdot \frac{B/\omega}{A^2 + B^2} \tag{6-17a}$$

$$G_{CP}(\omega) = \frac{S(\kappa_\beta - \kappa_\alpha)}{t} \cdot \frac{A}{A^2 + B^2} \tag{6-17b}$$

其中参数 A 和 B 分别表示为：

$$A = \frac{1}{2}\ln\left[1 + \frac{(\kappa_\beta/\kappa_\alpha)^2 - 1}{1 + (\varepsilon_0\varepsilon/\kappa_\alpha)^2\omega^2}\right] \tag{6-18a}$$

$$B = \tan^{-1}\frac{(\kappa_\beta - \kappa_\alpha)\omega\varepsilon_0\varepsilon}{(\omega\varepsilon_0\varepsilon)^2 + \kappa_\beta\kappa_\alpha} \tag{6-18b}$$

上面的公式给出了电容 C_{CP} 和电导 G_{CP} 与电场频率 ω 的明显的函数关系，这意味着浓差极化层自身也会产生介电弛豫现象。或者说对于存在浓度差的介质（本理论模型中没有限制介质的状态），在实验上就应该能观察到因 CPL 极化产生的介电弛豫现象。这也被理论模拟结果所证实：对于浓差极化层本身，无论 $\xi = \kappa_\beta/\kappa_\alpha > 1$（对应于离子消耗 CPL）或者 $\xi = \kappa_\beta/\kappa_\alpha < 1$（对应于离子累积 CPL），都能够确认有明显的介电弛豫 $\kappa_\beta/\kappa_\alpha$。表示 CPL 浓度增减程度，由此可以判断弛豫的强度。这点，通过用接近实际浓差极化层的结构性质和电性质参数理论模拟介电谱，可以得到证实。同时，研究也确认了只有离子消耗 CPL 才对图 6.6 表示的三相体系的整体弛豫有贡献[49,50]。

6.4.3 含 CPL 的膜/溶液体系介电弛豫的理论解析

为了从含有 CPL 的膜/溶液体系的介电谱中计算图 6.7(a) 示意的三相体系中各相的参数，特别是表征 CPL 结构和电性质的参数，κ_β、κ_α 以及 CPL 的厚度 t，从而得到电导率梯度 $(\kappa_\beta - \kappa_\alpha)/t$，我们建立了一套解析方法[51]：首先，从图 6.6 的介电谱中获取介电参数，C_l、C_m、C_h 和 G_l、G_m、G_h，依次代入下列各式中：

$$\omega_h = \frac{G_h - G_m}{C_h - C_m} \tag{6-19}$$

$$H = \frac{C_m G_h - C_h G_m}{C_h(C_m - C_h)}, \quad J = \frac{G_m\omega_h}{C_h}, \quad E = \sqrt{H^2 - 4J} \tag{6-20}$$

$$\alpha = \frac{G_{pah}}{C_{pah}} = \frac{H-E}{2}, \quad \beta = \frac{G_b}{C_b} = H-\alpha \tag{6-21}$$

$$C_{pah} = \frac{C_h E}{\omega_h - \alpha}, \quad C_b = \frac{C_h E}{\beta - \omega_h}, \quad G_{pah} = \alpha C_{pah}, \quad G_b = \beta C_b \tag{6-22}$$

$$G_{pal} = \frac{G_b G_1}{G_b - G_1}, \quad C_{pal} = \frac{C_1 G_b^2 - C_b G_1^2}{(G_b - G_1)^2} \tag{6-23}$$

$$\left(\frac{R}{\xi} + 1\right)(R+1)K^2 - (R+K)^2 \frac{C_{pal}}{C_{pah}} = 0 \tag{6-24}$$

$$\left(\frac{\xi+1}{2}R+1\right)(R+K) - K(R+1)^2 \frac{G_{pal}}{G_{pah}} = 0 \tag{6-25}$$

$$K = \frac{\xi - 1}{\ln \xi} = 0 \tag{6-26}$$

联立求解方程式(6-2)和式(6-25)可以求出 R 和 ξ；再按照下列各式求出 CPL 厚度 t，溶液相 a 的电容和电导的值 C_a 和 G_a：

$$D = \frac{\varepsilon_0 \varepsilon_w S}{C_{pah}}, \quad d = \frac{D}{R+1}, \quad t = Rd \tag{6-27}$$

$$C_a = (R+1)C_{pah}, \quad G_a = (R/K+1)G_{pal} \tag{6-28}$$

$$\kappa_\beta = G_a(d/S), \quad \kappa_\alpha = \xi \kappa_\beta \tag{6-29}$$

这样，根据式(6-22)和式(6-27)～式(6-29)可以计算出图 6.7(a) 中的所有参数。

6.4.4 浓差极化介电理论在离子交换膜体系的应用

6.4.4.1 相参数的考察

将上面介绍的解析方法用于图 6.5 给出的 CMV 阳离子交换膜的介电谱中，获得了在不同 BIAS 电压下体系中浓差极化层的特征参数以及膜两侧溶液的电参数[47]。考察计算得到的相参数得出以下结论：直流偏压到一定值时浓差极化层基本形成并达到稳定状态；CPL 两侧的电容值 C_a 和 C_b 与偏压无关是个常数，因为这两相基本上可以认为是水相，因此这个结果是合理的；其中包括离子堆积 CPL 的溶液侧的电导值 G_b 随直流偏压增大以及加偏压时间的增长而增加，尽管原因并不十分清楚，但从图 6.7(a) 的电导率分布以及离子对膜的选择透过机制也许可以理解为其中一侧的离子浓度有所增加所致；计算的本体水的电导率 κ_β 的平均值约为 1.23 μS/cm，与普通蒸馏水约为 1.5 μS/cm 的电导率十分相近；而膜表面水的电导率 κ_α，这个在其它的浓差极化层研究中都假设为零的值，介电解析计算的不同下偏压下的值在 $\kappa_\alpha \approx 0.035 \sim 0.065 \mu$S/cm 之间，非常接近于从离子积计算的 pH=7 的中性超纯水的值 $\kappa_\alpha = 0.055 \mu$S/cm，因此计算获得的 κ_α 的值也是在一个合理的范围；浓差极化层的厚度与偏压大小关系不大，$t \approx 0.83$mm 其它方法检测到的厚度为 0.25～0.40mm[52,53]，但是，这些检测法中假定 CPL 的浓度是均一的而不是变化的，考虑浓差大小平均后折合的厚度为 $t \approx 0.41$mm 的话，因此考虑到采用模型不同的原因，介电解析获得的是一个可接受的值。

6.4.4.2 解析模型的理论验证

为了确认利用图 6.7(a) 模型以及介电理论计算离子交换膜相参数的可信赖性。将理论计算和实验数据进行了比较：因为根据使用的模型整个 CMV 膜/溶液体系的复电容 C^* 是由 C_a^*、C_{CP}^* 和 C_b^* 串联而表示的：

$$\frac{1}{C^*} = \frac{1}{C_a^*} + \frac{1}{C_{CP}^*} + \frac{1}{C_b^*}$$

将此式实虚部分离并将计算出的相参数代入其中分离后的 $C(f)$ 和 $G(f)$ 的表达式计算频率依存性，结果如图 6.6 所表示的，理论曲线和实验值非常吻合，这说明了所采用的模型以及基于浓差极化理论的解析方法对于解析离子交换膜体系的合理性，以及计算结果的可信性。对于阴离子交换膜 AMV 的研究[28] 也同样得到了类似的结论，支持提出的解析偏压下离子交换膜的模型以及介电解析方法。

6.4.5 浓差极化介电模型的拓展

6.4.5.1 包含电导率和介电常数分布的 CPL 的介电弛豫

在上面的理论模型中只考虑了电导率的变化，这对于一般的水溶液体系是适合的，因此，正如上面看到的，能很好地解释离子交换膜体系的浓差极化现象。但是对于一般的非水介质，或者对一些包含多孔支撑层的复合膜体系（比如后面 6.6 节将要讨论的纳滤膜体系），仅用电导率有分布的 CPL 模型不足以描述可能因多孔层材质的疏密不同（从而含水量不同）而引起的介电常数梯度分布体系的介电谱。因此，最近作者等将浓差极化的介电模型进行了拓展：在原来的只有电导率梯度的假设之上增加了介电常数梯度的假设（图 6.9），即在 CPL 中电导率和介电常数都存在线性梯度分布。这样，CPL 的复电容 C_{CP}^{*} 是一个更为复杂的频率依存的表达式，详细推导可参见文献 [54]。根据 C_{CP}^{*} 的表达式，使用与实际复合膜支撑层相近的参数（见图 6.9 的说明），在改变介电常数条件下对 CPL 进行了数值模拟，得到图 6.9 所示的三维介电弛豫谱，其中的三个图分别表示支撑层的介电常数改变（ε_{β} 固定，变化比值 $\varepsilon_{\alpha}/\varepsilon_{\beta}$）时电容、电导以及电容增量虚部的频率依存性。模拟结果表明 CPL 的介电行为非常明显地依存于介电常数的值，显示出一个显著的不同于只有电导率变化的 CPL 层的弛豫现象。ε_{α} 在一定范围时在低频段出现一个弛豫，这在电容增量虚部的图中 [图 6.9(c)] 看得很清楚，此外，支撑层的厚度增加不影响弛豫频率的位置，而减小了弛豫强度 ΔC 和 ΔG，尽管弛豫的机制不能确定但反映了支撑层电容器的特征。

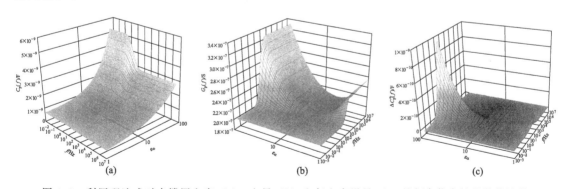

图 6.9　利用理论式对支撑层电容（a）、电导（b）和复电容增量（c）的频率依存性的数值计算

模拟参数：$t=60\mu m$，$\kappa_{\alpha}=1\times10^{-8}S\cdot m^{-1}$，$\kappa_{\beta}=1\times10^{-7}S\cdot m^{-1}$，$\varepsilon_{\beta}=50$，$\varepsilon_{\alpha}$ 从 1 变化至 80，

膜面积 $S=3.14cm^{2}$，频率取 $10^{-3}\sim10^{7}Hz$[54]

6.4.5.2 复合膜-溶液体系的介电模拟

因为 C_{CP}^{*} 表达式中除了包含电导率梯度 $(\kappa_{\beta}-\kappa_{\alpha})/t$ 因素之外，还有 CPL 中的介电常数变化因素 $\Delta\varepsilon=\varepsilon_{\beta}-\varepsilon_{\alpha}$，因此，如果将由具有电导率和介电常数分布的多孔支撑层（C_{CP}^{*}）和均一电性质的致密层（C_{s}^{*}）并列组成的复合膜（C_{m}^{*}）与溶液相（C_{a}^{*}）结合起来，便可以描述该复合膜-溶液体系的介电行为，从而获得在实际应用状态下关于复合膜中支撑层的

结构和电性质的更详细的信息：

$$C^*(f) = F[C_{CP}^*(\kappa_\beta, \kappa_\alpha, t, \varepsilon_\beta, \varepsilon_\alpha, f), C_m^*, C_a^*] \tag{6-30}$$

其中的复合膜的复电容考虑为支撑层和致密层的串联结合：

$$\frac{1}{C_m^*} = \frac{1}{C_{CP}^*} + \frac{1}{C_s^*} \tag{6-31}$$

上面的理论模型的拓展是在考虑实用性的基础上完成的，因为对于一个多层构造的复合膜，比如由致密层和多孔层构成的纳滤膜或反渗透膜，由于多孔支撑层高分子材料（$\varepsilon < 10$）致密程度的不均匀性，无论是在干态与介电常数更小的空气（$\varepsilon = 1$）混合，还是在湿态与介电常数更高的水（$\varepsilon \approx 80$）混合，其表观介电常数 ε 都会有分布，这将使得离子透过膜在支撑层部分的能垒具有分布，从而导致离子透过的难易程度不同，表现为膜电导率 κ 的分布。即，对于复合膜的支撑层部分 ε 和 κ 都不是均一的，存在分布。因此，利用拓展后的模型导出的表达式解析上述复合膜体系的介电谱无疑具有相当的可期待性。由于计算表达式中包含的相参数增加，难以得到严格的解析式。但是，通过利用对式(6-30)进行实部、虚部分离后的表达式拟合介电数据可以获得相参数，但目前尚没有实际体系的例子。

利用导出的理论式进行了类似于上面单独 CPL 的介电模拟，给出了一个非常有意思的比较：图 6.10 表示的是 CPL，包含 CPL 和致密层复合膜，以及复合膜与溶液相组合的体系的介电模拟结果。因为复合膜的介电谱由式(6-31)给出，因此复合膜与溶液相的三相体系的介电谱则可由下式表示：

$$\frac{1}{C^*} = \frac{1}{C_m^*} + \frac{1}{C_a^*} \tag{6-32}$$

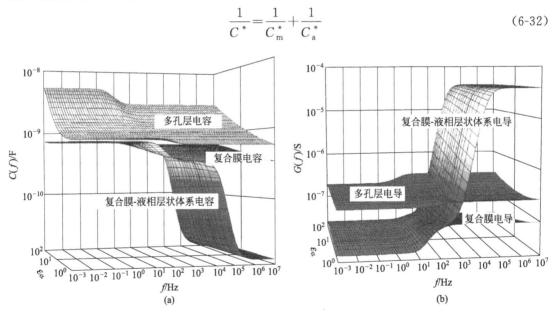

图 6.10　多孔支撑层、复合膜以及复合膜-溶液体系的电容（a）
和电导（b）的频率依存性的模拟结果
模拟参数见文献[54]

从两图中可以看出，相对于单独的多孔层，复合膜的电容和电导整体下降，弛豫个数虽仍为一个，但弛豫频率移向高频；而对比复合膜和复合膜/液相层状体系，复合膜/液相层状体系有两个明显的弛豫，低频处的弛豫与复合膜的介电响应几乎重合，说明在复合膜/液相多层体系中，低频处的介电弛豫现象主要是由膜内部性质的分布引起的；而在高频处，复合膜/液相层状体系的介电响应几乎相互重叠，说明此时的介电响应与膜内部性质改变关系不大，而与液相和整体复合膜在电性质上存在很大的差异有关。该模拟是在确定了一组参数下（详见文献［54］）进行的，使用的参数均来自实际复合膜体系的相近数值，因此，从多变的介电谱中可以获得复合膜在不同介质环境下的复合膜内部构造以及电性质的详细信息。

6.5　双极膜体系

双极膜（bipolar membrane，BM）是由荷正电的和荷负电的两个离子交换膜层并列构成，在两层中间结合处的界面层区域存在离子浓度极低的消耗层，该区域的基本性质对于确定膜的透过性和电性质起着决定性的作用，但该区域的性质很难用其它外部方法直接测量。介电（或交流阻抗）谱的方法为研究该区域的结构性质，以及离子迁移和水的解离等物理化学过程提供了一种重要的手段。

Coster 等利用 Nernst-Planck 方程处理双极膜体系导出了膜电容和膜电导的频率依存的表达式，认为低频产生的介电弛豫并不是由于两个荷电层的所谓界面极化引起的，因为理论上表示中间层以及两个荷电层的阻抗均随频率变化。而频率是由于中间层的性质引起的[7,55]。类似的，Mafé 等也在 Nernst-Planck 和 Poisson（NP/P）方程基础上提出了定性描述 BM 中间区域电导和电容性质的模型，理论和实验上分析了中间区域的特殊结构和电性质，以及在该区域产生的电场下水的解离（water splitting）等物理化学过程[11,12]。

近年，Osaki 等将 6.1.5 介绍的三相平面层状体系介电解析方法应用到双极膜的研究中[24,25]，获得了关于中间层更详细的信息。该研究测量了 BM 膜/KCl 溶液体系在反向偏压下在 10Hz～1MHz 频率范围的介电谱，发现在大约 1kHz 和 100kHz 附近出现两个弛豫（图 6.11），认为弛豫是由于 BM 膜自身在反向偏压下形成的非均匀多层结构引起的，该结构是由两荷电膜之间的水层以及荷正、负电的两个膜的表面层（定义为中间层）所构成的，因此利用三相介电模型解释弛豫现象并解析实验数据。结果确认：两个膜之间的水层的厚度约为 $20\mu m$，而且电导率非常低；而所谓中间层只有几微米的厚度，因此认为此层具有很大的电容（微法级），这是由于 BM 中的水的解离所引起的。研究还讨论了该中间层的介电性质对水解离现象可能产生的

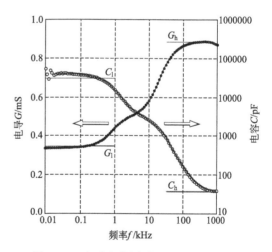

图 6.11　在反向偏压下 BM-mmol/L KCl 体系的介电弛豫[25]

贡献[24]。另一个研究报道了施加反向偏压的时间对电容和电导增量的影响，从介电性质的变化讨论了偏压下水解离的可能机制，并获得了关于 BM 中水解离发生时中间层的介电性质变化的信息[25]。

可以看出，Osaki 等的研究避开了容易掩盖体系内真实弛豫现象的低频测量，而且只是从介电测量和介电模型解析的角度解释介电数据，同样可以获得与基于 NP/P 理论模型解析

所获得的类似的信息。从本节的双极膜体系以及上节的离子交换膜体系的介电研究实例也许可以看出：与对一般的高分子膜/溶液体系的研究兴趣有所不同，对于强荷电的膜体系，介电测量往往获得的信息是膜以外的界面层的结构性质和电性质以及界面过程物理化学等信息，也许对这类体系的研究更能体现介电测量和解析的优势。

6.6 纳滤膜-电解质溶液体系

6.6.1 概述

纳滤膜（nanofiltration，NF）是一种微荷电且具有纳米级孔径和非对称结构的、截留物质的分子量处于反渗透膜和超滤膜之间的分离膜。由于其组成材料的介电常数和本体溶液有很大差别，会产生介电排斥作用，阻碍离子透过，达到盐水分离的效果。同时，由于纳滤膜的层状复合结构，往往各种分离机制同时存在且相互影响，这使得对纳滤过程机理的研究变得非常复杂。纳滤膜在分离过程中必然与水溶液构成一个多相的非均质体系，同样的，前述的 Maxwell 界面极化概念及相应建立的理论公式原则上应该适用于该体系介电谱的解析。

6.6.1.1 介电排斥和 Donann 排斥

关于纳滤膜的分离机制，大量理论研究已经达成共识：离子透过 NF 膜时微孔中的离子会受到来自高分子材料的介电排斥作用、空间位阻作用，以及来自固定电荷的 Donann（杜南）排斥作用[56,57]。介电排斥作用是指不同介电常数材料的界面之间因极化而产生的施加于荷电离子的镜像力作用，镜像电荷的符号和电量决定于相的介电常数（对于现在的膜/溶液界面，镜像电荷的符号与指定离子相同）；空间位阻作用是指由于高分子材料占据了膜相的大部分体积而对离子迁移产生的障碍。膜孔壁上吸附的水的介电常数明显小于孔中心部以及本体水的介电常数，这使得离子在其中的溶解需要比在本体更大的能量，这一结果也阻碍离子的透过[58]。以上说明膜内微孔的形状、大小和分布，以及膜的含水量等因素都会影响膜的透过。此外，对于带有固定电荷的膜，除了以上因素外，还由于固定电荷与同离子之间的静电排斥力，产生截留作用。因此，这种 Donann 排斥作用会因同离子的性质，如电量、半径、水合程度等不同而产生选择性。

6.6.1.2 介电谱研究 NF 膜的理论依据和优势

除了因荷电膜对同离子之间的 Donann 排斥作用可以产生选择性之外，由介电排斥原理可知，当溶液中的离子由溶液相迁移进入介电常数不同的膜相时，要克服一个能量大小可以由 Born 效应表示的能垒[1,59]，这个能垒的能量值主要取决于由于溶液和膜以及膜内不同层之间介电常数的差异：随这个差异和离子荷电量的增大而增加，表示为式（6-33）：

$$\Delta G^{el} = \frac{z^2 e^2}{8\pi\varepsilon_0 a}\left(\frac{1}{\varepsilon_m} - \frac{1}{\varepsilon_w}\right) - \frac{z^2 e^2}{4\pi\varepsilon_0 \varepsilon_m d}\ln\left(\frac{2\varepsilon_w}{\varepsilon_m + \varepsilon_w}\right) \tag{6-33}$$

式中，a 为离子水合半径；z 为离子电荷数；d 为分离层的厚度；ε_m 和 ε_w 分别为膜分离层和水相的介电常数。由此可见，离子在介电常数不同的两相迁移时需要克服的能垒与离子价态、半径等因素有关，换言之，这些参数决定了离子的选择性。对于确定了的离子性质，介电测量给出的膜分离相和溶液相介电常数的差异也可以决定 ΔG^{el} 的值，从而给出 NF 膜对离子选择性的判断。

另一方面，由前节介电排斥和 Donann 排斥原理的叙述可知，纳滤膜由于内部的多层结构，以及各层的材料、致密程度、荷电性质等的不同，对于离子的透过行为必定有所差异，这些差异将决定 NF 膜/溶液体系的介电行为。即介电弛豫强度、弛豫出现的频率范围以及弛豫时间分布等弛豫特征参数将随着环境条件的变化有特殊的表现。这样，通过对实验得到的介电谱进行解析，便可得到体系内各区域的电性质（电容、电导或介电常数、电导率等）。这些结果虽然是将每一组成相看做一个性质均一的整体的参数，但可以通过这些参数，利用上述膜透过的各种原理考察膜内部结构和离子的透过情况。比如，从膜的介电常数可以估算膜的含水量，而含水量与膜孔径的大小以及疏松程度相关。而解析同时获得的电导率又体现了离子在膜中的迁移情况，因而可以考察膜透过的微观机制。

因此，根据上述纳滤膜的两个分离机制，如果我们能获得实际工作状态下的膜的固定电荷、膜的疏松程度、膜的团聚状态、膜相的介电常数等信息，就可以很好地解释和预测电解质透过膜的迁移机制和膜的分离效果。

6.6.2　复合纳滤膜 NTR7450/水溶液体系的介电弛豫

近年，作者等在 40Hz～4MHz 频率范围研究了复合纳滤膜 NTR7450 在各种电解质溶液中的介电谱[60,61]。使用的膜是由聚酯和磺化聚醚砜两层构成，在电解质溶液中达到溶胀平衡的膜厚度约为 120μm。因此，膜自身的层状结构以及在溶液中形成的膜水相界面，可预计产生一个以上的介电弛豫，结果同预期的一样发现了两个明显的弛豫现象[60]。图 6.12 表示的是对 LiCl 溶液-纳滤膜 NTR7450-LiCl 溶液三明治式配置的测量结果，电解质浓度改变下介电谱的三维图给出电容和电导的频率变化为两个明显的介电弛豫，而电容复平面图[图 6.12(c)]是由一个半圆（高频）和一段接近半圆的圆弧（低频）。高、低频两个弛豫随外界环境，即电解质浓度的变化规律不同，说明它们的弛豫机制各自产生于不同的原因。

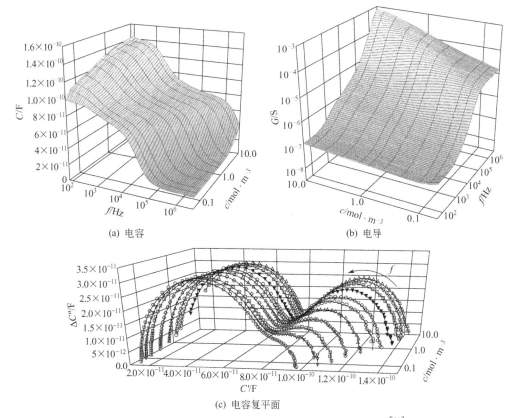

(a) 电容　　　　　　　　　　　　　(b) 电导

(c) 电容复平面

图 6.12　纳滤膜与各浓度 LiCl 溶液组成体系的介电谱[60]

6.6.3 介电弛豫谱的解析

6.6.3.1 介电参数的获取

为了解释弛豫产生的原因并获得反映膜内部构造和膜对离子透过的选择性的信息，必须考虑进行适当的解析，即从介电谱给出的介电参数中计算出内部组成相的参数。首先是获取介电参数，其一般方法是采用 3.5.2 的方法利用模型函数拟合介电数据，因为介电谱暗示两个弛豫起因于不同的机制，所以用描述单一极化机制弛豫的 Debye 方程和描述弛豫时间分布的 Cole-Cole 方程的组合函数［式(6-34)，第一项描述具有分布的低频弛豫，第二项描述高频弛豫］拟合电容弛豫的数据曲线，获得电容在低、中、高频段的极限值 C_1、C_m、C_h，以及低、高频弛豫的特征频率 f_1、f_h 和弛豫时间分布参数 α，电导参数 G_1、G_m、G_h 可根据 3.5.3 节的方法从其复平面图获得。

$$C(f)=\frac{(C_1-C_m)\{1+(f/f_1)^{1-\alpha}\cos[\pi(1-\alpha)/2]\}}{1+2(f/f_1)^{1-\alpha}\cos[\pi(1-\alpha)/2]+(f/f_1)^{2(1-\alpha)}}+\frac{C_m-C_h}{1+(f/f_h)^2}+C_h \quad (6-34)$$

6.6.3.2 解析模型的建立及相参数的计算

通过分析特征频率和弛豫强度 ΔC 和 ΔG 随电解质浓度变化规律，初步推断产生高、低频弛豫的原因：高频弛豫是由于膜/液界面的 Maxwell 极化机制引起的；考虑到膜是由两层不同材料构成，两层电性质差异产生具有时间分布的低频弛豫，该弛豫随外电解质浓度变化而变化，特征参数规律的复杂性暗示膜内两层电性质对环境变化的响应方式的不同，电解质浓度增大使低频弛豫逐渐明显，直接原因是使得膜内两相的电性质差异变大。

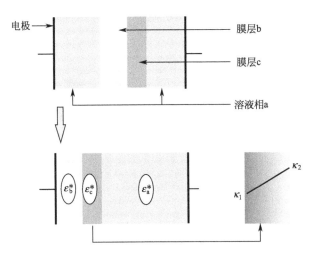

图 6.13 溶液-纳滤膜-溶液体系的介电模型

上图示意的是测量体系的配置和膜结构，下图为等效介电模型体系由溶液相（a 相），膜内两层各为一相（b、c 两相）的复介电常数分别为 ε_a^*、ε_b^* 和 ε_c^* 的三部分组成，假定其中跨越 c 相电导率 κ 由 κ_1 到 κ_2 呈线性分布[60]

介电谱特征参数的变化反映的是整个体系的电性质对外交流电场的响应规律，同前面包括膜体系在内的所有解析过程一样，若要得到反映组成体系的各相电性质的相参数（即每一相的电容和电导），还需通过使用适当的物理模型进行介电谱的解析。从两个弛豫介电谱的特征以及纳滤膜组成材料的特点，将电解质溶液中的纳滤膜测量体系考虑为如图 6.13 表示的三相介电模型：复电容为 C_a^* 的溶液相，膜内不同材料的两层各自为一相，其复电容分别为 C_b^* 和 C_c^*，整个体系的复电容 C^* 随频率的变化可表示为下式：

$$\frac{1}{C^*}=\frac{1}{C_a^*}+\frac{1}{C_b^*}+\frac{1}{C_c^*}$$

其中的 C_c^* 可利用 6.4.2 节浓度极化层理论公式(6-17)进行计算。利用最小二乘法对上式描述的体系的介电谱进行拟合，得到反映体系内部性质的电参数（相参数）：C_b，G_b，C_c，G_1 和 G_2。若单独测得各相的厚度可以计算各相的介电常数和电导率。图 6.14 是拟合结果的一例：在整个测量频率范围内由模型计算出来的介电谱和实验测量数据完全吻合。另外，利用解析得到的膜相电参数只计算膜相自身的介电曲线 $C_m(f)$ 和 G_m(f)，结果以图中的点划线表示，可以看出该理论曲线在低频段内与实验测量结果重合，而

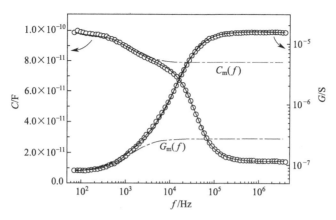

图 6.14 膜-0.05mol·m⁻³ LiCl 溶液体系的
电容 C、电导 G 的频率 f 依存性
实线是理论式拟合的结果；虚线是用三相平面层状介电模型计
算的结果；点划线是利用解析结果计算的膜相曲线[60]

在高频段没有弛豫，这证实低频弛豫是由膜相自身的不均一性引起的。

6.6.4 膜的层状结构的确认和各层电性质

介电谱解析获得了反映研究体系内部结构和电性质的相参数，结合具体体系和相关的知识进行进一步的分析，可以得到更详尽的信息。对于本节纳滤膜的例子，通过详细考察膜中两相（与不同材料组成的两层相对应）的电参数对电解质种类和浓度的依存性，并结合作为纳滤膜分离原理基础的 Donann 平衡和介电排斥理论，对膜的构造和离子选择透过性得到了以下知见。

确认膜是由两个电性质不同的层所构成：模型中 c 层材料为带有固定负电荷的磺化聚醚砜，但电荷分布不均匀，其中一侧的固定电荷浓度约为 $0.7\mathrm{mol/m^3}$，离子在该层中以及在水溶液中的分布显示 Donnan 平衡现象，同时，通过分析 Donnan 平衡理论对解析数据模拟的结果，知道离子通过 c 层时除受到 Donnan 排斥作用外，也受到介电排斥力和空间位阻的作用；而 b 层主要由聚酯材料组成，该相对于不同大小、荷电量的离子的透过具有选择性。对于电导率：b 层电导率较小，这说明该层比较致密，水渗入很少，因而离子透过该层时才会受到很大的介电排斥作用。解析获得的介电常数也接近于干燥高分子材料的值。相对于 b 层，c 层的结构相对疏松，含水量较大，具有较大的电导率，因而离子透过该层时受到的介电排斥作用要小（仍存在明显的介电排斥作用），但由于该层带固定电荷，会对含有不同的同性离子（阴离子）的电解质的透过有选择性。

考察解析结果给出的 G_2（同等于 κ_2）随电解质溶液的浓度和种类的变化曲线［图 6.15 (a)］，可以看出 G_2 随着外界电解质浓度的变化大约以 $0.7\mathrm{mol/m^3}$ 为分界，小于这个浓度时 G_2 基本上不随溶液浓度变化而改变，而大于这个浓度时，G_2 与电解质浓度呈线性关系，这是明显的带有固定电荷的膜所具有的 Donnan 平衡现象的表现。利用导出的 Donnan 平衡下膜相电导率表达式

$$\kappa_m = (U_{M^+}^m c_{M^+}^m + U_{A^-}^m c_{A^-}^m + U_{H^+}^m c_{H^+}^m)F \tag{6-35}$$

（式中的 $U_{M^+}^m$、$c_{M^+}^m$、$U_{A^-}^m$、$c_{A^-}^m$、$U_{H^+}^m$ 和 $c_{H^+}^m$ 分别表示膜相中的正、负离子以及氢离子的

淌度和自由离子的浓度，F 是法拉第常数）以及膜相阴、阳离子浓度与溶液浓度及荷电密度的关系式[61]，计算出 G_2-c 的理论曲线。图 6.15(b) 是模拟 NaCl 溶液中的介电解析数据的计算结果，模拟时假设 c 层的厚度为 $60\mu m$，其原因以及其它模拟参数参见文献［60］。从图 6.15(a) 和（b）看出理论模拟和由介电解析的结果两者表现出在变化规律甚至是数值上的一致性，这样，从计算上对这一现象作出了理论解释。同时，这也说明介电模型和解析方法的合理性。应该指出的是，图 6.15 仅仅是根据介电解析结果所获得的很多参数中的一例，由此可知，基于模型的介电解析可以获得反映膜结构的，膜内各层的离子分配以及在随外电解质浓度和种类（价态）的变化的大量信息，确认了膜是由两个电性质不同的层所构成的；各层中离子的淌度以及离子透过性的推测。最终揭示了膜内部构造特征、离子在两层中的透过性难易程度以及各层在盐水分离过程中可能扮演的不同角色。

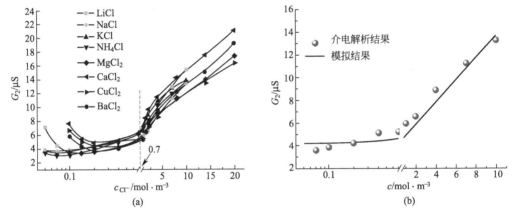

图 6.15　$G_2 = \kappa_2(S/t)$ 对电解质的浓度和种类的图（a）以及利用 Donann
平衡原理计算的对 NaCl 中 NF 膜体系 G_2 的浓度依存性（b）[60]

6.6.5　复合膜各层的离子透过性和选择性

通过前面的讨论知道了介电解析给出了复合纳滤膜内 b、c 两层的结构特点：b 层致密 c 层疏松，含水量大。进一步的研究发现两个层对离子的渗透和选择作用的差异[62,63]，图 6.16(a) 给出的是在四种电解质溶液中 c 层的电导和电解质溶液相电导之比 G_c/G_a 随电解质浓度 c 的关系图：G_c/G_a 不随溶液浓度而变化，其值接近于 1，根据 Donann 原理，认为离子在多孔层中与在本体溶液中的导电程度相近，即离子迁移速率相当（理论上比较导电性质应该使用电导率，这里的结果只能提供一定的参考）。这与前节判断的 c 层的多孔疏松结构特点是吻合的。此外，不同电解质溶液的四条曲线变化趋势完全重合，这就说明多孔的支撑层对电解质的透过没有选择性。而对于相对致密的 b 层，G_b/G_a-c 图完全不同 ［图 6.16(b)］：G_b/G_a 先随电解质溶液本体浓度的增加而急剧下降，之后不再随本体溶液浓度的增加而有明显的变化，这一结果暗示着膜带有一定的固定电荷。利用根据 Donann 原理导出的公式[61] 计算获得了膜相中的离子浓度和膜中 b 层的固定电荷量，进一步计算了阴离子在 b 层的扩散系数。对不同类型电解质在膜相的扩散系数的研究发现，1-1 型电解质在 b 层的扩散系数比 2-1 型的大，说明膜相对不同类型的电解质具有选择透过性。根据式(6-33)计算出各种阴离子透过膜所具有的能垒值 ΔG^{el} 可以大致预测膜对这几种电解质的截留顺序：$Na_2CO_3 > Na_2SO_4 > NaNO_3 > NaCl$，这一顺序基本符合纳滤膜的特点[64]：膜对由高价态同离子的电解质的截留率高于对 1-1 型的电解质的截留率。

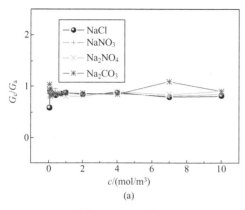
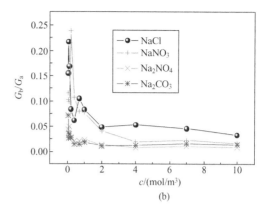

图 6.16 c 层的 G_c/G_a（a）和 b 层 G_b/G_a（b）随电解质的浓度的变化

以上 6.2 节至 6.6 节所介绍的介电谱方法用于纳滤膜体系的研究表明：介电谱解析不仅能探测复合膜的结构以及离子在膜内的分布情况，也有助于从本质上解释离子透过的难易程度和膜对离子选择性的原因，这些对离子透过和选择性的微观理解都与纳滤或反渗透过程中膜的截留率因素相联系。

6.7 脂质双层膜和支撑膜-溶液体系

6.7.1 水中脂质双层膜

生物细胞膜的基本构造是一个含有功能蛋白质的脂质膜，合成的脂质双层膜（bilayer lipid membrane 或 bimolecular lipid membrane，BLMs）可作为生物细胞膜的模型进行各种基础性研究，并且用于膜蛋白的重组以研究它们的功能。另一方面，脂质双层膜（脂质双分子膜）是在水中形成的，也只有在水中才稳定，因此对这样的 BLMs 必须在其与水共存的状态进行测量。比较方便的电测量方法是，在分隔两个溶液相的 Teflon 薄片上开一个小孔，在孔上制备平面的 BLMs，用插入两溶液的一对电极直接测量跨膜阻抗。显然，若认为 BLMs 是均质的，那么这样的溶液/BLMs/溶液应该看成两相非均匀体系，总的复电容 C^* 与 BLMs 相以及溶液相的复电容 C_m^*、C_s^* 之间的关系为 $1/C^* = 1/C_m^* + 1/C_s^*$。根据 M-W 界面极化理论可以预知，对这样的非均质体系的介电（阻抗）测量可以观察到一个弛豫。Hanai 等在 20 世纪 60 年代在对卵磷脂膜的研究中发现了介电理论所期待的一个典型的 Debye 型的弛豫（图 6.17）[65~67]。弛豫的解析相当简单，因为根据测量的双层膜卵磷脂可知：膜的电导远远小于溶液相的电导，而膜相

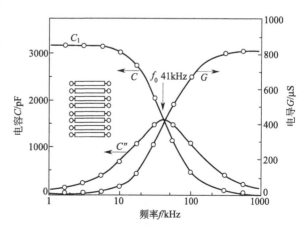

图 6.17 卵磷脂脂质双层膜/水体系的介电行为[67]

的电容又远大于溶液相的电容，即 $G_m \ll G_s$ 和 $C_m \gg C_s$，所以该体系近似地由相应于膜相的电容和相应于水溶液相的电阻的串联来表示，按照 6.1.5 节介绍的平面膜一般解析法可以将解析式简化，得到 $C_m \approx C_1$，$G_s \approx G_h$，$G_m \approx G_1$，$f_0 \approx G_a/(2\pi C_m)$，即膜相的电容、电导以及水相的电导能够从实际测量的低频电容 C_1、低频电导 G_1 和高频电导 G_h 来确定。

根据 $C_1 \approx C_m = \varepsilon\varepsilon_0(S/d)$，计算出单位面积膜电容为 $0.383\mu F/cm^2$，同时用直接观测的膜面积 S、构成膜相的介电常数 ε（主要是碳氢链部分）以及 C_1 计算得到膜的厚度为 $d=4.74nm$。脂质双层膜的结构是两个卵磷脂分子层并在一起（图 6.17 的插图），而卵磷脂碳链部分长度约为 2.3nm，所以两根链的长度应该是 4.6nm，即厚度。因此，由上述的介电测量法可以确认水中脂质膜具有双分子层的构造。近半个世纪前，Hanai 的研究第一次利用平板电容器的概念计算了脂质膜的疏水层厚度并给出了合理的结果，这给出一个简单的启示：通过电容这样的宏观量利用介电测量和解析的手段可以将视野延展到分子的微观领域。之后，关于平面 BLMs 的膜电容被彻底研究了，比如，膜表面扩散双层对膜电容的影响以及各种烷烃对膜厚度的影响等[68]。

但是，BLMs 并不只是一个单纯的薄疏水膜，而在疏水层外层有亲水的表面层，该亲水表面层的电性质既不同于疏水层，也不同于外部电解质溶液。因此，预料这个具有两种电性质的脂质双层膜本身将会有一个介电弛豫，这样，BLMs-溶液体系便可能具有两个弛豫。的确，这种预测被 Coste 等证实了[69]：他们利用四电极法对卵磷脂的 BLMs 在电解质溶液中的研究发现 BLMs 在低于 10Hz 的频率段显示另一个小的弛豫，并第一次对 BLMs 亲水表面层的电性质进行了评价；在三层（脂质双分子膜头基区域和非极性区域）模型和 M-W 理论导出的下式解释了实验数据：

$$C = \frac{\omega^2 2C_P C_H(2C_P+C_H)+C_H 4G_P^2+2C_P G_H^2}{(2G_P+G_H)^2+\omega^2(2C_P+C_H)^2} \tag{6-36a}$$

$$G = \frac{2G_P G_H(2G_P+G_H)+\omega^2(2G_P C_H^2+4C_P^2 G_H)}{(2G_P+G_H)^2+\omega^2(2C_P+C_H)^2} \tag{6-36b}$$

C_P、G_P 和 C_H、G_H 分别是极性区和非极性区的电容和电导。随后，他们利用改进的技术和包含四个区域等效回路的模型，进一步求解了 BLMs 亲水区域间与四个层相应的四个弛豫项[38,70]。因为在他们的关于卵磷脂双分子脂质层的等效电路中，每一个区域都与卵磷脂分子中的一个化学性质不同的部分相联系，因此，根据回路模型对测量数据的解析反映了回路所表述的膜的微结构和相对应的电性质。

6.7.2 支撑膜/溶液体系

6.7.2.1 支撑的 BLMs 膜

与不依靠支撑物的独立平面 BLMs 相比，有固体支撑的 BLMs 因为长期的稳定性以及在电传导支撑物上形成的可能性而具有很多潜在的应用。由于脂质双层是具有疏水性的绝缘体，所以支撑的脂质膜（s-BLMs）是个典型的阻抗元件，与溶液相组成一个膜-液体系是适合于用介电（阻抗）谱方法研究的，如果电解质溶液的浓度很大，s-BLMs 的阻抗性质可以直接获得。一些典型的研究报道了关于硫脂质在金表面自组装形成的超薄膜的介电（阻抗）谱研究，研究表明，通过建立在等价回路模型的阻抗谱分析基础上可以确定脂质膜在金表面的覆盖度和膜厚度，计算的单位面积 s-BLMs 的膜电容小于 BLMs，并且还可以监测双层膜在电极上的形成过程以及探测配体与支撑的受体/脂质膜的结合状态；阻抗法和细胞质基因组谱法结合可以成为有效检测支撑双层膜/传感器上的配体和膜蛋白的有用工具[71,72]。

阻抗谱方法还可以连续监测支撑脂质膜的稳定性，并能提供关于物质通过脂质膜的传输过程的可能机制[73]。Tien 等很早就开始用阻抗法详细地研究 s-BLMs 作为电化学传感器的电子转移等性质[74]，近年，Bordi 等同样为了生物传感器的基础研究，测量了 1kHz～1MHz 频率范围的电极/磷脂双层膜/电解质溶液体系的阻抗谱，考察了支撑膜的电导和介电性质，特别是电解质的价态以及对离子对介电行为的影响，解析是以回路模型为基础的[75]。

6.7.2.2　LB 膜

同支撑的磷脂膜类似，利用 LB 技术在基板（电极）表面组装而成的 LB 膜（分子累积膜）可以作为传感器件材料的基础研究模型。对 LB 膜的介电（阻抗）测量很早就有报道[76]，通过测量膜电容与硬脂酸 LB 膜的层数的关系可以计算单分子层的厚度，推测分子的排列，近年，也有类似的关于测量累积层厚度和电容的报道，但研究的体系是 LB 膜中包含特殊的配合物，测量将其浸在电解质溶液中的阻抗，研究配体的电子转移过程[77]，在变温条件下对各类脂肪酸盐形成的 LB 膜的介电测量可以研究紧密排列在电极基板上的分子在电场下的转动以及相变[78]。因为非水状态下的 LB 膜都是绝缘的，因此 M/LB/M 的电容和电导的阻抗测量研究十分普遍，如高分子材料或液晶高分子以及一些无机类的 LB 膜等[79,80] 都不在本书介绍的范畴。

6.8　生物膜

6.8.1　内部电极法

如果生物细胞像鱿鱼的巨大（神经）轴突那样足够大时，可以测量一个插入到细胞质的内部电极和一个外部电极之间的跨膜导纳，从而获得膜电容和电导的信息。使用内部电极技术测量鱿鱼轴突膜阻抗的先驱性的工作是 Taylor 完成的[81]，其后，Takashima 和 Schwan 考察了由电阻、电容和电感组成的鱿鱼轴突的阻抗、活动电位期的轴突膜电阻以及膜电容[82]，发现膜的电容和电导具有频率依存性，是与神经兴奋现象密切相关的弛豫现象。后来，内部电极技术的研究有很多改进，文献报道了测量生物膜的介电（导纳）性质所使用的电极构造和测量系统配置[83]。

包括神经的生物细胞的膜电容差不多都是 $1\mu F/cm^2$，这是因为生物膜的厚度大都在 6～8nm 之间而它们的介电常数约为 4～7。但肌肉细胞是个例外，如骨骼肌膜电容有 6～8$\mu F/cm^2$ 之高，这是表面膜大面积的内褶形成横微管（T 微管）所致。同时，微管的存在表明肌肉纤维具有显著的阻抗特征，因此，很早开始就有很多关于骨骼肌膜的阻抗研究。早期的外部电极法对测量表面导纳是适合的，它能给出很大的各向异性的介电常数，但界面极化会干预对导纳的解析。内部电极的使用能够直接地、不受电极极化干涉地研究膜导纳，典型的工作是 Falk G 等用内部电极法研究肌肉膜的线性被动阻抗[84]，该研究发现两个弛豫的介电现象，低频段一个强度很大的弛豫和高频段相对小的弛豫，表明在肌肉纤维中有两个阻抗的来源：低频弛豫归于横管膜的阻抗，而高频弛豫源于表面膜的阻抗。

6.8.2　整细胞式膜片吸管法

对于相对小的球形细胞，可以使用膜片吸液管（patch pipette method）方法测量细胞的跨膜导纳，该方法被 Takashima 和 Asami 等用来测量膜电容和膜电导随频率的变化，该方法的测量系统和电极配置构造参考文献［85］。使用该测量法在 1Hz 到 1000Hz 频率之间测量一些非兴奋细胞（如海拉细胞和骨髓瘤细胞）发现其膜电容与测量频率无关[86]，在等价回路分析之上的计算得到两者的细胞膜电容分别为 $1.9\mu F/cm^2$ 和 $1.0\mu F/cm^2$，这个结果与细胞悬浮液介电谱法（下一章将要介绍）得到的结果完全一致，但后者表示的是细胞整个群体的平均行为，而膜片吸液管法测量的是个别细胞的真实的膜电容值。与上面非兴奋细胞的例子正相反，研究发现肌肉细胞具有膜电容的频率依存性（介电弛豫），这是由于细胞表面膜的大面积的折叠（结构），成为 T 微管所致[87,88]。神经膜也表示出类似的膜电容的弛豫现象，它可用与膜兴奋性相关的离子流来解释[89]。

关于细胞膜的电性质的研究大都集中在对细胞悬浮液的介电谱解析方面，即得到的是细胞整体膜性质的平均值[90]，但因为细胞悬浮液法具有不破坏细胞结构不干扰体系的特点，因此已经应用于很多实际的领域，下章将集中介绍细胞悬浮液介电解析原理，后面的第 9 章将介绍在介电谱解析基础上的对生物细胞分裂和融合等过程的实时监测。

参 考 文 献

［1］ Parsegian V A.Nature,1969,221:844-846.
［2］ Levitt D G.J Chem Phys,1990,92:6953-6957.
［3］ Yaroshchuk A E.Adv Colloid Interfac,2000,85: 193-230.
［4］ Bandini S,Vezzani D.Chem Engineering Sci,2003,58: 3303-3326.
［5］ Ashcroft R G,Coster H G L,Smith J R.Biochimica et Biophusica Acta,1977,469: 13-22.
［6］ Coster H G L,Kim K J,Dahlan K,Smith J R,Fell C J D.J Membrane Sci,1992,66: 19-26.
［7］ Chilcott T C,Coster H G L,George E P.J Membrane Sci,1995,100: 77-86.
［8］ Zha F F,Coster H G L,Fane A G.J Membrane Sci,1994,93: 255-271.
［9］ Coster H G L,Chilcott T C.Surface chemistry and electrochemistry of membranes,T.S.Sørensen: Marcel Dekker,New York，1999：749-792.
［10］ Alcaraz A,Ramírez P,MaféS,Holdik H.J Phys Chem,1996,100: 15555-15561.
［11］ Alcaraz A,Holdik H,Ruffing T,Ramírez P,Mafé S.J Membrane Sci,1998,150: 43-56.
［12］ Alcaraz A,Ramírez P,Manzanares J A,Mafé S.J Phys Chem B,2001,105: 11669-11677.
［13］ Holdik H,Alcaraz A,Ramírez P,Mafé S.J Electroanalytical Chem,1998,442: 13-18.
［14］ Zholkovskij E K.J Colloid Interf Sci,1995,169: 267-283.
［15］ Takashima S.Dielectric and electronic properties of biopolymers and membranes.Adam Hilger: Philadelphia,1989.
［16］ Martinsen Ø G,Grimnes S,Karlsen J.J Colloid Interf Sci,1998,199: 107-110.
［17］ Hanai T.Electrical properties of emulsions//Sherman P,ed.Emulsion science.London: Academic Press,1968:353-478.
［18］ Sekine K,Hanai T,Koizumi N.Membrane,1984,9: 351-355.
［19］ Asaka K.Memebrane,1989,14: 54-63.
［20］ Asaka K.J Membrane Sci,1990,50: 71-84.
［21］ Zhao K S,Asaka K,Sekine K,Hanai T.Bull Inst Chem Res Kyoto Univ,1988,66: 540-553.
［22］ Zhao K S,Asaka K,Asami K,Hanai T.Bull Inst Chem Res Kyoto Univ,1989,67: 225-255.
［23］ Kiyohara K,Zhao K S,Asaka K,Hanai T.Jpn J Appl Phys,1990,29: 1751-1756.
［24］ Osaki T,Tanioka A.J Colloid Interf Sci,2002,253: 94-102.
［25］ Osaki T,Tanioka A.J Colloid Interf Sci,2002,253: 88-93.
［26］ Hanai T,Zhao K S,Asaka K,Asami K.J Membrane Sci,1991,64:151-161.
［27］ Zhao K S,Matsubara K,Asaka K,Asami K,Hanai T.J Membrane Sci,1991,64:163-172.
［28］ Zhao K S,Asaka K,Asami K,Hanai T.J Colloid Interf Sci,1992,153: 562-571.
［29］ Hanai T,Zhao K S,Asaka K,Asami K.Colloid Polym Sci,1993,271(8)：766-773.
［30］ Asaka K,Zhao K S,Asami K.J Maku (Membrane),1994,19(6): 411-419.
［31］ 赵孔双.含浓度极化层的非均匀体系的介电模拟.科学通报,1996,41(17):1583-1587.
［32］ 赵孔双.膜/液界面浓度极化现象的介电解析.物理化学学报,1996,12,7:635-640.
［33］ 赵孔双.反渗透膜/溶液体系的特异介电行为.膜科学与技术,2000,20(1):1-5.
［34］ 李玉红,赵孔双,疋田巧.反渗透膜 UTC-70 在水溶液中的介电谱及其解析.物理化学学报,2003,19(6):523-527.
［35］ Li Y H,Zhao K S.J Colloid Interf Sci,2004,276: 68-76.
［36］ Zhao K S,Li Y H.J Phys Chem B,2006,110:2755-2763.
［37］ K.S.Zhao K S,Chen Z,Li Y H,Characteristics and inner information of membrane/solution system as viewed from dielectric spectroscopy: with an emphasis on dielectric analysis based on electrical model// Szymczyk A,ed.Surface electrical phenomena in membranes and microchanneles.Transworld Research Network: India,Chapter 8.2008:141-171.
［38］ Coster H G L,Chilcott T C,Coster A C F.Bioelectrochem Bioenerg,1996,40: 79-98.

［39］　花井哲也.不均質構造と誘電率.吉岡書店,1999.

［40］　Zhang H Z,Hanai T,Koizumi N.Bull Inst Chem Res Kyoto Univ,1983,61(4): 265-281.

［41］　Sekine K,Hanai T,Koizumi N. Membrane,1984,9(6):351-355.

［42］　Kuang W,Nelson S O. J Colloid Interf Sci,1997,193: 242-249.

［43］　Asaka K. J Membrane Sci,1990,50: 71-84 .

［44］　Asaka K.Membrane,1990,14(1): 54-63.

［45］　Asaka K,Hanai T.Membrane,1990,14(1): 54-63.

［46］　Matsuura T,Pageau L,Sourirajan S.J Appl Polym Sci,1975,19: 179-198.

［47］　Zhao K S,Matsubara Y,Asaka K,Asami K,Hanai T.J Membrane Sci,1991,64: 163-172.

［48］　Zhao K S,Asaka K,Asami K,Hanai T.J Colloid Interf Sci,1992,153: 562-571.

［49］　Hanai T,Zhao K S,Matsubara Y,Asaka K,Asami K.J Membrane Sci,1991,64: 153-161.

［50］　赵孔双.含浓度极化层的非均匀体系的介电模拟.科学通报,1996,41(17):1583-1587.

［51］　Hanai T,Zhao K S,Asaka K,Asami K.Colloid Polym Sci,1993,271(8): 766-773 .

［52］　Travanti G,Passino R.J Membrane Sci,1983,13: 349 .

［53］　Tanaks Y.J Membrane Sci,1991,57: 217.

［54］　李玉红,赵孔双.浓差极化的介电模型——复合膜/溶液体系的数值模拟.化学学报,2007,65(19):2124-2132.

［55］　Chilcott T C,Coster H G L,George E P.J Membrane Sci,1995,108: 185-197.

［56］　Yaroshchuk A E.Adv Colloid Interfac,2000,85: 193-230 .

［57］　Bandini S,Vezzani D.Chem Eng Sci,2003,58: 3303-3326 .

［58］　Senapati S,Chandra A.J Phys Chem B,2001,105: 5106-5109.

［59］　Bowen W R,Welfoot J S.Chem Eng Sci,2002,57: 1121-1137.

［60］　Zhao K S,Li Y H.J Phys Chem B,2006,110:2755-2763 .

［61］　Li Y H,Zhao K S.J Colloid Interf Sci,2004,276: 68-76.

［62］　贾京津.硕士论文,北京师范大学,2007:27-49.

［63］　Jia J J,Zhao K S.Dielectric spectroscopy study of nanofiltration membrane:Ion permeability and selectivity and the influence of pH.,12th International Conference on Surface and Colloid Science,2006:39.

［64］　Yaroshchuk A E.Desalination,2002,149:423-428.

［65］　Hanai T,Haydon D A,Taylor J.Proc R Soc Lond Ser A,1964,281: 377-391.

［66］　Hanai T,Haydon D A,Taylor J.J Theor Biol,1965,9: 278.

［67］　Hanai T,Kajiyama M,Morita S,Koizumi N.Bull Inst Chem Res Kyoto Univ,1969,47(4): 327-339.

［68］　White S H.The physical nature of planar bilayer membranes//Miller C,ed.Ion channel reconstiution.London: Plenum Press，1986：2-35.

［69］　Coster H G L,Smith J R.Biochim Biophys Acta,1974,373: 151-164.

［70］　Ashcroft R G,Coster H G L,Smith J P.Biochim Biophys Acta,1983,643:191.

［71］　Stelzle M,Weissmüller G,Sackmann E.J Phys Chem,1993,97: 2974-2981.

［72］　Steinem C,Janshoff A,Ulrich W P,Sieber M,Galla H J.Biochim Biophys Acta,1996,1279: 169-180.

［73］　Zha F F,Coster H G L,Fane A G.J Membrane Sci,1994,93: 255-271.

［74］　Tien H T,Ottova A L.Electrochemica Acta,1998,43(23): 3587-3610.

［75］　Bordi F,Cammetti C,Gliozzi A.Bioelectrochemistry,2002,57:39-46 .

［76］　Mann H,Kuhn L.Appl Phys,1971,42(11):4398.

［77］　Aoki A,Miyashita T.Colloid Surface A,2002,198-200:671-676.

［78］　Neumann W,Buchsteiner A,Mahler W,Geue T,Pietsch U.Physica Status Solidi,2000,177: 237-249.

［79］　Capan R.Mater Lett,2007,61: 1231-1234.

［80］　Verkhovskaya K A,Ievlev A S,Lotonov A M,Gavrilova N D,Fridkin V M.Physica B,2005,368: 105-108.

［81］　Taylor R E.J Cell Comp Physiol,1965,66:21-26.

［82］　Takashima S,Schwan H P.J Membrane Biol,1974,17:51-68.

［83］　Takashima S,Asami K,Yantorno R F.J Electrostat,1988,21: 225-244.

［84］　Falk G,Fatt P.Proc R Soc B,1964,160: 69-123.

［85］　Takashima S,Asami K,Takahashi Y.Biophys J,1988,54:995-1000.

［86］　Asami K,Takahashi Y,Takashima S.Biophys J ,1990,58: 143-148.

［87］　Takashima S.Pflügers Arch,1985,403: 197-204.

［88］　Asami K,Takashima S.Biochim Biophys Acta,1994,1190: 129-136.

［89］　Takashima S.Biophys J,1979,26: 133-142.

［90］　赵孔双.微小生物细胞的介电研究方法.生物物理报.2000,16(1):176-182.

第7章　生物细胞悬浮液的介电谱

如第 0 章所述，生物体系的电性质因为很多原因而引起人们的注意已超过一个世纪之久，又因为大多数生物体系对交流电场的敏感性，因此，介电谱一直作为研究该类体系的重要方法被广泛使用并得到充分的发展。本章和下一章将介绍与生物物质相关的物质体系在电磁场下的介电行为，即所谓生物体系的被动电性质，其对象主要是生物分子和作为其集合体的细胞、组织以及生物体系中的水。结合实例综合评述在生物细胞和生物大分子以及组织等体系中观察到的介电现象，解释介电弛豫谱中的某些问题，阐述理论模型能够适用到哪些具体体系，并能够获得哪些内部信息。将近年发展的更加精确的介电解析法延伸到解释细胞内部的相互作用、细胞膜的结构以及和物质的耦合作用等问题中；对于作为生物体系介电谱重要组成部分的生物水的介电性质，除了结合实例进行讨论之外，也将给予基础性的分析。

对于以上的生物体系介电谱的分析和解析，前几章的知识是完全可以利用的，或者说是有效的，因为除了对某些体系采用了一些近似之外，生物细胞的模型与粒子分散系在本质上是一致的，而且前面曾集中讨论过的对离子极化理论也是源于早期对生物细胞和组织表面的介电观察。

7.1　引言

7.1.1　生物体系介电谱的一般概述

7.1.1.1　生物材料的非均相之特点

生物材料从本质上来讲就是非均相体系。从最简单和自然的层面上看，充满了水的蛋白质体系可以代表一个典型的生物材料，这样体系的电性质和介电性质决定于它的其它物理性质以及各组成之间的相互作用。而最典型的非均相生物材料，就是血细胞悬浮在血浆所形成的体系。对它的认识来源于很早的 18 世纪末，而且在几乎与 Maxwell 建立非均质电介质理论的同年代，人们就已经发现血浆的电导率远大于悬浮的血细胞的电导率，而且通过测量这个非均质混合物的电导可以确定血细胞的体积分数。而 Maxwell 和其后的 Wagner 共同建立的界面极化理论一直主导着包括生物材料在内的非均质体系的介电研究，其基本原理和模型等在前面的第 0 章到第 3 章中已经有了详细的介绍。

7.1.1.2　生物材料介电谱的特点

生物物质大多属于极性物质，其介电常数很强地依赖于各种物理参数，如温度、压力，特别是电场频率。而生物分子或生物物质的偶极矩很大程度上取决于分子大小、物质的形状，以及它们所带的电荷，因此，因具体的生物体系（生物分子，细胞，组织以及生体中的水等）不同，其介电常数随外电场频率变化，即介电谱将呈现如图 0.13 所示的三个（或四个）阶梯的弛豫模式［α、β（或 δ）和 γ 分散］。其中低频的 α 分散产生原因基本上确定为是由于围绕着细胞表面解离基荷的对离子沿表面的移动引起的，本质上属于界面极化的范畴，α 分散的大小和形状很大程度上依赖于生物细胞膜表面的荷电状况以及生物组织的代谢状态；γ 分散是由于生物体系中自由水分子的取向弛豫；β 分散和 δ 分散只是为弄清楚其产生的机制而划分的，而实际上难以明显区分开。δ 分散起因于束缚在蛋白上的水的转动以及内部蛋白的运动；β 分散归结于生物材料（以后称为生物体系）的非均质性，具体讲，β 分散是由于细胞膜内或膜外与细胞液或外介质之间，或者生物大分子与溶液间的界面上的 Maxwell-Wagner 效应引起的[1~3]，β 分散的研究可以给出有关细胞的构造和膜厚度方面的信息。而 MW 理论以及对射频段出现的 β 分散的解析都在第 2 章和第 4 章给予了充分的描述。本章和下一章将要介绍的生物体系实例中会出现上面的 α、β（δ）、γ 分散中任何一个或几个，结合分析具体体系的介电谱，对产生各类分散的主要原因，即界面极化、偶极极化和对离子极化机制作进一步的阐述和说明。

7.1.1.3 生物材料介电性质的一般描述

从 0.1 节可知，置于面积为 A 相距为 d 的平板电极之间的材料的被动电性质可以通过测量电极之间的电容 $C = A\varepsilon\varepsilon_0/d$ 和电导 $G = A\kappa/d$ 来表征，其中的（相对）介电常数 ε 是反映电场下电荷分布即极化程度的量。对于生物材料，这样的电荷主要与发生在生物膜表面的、或者围绕着溶剂化的生物大分子的双电层有关［参见图 7.1(a)、(b)］，也与具有永久偶极矩的极性分子有关［图 7.1(c)］；而电导率 κ 主要来源于水合离子的淌度，它是一个容易测量的量。无论是因为膜或生物大分子表面的对离子极化、膜与溶液之间的界面极化，或是偶极分子的取向极化，其介电常数和电导率都可以用唯象的 Cole-Cole 方程描述（参见表 3.1）［下面各式在本书前面曾多次提到，如式(2-4) 和式(2-5)，为了方便，在此重新列举出来］：

$$\varepsilon^*(\omega) \equiv \varepsilon(\omega) - j\varepsilon''(\omega) = \varepsilon(\omega) + \frac{\kappa(\omega)}{j\omega\varepsilon_0} = \varepsilon_h + \frac{\Delta\varepsilon}{1+(j\omega\tau)^{1-\alpha}} + \frac{\kappa_1}{j\omega\varepsilon_0} \tag{7-1}$$

其中

$$\varepsilon(\omega) = \varepsilon_h + \frac{\Delta\varepsilon}{1+(\omega\tau)^2} \tag{7-2a}$$

$$\varepsilon''(\omega) = \frac{\Delta\varepsilon\omega\tau}{1+(\omega\tau)^2} + \frac{\kappa_1}{\omega\varepsilon_0} \tag{7-2b}$$

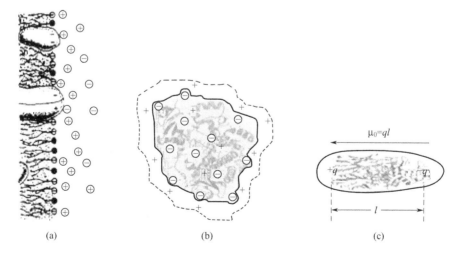

(a)　　　　　　　　(b)　　　　　　　　(c)

图 7.1　生物体的电极化原因示意图

(a) 荷电生物膜表面；(b) 生物大分子如球蛋白表面的双电层；

(c) 具有固有偶极矩的极性分子

$$\kappa(\omega) = \kappa_1 + \frac{\Delta\kappa(\omega\tau)^2}{1+(\omega\tau)^2} \tag{7-2c}$$

$$\tau = \frac{\Delta\varepsilon\varepsilon_0}{\Delta\kappa} \tag{7-2d}$$

因此，仅用介电增量 $\Delta\varepsilon$、电导率增量 $\Delta\kappa$、弛豫时间 τ（频率 f_0）和弛豫时间分布参数 α 这几个参数就可以表征生物材料中观察到的弛豫现象。

一般用下式描述半径为 a 的球形偶极子在黏度为 η 的介质中转动弛豫的弛豫时间：

$$\tau = \frac{4\pi\eta a^3}{kT} \tag{7-3}$$

此外，根据 Kirkwood 的研究[4]，介电增量可以表示为分子偶极矩 μ、分子量 M、溶剂中极性分子的浓度和温度的函数：

$$\Delta\varepsilon = \frac{N_A c g \mu^2}{2\varepsilon_0 MkT} \tag{7-4}$$

该式本质上同 1.1.2 节中的式(1-15) 相同，式中的 N_A 是 Avogadro 常数，g 是说明分子缔合以及溶剂和溶质分子运动的相关性的 Kirkwood 参数，该参数对于包含分子转动受到阻碍的氢键液体体系十分重要，因此，介电增量和介电弛豫时间可以解释很多生物液体体系的分子运动行为。

根据第 0 章讲述的电场和生物体相互作用原理，对于体积分数分别为 Φ_1 和 Φ_2 的两相 ε_1 和 ε_2 的混合体系（可以考虑为细胞粒子分散在连续介质中），平均电位移和电场强度为

$$\overline{D} = \Phi_1\overline{D}_1 + \Phi_2\overline{D}_2 \qquad \overline{E} = \Phi_1\overline{E}_1 + \Phi_2\overline{E}_2 \tag{7-5}$$

根据式(0-6)，混合体系的介电常数为 $\varepsilon_m = \overline{D}/\overline{E}$ 以及各组成相的电位移为 $\overline{D}_1 = \varepsilon_1\overline{E}_1$ 和 $\overline{D}_2 = \varepsilon_2\overline{E}_2$。因此，由上式可以得到混合介电常数为

$$\varepsilon_m = \varepsilon_1 + (\varepsilon_2 - \varepsilon_1)\Phi_2 f_2 \quad （对于小颗粒分散在连续介质中） \tag{7-6a}$$

或

$$(\varepsilon_m - \varepsilon_1)\Phi_1 f_1 + (\varepsilon_m - \varepsilon_2)\Phi_2 f_2 = 0 \quad （对于 \Phi_1 和 \Phi_2 相当的体系） \tag{7-6b}$$

这里的 $f_1 = \overline{E}_1/\overline{E}$，$f_2 = \overline{E}_2/\overline{E}$，利用此公式时遇到的主要问题是要找到适当的 f_2 和 f_2 的值以考虑粒子间可能的相互作用。关于非均匀体系介电性质的类似研究有很多，但争议很少并最终得到最多认同的还是球形粒子分散在介质中的 Maxwell 理论（低体积分数）和 Hanai 理论（高体积分数）为基础的理论方法，因为这些理论与大多数实际生物体系的实验结果都非常吻合。

7.1.2　细胞悬浮液的介电模型和解析公式

细胞悬浮液是生物物质中最广泛地被介电谱方法研究的一类重要体系，证实细胞膜存在的最初实例之一就是建立在细胞悬浮液的介电研究之上的。在实验上，是利用所谓的外部电极法对悬浮液进行介电测量，其介电谱主要显示一个在 100kHz～10MHz 频率段的因界面极化机制产生的 β 分散[5,6]，该分散可以用混合方程（2.4.2.4 节）和球壳粒子模型的（2.4.3.1 节）框架下发展的理论和模型给予解释[7,8]。在细胞悬浮液介电研究中，一般不讨论在低频段的因细胞表面对离子极化产生的 α 分散，以及在高频段因自由水（或束缚水）的取向极化产生的 γ(δ) 分散，而注重于考察 β 分散，并从中获得关于细胞膜以及组成等方面的信息。在获取信息所采用的基本解析方法上同其它非均匀体系的处理方式类似，一般需要对所研究的体系建立电模型并导出解析公式计算相参数，或者利用模型函数拟合

介电谱得到弛豫参数，然后讨论体系的电性质、结构、离子迁移行为以及动力学过程等。介电方法用于细胞悬浮液，其目的是为了获得与细胞膜本身和介质的电性质、内部结构以及其它组成性质有关的信息，因此，对介电谱的分析不是停留在拟合弛豫参数上，而是更加注重于利用介电模型进行内部相参数的数学解析。幸好，在 Maxwell-Wagner 界面极化理论基础上，很多关于非均匀体系介电理论的发展已经为细胞悬浮液提供了很好的模型基础，因此依靠电模型解析细胞悬浮液的介电谱已经变得非常普遍，并能够获得相对精确的内部参数。

目前最成熟的细胞悬浮液的介电模型主要有描述没有细胞核和细胞壁的细胞悬浮液的单壳模型（single-shell model，SS）；描述带有细胞膜外基质（细胞壁）的细胞悬浮液的所谓双层壳模型（two-shell model，TS）；以及描述带有细胞器的细胞悬浮液的所谓双壳模型（double-shell model，DS）。

7.1.2.1 单壳模型——细胞膜的电性质

简单地讲，生物细胞本身就是含有细胞膜和细胞质的非均匀体系，细胞膜是含有蛋白质的磷脂双层，它具有很低的离子透过性，因此被视为非导电的壳；而细胞质具有导电性，如果假定细胞质在电性质上是均一的，那么，最简单的电模型就是一个被绝缘性的壳包裹的导电球，称为单壳模型[9]。该模型主要用来解释细胞悬浮液中源于细胞膜的界面极化而产生的 β 分散（关于 β 分散产生于细胞膜的认识可以通过一个实验得到证实：β 分散的强度随细胞膜的被破坏而减小，当细胞膜完全被破坏，β 分散消失[10]）。但是，细胞膜内部的细胞质因为含有细胞器、蛋白质核酸等大分子故也是一个非均匀体系，因此细胞质的电性质也依赖于测量频率，应该产生弛豫现象。

对 β 分散进行介电解析可获得的最主要信息是细胞膜的电性质。在 2.4.2 节中介绍的椭球分散系介电理论框架下可以导出单壳模型的复介电常数表达式。单壳模型如图 7.2 所示，将由复介电常数分别为 ε_i^* 和 ε_m^* 的内核（半径为 R_i）和球壳（壳厚为 d_m）构成的球壳粒子视为一均一球体，其等价复介电常数为：

$$\varepsilon_p^* = \varepsilon_m^* \frac{2\varepsilon_m^* + \varepsilon_i^* - 2v(\varepsilon_m^* - \varepsilon_i^*)}{2\varepsilon_m^* + \varepsilon_i^* + v(\varepsilon_m^* - \varepsilon_i^*)} \quad v = [R_i/(R_i + d_m)]^3 \tag{7-7}$$

该式等价于式(2-21)，上式中的 ε_m^* 相当于图 2.3 中的 ε_s^*。因此，根据 Wagner 理论，该粒子以体积分数 Φ 分散在复介电常数为 ε_a^* 的介质中构成的悬浮液的复介电常数应为：

$$\varepsilon^* = \varepsilon_a^* \frac{2\varepsilon_a^* + \varepsilon_p^* - 2\Phi(\varepsilon_a^* - \varepsilon_p^*)}{2\varepsilon_a^* + \varepsilon_p^* + \Phi(\varepsilon_a^* - \varepsilon_p^*)} \tag{7-8}$$

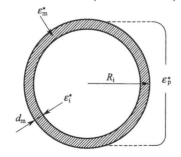

图 7.2　描述细胞内没有细胞器的 single-shell（SS）模型

ε_p^* 是整个球体的等价复介电常数，ε_i^* 和 ε_m^* 分别是细胞质和细胞膜的
复介电常数，d_m 是细胞膜的厚度，R_i 是细胞质内核半径[18]

通常情况下，$\kappa_m/\kappa_a \ll 1$，$\kappa_m/\kappa_i \ll 1$ 以及 $d_m/R_i \ll 1$ 的条件是满足的，这时由上面两式可以得到介电增量为

$$\Delta\varepsilon = \frac{9\Phi}{(2+\Phi)^2} \cdot \frac{R_i C_m}{\varepsilon_0} \times \left[1 + R_i G_m \left(\frac{1}{\kappa_i} + \frac{1-\Phi}{(2+\Phi)\kappa_a}\right)\right]^{-2} \tag{7-9}$$

式中包含了膜电容和膜电导项 $C_m = \varepsilon_s \varepsilon_0 / d_m$ 和 $G_m = \kappa_s / d_m$。当膜接近于绝缘状态即 $G_m \approx 0$ 时，上式可简化为

$$\Delta\varepsilon = \frac{9\Phi}{(2+\Phi)^2} \cdot \frac{R_i C_m}{\varepsilon_0} \tag{7-10}$$

研究指出，对于一般的生理条件下的细胞悬浮液，假定 $G_m \approx 0$ 利用上式计算介电增量与利用式(7-9) 基本上没有差别[8]。因此，如果知道体积分数 Φ 和细胞大小 R_i，便可以从介电谱中得到的 $\Delta\varepsilon$ 计算膜电容 C_m 的值（这里计算的并不是真正的膜电容，它随着因渗透等原因引起的膜皱缩等形状改变而变化），实际上，体积分数 Φ 可利用下式从介电谱得到的低频电导率 κ_l 和介质的电导率 κ_a 计算求得：

$$\Phi = \frac{2(1-\kappa_l/\kappa_a)}{2+\kappa_l/\kappa_a} \tag{7-11}$$

而细胞内的介电常数 ε_i 和电导率 κ_i 可分别由下面两式求出：

$$\varepsilon_i = \varepsilon_a \frac{(2+\Phi)\varepsilon_h - 2(1-\Phi)\varepsilon_a}{(1+2\Phi)\varepsilon_a - (1-\Phi)\varepsilon_h} \tag{7-12a}$$

$$\kappa_i = \kappa_a \frac{(2+\Phi)\kappa_h - 2(1-\Phi)\kappa_a}{(1+2\Phi)\kappa_a - (1-\Phi)\kappa_h} \tag{7-12b}$$

以上的式(7-6)～式(7-12)，也称为 Wagner 式，或 Pauly-Schwan 式。

对于体积分数较大的浓厚细胞悬浮系，利用 Hanai 理论可以导出介电增量和体积分数的表达式[11]，取代式(7-12)：

$$\Delta\varepsilon = \frac{3}{2}\left[1-(1-\Phi)^{3/2}\right] \cdot \frac{R_i C_m}{\varepsilon_0} \tag{7-13}$$

$$\Phi = 1 - \left(\frac{\kappa_l}{\kappa_a}\right)^{2/3} \tag{7-14}$$

$$\varepsilon_i = \varepsilon_a - \frac{\varepsilon_a - \varepsilon_h}{1-(1-\Phi)(\varepsilon_h/\varepsilon_a)^{1/3}} \tag{7-15}$$

$$\kappa_i = \frac{1}{3(\varepsilon_a - \varepsilon_h)} \times \left[(\varepsilon_a - \varepsilon_i)(2\varepsilon_h + \varepsilon_i)\left(\frac{\kappa_h}{\varepsilon_h}\right) - (\varepsilon_h - \varepsilon_i)(2\varepsilon_a + \varepsilon_i)\frac{\kappa_a}{\varepsilon_a}\right] \tag{7-16}$$

这样，对于稀薄的或浓厚的没有细胞核等内部细胞器的细胞悬浮液，根据上面的式(7-9)～式(7-16)［式(7-13)～式(7-16) 称为 Hanai 式］，利用各自介电谱中的介电参数可以定量计算细胞膜和内部细胞质的电性质，以及悬浮液体积分数等相参数，但是体系要符合绝缘性而且是薄膜的条件。

7.1.2.2 双层壳模型——细胞壁的介电性质

对于一些具有细胞膜外基质（细胞壁）的细胞，如菌类、酵母和植物细胞等，上面的单壳模型不能解析其介电行为，除非细胞壁与连续介质具有相同的电性质（例如在低离子强度的介质中，动物细胞的细胞膜表面的对离子形成一个导电层的情况）。这时可用所谓 TS 模型作为这些带细胞壁细胞的电模型[12,13]，该模型如图 7.3 所示，是由两个相邻的同心层和被包裹的球核构成，整个球体的复介电常数 ε_c^* 为

$$\varepsilon_c^* = \varepsilon_w^* \frac{2\varepsilon_w^* + \varepsilon_p^* - 2w(\varepsilon_w^* - \varepsilon_p^*)}{2\varepsilon_w^* + \varepsilon_p^* + w(\varepsilon_w^* - \varepsilon_p^*)} \quad w = 1 - d_w/R_0 \tag{7-17}$$

式中符号的意义已在图 7.3 中说明。用 ε_c^* 替代方程式(7-8) 中的 ε_p^* 便可得到带细胞壁的细胞悬浮液的复介电常数表达式。同样假定细胞膜非常薄而且是绝缘的，可以得到悬浮液低频介电常数和电导率的表达式[8]：

$$\varepsilon_1 \approx \frac{9 \times 9}{2[(2+w)(2+\Phi) + 2(1-w)(1-\Phi)(\kappa_w/\kappa_a)]^2} \cdot \frac{C_m R_m w \Phi}{\varepsilon_0} \tag{7-18}$$

$$\kappa_1 = \kappa_a \frac{2(2+w)(1-\Phi) + 2(1-w)(1+2\Phi)(\kappa_w/\kappa_a)}{(2+w)(2+\Phi) + 2(1-w)(1-\Phi)(\kappa_w/\kappa_a)} \tag{7-19}$$

从式(7-18) 和式(7-19) 可以看出，悬浮液的低频介电性质 ε_1、κ_1 依赖于细胞壁和介质的电导率的比值 κ_w/κ_a、细胞的体积分数以及细胞壁的厚度，因此，从介电测量的低频数据可以获得关于细胞壁的电性质的信息。而且，细胞壁的电导率的大小也影响介电弛豫的个数。对此，在后面的 7.8 节将展开说明。

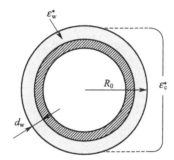

图 7.3　描述带有细胞壁的细胞的 TS 模型

ε_c^* 是整个球体的等价复介电常数；ε_w^* 是细胞壁的复介电常数；d_w 是细胞壁的厚度；R_0 是整个球体的外半径[18]

7.1.2.3　双壳模型——细胞器的电性质

SS 模型和 TS 模型可以描述细胞内部没有细胞器的红细胞以及细胞膜外有细胞壁的细胞悬浮液的介电行为。但是，大多数细胞的细胞质含有细胞器和膜状结构的物质，对于含有细胞器的介电谱除了因细胞膜的主弛豫之外，还因为细胞器等细胞内物质的界面极化而产生附加的弛豫。为了解析这样细胞的介电谱，至今已经发展了包含细胞内部结构的复合细胞模型。Irimajiri 等提出了所谓的 DS 模型[14]，并将该模型第一次应用到具有相当大细胞核的淋巴细胞中。此外，DS 模型也成功地模拟了具有细胞膜的孤立线粒体[15]、淋巴细胞[16,17]、发芽的酵母细胞[18,19] 的介电谱。该模型如图 7.4(a) 所示，由于模型的复杂使得解析式也变得更加烦琐，无法用单一的解析式描述，模型中的相参数可以通过拟合介电参数数据来获得，具体的方法可以通过阅读原始研究进行了解。对于既有细胞器又有细胞壁的细胞悬浮液，可以用图 7.4(b) 所示模型描述，关于该模型的解析请参见文献 [18]。图 7.4(b) 是为了便于比较和理解，对图 7.2 示意的 SS 模型、图 7.3 示意的 TS 模型以及带细胞壁的 DS 模型的总结。对于包含液泡和含有叶绿素的细胞质层的更复杂的植物细胞，其介电谱可用含有小泡的 DS 模型描述[20]，该模型即为后面图 7.22 示意的 SDV 模型。尽管上面介绍了解析各种类型细胞体系所使用的模型，但是，并不是所有的细胞悬浮体系的介电解析都可以用模型方法来完成，比如细胞膜有孔的细胞悬浮液体

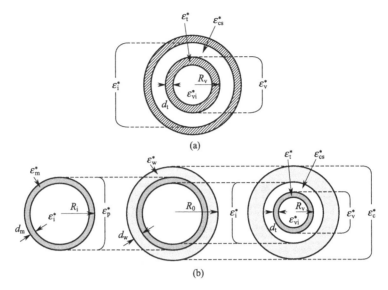

图 7.4　(a) 描述带有细胞器的细胞的 DS 模型；(b) SS 模型、TS 模型
以及带细胞壁的 DS 模型

ε_c^* 是带细胞壁的整个球体的等价复介电常数[18]

系似乎必须采用数值计算的方法[21]。

7.2　红细胞悬浮液

7.2.1　球形红细胞

　　人或哺乳动物红细胞的形状为中间凹陷的扁圆状（双凹圆碟状），与其它卵细胞和植物细胞相比其构造非常简单：是混杂着蛋白质的脂质双层膜形成的袋状物，内部没有细胞核等凝固状物质，膜外侧也没有细胞壁，膜外侧直接接触的液相为血浆。在适中的低渗透介质中的红细胞膨胀为球形，因此，单壳模型（图 7.2）适合细胞内没有细胞器的红细胞悬浮液，而且在 2.2.4 和 2.4.3.1 中介绍的理论框架下，利用上节介绍的具体方法可以定量地考察细胞膜的电性质。因此，关于单壳模型的大量研究都是围绕红细胞悬浮液体系开展的。根据 Pauly 和 Schwan 的研究，在一般的情况下该模型的介电谱应该包含两个弛豫时间[9]。但是因为生物细胞往往都满足壳厚度远小于细胞质球半径，以及膜的电导率远小于细胞质和外介质的电导率的条件，因此高频弛豫的强度变得非常小，这时的介电谱只表现为一个弛豫。事实上，这样的理论预测在实际的测量中得到了验证：对于膨胀为球形的红细胞显示如图 7.5 所示的一个弛豫的介电谱，利用式(7-10)～式(7-16)对介电谱进行解析可以计算 SS 模型中表示的所有相参数，并计算出红细胞的膜电容，Wagner 和 Hanai 两种解析公式计算的结果略有不同。若求膜相的介电常数 ε_m，需要知道红细胞膜的厚度 d，因为膜很薄，故 d 对最终结果影响不大，所以可以估算后通过 $C_m = \varepsilon_0 \varepsilon_m / d$ 计算膜电容。将计算的相参数分别代入 Wagner 和 Hanai 理论表达式计算出理论曲线，与实验数据非常一致（Hanai 理论曲线更加吻合，因为是较浓厚的悬浮液，因此，对于利用 Hanai 式计算的相参数可信度更大些）并且该弛豫可以用单壳模型很好地拟合[22,23]。这是应用单壳模型解析原核细胞介电谱的一

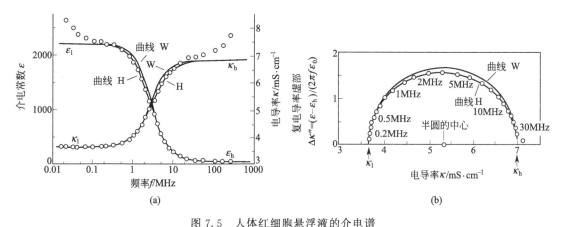

图 7.5　人体红细胞悬浮液的介电谱

(a) 介电常数和电导率的频率依存性；(b) 介电常数的复平面图[22]

个最好的例子。

　　由上述分析可以看出，在解析介电谱时所选用的模型和解析公式对获得的电参数的准确性至关重要。因此，人们一直致力于关于生物细胞模型以及在模型基础上的理论解析。最近，Cametti 等通过使用描述无核细胞的两个不同的模型（覆壳椭球体粒子模型和旋转卵形线获得的两面凹陷扁圆体模型）讨论了细胞形状对生物细胞膜被动电性质的影响，两种模型分别采用求解 Laplace 方程解析解的方法和建立在边界元法之上的数值计算法。比较两种方法对人体红细胞细胞膜的在射频段介电谱测量的解析结果发现，尽管原理上细胞的形状将很大程度地影响细胞膜被动电参数的计算，但是不同计算方法完成的两种模型解析只有很小的差异[24]，这个结果支持了广泛使用着的覆壳椭球体模型的可靠性，因为单壳模型是覆壳椭球体模型的特例，因此它用于描述球形细胞自然也是可以确信的，包括相应的解析法。同样建立在有效介质理论上的不同表达式给出的结果实质上应该是等价的，除非粒子间相互作用不能忽视和高的体积分数限制下，其差别才能显现出来。同样是 Cametti 等的研究证实了这一点，当使用没有考虑细胞几何形状的 Looyenga 方程[25] 对介电常数和电导率同时拟合红细胞细胞悬浮液的实验数据时，在很宽的体积分数范围比利用 Maxwell-Wagner-Hanai 有效介质理论公式的结果要好些[26]。

　　细胞悬浮液体积分数对射频段的 β 弛豫是敏感的，这从界面极化机制上是容易理解的。Hanai 等通过计算研究了细胞之间的电相互作用对悬浮液介电性质的影响[22]，结果表示：细胞的低浓度（$\Phi < 0.3$）悬浮液的介电性质与 M-W 理论所预期的单一时间的 Debye 介电行为非常吻合；而在较高浓度（$\Phi \approx 0.3 \sim 0.5$），介电常数复平面图表示为 Cole-Cole 圆弧特征；对于高浓度（$\Phi > 0.8$）的细胞悬浮液即使用 Hanai 理论式计算的介电常数也表示出一个严重偏离 Cole-Cole 方程的频率依存性。实验上，对红细胞悬浮系的研究表明体积分数在20％之前，体系的介电常数与体积分数成线性关系，这反映悬浮液中的细胞间彼此无相互作用，这时适用于 Wagner 方程；而当体积分数超过 20％时 Hanai 理论式是最合适的[27]。研究还表明，红细胞和红细胞的膜壳（ghost 血影）悬浮液是非常相似的体系，它们的区别只是内部的溶液不同，前者是离子的血红蛋白溶液；而后者内部溶液与血影外部介质溶液基本一致，从介电的角度讲都可以利用单壳模型，因此，根据上节的公式可以分别求出完整的红细胞悬浮液和血影悬浮液中的各种相参数：对于完整的红细胞的膜介电常数接近于 5，而血影的为 4.8 左右；血影内部电导率随上清液的电导率而变化[28]。Asami 等在高达 500MPa 的高压下对人体的红细胞的电性质和形态学性质进行了介电谱研究[29]，结果表示出压力引

213

起的红细胞悬浮液介电性质的变化：静压力引起细胞形状由铁饼状变到球形，在 200～300MPa 下出现溶血现象，在 300～400MPa 下，伴随着针状体的芽的形成，在 400～500MPa 下膜电容增加。

7.2.2 物质和红细胞膜作用的介电谱检测

7.2.2.1 抗生物质对红细胞膜作用

由上节的例子可以看出，以单壳模型的解析可以计算红细胞膜和内部细胞质的电性质。因此，当膜受到损坏时，膜以及细胞内部的电性质发生的变化也应该可以通过解析介电谱而得知。一个研究实例是，通过测量和解析用不同抗生物质处理后的红细胞悬浮液介电谱，推算抗生物质和细胞膜作用的效果[30]。在室温下对以下三种悬浮液样品进行介电测量：人的红细胞样品，只用乙醇处理过的样品以及用缬氨霉素（valinomycin）-乙醇处理过的样品，发现这些样品都表示出只有一个弛豫的介电谱，用乙醇处理的红细胞和未处理的红细胞的弛豫强度和弛豫频率相比都几乎不变，而用缬氨霉素-乙醇处理的红细胞悬浮液的弛豫强度减小，弛豫频率移向低频。采用单壳模型和 7.1.2 节给出的计算法计算出三个悬浮液样品的红细胞的体积分数 Φ，膜电容 C_m，细胞内的介电常数 ε_i 和电导率 κ_i 等参数。三个样品计算出的膜电容 C_m 分别为 $0.896F/cm^2$、$0.990F/cm^2$ 和 $0.1044F/cm^2$；细胞内的介电常数 ε_i 分别为 74.1、79.8 和 75.4，在误差范围内可认为是不变的；而由缬氨霉素-乙醇处理过的红细胞内的电导率 κ_i 由未处理的 $\kappa_i = 1.89mS/cm$ 下降到 $\kappa_i = 0.613mS/cm$，由此推定，抗生素缬氨霉素对红细胞的作用使得离子容易通过膜，从而从内部泄漏出来，导致内部离子浓度降低，宏观上电导率减小。同样的，采用短杆菌肽和多黏菌素处理红细胞后进行同样的测量和解析，都得到相同的结论。这样，通过考察弛豫的位置（弛豫时间）以及 κ_i 和 C_m 等值的变化可以推定抗生物质作用细胞膜的效果，获得离子泄漏的程度等信息。

7.2.2.2 葡萄糖对红细胞膜介电性质的影响

D-葡萄糖是人体细胞能量的主要来源，因此研究葡萄糖细胞之间的相互作用，对在分子水平上理解人类新陈代谢规律就显得十分重要。为了弄清楚葡萄糖对红细胞膜介电性质的影响，Hayashi 等对不同浓度的 D-葡萄糖和 L-葡萄糖的红细胞悬浮液，在保持相同渗透压条件下进行了介电测量[31]。结果表明，细胞膜介电常数和电导随 D-葡萄糖浓度非单调变化，而几乎不随 L-葡萄糖的浓度变化。由于两种葡萄糖的渗透压是相同的，因此，由观测到的结果可以判定 D-葡萄糖相对于 L-葡萄糖对红细胞的作用是显著的。考虑到 L-葡萄糖是非活性生物分子，可以认为这个结果是合理的。至于观测到的红细胞膜介电常数和电导与 D-葡萄糖浓度之间的非线性行为，其原因可能是与红细胞和 D-葡萄糖的新陈代谢等相互作用有关。

7.2.3 缗线状红细胞簇的介电行为

检测悬浮在血浆中红细胞的沉降速度（血沉检测）是通常使用的对病理诊断有重要辅助作用的一种临床监测法。血液中红细胞的固有状态不是球形而是扁平中间凹陷的形状，这些扁平状红细胞相互连接起来形成串钱状态（缗线状红细胞簇）。Irimajiri 等的研究表明，红细胞的这种形态一旦形成，悬浮液介电常数的低频极限值 ε_l（静态介电常数）将变得非常之大，而且依悬浮液流动性和黏度而又有所不同[32]，换言之，血液的低频介电常数能够反映全血中的串钱形成的强弱。流动中的红细胞不会凝聚，对于一定的血细胞比容 Hct（体积分数）介电常数一定，而流动静止后聚集现象发生形成红细胞簇，其介电常数也变化，因此，

可以用介电常数 ε 的值定量表示聚集程度。作为这种红细胞簇形成监测手段，一直是用光学的方法，但该监测法只限于稀释的血液（Hct<5%），对于全血（Hct=30%~50%）因为多重散射的缘故不能使用。而介电谱方法在技术上的优势就是对样品的浓度以及混浊程度没有限制，而且还具有测量时间短的特点，加上前面研究显示的介电解析上的基础：红细胞可以用单壳模型精准地计算出内部参数，因此，用介电谱法监测血沉现象所能显示的潜力一定是研究所期待的。

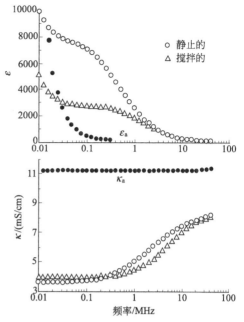

图 7.6　全血样品（100%血浆）的介电常数
和电导率的频率依存性

△ 一边搅拌一边测量的流动状态；○ 静止状态
静止 3min 后测量；● 没有红细胞只有血浆的
测量，即 ε_a 和 κ_a [32]

7.2.3.1　全血的介电行为

为了研究串钱状形成和介电弛豫行为的关系，Irimajiri 等的研究对红细胞分散到三种不同血浆浓度（介质只是水相的 0% 血浆试样；介质为全血浆的 100% 血浆试样；介质为水相和血浆等量混合的 50% 血浆试样）构成的悬浮液进行介电测量，图 7.6 给出的介电谱表示红细胞分散于 100% 血浆中的全血试样分别处于流动状态（△）和静止状态（○）测量的介电常数 ε 和电导率 κ 的频率依存性，图中点（●）表示的是没有红细胞只是介质水相的介电常数 ε_a 和电导率 κ_a。很明显，介电弛豫是由于样品中红细胞的存在而产生的，而流动的样品（△），介电常数的低频极限值为 $\varepsilon_1 \approx 2800$，流动停止静止 3min 后（○）$\varepsilon_1$ 的值增加到 $\varepsilon_1 \approx 7800$；而流动（△）和静止（○）状态的电导率频率依存性变化不大。因此，得出结论：介电常数的值在悬浮液的静止和流动状态有很大的差异，据此，从介电谱的 ε_1 值可以立刻知道伴随着血液流动时细胞排列（聚集）方式的变化。

7.2.3.2　介电常数和串钱状态的形成

上面的结果说明红细胞的低频介电常数 ε_1 是个变化明显的值，因此，考察流动（搅拌）停止后 ε_1 值随时间变化与血浆含量的关联性：图 7.7 表示的是全血试样在 63kHz 的 ε_1 值（曲线 a）、50% 血浆试样在 100kHz 的 ε_1 值（曲线 b）和 0% 血浆试样的 100kHz 的 ε_1 值（曲线 c），分别随试样流动停止后静止时间的变化。在这三种样品中，在流动状态的低频介电常数值都是 $\varepsilon_1 \approx 2800$，而流动停止后的 ε_1 值则根据血浆的浓度不同有很大变化：全血浆的 ε_1 急剧增加，3min 后达到 7500；50% 血浆试样 ε_1 值增加到 5000；而 0% 血浆试样的 ε_1 值不变化，停止在原来的 $\varepsilon_1 \approx 2800$。即生物体血浆一旦有了黏性，其静止后 ε_1 便有显著的增加。图 7.8 是以上三个试样所对应的微分干涉差显微镜（DIC）照片，照片表明分散在不同浓度血浆中的红细胞悬浮液，因黏度不同而呈现不同串钱状的聚集状态，显然，a 和 b 都显示了不同程度的红细胞的串钱状聚集，50% 血浆的 b 串钱状形成程度小些，而 0% 血浆的试样完全没有形成聚集。这三种状态，介电谱给出完全不同的低频介电常数值。

总结以上结果：三个试样中无论哪个在流动状态其红细胞都是分散的，因此 ε_1 只有约 2800 的值，但搅拌停止的 3min 后，对于血浆浓度大的血液中的红细胞串钱成簇而聚集，因此 ε_1 值显著增大，这样的红细胞沉降速度会很大。这样，在传统的血沉法中的沉降速度和根据介

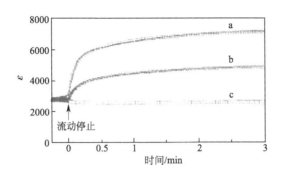

图 7.7 三种红细胞悬浮液样品在搅拌后停止时间不同
时测量的低频介电常数

曲线 a：100％血浆（全血）的样品，63kHz 的值；曲线 b：50％血
浆的样品，100kHz 的值；曲线 c：0％血浆的样品，100kHz 的值[32]

图 7.8　红细胞分别分散在全血中（a）、50％血浆中（b）和 0％血浆（不含蛋白质的
等渗盐溶液）中（c）的微分干涉差显微镜照片[32]

电测量得到的 ε_1 值之间确实存在一定的关联性。尽管理论上尚未完全解明，但从上面的解释可以确认：不需要稀释浓厚的全血，通过短时间可以完成的对红细胞凝集状态进行定量测定在原理上是可能的，而且这种"血液的介电常数"对临床生理学上的意义也更加明确。因此，以介电测量为基础的对血沉速度的监测作为临床检查法将会有很大的技术开发前景。此外，请回顾 4.2.4 节中的内容：W/O 乳状液在搅拌流动时和停止搅拌后静止时的低频介电常数 ε_1 的变化也是非常之大，这和缙线状红细胞簇形成本质上是同类的，在流变学中都具有很重要的意义，因篇幅所限，本书不讨论介电理论与流变学之间的关系，有兴趣者可参考文献和相关书籍[33,34]。

7.3　酵母细胞悬浮液

酵母总是与如面包和啤酒等日常的发酵食品相联系的。因为活的酵母细胞分散在水中容易进行介电测量，而且观测的介电弛豫的强度和酵母细胞的量成正比，所以每时每刻知道发酵程度有利于酵母培养工程的控制。因此，关于酵母细胞悬浮液介电性质的研究大都集中在发酵过程的监测方面，对此，将在第 9 章中给出详细的解说，本节的内容作为后面的关于细胞培养过程的介电实时监测技术的基础铺垫。

酵母细胞在水中增殖但也容易沉降，沉降后增殖能力降低，因此一般都将酵母细胞混入凝胶中。例如，在室温 25℃振荡下在培养液中的酵母细胞被收集到含有褐藻酸钙的凝胶相中，用蒸馏水冲洗后再分散到电解质溶液中调制成酵母细胞悬浮液。对于培养过程的连续监测，因为细胞的增殖需要用特殊的测量装置，而一般的介电测量在平板电容器型测量池或同心轴电极的测量池中都可以。介电谱在 100kHz～10MHz 范围给出明显的因为酵母细胞引起的弛豫现象。由于因界面极化引起的弛豫与分散相的体积分数即细胞粒子的浓度成正比，所以建立介电常数和浓度的关系可以监测细胞的增殖情况。除了体积分数对酵母细胞的介电行为的敏感之外，细胞的形状对介电谱的影响更是微妙，而相应的理论和实验研究就显得更加重要。

包括红细胞、酵母细胞以及后面将要介绍的各种动物和植物细胞在内的生物细胞悬浮液的介电弛豫一般都是由于细胞膜或细胞内部的各种不均匀构造与连续介质界面的极化而引起的，因此，从介电谱中获得弛豫时间和强度等介电参数以及弛豫的模式都能反映细胞的结构和电性质。大多数的研究为了在避免理论解析上因为形态学的复杂化而产生的数学处理的困难，都集中在使用球形模型上，酵母细胞含有细胞膜、液泡、核和线粒体等，粗略近似，研究酵母细胞所使用的模型主要有只考虑细胞膜的 SS 模型、加上细胞壁的 TS 模型和加上液泡的 DS 模型。核和线粒体的贡献很小作为一级近似可以忽略，只考虑液泡就可以了。Asami 报道了细胞的形状对分裂酵母细胞介电行为的影响，该研究考察了培养温度和培养时间不同时，因细胞的长度发生变化而导致的介电谱的不同，研究表明细胞形状对介电谱的影响可以用椭球模型定量地进行理论模拟[35]。Asami 还考察了细胞分离中的发育酵母的介电行为，发现在发育前的单一球形细胞显示一个主弛豫，而在细胞分离之后则在主弛豫上出现一个小的附加弛豫，它们分别是由于原生质膜以及细胞壁和液泡两者共同引起的 Maxwell-Wagner 弛豫。建立在椭球形细胞模型上的理论分析认为，上述的介电谱差异主要归于分离前后细胞形状的不同所致，介电谱中的弛豫强度和特征频率取决于发育过程中的椭球细胞的轴比[36,37]。这样，介电谱不仅可以提供细胞的电信息而且还可以提供细胞形状的信息，详细的分析见后面的 7.8 节。

最早研究酵母细胞介电谱所使用的都是 SS 模型[13]，因为在正常的生理条件下，细胞壁对介电弛豫没有贡献，因为外层介质的电参数与细胞壁具有相同的数量级。但是，后来在解释酵母介电数据的研究中发现，采用 SS 模型的结果会产生一些重要的问题，比如用单一弛豫的 Cole-Cole 函数不能拟合介电谱的高频区域；分布参数太大以至于不能用细胞参数分布来解释；获得的膜电容和细胞内电导率不能用已有的实验结果来解释，等等。这些都被归咎为因为没有考虑到酵母细胞内含有液泡而采用 SS 模型所造成。后来的一些研究认为，介电谱表观上的一个弛豫是三个亚弛豫（子弛豫）的组合，不考虑细胞壁，采

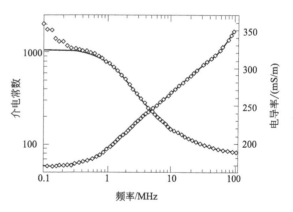

图 7.9　对于 20mmol/L KCl 中的酵母细胞悬浮液实验数据的理论模拟结果[38]

用包含原生质膜和液泡膜的 DS 模型可以很好地拟合介电数据，图 7.9 表示的是利用 DS 模型拟合分散在 20mmol/L KCl 溶液中的酵母细胞介电谱的结果，除了低频的电极极化之外整个频率段都吻合得很好，从而确定了细胞质、原生质膜、液泡膜的膜电容，以及细胞质与液泡内部的介电常数值，这些参数值与其它单独实验获得的相应数据是吻合的[38]。最近，有研究报道：将 DS 模型用于模拟细胞膜中带有蛋白质的酿酒酵母细胞的介电谱，结果预示着介电谱也许可以提供无标签检测（无需荧光方法对探针分子的检测）膜蛋白

存在的方法[39]。

7.4　卵细胞悬浮液

7.4.1　青鳉鱼卵的介电谱

青鳉鱼［也称稻田鱼（medaka，rice fishes）］卵的细胞膜与细胞外的水相相比是充分绝缘的，它作为外周膜成为一个球形的袋。青鳉鱼卵和前面章节中讲述的微胶囊（直径约为0.3mm）、脂质体（约 1μm）、红细胞（约 8μm）等覆膜球形粒子相比，它的直径约在1.0mm 以上，因此，从模型的角度看可以认为它是非常大的覆膜粒子。由 7.1 节中的式(7-10) 和式(7-13) 可知，在同等程度的细胞体积分数 Φ、膜厚度 d 以及膜的介电常数 ε_m 时，细胞悬浮液介电常数的低频值 ε_l 与细胞粒子的直径成正比，因此，可以预测这样大的青鳉鱼卵将有很大的介电弛豫。如果对只有一个青鳉鱼卵分散在水中的体系进行介电测量，其介电弛豫可以使用薄膜球形稀薄系的 Pauly-Schwan 的理论式(7-10)～式(7-12) 进行解析。

图 7.10 表示的是保持在生理盐水中的 1 个青鳉鱼卵在受精后随着时间经过成长时的结构变化略图[30]，图 7.11 是对应于各成长时期的介电测量结果的 Cole-Cole 图：$10^4 \sim 10^5$ Hz 的射频段呈现一个显著的介电弛豫[40]。利用 Pauly-Schwan 解析式，由介电谱图 7.11 中读取的 ε_l、ε_h、κ_l、κ_h 等介电参数计算出体积分数 Φ、膜电容 C_m、细胞内水相的介电常数 ε_i 和电导率 κ_i。因为只有一个青鳉鱼卵，所以 Φ 与青鳉鱼卵球的体积 $4\pi R^3/3$ 成正比，这样，如果通过显微镜观察获得成长初期的基准样品 A 的卵半径 R_A 值，并将介电参数代入式(7-11) 计算出体积分数 Φ_B、Φ_C、Φ_D 的话，便可以由式 $R = R_A(\Phi/\Phi_A)^{1/3}$ 计算出其它成长过程 B、C、D 的卵半径 R_B、R_C、R_D 来，再利用式(7-10) 求出青鳉鱼卵受精后成长各阶段的膜电容 C_m。另一方面，式(7-11) 表明体积分数只与细胞的大小有关，而与细胞内部的构造没有关系。但是，从图 7.10 可以看出，随着细胞由 A 经过 B、C 发育到 D 阶段，细胞内部的微细构造不断增加，实际上用式(7-10)～式(7-12) 不足以定量计算其内部微细结构，只能单纯地将该青鳉鱼卵看成一个单壳细胞考察随着内部结构的变化，介电参数和简单的组成相参数是怎样变化的。将介电参数代入公式(7-12)，计算出青鳉鱼卵内的介电常数 ε_i 和电导率 κ_i，但这两个参数只能反映视内部为均质相的值。

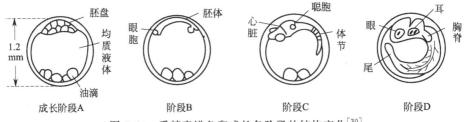

图 7.10　受精青鳉鱼卵成长各阶段的结构变化[30]

全部计算结果表明：因为理论式不依赖于膜球内部的结构，所以即使内部变得怎样复杂，在受精后成长的几个过程，青鳉鱼卵的体积分数 Φ 都不变，直径也大都在 1.25mm 左右。但前述的球壳理论式无法定量描述青鳉鱼卵各成长阶段卵内部产生的细小结构，只是从介电谱可以发现，随着 A→D 成长阶段内部结构变得更加复杂，电导率弛豫的分布变得更加宽 ［图 7.11(b)］，这与物质内构造的复杂性与介电谱弛豫时间分布成比例的基本原则相符

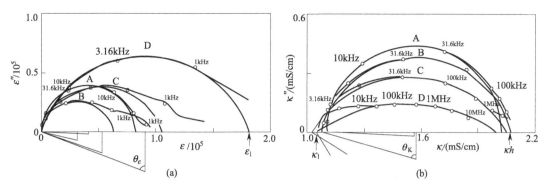

图 7.11 受精青鳉鱼卵成长各阶段的介电弛豫行为

(a) 介电常数；(b) 电导率的复平面图[40]

合。或者说，通过观察介电谱的变化可以粗略判断内部结构的复杂性。尽管按照单壳模型解析是粗糙的，但该例子还是从方法上说明了介电谱是如何获取受精青鳉鱼卵各成长阶段的结构和内部电信息的。必须注意的是，只用介电测量来推断内部结构是相当困难的，即使采用更加缜密的模型，因此有必要与其它的观测事实合并起来考察内部结构。

7.4.2 蛙卵的介电谱——胚胎形成的监测

Asami 等研究了一种蛙非洲爪蟾（xenopus）的一个卵悬浮在各种电解质浓度的水溶液中的介电谱[30,41]，与青鳉鱼卵悬浮液类似，同样显示了介电常数低频极限值为 $\varepsilon_1 \approx 10^5$ 的非常大的介电弛豫现象。图 7.12 是一个卵悬浮在不同 NaCl 浓度中的介电常数复平面图（Cole-Cole 图），从图的半圆可以推断非洲爪蟾卵也是很薄卵膜的球体。但是，显微镜观察发现该卵膜外侧覆盖一层因吸水而膨胀的很厚的胶质层（相当于细胞壁），这样，必须用具有2个壳层结构（连续外水相-胶质层-卵膜-内部细胞质）的所谓 TS 模型，并将该卵和电解质构成的体系考虑为包含4个相的非均匀体系，应用相应的介电理论解析该数据。因为解析式的复杂性，因此只能采用计算机拟合的方法，结果发现：随着外电解质浓度（离子电导率）增加至500 倍，包含胶质层的卵球半径减小，推断为胶质层缩小，而胶质层的电导率增加近 55 倍；卵细胞膜的膜电容略微增加，内部细胞质的电导率 κ_i 增加大约 10 倍以上。总体上，解析结果显示：对于悬浮介质导电性的增加，相对于卵细胞外界胶质层来讲内部的变化较小[41]。

介电谱在生物细胞悬浮液方面的成功激励人们研究细胞的时间依存现象的动态的介电行

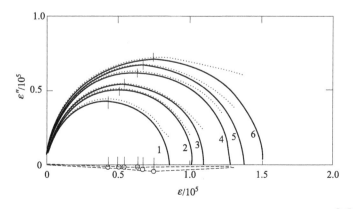

图 7.12　一个非洲爪蟾卵在不同 NaCl 浓度中的介电常数复平面图[30]

为，如细胞沉降[42]，细胞聚集[32]，培养中细胞的分裂和发育[43~45]，以及器官退化[46]。
在这些时间依存的生物现象中，单一的受精卵最终发育为一个完整身体的胚胎形成是介电谱
方法中最有吸引力的课题之一。Asami 等除了研究非洲爪蟾蛙卵在电解质溶液中的介电性质
之外，还用介电谱监测了单个 xenopus 卵的早期胚胎形成，研究了 10Hz～10MHz 频率范围
单个卵悬浮液的各个不同发展期的介电特征[41]。早期胚胎形成期间的一个 xenopus 胚胎从
未分裂的卵到囊胚期的介电谱见下面的图 7.13(a) 和 (b)，图中表示的数据是在受精后的

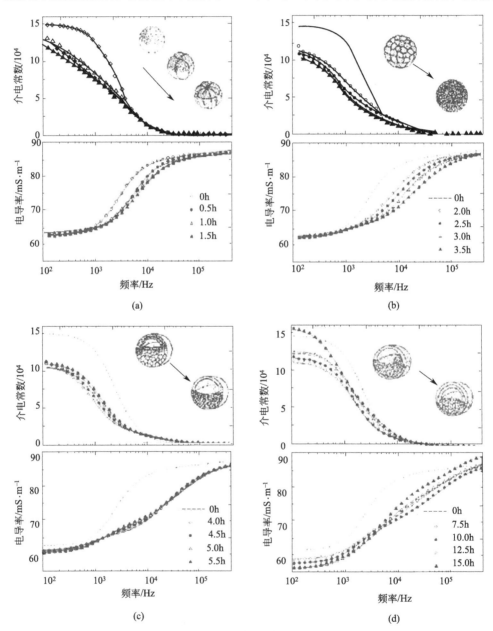

图 7.13　xenopus 胚胎从未分裂的卵到囊胚期的介电谱

（a）胚胎（从单一细胞到桑椹胚）的介电谱，插图表示经过从 1 个细胞到 4 个再到 16 个细胞的胚胎期；
（b）胚胎（从桑椹胚到囊胚期）的介电谱；（c）处于囊胚期的胚胎的介电谱，插图表示早期囊胚和
晚期囊胚的剖面图；（d）处于原肠胚期胚胎的介电谱，插图表示原肠胚期的剖面图
所有图中数值都表示未受精的和受精后的不同时间，实线都表示用 Cole-Cole 方程拟合的结果[41]

确定时间从同样产卵中提取的一个卵，用显微镜观察后进行介电测量所获得的。相应的发育期的介电谱的变化可粗略地分为四个模式：

① 从未分裂的卵到包含 16～64 个球细胞（分裂球）的桑椹胚期［图 7.13(a)］；

② 从桑椹胚期到含有约 128 个球细胞的早期囊胚期［图 7.13(b)］；

③ 从早期到后囊胚期囊胚腔膨胀［图 7.13(c)］。

④ 胚胎内细胞激烈地重排的原肠胚期［图 7.13(d)］。

由图 7.13 可以看出，未分裂的卵表示了一个弛豫时间很窄的介电分散，而受精后分裂卵的介电谱表现出明显的分布现象，这与前述的理论分析相符。因为在桑椹胚期介电谱主要由低频（LF）和高频（HF）两个子分散构成，这在图 7.13(b) 和 (d) 中更为明显，随着细胞内部构造的复杂化，介电谱也变得非常不同：第一个分裂后分散变成两个子分散，其它介电特征也发生微细的变化。如何从这些差异中获得早期胚胎形成中的有用的信息是解析介电谱的主要任务，采用含有三个弛豫项（子分散）的 Cole-Cole 方程拟合所有的介电谱获得介电参数，拟合曲线在图中用实线表示。

xenopus 晶胚的胚胎形成与鱼（medaka）卵在分裂类型上的不同：在蛙卵中的分裂发生在整个卵中，而在鱼卵中的分裂限制在该卵的外围边缘的一小部分。Asami 采用图 7.14 的电模型模拟观察到的胚胎的介电行为，一个未分裂的卵可以看做被非导电薄壳覆盖的导电球［图 7.14(a)］构成壳球结构的球体，与前面描述的红细胞 SS 模型相同，其悬浮液复介电常数由式(7-8) 表示，Pauly-Schwan 解析式［式(7-7)～式(7-12)］能够模拟 SS 模型表示的未分裂卵细胞的介电谱，并获得膜电容和细胞质的电导率。整个分裂过程胚胎的总体积不变，但不断分裂成愈来愈小的细胞，第 n 次分裂后细胞的等价球半径为 $R_n = R_0/2^{n/3}$，假定细胞为球形并忽略细胞尺度的差异以及胚胎内细胞间的相互作用，分裂卵的介电分散曲线也可用 Pauly-Schwan 解析式计算，但结果在低频产生很大的误差。因此，利用考虑了胚胎内细胞间偶极-偶极相互作用的"细胞聚集"模型［图 7.14(b)］，因为该模型中壳球以高浓度被局限在一个球区域，所以必须用式(7-13)～式(7-16) 给出的 Hanai 解析式模拟介电谱。显然，如图 7.15 所示，"细胞聚集"模型（虚线）表示出了比 SS 模型（实线）更好的拟合结果，低频部分与实验数据更吻合［参考图 7.13(a)］，这意味着低频部分的介电行为是源于细胞间的相互作用。在桑椹胚期之后，用所谓内含小泡的电模型[45]［图 7.14(c)］描述该阶段的胚胎。使用该模型解释了图 7.13(b) 表示的从桑椹胚到早期囊胚阶段不同细胞大小的介电弛豫的变化。类似的，用同样的模型，通过改变体积分数的模拟也解释了图 7.13(c)

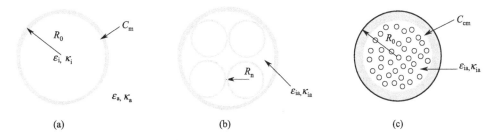

图 7.14　一个胚胎的简单电模型

(a) 未分裂卵的"单壳"模型，该模型中导电性球被非导电性薄壳覆盖以体积分数 P（相当于球对于测量池腔之比）被置于连续介质中，C_m 是膜电容，R_0 是半径；(b) 分裂卵的"细胞聚集"模型，该模型包含以 P_i 为体积分数的很多壳球分散在连续介质中，P_0 是这些壳球占整个体系的比；(c) 桑椹胚和囊胚的"内含小泡"模型，该模型中壳球（小泡）悬浮液被一个壳覆盖，整个壳相应于细胞单层，C_{cm} 是它的膜电容[41]

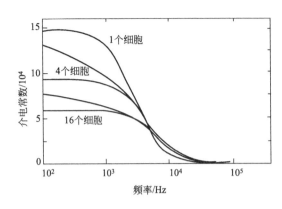

图 7.15　用图 7.14(a) 的单壳模型（实线）

和图 7.14(b) 的细胞聚集模型（虚线）模

拟的未分裂的（1 个细胞）和分裂的卵

（4 个细胞和 16 个细胞）的介电谱

模拟参数见文献 [41]

表示的囊胚期的介电行为，详细内容请阅读参考文献[41]。

上面的例子充分证明了单个蛙晶胚的胚胎发生是可以用介电谱进行监测的，同时，也显示了介电解析在获得微细结构信息上的特点。但是，它不适合很多卵的统计分析，因此，设计可以同时监测很多单一晶胚的多通道的测量系统是一个有趣的课题。此外，该监测技术通过设计适当的测量池可以应用到其它不同类型的晶胚中。

至此，如果对介电谱法作一个阶段性评价的话，可以用大家熟知的临床诊断为例：对胸部、腹部用 X 射线透视诊断也能立刻知道是否出现黑影，但该阴影是因为食物或吞入的异物，还是肿瘤等病因需要进行其它

的检查。与此相似，对（非均质）物质体系进行介电测量，在理论基础上对结果进行解析可以获得体系内部的很多信息，尽管在一些特例中需要结合其它的直接实验手段，但介电谱方法是非破坏的和原位的，因此很多专论中称之为"非破坏内部诊断法"，笔者也十分赞同。在后面的第 9 章中将集中介绍利用介电解析的结果对研究体系进行原位实时监测的介电监测法。

7.5　大肠杆菌悬浮液

7.5.1　模型的修正

大肠杆菌 *E. coli* 细胞是人和温血动物肠道内常见的杆状细菌，在形态结构上比前面的红细胞、酵母细胞以及卵细胞等要复杂得多，因此其介电谱也预期更为复杂，而导致理论解析上的难度。Asami 等[47] 曾在具有两个共焦的壳（细胞质膜和细胞壁）覆盖的椭球体细胞模型的基础上，对大肠杆菌悬浮液的介电谱进行了理论解析以确定大肠杆菌细胞的四个电参数：如细胞壁的电导率、细胞膜的介电常数以及原生质的电导率和介电常数。结果还表示出理论曲线和观察到的介电谱之间存在一定的偏差，尽管以粒子大小分布特别是细胞质产生的弛豫在某种程度上可以解释偏差的原因，但模型上的修正无疑是必要的。Hölzel[48] 采用三壳（分别对应着外膜、周质空间和内膜）的球形模型估计了电旋转方法获得的 *E. coli* 细胞组分的电学参数，但该模型不适合杆状的 *E. coli* 细胞。

作者实验室最近借助三层壳椭球体模型对大肠杆菌细胞悬浮液的介电谱进行了解析[49]：将杆状的大肠杆菌细胞考虑为如图 7.16 所示的由内侧的细胞膜、周质空间和外膜三部分组成的三层壳椭球模型，细胞膜与以脂质双层为主的一般生物膜类似；而外膜虽然也具脂质双层结构但其外侧为一层脂多糖分子；周质空间内包含一层作为细菌细胞壁主要成分的肽聚糖成分。该模型是对 Asami 等论文中描述的具有两层共焦壳的椭球体模型的改进，模型中新出现的参数在图 7.14 中予以说明。根据此模型，不同的物质组成使得各壳层具有不同的电学性质，所以由界面极化理论可预测将产生多个弛豫。这样的理论模型通过对一个具体的大肠杆菌悬浮液的实例的理论解析而得到了确认[49]。

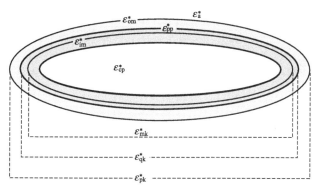

图 7.16 描述 *E.coli* 细胞的三层壳椭球体模型

由里到外的符号 ε_{cp}^*、ε_{im}^*、ε_{pp}^*、ε_{om}^*、ε_a^* 分别为细胞质、细胞膜、
周质空间、外膜以及连续介质相的复介电常数[49]

当等价复介电常数 ε_{pk}^* 的覆壳椭球体粒子以任意取向分散在复介电常数为 ε_a^* 的连续介质中（体积分数 $\Phi < 0.1$）时，根据 Maxwell-Wagner-Hanai 理论，悬浮液的复介电常数 ε^* 可表示为（参考 2.4.2 节的内容以及文献 [8,47,50]）：

$$\varepsilon^* = \varepsilon_a^* \frac{\dfrac{2}{9}\Phi \sum_{k=x,y,z} \dfrac{\varepsilon_{pk}^* - \varepsilon_a^*}{\alpha_k \varepsilon_{pk}^* + (1-\alpha_k)\varepsilon_a^*} + 1}{1 - \dfrac{1}{9}\Phi \sum_{k=x,y,z} \dfrac{\varepsilon_{pk}^* - \varepsilon_a^*}{\alpha_k \varepsilon_{pk}^* + (1-\alpha_k)\varepsilon_a^*} + 1} \tag{7-20}$$

沿 k 轴（$k=x,y,z$）的包含外膜、周质空间和内膜的三层覆壳椭球体的等效复介电常数 ε_{pk}^* 可表示为：

$$\varepsilon_{pk}^* = \varepsilon_{om}^* \frac{\beta_k (1-v_1)\varepsilon_{om}^* + (1+\beta_k v_1)\varepsilon_{qk}^*}{(\beta_k + v_1)\varepsilon_{om}^* + (1-v_1)\varepsilon_{qk}^*} \tag{7-21}$$

其中仅包含周质空间和内细胞膜两层覆壳椭球体的复介电常数 ε_{qk}^* 及只有内细胞膜和细胞质的椭球体的复介电常数 ε_{mk}^* 分别表示为

$$\varepsilon_{qk}^* = \varepsilon_{periplasm}^* \frac{\beta_k (1-v_2)\varepsilon_{periplasm}^* + (1+\beta_k v_2)\varepsilon_{mk}^*}{(\beta_k + v_2)\varepsilon_{periplasm}^* + (1-v_1)\varepsilon_{mk}^*} \tag{7-22}$$

$$\varepsilon_{mk}^* = \varepsilon_{im}^* \frac{\beta_k (1-v_3)\varepsilon_{im}^* + (1+\beta_k v_3)\varepsilon_{cytoplasm}^*}{(\beta_k + v_3)\varepsilon_{im}^* + (1-v_3)\varepsilon_{cytoplasm}^*} \tag{7-23}$$

式中，与椭球体形状有关的 $\beta_k = (1-\alpha_k)/\alpha_k$ 是与沿三个轴的去极化因子 $\alpha_k (k=x,y,z)$ 相关的参数，而 α_k 与三个轴之间的轴比有关；v_1、v_2、v_3 分别是各层在整个该层所包含的内部等价球体的体积比，它与各层的厚度 d_{om}、d_{pp}、d_{im} 有关，详细可参见文献 [49, 51]。

7.5.2 模型的应用

7.5.2.1 两个模型的比较

图 7.17 表示的是一组 *E.coli* 细胞悬浮在 30mmol/L NaCl 溶液中测量得到的介电谱，以及分别基于双层壳和三层壳椭球模型模拟的结果。很清楚，基于不同模型（双壳和三壳）椭球模型计算的理论曲线和实验点明显不同：用修正的三壳椭球模型计算的理论曲线除了高于 20MHz 的电导率曲线外，与整个测量频率段的测量结果非常吻合，这个频率段的偏离可以考虑为细胞内部蛋白质分子或束缚水分子的弛豫的影响。利用理论式拟合介电谱以获取相

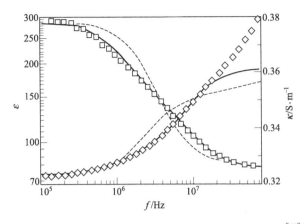

图 7.17 30mmol/L NaCl 的 $E.coli$ 细胞悬浮液的介电谱[49]
圆圈是实验数据,实线和虚线分别是由三层壳椭球模型和
双层壳椭球模型计算的理论曲线

参数是生物细胞介电研究的最主要的手段,特别是对于表征复杂结构体系所导出的理论表达式,但为了拟合结果的确定性要求尽可能少的待定参数。考虑到对 $E.coli$ 细胞的普遍认同:外膜的电导率远远大于细胞质膜的电导率 $\kappa_{om} \gg \kappa_{im}$。理由是外膜含有多于细胞膜的允许小分子或离子通过的蛋白孔通道,固定外膜电导率 $\kappa_{om}=0\sim10^{-3}S/m$,同时,参考文献确定各层的厚度并假设内膜的电导率 $\kappa_{im}=0$、周质空间的介电常数为 $\varepsilon_{pp}=60$ 对介电数据实施拟合,获得了模型中包含的悬浮液体系的信息:细胞质、内膜和外膜的介电常数 ε_{cp}、ε_{im}、

ε_{om},以及细胞质和周质空间层的电导率 κ_{cp}、κ_{pp},获得的参数多于双层壳模型的,而且这些参数值大都可以和相关文献比较。理论计算的吻合程度也证实了这些参数的可信度。

7.5.2.2 应用

三层壳椭球介电模型对大肠杆菌细胞悬浮液体系的成功应用再一次表明:解析介电谱获取复杂体系内部最大信息的关键是建立适当的电模型以及选择好可调整的变量;构成大肠杆菌细胞中各组成部分的电信息对于很多具体领域的研究十分重要,比如,重金属离子或者表面活性剂等化学物质作用于细胞可能会导致其形态结构或物质的变化,这样的变化应该可以通过介电谱解析准确地反映出来。$E.coli$ 作为一种典型的革兰阴性细菌,经常被作为一种主要的模式生物来研究细菌和有毒化学物质之间的相互作用。最近用重金属 Cu^{2+} 作用 $E.coli$ 细胞后的介电谱研究发现[52]:$E.coli$ 细胞的介电性质在 Cu^{2+} 作用下以一种浓度依赖性的方式发生改变,具体讲,当 Cu^{2+} 浓度大于一定值时,细胞外膜介电常数 ε_{om} 随 Cu^{2+} 的作用浓度增大而逐渐增大,而内膜介电常数 ε_{im} 则减小,但会达到一个稳定的值。介电常数可以被认为是细胞膜上表面电荷的一种测量,而表面电荷由细胞膜的结构成分如脂质、蛋白质、多糖等来确定。$E.coli$ 细胞受到 Cu^{2+} 作用后其外膜介电常数的改变可以理解为细胞外膜的结构和功能受 Cu^{2+} 作用而发生的改变。此外,周质空间电导率 κ_{pp} 在 Cu^{2+} 作用下以一种时间依赖性和浓度依赖性的方式逐渐减小,随 Cu^{2+} 作用浓度的增大而逐渐从 $3.6S/m$ 减小至 $2.0S/m$,电导率减小的原因之一可能是由于内部 K^+ 的渗漏引起的;细胞质电导率 κ_{cp} 也随 Cu^{2+} 作用浓度增大而从 $0.24S/m$ 逐渐减小至 $0.11S/m$,这也可以解释为细胞膜受损胞质中 K^+ 离子外渗漏所致。研究还表明,其它重金属离子(Ca^{2+} 和 Mg^{2+})的加入几乎不影响 Cu^{2+} 对 $E.coli$ 细胞各组分介电性质的毒理效应。以上所有信息都是利用在三层壳椭球模型基础上的理论式去拟合不同 Cu^{2+} 作用时间和作用浓度时的介电谱获得的相参数所给出的,这些电参数在不同环境下的改变情况可以对理解细胞内各部位的相互作用机制以及特殊离子对膜表面结构的影响提供积极的参考。

7.6 淋巴细胞

前面讲过,单壳模型(SS模型)对于表征既不含内部核也不含细胞器的哺乳动物红细

胞的电性质是非常适当的，但是，如果细胞内含有细胞器等物质，比如淋巴细胞，SS模型就显得过于简单了。淋巴细胞和红细胞大小相似，但它们的结构不同，红细胞没有细胞器，而淋巴细胞则具有占总细胞体积40%~70%的核，这样的形态学上的差异，使得通过建立不同的模型检测内核对细胞整体介电行为的特殊影响成为可能。

事实上，对于淋巴细胞在实验和根据SS模型的理论计算之间只是部分的吻合，为了解释不吻合部分，Irimajiri等曾在Maxwell-Wagner界面极化理论基础上提出了多层壳粒子悬浮液模型，并导出了具有每层壳的电参数和几何参数的表达式，在根据该表达式给出的介电谱中，弛豫的个数相应于相邻各层间的界面数。尽管该模型限制为具有高的核细胞质比的球形细胞，但是，它能够提供核膜和核质的电性质[53]。该模型被应用于培养鼠科动物的淋巴细胞悬浮液介电谱的解析，结果表明整个测量频率范围的理论曲线都能与实验数据较好吻合，同时也计算出了细胞质膜的膜电容，细胞质的电导率，核被膜的膜电容和电导以及核原生质的介电常数和电导率等电参数[54]。Asami等在对从老鼠脾脏中分离出的淋巴细胞进行的介电研究中，也发现该淋巴细胞悬浮液表示出由两个子弛豫组成的宽的介电分散：一个是在1MHz附近的主弛豫；另一个是在10MHz附近的附加的、在红细胞中没有发现的高频子弛豫，该高频弛豫被确认为是约占总细胞体系65%的核的Maxwell-Wagner机制引起的。通过用双壳模型（DS模型）对淋巴细胞实验数据的拟合以及用单壳模型对红细胞拟合的比较，也证实了该淋巴细胞中细胞核在高频对该悬浮液的介电常数有贡献[22,55]。

淋巴细胞在生命体系的免疫响应中发挥着至关重要的作用，因为不同的表面结构能识别特殊的抗原。那么淋巴细胞膜的被动电性质、几何形态或表面结构等是否与免疫学有关，这样的问题通过介电谱方法研究得到了一定的答案。Izaguirre等[56]通过对人体B-和T-淋巴球细胞株悬浮液的介电谱测量和解析，发现在这两种不同的淋巴细胞株之间膜的介电性质的差异，是由于这些细胞的表面结构、组织来源以及免疫功能的不同所致，而这两种细胞株的膜电容与悬浮介质浓度，即细胞外电导率无关。Bordi等[16]研究过表面形态学与介电性质的关系，测量了分别悬浮在高渗液和低渗液的人体淋巴细胞的介电谱，考虑到渗透液对细胞表面粗糙度的影响，他们在分形模型基础上计算了膜的电导率和介电常数，发现这些被动电性质受到细胞膜表面形态特别是平整或凸陷程度的影响。

关于淋巴细胞悬浮液的介电谱研究因为是与细胞模型的发展同步的，因此，相关的内容还将在后面的7.8节中涉及到。

7.7 植物细胞和藻细胞

7.7.1 含液泡和叶绿体的植物原生质体

尽管电旋转法[57]、介电泳法[58]等不同的介电技术已经用于植物细胞原生质体的研究，包括在理论上讨论一个液泡对植物原生质体电旋转谱的影响[59]，都不能原位获得内部参数并阐明细胞内部构造。悬浮法（介电谱法）在原位获得细胞内部信息的优势方面已经在前面有所介绍，但是，在前面的介电分散大都集中在频率为1kHz到1GHz范围的β分散上。对于大核的淋巴细胞，β分散表现为原生质膜的主弛豫和一个在该主弛豫的高频侧的附加弛豫，应用双壳模型（DS模型）能够解释淋巴细胞内细胞器对该附加弛豫的贡献[27]。而对于植物原生质体，除了原生质膜的主弛豫之外，在1MHz附近还存在一个较大的弛豫和一个围绕6MHz的小弛豫，这是因为植物原生质体含有大的液泡和叶绿体的缘故。Asami提出含有液泡的双壳细胞模型（double-shell including vesicle，DSV）成功地模拟了植物原生质体[20]，下节的图 7.21(c) 是植物细胞悬浮液（从芸苔的叶和苦苣苔花瓣中分离出来的叶肉原生质体）的介电谱，如图中所能看到的，这些原生质体的介电谱表现出一个由三个子弛豫（两个大弛豫、一个小弛豫）组成的介电谱，这三个子弛豫是分别由于原生质膜、液泡膜和细胞器（叶绿体、微粒等）的界面极化引起的。使用依据 DSV 模型［图 7.22(c)］导出的理论公式很好地拟合了实验上观察到的介电谱，并计算出了该原生质体的电参数：原生质体的膜电容 C_m、液泡膜的膜电容 C_t、叶绿体或内部细胞器的介电常数 ε_{gi} 以及液泡内电导率 κ_{vi} 等。这些内部参数的值与大部分文献报道是吻合的，并且是合理的，重要的是这些参数是不能通过其它实验方法或电旋转法一次性原位获得的。此研究再一次给出模型解析复杂结构的生物细胞悬浮液介电谱的成功实例。

7.7.2 淡水藻原生质体

藻青菌原生质体具有高度复杂的膜状细胞器，因此，可以预测其介电谱将表示出与上面的具有液泡和叶绿体等细胞器的植物细胞同样的、甚至是更为复杂的弛豫过程。作者实验室对淡水藻 Anabaena 7120 原生质体悬浮液进行了介电研究[60]，介电谱在 $10^3 \sim 10^7$ Hz 的频率范围显示了如图 7.18 所示的很宽的介电分散（β 分散），介电数据的解析采用的是利用 Cole-Cole 方程［式(7-24)］拟合介电谱，图中给出了含有两个、三个和四个 Debye 弛豫项的 Cole-Cole 模型函数拟合实验数据的理论曲线，很显然，只有用 $i = 4$ 的 Cole-Cole 式拟合介电数据才能在整个频率段得到满意的吻合。因此，可以推断出 Anabaena 7120 原生质体悬浮液所表现出的 β 分散至少由四个亚弛豫所组成，这样的弛豫是由于各层与相接触的细胞质以及外连续介质的界面极化所引起的。为了清楚起见，把四个亚弛豫从整体弛豫曲线中分离开来，结果如图 7.18(b) 所示。显然，整个弛豫是四个亚弛豫重叠而成的，前一个亚弛豫的特征频率依次比下一个亚弛豫的特征频率小一个数量级。研究还表明：对于每一个亚弛豫，表现为界面极化的特征，介电常数增量 $\Delta\varepsilon_i$ 随原生质体浓度的降低而减小，而每个亚弛豫的特征频率 f_{0i} 在原生质体浓度范围内没有发生明显变化。

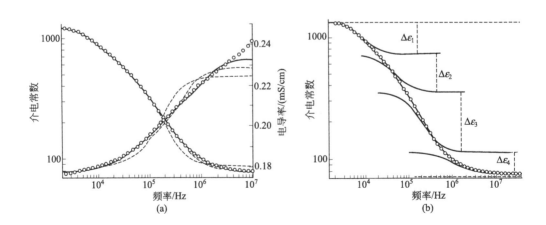

图 7.18　含两个、三个和四个 Debye 弛豫项的拟和结果的比较（a）
及从原生质体悬浮液表现的整体弛豫分离开来的四个亚弛豫[60]（b）
空心圆圈表示实验数据；虚线（-----）表示由公式(7-24)（$i = 2$，即含两个 Debye 弛豫项）计算的曲线；点划线（—·—）表示由公式(7-10)（$i = 3$，即含三个 Debye 弛豫项）计算的曲线；实线（——）表示由公式(7-10)（$i = 4$，即含四个 Debye 弛豫项）计算的曲线

$$\varepsilon^* = \varepsilon_h + \sum_{i=2,3,4} \frac{\Delta \varepsilon_i}{1 + j(f/f_{0i})} + \frac{\kappa_1}{j2\pi f \varepsilon_0} \tag{7-24}$$

从电子显微镜提供的 Anabaena 7120 原生质的电镜照片 [图 7.19(a)] 可以看到，原生质体的球形细胞质区域中包含了大量的呈同心环状排列的类囊体，作为一种原核藻类，原生质体内没有核膜和几乎没有细胞器。在 Maxwell-Wagner 界面极化理论之上建立一个模型 [图 7.19(b)]：在细胞质内部有一个等效的封闭同心球状壳，即细胞质周边区域中的一层层类囊体被假设为一个具有复介电常数为 ε_{thy}^*、厚度为 d_{thy} 的等效均质壳，这个类囊体壳内部是介电常数为 ε_{nuc}^* 的核质区，将那些存在于各层类囊体中间的细胞质，以及细胞质膜和最外层类囊体外的细胞质统一为细胞质层，其复介电常数为 ε_{cyt}^*。利用 DS 模型的理论解析式拟合实验数据获得了细胞质膜的介电常数（ε_{mem}）、细胞质的介电常数（ε_{cyt}）和核质区的介电常数（ε_{nuc}）等内部相参数，详见文献[51,60]。图 7.19(b) 示意的模型中有四个不同性质的相界面，因此，该体系的介电谱如图 7.18 所显示的那样，是具有四个子弛豫的介电分散。

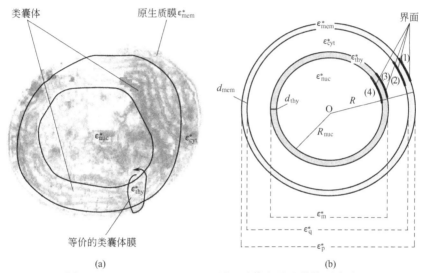

(a)   (b)

图 7.19 （a）Anabaena 7120 原生质体电子显微镜照片及

（b）双壳模型（double-shell model）

d_{mem}—细胞质膜的厚度（$d_{mem}=7nm$）；d_{thy}—等效类囊体壳的厚度（$d_{thy}=14nm$）；

R—原生质体半径；R_{nuc}—核质区的半径

数字（1）到（4）表示四种不同类型的相界面[60]

尽管该模型选择了大胆的近似，但获得的各相参数与类似体系的已有文献的数据相比具有一定的合理性，期待着今后的研究能够找出更加适合描述原生质体中的类囊体结构的模型，以确定原生质体组分的真实电学性质。

7.8 生物细胞悬浮液介电弛豫的理论解析

以上介绍了几类典型的生物细胞悬浮液的介电谱研究实例。这些研究主要聚焦在由于界面极化产生的 β 分散上，而 β 分散可以通过使用对不同形态的细胞所提出的各种电模型进行解析。那么，从介电谱的 β 分散能够获得关于细胞和细胞内组成的哪些信息？细胞的几何形态和内部结构对悬浮液的介电行为有何影响？以及当细胞受到外部环境影响而发生变化或受到损伤时其介电谱能否或怎样反映出来？本节将通过总结一些研究结果对上述问题给予回答。

7.8.1 关于细胞及其内部组成的信息获取

最简单的生物细胞是由细胞膜和细胞质组成的非均匀物质。含有蛋白质的脂质双层为主的细胞膜对离子的渗透性很低，因此可将细胞膜作为一个低电导的薄壳；如果细胞质假定是均匀相，那么生物细胞最简单的电模型是一个被绝缘壳覆盖的导电球[9]，即前面7.1节中所讲的 SS 模型 [图7.2和图7.21(a)]，该模型主要解释发生细胞膜与内部细胞质和外部介质界面处的因界面极化引起的介电弛豫。但是，大多数细胞质本身是含有细胞器、蛋白质、核酸等物质的异质体系，故它的电性质也依赖于测量频率，即细胞质中的细胞器膜也显示因界面极化产生的介电弛豫[15,61~63]，而蛋白质和 DNA 溶液则显示出因分子取向转动和对离子波动的弛豫[3]。因此，如果在很宽的频率段测量生物悬浮液的介电谱，在理想情况下应该出现 α、β 和 γ 三个分散。从这三个分散（特殊情况下在 β 和 γ 之间也可能存在 δ 分散）中可以获得关于细胞的以下主要信息。

7.8.1.1 细胞膜的膜电容

前面讲过，细胞膜的电性质是可以从 β 分散中获得的最重要的信息，膜电容可以利用在 SS 模型基础上导出的公式(7-10) 和式(7-13) 计算求得。但是，由这两个公式计算的膜电容并不是单位面积的膜电容，它取决于因渗透波动而产生的膜皱缩等形状的变化[16,64]。关于细胞膜是否与测量频率有关的问题，Coster 等发现脂质双层的膜电容在低于几赫兹的频率出现一个小的介电弛豫[65]；Asami 等的研究发现对于一些非兴奋细胞（红细胞、HeLa 海拉细胞和骨髓瘤），使用膜片吸液管法测量的膜电容在 1Hz 到 1kHz 之间是个常数[66,67]。但是，并不是所有的膜电容都是常数，比如肌细胞的膜电容是频率依存的，这是由于表面膜存在大量的膜皱缩即 T 小管所致[68~70]；此外，神经膜也表示出频率依存性，它被解释为产生于与膜的兴奋性相关的离子流[71,72]。总结起来，膜电容的频率依存性的原因或者是因为极性分子的取向或者是因为膜中荷电分子的迁移。

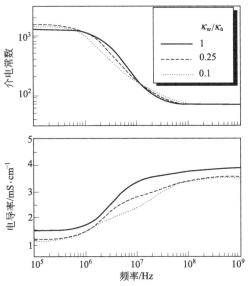

图 7.20 根据 TS 模型计算的细胞壁和介质电导率的不同比值 κ_w/κ_a 时介电常数和电导率的频率依存性

计算使用的参数为 $\varepsilon_a=78$, $\kappa_a=3mS/cm$, $\varepsilon_w=60$, $\varepsilon_m=5$, $\kappa_a=0mS/cm$, $\varepsilon_i=50$, $\kappa_i=5mS/cm$, $R_0=2.75\mu m$, $d_w=250nm$, $d_m=7nm$, $\Phi=0.5$[18]

7.8.1.2 细胞壁的电性质

解析介电谱也可以获得关于细胞壁的信息。如前所述，SS 模型已不适合于解析如细菌、酵母和植物细胞等具有细胞壁的细胞悬浮液的介电谱，这时可以用图7.3所示意的 TS 模型代替 SS 模型并根据式(7-17)～式(7-19)进行解析。为了评估细胞壁电导率 κ_w 对细胞悬浮液整体的介电行为的影响，利用 TS 模型进行模拟计算，结果（图7.20）表明：带有细胞壁的细胞悬浮液的介电谱受细胞壁的电导率影响很大[18]；当细胞壁的电导率 κ_w 与连续介质电导率 κ_a 的值大小相当，即 $\kappa_w/\kappa_a=1$ 时，在数兆赫兹附近有一个主弛豫（β 分散），此外在超过 100MHz 以上，还有一个以电导率变化表现出来的小弛豫；而当 $\kappa_w/\kappa_a < 1$ 即细胞壁相对于介质是弱导电时，在 $10 \sim 100\text{MHz}$ 之间出现一个附加的弛豫，其介电常数增量随 κ_w/κ_a 的减小而增加；主弛豫的特征频率也随 κ_w/κ_a 的减小而移向低频。

如果利用非电学方法得到了细胞体积分数 Φ 的值，例如采用不渗入细胞壁的大标记分子的染色排除法等，便可以利用式(7-19)计算细胞壁的电导率 κ_w；如果已知 $w = 1 - d_w/R_0$ [见式(7-17)] 的值，利用式(7-18)可求得细胞膜的电容值 C_m。细菌和酵母的细胞壁的电导率是通过改变外介质的离子强度来确定的[73,74]。细胞壁电导率和离子强度之间的关系类似于具有固定电荷的离子交换树脂的情况，即可移动的离子在荷电细胞壁和外介质之间是按照 Donnan 平衡分布的。

7.8.1.3　细胞质中的分子的弛豫

下一章将看到，蛋白质和 DNA 溶液的介电谱分别显示因分子取向和对离子极化而产生的弛豫现象，那么，在细胞悬浮液的介电谱中能够获得类似的信息吗？回答是，它取决于 SS 模型预测的因细胞膜界面极化产生的弛豫强度 $\Delta\varepsilon$ 和弛豫时间 τ，后者相当于下式给出的特征频率 f_0[9]：在低于 f_0 的低频段，由于绝缘性细胞膜的缘故细胞质中的电场强度非常小，因此很难获得关于细胞质的信息；而在高于 f_0 的高频段，因为高频绝缘膜是短路的，因此可以得到细胞质的信息。

$$\tau = \frac{1}{2\pi f_0} = RC_s\left(\frac{1}{\kappa_i} + \frac{1-\Phi}{2+\Phi} \cdot \frac{1}{\kappa_a}\right) \tag{7-25}$$

当细胞质和外介质的电导率 κ_i、κ_a 都是 1S/m，即细胞质的电导率相应于生理盐水的值时，对于 $5\mu\text{m}$ 半径特征弛豫频率 $f_0 \approx 1\text{MHz}$。这个值接近于蛋白质溶液特征弛豫（$f_0 \approx 1 \sim 10\text{MHz}$）而远远高于 DNA 溶液低频弛豫的相应值（$f_0 \approx 1 \sim 100\text{Hz}$）。因此，在生理条件下研究完整的细胞中的生物大分子的介电行为是非常困难的。但是，如果能够降低细胞内外的 κ_i、κ_a，或者用表面活性剂或离子载体使得细胞膜变得容易渗透的话，理论上讲蛋白质的弛豫行为是可以获得的[11]。

7.8.2　细胞内部构造和介电谱的关系

7.8.2.1　细胞内构造和 β 分散的构成

前几节的实例主要集中在 β 分散的测量和解析上，β 分散主要由原生质膜的主弛豫和在主弛豫的高频侧的附加弛豫构成，而这些附加弛豫的机制是与细胞内部结构即细胞器相联系的。为了弄清细胞内细胞器对该附加分散的贡献，Asami 等测量并比较了三个不同类型的生物细胞：球形红细胞、淋巴细胞和植物原生体[20,22,55]。图 7.21 表示的是这三种类型细胞的示意图，以及利用这三类细胞悬浮液的介电数据和 Hanai 方程 [参考 2.4.2 和 2.4.3 节以及式(7-10)~式(7-16)] 计算的细胞等价介电常数和介电损失的频率依存性曲线。在渗透介质中膨胀的球形红细胞因为没有细胞器故只有一个主弛豫而没有附加的弛豫 [图 7.21(a)]。具有相当大细胞核的淋巴细胞则表示出两个弛豫：一个 1MHz 附近的主弛豫和一个在 10MHz 附近的附加弛豫 [图 7.21(b)]。从植物叶中分离出的植物原生质体因为包含一个大的液泡和含有叶绿体的细胞质层，因此它的介电谱除了在 10kHz 附近的与原生质膜相关的主弛豫之外，还在 1MHz 附近有一个大的弛豫以及在 6MHz 附近有一个小弛豫 [图 7.21(c)]。从图 7.21 可以得出结论，随着细胞内部结构的复杂化，通常生物体系显示的因界面极化的 β 分散的构成也变得复杂，体现为其介电谱在原有的细胞原生质膜的主弛豫之外增加新的附加弛豫。

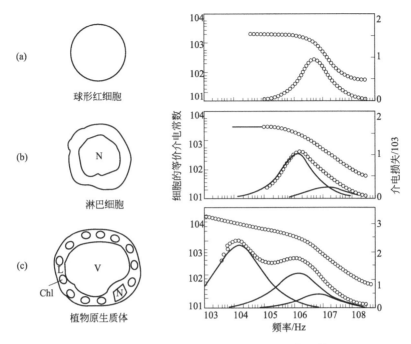

图 7.21　不同内部结构的细胞和相应的介电谱

（介电常数和介电损失的频率依存性）

（a）球形红细胞；（b）淋巴细胞；（c）植物原生质体[55]

7.8.2.2　考虑细胞内构造的模型

图 7.22 给出的是概括了上述三种典型细胞悬浮液的介电模型，分别为细胞内没有细胞器的单壳（SS）模型［图 7.22（a）］、含有大核的双壳（DS）模型［图 7.22（b）］以及内含液泡的双壳（DSV）模型［图 7.22（c）］。从前面的内容可知，它们是分别为描述并解析红细胞[9,22,27]、淋巴细胞、线粒体和发育酵母细胞[14,16~19,22] 以及植物原生质体[20] 的介电谱而分别提出的。除了上面三个基本电模型之外，图 7.3 示意的 TS 模型以及图 7.4 示意的在 DS 模型外增加细胞壁层的模型也常被用来描述并解析带有细胞壁的细胞悬浮液的介电谱。无疑，随着电模型的复杂化，解析公式也变得越来越烦琐，对于含有多个亚弛豫的介电谱的解析必须利用计算机模拟的方法，事实上，正如在前面几节介绍的，利用计算机模拟已经成功地处理了复杂但逼真的细胞模型并应用于淋巴细胞和植物细胞等复杂体系中。

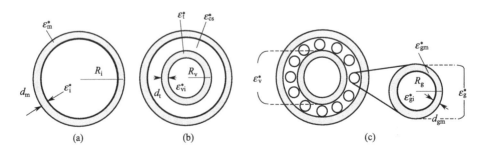

图 7.22　生物细胞悬浮液的介电模型

（a）单壳模型（SS）；（b）双壳模型（DS）；（c）含液泡的双壳模型（SDV）

ε_{gi}^* 和 ε_{gm}^* 分别为细胞质中器官以及膜的复介电常数；ε_g^* 是整个细胞器的复介电常数[20]

7.8.3 细胞的形状和介电谱的关系

细胞悬浮液的介电谱相当大地依赖于细胞的形状。从模型的角度，非球形细胞可以用一个共焦壳包覆的椭球体（覆壳椭球体）模型描述（参考图 2.5 和图 2.3），根据 2.4.2 节可知，因为覆壳椭球体的有效复介电常数 ε_p^* 具有沿三个坐标轴的三个分量（球形模型是三个分量相等时的特例），因此覆壳椭球体模型的介电理论要比球形模型复杂得多。对于绕两个不同轴转动的椭球体（其中两个轴半径相等的情况，相当于扁长或扁平椭球体）的稀薄悬浮液，其介电分散可以近似地由相应于 ε_p^* 的两个分量的子弛豫（$\Delta\varepsilon_1$ 和 $\Delta\varepsilon_2$）之和表示：

$$\varepsilon^* = \varepsilon_h + \frac{\Delta\varepsilon_1}{1+j\omega\tau_1} + \frac{\Delta\varepsilon_2}{1+j\omega\tau_2} + \frac{\kappa_1}{j\omega\varepsilon_0} \tag{7-26}$$

两个子弛豫的弛豫强度和弛豫时间的比可以用去极化因子 A（相当于 2.4.2 节中的 L_k）和细胞内外电导率之比 κ_i/κ_a 来表示：

$$\frac{\Delta\varepsilon_1}{\Delta\varepsilon_2} = \frac{(1+A)^2}{16A(1-A)} \tag{7-27}$$

$$\frac{\tau_1}{\tau_2} = \frac{(1+A)(1-A)+A(1+A)\kappa_i/\kappa_a}{2[A(1+A)+A(1-A)\kappa_i/\kappa_a]} \tag{7-28}$$

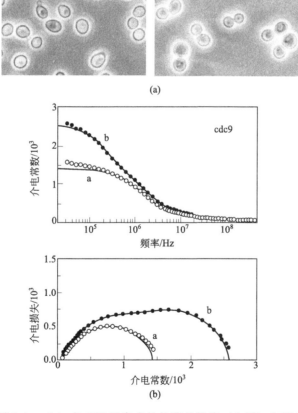

图 7.23 （a）在 25℃正常成长的酵母细胞（左图）和通过在 36℃孵卵被阻滞的酵母细胞（右图）的相差显微镜照片以及（b）正常成长细胞（曲线 a）和孵卵阻滞细胞（曲线 b）的介电常数频率依存性和 Cole-Cole 图[36]

cdc9 为细胞名称

其中沿着不同转动轴的去极化因子表示为

$$A = -\frac{1}{q^2-1} + \frac{q}{(q^2-1)^{3/2}} \ln[q+(q^2-1)^{1/2}] \quad \text{（扁长椭球体）} \quad (7-29)$$

$$A = \frac{1}{q^2-1} - \frac{q}{(q^2-1)^{3/2}} \cos^{-1}q \quad \text{（扁平椭球体）} \quad (7-30)$$

这里的 $q=a/b$（a 和 b 分别是转动轴和非转动轴的半轴长）。从式(7-27)～式(7-30) 可以看出，不同形状的细胞可以由不同轴比 q 的覆壳椭球体模型来描述，其介电谱也会因轴比的不同而不同。为了弄清细胞几何形状对悬浮液介电行为的影响，Asami 等研究了杆状大肠杆菌，两面凹碟状的红细胞，成对的芽殖酵母，以及杆状裂变酵母等非球形细胞悬浮液[35,36,47,75]。如覆壳椭球体模型的理论所预测的，所有这些形状表现为旋转体的细胞都表示出可以分解成为两个子弛豫的介电分散。其中关于酵母细胞是典型一例：图 7.23 表示的是细胞分裂中的浓厚芽殖酵母悬浮液的介电谱，可以看出，芽殖前的单细胞［图 7.23(a)左图］和孵卵分裂后的一对双细胞［图 7.23(a) 右图］明显表现出不同的介电行为。粗略地看，前者只有一个弛豫而后者在低频段又出现一个较大的弛豫，通过根据椭球模型在理论上进行验证，表明单细胞和双细胞在介电行为上的不同可以归结为细胞形状的差异[36]。

另一个分析细胞形状对介电谱影响的例子也是来自于 Asami 的研究[35]：图 7.24 表示

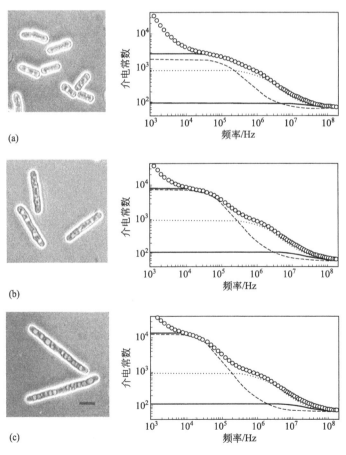

图 7.24 不同长度的酵母细胞的相差显微镜照片和它们相应的介电谱

(a) 25℃培养后在稳定期分离的细胞；(b)、(c) 在 36℃分别培养 2h 和 4h 后的细胞

(a)、(b) 和 (c) 的长度分别为 14.2μm、29.4μm 和 42μm；空心圆圈表示实验数据；

粗实线表示用三个子弛豫模型描述的介电谱，其中的三个子弛豫分别由虚线、点线和细实线表示[35]

的是在不同培养温度和培养时间获得的不同长度的酵母细胞照片，以及它们相应的悬浮液的介电谱。介电谱显示，杆状的分裂酵母细胞悬浮液的介电谱主要由两个子弛豫构成，低频弛豫取决于细胞长度，而高频分散与长度无关，细胞形状对介电弛豫的影响主要反映在弛豫模式（分散中子弛豫的个数）和强度上，因此作为一级近似可以使用椭球体模型给出定量的解释。在解析上，利用包含三个弛豫项的 Cole-Cole 方程拟合实验数据，可以分析细胞形状的改变是如何影响整个介电谱和子弛豫的，结果如介电谱图中的实线和各种虚线所示，随着细胞变长，子弛豫的数量增加，即介电谱变得复杂。

上面的例子很好地说明了形状因素对介电谱的影响，特别是将酵母细胞培养期细胞形状发生的变化用椭球体模型中的轴比变化来模拟，更能将形状对介电谱的影响定量化，也体现了模型对解析介电谱的重要性。这一研究提供了一种从介电响应来确定细胞形态学参数，从而可以作为监测细胞发育过程的一种方法。但上述理论模型还只能提供相对定性的解释，因此在理论计算值和测量的数据之间还存在少许偏差。为了定量地解释实验数据，一些用更逼近实际细胞形状的模型的数值计算方法已经得到了发展[76~78]。但是，无论模型怎样变化也还都是建立在椭球体模型基础上的。最近，Cametti 等采用了与通常对生物细胞悬浮液所采用的介电模型完全不同的模拟方法，研究了细胞几何形状的变化对介电行为的影响[79]：考虑了两种可形成各种对称或非对称空间几何形状的曲线，利用这些旋转曲线，原则上可以描述各种几何形状细胞的介电行为，包括碟状、杯状、梨状、哑铃状细胞，以及外突或内陷的球形细胞。研究表明，建立在 Laplace 方程的边界元素法数值解之上的介电解析可以从与细胞形状相关的主弛豫中分离出与不同介质的电性质的贡献；同时也给出了介电谱弛豫参数和支配细胞形状的参数之间的唯象关系，对于一些在形状上与简单球形或类椭球形的细胞差别很大的细胞，因为界面极化效应的差异，这些细胞形状对其悬浮液的介电谱的影响很大。这暗示着介电谱在监测生物体系功能方面是一种有潜力的技术，比如伴随着细胞形状的连续变化的细胞周期过程的介电谱监测，实际上在这方面已经有相当成功的实例，这部分内容将在第 9 章讲解。

7.8.4 受损细胞的介电谱

从本章以上的内容很容易理解：当细胞因某些外部因素受到损伤使其结构或形状发生变化时，介电谱应该发生很大的、而且很容易被检测出来的变化。这是因为细胞悬浮液的介电弛豫主要原因是对离子起着障碍作用的细胞膜，换句话说，因为离子在细胞膜表面累积而产生极化，因而显现出可观测的介电弛豫现象。如果细胞膜因为何种原因受损，变成离子可以自由通过的状态，那么极化自然就无法发生，就无法从电的角度区别细胞和介质，悬浮液的介电常数会减小到与介质相同的程度。即死细胞的增加和介电常数的降低是对应的，因此，介电测量可以作为判定生死细胞的一个方法来使用，这也将在后面的第 9 章中涉及到。

一般的，当细胞受到以下一些外部作用时细胞膜可能受损，因而导致介电谱的改变：①当对细胞加热处理时，细胞膜结构可能崩溃导致死细胞数量的增加，因此介电弛豫强度减小，而且温度越高弛豫强度的减小就越明显；②细胞受到表面活性剂的作用时会导致细胞的死亡，同样的，增加表面活性剂的量会加快细胞的死亡速度和细胞的死亡量，从而也导致介电弛豫的减小甚至消失；③高压下，介电弛豫随压力增加而逐渐减小，因此，可以通过介电谱来检测高压杀菌的效果，同时，静水压对人体红细胞的影响也应该可以通过介电谱检测出来，这是个具有实际意义的课题。

参 考 文 献

[1] Pethi R. Dielectric and Electronic Properties of Biological Materials. New York：John Wiley & Sons Ltd，1979．

［2］ Grant E H,Sheppard R J,South G P. Dielectric Behavior of Biological Molecules in Solutions. Oxford:Clarendon Press,1978.

［3］ Takashima S. Electrical Properties of Biopolymers and Membranes. Philadelphia:Institute of Physics Publishing,1989.

［4］ Kirkwood J G. J Chem Phys,1932,2:351-361.

［5］ Schwan H P. Electrical Properties of Tissue and Cell Suspensions,in Ad® ances in Biological and Medical Physics. New York:Academic Press,1957,5:147-209.

［6］ Foster K R,Schwan H P. Crit Rev Biomed Eng,1989,17:25-104.

［7］ Pauly H,Packer L. J Biophys Biochem Cytol,1960,7:603.

［8］ Asami K. Prog Polym Sci,2002,27:1617-1659.

［9］ Pauly H,Schwan H P. Z Naturforsch,1959,14b:125-131.

［10］ Asami K,Hanai T Koizumi N. J Membrane Biol,1977,34:145.

［11］ Asami K. J Non-Cryst Solids,2002,305:268-277.

［12］ Cox,Carstensen,H A,W B Mercer W B,Natale L A. Biophys J,1965,5:289.

［13］ Asami K,Hanai T,Koizumi N. J Membrane Biol,1976,28:169.

［14］ Irimajiri A,Doida Y,Hanai T,Inouye A. J Membrane Biol,1978,38:209.

［15］ Asami K,Irimajiri A. Biochim Biophys Acta,1984,778:570.

［16］ Bordi F,Cametti C,Rosi R,Calcabrini A. Biochim Biophys Acta,1993,1153:77.

［17］ Polevaya Y,Ermolina I,Schlesinger M,Ginzburg B Z,Feldman Y. Biochim Biophys Acta,1999,1419:257.

［18］ Asami K,Yonezawa T. Biophys J,1996,71:2192.

［19］ Raicu V,Raicu G,Turcu G. Biochim Biophys Acta,1996,1274:143.

［20］ Asami K,Yamaguchi T. Biophys J,1992,63:1493-1499.

［21］ Asami K. Phys Rev E,2006,73:052903.

［22］ Hanai T,Asami K,Koizumi N. Bull Inst Chem Res Kyoto Univ,1979,57:297-305.

［23］ Hanai T,Koizumi N,Irimajiri A. Biophys Strut Mech,1975,1:285.

［24］ Di Biasio A,Cametti C. Bioelectrochemistry,2005,65:163-169.

［25］ Looyenga H. Physica,1965,31:401.

［26］ Bordi F,Cametti C,Gili T. J Non-Cryst Solids,2002,305:278-284.

［27］ Asami K,Takahashi Y,Takashima S. Biochim Biophys Acta,1989,1010:49-55.

［28］ Lisin R,Ginzburg B Z,Schlesinger M,Feldman Y. Biochimica et Biophysics Acta,1996,1280:34-40.

［29］ Asami K,Yamaguchi T. Ann Biomed Eng,1999,27:427-435.

［30］ 花井哲也. 不均質構造と誘電率.吉岡書店,1999.

［31］ Hayashi Y,Livshits L,Caduff A,Feldman. J Phys D:Appl Phys,2003,36:369-374.

［32］ Irimajiri A,Ando M,Matsuuoka R,Ichinowatari T,Takeuchi S. Biochemica et Biophysica Acta,1996,1290:207-209.

［33］ Green H. Industrial rheology and rheological structures. Chap 8,New York:John Wiley & Sons,Inc,1949.

［34］ Hao T. Adv Colloid Interfac,2002,97:1-35.

［35］ Asami K. Biochim Biophys Acta,1999,1472:137-141.

［36］ Asami K,Gheorghiu E,Yonezawa T. Biochim Biophys Acta,1998,1381:234-240.

［37］ Asami K,Yonezawa T. Biochim Biophys Acta,1995,1245:317.

［38］ Raicu V,Raicu G,Turcu G. Biochimica et Biophysica Acta,1996,1274:143-148.

［39］ Stoneman M,Chaturvedi A,Jansma D B,Kosempa M,Zeng C,Raicu V. Bioelectrochemistry,2007,70:542-550.

［40］ Asami K,Irimajiri A,Hanai T.Bull Inst Chem Res Kyoto Univ,1987,64:339-343.

［41］ Asami K,Irimajiri A. Phys Med Biol,2000,45:3285-3297.

［42］ Asami K,Hanai T. Colloid Polym Sci,1992 ,270:78-84.

［43］ Harris C M,Todd R W,Bungard S J,Lovitt R W,Morris G ,Kell D B. Enzyme Microb Technol,1987,9:181-186.

［44］ Asami K,Gheorghiu E,Yonezawa T. Biophys J,1999,76:3345-3348.

［45］ Irimajiri A,Suzaki N,Asami K. Bull Inst Chem Res Kyoto University,1991,69:421-438.

［46］ Raicu V,Saibara T,Irimajiri A. Phys Med Biol,2000,45:1397-1407.

［47］ Asami K,Hanai T,Koizumi N. Biophys J,1980,31:215-228.

［48］ Hölzel R. Biochim Biophys Acta,1999,1450:53-60.

［49］ Bai W,Zhao K S,Asami K. Biophysl Chem,2006,122:136-142.

［50］ Asami K,Hanai T,Koizumi N. Japanese J Appl Phys,1980,19:359-365.

［51］ 白伟. 博士论文,北京师范大学,2006:46-91.

［52］ Bai W,Zhao K S,Asami K. Colloid Surface B,2007,58 :105-115.

［53］ Irimajiri A,Hanai T,Inouye A. J Membrane Biol,1979,78:251-269.

［54］ Irimajiri A,Doida Y,Hanai T,Inouye A. J Membrane Biol,1979,38:209-232.

［55］ Asami K,Yonezawa T,Wakamatsu H,Koyanagi N. Bioelectrochem Bioenerg,1996,40:141-145.

［56］ Surowice A,Stuchly S S,Izaguirre C. Phys Med Biol,1986,31:43-53.

［57］ Glaser R,Fuhr G,Gimsa J. Studia Biophysica,1983,96:11-20.

［58］ Kaler K,Jones T. Biophys J,1990,57:173-182.

［59］ Fuhr G,Gimsa J,Glaser R. Stud Biophys,1985,108:149-164.

［60］ Zhao K S，Bai W，Mi H L. Bioelectrochemistry，2006,69:49-57.

［61］ Pauly H，Packer L，Schwan H P. J Biophys Biochem Cytol，1960,7:589.

［62］ Irimajiri A，Hanai T，Inouye A. Biophys Struc Mech，1975,1:273.

［63］ Asami K，Irimajiri A，Hanai T，Shiraishi N，Ustumi K. Biochim Biophys Acta，1984,778:559.

［64］ Irimajiri A，Asami K，Ichinowatari T，Kinoshita Y. Biochim Biophys Acta，1987,896:214.

［65］ Coster G L，Chilcott T C，Coster A C F. Bioelectrochem Bioenerg，1996,40:79.

［66］ Asami K，Takahashi Y，Takashima S. Biophys J，1990,58:143-148.

［67］ Takashima S，Asami K，Takahashi Y. Biophys J，1988,54:995-1000.

［68］ Eisenberg R S，Cage P W. Science，1967,158:1700.

［69］ Takashima S. Pflugers Archiv，1985,403:197.

［70］ Asami K，Takashima S. Biochim Biophys Acta，1994,1190:129-136.

［71］ Takashima S. Biophys J，1979,26:133.

［72］ Fishman H M，Poussart D，Moore L E. J Membr Biol，1979,50:43.

［73］ Carstensen E L，Marquis R E. Biophys J，1968,8:536.

［74］ Asami K. Bull Instr Chem Res Kyoto Univ，1977,55:394.

［75］ Asami K//Hackley V A，Texter，ed. J，Handbook on Ultrasonic and Dielectric Characterization Techniques for suspended particulates，American Ceramic Society，Westerville,OH,1998：333.

［76］ Vrinceanu D，Gheorghiu E. Bioelectrochem Bioenerg，1996,40:167-170.

［77］ Sekine K. Bioelectrochemistry，2000,52:1.

［78］ Gheorghiu E，Asami K. Bioelectrochem Bioenerg，1998,45:139-143.

［79］ Di Biasio A，Cametti C. Bioelectrochemistry，2007,71:149-156.

第8章 生物组织、生物大分子溶液及相关体系的介电谱

8.1 引言

对生物物质体系的介电性质在广域的频率范围进行扫描，可以在不同的频率段观测到介电分散（弛豫），这些分散可能产生于均质的溶液，也可能产生于具有明显相界面的非均质体系，或介于两者之间的复杂体系。宽频介电谱的特点就是能够从这些分散中，在宽达数赫兹到100GHz甚至更高的频率范围捕捉到动态的极化现象，获得反映体系构造和非均质体系组成相电性质方面的信息。图 8.1 表示的是各种典型生物物质发生弛豫现象（动力学过程）的大致频率范围：上一章中讨论的生物细胞的介电响应主要是发生在射频段的 β 分散，本章的生物组织也因其不均匀性将在该频率范围产生因界面极化的 β 分散现象，但是，较小的生物分子或生物体中的水分子的极化响应将出现在更高的频率段，即前面讲的 γ（或 δ）分散；而生物大分子除了因其巨大的偶极矩的取向极化而同样发生 γ（或 δ）分散之外，也不排除其因界面极化而出现 β 分散；此外，某些生物大分子，如 DNA，因其特殊的分子结构在低频处出现明显的源于对离子极化的 α 分散。

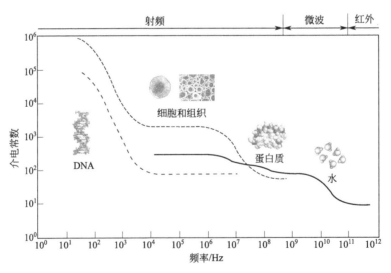

图 8.1　生物物质的介电谱示意图

关于生物组织和生物分子的介电研究同细胞悬浮液一样，也已经具有了很长的历史。早期的研究提供了关于血液的电性质，蛋白质的大小和形状、水合程度以及细胞结构对组织电性质的影响等信息[1~5]，之后的研究主要集中在介电性质如何为生物物理学和生理学提供新的知识增长点方面，例如，细胞中蛋白质和脂质的扩散运动，水合对酶的活性、分子内的

运动以及对蛋白质中质子和离子传输过程的影响等方面的研究[6~9]。本章将分别介绍生物组织、生物分子以及相关体系的介电性质，重点讲述不同生物物质的介电谱以及如何对其进行解析，体系环境因素对介电谱将产生怎样的影响，从介电谱中能够得到关于各自体系怎样的信息。

8.2　生物组织

8.2.1　生物组织的电导率和介电常数

8.2.1.1　不同频率下的电导率弛豫

讨论生物组织的介电性质也是基于 Maxwell 界面极化原理的。因为可以将生物组织粗略地看成是由半径为 R 的细胞（ε_i，κ_i）以及细胞外的流体（ε_a，κ_a）所构成的非均质体系，因此根据 Maxwell-Wagner 界面极化的介电理论，在分散相介电常数和电导率都远小于连续介质的介电常数和电导率（即 $\varepsilon_i \ll \varepsilon_a$ 和 $\kappa_i \ll \kappa_a$）时，由 Maxwell-Wagner 方程式（2-6）可以得出组织的介电常数 ε 和电导率 κ 与组织中细胞的介电常数 ε_i 和电导率 κ_i 以及组织中细胞占据的体积分数 Φ 之间的关系式：

$$\varepsilon \approx \varepsilon_a \frac{1-\Phi}{1+\Phi/2} + \varepsilon_i \frac{9\Phi}{(2+\Phi)^2} \tag{8-1a}$$

$$\kappa \approx \kappa_a \frac{1-\Phi}{1+\Phi/2} + \kappa_i \frac{9\Phi}{(2+\Phi)^2} \tag{8-1b}$$

该关系式表示，混合物的介电性质仅仅是组成相介电性质权重的平均。但是，在相反的情况下，即 $\varepsilon_i \gg \varepsilon_a$ 和 $\kappa_i \gg \kappa_a$，将显示很大的弛豫。根据 Pauly-Schwan 理论模型，可以导出对全部体积分数范围都有效的，关于介电增量、弛豫时间以及低频电导率和高频介电常数的表达式：

$$\Delta\varepsilon = RC_m \frac{9\Phi RC_m}{4\varepsilon_0 \{1+\Phi/2 + [RG_m/(\kappa_i \kappa_a)][2\kappa_a + \kappa_i + \Phi(\kappa_a - \kappa_i)]\}^2} \tag{8-2a}$$

$$\tau = RC_m \frac{\kappa_i + 2\kappa_a - \Phi(\kappa_i - \kappa_a)}{2\kappa_a \kappa_i (1+\Phi) + RG_m[(\kappa_i + 2\kappa_a) - \Phi(\kappa_i - \kappa_a)]} \tag{8-2b}$$

$$\kappa_1 = \kappa_a \left\{ \frac{1-\Phi + [RG_m/(\kappa_i \kappa_a)][\kappa_a + \kappa_i/2 + \Phi(\kappa_i - \kappa_a)]}{1+\Phi/2 + [G_m/(\kappa_i \kappa_a)][\kappa_a + \kappa_i/2 + \Phi/2(\kappa_i - \kappa_a)]} \right\} \tag{8-2c}$$

$$\varepsilon_h = \kappa_a \frac{2\varepsilon_a + \varepsilon_i - 2\Phi(\varepsilon_a - \varepsilon_i)}{2\varepsilon_a + \varepsilon_i + \Phi(\varepsilon_a - \varepsilon_i)} \tag{8-2d}$$

对于生物组织，分别讨论其介电常数 ε 和电导率 κ 往往更有意义，尽管两者根据 Kramers-Kronig 关系是联系在一起的。因为在低频，组织的复介电常数的虚部远大于实部，$\varepsilon'' \gg \varepsilon$，因此，对于大多数研究常常只考虑与 ε'' 相关的电导率。考虑几个频率区间，在小于 0.1MHz 的频率段，对于长于细胞膜充电时间 τ［相当于式（8-2a）的弛豫时间］的直流，或者说对于低于相应的 β 分散的弛豫频率 $f_0 = 1/(2\pi\tau)$ 的交流，细胞与周围的电解质相比都是基本不导电的，这时的电流只通过细胞外的电解质，即在还没有发生弛豫的低频段，电流是绕着细胞通过电解质的，这时测量的是电解质的性质。这样一个非常简单的想法，可以解释血液的低频电导率。早期，研究者对血液的电导率的研究是采用 Maxwell-Fricke 混合理论 [Maxwell-Wagner 理论公式(2-6) 中引入了形状因子代替其中的"2"[10,11]] 拟合介电数据的，但是需要使用形状因子的经验值，这个形状因子可能会因为研究样品种类的差异或聚集效应等在不同的研究中采用不同的值。固体组织很复杂，但可以利用 Maxwell-Fricke 理论进行粗略的解析。假定组织中细胞外液体的比例为 0.1，细胞外液体的电导率 κ_a 为 2S/m，而细胞自身是非导电的（$\kappa_i = 0$），根据公式(8-1b)得出组织的电导率 $\kappa = 0.14$S/m，这是高含水量软组织的代表性的低频电导率值。而低频电导率很强地依赖于细胞外液体的体积分数，这种依存性随细胞的生理学变化而改变。

在 $1 \sim 100$MHz 的射频的较高频率段，大部分细胞膜短路因此对电流无障碍，这样，从电的角度，可以认为组织等价于电解质中的非导电蛋白质悬浮液，因此，大多数组织在这个频率段有分散。在大于 100MHz 的微波或超高频领域，有三种效果对电导率有贡献。①组织电解质中固体的界面极化。因为组织蛋白质和电解质的电性质的不同，根据式(2-11)预测将在数百兆赫兹附近产生小的弛豫。例如，假定组织中电解质的电导率为 $\kappa_a \approx 1$S/m、蛋白质介电常数 $\varepsilon \approx 10$，并忽略其电导率（$\kappa_i \approx 0$S/m），在大约 300MHz 频率附近，将有约数百西门子/米的电导率增量[12]。②小的偶极分子和蛋白质分子中的偶极侧链的取向极化。球蛋白分子因为其较小的尺度以及极性侧链，因此在 GHz 频率附近出现因偶极取向极化而产生的弛豫，与弛豫过程相联系的电导率增量与弛豫频率成正比 [式(2-12)]。因此，即使在高频的弛豫很小也能够对组织的电导率增量有明显的贡献。③组织中水的弛豫。25℃的纯水在 20GHz 附近显示一个近似 Debye 型介电弛豫，根据式(7-2c)，电导率在弛豫频率之前将随频率的平方而增加。

8.2.1.2 介电常数的弛豫

由 Kramers-Kronig 关系知，电导率的增加是与介电常数的减小相联系的。生物组织的低频介电常数常常高达 $10^5 \sim 10^6$，甚至更高，如前所述，组织的介电常数弛豫包含在 α、β 和 γ 三个分散中，相互重叠并在整个三个分散的频率范围单调减小。在音频段非常大 α 的分散部分地归结于对离子扩散，但其它的组织特异效果也可能对 α 分散有贡献，它们包括主动的膜电导现象以及细胞器膜的充电，也许膜阻抗自身的频率依存性等对 α 分散也有贡献[13]。介电常数谱的 α 分散非常之大，但在电导率谱上几乎完全显现不出来。例如，假定 α 分散的介电增量 $\Delta\varepsilon_\alpha \approx 10^6$，弛豫频率为 $f_{\alpha,0} = 100$Hz，KK 关系给出与 α 分散关联的电导率增量 $\Delta\kappa_\alpha \approx 0.005$S/m。这是一个非常小的值，用典型生物组织的离子电导率来比较，该值大约是它的 200 倍。

出现在射频范围的 β 分散主要源于组织中的细胞膜的电容性充电，另外，由于组织蛋白质的偶极取向在较高的射频段也会呈现一个小分散。γ 分散大都源于自由水分子的偶极取向，在体温下大多数软组织中的自由水的偶极极化导致在 25GHz 附近出现 γ 分散，$\Delta\varepsilon_\gamma \approx 50$，而 $\Delta\kappa_\gamma \approx 70$S/m。此外，组织和其它生物材料在大约 $0.1 \sim 3$GHz 之间显示称为 δ 分散的小分散，其可能的机理包括组织表面束缚水的弛豫、偶极侧链的转动取向弛豫，甚至也有研究认为与 M-W 效应以及沿荷电表面小区域的对离子扩散也可能对 δ 分散有贡献，但是，似乎没有一个单独的支配性的机理可以解释 δ 分散。

由于克服电极极化在技术上存在难度的原因，很少有关于 kHz 以下频率范围的生物组织的介电性质的研究报道。Schwan 发现骨骼肌具有较大的 α 分散，它随着组织切除的时间而减小[14]；Singh 等描述了新切除的肾脏的低频介电性质，以及用外部电极法对正常的和含恶性肿瘤的胸组织的在体测量，结果表示出正常和癌变的组织的介电谱明显不同，即恶性肿瘤显著地影响组织的介电行为[15]；组织中的 α 分散的例子还有老鼠大腿骨的离体介电研究[16]。

生物组织的 β 分散的介电谱取决于细胞膜的完整性，这在上一章的 7.8.4 节中阐述。对于生物组织，有较为典型的例子：Pauly 和 Schwan 对牛眼组织的纤维膜用表面活性剂处理后进行介电研究发现，当组织中细胞膜被表面活性剂破坏后，介电增量明显下降[17]，如图 8.2 中的曲线 A（处理前）和曲线 B（处理后），这与其它的细胞如红细胞和酵母细胞等的实验结果相类似[18]。比较生物组织和 0.9％w/v 的 KCl 水溶液（图 8.2 中曲线 C）（相当于组织中细胞外液体的离子强度）的介电谱，发现在超过一定频率的频率范围，比如在 50～100MHz 频率范围时两者的介电性质非常相似，这说明尽管组织中存在非极性的细胞膜以及其它物质，但是这些物质在高频段对介电常数几乎没有贡献[19]。

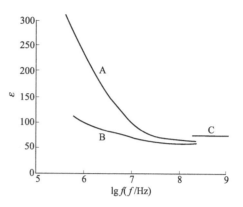

图 8.2　牛眼组织的纤维膜悬浮液的介电谱
曲线 A 和 B 分别表示用表面活性剂
处理前后的数据，曲线 C 是 0.9％w/v
的 KCl 水溶液的数据[19]

8.2.2　含水量对介电谱的影响

根据上节的研究结果，可以认为在理论上讲，超过 100MHz 的高频生物组织的介电谱很大程度地反映细胞内、外电解质的性质，特别是在该频率段将显现一个相应于水偶极子弛豫的介电分散。图 8.3 中给出几种组织和 0.9％w/v 盐溶液在高频段的介电常数和电阻率（因为电阻率的值能更好地指示出组织和电解质溶液的差异）的数据，很明显，在此频率范围组织的介电行为很大程度上受到组织中水含量的影响：具有代表性的 75％w/w 水含量的肌组织显示一个远远高于脂肪组织（水含量为 5％～20％w/w）的介电常数和电导率。因为组织在这个频率段的介电谱与细胞膜的结构没有关系，因此可以预测这些介电性质可以作为组织死后经过时间的函数，反映组织的水含量，这些已经得到了实验的证实[20,21]。综合上述事实，可以确认介电谱方法适合于迅速而非入侵地测定所有生物组织中的水和（或）脂肪

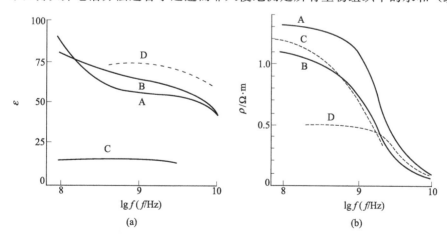

图 8.3　几种组织的高频介电常数（a）和电阻率（b）的频率依存性
曲线 A、B、C 分别表示老鼠的脑组织、肌组织和
脂肪组织[19,22]，曲线 D 是 0.9％的盐水溶液[19,23,24]

含量。而实际上微波介电方法已经在评价储藏谷类的潮气等方面使用很久了，对此，将在第10章中给出详细的讲解。

Schwan 和 Foster 等曾经通过对肝、肌肉和皮肤等组织的微波介电性质的研究得出结论[25]：这些组织的微波介电性质归结于束缚水和固体物质共存时的水的含量。相似的结论也在同研究组其它研究中得到了证实：犬的脑组织[26] 以及各种正常的和恶性的组织[12] 的微波介电性质。大量的研究还证实：高含水量的组织[27~29] 和微乳液[30] 以及聚合物溶液[31] 一样，其介电性质可以通过包含了束缚水贡献的混合理论给予说明[27]。对于用物理的方法评价组织中的含水量，特别是组织中自由水的含量，使用正确的模型十分重要。此外，估计组织中水运动的自由程度显然与时间或距离尺度有关，因此，频率依存的介电谱法可以敏感地探测到这些动力学行为，同时，介电谱也可以计算细胞内、外电导率的值。

8.2.3 一些生物组织的介电性质

（1）血液　因为血液的介电性质对实际应用十分重要，所以对于这个课题的研究很早就已经开始了，而且已经有很多重要的综述介绍了这方面的研究工作[32~34]。前面的 8.2.1 节提到，血液的介电谱可以用 Maxwell-Fricke 方程拟合，但拟合需要的形状因子要根据动物的种类和测量条件来进行选取。而大多数的红细胞并不是球形的，其形状随着血液流动其聚集状态都将变化，因此，形状因子差异在解析介电行为时就显得非常重要。Schwan综述了全血液和血色素的介电弛豫，综述中特别强调了相应的弛豫机理[35]：全血的介电谱显示了 β、γ 和 δ 分散，但没有显示出 α 分散，对于具有 40% 血细胞比容的全血，在大约 3MHz 附近的 β 分散的介电增量大约为 2000，γ 和 δ 分散与同样浓度血色素溶液中的分散类似。像其它高含量的组织一样，在微波频率段全血的介电分散受水的偶极弛豫支配[36]。也有很多关于浓厚的红细胞悬浮液的研究，这已经在前章的 7.2 节中给出过详细的介绍。

（2）皮肤　很多治疗和诊断技术都是依赖于施加电场或者对电性质进行测量来完成的。这样，皮肤组织通常作为体系的生物学的和电子学的界面，因此，其介电性质无论是在基础方面或是实际应用上都很重要。皮肤的介电性质很大程度上由约 $15\mu m$ 厚且大部分由死细胞组成的角质层决定，而且因身体的不同部位而异，如汗腺最通畅的手掌的电导最大。根据早期的研究报道[37]，测量一块新割离下来的约 1mm 厚的皮肤的介电性质，得到在 1kHz 和 10kHz 频率下的有效电容和电阻的值分别为 $4.6nF/cm^2$ 和 $34.9k\Omega/cm^2$；而对于皮肤加上皮下组织的串联电阻值是 $6.2k\Omega/cm^2$。如果取干燥的角质蛋白和膜材料的介电常数为 10 的话，这些结果表示：皮肤的电容性、电阻性的元素在身体组织和环境之间提供一个具有 $2\mu m$ 厚度的保护层。Clar 等发现在 $0.5Hz\sim10kHz$ 频率段正常皮肤显示的分散包含两个弛豫频率分别在 80Hz 和 2kHz 的独立弛豫，这些弛豫源于角质层并且与角膜细胞表面的对离子弛豫有关[38]。

（3）骨骼肌　肌肉的电性质显示极端的各向异性，特别是显示出纵向远大于横向的很大的 α 分散。比如狗的骨骼肌的低频介电常数和电导率在平行和垂直方向表现出 7~10 倍的差异[39]，其它骨骼肌和心脏组织也具有相似的电性质[14,40]。肌组织的各相异性在电生理学研究中具有重要意义。例如，当用四电极配置测量肌肉组织的阻抗时，取决于电极间隔的电导率可以和肌肉纤维的空间常数相比较，从而获得电流在细胞内外分布的信息。关于骨骼肌组织 α 分散产生的原因尚未有明确的结论，优先的机理可能是反映肌管系统的极化和细胞膜表面对离子极化两个效果的综合结果[3,41]，但是，目前尚不能清楚地分离这两个机制各自的作用。对于垂直于外电场取向的肌组织显现的 β 分散，因为主要来自于界面极化机制，所以可以通过使用壳状椭球体悬浮液的介电模型来计算其特征参数。组织中肌肉细胞的半径和体积分数取决于肌肉类型和组织的其它条件，对于狗的骨骼肌，典型的值是 $50\mu\mathrm{m}$（平均细胞半径）和 0.85（平均细胞的体积分数），在假定膜电容为 $10^{-2}\mathrm{F/m^2}$ 和细胞内外电导率相等的条件下，根据式(2-10)～式(2-12) 计算出的组织的介电增量约为 5×10^4，弛豫频率为 $250\mathrm{kHz}$，低频电导率为 $0.06\mathrm{S/m}$，这与实际测量的结果基本一致。一些骨骼肌组织也表现出与纯水和束缚水有关的 γ 或 δ 分散。

（4）胸组织　因为组织中某些区域的水含量不同会对介电性质产生影响，尽管肿瘤组织与正常组织两者都有很高的含水量，但它们的差距也是明显的，肿瘤组织的含水量较高。例如，正常表皮的水含量的质量比为 60.9%，而肿瘤皮肤含水量是 81.7%；正常的老鼠肝脏的含水量为 71.4%，肝细胞肿瘤组织为 81.9%[42]。由于存在这些差异，因此理论上在超高频或微波频率段，瘤性组织应该显示比同源的正常组织更大的介电常数和电导率值。胸部组织可能是一个很好的例子，正常的胸（乳房）主要由脂肪组织构成，因此高含水量渗入肿瘤组织将导致乳房组织的介电性质出现巨大的变化。很早以前，Fricke 和 Morse 就曾报道了恶性肿瘤胸组织在 $20\mathrm{kHz}$ 时的介电常数高于非恶性肿瘤和正常乳房组织的相应值，这一研究结果暗示了在电测量的基础上进行病理诊断的可行性[43]。其后，Surowiec 等也报道了胸肿瘤组织在 $20\mathrm{kHz}\sim100\mathrm{MHz}$ 频率段的介电常数和电导率都远远高于正常的胸组织，而且这个性质随着样品取出的位置不同（肿瘤内或肿瘤周边）而不同[44]，显然，这些电性质上的差别，特别是介电常数的增加是由于低介电常数的脂肪组织被高含水量的肿瘤组织所置换的缘故。但是，对人体乳房组织在 $3.2\mathrm{GHz}$ 的离体介电研究，并没有发现正常的或良性肿瘤和恶性肿瘤之间有明显的差别，但是数据的可变性很大[45]。尽管这样，对于肿瘤组织和正常组织在介电性质上的很大差异，无论是在理论上还是在实验上都得到很多支持，因此，一些医生选择用阻抗方法对症状病人进行诊断。

（5）骨、脂肪和骨髓　在接近正常生理条件下对骨组织介电性质的研究发现，被液体饱和的骨组织在射频段显示一个宽的介电分散，弛豫频率与进入骨中电解质的电导率成正比地改变，低频电导率与渗透在组织中的充填流体通道有关，并且与该组织周围介质的电导率成正比[46]。骨组织的电导率依存性可能是由于 Maxwell 界面极化机制所致，但是，介电分散的大小却是该弛豫机制所不能解释的，尽管类似的结果在其它无序固体中也常被解释为界面极化机制，而对组织的解释却无能为力。因此，骨头的介电分散行为的起因并不清楚。

（6）脂肪组织（脂肪和骨髓）　脂肪和骨髓组织的区别在于它们的低含水量，以及在它们的细胞中大部分是脂质（比较而言，一般软组织主要的非水组分是蛋白质）。与骨组织和肝组织相比，脂肪和骨髓的介电常数和电导率表示了很大的 α 分散，而 β 分散则几乎观察不到；另外，由于细胞外大量的流体，所以脂肪组织的低频电导率高于肝组织的[22,47]。与对高含水量的组织的解释相类似，Maxwell-Fricke 理论也可以很好地解释脂肪组织在高频段的介电性质。

8.2.4　组织死亡后介电性质的变化

上面描述的大多数例子都是从动物体上切离下来的，即在远离生理正常状态时测量的组织的介电性质，这些性质能否代表原位组织，以及原位组织的阻抗是否能反映生理变化？显然，这是个有意义的问题。半个世纪以来，一些侵入的或非侵入性的方法被用于原位测量活体动物组织在射频和微波领域的介电性质[48~52]，这些研究总结为死亡后介电性质的变化是非常明显的。因为在低频，大量电流通过细胞外空间，组织中流体分布的任何变化都将导致低频电导率的显著变化，因此，对活体动物死亡后不同时间的介电谱应该可以反映出这个变化。比如，杀死老鼠后立刻对其肾组织进行介电测量，发现在 2kHz～15MHz 的 β 分散区域的电导率开始下降，1h 之内降低了 50%，其后随时间延长电导率继续下降。类似的例子也许能证明是水含量对电导率产生的影响：通过强迫将电解质注入肾器官使其浮肿，这时在 kHz 的低频电阻率显示出明显的增加，这些变化的原因被解释为是由于短时间内垂死组织的细胞的膨胀，而经过长时间后是因为组织的腐败细胞瓦解所致[53]。类似的关于动物器官组织在切除离体时间后介电参数变化的研究很多，这些参数的变化取决于器官的种类和死后的时间，例如，牛脾的低频电导率在 31h 后由 0.08S/m 增加到 0.2S/m，牛脑的低频电导率 25h 后由 0.07S/m 增加到 0.11S/m，而低频介电常数在同样的切离时间后也明显减小[54,55]。类似的很多证据都指出，组织的介电性质，特别是低频电导率在动物死亡后的几分钟甚至几小时内变化最大，这些变化是流体在组织中分布的结果（在短时间）和膜崩溃的结果（在长时间）。所以，切离的组织、在体原位测量的组织以及死后经过一段时间后测量的组织的介电数据具有较大的不同，特别是低频电导率，这是研究者在使用数据时需要谨慎分辨的。

从以上关于介电测量对组织应用的介绍也许可以确信，作为一种通过介电性质上的差异来检测动物组织是否发生变化的手段的介电谱方法，一定有着广泛的实用价值。同时，也有必要从基础方面理解生物组织中介电分散产生的原因：与正常细胞相比肿瘤细胞荷负电，这样，肿瘤组织要比正常组织带有更多的负电荷[56～58]，这表明，对于结构上很难区别的组织，因为肿瘤组织和正常组织之间在荷电性质上的差异，介电方法能够有效地补充传统的方法，并且与近代的分子生物学技术相结合，在正常和变异的细胞（组织）之间提供关于结构差异或电性质差异的新知见。

8.3　生物大分子

本节将要讨论的主要是蛋白质和核酸这两种生物系统的功能赖以存在的物质，它们的介电性质不仅仅在于生物化学的意义，而且也因为它们结构的复杂性在生物物理学上具有特殊的含意。生物大分子在电场下可能的介电响应与生物组织和细胞的典型 β 分散相比，大都出现在射频的高频段和微波领域，以及射频的低频段和音频领域（参见图 8.1）。在微波频率段的 γ 或 δ 分散弛豫一般是产生于自由水分子以及与生物物质结合的或被生物物质束缚的水的取向运动。显然，它取决于生物物质的大小以及运动的自由程度；而低频段的 α 分散则主要源于对离子极化。

由于生物大分子的弛豫很大部分起源于因分子构象产生的偶极极化，因此，对该生物大分子进行介电研究的主要理论依据是与分子链结构密切相关的聚合物的偶极矩理论。尽管生物大分子的结构和/或构象要比合成的聚合物或高分子的复杂得多，而且其偶极矩的起因也有所不同，但为了有助于理解生物大分子的基本介电行为，在进入本节主要内容之前，回顾一些关于聚合物的偶极矩和介电弛豫的基本理论也许是必要的。

8.3.1　聚合物的偶极矩理论概述

8.3.1.1　分子平均尺度

聚合物的构象除了与骨架的刚韧程度以及带电基团的存在与否等自身因素有关之外，还依赖于溶剂、温度等外部条件。无定形聚合物在高于转变温度时，因为热运动是可伸缩的。温度降低，热运动减缓，聚合物链的结构被冻结。但由于空间位阻效应，即使在结构冻结状况下也不会结晶，即所谓的玻璃态。下面主要考虑与伸缩或扩散等运动形态相关的弛豫现象的原因。很显然，导致偶极矩产生的主要因素之一是分子内链段距离。对于分子两末端的距离为 h 的含有 $N+1$ 个原子的碳氢链的可伸缩聚合物来讲，可以用 N 个键的向量来表征其构型，假定如图 8.4 所示，聚合物中的键是可以完全自由转动的，则链的均方末端距定义为：

$$\langle h^2 \rangle = \sum_i^N \sum_j^N \langle \boldsymbol{l}_i \boldsymbol{l}_j \rangle \tag{8-3}$$

因为

$$\langle \boldsymbol{l}_i \boldsymbol{l}_j \rangle = l_i l_j \langle \cos\theta \rangle \tag{8-4a}$$

和

$$\begin{aligned} \langle \cos\theta \rangle = 0 \qquad i \neq j \\ \langle \cos\theta \rangle = 1 \qquad i = j \end{aligned} \tag{8-4b}$$

所以式（8-3）可以简化为

$$\langle h^2 \rangle = \sum_i^N l_i^2 = N \cdot l_{av}^2 \tag{8-5}$$

即，一个理想的可伸缩的聚合物分子链末端距均方值等于单个键距的平均长度乘以键的个数。这是一个理想的假设，实际上键角是确定的，考虑两个键在一个平面上，而另外的键可以自由旋转但要保持 θ 为一个常数，详细的内容可参见文献［59～61］，图 8.4 示意的是链键矢量的空间排布。

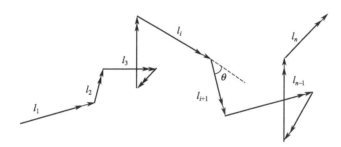

图 8.4 非限制聚合物分子链

键长是任意的，键之间的夹角 θ 可以取 $0°\sim360°$ 之间的任意值[59]

8.3.1.2 均方偶极矩

接下来，以聚氯乙烯（PVC）的结构为例考虑线型聚合物的平均偶极矩，由于 PVC 中的两个碳间的一个氢原子被氯原子取代，因此产生一个偶极矩，对于 N 个单体 PVC 的均方偶极矩可以写成：

$$\langle \mu^2 \rangle = \sum_m \mu_m^2 + \sum_m \sum_{n \neq m} \boldsymbol{\mu}_m \cdot \boldsymbol{\mu}_n \tag{8-6}$$

$\boldsymbol{\mu}_m$ 和 $\boldsymbol{\mu}_n$ 都是单键的偶极矩，如果单键偶极矩都相同且为 μ_0，则上式可写成

$$\langle \mu^2 \rangle = \mu_0^2 \left(N + \sum_m \sum_{n \neq m} \cos\theta_{\min} \right) \tag{8-7}$$

$\theta_{\min}$ 是两个偶极矩的夹角。而实际上表示一个聚合物分子的构象要复杂得多，如图 8.5 所示，当偶极矩是沿侧链方向时，需要用三个夹角区别偶极矩相对于键矢量的方向：α 表示键矢量 a_m 和 a_{m+1} 之间的夹角；β 表示键矢量 a_m 和偶极矢量 μ_m 之间的夹角；γ 表示键矢量 a_{m+1} 和偶极矢量 μ_m 之间的夹角。这时 $\theta_{\min}$ 与 α、β、γ 三个夹角之间的关系为：

$$\langle \cos\theta_{\min} \rangle = \langle \cos(a_m \mu_m) \cos\beta + \sin(a_m \mu_m) \sin\beta \cos\phi_k \rangle \tag{8-8}$$

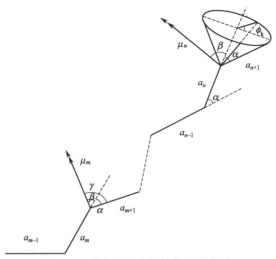

图 8.5 聚合物链空间结构的示意图

偶极矩沿侧链的方向，α 是键矢量 a_m 和 a_{m+1} 之间的夹角，

β 是键矢量 a_m 和偶极矢量 μ_m 之间的夹角，γ 是

偶极矢量 μ_m 和键矢量 a_{m+1} 之间的夹角[59,62]

如果假定角 ϕ_k 的变化范围是 $0°\sim360°$，而 $\cos\phi_k$ 的平均值是 0，上式右边第二项消失。最终，导出具有 N 个单体的聚合物的均方偶极矩表示为[62]：

$$\langle\mu^2\rangle=\mu_0^2 N\left(1+\frac{2\cos\alpha\cos\beta\cos\gamma}{1-\cos^2\alpha}\right) \tag{8-9}$$

偶极矩方向平行于化学键方向，即 $\cos\beta=1$，$\cos\gamma=-\cos\alpha$，则上式变为：

$$\langle\mu^2\rangle=\mu_0^2 N\left(1-\frac{2\cos^2\alpha}{1-\cos^2\alpha}\right) \tag{8-10}$$

这个式子对一些聚合物是不适合的，包括 PVC。因为实际上，键矢量 a_{m+1} 并不能随意转动，而只是采取几个使得聚合物分子稳定的取向。用 $\sin\Delta\phi/\Delta\phi$ 表示键旋转的禁阻程度，图 8.6 表示的是三种典型的偶极矩随键旋转禁阻程度变化的曲线。对于刚性链的聚合物，角 ϕ_k 的转动被限制在很小的范围，即 $\sin\Delta\phi=\Delta\phi$，这时 $\sin\Delta\phi/\Delta\phi=1$；而对于可自由转动的链，$\Delta\phi=360°$，这时 $\sin\Delta\phi/\Delta\phi=0$。对于聚对氯苯乙烯，$\cos\alpha=\cos\beta=\cos\gamma=1/3$，这时的式(8-10) 简化为：

$$\frac{\langle\mu^2\rangle}{N\mu_0^2}=\frac{11}{12}$$

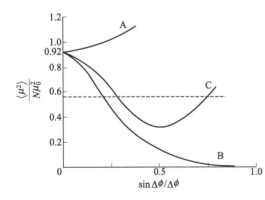

图 8.6 三种典型的表示高分子链的偶极矩随转动自由度变化的曲线[62]

曲线 A 代表了偶极矩随链刚性增加而变大；

曲线 B 是随着刚性的增强引起偶极矩减小的情况；

曲线 C 表示随刚性增加，偶极矩相互抵消

因此，对于自由转动，纵坐标的值为 0.97。禁阻的程度增大时，$\frac{\langle\mu^2\rangle}{N\mu_0^2}$ 的值可能增大，也可能减小，这取决于偶极矩在高分子链中的方向。

如果偶极矩的取向是随着刚性的增强而逐渐增加的方向，$\frac{\langle\mu^2\rangle}{N\mu_0^2}$ 的值就会随着刚性的增加而

增加（图 8.6 中的曲线 A）；但实验中观察到聚对氯苯乙烯的 $\dfrac{\langle \mu^2 \rangle}{N\mu_0^2}=0.56$，这表明该类聚合物分子中的偶极矩有两个相反的方向，因而刚性增强只会抵消部分偶极矩，聚对氯苯乙烯属于 C 类曲线；另外有些高分子，增强链的刚性会使偶极矩几乎降为 0（曲线 B）。

8.3.1.3 介电弛豫和弛豫时间分布

由于大多数聚合物分子具有上述的平均偶极矩，因此在外电场作用下将产生很大的介电弛豫现象，其弛豫的大小与分子尺度有很大的关系。Kirkwood 和 Fuoss 早期在研究聚合物介电弛豫时认为，具有 r 个内部自由度的聚合物链在电场方向产生的平均偶极矩 $\langle \boldsymbol{\mu} \rangle$ 与所有内部构型 q_j 有关[63]

$$\langle \boldsymbol{\mu} \rangle = \int \boldsymbol{\mu}(q) f(q,t)\mathrm{d}q \tag{8-11}$$

其中 $f(q,t)$ 是内部构型的分布函数。当外加电场很小时，只考虑 $f(q,t)$ 展式中不存在电场项 $f_0(q)$ 和展式第一项 $f_1(q)$，它们通过求解链扩散运动方程得到，最终导出极化的表达式：

$$P = \left(\frac{1}{3kT}\right) \Sigma \frac{|\mu_\lambda|^2}{1+j\omega\tau_\lambda} \tag{8-12}$$

其中 $\tau_\lambda = 1/\lambda$，λ 是扩散方程本征函数 ψ_λ 的本征值；μ_λ 为：

$$\mu_\lambda = \sqrt{3}A_0 \int \boldsymbol{\mu}(q) \exp\left(\frac{-V_0}{2kT}\right)\psi_\lambda^* \,\mathrm{d}q \tag{8-13}$$

引入随频率变化的极化与频率为零时的极化之比，即标准化的极化 $Q = P/P_0$，如果本征值是连续的，上式可以写成对弛豫时间分布函数 $G(\tau)$ 积分的形式：

$$Q(\omega) = \int_0^\infty \frac{G(\tau)}{1+j\omega\tau}\mathrm{d}\tau \tag{8-14}$$

以 $-\!(\mathrm{CH_2}\!-\!\mathrm{CHX})\!-$ （其中 X 是极性取代基）型的聚合物为例，考察偶极矩沿着 C—X 键的方向时弛豫时间分布函数 $G(\tau)$。用 a 和 b 分别表示聚合物分子骨架上 C—C 键和侧链 C—X 键方向的单位矢量，因为弛豫时间的分布是由链段的内部自由度以及因内扩散产生的很多种构象引起的，因此计算非常复杂，最终的结果为：

$$G(\tau) = \frac{\tau_0}{(\tau+\tau_0)^2} \quad \left(\frac{4\tau_0}{n\pi^2} \leqslant \tau \leqslant \frac{n\tau_0}{6}\right) \tag{8-15}$$

$$G(\tau) = 0 \quad \left(\tau > \frac{n\tau_0}{6}, \ \tau < \frac{4\tau_0}{n\pi^2}\right) \tag{8-16}$$

其中聚合物的弛豫时间 $\tau_0 = N\tau$，单体的弛豫时间 $\tau = \dfrac{3\pi a^2 b\eta}{kT} \left[b = \left(\dfrac{3\Delta}{8\pi}\right)^{1/3},\ \Delta$ 是单体的体积$\right]$。

因为上面讨论是建立在假设聚合物是单分散基础上的，故适用于聚合程度相同的聚合物体系。但是，上面的推导没有考虑链段之间的相互作用，如果考虑到这点，弛豫分布将更加复杂，而且通常的大多数聚合物体系都是多分散的，因此，分子量的大小也将导致弛豫时间的分布进一步变宽。综合起来，因为聚合物链的非均一性，以及引起聚合物链中大量的不同构型和有效长度的链段自由旋转，以及体系可能存在的多分散性等因素，导致大多数聚合物分子体系的介电谱显示较宽的弛豫时间分布。关于弛豫时间的分布可参考 1.3.3 节的内容。

8.3.1.4 链段尺度对弛豫时间的影响

线型聚合物由于自身的长度、链的伸缩性以及链段内和链段间的相互作用使得其溶液具有特殊的黏弹性质。Rouse 的理论认为，聚合物分子可近似地看做是由一些可伸缩的子分子连接在一起构成的[64]，在此基础上，Zimm 建立了聚合物分子介电弛豫的理论[65]，该理论的基本考虑是，当外电场对聚合物的链段两端电荷分别施加大小相等方向相反的电场力时，链段伸展，在电场下整个链的平均伸展增量为：

$$\langle x_N - x_0 \rangle = \left(\frac{b^2 E}{3kT} \right) \sum_{n=\text{odd}} \frac{\frac{8N}{\pi^2 i^2}}{1 + j\omega\tau_i} \tag{8-17}$$

由此产生偶极矩或平均极化强度以及宏观时间弛豫，分别表示为：

$$\langle P \rangle = \mu \langle x_N - x_0 \rangle / E = \left(\frac{\mu^2 b^2}{3kT} \right) \sum_{n=\text{odd}} \frac{\frac{8N}{\pi^2 i^2}}{1 + j\omega\tau_i} \tag{8-18}$$

和

$$\tau = \frac{\zeta N^2 b^2}{3kT\pi^2 i^2} \tag{8-19}$$

其中的 ξ 是摩擦系数，b^2 是链长的平均值。因为弛豫时间和链段数量的平方 N^2 成正比，这表明随着单体数目的增加，链段对于弛豫的影响急剧增加。

因为在公式(8-18)的推导中，假定了 $\langle P \rangle$ 与整个链的伸展量 $\langle x_N - x_0 \rangle$ 成正比，因此，只有当链上的每一个键都有一个与链平行的偶极矩时，整个链的偶极矩才是每一个链段的偶极矩的矢量和。但假如偶极矩在侧链上，并且相对于链是对称的，那么链的平均偶极矩在一般延伸情况下就消失了，这时 $\langle P \rangle$ 与伸展量 $\langle x_N - x_0 \rangle$ 将不成比例。聚氯乙烯就是这样的例子。

8.3.1.5 电荷对聚合物分子偶极矩的影响

聚合物分子中存在带电基团时（聚电解质）将影响分子链的构型。根据 Van Beek 和 Hermans 理论，考虑聚合物链上有 N 个荷电点（1，2，…，N，其中 N 是一个很大的偶数）的一个体系，指定第 k 个点所带的电荷为 $(-1)^k e$，即第一个点带一个负电荷 $-e$，第 N 个点带一个正电荷 $+e$，在此排布下，每个子分子的均方偶极矩 $\langle \mu^2 \rangle = e^2 l^2$，因此聚合物分子的总偶极矩为[59,66]：

$$P = e \sum_{k=1}^{N} (-1)^k r_k \tag{8-20}$$

其中 r_k 表示第 k 个点的位置。聚合物的平均偶极矩或极化强度表示为：

$$\langle P \rangle = \left(\frac{\mu^2 E}{3kT} \right) \sum_{n=\text{odd}} \frac{a_n}{1 + j\omega\tau_n} \tag{8-21}$$

其中

$$\tau_n = \tau_0 \sin^{-2} \left(\frac{n\pi}{2N} \right), \quad \tau_0 = \frac{\xi L^2}{12kT} \tag{8-22}$$

$$a_n = (2/N) \sin^{-2} (n\pi/N) \tag{8-23}$$

式中的 L 是子分子的末端距。对于较小的 n，例如 $n=1$ 时式(8-22)简化为：

$$\tau_n = \tau_0 (2N)^2 / \pi$$

这时的弛豫时间代表整个链的旋转。而如果 n 与 N 大小相当，则

$$\tau_n \approx \tau_0$$

该弛豫时间代表单体结构单元的转动。因此，荷电聚合物分子的弛豫时间在这两个极限值之间。

Van Beek 和 Hermans 的理论是建立在荷电高分子的弛豫时间是由链段或整个高分子的取向引起的这一假设基础之上的。但是，我们将要讨论的荷电的生物高分子或合成的高分子的介电弛豫的原因更可能，至少部分地产生于流动电荷的影响而不是链的取向。因为很多实

246

验表明聚合物溶液的弛豫强度非常之大，而且大多出现在射频领域，这是难以用偶极取向机制加以解释的，因此，通常将聚电解质的介电弛豫归因于聚合物分子上的对离子极化的作用而不是永久偶极矩取向极化。这样，2.3 节中讲述的对离子极化理论以及其后在讨论粒子分散系和胶束的介电弛豫部分时所涉及到的一些公式都可作为理解聚电解质介电弛豫的参考。

8.3.2　氨基酸、多肽

分子的偶极矩和介电常数的关系在第 0 章和第 1 章中都已经讨论过，但是相关的理论和公式都是在纯液体或气体中得到的，这里以及下节要讨论的氨基酸和蛋白质等大分子溶液显然需要考虑两相的混合理论。当极性分子溶解在溶剂中时，溶液的介电常数随溶质浓度的增加而线性增加，两相混合物的介电常数可由下列公式给出：

$$\varepsilon = \varepsilon_1 + \delta c \tag{8-24}$$

其中 ε 和 ε_1 分别表示溶液和纯溶剂的介电常数，c 表示溶质的浓度（mol/L），δ 定义为单位溶质质量摩尔浓度（mol/kg）的介电增量 $\Delta\varepsilon$：

$$\delta = \frac{\Delta\varepsilon}{c} = \frac{L}{2kT\varepsilon_0 M} g\mu^2 \tag{8-25}$$

这里的 L、M 分别为阿佛加德罗常数和溶质的分子量；$g = 1 + z\langle\cos\gamma\rangle$［参照 1.1.2 节的内容和式(1-16)］是 Kirkwood 相关因子（z 为研究分子周围最近的分子个数，$\langle\cos\gamma\rangle$ 为两相邻分子间的夹角余弦的平均值，z 和 γ 这两个结构参数是要在液体分子详细信息之上来估计的，例如水是具有四个水分子围绕一个中心偶极子的四面体结构）。这样，从介电谱实验上获得的介电增量可用来计算氨基酸、肽以及蛋白质的偶极矩。

若不考虑溶液中溶剂和溶质两种成分的相互作用，则溶剂和溶质的极化，P_1 和 P_2，与溶液的介电常数 ε 具有如下关系[59]：

$$\frac{\varepsilon - 1}{3} = \frac{3\varepsilon}{2\varepsilon + 1}(c_1 P_1 + c_2 P_2) \tag{8-26}$$

c_1 和 c_2 分别是溶剂和溶质的浓度，根据以摩尔极化表示的克劳修斯-莫索蒂方程［见式(0-43b)］，P_1 和 P_2 分别表示为

$$P_1 = \frac{N}{3\varepsilon_0}\alpha_1 \quad 和 \quad P_2 = \frac{N}{3\varepsilon_0}\left(\alpha_2 + \frac{\mu_2^2}{3kT}\right) \tag{8-27}$$

对于水溶液的情况，介电常数的值一般都很大，这时式(8-26) 简化为

$$\frac{2\varepsilon}{9} = c_1 P_1 + c_2 P_2 \tag{8-28}$$

考虑到 c_1 和 c_2 与各自的摩尔体积存在 $c_1 V_1 + c_2 V_2 = 1$ 的关系，上式对溶质浓度 c_2 微分得到：

$$\frac{2\mathrm{d}\varepsilon}{9\mathrm{d}c_2} = P_2 + P_1 \frac{\mathrm{d}c_1}{\mathrm{d}c_2} \tag{8-29}$$

注意这里的 $\mathrm{d}\varepsilon/\mathrm{d}c_2$ 就是式(8-25) 中的介电增量 $\Delta\varepsilon/c$ 的一般形式。因此，用 δ 代替上式左侧的微商并考虑式(8-25) 中的单位，得到：

$$\frac{2000}{9}\delta = P_2 + V_2 \frac{P_1}{V_1} \tag{8-30}$$

其中 $P_1/V_1 = \varepsilon_1 2/9$ 表示溶剂的体积极化率，代入上式后得到溶质的极化率为

$$P_2 = (2/9)(1000\delta + \varepsilon_1 V_2) \tag{8-31}$$

为了计算溶质的极化 P_2，必须由实验获得 δ 值。另一方面，由式(8-27) 可以得到因偶极极化产生的极化强度为

$$P_{2,0} = \frac{N\mu_2^2}{9\varepsilon_0 kT} \tag{8-32}$$

整理上式最终得到：

$$\mu_2^{1/2} = 0.0127\sqrt{P_{2,0}TD} \tag{8-33}$$

该式常被用来计算氨基酸和肽，甚至更大的多聚氨基酸分子的偶极矩。而计算水溶液中蛋白质分子的偶极矩，需要使用不同的公式，这将在下一节中介绍。

8.3.2.1 氨基酸

在同一分子上存在正电荷和负电荷是氨基酸具有大偶极矩的原因。氨基酸的结构如图 8.7(a) 所示，包含一个氨基和一个羧基，这些基团电离产生正电荷和负电荷，换句话说，氨基酸可看做一个两性离子。只要氨基酸侧链 R 上没有可电离的基团，则氨基酸的偶极矩与侧链的类型无关。氨基酸单位体积的偶极矩大于水的偶极矩，因此，氨基酸溶液显示大于水的介电常数。图 8.8 是在室温 25℃，甘氨酸水溶液的介电谱，图中可以看出低频介电常数大约为 100 左右明显超出纯水的值（80 左右）；此外，甘氨酸的因转动取向产生的介电分散的特征频率为 3.3GHz[67]，略低于水在该温度的弛豫频率（约 20GHz），因此该分散与水的分散重叠，这点，从图中的介电损失峰可以看出。图 8.8 给出的甘氨酸水溶液的介电行为也许可以用式(8-24) 定性地解释为溶液的介电常数随极性溶质浓度的增加而线性增加。

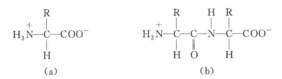

图 8.7 氨基酸(a) 和二肽（缩二氨酸）(b) 的化学结构式

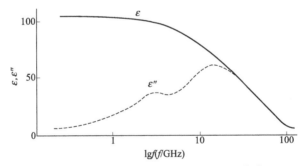

图 8.8 1mol/L 甘氨酸水溶液的介电谱[67]

8.3.2.2 多肽（聚缩氨酸）

β-氨基酸在氨基和羧基之间存在一个—CH₂—基团，从而加大了电荷间的距离，因此β-氨基酸的偶极矩要比 α-氨基酸的大。氨基酸缩合可形成肽键 [图 8.7(b) 示意的是二肽的分子结构]，显然，氨基和羧基之间的距离随着缩合度的增加而增加，偶极矩也将增加。对于只有一种氨基酸组成的多肽的介电增量（或 δ）随着链长的增加而增加[4]，例如，对于多聚甘氨酸链（达到 7 个聚缩氨酸）的介电增量遵循如下表示的经验关系[68]：

$$\delta = 14.51n - 5.87 \tag{8-34}$$

式中的 n 是终端的氨基和羧基之间的化学键的个数。实验表明单肽偶极矩是氨基酸残基数目的函数，但偶极矩随着氨基酸残基的增加并不是线性的[59]。

合成的多肽主要有两种完全不同的构型：α-螺旋结构和随机环状结构，其中 α-螺旋结构

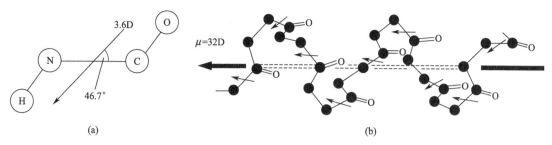

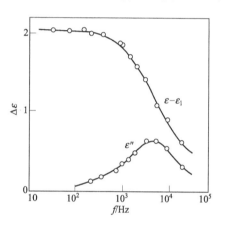

图 8.9 （a）多肽的重复单元，原子间偶极矩和
总偶极矩，肽键偶极矩的大小和方向；（b）典型蛋白质中的
α-螺旋结构中个别的缩氨酸键的偶极矩的排列[69]

的聚氨基酸一直是蛋白质化学家的关注热点。多肽的结构单元如图 8.9(a) 所示，选定内部坐标后，单肽的偶极矩可以作为键向量的矢量和来计算，N-乙酰氨基的偶极矩是 4.39D，

而键向量的简单矢量和给出的值是 3.47D，造成这种偏差的原因之一是由于 C—N 键的共振效应，这时因为缩氨酸单位中的 C—N 键具有部分双键特征，因此，C_αNHCOC$_\alpha$ 是共面的。另外 C＝O 基团自身具有极性，因此，缩氨酸键具有永久偶极矩，量子力学计算给出该偶极矩的大小为 3.6D，方向为与 C—N 键成 46.7°的夹角，这些参数都表示在图 8.9(a) 中。因为每个缩氨酸键（肽键）都具有永久偶极矩，因此，多肽取这些永久偶极子连接的形式。图 8.9(b) 表示的是伸展 α-螺旋结构的例子，也表示了每个单独的肽键偶极矩排布情况[69]。聚-γ-甲基-L-谷氨酸（PBLG）是用介电谱方法研究较多的一种多肽。PBLG 在氯乙烯溶剂中（在该溶剂中 PBLG 取螺旋结构）的介电谱在 $10^3 \sim 10^4$ Hz 频率范围显示一个弛豫（图 8.10），这个弛豫可以通过计算由 PBLG 的螺旋构型产生的偶极

图 8.10 聚-γ-甲基-L-谷氨酸（PBLG）
的介电常数和介电损失谱
其中介电常数表示的是
相对于溶剂的介电增量[70]

矩予以解释[59,70,71]。其后，Mashimo 等和 Bordi 等都研究了聚谷氨酸的介电性质并在更高的频率段观察到了弛豫现象[72,73]。

因为 PBLG 侧链含有一个大的非极性苯基，所以 PBLG 只能溶解在有机溶剂中。通过去苯基化把 PBLG 转化为侧链端基为羧基的多聚谷氨酸 PGA，在碱性溶液中离解成 COO$^-$。由于静电排斥，PGA 不会形成螺旋，而具有随机环状结构。当降低溶剂 pH 值时，电荷被中和的结果又使 PGA 从随机环状结构变为螺旋结构。这种转换被 Takashima 和 Muller 分别用介电测量法观测到[74,75]，PGA 在高 pH 值下时随机环状结构 PGA 的介电常数很大，但是，随着溶液 pH 值降低，PGA 的介电常数逐渐降低[76]。这一结果证明：因为随机环状结构链没有规则性，所以永久偶极矩很小，因此，随机环状结构 PGA 大的偶极矩可能是由于离子化侧链高电荷密度以及离子化过程引起的，而不是永久偶极矩取向的原因。Wada 等也报道了对 PGA 螺旋-环状转换的介电测量结果[76]，结果指出，pH 诱导产生的介电常数的变化是在结构发生变化之前，这说明 PGA 分子电荷密度的减小引起介电常数最初的减小，甚至不需构型变化。这些知识涉及到聚电解质偶极矩的起源及其介电行为。

8.3.3　蛋白质水溶液

8.3.3.1　偶极矩和介电弛豫

蛋白质是非常有趣的大分子，不仅因其生物化学功能，而且因为它们具有复杂的结构。蛋白质分子是由一个或多个折叠在一个复杂的不规则几何体中的多肽链所构成的，蛋白质分子静态和动态的三维结构在不同组织层次上受到肽键、氨基酸侧链以及溶剂分子间的非共价相互作用的控制，形成 α-螺旋区域或 β-折叠区域。如图 8.9 所示意的，肽键具有永久偶极矩 3.6D，与 C—N 键轴成 $46.7°$ 夹角。由前面的知识可知，个别的偶极矩 μ 对物质极化率的贡献正比于 μ^2，对于具有一个间隔均匀的 n 个偶极矩单位的刚性且线性的聚合物链，对极化率的贡献在 0 和 μ^2 之间，具体的值取决于矢量上是加合的还是抵消的。对于大多数蛋白质，n 是大致在 100～1000 之间的一个很大的数字，以至于缩氨酸单位的偶极矩对整个蛋白质分子的偶极矩、由此对蛋白质溶液的介电常数的贡献是非常敏感的。

根据上面的分析，对于复杂大分子似乎只有分子内键矢量构成的总偶极矢量才会对电场有响应。但实际上，有些分子的内部基团可以自由旋转，这些分子的介电谱显示几个明显可区分的弛豫过程，一是由于整个分子的取向，二是由于灵活的侧基的旋转。但是，对于大多数蛋白质而言，由于缺乏灵活性，介电测量并不能揭示蛋白质分子的内部结构。正如前面提到的，蛋白质分子是由多肽链组成的，单独的多肽链可能很灵活，但是，当它们成为蛋白质分子的一部分时，通常，单个基团旋转的自由度将显著减小。当对蛋白质溶液施加电场时，蛋白质将表现为一个大的偶极子的介电行为，而不是单独的上百个小的偶极子的行为。这些小偶极子对电场的响应可能表现出各种各样的振动或旋转，其特征频率比介电测量的频率高得多，在微米波长区甚至红外区。因此，通常的介电技术不能探测到这些运动。

8.3.3.2　可能的弛豫机制

对于大多数已经广泛研究过的蛋白质水溶液体系，以下几个产生极化的途径都可能对蛋白质水溶液的弛豫有贡献[67]：

（1）永久偶极子的转动取向　假设每个蛋白质分子具有一个永久偶极矩，在电场的转动力矩和分子的布朗运动两个因素作用下，上面的式(8-24)所示的介电常数（或弛豫的大小）与溶液中蛋白质浓度成正比，或单位浓度的弛豫强度由式(8-25)给出。对于半径为 a 的球形蛋白质将显示出弛豫时间为式(7-3)表示的 Debye 型的 β 分散。

（2）质子波动　在蛋白质表面有碱基位点，如果溶液的 pH 值接近任何这样的可电离基团的 pk 时，将引起分子的偶极矩随着时间的波动。从式(8-25)可知介电增量与偶极矩的平方成正比，因此即使很小的平均偶极矩也可能产生一个可观察到的分散。

（3）Maxwell-Wagner 效应　蛋白质和溶剂各自有着它们自己的介电常数和电导率，因此产生界面极化机制的分散。

（4）表面电导率　小离子在电场作用下可以在蛋白质分子中作迁移运动，产生附加的极化，即对离子极化，这个极化本质上属于 M-W 界面极化效应。

（5）束缚水　在蛋白质表面附近水因被束缚而变形，因此这些水分子很可能产生一个高于自由水的永久偶极矩，导致介电常数增加，产生所谓的 δ 分散。

（6）自由水　在微波领域的 γ 分散。

总括，蛋白质水溶液的介电分散主要出现在 $10^3 \sim 10^{11}$ Hz 频率范围，当研究蛋白质水溶液时，上述所有机理原则上都应该考虑到，但已经有相当多的研究证据表明，大多数的极化是由于蛋白质分子的取向极化引起的弛豫（β 分散），束缚水（δ 分散）和自由水的偶极极化弛豫（γ 分散）。

8.3.3.3 介电弛豫的分析

同其它体系的介电谱分析类似，从蛋白质水溶液的介电谱中可以获得定量描述蛋白质分子所需要的三种信息：介电增量（弛豫强度）、弛豫时间和弛豫时间的分布。

（1）介电增量　由式(8-24)和式(8-25)可知，介电增量 $\Delta \varepsilon$ 或单位蛋白质浓度的介电增量 δ 与蛋白质的偶极矩平方 μ^2 成正比，因此若要从实验上获得的介电增量计算蛋白质偶极矩的话，必须保证 $\Delta \varepsilon$ 与蛋白质浓度成线性关系。蛋白质的偶极矩可以用下式计算[1]：

$$\mu_2^2 = \frac{9000kT}{4\pi Nh}(M\delta) \tag{8-35}$$

这里的 k、T、N 具有通常的意义，M 和 δ 与式(8-25)中的意义相同，h 是经验参数，最常用的是 $h = 5.8$。

（2）弛豫时间　实验表明很多球状的蛋白质溶液的弛豫时间在 1.6×10^{-8} s 和 2.5×10^{-6} s 之间，而且与蛋白质的分子量的立方成线性关系〔对于一些非球形的蛋白质，其弛豫时间是按照等效球体（与蛋白质有相同体积的球体）计算的〕[1]。以小球形分子的肌红蛋白（相对分子质量为17000）为例分析介电弛豫数据：图 8.11 是肌红蛋白水溶液的介电谱，从图中确定弛豫频率为 5×10^6 Hz，将换算得到的弛豫时间 $\tau = 3.18 \times 10^{-8}$ s 代入式(7-3)中，计算出肌红蛋白的"半径" $a \approx 3 \text{Å}$[77]，该值与用 X 射线结晶衍射法观察到的值非常接近。在图中还可看到，用仅有一个弛豫时间的 Debye 方程计算的理论曲线与测量值非常符合。这一结果表明水溶液中肌红蛋白分子的取向是一个简单的过程，因此肌红蛋

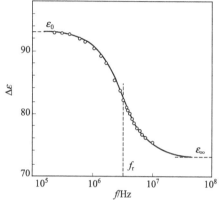

图 8.11　肌红蛋白的介电弛豫谱

实线表示利用 Debye 方程计算的理论曲线，f_r 是弛豫频率[59]

白可以认为是一个球形分子，分子内部以及溶质和溶剂之间的相互作用在肌红蛋白的分子取向过程中没有起到任何有意义的作用。一般来说，分析球形蛋白的介电数据相对容易，因为没有弛豫时间分布。这种简化的解释显然不适于非球形蛋白质。

（3）弛豫时间分布　以扁长椭球形鞭毛蛋白为例说明对具有弛豫时间分布的介电谱（图 8.12）的分析，因为鞭毛蛋白是具有两个轴的扁长球体，因此该蛋白质溶液的介电行为不能用只有一个弛豫时间的 Debye 方程（图 8.12 中的虚线）描述，因为它具有明显的分布。这种弛豫时间分布的原因可推测如下：如果偶极矩方向与拉长了的椭球形分子的主轴方向一致的话，那么偶极矩取向就会沿主轴方向，表现为一个长的弛豫时间；如果偶极子方向沿短轴取向，则弛豫时间短一

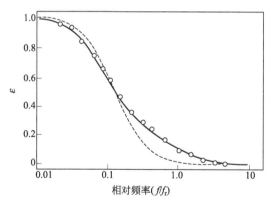

图 8.12　鞭毛蛋白的介电弛豫

虚线和实线分别是含有一个 Debye 项和含有两个 Debye 项的模型函数计算的结果

（计算时的轴比率为 1:10）[78]

点。但是，如果偶极子矢量不在分子轴上，则分子将沿偶极子矢量的方向而不是分子轴的方向旋转，这将导致整个分子复杂的翻滚运动。但是，一般的，可以假设偶极子由沿三个分子

轴的三个矢量组成，这样椭球体分子的取向可用三个弛豫过程来描述。若进一步假设其中的两个轴相等（相当于椭球体），这样，只需采用含有两个 Debye 项或 Cole-Cole 项的函数拟合弛豫过程，获得绕两个轴旋转的弛豫时间和相应的介电增量的值。但无法从这些唯象的参数获得关于蛋白质本身的进一步信息。因此，需要同 Perrin 的旋转扩散方程[79] 等其它的方程或模型一同求解，理论计算可以确定蛋白质分子的轴比和偶极子与分子轴之间的夹角，以及与几何形状相关的弛豫时间的信息，详细可参阅 Takashima 的专著 5.9 节[59]。

8.3.3.4 蛋白质的质子波动理论

以上的讨论是基于蛋白质分子的弛豫源于取向极化之假设，因此可采用与取向极化过程相似的、描述旋转极化的 Perrin 方程。但是，还有一些实验表示蛋白质分子的极化不单单是由于永久偶极子的取向所致。因此，出现各种解释弛豫机制的理论，其中一种是前面提到的极化机制（s）：蛋白质极化只是由于束缚水的分子取向引起的[80]；另一种是所谓的质子波动理论［机制（2）］[81,82]。对于前者，因为考虑到蛋白质分子束缚水的量还不足以产生可以观察到的偶极矩，所以基本上被舍弃了，而质子波动理论没有被轻易否认。

聚电解质中含有大量结合松散的质子。例如，在蛋白质分子中，有大量带有质子的中性的和荷负电的基团，如 NH_2^- 和 COO^-，除了强酸性的 pH 之外，碱基的量超过了平均束缚质子数。这时，蛋白质中将有许多自由能差异很小的、可能的质子分布，在外电场下这些质子分布的波动就会产生一个不为零的均方偶极矩（即使平均偶极矩为零）：

$$\langle \mu^2 \rangle = \langle \mu \rangle + \Delta \mu^2 \tag{8-36}$$

$\langle \mu \rangle$ 是平均偶极矩，$\Delta \mu$ 是与电荷和移动的质子相关联的、可以写成下式的偶极矩波动：

$$\Delta \mu^2 = \langle (\mu - \langle \mu \rangle)^2 \rangle \tag{8-37}$$

假设所有碱基 $\sum n_i$ 都均匀地分布在旋转扁长椭球蛋白质分子表面上，并考虑两性离子的酸碱平衡理论对质子运动位移的计算结果，上式可写成：

$$\Delta \mu^2 = e^2 f^2 b_0^2 \sum_i \frac{n_i}{2 + K_i/[H^+] + [H^+]/K_i} \tag{8-38}$$

式中，b_0 和 f 分别是等效球的半径和形状因子；K_i 是质子在第 i 个碱基位点的平衡常数。对于大多数典型的蛋白质，利用上式计算的理论值与观测值基本上是相等的，这说明因质子波动引起的偶极矩足够大，可以用来解释蛋白质偶极矩产生的原因。这时，假定永久偶极矩的贡献是可以忽略的。那么，蛋白质的极化是永久偶极矩产生的，还是质子波动偶极矩产生的，或者两者都存在。这样的争议一直持续着。关于质子波动对 pH 的依赖关系的研究表明质子理论过高地估计了质子波动对总偶极矩的贡献[83]。

上述讨论和计算仅仅是针对静电场的。什么条件下质子波动偶极矩出现而且能够与永久偶极矩区分开来，这是个需要解决的重要问题。为了分析质子波动引起的偶极矩，必须要考虑到至少两个弛豫时间，即取向时间 τ_i 和波动时间 τ_δ。下式是以永久偶极矩和波动偶极矩表示的蛋白质溶液的介电增量[84]

$$\varepsilon(\omega) = \frac{N}{3\varepsilon_0 kT} \sum_{i=1}^{3} \left[\langle \mu_i \rangle^2 \left(\frac{1}{1 + j\omega\tau_i} \right) + \left(\frac{\langle \delta\mu_i^2 \rangle}{1 + \tau_i/\tau_\delta} \right) \left(\frac{1}{1 + j\omega\tau_i'} \right) \right] \tag{8-39}$$

等式右边第一项是永久偶极子的经典的弛豫项，第二项是均方波动偶极矩的弛豫。弛豫时间 τ_i' 与取向时间 τ_i 和波动时间 τ_δ 的关系为

$$\frac{1}{\tau_i'} = \frac{1}{\tau_i} + \frac{1}{\tau_\delta} \tag{8-40}$$

如果波动时间远小于取向时间 $\tau_\delta \ll \tau_i$，即质子波动速度远快于取向的速度，那么，质子波动引起的弛豫将出现在很高的频率区域，但理论预测其介电增量很小以至于在任何频率段都

检测不到［因为在 $\tau_\delta \ll \tau_i$ 条件下，式(8-39) 第二项只剩下 $\langle \delta \mu_i^2 \rangle / (\tau_i / \tau_\delta)$ 一项，而其中的分母 τ_i / τ_δ 又很大，结果第二项很小］。另一方面，若质子波动的速度比旋转速度慢很多，即 $\tau_\delta \gg \tau_i$ 的条件下，τ_i' 变为 τ_i，这时的式(8-39) 可整理为

$$\varepsilon(\omega) = \frac{N}{3\varepsilon_0 kT} \sum_{i=1}^{3} (\langle \mu_i \rangle^2 + \langle \delta \mu_i^2 \rangle)\left(\frac{1}{1+j\omega\tau_i}\right) \tag{8-41}$$

这时，即使因 $\langle \delta \mu_i^2 \rangle$ 很大，质子波动的弛豫时间和偶极取向的弛豫时间也是没法分开的。以上说明，在一般情况下难以通过实验把两个弛豫过程分开，但是，通过增加黏度来改变蛋白质分子的取向弛豫时间［因为根据 Debye 理论，球状蛋白质分子的取向时间与溶剂的黏度成正比，见式(7-3)］可以达到此目的[85]，还有一些研究也都表示出蛋白质的取向弛豫时间与黏度成正比地增加[86]。

8.3.3.5 一些研究的概述

关于蛋白质水溶液的介电谱研究至少有半个世纪以上的历史，在弛豫机制上的争论也一直持续，但基本上主要还是倾向于上面提到的因分子永久偶极子转动和束缚水的取向弛豫，以及质子波动引起的弛豫为主，而蛋白质表面双电层和对离子极化的弛豫对整个蛋白质水溶液的弛豫贡献很小[67,68]。在介电谱上反映的是以射频以及微波段的 β 和 δ 分散（考虑蛋白质溶液中的自由水的话，还应包括 γ 分散）。图 8.13 给出一个较为典型的例子：牛血浆清蛋白（BSA）（曲线 A）和肌红蛋白（MB）（曲线 B）的介电谱，介电弛豫主要是由于蛋白质分子的转动取向引起的，因为 BSA 分子大于 MB，因此它具有较大的弛豫时间（弛豫频率低于 MB），这与理论式(7-3)的预测是一致的。Essex 等对 BSA 的研究中注意到 β 分散内有两个子弛豫过程，因为 BSA 分子不是球形的，具有大约 3∶1 的轴比，因此它因为绕旋转椭球体的每一个轴转动而产生子弛豫[87]；图 8.13 中 MB 的介电谱（曲线 B）也显示了中心在大约 100MHz 附近的 δ 分散，认为可能是质子波动的贡献[67]。

关于蛋白质溶液的介电谱研究，无论是理论上还是实验上都有大量的研究实例，在此不可能一一列举，具代表性的主要研究还有：Grant 将在大量不同蛋白质溶液中发现的 δ 分散归结于永久偶极矩和电荷的波动[88]，但一些研究结果也表示双形态 δ 分散可归结于束缚水和自由水的弛豫[89]；Mashimo 等研究了在很多生物材料和生物大分子中的自由水和束缚水的介电弛豫[90,91]，他们观察到了两个弛豫过程，一个是弛豫时间大概在 1～2ns 的低频过程，另一个是 7～20ps 的高频过程，认为分别为束缚水和自由水的弛豫；Takashima 对蛋白质水溶液介电性质做过大量的研究，如尿素对肌红蛋白、牛血清蛋白和卵清蛋白的介电行为的影响，发现氧基血红素介电参数因其结构变化产生的反常温度依存性[92,93]。为考察溶剂黏度对蛋白质介电性质的影响，Takashima 测量了各种蛋白质在水-甘油（丙三醇）混合液中的介电谱，观察到介电常数增量随水含量的减少而减少[85]；牛血清蛋白和铁传递蛋白在甘油-水介质中以及在蔗糖-水混合液中表现出相似的介电行为[94]。但是，过去在蛋白质水溶液的介电谱中观察到的很多特异现象大都避开了分子水平的解释。最近，出现大量的计算机模拟蛋白质水溶液介电弛豫以及介电性质的研究工作，总

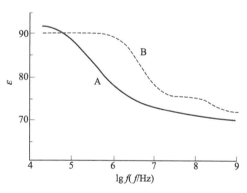

图 8.13　球形蛋白质水溶液的介电性质
曲线 A：100.8mol/mL 的牛血浆清蛋白（BSA）[87]；
曲线 B：10%w/v 的肌红蛋白（MB）[67]

括起来，可归为三个主要目的：①计算蛋白质分子的偶极矩；②估算蛋白质水合程度；③计算蛋白质分子的形状或对称性。这些不胜枚举的模拟研究工作不在本书讨论范畴，详细的内容可通过代表性的综述[95]再进一步查找原始文献。

8.3.4 脱氧核糖核酸（DNA）

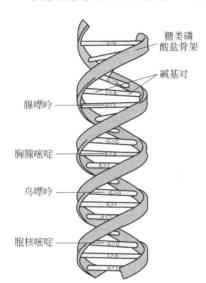

核酸是担负着生命信息的储存与传递的一类重要的生物大分子，本小节只介绍有关DNA分子及其同系物的介电性质和相关问题。DNA分子由两条反向平行的聚核苷链互相缠绕形成，因此即使在溶液中也具刚性，呈现如图8.14所示的双螺旋结构。磷酸分子与脱氧核糖分子沿着两条链互相交替排列，DNA中重要的部分是将两股螺旋连接起来的碱基对，因为几何学上的限制，使得DNA分子中只有两种形式的碱基配对：腺嘌呤-胸腺嘧啶，鸟嘌呤-胞核嘧啶，由于存在束缚在这两种配对上的水分子的氢键而稳固。核苷链中的磷酸基一旦溶于中性水将荷负电，因此相对短的DNA分子可以看做荷电的刚硬棒，因而显示出聚电解质的特征，这可能与双螺旋DNA分子偶极矩来源有关。可以粗略地认为DNA分子具有两种明显不同的结构，一种是双螺旋结构，另一种是无规则卷曲结构。当DNA的溶液加热到80～95℃时，由双螺旋结构向规则卷曲结构转化。

图8.14 DNA的结构

8.3.4.1 DNA的低频介电弛豫

DNA介电性质的研究始于20世纪40年代后期的双螺旋结构发现之前[96~98]。早期的工作因为当时DNA纯化技术欠完善以及缺少足够的结构信息而显得不足，因此很快被后来的实验所替代。接下来的介电研究第一次暗示DNA在纵轴方向上有偶极矩[99]，而且这个结果很快被更多的工作所证实。Takashima在20世纪60年代曾对一系列相对分子质量为（2～3）×10^6范围的高聚合DNA在当时很宽的频率范围（20Hz～200kHz）进行了介电测量[100,101]，结果之一如图8.15所示：0.01%的双螺旋DNA水溶液在低频段出现非常大的介电弛豫（曲线A），而单链无规则卷曲的DNA则几乎看不到弛豫现象（曲线B），因此，可以认为极化是源于DNA的二级结构，而且偶极矩在螺旋的长度方向（DNA的主轴）上产生，因为这个弛豫的大小与螺旋长度的平方成正比，利用式(8-35)估算该DNA大约具有100000D的偶极矩值。因为双螺旋

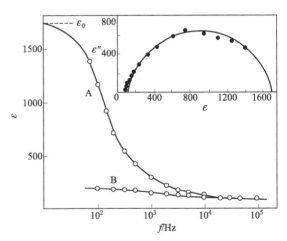

图8.15 高聚合的DNA分子的介电谱
曲线A：双螺旋DNA；
曲线B：单链无规则卷曲DNA
插图为相样品的Cole-Cole图[101]

结构两根DNA反向平行，尽管每条聚核苷链都是极性的，因此具有很大的永久偶极矩，但整个分子的偶极矩应该抵消。为此，测定的偶极矩并不完全是由于DNA分子自身的永久偶

极矩，而是还有其它更主要的极化机制决定的。比如离子波动引起的诱导偶极矩，在小的球状蛋白质中这种波动引起的偶极矩和永久偶极矩相比很小可以忽略，但并不意味着纤维状的聚合物如 DNA 也是如此，因为在 DNA 等分子中离子波动的有效距离很长。

分析螺旋 DNA 弛豫机制应该从电场对离子的移动方面考虑，DNA 是一个荷电很高的杆状分子，周围被对离子云所围绕，因此对离子波动的极化是 DNA 弛豫的一种可能的机制。实验表明，DNA 的弛豫时间与其有效长度的平方成正比。根据 2.3.2 节中 Schwarz 导出的球形粒子对离子极化弛豫时间的式(2-33)，该式表示弛豫时间与粒子半径的平方成正比，虽然表面上可以粗略地解释 DNA 的弛豫，但严格来讲对于杆状的 DNA，式(2-33) 还是不适合的。Takashima 视 DNA 近似为圆筒状，将 Schwarz 理论适用到椭圆柱坐标系，导出 DNA 溶液的弛豫时间和介电增量表达式分别为[102]：

$$\tau = \frac{a^2 + b^2}{2ukT} \tag{8-42}$$

$$\Delta\varepsilon = \left(\frac{9}{4}\right)\frac{e^2\sigma_0 a^2}{\varepsilon_0 bkT} \cdot \frac{\Phi}{2(1+\Phi)} \cdot \frac{1}{1+j\omega\tau} \quad (a \gg b) \tag{8-43}$$

式中，a、b 分别表示 DNA 分子的长、短轴；σ_0 与 2.3 节中定义的相同，为表面电荷密度，即单位表面积上的对离子数。由公式可知：对于杆状 DNA，弛豫时间也与 DNA 长度的平方成正比；此外，DNA 溶液的介电增量是其长度的二次函数，这都与实验结果相符合。由此可以得出结论：对离子极化理论可以说明 DNA 分子的介电增量和弛豫时间对其分子尺度的依存性，因此，可以认为 DNA 分子偶极矩的主要成分是由对离子波动引起的诱导偶极矩，而 DNA 分子中永久偶极矩的贡献可以忽略不计。因为式(8-43) 分母中短轴 $b \approx (20 \sim 30) \times 10^{-8}$cm 是个很小的量，这清楚地解释了即使低浓度的 DNA 溶液也能显现出很大的介电增量 $\Delta\varepsilon$ 这一实验事实。因为推导中使用了 Maxwell 方程，因此也再一次表示了 DNA 的对离子极化也是一种界面极化机制，毕竟体系中 DNA 分子与介质水之间拥有巨大的相界面。

应该注意到，图 8.15 的低频实验数据显示测量的介电常数并没有达到平台还在上升，这说明 Takashima 测量的频率范围不够低，并不能完全揭示 DNA 溶液的介电行为。为了使测量扩大到更低的频率范围并避免电极极化，Hanss 使用四电极法测量 DNA 溶液，尽管 Hanss 的工作只完成了虚部的测量，但结果还是在 $5 \sim 10$Hz 的远远低于 Takashima 的低频段观察到了介电损失峰[103]。Hayakama 等延续了 Hanss 的工作，在 $0.3 \sim 30$Hz 的低频段测量了 DNA 溶液的介电常数[104~106]，从图 8.16 给出的结果看到，0.05% 的稀薄 DNA 溶液的弛豫频率约为 3Hz，这是一个弛豫频率很低的弛豫，而更令人吃惊的是该低频弛豫的介电常数

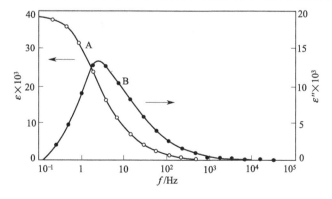

图 8.16　四电极法测量的稀 DNA 溶液的介电常数（曲线 A）
和介电损失（曲线 B）的频率依存性[104]

竟高达 40000 左右。研究还显示，当溶液中添加盐时会造成介电增量的明显减小，而且弛豫频率向高频方向移动。此外，从图中还可以看到，介电损失分布略微具有不对称性，可能的原因除了存在分子尺度上的分布之外，另一个也许是由于对离子极化本身的特质所致。

8.3.4.2 DNA 的高频介电弛豫

DNA 水溶液在高频领域也显示一个小的介电弛豫。图 8.17 表示的是小牛胸腺 DNA 在 5MHz～70GHz 之间的介电常数（ε）和介电损失（ε''）的介电谱[107]，该介电谱已经是用 DNA 溶液的值减掉了 NaCl 溶液的数据，因此清晰地揭示了在 100MGz～1GHz 存在 DNA 溶液的介电吸收和典型的介电弛豫。这个弛豫的存在被 Mashimo 等利用时域介电谱法对不同 DNA 结构转移温度附近的介电测量所证实[108]，虽然这个高频的弛豫机制尚未十分清楚，但是从螺旋-无规则卷曲结构间的转移附近的介电增量的变化，可以认为该弛豫与分子内的残基的取向有关，这是因为在螺旋内运动受到限制的残基在从螺旋转向无规则卷曲结构时，取向变得更加容易因而产生较大的介电增量的缘故。如果这一推理得到更多的证实，介电弛豫谱方法将是揭示生物大分子内部的分子运动的为数不多的有效技术之一。

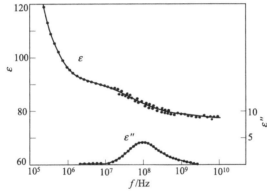

图 8.17 高聚合小牛胸腺 DNA 溶液（质量分数 1%）的宽带介电谱

NaCl 溶液的介电常数和介电损失值已从 DNA 溶液的介电数据中减掉[107]

以上是结合 DNA 水溶液具代表性的介电弛豫对其相应的极化机制所进行的讨论。关于 DNA 的介电研究还有一些个例，读者可根据兴趣取向查找参考文献：Goswaml 等在射频段研究 DNA 的介电弛豫与温度的关系时发现，随着温度的升高介电增量也增加而弛豫时间减小[109]，这一结果与对离子极化理论相悖；一些研究强调 DNA 的弛豫主要是源于对离子极化机制[110,111]；关于溶剂化的 DNA 分子的介电性质和介电模型的研究，分析了鱼精蛋白溶液中鲱鱼精液的单股和双股 DNA 的介电弛豫[112]；此外，最近也有一些关于 DNA 和表面活性剂相互作用的介电谱研究[113,114]。

8.4 生物体中的水的弛豫行为

水对生物体系的起源、稳定性以及功能来讲是最基本的，更是最高深莫测的物质之一，它驾御了很多自然的和生物的过程。然而，对它的准确角色的详细了解仍然是个谜。尽管如此，有一点是清楚的，这就是围绕着生物大分子的水壳（即结合水或束缚水）在上述过程中起着至关重要的作用。介电方法对生物体系中的水的研究由来已久，液体水显示非常简单的、可以用 Debye 弛豫理论描述的介电性质，但是，这个似乎简单的介电行为解释起来却是相当困难的，何况是对于存在于生物体系中的水了，因此，至今仍然存在着一些难以理解的实验以及对其未有共识的解释。

8.4.1　生物体中水的分类和纯水的介电性质

8.4.1.1　水的分类

图 8.18 是代表性的生物体系（比如肌红蛋白水溶液）介电弛豫的示意图，图中表示了三个独立的分散区域，由高频向低频依次为 γ、δ 和 β 分散区域，从前面的讲述中已经看到，其中高频的 γ 分散以及小的 δ 分散分别是直接与自由水分子和束缚水分子的取向极化相关的弛豫。由此，生物体中的水可以粗略地分为自由水（本体水）和束缚水（结合水）两大类。如果把纯水考虑在内，从介电弛豫的角度，水可以被分为纯水、生物体中的自由水以及束缚水三种，因为纯水与自由水的弛豫时间相差无几，故往往不被人们加以区别，但实际上，如后面将分析到的，生物体中的自由水可能会受到生物分子的影响，因此，从理论上应该有所区分。此外，水通过氢键形成多个分子参与的高级簇结构，当温度或者环境改变时本体中的自由水分子的氢键结合将受到影响，结果导致参与到这个簇结构中的水分子数发生改变，精确的介电测量能够探测出弛豫时间上的微妙差异，因此，从动力学角度看，生物体中的所谓自由水部分也还是可以进一步划分为不同于束缚水的各种所谓结构水[115]，但一般认为所谓结构水是作为一个完整结构单位而定义的，属于生物体系中的一种类型的束缚水，后面将简单涉及到，本节主要讨论典型生物体中的束缚水的介电行为。因为水的弛豫是生物体系介电谱的主要组成部分，准确地解析水的弛豫，对于理解所研究的生物体的性质以及相关的生物过程无疑是十分重要的。

8.4.1.2　纯水的结构和介电弛豫

尽管氢键网络因分子的微布朗运动而变弯曲，但水仍能维持一个像冰那样的分子排列，这种液态的排列通常被称为"水结构"和"液体结构"。考虑水和冰这两种完全不同的代表性的物理状态，冰在略低于凝固点温度的结构为图 8.19 所示的正四面体，中心水分子被最近的四个水分子包围，这四个水分子和中心分子的距离为 2.76Å，这四个水分子中的氢原子与次外层水分子的氧原子之间同样以氢键相连接，形成六角形网络开放晶格，因此密度相对较低。X 射线实验表明即使在凝固点之上四面体也是基本完整的，第二层以上的一些氢键将断开，导致由固态到液态的相变。因此，氢键是使冰稳定的主要因素。

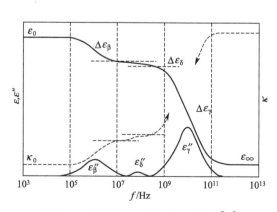

图 8.18　生物体系的介电谱示意图[59]

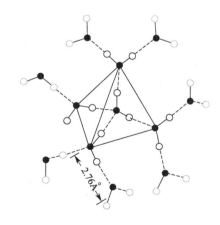

图 8.19　冰的六角形网络晶格和中心的四面体结构

20℃纯水的介电谱在 $f_0 = 20\text{GHz}$ 附近显示一个介电弛豫（图 8.20），弛豫时间为 $\tau =$

$1/2\pi f_0 \approx 8\text{ps}$。在 1GHz 以下看成是静态介电常数，而 $\varepsilon_h = 4.1$ 显然与水的光频介电常数 ε_∞ ($n^2 = 1.77$) 不一致，这预示着到光频介电常数之间还应存在一个弛豫。另一方面，因为弛豫时间的倒数等于水分子取向的速度，因此弛豫时间应该依赖于水的温度和状态，实验上曾给出过 0℃ 时的液体水的弛豫时间为 17.7ps，该值约为 25℃ 时水的 2 倍；而 0℃ 冰则为 $22\mu s$，约为水的 100 万倍[116,117]。将不同温度下测量得到的弛豫时间对温度作 Arrhenius 图，可以计算出取向所需的活化焓 ΔH^*：

$$k = \frac{1}{\tau} = A\exp\left(-\frac{\Delta H^*}{RT}\right) \tag{8-44}$$

对水和冰的取向活化焓的计算结果分别为 $\Delta H^* = 5.0\text{kcal}$（水）和 $\Delta H^* = 13.3\text{kcal}$（冰）（1kcal = 4.1840kJ）。因为氢键的键能大约为 5.0kcal，因此液体水的取向平均需要切断一个氢键的能量；而冰则需要切断四个氢键中三个氢键的能量。

8.4.2　束缚水的介电弛豫

生物水溶液体系中与生物分子直接临近的

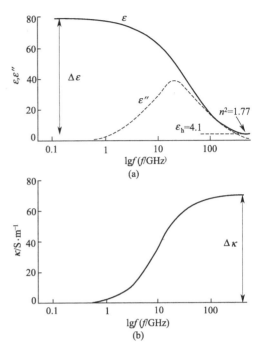

图 8.20　纯水在 20℃ 时的介电弛豫谱：
（a）介电常数和介电损失谱，（b）电导率谱
在中性 pH 下的低频电导率具
有大约 $5\mu\text{S/m}$ 的值[19]

水分子传统地被称为束缚水，很显然它们应该与本体的水分子（当然包括与纯水）不同，至少因为它们被生物分子束缚和局域化。由"束缚水"术语之所谓定义可知，它的介电行为不可能进行直接的研究，而只能通过含有束缚水的溶液或悬浮液来进行，因此，很难获得有关束缚水电性质的准确信息。原因如下：第一，在大多数的生物溶液和组织中，束缚水的数量与自由水或本体水相比要少得多，因此，束缚水的介电常数随频率、温度或其它物理参数的变化都是相对于本体水背景的，如在蛋白质本身和自由水引起的两大弛豫之间的束缚水的 δ 弛豫强度就很小；第二，缺乏适当的混合溶液的理论来解释介电数据。此外，为计算混合溶液中束缚水的介电参数，需要得到特定频率和温度下大分子和自由水的介电常数以及介电损失的值，而这些值的获得具有一定的不确定性，因此容易造成较大的误差。束缚水 δ 弛豫的基本解释是，由于水壳层中水分子与生物大分子之间的相互作用形成某种键包括氢键，使得束缚的水分子在电场下的自由取向受到限制，因此如图 8.18 所示的它的弛豫时间比纯水的要长很多（在低于纯水的弛豫频率）。

8.4.3　蛋白质溶液中的束缚水

尽管大多数（不是全部）蛋白质分子的亲水氨基酸残基处于与水接触的外表面，但蛋白质有意义的表面似乎是由疏水区域构成的。围绕疏水基团的水分子将以不同于正常的本体水的方式被迫互相形成氢键网状结构，计算机模拟指出，这样的水结构至少从疏水表面延伸到本体水的 1nm 处[118]。确实，疏水溶质对水介电性质影响的研究也已经表明弛豫时间与纯水相比是增加的，这说明疏水介质与直接相邻的水之间存在氢键相互作用[119]。如图 8.18 示意的那样，典型的蛋白质水溶液具有三个弛豫过程。因为水与蛋白质或核酸中的极性基团

之间的偶极-电荷相互作用，蛋白质表面几个埃附近的水分子似乎是无旋转的，而以外的水分子与本体水相似，因为它们的取向极化将产生在10GHz附近的高频弛豫。问题是蛋白质表面的无旋转的水是否仍然可以被极化，并产生能够区别于本体水的介电弛豫。

Schwan关于血红蛋白水溶液的研究表明，在高频，蛋白质分子作为一个非极性的粒子不再旋转因此没有弛豫，但发现一个由于束缚水分子取向受阻所产生的小弛豫。同时，通过对弛豫时间的分析认为束缚水的结构介于冰与水之间，由此得出结论：束缚水取向极化的特征弛豫在300MHz至500MHz之间[120,121]。Grant等对血清蛋白水溶液的研究也得出类似的结论，即δ弛豫源于束缚水的受阻取向，但同时也认为δ弛豫与分子侧链的部分转动有关[4,122]。因此，普遍认为在蛋白质和水分子的弛豫之间出现的δ弛豫可以归因于两个机制：低于100MHz的蛋白质侧链转动和高于100MHz的束缚水的取向极化。

通过上面的例证可以确认，如前面的8.2.3中提及的，两个弛豫机制对δ弛豫的贡献是可以区分的。即使δ弛豫并不全部源于束缚水的取向极化，下面的计算对理解束缚水对δ弛豫的贡献也是有益的：在微波的1GHz附近（参考图8.18），由式(8-24)和式(8-25)知，一般的蛋白质溶液的介电减少（纯水的静态介电常数ε_i和蛋白溶液介电常数ε的差）大约为3%，而计算的单位溶质介电增量δ总比实验值要小得多，这个差值被认为是由于束缚水造成的。假如在100mL水溶液中有x克蛋白质，水的含量将包含xW克（W为水合值）介电常数为4的束缚水，其余为介电常数为80的自由水，因此，增量δ的大小与已知浓度的蛋白质和束缚水有关（对绝大多数生物体系来说$\delta = 0.1m^3 \cdot kg^{-1}$，即蛋白质浓度为$kg/m^3$时的介电增量为0.1）。研究发现，通过实验得到的δ计算出来的W值对蛋白质和束缚水的介电常数和密度非常敏感，因此理论上可以由单独测得的蛋白质数据估计束缚水的情况[67]。关于蛋白质（肌红蛋白myoglobin）水溶液的介电弛豫的浓度依存性的研究也表明了式(8-24)的理论和实验上的一致性：随着蛋白质浓度的增加，可以看成是本体水浓度的减少，由本体水引起的快弛豫逐渐地被慢弛豫所取代，因此，弛豫时间从高频移向较低的弛豫，这是体系中束缚水数量增加的表现。溶液中水的介电弛豫因溶质浓度而变化的行为是比较普遍的，不仅限于肌红蛋白溶液[123]。反过来，根据弛豫时间的位置可以定性地推断生物大分子溶液的浓度。早期曾经在研究β弛豫时推测束缚水层的存在，对肌红蛋白、血红蛋白、核糖核酸酶等蛋白质进行介电测量，将结果利用式(7-3)计算出蛋白质分子半径，发现比通过X射线衍射方法测得的值要大很多，详细的研究认为至少这三种蛋白质表面有2～3个分子厚度的束缚水层存在[1,124]。

通过测量各种水合度的蛋白质粉末的介电性质，可以避免蛋白质分子自身转动的弛豫以及双电层中对离子极化弛豫的影响，因此可以直接研究蛋白质-束缚水的介电性质。Bone等在微波段对溶菌酶粉末的δ弛豫研究发现7%～8%的水分子是束缚形式的，因为这些水对正常水在10GHz的介电弛豫没有贡献[125,126]。此外，他们的研究还得出以下结论：大约有36个水分子紧紧地并入到一个溶菌酶分子中形成一个完整的蛋白质结构[127]；在高水合程度下蛋白质结构内部的振动运动对δ弛豫有贡献[8]。

8.4.4 DNA分子上束缚水的介电性质

利用超离心法研究DNA上的束缚水量时发现5～6个水分子束缚到碱基对上[128]。如前所述，紧紧绑定在碱基上的水分子有助于稳定双螺旋结构，但是这些水分子在电场下很可能是无法旋转取向的，而那些与DNA分子结合松散的水分子则容易发生电极化。DNA分子上有两个可能产生束缚水的位置（碱基分子和糖磷酸根），对围绕碱基和糖磷酸根的溶剂化水进行的蒙特卡洛模拟结果表示出了束缚水在两个位置的分布，并指出了电荷-偶极相互作用的重要性，同时也发现至少 5 或 6 个水分子与磷酸根相距 2～3Å[129]。另一方面，计算表明距离荷电点的 2～4Å 半径内的水分子的介电常数是非常小的[130,131]，这样，有理由相信每两个磷酸根至少有 10 个水分子是无旋转的，其它水分子尽管在 10Å 的圆周区域内，但也是可以转动的。因此，最终得出结论：某些束缚水尽管取向自由度受到一些限制，但也很可能产生介电弛豫，只是弛豫时间因为受到限制的程度不同而不同，同时也表现出不同的介电常数。在 90～300K 的温度范围对青鱼精子 DNA 的微波研究表示 DNA 分子上的束缚水占有相当大的比例，相应于每个 DNA 螺旋转折差不多有 280 个水分子，这些水分子在低于 273K 的介电弛豫展示完全不同于本体水的性质[132]。计算机模拟也指出，每个螺旋转折有约 270 个水合的水分子，这些水分子相当精确地反映了由 DNA 骨架产生的静电场[133]。

无论是对蛋白质还是 DNA 水溶液中束缚水的介电行为的实验研究都是非常困难的，事实上，还没有直接的方法确定围绕荷电生物大分子周围的束缚水的介电常数。唯一的例外就是前面提到的 Schwan 和 Grant 关于蛋白质的 δ 弛豫的实验结果。尽管研究者大都相信这个弛豫是源于束缚水的，但证据似乎还不够确实，而这个未确定性也增加了对束缚水的物理状态的某些解释的混乱。目前最简单的解释是双态模型，即非常靠近聚离子表面的水是无旋转的，因此具有很小的介电常数，而外层的水分子是转动的，因此具有正常水的行为。但是，还有一些对束缚水介电行为的解释是建立在所谓长程有序力假设之上的，总之，究竟哪个模型能更逼真地解释束缚水的物理状态尚待分晓。

8.4.5　束缚水介电行为的模拟研究

在大多数蛋白质或一些生物大分子水溶液中发现所谓双峰的介电损失谱，一个是束缚水，一个是本体的自由水[88,90,134]。Nandi 等提出一个所谓双态的交换模型[135]，该模型假定自由水和束缚水两个状态之间存在由活化能控制的动力学交换过程，交换反应的活化能为每摩尔束缚水分子总的氢键键能；自由水分子可以自由旋转取向并对弛豫有贡献，而束缚水分子是双重氢键，并且它们的转动是与生物分子的转动结合在一起的，因此，水合层的转动很慢。分子动力学研究结果也表示蛋白质极性基团附近的水分子中只有少数在束缚状态，其余的处于自由水和束缚水的交换状态[136]，这个交换能依赖于与生物结合的水分子氢键的强度和数量，随着氢键强度的增加，速率常数以及束缚水分子的相对数量都增加，因此，这个慢转动过程对弛豫的相对贡献和弛豫时间也增加。在 $\Delta G^* = -1.4\mathrm{kcal \cdot mol^{-1}}$ 的低值时，这个慢过程的弛豫时间是 44.26ps；而在 $\Delta G^* = -5.6\mathrm{kcal \cdot mol^{-1}}$ 的高值时，弛豫时间增加为 28ms。这些结果表示，在生物分子溶液介电测量中观察到的慢弛豫产生于自由水和束缚水分子之间的快速动力学交换；其强度和时间常数由生物分子上的束缚水分子的氢键力所决定。

8.4.6　生物组织中的水

在生物组织中的水含量是非常高的，因此在很多方面，组织的介电性质反映了水的介电性质。尽管如前面所讨论的，关于束缚在蛋白质和核酸上的水的结构，除了限制在大分子的极性基团的几个埃内的那些水分子之外，似乎也并不是完全不同于本体水的。但是，一些论文也指出组织水的弛豫时间比纯水的弛豫时间增加 20%～25%，而且组织水的介电分散曲线比纯水的宽，这表明存在明显的弛豫时间分布，因此，从介电的角度可以相信组织水的结构与正常的本体水是不同的[137,138]。也有研究是从电导率来分析两者之间的差异的，因为如离子电导或自扩散等离子的传输过程将受到组织中细胞或大分子的限制，这个限制所产生的弛豫差异可以从整个体系在不同频率段的电导率谱上反映出来。在射频段，组织的电导率主要是细胞内和细胞外流体的电导率；而在微波频率段，介电分散主要产生于本体组织水的取向弛豫。一般的研究方法是测量组织悬浮液的电性质，然后将其与纯水的某些性质进行比较。不可避免的，与溶剂水相比，悬浮液电导率因以下两个原因将减小：一个是由于离子绕过非导体的悬浮物传播的所谓"妨碍物效应"；另外一个是因溶剂和悬浮物质相互作用使得溶剂性质发生变化的"水合效应"。合理使用 Maxwell-Fricke 混合理论可以分离这两个效果，详细的可参考文献 [19] 和 8.2.2 节的内容。

8.4.7　结构水

在生物大分子溶液中，某些水分子是作为生物分子结构的一个完整部分被发现的，关于蛋白质的 X 晶体衍射可以探测到这些水分子的存在。水分子通过氢键与蛋白质不同螺旋链间的羧基或 NH 残基连接，形成特殊的空间结构，起到连接螺旋链和稳定三个螺旋结构的作用。这种结构水在很多生物大分子溶液中是到处可见的，如双螺旋 DNA 的六个碱基对的凹槽内发现一个水分子链[139]，它们作为生物大分子结构的一个完整部分具有特殊的构造，该构造可以通过 X 射线分析识别出来，它们不能被除去除非破坏大分子的内部结构。这些结构水的介电性质是未知的，因为这些水的数量与束缚在生物大分子表面的水分子相比还是非常少的一部分，所以很难从介电测量上识别它们的存在。但是，我们可以容易地猜测到，这些结构水的取向自由度应该是非常受限的，因此它们的介电常数要远小于正常的水[59]。

8.5　生物电解质

哺乳动物总的水含量约占它们身体重量的 $65\%\sim70\%$，除了生物体系中溶解的大分子和膜表面对水的作用效果之外，离子的存在也影响生物体中水的介电性质：生物电解质溶液的介电常数要小于纯水的静态介电常数。原因可以考虑为两个：一个是所谓的排除体积效应，即用荷电但非极性的离子微粒取代极性水分子产生的体积效果，另一个是每个离子周围产生的强电场影响着水分子的取向，从而降低了它们为响应外加电场的转动。

用形式上与式(8-24) 相同的下式描述稀薄电解质溶液的介电常数 ε_e[19]：

$$\varepsilon_e = \varepsilon_1 - \delta c \tag{8-45}$$

这里的 δ 表示由于正负离子的存在使得电解质介电常数降低的总和，即

$$\delta = \delta^+ + \delta^- \tag{8-46}$$

以生物体系常有的电解质 KCl 为例，对于浓度 (c) 为 1mol/L 的 KCl 溶液，23℃ 时 $\delta = 11[\delta(K^+) = 8, \delta(Cl^-) = 3]$，因为 23℃ 纯水的介电常数 $\varepsilon_1 = 79$，所以在这个温度的 1mol/L KCl 溶液的介电常数 $\varepsilon_e = 68$。此外，离子的存在除了降低溶剂的介电常数之外也将减小弛豫时间（质子例外）。

对于分解的离子浓度小于 1mol/L 的情况，弛豫时间的减小即弛豫频率增加可以用下式表示：

$$f = f_1 + c\delta f \qquad (\delta f = \delta f^+ + \delta f^-) \tag{8-47}$$

利用此式可以估计各种电解质的弛豫频率与在同温度下纯水的弛豫频率的差值（其中的 δf^+、δf^- 需要在适当的手册中查找）。

由介电基础理论可知，对于离子等传导电流物质存在的所有物质体系（包括生物溶液）。其全部的电导率应表示为：

$$\kappa(\omega) = \kappa_1 + \omega\varepsilon_0\varepsilon'' \tag{8-48}$$

其中 κ_1 是电场下电解质中各种离子运动的电导率，相当于直流成分，它近似为：

$$\kappa_1 = q\sum z_i n_i u_i \quad \text{或} \quad \kappa_1 = q\sum m_i \kappa_i \tag{8-49}$$

这里的 i 表示一个具有价态 z、浓度 n 和淌度 u 的离子；生物体系常用第 i 种离子的质量摩尔浓度 m_i 和摩尔电导率 κ_i 表示。在人体组织的细胞外的主要离子是钠离子和氯离子，浓度大约都为 150mmol/L，计算得到如肝或肌肉等组织的电导率近似于 $1.4\text{S}\cdot\text{m}^{-1}$，这个值相当于大约 1GHz 时的电导率，而在这个频率，组织的电性质不是由组织自身而是由电解质的种类所决定的。但是，在低频（这时离子运动的距离增长），电解质溶液的电导率很低，反映离子和溶解的物质或细胞之间的摩擦相互作用。

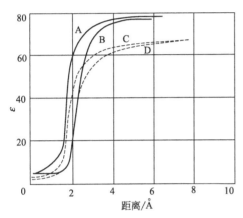

图 8.21　靠近离子的水的介电常数
随与离子距离的变化

A 和 B 为 Hasted 曲线[130]；
C 和 D 为 Takashima 曲线[140]

当离子进入水环境中时，由于离子与水分子的电荷-偶极矩相互作用，大量的水分子被吸附到离子表面。没有外力时水分子取四面体结构时最稳定，但是，当离子存在时，由离子电荷产生的电场足以使得四面体结构变形，因此创建出新的偶极矩。Hasted[130] 和 Takashima[140] 曾先后分别在 Onsager 理论框架下利用 Kirkwood 一般化理论和 Debye 的计算方法研究了离子电场存在下结合水的介电常数，导出了结合水的介电常数与水分子靠近离子的距离之间的类似的经验关系：

$$\varepsilon(r) = A + \frac{B}{1 + k\exp(-\lambda Br)} \tag{8-50}$$

详细可参见文献和高岛书的 8.6 节[59]。计算的结果如图 8.21 所示意的那样，越靠近离子的水分子，其介电常数就越小，特别是在距离子表面 3Å 以内的水分子，其介电常数减小得更大，这说明离子周围形成了难以移动的大约 3Å 的水壳层即水合层，仅仅第一层或第二层的部分结合水分子具有完全不同于本体水的介电常数。因为尽管冰和水的弛豫时间相差百万倍，但它们的介电常数相差并不是很大，因此，第一层的结合水似乎既不像液体水也不像冰。另一方面，因为介电常数仅仅是偶极矩转动特征的一个度量，它的大小与自扩散和离子电导率等没有相关性，因此，上面的讨论仅仅适合于邻近离子的水分子的转动行为。但是，这里给出的结果和上面讨论的所谓排除体积效应，对理解生物电解质介电性质可以起到互补作用。

参　考　文　献

[1]　Oncley J L. Proteins, Amino acids and Peptides.E J Cohn and J T Edsall,ed.New York: Reinhold,1943.

[2]　Haggis G H, Buchanan T J, Hasted J B.Nature, 1951, 167: 607-608.

[3]　Schwan H P. Electrical Properties of Tissue and Cell Suspensions//Advances in Biological and Medical Physics.New York:Academic Press,1957,5:147-209.

[4]　Grant E H. Ann NY Acad Sci, 1965,125: 418-427.

[5]　Schwan H P. Ann NY Acad Sci,1965,125: 344-354.

[6]　Kell D B. Bioelectrochem Bioenerg,1983, 11:405-415.

[7]　Harris C M, Kell D B. Eur Biophys J, 1985, 13:11-24.

[8]　Bone S, Pethig R. J Mol Biol, 1985, 181:323-326.

[9]　Careri G, Garaci M, Giansanti A, Rupley J A. Proc Natl Acad Sci USA ,1985,82 :5342-5346.

[10]　Fricke H. Phys Rev, 1924,24:575.

[11] Fricke H. Phys Rev, 1925,26:678.

[12] Foster K R, Schepps J L, Schwan H P. Biophys J, 1980,29:271.

[13] Schwan H P.Electrical properties of cells:principle,some recent results and some unresolved problems//Adelman W S and Goldman D, ed.The Biophysical Approach to Excitables Systems.New York:Plenum Press,1981,3.

[14] Schwan H P. Z Naturf, 1954,9b: 245-251.

[15] Singh B, Smith C W, Hughes R. Med Biol Eng Comput, 1979,17:45-60.

[16] Kosterich J D, Forster K R, Pollak S R. IEEE Trans Biomed Eng BME-30, 1983,81-86.

[17] Pauly H, Schwan H P. TEEE Trans Biomed Eng, 1964, BME-11: 103-109.

[18] Pauly H, Schwan H P. Biophys J, 1966,6:621-639.

[19] Pethig R, Kell D B.Phys Med Biol, 1987,32:933-970.

[20] Kraszewski A, Stuchly M A, Stuchly S S, Smith A M. Bioelectromag, 1982, 3:421-432 .

[21] Surowiec A, Stuchly S S, Swarup A. Bioelectromag, 1986,7:31-43.

[22] Burdette E C, Cain F L, Seals J. IEEE Trans Microwaoe Theory Techno, 1980, MIT -28: 414-427.

[23] Schwan H P, Li K. Proc IRE, 1953, 41:1735.

[24] Schwan H P, Sheppard R J, Grant E H. J Chem Phys, 1976, 64:2257-2258.

[25] Schwan H P, Foster K R. Biophys J, 1977,17:193-197.

[26] Foster K R, Schepps J L, Stoy R D, Schwan H P. Phys Med Biol, 1979,24:1177-1187.

[27] Foster K R, Schepps J L, Epstein B R. Bioelectromagnefics 1982,3:29-43.

[28] Gabriel C, Sheppard R J, Grant E H, Phys Med Biol, 1983,28: 43-49.

[29] Smith S, Foster K R. Phys Med Biol, 1985,30: 965-973.

[30] Foster K R, Epstein B R, Jenin P C, Mackay R A. J Colloid Interf Sci, 1982,88: 233-246.

[31] Foster K R, Cheever E, Leonard J B, Blum F D. Biophys J. 1984, 45: 975-984.

[32] Cole K S.Membrane, Ions and Impulse. Berkeley:University of California Press,1972.

[33] Schanne O F, P-Ceretti E R. Impedance Measurements in Biological Cells. New York:John Wiley & Sons,1978.

[34] Trautman E D, Newbower R S. IEEE, 1983,30:141.

[35] Schwan H P. Blut, 1983,46:185.

[36] Pething R. IEEE Trans Elect Insul, 1984,E1-19:453.

[37] Rosendal T. Acta Physiol Scand, 1945,9:39-46.

[38] Clar E J, Cambrai M, Sturelle C. Cosmet Toilet, 1982,97:33-40.

[39] Geddes L A, Baker L E. Med Biol Eng, 1967,5:271.

[40] Epstein B R, Foster K R. Med Bio Enf Comput, 1983, 21:51.

[41] Fatt P. Proc R Soc London Ser B, 1964,159:606 .

[42] Greenstein J P. Biochemistry of Cancer.New York:Academic Press.1947:246.

[43] Fricke H, Morse S. J Cancer Res, 1926,10:340.

[44] Surowiec A J, Stychly S S, Barr J R, Swarup A. IEEE Trans Biomed Eng, 1988,BME-35:257.

[45] Campbell A M, Land D V. Phys Med Biol, 1992,37:193.

[46] Kosterich J D, Foster K R, Pollack S R. IEEE Trans Biomed Eng, 1983,BME-30: 81.

[47] Smith S R, Foster K R. Phys Med Biol, 1985, 30:965.

[48] Schwan H P, Kay C F. Circ Res, 1956,4:664.

[49] Schwan H P, Kay C F. Ann, N Y Acad Sci, 1957,65:1007.

[50] Burdette E C, Cain F L, Seals J. IEEE Trans Microwave Theory Tech, 1980,18:414.

[51] Magin R, Burdette E C. Electrical properties of tissue at microwave frequencies: a new approach to detection and treatment of adnormalities//Rolfe P M, Ed.Non-Invasive Physiological Measurement,Vol 2.New York:Academic Press,1983.

[52] Athey T W, Stuchly M A, Stuchly S S. IEEE Trans Microwave Theory Tech, 1982,82: 139.

[53] Löfgren B. Acta Physiol Scan, 23 Suppl 1951, 81: 1.

[54] Surowiec A, Stuchly S S, Swarup A. Med Biol,1985, 30:1131.

[55] Surowiec A, Stuchly S S, Swarup A. Bioelectromagnetics, 1986, 7:31 .

[56] Ambrose E J, James A M, Lowick J H B. Nature, 1956,177:576-577.

[57] Schauble M K, Habal M B. J Surg Res, 1969,9: 513-520.

[58] Schauble M K, Habal M B. Arch Pathol, 1970,90:411-415.

[59] Takashima S. Electrical properties of biopolymers and membranes. Bristol: Adam Hilger; 1989.

[60] Tanford C.Physical Chemistry of Macromolecules.New York: Wiley,1961.

[61] Flory P.the Principles of Polymer Chemistry.Ithaca: Cornell University Press,1953.

[62] Debye P, Bueche F. J Chem Phys, 1951,19:589-594.

[63] Kirkwood J G, Fuoss R M. J Chem Phys, 1941,9: 329-340.

[64] Rouse P. J Chem Phys, 1953,21:1270-1280.

[65] Zimm B. J Chem Phys, 1956, 24 :269-280.

[66] Van Beek L K H, Hermans J J. J Polym Sci, 1957, 23:211-221.

[67] Grant E H, Sheppard R J, South G P. Dielectric behaviour fo biological molecules in solution, Oxford: Oxford University

Press, 1978.

[68] Pethig R. Dielectric and electronic properties of biological materials, Chichester:Wiley, 1979.

[69] Wada A. Adc Biophys, 1976, 9:1-63.

[70] Wada A//Polyamino Acids, Polypeptide and Proteins,ed. M A Stahman,Madison, Wis:University of Wisconsin Press,1962:131.

[71] Wada A.J Chem Phys, 1959,30:328-330.

[72] Mashimo S, Ota T, Shinyashiki N, Tanaka S, Yagihara S. Macromolecules, 1989, 22: 1285.

[73] Bordi F, Cametti C, Paradossi G. Biopolymers, 1995, 36: 539.

[74] Takashima S. Biopolymers,1963, 1:171-182.

[75] Muller G, Van der T F, Zwolle S, Mandel M. Biophys Chem, 1974,2:242-254.

[76] Nakamura H, Wada A. Biopolyers, 1981,20:2567-2582.

[77] Lumry R, Yue R H S.J Phys Chem,1965,69:1165-1174.

[78] Gerber B R, Routledge L M, Takashima S.J Mol Biol, 1978, 74:317-337.

[79] Perrin F. J Phys Radium, 1934,5: 497-511.

[80] Jacobsen B. J Am Chem Soc, 1955,77: 2916-2926.

[81] Kirkwood J G, Shumaker J B. Proc Natl Acad Sci USA, 1952, 38:855-862.

[82] Kirkwood J G, Shumaker J B. Proc Natl Acad Sci USA, 1952, 38: 863.

[83] Takashima S. J Phys Chem, 1965,29:674-675.

[84] Scheider W. Biophys J, 1965, 5:617-628.

[85] Takashima S. J Polym Sci, 1962, 56:257-265.

[86] Laogun A A, Sheppard R J, Grant E H. Phys Med Biol, 1984,29:519-524.

[87] Essex C G, Symonds M S, Sheppard R J, Grant E H, Lamote R, Soebewey F, Rosseneu M Y, Peeters H. Phys Med Biol, 1977,22: 1160-1167.

[88] Grant E H, South G P, Walker I O. Biochem J, 1971, 122: 765.

[89] Grant E H, McClean V E R, Nightingale S R V, Sheppard R J, Chapman M J. Bioelectromagnetics, 1986,7:151-162.

[90] Mashimo S, Kuwabara S, Yagihara S, Higasi K. J Phys Chem, 1987, 91: 6337.

[91] Fukuzaki M, Miura N, Shinyashiki N, Kurita D, Shioya S, Haida M, Mashimo S. J Phys Chem, 1995, 99: 431.

[92] Takashima S. Arch Biochem Biophys, 1958, 77: 454.

[93] Takashima S. Biochim Biophys Acta, 1964, 79: 531.

[94] Hendrickx H, Verbruggen R, Rosseneu-Motreff M Y, Blaton V, Peeters H. Biochem J, 1968, 110: 419.

[95] Nandi N, Bhattacharyya K, Bagchi B. Chem Rev, 2000, 100: 2013-2045.

[96] Jungner G. Acta Physiol Scand Suppl, 1945,10:32.

[97] Jungne G, Allgen G L. Nature, 1949,163:849-851.

[98] Allgen G L, Acta Physiol Scand Suppl, 1950, 22:32.

[99] Jerrard H D, Simmons B A W. Nature, 1959, 184:1715-1716.

[100] Takashima S, J Mol Biol, 1963,7:455-467.

[101] Takashima S. J Phys Chem, 1966,70:1372-1380.

[102] Takashima S. Adv Chem Ser, 1967,63: 232-252.

[103] Hanss M.Biopolymers, 1966,4:1035-1041.

[104] Hayakawa R, Kanda H, Sakamoto M, Wada Y. Japan J Appl Phys, 1975, 14:2039-2052.

[105] Sakamoto M, Kanda H, Hayakama R, Wada Y.Biopolymers, 1976,15:879-892.

[106] Sakamoto M, Hayakama R, Wada Y. Biopolymers, 1978,17:1507-1512.

[107] Takashima S, Gabriel C, Sheppard R J, Grant E H. Biophys J Phys, 1984,46: 29-34.

[108] Mashimo S, Umehara T, Ota T, Kuwabara S, Shinayashiki N, Yagihara S. J Mol Liq, 1987,36:135-151.

[109] Goswami D N, Dasgupta N N. Biopolymers, 1974, 13:1549.

[110] Saif B, Mohr R K, Montrose C J, Litovitz T A.Biopolymers, 1991, 31: 1171.

[111] Bone S, Small C A. Biochim Biophys Acta, 1995, 1260: 85;Flock S, Labarbe R, Houssier C. Biophys J, 1996, 71: 1519.

[112] Branalean L, Brousmiche D, Jayatirtha Rao V, Johnston L J, Ramamurthy V. J Am Chem Soc, 1998, 120: 4926.

[113] Binincontro A, Marchetti S, Onori G, Rosati A. Chem Phys, 2005, 312:55-60.

[114] Binincontro A, Marchetti S, Onori G, Santucci A. Chem Phys Lett, 2003,370:387-392.

[115] 八木原晋,新屋敷直木,生物物理,2004,44(1): 4-9.

[116] Hasted J B, EIOSabeh S H M. Trans Faraday Soc, 1953,49:1003.

[117] Auty R P, Cole R H. J Chem Phys, 1952,20:1309.

[118] Lee C Y, McCammon J A, Rossky P J. J Chem Phys, 1984, 80:4448-4455.

[119] Hallenga K, Grigera J R, Berendsen H J C. J Phys Chem, 1980, 84: 2381-2390.

[120] Schwan H P.Ann New York Acad Sci, 1965,125:344-354 .

[121] Pennock B E, Schwan H P. J Phys Chem, 1969,73:2600-2610.

[122] Grant E H , Keefe S E, Takashima S. J Phys Chem, 1968,72: 4373.

[123] Minton A P, Lewis M S. Biophys Chem, 1981, 14: 317.

[124] Grant E H, South G P, Takashima S, Ichimura H. Biochem J, 1971,122:691.

[125] Bone S, Gascoyne P R C, Pethig R. J Chem Soc Faraday Trans, 1977, I 73: 1605-1611.

[126] Eden S J, Pethig R. Int J Quantum Chem Quantum Biol Symp, 1981,8:307-316.

[127] Bone S, Pethig R. J Mol Biol, 1982,157: 571-575.

[128] Tunis M J B, Hearst J E. Biopolymers, 1968, 6:1325-1344.

[129] Clementi E, Cornongiu G. Ann New York Acid Sci, 1981,367:83-107.

[130] Hasted J B, Ritson D M, Collie C H. J Chem Phys, 1948,16: 1-21.

[131] Takashima S, Casaleggio A, Giuliano F, Morando M, Arrigo P, Ridella S. Biophys J, 1986,49:1003-1008.

[132] Cross T E, Pethig R. In J Quantum Chem Quantum Bid Symp, 1983, 10:143-152.

[133] Clementi E Structure and Dynamics: Nucleic Acids and Proteins ed E Clementi and R H Sarma.New: Adenine,1983:321-364.

[134] Dachwitz E, Parak F, Stockhausen M. Ber Bunsen-Ges Phys Chem, 1989, 93: 1454.

[135] Nandi N, Bagchi B. J Phys Chem B, 1997, 101: 10954.

[136] Gu W, Schoenborn B P. Proteins, 1995, 22: 20.

[137] Ling G N, Negendank W. Physiol Chem Phys, 1970, 2:15-33.

[138] Ling G N. Int J Neurosci, 1970, 1:129-152.

[139] Kopka M L, Pjura P, Yoon C, Coodsell D, Dickerson R E.Proc Int Biophysics Coog, Bristol, IUPAB, 1984.

[140] Takashima S, Casaleggio A, Giuliano F, Morando M, Arrigo P, Ridella S. Biophys J,1986,49: 1003-1008.

第9章　介电谱方法在扫描成像技术及实时监测领域的应用

介电谱方法的最大特点或者说是优势就是它提供了一种能够以非入侵（non-invasive）的方式表征非均质体系的内部结构和电性质的技术。这种技术不仅体现在前几章中介绍的非均匀体系内各组成相信息的解析上，而且以介电谱原理为基础的、能够使水溶液中物质的微区介电性质图像化的扫描成像技术也被开发了出来，该技术除了能在生物、材料、医学的基础研究领域发挥其独特作用之外，在临床医学诊断等实际领域也具有潜在的技术开发前景。此外，同样源于介电测量可非破坏地原位（in situ）探测内部信息之特点，介电谱作为一种实时监测（real-time monitor）技术，可用于化学反应、生物发酵等动态过程的跟踪和监控，这种快速发展着的方法有望在实际的工业应用上发挥不可替代的作用。需要特别指出的是，介电谱的这两个特殊的应用之有效性一定是以建立在坚实理论之上的介电谱解析为基础的。因此，本章将集中对扫描介电成像和介电实时监测两大部分内容从介电谱解析原理上进行解说和评述。

9.1　扫描介电显微镜（SDM）

9.1.1　概述

从第 2 章的非均匀体系的介电理论以及第 7 章的生物细胞悬浮液的应用都可以清楚地看到，细胞悬浮液体系显示出很大的因界面极化引起的介电弛豫现象。粗略地讲，在低频段的介电常数由细胞膜的性质决定，基本上不依赖于细胞内部的性质；而在高频段的介电常数由细胞内部的构造等性质决定。此外，对于细胞内包含细胞器等膜构造的情况，可以在特定的频率段观察到由这些构造所引起的弛豫。这样，通过改变测量的频率段可以选择希望考察的部分进行研究。在第 7 章或第 4 章还可以看到，为研究生物细胞、微胶囊等微小粒子的电性质，通常采用的方法是对置于一对电极之间的粒子悬浮液进行宽频范围的介电测量，再对得到的介电谱用适当的介电混合理论式进行解析，获得细胞或粒子的电性质。但是，这种悬浮液法只有在悬浮粒子（细胞或粒子）的构造、大小以及电性质完全相同的条件下，获得的信息才是精确的，否则只能是细胞或粒子的平均性质。而对于性质不整齐的体系处理起来需要复杂的理论，除非有某些限定条件否则解析上也非常困难。换句话说，悬浮液法得到的是多数细胞的平均值，若要获得个别细胞的信息必须尽可能将细胞样品调制为大小和形状整齐均一，这在实验上也是很难做到的。为了解决这样的问题，近一二十年来，代替这种要将大量细胞进行精制的费时和麻烦的处理方法，经常使用介电泳动法或旋转电场法对细胞进行单独的考察[1~3]，这些介电分析方法的原理是利用细胞在交流电场下因运动而产生的响应。那么，是否用介电测量的方法也能考察个别细胞或者细胞的微小区域的电容（介电常数）或电导（电导率）呢？基于这样的考虑，Asami 开发了所谓扫描介电显微镜（scanning dielectric microscope，SDM)[4]，SDM 技术的提出为研究个别细胞又提供了一个可选择的新方法。

实际上，近 20 年来，以扫描隧道显微镜（STM）为代表的显微成像技术已迅速发展成为表面形貌的重要研究手段之一，以样品和探针电极之间局部电相互作用为基础的类似仪器还有所谓扫描电容显微镜（SCM），它给出空气中的非导电或导电物体在固定超高频下的形貌和电容[5,6]，以及提供直流电场下电解质覆盖的非导电表面的离子电流和形貌图像的扫描离子电导显微镜（SICM）[7]。但是，它们不同于 SDM，因为 SDM 能够在很宽的频率范围使得水溶液介质中的样品的局部电容和电导（介电常数和电导率）成像。

9.1.2 单一粒子的介电测量

关于微小单一粒子介电性质的测量系统，除了要考虑粒子操作上的便利之外，还要考虑测量上的误差。通常的如图 3.2(a) 表示的两端子敞开式测量池便于操作，但容易产生因电极端电场而引起误差，为了防止这种情况的发生，可以采用图 3.2(b) 表示的三端子配置的测量池来测量单一粒子。三端子测量原理如图 9.1 所示：面积大的一个非保护的公用对电极（CE），与之相对的是周边加了保护电极（GE）的测量电极（ME）。因为保护电极和测量电极处于同电位，所以内侧的测量电极和公用对电极间得到平行电场，因此消除了因测量电极端的泄漏而产生的误差。这种三端子测量配置在绝缘性固体样品的测量中经常使用，为了能将这种测量有效地用于导电性水溶液体系，保证只测量内部电极对应区域中的物质，或者说测量值不会受到（或很少受到）测量电极外侧的保护电极对测量区域的影响，是测量微小粒子或扫描微区物质电性质的关键。利用这样的三端子测量系统的测量池，尝试测量了聚苯乙烯微胶囊水溶液体系[8]，将一个聚苯乙烯微胶囊逐渐推向测量电极和公用电极间，即改变胶囊在电极间的位置，测量结果正如所预期的：当微胶囊的一部分进入测量电极区域时介电常数开始发生变化，可以观察到微胶囊特有的两个弛豫特征（参考前面 4.7 节），当微胶囊全部进入测量区域时两个 Debye 弛豫的特征最明显；当微胶囊全部进入保护电极区域时，这时的介电常数与溶液介质（因为相当于测量区域没有了微胶囊）的一致。微胶囊逐渐进入 ME 区域时的介电谱表示在图 9.2 中，图中曲线 2、3、4 分别表示胶囊停留在 GE 区、部分进入 ME 区以及全部进入到 ME 区时的介电谱。很明显，当胶囊全部进入 ME 区间时介电弛豫不仅最大，而且显现出两个弛豫的特征；而停留在三电极电极配置区域以外的测量结果和胶囊在 GE 范围时的测量结果都几乎没有弛豫现象。利用 2.2.1 和 4.1.4.1 节中介绍的 Wagner 理论和解析方法解析两个弛豫的介电谱（曲线 4），求解得到整个单一球壳粒子悬浮液的全部内部相参数。

该研究结果清楚地表明，个别粒子的介电性质是可以通过三端子测量法的测量加上对介电谱的解析来获得的，这无疑是一个可以与电旋转和介电电泳法相比较的研究单一细胞的可选择的方法。此外，图 9.2 的结果还表明，测量信号的强度将随着粒子在电极间的位置不同而不同，这暗示着改变电极和测量目标之间的距离可以得到不同强度的介电数据。实际上，为了测量单一生物细胞或一个小微粒，还必须将测量池的尺度设计成与粒子相近，这还意味着测量值将变小，因此，设计测量池时要考虑提高测量的精度，同时减小测量池的设计可能引入的误差。

9.1.3 SDM 的原理

（1）SDM 的装置系统　扫描介电显微镜（SDM）是在得到上面对单一粒子的测量和解析的启示后开发完成的。其基本原理如下：测量电极的尺度比测量对象的尺度要小而且可移动，换句话说，如图 9.3(a) 示意的那样，将带有保护电极的测量电极制成一个同轴细小探针，

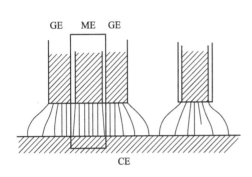

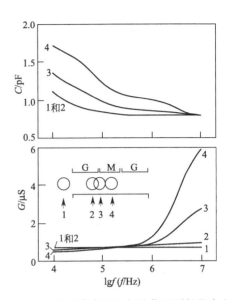

图 9.1　三端子测量原理

与右边的两端子电极配置相比，利用三端子电极配置，测量的只是测量电极 ME 所对应的区域的介电性质。因为电力线被限制在 ME 和对电极 CE 的区域（图中方框示意部分），因此，避免了因没有保护电极 GE 的两端子法产生电力线的外泄漏

图 9.2　改变微胶囊在电极间的位置测得的介电谱

M、G 分别表示测量电极和保护电极的区域[8]

使其能够通过对公用电极上的测量对象进行保持一定距离间隔的扫描，来达到测量样品局部的介电常数和电导率（或电容和电导）之目的。然后，再将测量数据进行二元图像化处理，即可得到介电性质的"像"。图 9.3(b) 所表示的是 SDM 的装置系统[9]，整个系统除了上述的扫描探针之外，还有 X-Y 镜台以及驱动它的两个直流电机和电机控制器，这些最后分别与测量样品电容和电导的 HP 阻抗分析仪（频率域介电测量的通用仪器）以及解析介电数据和图像化处理的电脑相连接。扫描对象样品放置在内部充满水介质的槽内电极上，为了避免电极极化效应，尽量选用低电导率的介质溶液。

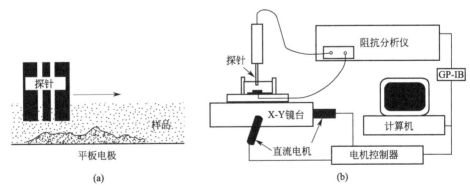

图 9.3　SDM 示意图

(a) 同轴探针扫描置于电极板上的样品；(b) SDM 系统包括：两个直流电机驱动的 X-Y 镜台、直流电机控制器、HP 阻抗分析仪和处理图像和数据的电脑[9]

（2）SDM 的测量原理　利用 SDM 进行扫描是需要固定频率的，而频率的选取在原理

上是根据 Maxwell-Wagner 的界面极化介电理论确定的。由前面基础章节的阐述可知，在射频段，分散在溶液介质中的生物细胞或粒子在固/液相界面将发生界面极化，而因界面极化产生的弛豫的个数与体系的相界面种类数或组成相的结构有关，结构越复杂或相界面种类数越多，介电谱显示的弛豫个数也就越多[10]。换句话说，介电增量和弛豫频率的位置都很强地依赖于扫描样品（粒子和溶液）的构造和电性质。因此，使用适当的探针频率对样品的一定局部区域进行扫描测量，可以反映样品不同位置的电性质情况，通过解析介电谱可以获得反映样品结构方面的信息，从而对样品进行多方位的表征，也可达到对样品进行辨别的目的。

9.1.4 应用实例及 SDM 的评价

9.1.4.1 聚苯乙烯胶囊

能够展示 SDM 在研究生物细胞或微小颗粒方面的特点的最典型的实例应该是覆壳粒子体系。具体的，利用图 9.3 示意的扫描测量系统，对蒸馏水为介质的一个聚苯乙烯胶囊（直径和厚度分别约为 $800\mu m$ 和 $3\mu m$，胶囊内含 $3m\ mol/L\ KCl$ 和 $0.1\%w/v$ 的白明胶）进行频率扫描测量，即由图 9.4 示意的那样，由内部测量电极 ME 和外部保护电极 GE 构成的同轴探针在置于公用对电极 CE 上方的一个该胶囊，距 CE 保持一定的高度进行扫描[11]。该测量体系由三相组成：聚苯乙烯壳相、胶囊内 KCl 水溶液相和外蒸馏水介质，因此，理论预测将有因壳内外两个界面极化引起的弛豫出现。图 9.5 是探针在微胶囊球心上方时的频率介电谱（点测量，与以往的测量没有区别），很明显与理论预测的相一致，显示出两个弛豫的介电谱。该弛豫可以用式（9-1）表示的两个 Debye 弛豫之和来描述，图中的实线为理论曲线，虚线为没有微胶囊时的背景溶液曲线，式（9-1）的拟合结果可以确定两个弛豫的所有弛豫参数，利用单壳球形粒子模型和稀薄分散系解析法求得胶囊壳以及

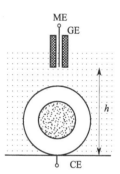

图 9.4 同轴探针对水介质中的微胶囊介电扫描示意图[11]

内外溶液的电性质。解析相参数的方法可参见前面的 4.7 节的内容或文献 [11~13]。

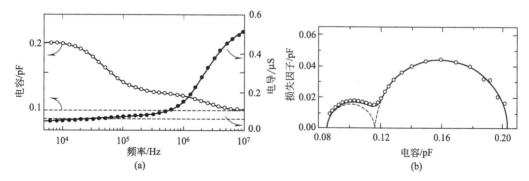

图 9.5 固定探针在水中微胶囊顶部时的介电谱测量结果，微胶囊的单线频率依存性的扫描图
探针高度为 $1000\mu m$
（a）○和●分别为电容和电导，是利用公式（9-1）的拟合结果；
（b）图（a）同样数据的 Cole-Cole 图[11]

$$C^* = C_h + \frac{\Delta C_1}{1+j(f/f_{1,0})} + \frac{\Delta C_2}{1+j(f/f_{2,0})} + \frac{G_1}{j2\pi f} \tag{9-1}$$

点测量之后，再进行线扫描测量：使得探针保持原高度，沿着通过微胶囊球心上方的线进行扫描。图9.6表示的是在微胶囊上方不同位置的单线成像的频率（10kHz～10MHz）依存性，详细的解释如下：参考图9.4，假定探针从左至右地穿过球的最上方，在经过的移动直线所经过的不同位置测量都能得出如图9.5所示的介电谱，将这些谱组合在一起构成了图9.6。从图9.6中可以看出，当探针在球正上方的点时所有频率点的电容都最大，即介电增量都最大，这点正与图9.5的结果相对应，而当测量的位置远离球中心上方时电容值相应减小。可以说，水介质中的一个胶囊体系的电容（或电导）与测量位置的关系很清楚地被展现在图9.6中。

进一步，当探针在水介质中的聚苯乙烯微胶囊上方的面区域进行光栅扫描时，可以获得如图9.7所示的电容和电导的二维图像，可以看出，在各个频率下的图像都是微胶囊球中心对称的，在低频中心部分的电容高于周围水的电容，这是因为扫描到微胶囊时才出现水和胶囊的界面，因此由界面极化产生弛豫现象；相反，球中心部分的电导是低于周围的水的，从胶囊的导电性以及介电原理上这都是很好理解的。随着扫描频率的逐渐增加，电容逐渐减小而电导逐渐增加。电导的增加意味着到了高频，因为在高频微胶囊薄的壳显现出短路的状态，胶囊内部导电的水相的电性质变得明显起来。

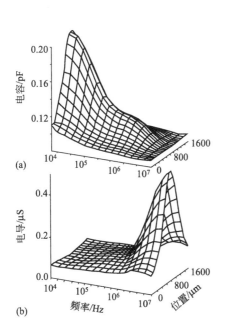

图9.6 微胶囊的单线频率依存性的扫描图
探针高度为1000μm，扫描沿胶囊中心线进行[11]

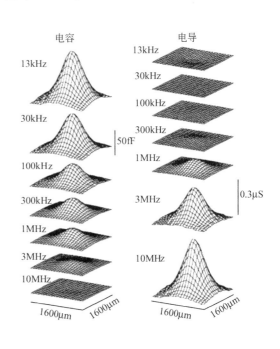

图9.7 探针在微胶囊上的光栅扫描时的介电成像
频率范围为13kHz～10MHz，扫描面积为1600μm×1600μm[11]

9.1.4.2 活的生物细胞的介电成像

图9.8表示的是SDM方法的另一个应用实例：考察活的动物细胞［狗肾的一个MDCK（Mardin-Darby canine kidney）细胞］的部位依存的介电性质，即介电扫描成像图[14]。MDCK细胞在作为电极的不锈钢薄片上在0.3mol/L甘露醇溶液中培养一天后，用直径20～30μm的探针电极在细胞表面部分进行扫描测量。细胞的局部介电常数和电导率可根据探针和对电极间的距离、探针电极的有效面积从测量的电容和电导计算得到[4]，因此图9.8是不依赖于电极构造的介电常数和电导率的图像。显然，该图像也取决于测量频率，表示出随着频率增加，细胞介电常数减小而电导率增加的介电弛豫现象，假定考虑细胞是由一个导

电性的核（相应胞原生质）被很薄的非导电壳（对应原生质膜）包裹构成的三相体系，这样，可用类似于微胶囊的模型进行理论计算。因此，通过改变频率可以对细胞进行"介电解剖"获得内部结构信息，这种方法可通过与细胞的光学微观图像的比较来证实。为此，一种与旋转的光学显微镜联用的新型SDM（采用透明电极）正在开发中。这个例子表明，用SDM检测个别生物细胞局部介电性质是可能的。

　　进一步，如果将扫描的区域扩大，可以得到部分活组织的介电成像。图9.9表示的是30kHz频率下，对在0.3mol/L甘露醇溶液中培养数日后的活犬肾组织电容和电导扫描测量后介电成像的灰度表示，扫描的面积为$800\mu m \times 800\mu m$[14]。图中电容值较大的区域〔相应于图9.9（a）中的黑色区域〕正好是低电导区域〔相应于图9.9（b）中的白色区域〕，该区域表示细胞的存在。这是因为MDCK细胞单层有着很高的膜电容（$116\sim118\mu F/cm^2$）和低的电导率（约1mS/cm）[15]。将图9.8中30kHz的图像与图9.9进行比较可以发现，由于边缘场效应单一细胞的突出部分的介电常数边界大概在$150\sim180\mu m$左右，换算成电容值后似乎略大于大面积扫描的黑色区域的面积（组织中的实际细胞）。

9.1.4.3　评价

　　由上面两个实例可以看到，无论是胶囊还是真实的生物细胞，因为都具有类似的球壳型结构可用相同的介电模型描述，因此，介电成像得到的结果与悬浮液方法获得的介电弛豫是

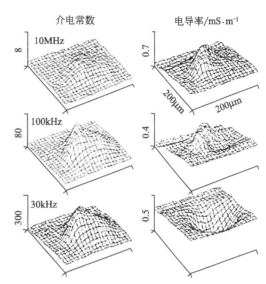

图9.8　MDCK细胞在0.3mol/L甘露醇溶液中在30kHz、100kHz和1MHz测量的局部电容和电导的介电成像[14]

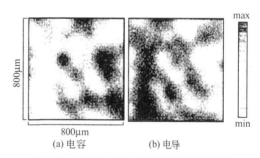

图9.9　30kHz下的MDCK细胞的局部（$800\mu m \times 800\mu m$）电容和电导显微成像的灰度表示[14]

相一致的。作为一种表征物质局部电性质分布的新仪器的雏形，目前的SDM的横向分辨率只有大约$10\mu m$左右，还不足以对生物细胞的微细部分进行精密的检测。因为横向分辨率与有效探针面积、探针结构以及测量仪器有关，所以有必要从这几个方面进行改进。同时，因为以下两个原因，SDM的使用仍限制在一个低离子浓度的介质中：一个是在高电导介质中三电极法失效和降低；另一个是由于电极和电解质界面的双电层的电极极化，在低频将引起严重的误差（特别是在几毫摩尔/升KCl水溶液，低于几百千赫兹的情况），为克服这个限制，需要在介电测量技术上进行改进。

　　尽管SDM仍处于初级阶段也并没有如STM或AFM原子力量微镜等那样的仪器化，但是它作为研究活细胞介电行为的重要工具在生物和医学的基础和应用领域尚具有很大的发展空间。原因很清楚：因为生物细胞或组织大都处于水环境中且都有明显的介电响应，而SDM这种新的介电图像化技术恰恰提供了在水溶液中研究个别活的细胞和组织中细胞的

电性质的新方法。在基础研究方面，SDM 可以被期待能够在判别如细胞及脂质聚集体的融合、重组所形成的多样构造，检测蛋白质、核酸等生物大分子在电极表面的吸附等方面的研究上发挥作用。更重要的是，因为 SDM 展现出它在溶液介质环境下，可以不受样品表面形状以及内部构造的限制，进行不破坏样品的内部诊断之特点，这无疑还会在医疗诊断以及细胞工程学等应用领域发挥其独特的作用。这种期待的理由是：因为根据前面章节（8.2.4 节和 7.8.4 节）的阐述可知，病变的细胞与正常细胞有着截然不同的介电性质，如果分辨率足够的话，可以在类似图 9.9 那样的介电成像中表现出来，因此，通过使用精细探针和宽范围的 SDM 扫描生物组织和器官进行肿瘤检查。这种对生物体的介电诊断，有望成为在医学研究及临床诊断上的一种潜在的具有特定应用价值的技术。此外，通过对细胞进行时间变化的图像化监测，SDM 可以判断细胞生存率的变化。综上，有理由相信，开发对生物细胞和组织的介电成像具有高分辨率的 SDM 应该是介电谱方法在应用领域中最值得探索的课题之一。

9.2 其它介电成像技术

对水溶液介质中的生物或化学体系的介电性质进行图像化的研究报道几乎只有上节 Asami 提出的 SDM，但对于固体材料的介电性质的成像技术还是可以列举一些的，下面就其主要的作一简单介绍。

9.2.1 扫描非线性介电显微镜

十年前，Cho 等开发了一种用于对铁电体的极性部分和介电材料的局部结晶的各向异性成像技术，因为它包括对样品非线性介电常数的逐点变化的测量，因此称为"扫描非线性介电显微镜"（scanning nonlinear dielectric microscopy，SNDM）[16,17]。SNDM 系统的成像原理是测量在交流电场下针尖对着的微小面积上样品电容 $C_s(t)$ 所产生的时间函数的非线性介电响应，这样，$C_s(t)$ 与放置样品的金属环和针尖之间的电感 L 组成集中常数的 LC 共振器，这些电的部分（针，环，电感和振荡器）组装成一个 SNDM 的小探针。探针的振荡频率通过电容变化 $\Delta C_s(t)$ 来调整。作为结果，探针产生一个频率调整（FM）的信号，信号振幅和相对于参考信号的相角变化表示非线性介电常数的轨迹。实际上，测量的是沿着与样品表面垂直到方向变化的非线性介电常数。目前的 SNDM 的横向分辨率理论上预期具有原子尺度，实验上也达到几纳米。

他们的研究导出了交流电场下电容变化的一般原理，定义了单位非线性介电常数的电容变化量（电容变化敏感性），它仅仅是线性介电常数的函数而与针尖的半径无关。这意味着即使为获得好的分辨率而选择尖端半径很细的探针，SNDM 的探针敏感性或信号的强度也不改变，换句话说，原理上可以使用一个无限细探针获得一个清晰图像而不用降低 SNDM 信号的噪声比。这有利于用 SNDM 来观察非常小的铁电体和局部结晶的各向异性。对 SNDM 得到的数据进行理论解析，可以确定介电材料的线性的和非线性的介电性质[18]。目前，带有压电成像功能的 SNDM 已经开发完成，作为应用，使用 SNDM 测定了在各种基板上的 ZnO 压电薄膜的极性[19,20]。

9.2.2 固体材料的微波介电成像

还有一种可以对固体材料在微波频率段进行介电成像的技术，即所谓扫描微波近场显微镜（scanning microwave near-field microscope）。该方法的基本原理也是探针与样品之间构成一个共振系统，在探针尖端的局部电场分布的微小变化将导致共振腔的共振频率 f_0 的很大改变，因此获得高分辨率和高敏感性。而通过测量该共振频率的功率响应，可以定量地检测信号，这样扫描的结果最初是频率成像，之后转换成介电常数的图像[21~23]。Chen 等利用该方法对 $Ba_2Ti_9O_{20}$ 材料的微波介电成像，图 9.10 是对 1100℃ 的 $Ba_2Ti_9O_{20}$ 的测量结果[24]，左侧是共振频率图像，右侧是转换的介电常数图像。该图清楚地展示出非常确定的介电常数不同的簇的图像。该研究也指出，从介电成像计算的平均介电常数（ε＝26～43）与使用传统的空腔测量技术测量的值（ε＝32～38）是可比较的；此外，结合 SEM 和 X 射线衍射等其它表征方法，该技术可以很好地说明陶瓷材料微结构和介电常数的关系；可以直接看到具有不同介电常数和不同形状的颗粒。

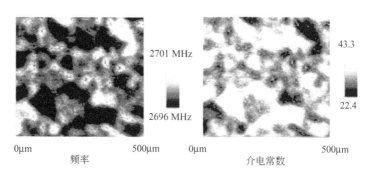

图 9.10　利用扫描微波近场显微镜测量的 1100℃ 的 $Ba_2Ti_9O_{20}$ 材料的频率成像和介电常数成像[24]

　　以上两个例子在原理和应用上与本书的主旨相差很远，技术方法上以及应用对象上都与本书讨论的体系不同，有兴趣者可跟踪上述文献。

9.3　生物细胞的介电实时监测技术

9.3.1　概述

　　尽管对生物细胞进行介电测量的历史已有 100 年之久，但介电谱对生物过程进行实时监测研究大约从不到 20 年前才开始，这还是应归功于 20 世纪 80 年代开发出的高精度自动测量仪。从基本原理上，得益于介电谱方法在以下两个方面所具有的优势：一个是借助于好的模型和解析手段可以考察体系中各组分的很多性质，它们包括细胞浓度，介质和细胞质的电导率，细胞膜的电容和电导率，细胞的形状，细胞的内部结构，细胞的凝聚状态等；另一个是介电测量具有其它测量方法所不具备的特点，比如作为细胞浓度的监测法和光学方法相比，光学测量对浓度高的细胞体系多少显得无能为力，但介电测量则可以胜任，而且即便介质带颜色或含有固体物质时介电测量也不成问题。此外，介电测量还可以区分细胞的生死状况，这一特点也是它可以用于监测生物量的基础。因为介电谱方法是非入侵的而且可以原位测量，加上如上所述的，该方法不仅在测量上的限制很少，而且还可获得关于细胞状态的很多综合信息，因此，它是生物体系特别是对细胞状态进行监测的非常适合的方法。当然，以介电测量和解析为基础的监测方法也有其自身的缺陷，比如它不适用于细胞浓度很低的体系，更不适合盐浓度很高的溶液体系，因为导电性溶液中的介电测量其分辨率要降低。

近十几年来的研究表明,具有上述特征的细胞介电实时监测法,在基础和应用方面都获得了重要的成功,而且也预示着可能在实际工业生产领域中的应用潜力。本节将结合前面相关章节的内容,从介电谱解析的角度介绍介电监测法的原理以及该方法用于生物体系的典型研究成果。同时,也将涉及到介电实时监测技术在应用和开发中出现的新的技术性话题:无电极测量。

9.3.2 生物量的监测原理

9.3.2.1 生物量介电测量原理

为了说明为什么介电测量可以监测悬浮液中生物量,包括细胞的状态,可以采用如下简单且直觉的描述:细胞分散在含有离子的溶液中构成悬浮液,在电场作用下离子定向运动,当遇到细胞时便堆积在其膜表面产生所谓的电极化,而极化的程度反映在整个悬浮液的电容量上。因此,悬浮液的电容与离子的数量有关;除此之外,更重要的是当细胞的体积分数增加时,极化了的膜的数量也增加,从而悬浮液的电容也将增加。因此,可通过测量悬浮液的电容来监测生物量的多少[3]。改变电场方向时,虽然膜表面极化的方向被改变,但极化的大小并没有变化。但是,当电场方向改变的速度(每秒电场方向变化的次数)即频率变化时,因为离子运动到细胞质膜并且使之极化需要一定的时间,因此,频率对悬浮液的电容就有着非常显著的影响。从前面的章节可知,生物细胞悬浮液主要的弛豫是所谓的 β 弛豫,图 9.11 直观地示意了细胞悬浮液的电容随电场频率增加而变化的介电谱[25~27],谱中反映了 β 弛豫的特征参数,弛豫增量 ΔC 和弛豫频率 f_c(或弛豫时间 τ_c)与生物量的浓度和细胞的大小的关系。ΔC 随生物量增加而增大;f_c 随细胞变小而移向高频,因为细胞尺度变小使得极化加快,因此即弛豫时间变短。介电谱对细胞大小的敏感性已经被用于监测出芽酵母的细胞周期进程中,这将在后面详述。

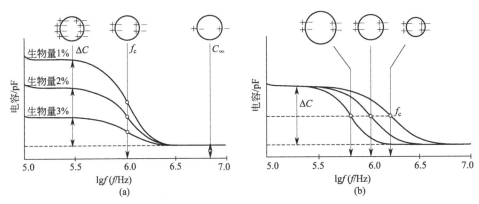

图 9.11 细胞悬浮液电容的频率依存性示意图

(a) 生物量的浓度与电容增量成正比;(b) 细胞的大小与弛豫频率成反比[25]

根据前面的内容很容易从细胞的电模型说明介电测量的基本原理:细胞可以看做是由高阻抗的细胞膜包裹导电的细胞质的球或椭球体,可以用电阻(细胞质)和电容(细胞膜)串联的等价回路表示。外加电场下电容器会充电,细胞显现出很大的等价介电常数。另外,因为回路中具有由阻抗和电容器决定的时间常数(弛豫时间),所以在加交流电场时,细胞的等价介电常数随着频率的增大从数千减小到约 80 左右(细胞质介电常数)。因此,细胞在悬浊液中同样也能看到介电常数随频率的变化,而且,对于各种类型的稀薄细胞悬浮液,介电常数和细胞浓度之间存在漂亮的线性关系。

另外，通过测量 β 弛豫的 ΔC 监测悬浮液中生物量含量的正当性已经在 7.8.4 节中有所阐述：细胞膜对离子透过是一个障碍，因此才导致因离子在界面堆积产生极化，从而显示很大的电容值。那么，当因某种原因细胞膜受到损伤或者细胞死亡时，细胞质膜严重破裂，溶液中的离子可以自由地通过膜而不再停留在膜表面，因此电容下降到与介质相同的值，没有明显的 β 弛豫。这样，通过 β 弛豫的 ΔC 可以测量具有完整无损的细胞质膜的细胞（即活细胞）的量，即判断细胞的生死（寿命）。另外，在实际的工业发酵液中常常存在非生物量固体、油滴或者气泡，那么，必须考虑它们对于 β 弛豫的 ΔC 的影响。因为在生长液中的离子或者直接地通过非生物量材料传播（如果该材料对离子是可渗透的），或者是围绕着非生物量材料运动（如果它是不可渗透的）。重要的是，无论哪种情况都没有在界面上产生极化电荷，因为它们没有细胞质膜。因此这些材料的存在也不会对 β 弛豫的 ΔC 有贡献。相反，如果非生物量材料的体积分数非常高，那么它也许对 β 弛豫的 ΔC 有负的贡献，这是因为非极化材料（非生物量固体、油、气泡等）代替了可极化材料（细胞和水）的部分体积。

9.3.2.2 由介电增量计算生物量

以上的分析证明，通过测量 β 弛豫的 ΔC 可以估算一个细胞悬浮液中的生物含量。其实，为了建立 ΔC 和悬浮液中的细胞结构之间的联系常常将电容 C 转换为介电常数 ε [$\varepsilon = C(k/\varepsilon_0)$]，因为不必考虑电极的几何构造。同电容一样，介电常数同样表示材料中诱导极化的程度。重要的是，对同一悬浮液不同形状的电极和测量池（k 值不同）对应不同的电容，但只对应一个 ε 值，即对于一个材料，其介电常数等于电容乘以一个给定测量体系的常数 k/ε_0。在悬浮溶液中生物细胞的 $\Delta\varepsilon$ 的求法是

$$\Delta\varepsilon = \frac{9R\Phi C_m}{4\varepsilon_0} = \frac{3\pi R^4 C_m N_c}{\varepsilon_0} \tag{9-2}$$

对于给定的细胞悬浮液，细胞的等效半径 R 和膜电容 C_m（大约为 $1\mu F/cm^2$）都是恒定的，因此，$\Delta\varepsilon$ 对细胞体积分数 Φ 作图得到的是一条直线，其斜率为 $\frac{9R\Phi}{4\varepsilon_0}$，这个关系也说明了为什么 ΔC 会与生物量的浓度成线性关系。因为 N_c 是单位体积内的细胞个数，所以活细胞越多，介电常数增量即介电弛豫也越大[28,29]。

但是，式(9-2)只有在生物量例如细胞的体积分数很低的条件下才可以使用，当细胞的体系分数较高时因为必须考虑到细胞间的相互作用，故该式不再适用，这时 $\Delta\varepsilon$ 对 Φ 作图会偏离直线。Schwan 和 Morowitz 对式(9-2)进行了修正，使其在高体积分数时符合 $\Delta\varepsilon$ 与 Φ 之间的非线性关系：

$$\Delta\varepsilon = \frac{9RC_m}{4\varepsilon_0} \cdot \frac{\Phi}{[1+(\Phi/2)]^2} \tag{9-3}$$

对大量细菌的和酵母悬浮液的 Φ、R 以及 $\Delta\varepsilon$ 的仔细的和独立的测量表明，在很宽的细胞大小和体积分数的范围内，上面方程都是成立的，因此，该修正的公式具有很大的实用价值。特别是对于用恒浊器进行连续培养来说，通过细胞悬浮液的介电常数来控制生物量是一种非常好的监测方法[30]。

在实际中，为了通过测量 ΔC（或 $\Delta\varepsilon$）的大小来监测发酵过程生物量的变化，常常使用两种方法：一种是同时测量高频和低频电容的值 C_1 和 C_h，然后求其差得到与生物量相关的 $\Delta C = C_1 - C_h$，即所谓双频率（dual-frequency）生物量测量法；另一种是只使用低频的电容 C_1 的单频率（single-frequency）生物量测量法，在接种之前（生物量浓度为 0 时）在低频测量介质的电容并设定 $C_1 = C_\infty = 0$ [参见图 9.11(a)]，这意味着在发酵期间，低频电容

C_1 的任何变化都应当反映 ΔC 的变化，因此也反映了生物量的变化。目前，双频测量使用得比较普遍，这是因为在连续的发酵过程中需要长时间对仪器进行冲洗，而在这个过程中双频操作显得比较稳定[31]。

9.3.3　无电极测量法

通常测量如培养液那样的含有电解质的液体的介电常数时都存在电极极化问题，它不仅使介电测量产生很大误差，而且常常会掩盖样品本身的介电现象。关于电极极化，如 3.5.6 节所讨论的在测量上可能采用的消除方法之外，通过采用对实验数据的校正也可以在一定程度上解决这个问题[32,33]。当然，在原理上讲采用四电极法可以从根本上消除电极极化，也有利用四电极法测量菌体物质的量的例子[34]，但对于较低的频率范围效果并不理想。况且只要有电极的测量，产生的气泡（发酵培养液将产生大量的 CO_2）对测量结果的影响就是无法回避的。

为解决电极极化问题，Wakamatsu 开发了一种不使用电极的所谓"电磁感应法"[35]。

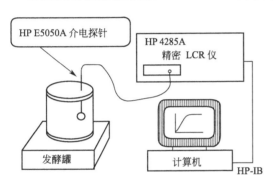

图 9.12　发酵罐的介电监测系统
HP E5050A 介电探针浸在发酵缸的
发酵液中，用 HP 4285A 精密 LCR 仪测量
100kHz～20MHz 之间的介电常数和电导率[9]

因为测量系统没有电极，所以该法不受电极和电解液界面产生的电极极化或气泡的影响，是一个崭新的划时代的方法。原理如图 3.4 所示：由一对同心的环形线圈构成的感应探针，对初级线圈加上交流电压 V，线圈周围液体形成导纳 Y_x 的电场，由此次级线圈内产生电流 I。因为两个线圈通过液体试样感应结合在一起，所以通过比较对初级线圈施加的电压和次级线圈输出的电流，可以确定液体样品的介电常数和导电率。Hewlett Packard（日本）公司，Suntory 公司和日本京都大学，以生物过程的介电监测为目的对该新电磁感应法的性能进行了开发，以无电极的电磁感应法为基础开发的实时监测方法在酵母发酵的测量上获得了成功[36]，图 9.12 示意的是 Hewlett Packard 公司的商品化的测量系统，包括 E5050A 介电探针、4285A 精密 LCR 仪和计算机，测量频率范围在 100kHz 到 20MHz 之间。该探针电极浸入到酵母发酵的培养液中可以通过计算机控制完成实时监测测量。对此，将在后面通过实例予以详述。

在实际使用上，由于受到探针大小的限制测量样品的量不能太少（大约为 400mL），这对于希望减少试剂量的实验室研究来讲，有些不利。但若探针变小测量精确度就会降低，随着电子技术的发展，在保证测量精度前提下计量减小探针的尺度应该是可能的。

9.3.4　介电监测法的模型解析基础

从前面的讲述我们可以确信，无电极测量系统可以为发酵和细胞培养过程中的细胞浓度监测提供有效的技术。该介电监测方法具有传统监测生物量的方法所不具备的优势，这是因为它进行连续、实时和非破坏监测的可行性以及对光学上不透明和混浊溶液的适用性。通常的介电监测是通过单一或双频测量制作一个标准曲线，用生物量监测仪完成的。本节介绍的是以频率依存介电谱的模型解析为基础的介电监测方法，因为它可以相对地提供培养条件下细胞的更多信息[37]。

因为介电分散曲线是由细胞形状决定的（参见 7.8.3 节内容），这样，从介电分散曲线的分析至少可以获得关于细胞形状的信息。比如，旋转椭球体的细胞在椭球体的 2 个轴（旋转轴和与旋转轴垂直的轴）方向有不同的介电常数和弛豫时间，因此介电分散由 2 个子弛豫组成。因为细胞分裂周期必定伴有细胞形状的变化，因此可以根据介电常数的测量来监测同步培养的细胞周期。关于生物细胞模型，在前面第 7 章和第 2 章已经进行了较详细的介绍，这里，为了后面讨论实例的方便，重新给出针对性的总结。

9.3.4.1　一般的细胞模型

首先参照图 2.5 和图 2.3，以被壳（复介电常数 ε_m^*）覆盖的椭球体（ε_i^*）作为非球形生物细胞的电模型。假定壳的厚度 d 与椭球体的半轴 R_x、R_y 和 R_z 相比很小，即 d/R_x、d/R_y、$d/R_z \ll 1$ 这时内、外椭球体的体积比 v 可近似为 $v = 1 - (3d/\overline{R})$，其中平均半径为

$$\overline{R} = 3\left(\frac{1}{R_x} + \frac{1}{R_y} + \frac{1}{R_z}\right)^{-1} \tag{9-4}$$

当该覆壳椭球体以体积分数 Φ 分散在复介电常数为 ε_a^* 的介质中时，该悬浮液的复介电常数 ε^* 为：

$$\frac{\varepsilon^* - \varepsilon_a^*}{\varepsilon^* + 2\varepsilon_a^*} = \frac{1}{9}\Phi \sum_{k=x,\,y,\,z} \frac{\varepsilon_{pk}^* - \varepsilon_a^*}{\alpha_k \varepsilon_{pk}^* + (1 - \alpha_k)\varepsilon_a^*} \tag{9-5}$$

该式等同于第 2 章的式(2-50)，其中的 α_k 为沿 k 轴的去极化因子，ε_{pk}^* 为等价覆壳椭球体（将其看成具有均一介电常数的 ε_{pk}^* 椭球体）的复介电常数[38]

$$\varepsilon_{pk}^* = \varepsilon_m^* \frac{\beta_k \varepsilon_m^* + \varepsilon_i^* - \beta_k v(\varepsilon_m^* - \varepsilon_i^*)}{\beta_k \varepsilon_m^* + \varepsilon_i^* + v(\varepsilon_m^* - \varepsilon_i^*)} \tag{9-6}$$

这里的 $\beta_k = (1 - \alpha_k)/\alpha_k$。因为悬浮培养中细胞的体积分数 Φ 通常远远小于一个单位，即 $\Phi \ll 1$，式(9-5)近似为：

$$\delta\varepsilon^* \approx \varepsilon^* - \varepsilon_a^* = \frac{1}{3}\Phi\varepsilon_a^* \sum_{k=x,\,y,\,z} \frac{\varepsilon_{pk}^* - \varepsilon_a^*}{\alpha_k \varepsilon_{pk}^* + (1 - \alpha_k)\varepsilon_a^*} \tag{9-7}$$

重排上式，可得：

$$\delta\varepsilon^* = \sum_{k=x,\,y,\,z} \delta\varepsilon_{hk} + \frac{\Delta\varepsilon_{1k}}{1 + j\omega\tau_{1k}} + \frac{\Delta\varepsilon_{2k}}{1 + j\omega\tau_{2k}} + \frac{\delta\kappa_{1k}}{j\omega\varepsilon_0} \tag{9-8}$$

该式表示对于沿覆壳椭球体的 x、y、z 轴的三个分量的每一个都将表示两个介电弛豫（下标 1 和 2 分别指低、高频弛豫），因此，对于具有三个不同半轴的覆壳椭球体总共有六个弛豫。很明显，这些弛豫的弛豫时间（τ_{1k}，τ_{2k}）和弛豫强度（$\Delta\varepsilon_{1k}$ 和 $\Delta\varepsilon_{2k}$）与覆壳椭球体模型的电参数以及形态学的参数有关。这是最一般化的细胞电模型。一般的，对于活细胞，其细胞质膜的电导率远远低于外部介质的电导率和细胞质的电导率，即 $\kappa_m \ll \kappa_a$、κ_i，这时 $\Delta\varepsilon_{2k} \ll \Delta\varepsilon_{1k}$，因此方程式(9-8)可简化为：

$$\delta\varepsilon^* = \sum_{k=x,\,y,\,z} \frac{\Delta\varepsilon_k}{1 + j\omega\tau_k} \tag{9-9}$$

9.3.4.2　旋转椭球体细胞模型

对于可以用旋转椭球体描述的非球形细胞，例如考虑 $R_z \neq R_x = R_y$ 和轴比为 $q = R_z/R_x$ 的旋转椭球体模型，这时去极化因子 $\alpha_x = \alpha_y = (1 - \alpha_z)/2$，与沿 y 轴和 x 轴相关的两个弛豫具有相同的弛豫强度和相同的弛豫时间，即 $\Delta\varepsilon_x = \Delta\varepsilon_y$ 和 $\tau_x = \tau_y$，这时的介电谱应该显示沿长轴（y 轴）和短轴（x 轴）的两个弛豫，因此方程式(9-9)变为[38]：

$$\delta\varepsilon = \frac{\Delta\varepsilon_z}{1 + j\omega\tau_z} + \frac{2\Delta\varepsilon_x}{1 + j\omega\tau_x} \tag{9-10}$$

这里的

$$\Delta\varepsilon_z = \frac{\phi\overline{R}C_m}{9\varepsilon_0\alpha_z(1 - \alpha_z)^2} \tag{9-11a}$$

$$2\Delta\varepsilon_x = \frac{16\Phi \overline{R} C_m}{9\varepsilon_0\ (1-\alpha_z)\ (1+\alpha_z)^2} \tag{9-11b}$$

$$\tau_z = \frac{1}{2\pi f_{0,1}} = \frac{\overline{R} C_m}{3}\left[\frac{1}{\alpha_z \kappa_i} + \frac{1}{(1-\alpha_z)\ \kappa_a}\right] \tag{9-12a}$$

$$\tau_z = \frac{1}{2\pi f_{0,2}} = \frac{2\overline{R} C_m}{3}\left[\frac{1}{(1-\alpha_z)\ \kappa_i} + \frac{1}{(1+\alpha_z)\ \kappa_a}\right] \tag{9-12b}$$

对于 $R_z > R_x = R_y$ 的旋转椭球体（扁长旋转椭球体）或 $R_z < R_x = R_y$ 的扁平旋转椭球体，去极化因子分别由式(7-29) 和式(7-30) 表示的是轴比 q 的函数。因此，知道了确定细胞形状的轴比 q，便可以通过式(9-11) 和式(9-12) 计算各个弛豫的参数。

9.3.4.3 特殊形状的细胞模型

若 $R_z = R_x = R_y$，$\alpha_z = \alpha_x = \alpha_y = 1/3$，即球形细胞的情况，在与前面同样的假定条件下，即 $\kappa_m \ll \kappa_a$、κ_i，$\Delta\varepsilon_s$ 等同于前面的式(9-2)，弛豫时间 τ_s 为

$$\tau_s = \frac{1}{2\pi f_{0,s}} = R C_m\left(\frac{1}{\kappa_i} + \frac{1}{2\kappa_a}\right) = \frac{R C_m}{2\kappa_a}\left(\frac{2+\kappa_i/\kappa_a}{\kappa_i/\kappa_a}\right) \tag{9-13}$$

同样根据 $\tau_s = \varepsilon_0 \Delta\varepsilon / \Delta\kappa$，电导率的差为

$$\Delta\kappa \approx \frac{9\Phi\kappa_a}{2}\left(\frac{\kappa_i/\kappa_a}{2+\kappa_i/\kappa_a}\right) = 6\pi R^3 N_c \kappa_a\left(\frac{\kappa_i/\kappa_a}{2+\kappa_i/\kappa_a}\right) \tag{9-14}$$

因此，若细胞内电导率 κ_i 和介质电导率 κ_a 不变，同式(9-2) 类似，κ_a 也与单位体积中细胞数量 N_c 成正比，那么，也可以用电导率来监测球形细胞的变化。

实际上，扁长旋转椭球体模型在形状上包括了从球形到纤维状的细胞，对于球形细胞形状因子 $q=1$，而对于特别细长的细胞，$q \gg 1$，介电谱表示为两个弛豫，弛豫强度和弛豫时间分别为

$$\Delta\varepsilon_1 = \frac{\Phi R_x C_m}{6\varepsilon_0 \alpha_z}, \quad \Delta\varepsilon_2 = \frac{8\Phi R_x C_m}{3\varepsilon_0} \tag{9-15}$$

和

$$\tau_1 = \frac{1}{2\pi f_{0,1}} = \frac{R_x C_m}{2\kappa_i \alpha_z}, \quad \tau_2 = R_x C_m\left(\frac{1}{\kappa_i} + \frac{1}{\kappa_a}\right) \tag{9-16}$$

由上面两式可知，第二个弛豫即高频弛豫与轴比即细胞形状无关，而低频弛豫的弛豫强度 $\Delta\varepsilon_1$ 和弛豫时间都与去极化因子 α 成反比，即第一个弛豫与细胞的形状有关。这个差异是因为高频弛豫源于短轴的极化，低频弛豫源于长轴的极化。利用这个差别，也可以从不依赖轴比的高频弛豫来估计不同长度的细胞（如丝状菌）的浓度，因为这时可以认为高频弛豫与细胞的形状无关。此外，从低频弛豫可以获得关于细胞长度的信息。

以上讨论了监测细胞形状变化时可能采用的介电模型，但是，伴随细胞形状的变化，其弛豫曲线的变化却是微乎其微的，因此在实际测量中需要用高精确度的介电测量技术。

9.3.4.4 用频率监测细胞生长

当用频率进行培养中细胞生长的介电监测时，不同培养时间 t 时的介电常数 $\varepsilon(t,f)$ 和电导率 $\kappa(t,f)$ 表达式为[37]：

$$\varepsilon(t,f) = \varepsilon_h + \Delta\varepsilon(t) F(t,f) \tag{9-17}$$

$$\kappa(t,f) = \kappa_1 + \Delta\kappa(t)[f/f_c(t)]^2 F(t,f) \tag{9-18}$$

式中的

$$F(t,f) = 1/\{1+[f/f_c(t)]^2\} \tag{9-19}$$

在培养的初期状态（$t=0$），细胞的浓度很小可忽略，介电弛豫几乎观察不到，这时的介电常数 $\varepsilon(t=0,f)$ 和电导率 $\kappa(t=0,f)$ 与初期的培养介质[$\varepsilon_a(t=0)$ 和 $\kappa_a(t=0)$]相等。这样，

分别从 $\varepsilon(t,f)$ 和 $\kappa(t,f)$ 中减去 $\varepsilon(t=0,f)$ 和 $\kappa(t=0,f)$，便可以得到任一培养时刻 t 时的介电常数和电导率的增量：

$$\delta\varepsilon(t,f)=\varepsilon(t,f)-\varepsilon(t=0,f)=\frac{3\pi R^4 C_m}{\varepsilon_0}F(t,f)N_c \tag{9-20}$$

$$\delta\kappa(t,f)=\kappa(t,f)-\kappa(t=0,f)=\delta\kappa_1(t)+\Delta\kappa(t)[f/f_c(t)]^2 F(t,f)N_c \tag{9-21}$$

这里的 $\delta\kappa_1(t)=\kappa_1(t)-\kappa_1(t=0)$。当测量的频率 f 远远低于弛豫频率 f_c 时，$F(t,f)\approx 1$，因此式(9-20)变为 $\delta\varepsilon$ (t,f) $\approx\Delta\varepsilon$ (t) [等同于式(9-2)]。考虑到 $\kappa_1\approx\kappa_a$，$\varepsilon_h\approx\varepsilon_a$ 的条件（生物细胞体系一般满足此条件）和式(9-14)，上式可以写成如下的形式：

$$\frac{\delta\kappa(t,f)-\delta\kappa_1(t)}{\delta\kappa_1(t)}=6\pi R^3\left(\frac{\kappa_i/\kappa_a}{2+\kappa_i/\kappa_a}\right)[f/f_c(t)]^2 F(t,f)N_c \tag{9-22}$$

这样，若细胞内和细胞外部介质的电导率 κ_i、κ_a 以及细胞半径 R 不变的话，$\delta\varepsilon(t,f)$ 和 $[\delta\kappa(t,f)-\delta\kappa_1(t)]/[\delta\kappa_1(t)]$ 都与单位体积细胞数 N_c 成正比。而且它们对于 N_c 的敏感度取决于电场频率，在特征弛豫频率 f_c 以下的频率段，$\delta\varepsilon(t,f)$ 比 $[\delta\kappa(t,f)-\delta\kappa_1(t)]/[\delta\kappa_1(t)]$ 更敏感，而超过了 f_c 的频率段则相反。根据 $\tau_s=\varepsilon_0\Delta\varepsilon/\Delta\kappa$，比较方程式(9-20)和式(9-21)，得到特征弛豫频率为

$$f_c(t)=\frac{2\pi f^2\varepsilon_0\delta\varepsilon(t,f)}{\delta\kappa(t,f)-\delta\kappa_1(t)} \tag{9-23}$$

该式提供了一个从靠近 f_c 的一个频率点 f 观察到的 $\delta\varepsilon(t,f)$ 和 $\delta\kappa(t,f)$ 值以及 $\delta\kappa_1(t)$ 来计算 $f_c(t)$ 的方法。

9.3.5 介电监测实例1——酵母生长的实时监测

本节和下节将介绍几个介电监测的典型实例，这些例子都是源于日本京都大学 Asami 等的研究，因为这些研究不仅从介电谱原理上很好地解释了监测的结果，而且也从模型解析上给出了细胞培养过程中细胞的结构和电性质变化的原因。

酵母细胞是用介电谱方法进行研究最多的、而且也是进展最大的细胞之一，特别是细胞模型和电性质等都已经被详细地考察过[35,38,39]，这点在前面相关章节的内容中可以看到。因此，酵母细胞悬浮培养体系是研究细胞增殖（生长）的介电监测法的最适体系。此外，因为酵母还是酿造发酵的主要部分，因此确立酵母培养体系中的介电监测法不仅在实验室研究上而且在工业应用上都十分重要。

9.3.5.1 酵母细胞同步培养过程的监测

以下两个例子都是对温度敏感的细胞分裂突变株的研究。第一个例子是酵母菌株 CDC28-13[38]，对于在25℃时正常生长的酵母菌株 CDC28-13，若在37℃培养则细胞分裂将停止。利用这点，只要控制温度就可以进行同步培养。在37℃培养的 CDC28-13th 突变体的生长被抑制，堆积在细胞周期的起点（出芽前），当将培养温度从37℃急速降到25℃时，细胞开始同步成长。对整个过程培养液的介电常数和电导率进行监测的结果表示在图9.13中，该图描绘了细胞的同步生长过程。图中的箭头处表示处于对数生长期中的细胞被接种到 YEPD 介质中，可以看出，按图中所示的温度变化模式（25℃—37℃—25℃）培养的话，伴随着细胞的同步生长，介电常数出现周期性的变化：温度升到37℃时介电常数 ε 减小而电导率 κ 增加，这是因为水的 ε 与温度成反比，而电解质溶液的 κ 则随着温度增加而增加。在37℃培养 2h 后，使温度迅速降低并回到25℃，这时 ε 表示出伴随周期变化的增加，而 κ 则没有周期性变化。

图9.14表示的是非同步和同步生长下介电监测的例子：用培养液和最初的培养介质的介电常数之差 $\delta\varepsilon$ 对培养温度下（由37℃变到25℃之后）的培养时间 t 作图，可以看到，非

同步生长的 δε 指数先增加然后稳定，而在同步培养中 δε 特有的周期变化只有在低频率范围（低于 0.5MHz）才能观察得到，在高频率范围（大于 0.8MHz）与非同步培养一样呈光滑的指数曲线变化，在低频，介电常数变化周期与细胞周期一致。图中还可以看出，周期数依赖于接种细胞的浓度，细胞浓度减小细胞分裂的次数增加，当接种细胞的含量为稳定生长期的大约 10％、5％和 2.5％时，δε 分别为三个、四个和五个周期。这个在同步生长中看到的介电常数增量 δε 的周期性变化可以用上节的介电模型以及介电谱探测细胞形态变化的相关文献予以解释[36,37,39]（参见后面的图 9.16 及其相应的解释）。

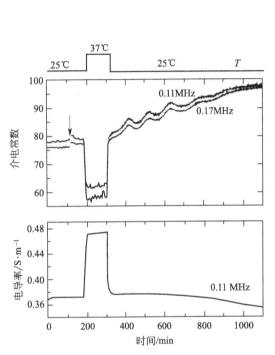

图 9.13　用介电常数和电导率监测同步
过程中的培养液
箭头所指点为添加细胞，培养液温度
变化表示在图上方[38]

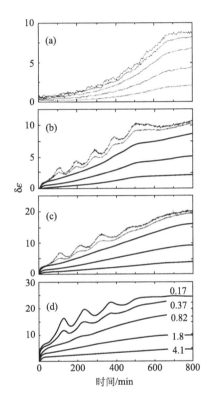

图 9.14　在非同步培养（a）和接种细胞含
量为 2.5％（b）、5％（c）和 10％（d）
时的同步培养过程中的介电常数变化量 δε
测量频率在图（d）中标出，单位为 MHz[38]

低频子弛豫的强度随着胚芽尺度的增加而增加，然后作为母子细胞隔膜形成的结果再减小；相反，高频子弛豫对于细胞长度是相当不敏感的，这与式(9-15) 和式(9-16) 给出的结果，以及与 9.3.4.3 节的分析都是相一致的。因此，如图 9.14 所展示的，只有在低于0.5MHz 的低频段，介电常数增量 δε 才具有周期性的变化。另外，在进行介电测量的同时采集测量的细胞，用流动血细胞计数法分析 DNA 含量的分布，通过介电常数变化和 DNA 含量之间的关系，可以确定介电常数的周期变化 δε 和细胞周期位置的对应关系。结果是：随着培养时间的进行，介电常数的增大和减小分别对应着子细胞的生长期和母子细胞的分离期，介电常数的峰值指出子细胞从母细胞中分离的时间[38]。这个例子说明介电谱适合于对细胞培养周期进程的实时、原位监测。在细胞的特殊阶段收集细胞并在特殊阶段供给它们以试剂的自动化细胞培养体系中，使用介电谱方法进行实时监测是可能的。

同步培养监测的第二个例子是分裂酵母株 K164-9[35,39]。实际上该例子是上面研究的延续和深入，目的是为了进一步考察介电常数周期变化与细胞分裂周期的相关性，同时用介电常数监测和考察培养过程中细胞形貌学的变化，因为分裂酵母因分裂而形成的隔膜可以在显微镜下观察到，这样，可以利用该细胞来对隔膜的形成与介电常数变化之间的关系进行考察。在该例子中的细胞在 36℃ 培养期间虽然细胞会伸长但不能分裂，所以刚好在 M 期（细胞分裂中期）之前收集后在 25℃ 培养。图 9.15 表示的是一个典型的同步培养的监测结果：介电常数随周期的变化以及介电常数和细胞形态的关系。同步培养开始约 1h 后，（光学显微镜观察的）隔膜形成率（所有细胞中具有隔膜的细胞所占的比例）由最小开始增加 [图 9.15(a) 中箭头 "1" 所指处]，介电常数也开始急剧下降；当隔膜形成率达到峰值时介电常数不再减小。由此可知介电常数的减小起因于隔膜的形成，而不是因隔膜形成后的细胞分离引起的，换言之，细胞被具有高阻抗的隔膜切断是介电常数减小的原因。在培养的 120～180min 期间，因为母子细胞分离所以隔膜形成率以及平均长度和直径之比都减小 [见图 9.15(b)]，在这个过程中看不到介电常数有很大的变化。接着介电常数又随这两个比值增加而增加，开始了第二个周期。由此可知，介电常数的减小和隔膜的形成密切相关，同时介电常数的增加的原因来自于细胞的伸长。介电常数的增加期与细胞伸长期是对应的，或者说在出芽细胞的芽成长期介电常数是增加的。

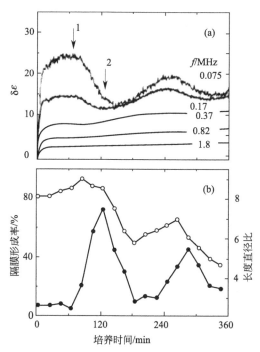

图 9.15　CDC25-22（K164-9）的同步培养中的介电常数变化（a）和细胞形态变化（b）的比较

（b）图中，●表示隔膜形成率，○表示细胞长径/短径比。点 1 和 2 分别表示形成隔膜的细胞最少和最多的位置[35]

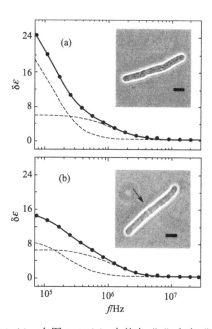

图 9.16　在图 9.15(a) 中的点 "1" 和点 "2" 获得的介电常数变化 δε 的频率依存性

曲线被分解为两个 Cole-Cole 型的子弛豫（分别用虚线和点划线表示），插图分别是没有（a）和有隔膜（b）的照片[35]

为了详细考察隔膜形成对介电常数变化的影响，将几乎没有细胞隔膜形成时期 [图 9.15(a) 中的点 "1"] 和几乎所有细胞都形成隔膜的时期（点 "2"）的一组典型的介电分散曲线进行比较，图 9.16 是它们的比较图。分别在图 9.16(a) 和（b）中的两个分散曲线都可以用包含两个子弛豫项的 Cole-Cole 公式描述，这表示，不论是否存在隔膜的细胞其介电谱都可以分成两个分量。根据椭球体细胞模型可知，出芽酵母细胞介电常数的主轴（长轴）和次轴（短轴）分量分别对低频和高频介电弛豫都有贡献，介电谱可看成是在低、高频的两个子弛豫的叠加。因沿长轴的极化产生的分量与低频弛豫有关，而与长轴垂直的分量则在介电谱的高频段，不受隔膜形成的影响，即低频子弛豫对隔膜的形成非常敏感，这点在图中反映得很明显：由于隔膜的形成低频弛豫的强度减小将近一半。使用介电模型的模拟计算结果表示，介电常数的主轴分量的大小随着细胞的长度增加而增加[35,37]，而当电场在主轴方向加到细胞上时可以检测到介电常数在主轴的分量，因此当母细胞和子细胞之间形成隔膜时相当于分裂前细胞的尺度减小，从而导致介电常数降低。从图 9.15(a) 中可以看到，只有在低频（大约小于 0.5MHz）时由于介电弛豫受到隔膜形成的影响，所以才可以观察到介电常数的周期性变化。至此，由以上的讨论可以很好地解释图 9.14 和图 9.15 的同步培养介电常数监测的实验结果。

即使如上面讨论的，伴随同步生长的介电常数变化可以通过椭球体模型的模拟进行定性的解释，并且从介电常数峰的形状可以获得关于培养同步率的一些信息。但是，实际上细胞的形状要比椭球体复杂得多，定量地解析细胞的结构和电性质需要更逼近细胞形状的计算，然而，获得复杂模型的解析式是非常困难的，因此只能进行细胞内外电场的数值计算，目前一些相关的研究正在开展中[40,41]。如果能够对介电谱实现更精确的模型解析，加上更精密的介电测量，利用介电谱方法更精准地跟踪同步培养的细胞分裂周期过程，使得费时费力的细胞增殖测量自动地完成是可期待的。

9.3.5.2 酵母细胞非同步培养过程的介电监测

以 Kyokai6 酵母细胞在 27℃ 的 YEPD 培养液中培养过程为例进行说明[36,37]。图 9.17 表示的是该细胞悬浮液在 $0.32 \sim 10 \text{MHz}$ 频率段测量的介电常数变化 $\delta\varepsilon(t)$ 的对数以及 $[\delta\kappa(t, f) - \delta\kappa_1(t)]/\delta\kappa_1(t)$ 的对数与培养时间依存关系[36]。从图中可以看到，在培养的初期（相应于对数生长期）$\lg\delta\varepsilon(t)$ 和培养时间成线性关系，而在接着的稳定期 $\lg\delta\varepsilon(t)$ 的值几

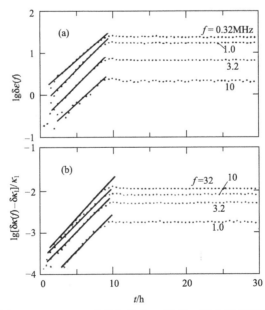

图 9.17 Kyokai6 酵母细胞在 27℃ 的 YEPD 培养液中
在不同频率下测量的介电常数变化 $\delta\varepsilon(t)$ 的对数(a)和
$[\delta\kappa(t, f) - \delta\kappa_1(t)]/\delta\kappa_1(t)$ 的对数的时间经由
对数生长期中的实线是由最小二乘法得到的[36]

乎不变。这些时间依存图相似于用传统的细胞计数法获得的酵母的生长曲线。此外，接种前后培养液的电导率的增加值 $\delta\kappa(t,f)$ 减掉低频的 $\delta\kappa_1(t,f)$ （使用在 0.075MHz 的值），再用得到的 $[\delta\kappa(t,f)-\delta\kappa_1(t)]/\delta\kappa_1(t)$ 取对数后对时间 t 作图，结果与 $\lg\delta\epsilon(t)$ 曲线几乎相同。这是因为介电常数和电导率不是相互独立的，对于一个弛豫过程，介电常数增量、电导率增量以及弛豫时间之间存在 $\tau_s=\epsilon_0\Delta\epsilon/\Delta\kappa$ 的关系之缘故。在介电常数测量精度低时也可以使用电导率，但只限于弛豫频率变化不大的情况。

细胞生长经过时间 t 后，细胞浓度为 $N_c=N_0 2^{t/T}$（N_0 为初始浓度，T 为平均细胞世代时间），因此浓度的对数和时间成线性关系

$$\lg N_c = \lg N_0 + (\lg 2/T)t \tag{9-24a}$$

或写成

$$\Delta\lg N_c = (\lg 2/T)\Delta t \tag{9-24b}$$

因此，可以根据 $\lg N_c$ 对 t 作图的斜率（$\Delta\lg N_c/\Delta t$）利用下式计算出细胞生长的世代时间 T：

$$T = \lg 2/(\Delta\lg N_c/\Delta t) \tag{9-25}$$

另外，由 9.3.4.4 节可知，$\delta\epsilon$ 和（$\delta\kappa-\delta\kappa_1$）$/\delta\kappa_1$ 都与 N_c 成正比，因此 $\lg\delta\epsilon$ 和 $\lg(\delta\kappa-\delta\kappa_1)/\delta\kappa_1$ 对培养时间 t 作图的直线斜率都等于 $\Delta\log N_c/\Delta t$，这与图 9.17 的实验结果相一致。将 $N_c=N_0 2^{t/T}$ 代入式（9-2）后再取对数，得到

$$\lg\Delta\epsilon = \lg\frac{3\pi R^4 C_m}{\epsilon_0}N_0 + \frac{\lg 2}{T}t \tag{9-26}$$

若 R 和 C_m 在培养过程中不变的话，则 $\lg\Delta\epsilon$ 与培养时间 t 成线性关系，这表示从介电测量数据可以监测培养过程并计算出细胞的平均世代时间。

9.3.6 介电监测实例 2——发酵中的实时监测

为了正确控制酒类酿造过程必须实时地获得工程上所需要的信息，但是，在线测定酵母菌和乳酸菌等微生物的状态是非常困难的，以往大都是用采样的方法，根据气泡和温度以及观察糖的断裂等经验来掌握细胞的状态。由前面的内容可知，利用介电谱方法估计发酵期间微生物是可行的，因为酵母菌浓度与介电常数成线性关系，这对于在通常的酒类发酵中酵母的浓度范围，可以保证监测具有很高的精度。但是，在线监测因为受到溶解 CO_2 在电极表面产生的气泡的影响而无法实现，针对该问题，开发了 9.3.3 节介绍的无电极探针技术和相应的介电监测系统，利用此方法能够实时地捕捉到关于威士忌和啤酒等酒类发酵工程的细胞状态的信息。

威士忌发酵需要在以麦芽为原料的麦汁里加入大量的酵母。由自然升温到较高的温度进行发酵，经过旺盛的生长和代谢最终酵母死亡，即生长、成熟、老化和死亡四个时期。其中在死亡期酵母菌体逐渐溶解，在威士忌发酵中这个时期乳酸菌活跃。介电测量可以监测威士忌发酵中酵母的这四种状态变化，因为在生长期和成熟期，菌体细胞数量和体积的增大导致介电常数的增加，酵母体积的减小和死亡导致介电常数减少，因此就可以通过介电常数的变化估算发酵各时期的菌数和体积，实时监测发酵的程度。图 9.18 是对威士忌发酵中麦芽汁（细胞悬浮液）的介电常数在 100kHz 到 5.4MHz 之间的连续测量结果。到 20h 之前介电常数的增加是由于细胞浓度和体积的增加所致，从 20h 到 40h 期间的介电常数减小表示死亡的细胞数在增加，由于死细胞的原生质膜被破坏而几乎不能产生极化，因此在 40h 以后的介电常数低到与介质相似的程度。考察不同最高温度时如图 9.18 那样的介电常数随发酵时间的变化，可以监测到最高温度对酵母的老化、死亡的影响。将这些由介电监控获得的发酵中的

酵母状态的情报反馈到工程系统中，可以及时地进行工程上的控制[42]。

第二个例子是啤酒发酵过程的介电实时监测[37]。啤酒发酵过程的特征是酵母的生长具有很高的同步性。图 9.19 表示的是在 25℃、不同频率下测得的啤酒发酵过程中发酵液的介电常数的变化，可以看出，在发酵 40h 之前的早期阶段，在 0.1MHz 和 0.18MHz 的低频，测量的介电常数出现与细胞生长周期相关联的锯齿型波动，这是因为在低频酵母细胞的生长具有很高的同步性。介电常数的增加与细胞生长相对应，而在约 80h 之后的介电常数的减小是因为在母子细胞分离和下一次出芽准备期观察不到酵母体积的增加所致。随着生长周期数增加（大约 60h 之后）细胞生长的同步性降低，因此就看不到介电常数增加的周期性。利用 9.3.4 节的解析模型，把生长的同步率作为参数对介电常数的减小行为进行模拟，可以很好地模拟图 9.19 中的实验结果[37]，由模拟结果推测啤酒发酵第一次的同步率为 70%，第二、三次的生长同步率为 60% 和 30%。

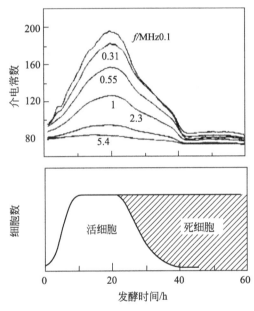

图 9.18　威士忌发酵过程中发酵麦芽
汁的介电常数的变化
图中指出了探针频率，下图示意了发酵
过程中活细胞和死细胞的数量变化[9]

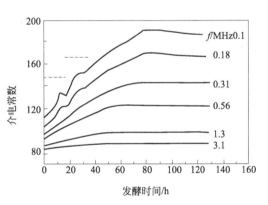

图 9.19　啤酒发酵过程中发酵
麦芽汁的介电常数的变化
测量频率在 0.1~3.1MHz 之间[9]

从以上实例可以看出，在发酵过程中通过介电常数的变化可以实时捕捉酵母状态，实时介电监测技术不仅适用于威士忌和啤酒的发酵，而且对于发酵食品的工程和酵母菌以外的气体类的生物过程也是适用的。比如，对制面包的生面团发酵中气体产生的介电监测[43]。因为电容或电导的测量可给出产生的二氧化碳气体的体积分数随时间的变化关系，因此，了解因发酵产生的气体使面团膨胀的程度，不需要花时间去测量体积，只要利用介电测量便可以容易地测定和计算出各个时期面团体积的变化。此外，利用固体培养基的发酵过程也可以用类似的介电方法进行实时监测，原理同样是利用固体培养基中酵母浓度与电容的线性关系，通过电容对培养时间的变化来实时监测培养过程[44]。

对于利用酿造发酵和菌类进行物质生产等生物过程的优化，把握细胞状态是十分重要的。为此，对于细胞生长和细胞状态的实时监测是不可缺少的，以介电解析为理论基础、以无电极探针测量法为手段的介电监测法能够解决以往使用的方法所存在的测量条件的制约、费时费力的弊端以及避开从新陈代谢的间接推定等问题。模拟计算显示，该方法的适用范围可以单纯地由细胞的大小、培养液的电导率、菌体量以及选择的测量频率来决定。当然，测量仪器的性能提高将会进一步扩大测量范围和提高测量精度。因此，作为能在相当广泛的范围对细胞状态进行实时监测的介电方法，具有诸多的可期待的应用前景。

9.4 介电监测在其它对象上的应用

介电谱监测方法除了用于上述的细胞生长和发酵等生物体系以外，最多的应该是聚合物材料的固化、（聚合物）化学反应等体系中。关于固态聚合物体系介电性质方面的知识以及研究进展可以在很多书籍中找到。但是，在对一些经历了化学的和/或作为化学反应结果的物理变化的体系，以及发生结晶、玻璃化和相分离等体系的研究中发现，介电谱方法也可以显示其独特的优势和很强的潜力，其原因之一是因为在这些过程中，结构随时间的变化可以用介电谱的参数来表征。很多有意思的例子无法面面俱到，本节对几个不同类型的实例予以简单介绍。

9.4.1 交联和固化过程的实时原位监测

9.4.1.1 基本原理

介电谱作为一种监测技术在聚合物中应用最多的是对交联或固化过程的研究，即用介电测量跟踪从通常的液体预聚物向三维热固性聚合物网络的转化过程。该方法的原理应从聚合物材料在电场下的两个主要极化机制考虑：由于电荷移动的极化和因永久偶极子的取向极化。测量的电导率包含外在电荷（离子）和固有移动电荷（沿氢键的质子转移）的贡献。但因外在电导率通常与物质的黏度成反比，所以对高黏性材料可排除外在电导率的影响，这意味着高交联性聚合物网络的电导率可以用来跟踪内在的电荷移动。但是，在反应期间因为黏度增加的结果是使得外在电导率下降，内部的电导率遵循更复杂的模式，因此整个测量的电导率变化倾向取决于主导介电响应的机制。

以下式表示的介电损失作为解析数据并进行分析的出发点

$$\varepsilon'' = \frac{\Delta \varepsilon \omega \tau}{1 + (\omega \tau)^2} + \frac{\kappa}{\omega \varepsilon_0} \tag{9-27}$$

在忽略某些实验频率下因偶极子产生的介电损失对整个介电损失的贡献的前提下，即在

$$\frac{\Delta \varepsilon \omega \tau}{1 + (\omega \tau)^2} \ll \frac{\kappa}{\omega \varepsilon_0} \tag{9-28}$$

条件下，表观电导率（一些文献中称为"离子电导率"，用 σ 表示）可从下式计算：

$$\kappa = \omega \varepsilon_0 \varepsilon'' \tag{9-29}$$

表观电导率是介电监测中的重要参数，因为凝胶化前它与热固树脂网络的基本过程参数有关，表观电导率的时间导数即为固化的速度。但实际上，由于对测量的电导率的基本特征缺乏充分的认识，以及由于将介电响应与树脂的化学流变特征联系起来的模型还没有得到充分的发展，因此通过表观电导率来监测固化过程的有效性尚未得到确认[45]。幸好，宽频介电弛豫谱的优势之一是它具有探测固化期间偶极子的分子动力学的能力，这个固化过程包括了从偶极弛豫时间为数十皮秒（最大频率 f_{max} 大约为 10GHz）的高温固化初期，经过弛豫时间的数十或数百秒的玻璃化过程到固化后期阶段（凝胶化之后）。此外，整个固化过程中伴随弛豫时间变化的是静态介电常数，高频介电常数、弛豫谱的形状参数、局部弛豫过程等的

变化。

在依次讨论这些变化并举例说明固化是怎样用实验观测到的这些参数所监测的主题之前，首先简述一下网络形成聚合物的基本介电知识。本节讨论的聚合物体系的主要弛豫为来自链段运动 α 的弛豫，因为链段运动的时间尺度可确定玻璃转化，所以 α 弛豫便与"介电体玻璃转化"联系起来，而 β 和 γ 等次级弛豫（注意，在聚合物这部分的 α、β、γ 弛豫的本质与前面生物体系中的不同），按照温度降低（频率不变）或者频率升高（温度不变）的次序，与玻璃态的局部运动相联系。在高温（高频）α 和 β 过程融合：较快运动的 α 过程赶上并与较慢运动的 β 过程结合形成 αβ 过程。α 和 β 弛豫具有不同的长度和时间尺度，但因为通常是相同的偶极子对这两个过程的弛豫都有贡献，所以它们是相互关联的。其次，必须提及的是：用介电谱研究分子动力学的先决条件是所研究的材料要有永久偶极矩。但是，在网络形成聚合物中，偶极子的类型和浓度在交联过程中可能发生变化。为了系统化研究，将能够产生网络结构并能被介电谱探测到的可能情况分为四种：①反应物中存在偶极子但不参与化学反应，产物中含有浓度和种类都相同的偶极集团；②反应物中存在偶极子并参与化学反应，产物中形成新的偶极子；③反应物中存在偶极子，反应生成非极性基团；④在反应物中不存在偶极子，但是在反应中形成偶极子。这样，可以根据反应的某个深度的偶极子变化来追踪反应过程。基于以上概念，考察网络形成过程中几个介电参数的变化。

9.4.1.2 网络形成过程中弛豫时间的改变

偶极弛豫时间是研究反应性聚合物体系的有效参数，因为弛豫时间不仅可以描述固化各个阶段的动力学，而且与适当的动力学模型一同使用，可以建立分子动力学和化学动力学之间的联系。这两方面将在下面讨论。对于前者，研究最多的形成网络材料是环氧化物-胺体系，它属于反应物存在偶极子参与反应并且产物形成新偶极子的情况（②）。在典型的环氧化物 DGEBA（双酚 A 型缩水甘油醚）和 DETA（二乙烯三胺）在交联过程中，随着分子质量和连接性的增加，玻璃转移温度增加，其它物理性质也逐步显现出来，这时的偶极动力学经历了如下的几个阶段：固化早期的 αβ 过程，未反应的混合物的响应主要是局部性质，所有的运动都处于相似的时间尺度并且产生弛豫的原子数量数很少，介电谱中只出现一个弛豫时间为百亿分之一秒的高频弛豫峰；随着反应的进行，分子的连通性逐渐增大导致分子活动范围增大，单位体积活动范围内的分子数增多，也导致分子运动时间产生一个宽的分布（αβ 过程）。当分子活动的范围大于局部活动范围时，该宽分布分离成可区别的 α 过程和 β 过程，实际上是 α 过程开始移向低频而 β 过程位置几乎不变。当接近于固化完成时，α 过程转移到玻璃态转移的极低频区，而 β 过程仍然处在高频。为了更清楚地区分从反应开始的 αβ 过程到分离的 α 和 β 过程，通常是从介电损失-频率图的最大损失频率 $f_{\max}$ 获得弛豫时间 $\tau\left(\dfrac{1}{2\pi f_{\max}}\right)$，这样，上面各个阶段的弛豫时间可以作为转换进度的函数来表述固化过程。α 过程和 β 过程的弛豫时间与转化程度的关系分别由 VFT 方程和 Arrhenius 方程表示[46,47]：

$$\tau_\alpha = \tau_{0,\alpha}\left[\frac{F_1}{\% - \%(0)}\right] \tag{9-30}$$

$$\tau_\beta = \tau_{0,\beta}\exp(F_2{}^*\%) \tag{9-31}$$

$\%$ 表示反应进度，τ_0、F_1 和 F_2 是介电测量的弛豫时间数据的最佳拟合参数。利用弛豫时间跟踪监测固化交联过程，一般要与其它物理方法结合使用。比如上述的 DGEBA 和 DETA 交联的例子就是在介电测量的同时，还需利用 FTIR 测量获得转化的进度。此外，将从介电谱获得的 α 弛豫时间随转化的数据与动力学光散射（DLS）的结果进行比较，可以获得环氧化物-胺网络动力学的很多信息，详细可参考文献[46]。

9.4.1.3 网络形成过程中化学动力学和分子动力学间的相关性

最近十年来，关于偶极动力学和网络形成动力学的基础研究取得很大进展，对这个领域有着重要贡献的包括 Williams 研究组的工作[48]，他们提出了介电常数（和介电损失）-固化时间-频率的 3D 作图方法，使得介电谱能够预测在玻璃化范围的交联反应进程。用弛豫时间监测固化动力学的程序简要概括如下。第一步是在选定的反应温度下完成一系列动力学测量和介电测量。具体讲，利用从 DSC（差示扫描量热法）、FTIR、滴定、GPC（凝胶渗透色谱法）等方法获得的动力学数据，作反应进度对反应时间的图，然后导出描述反应机理的动力学方程，必要时需要解释扩散过程的动力学方程[49]。第二步是分析介电谱的数据。由介电损失最大值对应的频率 f_{max} 求得平均弛豫时间 $\tau=1/(2\pi f_{max})$，固化过程中伴随分子量和交联密度的增加，平均弛豫时间 τ 也增加。下面的平均弛豫时间 τ 对反应时间的指数关系可以很好地描述反应进程：

$$\tau=\tau_0\exp(kt_{max}) \quad 或 \quad f_{max}=f_{max}(0)\tau_0\exp(-kt_{max}) \tag{9-32}$$

$f_{max}(0)$ 是尚未固化的材料的最大介电损失所对应的弛豫频率，k 是在反应温度下的常数。将第一步获得的动力学信息代入方程式(9-32)中，若聚合速率表示为

$$d\alpha/dt=kf'(\alpha)f''(\alpha) \tag{9-33}$$

其中 $f'(\alpha)$ 和 $f''(\alpha)$ 分别为动力学表达式和扩散控制因子[50,51]。方程式(9-33)也可写成用反应达到某一进度时所需的时间表示的形式：

$$t(\alpha)=\int_0^\alpha \frac{d\alpha'}{f'(\alpha')f''(\alpha')} \tag{9-34}$$

由方程式(9-32)和方程式(9-34)，可以将给定反应温度下介电损失最大值对应的频率 f_{max} 表示为固化度的函数：

$$\ln f_{max}=\ln f_{max}(0)-k\int_0^\alpha \frac{d\alpha'}{f'(\alpha')f''(\alpha')} \tag{9-35}$$

方程式(9-35)建立了由介电弛豫反映的分子动力学和化学动力学之间的联系。对于没有扩散控制的转化，$f''(\alpha')=1$。

介电测量的目的是监测在给定反应温度 T_R 以及不同测量频率 $\omega=2\pi f$ 和反应时间 t_r 下的介电常数 $\varepsilon(\omega,t_r)$ 和介电损失 $\varepsilon''(\omega,t_r)$ 的值。图 9.20 是 DGEBA-PACMC 4,4′-二氨基二环己基甲烷固化体系的在 10^5 Hz 下的 $\varepsilon(t_r)$ 和 $\varepsilon''(t_r)$ 对反应时间 $\lg(t_r)$ 的图。从 $\varepsilon(t_r)$-$\lg(t_r)$ 的图 9.20(a) 可以看出，不同温度 T_R 介电常数突变（减小）的时间位置不同，这反映从液态到玻璃态转化所需的时间不同；$\varepsilon''(t_r)$-$\lg(t_r)$ 的图 9.20(b) 是对图 9.20(a) 的补充，随着增加 T_R，转化过程移向较短的时间而且峰高降低。图 9.21 是图 9.20 将整个频率范围获得的 $\varepsilon(t_r)$-$\lg(t_r)$ 和 $\varepsilon''(t_r)$-$\lg(t_r)$ 数据制成的 3D 图。从图中可以得到不同反应温度下的 f_{max}（或 t_{max}），利用弛豫频率 f_{max} 结合化学动力学获得数据和公式(9-35)可以监测固化过程。关于利用分子动力学和化学动力学数据研究环氧化物-胺体系网络形成过程的细节可阅读相关的文献[48,52,53]。

9.4.1.4 网络形成期间弛豫强度的变化

上面讨论的是利用弛豫时间监测固化过程的动力学，在偶极极化基础上另一种监测固化的方法是测量介电常数或介电弛豫的强度。其原理是根据第 1 章介绍的 Onsager 方程［式(1-18)］，因为材料的偶极子和静态介电常数之间存在直接的关系[54]：

$$\frac{(\varepsilon_s-\varepsilon_\infty)(2\varepsilon_s-\varepsilon_\infty)}{\varepsilon_s(\varepsilon_\infty+2)^2}=\frac{1}{9\varepsilon_0 kT}\sum N_i\langle\mu_i^2\rangle \tag{9-36}$$

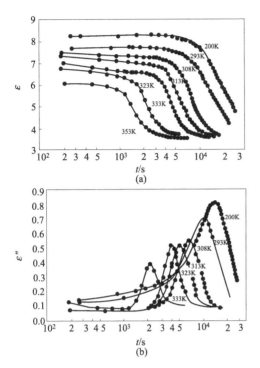

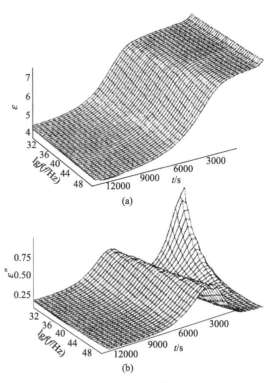

图 9.20 DGEBA-PACM 体系的介电常数（a）
和介电损失（b）与反应时间的关系[48]
测量频率为 $f=10^5 \text{Hz}$

图 9.21 DGEBA-PACM 体系在固化温度为
$T=313\text{K}$ 时的介电常数（a）和
介电损失（b）对反应时间和频率的三维图[48]

N_i 是材料中 i 种偶极子的浓度，μ_i 是 i 种偶极子的偶极矩。当偶极成分在网络形成时发生系列变化时，静态介电常数 ε_s 的测量将给出固化过程中任一时间反应性体系的构造或排列方式的信息。伴随着化学变化和分子量的增加，通常是偶极子密度增加，这将导致偶极弛豫强度的增加。然而，因为大多数情况下的反应性体系产物的偶极子极性很小或者没有极性，所以介电常数的增加通常观察不出来。对于反应物的偶极矩大于产物的偶极矩的情况（大多数环氧化物-胺体系均如此），静态介电常数或弛豫强度将减小。

9.4.1.5　网络形成期间介电谱的变化

除了上述方法之外，还有通过考察介电谱的变化监测网络形成过程的方法。具体的，是用适当的弛豫函数（比如 HN 方程）拟合测量的介电谱，检查反应过程形状参数的变化，如分布宽度和特殊的形状参数，详细了解可阅读文献[47,55~57]。

总括上述，介电谱方法用于监测具有化学反应性体系的网络形成过程的主要根据是两种极化机制：电荷移动的极化机制和永久偶极子取向的极化机制。电荷的移动产生电导率，因为它受网格形成影响，故电导率可监测固化进程；偶极取向的研究可以提供关于网络形成聚合物动力学的更深层的分子信息。尽管根据偶极子的类型和密度，可以将能用介电谱探测的交联反应划为四类，但是，对于所有这四类体系共同的是，它们在网络形成期间链段弛豫（α 过程）的变化，而形成网络的进度可以通过该弛豫的弛豫时间、弛豫强度以及介电谱的形状等因素量化和模拟。

9.4.2　化学反应的实时原位监测

介电谱方法用于化学反应过程的监测在原理上与上节有很多相似之处，监测的体系也大都是聚合物体系。考虑整个反应体系为一个混合物，其总的介电弛豫强度可以用体系内各组成的贡献来解析，而对每一个组成可以按分子偶极矩解析，这样，反应混合物组成的变化可以用介电谱进行原位监测。在这方面，Jovan Mijovic 等的研究是个很好的实例[58]。他们采用一套小分子作为复杂的环氧化物-胺网络形成体系的模型化合物（图 9.22），PGE 和苯胺及其反应产物（SA 和 PGAN）是典型的芳香网络结构的环氧化物-胺系列：

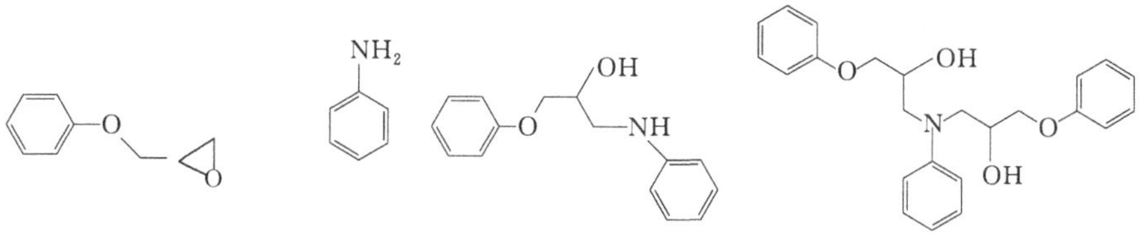

$$PGE \qquad 苯胺 \qquad 二级胺(SA) \qquad PGAN$$

图 9.22　Mijovic 研究中使用的模型化合物[58]

反应过程中由于极性基团的增加而产生偶极矩的变化，静态介电常数表现出对 PGE-胺模型体系中环氧化物转化的敏感性。因此可以通过监测偶极矩的静态性质确定反应混合物中的化学成分。

根据 1.3 节的内容 [式(1-58)]，具有永久偶极矩的材料对外加电场的响应可以用下式表示的复介电常数 ε^* 描述（仅仅在偶极弛豫发生的频率范围）：

$$\frac{\varepsilon^*(\omega)-\varepsilon_\infty}{\varepsilon_s-\varepsilon_\infty}=1-j\omega\int_0^\infty \exp(-j\omega t)\phi(t)\mathrm{d}t \tag{9-37}$$

$\phi(t)$ 是极化衰减函数，常常用经验弛豫函数 KWW 方程 [式(1-71)] 描述。ε^* 也可以用经验方程描述，其中之一是 HN 函数：

$$\varepsilon^*(\omega)=\varepsilon_\infty+\frac{\varepsilon_s-\varepsilon_\infty}{[1+(j\omega\tau_{HN})^a]^b}+j\frac{\kappa}{\omega^n\varepsilon_0} \tag{9-38}$$

a 和 b 都是介电谱的形状参数，n 表示移动电荷机制中的偏离。利用介电谱方法原位获得各组分的静态介电常数 ε_s 数据，再利用介电参数和偶极矩浓度的所谓 Onsager 关系 [式(9-36)]，可以对该反应过程进行实时监测。程序大致是：首先通过使用近红外光谱跟踪环氧化物基团的消耗量，对化学反应中 PGE 的浓度进行定量化[59]；进一步，在 PGE 的转换数据基础上计算反应混合物中其它组分，即反应产物二级胺或三级胺（AS 和 PGAN）的相对浓度[58]，最终建立反应体系中所有组分的偶极子摩尔浓度和环氧化物转化率之间的关系，将这些信息代入上节提到的包含介电参数的 Onsager 关系式中可以对反应体系进行评价。以该关系式为基础的其它研究还有环氧化物-胺液体混合物的聚合期间在压力变化下的介电谱监测[60]，该研究给出聚合过程中因体积和结构熵变化而导致扩散和聚合速度等改变的一些动力学信息。

利用介电测量的实时监测除了用于上述的聚合物网络形成过程以及化学反应体系之外，在结晶化过程[61]、导电性聚合物上绝缘物吸附过程（如 PPy 上吸附 DNA）[62] 和其它动态的高分子体系[63] 等很多基础研究领域，以及大量的应用研究领域都有很多研究报道[64~66]，这些研究工作都从不同的方面展示了介电谱法对不同的体系所具有的应用潜力。

参 考 文 献

[1]　Kaler K V I S, Jones T B. Biophys J, 1990, 57: 173-182.

［2］ Fuhr G, Gimsa J, Glaser R. Stud Biophys, 1985, 108: 149-164.

［3］ Jones T B. Electromechanics of particles. Cambridge University Press,1995.

［4］ Asami K. Meas Sci Technol, 1994, 5:589-592.

［5］ Matey J P,Blanc J.J Appl Phyl, 1985,57:1437-1444.

［6］ Williams C C , Hough W P,Rishton S A.Appl Phys Lett,1985,55:203-205.

［7］ Hansma P K, Drake B,Marti O.Science,1989,243:641-643.

［8］ Asami K, Zhao K S. Colloid Polym Sci 1994,272,1:64-71.

［9］ Asami K, Yonezawa T,Wakamatsu H, Koyanagi N.Bioeletrochemistry of biological cells,1996,40:141-145.

［10］ 赵孔双.生物化学与生物物理进展,1997,24(4):316-322.

［11］ Asami K.Colloid & Polymer Science,1998,276,373-378.

［12］ Asami K, Zhao K S.Colloid Polym Sci,1994,272(1):64-71.

［13］ 赵孔双.高等学校化学学报,1997,18(1):107-111.

［14］ Asami K. Colloid Polym Sci, 1995,273:1095-1097.

［15］ Asami K, Irimajiri A,Hanai T.Bull Inst Chem Res Kyoto Univ,1990,68:219-223.

［16］ ChoY,Kirihara A,Saeki T.Rev Sci Instrum,1996,67:2297.

［17］ Cho Y,Kazuta S,Matsuura K.Appl Phys Lett,1999,75:2833.

［18］ Cho Y, Ohara K,kazuta S,Odagawa H.J Eur Ceram Soc,2001,21:2135-2139.

［19］ Matsuura K,Cho Y.Appl Surf Sci,2002,188:421-424.

［20］ Kazuta S,Cho Y,Odagawa H.J Eur Ceram Soc, 2001,21:1581-1584.

［21］ LuY,Wei T,Duewer F,Lu Y, Ming N B, Schultz P G, Xiang X D.Science, 1997, 276: 2004-2006.

［22］ Chen G, Wei T, Duewer F, LuY, Xiang X D. Appl Phys Lett, 1997, 71: 1872-1874.

［23］ Gao C, Duewer F, Xiang X.D. Appl Phys Lett, 1999, 75:3005-3007.

［24］ Chen Y C, Cheng H F, Wang G, Xiang X D, Chiang Y C, Liu K S, Lin I N. J Eur Ceram Soc, 2003,23:2671-2675.

［25］ Cannizzaro C, Gügerli R, Marison I, Stockar U V. Biotechnol Bioeng,2003, 84(5):597-610.

［26］ Davey C L, Kell D B, Kemp R B, Meredith R W J. Bioelectroch Bioener,1988, 20:83-98.

［27］ Davey C L, Markx G H, kell D B.Pure&Appl Chem, 1993,66(9)1921-1928.

［28］ Davey C L, Davey H M, Kell D B, Todd R W. Anal Chim Acta, 1993,279:155-161.

［29］ Davey C L, Davey H M, Kell D B, Bioelectrochem Bioenerg, 1992,28:219-340.

［30］ Davey H M, Davey C L, Woodward A M, Edmonds A N, Lee A W, Kell D B.Biosystems, 1996, 39(1):43-61.

［31］ Davey C L, Kell D B.Bioelectroch Bioener,1998, 46(1):105-114.

［32］ Mishima K, Mimura A, Asami K, Hanai T.Fermentation and Bioengineering, 1991,72:291-295.

［33］ Harris C M, Todd R M, S J Bungard,Lovitt R M, G Morris, Kell D B.Enzyme Microb Technol, 1987,v9:181-186.

［34］ Wakamatsu H. Hewlett-Packard J, 1997, 48:37- 44.

［35］ Asami K, Gheorghiu E, Yonezawa T.Biophysical J, 1999,76: 3345-3348.

［36］ Asami K, Yonezawa T.Biochimica et Biophysica Acta, 1995,1245:99-105.

［37］ Asami K, Yonezawa T. Biochimica et Biophysica Acta, 1995,1245: 317-324.

［38］ Asami K, Takahashi K, Shirahige K K. Yeast, 2000, 16:1359-1363.

［39］ Asami K, Biochimaca et Biophysica Acta, 1999,1472: 137-141.

［40］ Sekine K. Bioelectrochemistry, 2000,52: 1-7.

［41］ Asami K, Sekine K.J Phys D: Appl Phys, 2007,40 : 1128-1133.

［42］ Asami K, Yonezawa T. Biochimica et Biophysica Acta, 1995,1245:278.

［43］ Ito M, Yoshikawa S, Asami K, Hanai T. Cereal Chem, 1992,69:325-327.

［44］ Mishima K, Mimura A, Takahara Y, Asami K, Hanai T.J Fermentation and Bioengineering, 1991,72:291-295.

［45］ Kremer F, Schönhals A.Broadband dielectric spectroscopy.Springer,2003.

［46］ Benjamin D F, Mijovic J. Macromolecules, 1999, 32: 4134-4140.

［47］ Fitz B, Andjelic′S, Mijovic J. Macromolecules,1997, 30: 5227-5238.

［48］ Fournier J, Williams G, Duch C, Aldridge G A. Macromolecules, 1996, 29: 7097-7107.

［49］ Deng Y, Martin G C. Macromolecules, 1994,27: 5141-5146.

［50］ Deng Y, Martin G C. J Polym Sci: Part B Polym Phys, 1994,32:2115.

［51］ Huguenin F, Klein M T. Ind Eng Chem Prod Res Dev, 1985,24:166.

［52］ Maistros G M, Block H, Bucknall C B, Partridge I K. Polymer, 1992, 33: 4470.

［53］ AndjelióS, Mijovic J. Macromolecules, 1998, 31: 8463-8473.

［54］ Frohlich H.Theory of dielectrics.London:Oxford University Press, 1949.

［55］ Andjelic S, Fitz B, Mijovic J. Macromolecules, 1997, 30:5239.

［56］ Tabellout M, Randriananantoandro H, Emery J R, Durand D, Hayward D, Pethrick R A.Polymer, 1995, 36:4547.

［57］ Katana G, Kremer F, Fischer E, Plaetschke R. Macromolecules, 1993, 26:3075.

［58］ Fitz B D, Mijovic J. J Phys Chem B, 2000, 104:12215-12223.

［59］ Mijovic J, Andjelic S. Macromolecules, 1996, 29: 239-246.

［60］ Wasylyshyn D A, Johari G P. J Phys Chem B, 1999, 103: 3997-4005.

［61］ Mijovic J, Sy J W. Macromolecules, 1997, 30:3042.

［62］ Saoudi B, Despas C, Chehimi M M, Jammul N, Delamar M, Bessiere J, Walcarius A. Sensor Actuat B-Chem, 2000,62: 35-42.

［63］ Pethrick R A, Hayward D. Prog Polym Sci, 2002,27:1983-2017.

［64］ Brown M D, Hill B. Compos Part A-Appl S, 2000,31:1373-1381.

［65］ Maistros G M, Partridge I K. Compos Sci Technol, 1995, 53:355-359 .

［66］ Cho J H, Kim I Y, Lee D G.J Mater Process Tech, 2003,132:168-176.

第 10 章 介电谱在其它领域的应用

介电谱能够提供一种确定分子动力学和分子间相互作用程度的方法，而且覆盖很宽的频率范围，可以同时研究不同极化速度的过程：从慢的受限电荷转移过程以及界面电荷分布产生的极化到相对快的小分子或分子侧链基团的取向极化。因此，近 20 年来，由物理学、生理学、材料科学以及化学家们建立的介电谱方法已经被广泛地应用到了很多领域的基础和应用研究之中，并在实践中得到了发展。或许读者曾从关于介电谱的研究文献或书籍中体会到，介电谱是一个常常用于研究材料或电化学体系的，以及生物体系中大量的与电荷运动、界面电荷分布相关性质的古老技术。即使本书在前几章着力阐述了该方法在化学学科相关领域的理论进展并重点介绍了近年来的研究状况，包括上一章中的两个重要应用，但也可能不足以给介电谱方法的应用以全面的描述，同时，也可能难以满足读者希望介电谱方法在更多应用技术领域发挥作用之期待。然而，确实介电谱的应用领域远远超出前面所介绍的，这样的事实被过去几十年中的大量研究所证实。特别是近十几年，介电谱方法受到来自诸多领域的青睐，而且这种倾向有不断增加之趋势，因此，它在一些与国计民生密切相关的实际领域的应用也愈显突出，比如医药、食品、建材和健康等领域。限于篇幅以及作者的知识范畴，本章只能介绍几个有相对系统性研究的应用领域。

10.1 介电谱对药物体系的应用

在前面的胶体分散系、高分子膜以及生物细胞的章节中，对脂质体、囊泡、胶束的介电性质和介电谱解析方法有了详细的介绍，它们奠定了介电谱方法在药学领域应用的基础，但因为各自领域的强烈的目的性，使得具体研究方法上有所不同，因此，本节着重介绍一些新近的研究方法和具有代表性的实例。

10.1.1 脂质体和微胶囊作为药物载体的体系

脂质体作为药物释放载体一直是药学领域的重要体系。为了防止药物泄漏即保持药物稳定，常常需要将其冷冻干燥，关于这方面的研究重要的是需要考察膜的稳定性，而膜的稳定性反映在冷冻期间膜的流动性上。对于常见的脂质体缩醛磷脂酰胆碱（PC），膜的流动性可以由介电谱直接进行评价，因为膜具有表面偶极子（可用做药物的磷酸胆碱）头基，头基的湍度可作为探针评价表面流动性，给出防冻剂（在冷冻过程中用来防止细胞或组织受损的物质，如甘油等）作用的可能机制以及药物和盐对膜性质的影响的一些信息。例如，介电谱可以观察到在两性离子 PC 的胆碱部分因围绕磷酰基轴的振动（大约在 50MHz）而产生的介电弛豫[1]。另外，研究还表明，利用介电测量得到的宏观平均弛豫时间和微观弛豫时间的关系，可以了解脂质体表面的电荷迁移状况，电荷的迁移间接地表达脂质体膜的界面流动性。脂质体表面膜上的头基取向的弛豫时间与随温度、分子所在的相区以及分子聚集状态等因素有关，因此，介电谱能够提供脂质体在形成过程（胶束或囊泡、凝胶或液晶）中结构方面的信息[2]，在磷酸胆碱双层的多层胶束体系中也观察到了类似的弛豫，它被解释为是头基以膜法线为轴心的转动取向引起的，偶极子头基的取向极化的动力学取决于该两性离子的环境以及头基与相邻分子的相互作用[3]。介电谱可以方便地表达药物的膜活性。因为通过电模型可以将介电参数与膜的介电常数和脂质体内的电导率联系在一起，因此结合模型可以解析药物的膜传输过程，获得药物与膜相互作用的信息。总之，因为介电谱对于脂质体膜的敏感性以及电模型在该体系的可适用性，使得介电谱方法在脂质体药物释放体系的应用中具有很大的前景。

从介电谱方法的角度，微胶囊悬浮液与细胞悬浮液以及脂质体悬浮液在本质上都是相同的，都是被导电性非导电壳包裹的导电性球体与相对导电的介质构成的非均匀体系，故 4.7 节和 5.4 节中基础部分的内容，以及对应的解析方法对药物体系中的脂质体和微胶囊都是适用的。因此，包裹药物的脂质体或微胶囊在不同环境下的药物释放情况可以通过介电测量以及在模型基础上的解析进行实时监测。例如，对于离子型药物，可以通过实时测量和计算介质溶液或胶囊内部的电导率变化来监测释放过程。Sekine 等[4]推导了一些理论公式用于描述微胶囊药物释放速率分布的介电谱，尽管目前没有应用到实际体系中，但它有助于了解释放过程的动力学。

除了上述内容之外，介电谱在研究乳状液（如内含导电性水溶液的 W/O 乳状液）、反胶束或微乳液等包含油水界面的药物分散系方面也具有很大的优势，这是因为具有巨大的相界面可以产生显著的介电响应，并且可以通过模型解析获得内部和介质相的导电性质，特别是反映药物在各相分配情况的信息。近些年，关于药物乳状液体系的介电研究发展的特点之一是强调高质量的实验数据，特别是准确的定量分析，并且在利用低频介电模型进行定量解析上有所进展。例如，由聚山梨醇酯和中等链长的甘油三酸酯构成的一些简单乳状液体系对增加水中不溶性药物的口服吸收是有效的，这样，依据模型解析介电谱可以检测出乳状液中水的含量变化时电导率和弛豫时间的改变，从而导出介电参数与药物吸收的关系，这在制药学上很有意义[5,6]。

10.1.2 凝胶和聚合物体系

10.1.2.1 分析介电数据的模型

最近一些年，人们对药物体系介电谱的兴趣不断增加体现在另一类重要的应用体系上，该类体系是聚合物-凝胶体系，其中之一是生物凝胶。因为这种药物剂型具有可以延长药物停留时间，具有靶向性和提高药物的生物药效率等优势。关于凝胶药物体系的一些介电模型已经建立，具代表性的是 Hill 等在偶极子或束缚电荷的协同运动基础上提出的适用于液体和半固体体系的模型[7,8]。该模型主要描述凝胶体系在 $10^{-2} \sim 10^5$ Hz 范围的低频弛豫，模型认为在这个频率范围的介电弛豫可以由两个 RC 等价回路描述，其中一个 RC 回路表示电极表面的极化，另一个是样品本体的介电响应。实际上在药物领域解释低频数据时常使用的模型也是以 Maxwell-Wagner 理论为基础的，其相应的解析已经广泛地用于物理学、胶体和聚合物科学等很多领域，只是用于药物体系的研究相对很少而已。较为典型的例子有：研究非均匀凝胶体系（硬脂醇-溴化十六烷基三甲铵-水）的结构[9]；研究固体药物在不同分子量的聚乙二醇中的分散情况[10]；研究在制药学上具有广泛用途的生物黏合剂凝胶如藻酸盐体系的结构[11]。

10.1.2.2 聚丙烯酸（PAA）类聚合物体系

还有一类作为生物黏合剂凝胶的是交联的聚丙烯酸（PAA）类聚合物体系。因为该类聚合物的结构特点是沿着聚合物分子骨架上有很多羧基，这些分子在水中因高分子链上的负电荷的排斥而部分展开并膨胀，因而表现为阴离子聚电解质行为。加入中和试剂会加快它的离子化过程，展开、膨胀最终形成能够满足生物黏液黏合剂所需求的稳定的三维网格结构。当可塑剂加入到这种三维结构的 PAA 体系时可以改变该类凝胶的黏度和黏弹性，而所有这些改变都可以在介电谱上观察到，特别是药物分子的加入对原来介电谱的影响更加显著，这是因为少量的药物分子也将引起聚合物凝胶结构的改变从而使其黏度和黏弹性发生明显变化的缘故[12]。综合研究的结果表明：尽管还没有完全弄清介电参数与凝胶聚合物的结构变化之间的关系，特别是添加物（中和试剂、可塑剂和模型药物分子等）与凝胶相互作用的确切机制，但模型药物和聚合物凝胶相互作用的研究可以证明介电谱方法能够获得药物释放过程中荷电物质在凝胶结构中移动的信息[13]，这对理解体系释放药物的机理和动力学都很重要。

最近几年的研究更贴近了实际的药物体系，比如，一种利用介电谱评价聚合物凝胶和黏液组织表面接触的可能性的方法被报道了[14]。该研究同样是利用了建立在 Hill 模型之上的分析方法，将凝胶网络和黏液层看成两个凝胶相，由于药物分子在两相中的相互作用的差异，导致各层电导率的频率响应不同，这些变化可以清楚地在介电谱中反映出来。例如，分析各层中电导的频率响应（电导率弛豫）可以获得离子穿透界面层的信息。此外，因为使用黏液黏附剂配方通常的目的是优化药物分子的吸收，因此，以荷电药物分子为介电响应的探针可以作为检测药物离子通过凝胶和黏液之间界面难易程度的方法，提供关于界面物质迁移的更逼真的物理参数。

10.1.2.3　药物甘油酯基团构成的水凝胶体系

在药物释放材料方面，甘油单油酸酯对于控制药物传递和生物黏合剂体系而言是一个重要的药物赋形剂，这种材料形成的薄片状和立方体系结构在药物传递领域受到特别的关注。因为薄层相是一种由脂质双层和水相交替构成的半流质液晶体系；而立方体系是高黏度高有序的双连续结构。疏水性药物进入亲脂双分子层中，亲脂性药物局限在水通道中，而两亲性药物能渗入到脂质双层/水界面。因此，可以预测药物加入到该类体系时会改变微结构和液晶相的物理化学性质，进而影响药物分子本身的扩散和释放。一种具有表面活性的药物如溴化普洛盘舍啉添加到甘油基和油酸酯单体构成的水凝胶体系中的介电谱研究证实了上述预测[15]，类似的研究也表示出用在 MW 理论之上的等效回路模拟介电谱数据可以获得该类含药凝胶体系的信息，并可以确定薄层相和立方相之间的结构，这些发现有助于理解凝胶药物的释放机制[16,17]。

10.1.2.4　纤维素醚衍生物水凝胶体系

纤维素醚类衍生物已经广泛用在控制释放药物传输体系的亲水凝胶骨架中。当该类聚合物制成的药剂接触水介质时，在药片表面形成复杂结构的、可以起到控制药物释放作用的凝胶层。研究表明，凝胶层中水的淌度与药剂本体中水的淌度不同，因此，通过介电谱分析该凝胶层中水的存在状态对于从基础研究的角度理解药物释放机制以及影响药物释放的因素是重要的[18]。纤维素醚衍生物凝胶（羟丙基甲基纤维素 HPMC 和羟丙基纤维素 HPC）的低频介电谱可以提供一些关于水在纤维素醚衍生物凝胶中存在状态的一些特殊信息：当温度变化时凝胶体内因冻结水融化而发生相变，从而使得介电常数随温度的增加而增加，因此介电谱可以检测并证实水以不同的状态存在于凝胶内，这与相似凝胶体系的热分析结果完全一致。此外，聚合物的浓度和分子量大小以及取代基，包括样品中的离子种类和添加剂等都能从介电响应中反映出来[19]。

在获取的信息类型方面，介电谱方法与常用的流变学和热学测量有相似之处，虽然介电法无法鉴别结构和组成，但它在了解研究条件下凝胶体的电性质等物理特性方面更加有效。具体来说，流变学测量提供关于凝胶聚合物网络结构的信息，而介电谱则提供电荷在网络中移动的信息，因此，若能将介电谱技术和流变学或热学测量接合起来，将会得到药物在凝胶中分布和相互作用的更多的信息。

10.1.3 固体分散系药剂材料

上面是药物分散在胶囊或凝胶等载体中的体系，此外，药物高度分散在固体载体中也是一种常用的药物剂型，该剂型主要用于增加难溶性药物的溶出，提高生物利用率。为了能适应药物的性质，如液体对药物分子的吸收，药物的分解和药物从药片中的释放等，有必要了解尽可能多的关于药片组成材料方面的知识。药剂内粒子间和粒子内的结合，以及保持或传递小的药物分子的能力是材料的性质，但它很可能影响上述的药物的传递等性质。介电谱方法因为可以检测到不同材料或相间电荷转移的信息，因此也较多地用于固体药剂的制药学领域[20,21]。

10.1.3.1 表面活性载体 gelucire 的药物分散系

单硬脂酸甘油酯是甘油和长链脂肪酸（PEG）的酯的混合物，是一种半固蜡状物的表面活性载体，两种物质不同比例混合可制得药物在水中释放速度不同的制品。由于化学和物理上的复杂性，研究者一直在寻找监测因此能控制该类产品质量的有效方法，介电谱方法显示了对于检测该类 gelucire 体系内部信息的有效性[22,23]：含有较高 PEG 硬脂酸盐的制品在不同吸水条件下表现出明显不同的介电行为，这意味着湿度对结构和药物从载体中的释放性质有影响。因为甘油酯本身并不是吸湿性的，因此估计是由于 PEG 硬脂酸盐的存在，使得载体 gelucire 与水相互作用变得容易。对湿度敏感的药物因为吸水而容易变质从而降低药效，因此，对固体药剂中水含量的检测和实时监测在制药学以及药剂储存上都具有实际的意义。而且有研究指出，介电谱可以检测到固体药剂制备中残余溶剂的存在[24]，该研究结果进一步预示着在制药领域中开发介电监测技术的可能性。可以预测，对疏水性不同的药物或载体的药剂材料（制成平板药片）进行介电测量将给出不同的介电谱，通过理论分析可以得到关于药物分子在介质中释放速度的信息。

在解决药剂的湿度即含水量检测这个重要课题上，介电谱方法与 NMR 及相对湿度等方法不同，其优点是它可以检测到水分子的运动状态，直接区分束缚水和自由水旋转运动引起的电导或湍度，这个特征极为重要，因为水的迁移和转动湍度决定它的应用性。同时，弛豫时间的温度依存测量可以确定分子取向的活化能，从而估计不同体系中水的相对键能，提供水和药物分子或基质材料相互作用方面的信息，为评价药剂物理的和化学的稳定性提出参考。在实际生产中，介电法可用于原材料质量控制过程的监控，并在控制和优化冷冻干燥工艺方面具有应用前景[2]。

10.1.3.2 微晶纤维素载体的药物分散系

介电谱用于固体药剂载体的基础研究的另一个例子是研究不同密度下的材料的弛豫过程。药剂的密实性很大程度上受到如纤维素等非导电性碳水化合物等赋形剂的性质所控制，作为赋形剂的最普遍的材料之一是微晶纤维素 MCC。药剂压片期间在恒定频率下的电导率测量可以得到关于 MCC 中电荷传输渗透现象的信息[25]，但是，变频的介电谱测量可以从微观上理解电现象的原因，比如压力或温度如何影响纤维素中的偶极极化弛豫，并且也能解释湿度对 MCC 中电荷传输速率的影响的原因[26]。在 20℃ 下和宽达 13 个数量级的频率范围（$10^{-4} \sim 10^9$ Hz）内，对不同密度的 MCC 药片测量得到的介电谱表示出三个不同的过程：第一个在约 10^8 Hz 的高频，弛豫强度随药片密度增加而增加的弛豫过程，这是与糖苷链上的局部链段取向运动相关的弛豫；第二个过程在大约 1Hz 左右的低频段，该弛豫对密度不敏感，被解释为与 MCC 网络中水的存在有关；第三个过程大约在 <1Hz 的极低频率段，与

电荷转移过程相联系的直流电导率随药片密度增加而减小[27]。

10.1.3.3 壳聚糖药物载体分散系

提到药剂材料不能不涉及到天然大分子作为药剂设计的选择，特别是从健康安全的角度，这种选择更加重要。其中壳聚糖因为其生物相容性和生物降解性而被应用到各种药物体系上，特别在消化系统的药剂材料中作为释放药物的载体，是继纤维素之后的第二类被广泛使用的赋形剂。低频介电谱曾被用于该类体系的研究[28]：在不同温度下测量了壳聚糖固体和含有模型药物二氯二苯磺酸钠的壳聚糖固体样品，发现低高频的两个弛豫，分别因为样品的不均匀性和分子的取向运动，解析两个弛豫可以得到关于结构、药物和壳聚糖的交联反应以及分子量变化和加热后水分变化等信息。另外，介电谱方法也被用于研究壳聚糖与另外一类生物材料即胶原质的混合膜体系，因为这两类生物材料各自特有的性质，故该混合膜体系在医药领域具有很大的应用前景，因此，对包括介电研究在内的很多研究方法都具有很高的期待。介电研究表明由于壳聚糖的存在增加了胶原质的稳定性，同时给出了随着壳聚糖掺入量的增加混合膜电导率增加的本质原因，这有助于进一步揭示医药和生物材料研制中的一些电现象[29]。

10.1.4 无定形药物的介电研究

很多药物都是混合在玻璃态或无定形态载体中的，与晶体相比其优势是可以增加可溶性和扩大医疗范围，因此，用介电谱方法研究伴随这些物质的玻璃化过程的弛豫行为一直得到关注。最近，在关于超冷液体和玻璃态的硝苯吡啶和药物分子（醋氨酚）体系的弛豫现象的报道中，详细地描述了纯的无定形硝苯吡啶以及与等摩尔的醋氨酚的混合物在不同温度下的弛豫行为[30,31]，因为温度依存的介电测量可以从弛豫时间上得到分子偶极弛豫的活化能，从而提供关于混合体系中各分子组分或基团对弛豫或电导率贡献的信息。尽管在该例子中没有发现无定形硝苯吡啶和醋氨酚在弛豫时间上的差异，但结合纯硝苯吡啶的低温介电谱的结果，推测出在低温过程中混合体系的介电弛豫产生于分子内部偶极侧链的运动的弛豫机制；偶极活化能和电导率等基础信息对于了解药物分子在药剂中的扩散行为，进而设计适合各种环境的药物制剂具有实际的意义。

因为无定形相的分子有着较大的自由能，所以它们容易发生化学反应而导致杂质生成，而且它的结晶化过程可能会影响到生物药效率，这在制药上是不能接受的。因此，关于无定形相的研究已经由聚合物物理学领域转移到了制药领域，这些研究至少定性地表明，无定形相的分子淌度与化学或物理的不稳定性有关。解决这个物理化学的不稳定性的最大问题是能够很好地理解和表征药物体系内分子的淌度。在当前诸多用于无定形相动力学研究的技术中，如固态核磁共振（NMR），准弹性光扫描（QELS），准弹性中子扫描（QENS），荧光去极化（FD），微分扫描热量测量（DSC），而介电谱方法不断地受到重视，其原因主要在于它的高灵敏性和宽频率范围及温度范围：可以在大约 $-160 \sim 300 ℃$ 的温度范围探测到弛豫时间范围为 $10^{-9} \sim 10^{4} s$ 的分子运动。换句话说，介电谱的主要优势是能在高于和低于无定形相的玻璃转移温度 T_g 直接表征分子间和分子运动的时间尺度。

对此，一个关于无定形新型化学药品（new chemical entity，NCE）研究实例对上面的阐述，即介电谱方法在药物学基础研究中的有效性问题给出了一个很好的例证[32]。一个很难溶解的药物 SSR 作为模型化合物，非晶态（无定形的）的和结晶形式的 SSR 的介电性质表示在图 10.1(a) 和（b）中。对于非晶态的 SSR［图 10.1(a)］，在低温范围观察到一个强度较弱但分布较宽的 β_a 弛豫模式，随着温度从 $-155℃$ 增加到 $40℃$，β_a 从 $0.1Hz$ 移到 $10^6 Hz$；而在高温范围，观察到的是相应于动态的玻璃态向液体转移的 α_a 弛豫的强而窄的弛豫模式。α_a 弛豫在 80～130℃的温度范围且频率波及整个测量频率，α_a 弛豫和 β_a 弛豫与 SSR 无定形相的特殊分子运动有关。图 10.1(b) 表示的是晶态 SSR 的介电损失谱，只在低温和高频范围，观察到一个相对弱的 γ_c 弛豫模式，它被解释为限制在结晶相内的 SSR 分子偶极基团的振动。为获取 α_a 弛豫和 β_a 弛豫中分子运动的弛豫时间，利用带有电导率 κ_1 贡献的 Havriliak-Negami(HN) 经验式（参见第 3 章表 3.1）拟合所有温度的介电谱：

$$\varepsilon^*(\omega)=\varepsilon_h+\sum_i \frac{\Delta\varepsilon_i}{\left[1+(j\omega\tau_i)^{1-\alpha_i}\right]^{\beta_i}}+\frac{\kappa_1}{j\varepsilon_0\omega} \tag{10-1}$$

τ_i 是第 i 个弛豫模式的弛豫时间，α_i 和 β_i 分别是 HN 模型函数的形状参数。从得到弛豫时间对实验温度作图可以获得弛豫过程的活化能等动力学参数（参照 1.3.4 节的内容），以及在不同弛豫过程支配无定形相中分子淌度行为所遵循的不同的温度定律 [如 VF 方程式 (1-76) 或 Arrhenius 方程式 (1-78)]，从而预测非晶态药物的结晶化动力学的温度依存性。通过对 SSR 药物的非晶态的和晶态的介电响应的比较揭示了这两个形式在分子淌度上的重要差异，这些差异是分子内部或分子之间相互作用的结果。该相互作用对于结晶相是特别强烈的，包含了受限制的分子淌度，而对于无定形相是相对弱的，因此导致一定程度的分子弹性。通过使用一个物理状态（非晶态的和晶态的）的分子淌度作为相应状态的一个探针，可以开发一个对从非晶态到晶态或者从晶态 A 到 B 形式进行量化的方法。该研究还描述了不同温度下用原位实时介电测量技术分析 SSR 无定形等温结晶动力学：无论是怎样的晶体形态，都能观察到无定形相的介电响应随时间增加而降低这一等温结晶的特征。通过经验函数 KWW [式 (1-71)] 分析结晶度与时间的关系确定了特征晶化时间，在超冷液体状态下 ($T>T_g$)，特征结晶时间遵循 Arrhenius 温度关系式。通过比较无定形相的分子运动和特征晶化时间，总结出：温度大于 T_g 时，SSR 晶体的增长受 β_a 弛豫中的分子内运动的控制而与 α_a 弛豫的分子运动无关；当温度小于 T_g 时，可以确认无定形相分子间运动和无定形动力学之间的关系。这些研究结果将有助于制备稳定药物的特殊的无定形制剂。

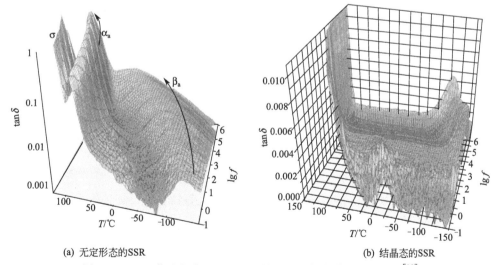

(a) 无定形态的SSR   (b) 结晶态的SSR

图 10.1 SSR 作为频率和温度的函数的介电损失谱的三维表示[32]

本节的介绍只是近年来介电谱方法在药物体系应用的一部分，读者可沿着本节给出的文献，进一步了解和理解介电谱方法在药物领域中的作用。通过上面的例子，可以看出并相信：在新药急速开发的当今，介电谱在决定结晶的形成、药物的稳定性、尝试理解和解决控制释放等基础问题方面，以及制剂生产过程中的品质监控等工艺问题上发挥了特有的作用。

10.2 介电谱在农产品和食品领域的应用

10.2.1 概述

有很多原因可能使研究者对农业产品或食品领域中的介电谱研究产生兴趣，其中主要是因为介电谱方法有潜力发展为迅速指示农产品中湿气含量的快捷技术，以及在微波（MW）或射频（RF）介电加热领域的广泛应用，特别是以微波炉为代表的商业微波加热在家庭中的广为接受，介电加热的概念变得更为通俗。从原理上讲，因为粮食或粮食产品主要是由淀粉（碳水化合物、糖）、蛋白质和脂肪等高分子有机物及少量矿物质组成的混合物，尽管其中碳水化合物、蛋白质、矿物质等是极性的，但在干燥情况下的粮食类物质表现为很小的介电常数，而含水的相应物质则表现为很大的介电常数，显然影响粮食介电性质的主要因素是水含量，特别是自由水的含量。而介电谱方法的本质就是检测偶极矩，是研究以各种状态存在的水以及水含量的极为成熟的方法，这就为通过测量粮食的介电性质确定粮食中的含水量提供了理论依据。同时也由于上述原因，农业领域的介电谱研究由来已久，然而，因为介电测量技术的种种困难特别是介电加热通常需要较为昂贵的仪器设备，所以随着介电谱基础领域研究的发展和技术方面的进步，以及生产和生活对该技术的需求的不断增加，近些年来关于粮食和粮食制品（食品）包括相关的食物加工制品（食品）的介电谱研究有所增加，而且愈来愈向更加实用的目的发展[33]。限于本书的主旨，在尽量介绍最新应用的同时，主要还是从原理上结合实例简要概述介电谱方法究竟主要用于哪些具体产品并且具有怎样的效果。

10.2.2 粮谷产品中的应用

在农业产品中最早的介电谱研究对象是谷物类和种子等，是从测量谷类粮食的湿气含量开始的，至今至少有 70 年以上的历史了，但直至 43 年前 Nelson 的第一篇关于谷物介电性质的研究发表后[34]，介电谱作为一种重要方法在农业中的粮食领域受到了关注并得到了很大的发展，很多关于谷物和其它农产品介电性质的数据开始被利用，同时，也开始了一些重要的变量对粮食产品介电性质的影响的基础研究[35～37]。粮食的介电性质除了取决于原料的密度、组成和结构之外，主要依存于它们的化学组成以及构成原料分子特别是水分子的永久偶极矩。从第 0 章的基础知识知道，大多数材料的介电性质是随频率而变化的，而对介电性质的频率依存性（介电弛豫）有贡献的一个重要原因便是偶极分子随外加电场的取向。谷物等是吸湿性物质，因此水含量是可能影响其介电性质的主要因素。

10.2.2.1 介电加热干燥粮谷产品的原理和优势

利用谷物介电性质对湿气的敏感性，在农业产品（谷物、种子等）的干燥过程中常用到介电加热的处理技术，以含油种子（花生、棉籽等）预处理中的介电加热为例。为了新鲜种子长期储存必须将其干燥处理，传统的处理方法是在设施中通过燃烧燃料产生热，再以传导、对流甚至辐射等形式将热能转移到原料中，这需要加热所有管道包括种子的外围空间等，因此将带来相当大的额外热能损失。另一个问题是物理方面的，在原料外表面和内核之间需要一定的热能梯度产生热传导，而大多数生物原料的导热性很差。介电加热与这个传统处理方式最大的差异是在能量传输和热量的产生上：介电加热过程中温度升高所需的能量是交流电场提供的，因介电损失仅产生热，而介电损失又取决于原料本身的介电性质，即它必须含有偶极分子和自由离子。简单地讲，介电加热的机理是建立在所处理的原料被电磁场穿透的事实之上的，因此，偶极分子如自由水或油偶极子为使自己适应变化电场的极性而转动，与相邻分子冲撞产生的内摩擦导致所谓的内加热，因而加热还取决于弛豫频率。与偶极子旋转相比，离子运动的效果对于在生物材料中介电加热的贡献不太重要。以上的介电加热基本原理也适用于本节其它部分的微波加热。

10.2.2.2 含油种子的介电加热

介电加热对含油种子和菜油中的酶活性会产生影响[38]。一些研究发现，介电加热的结果会使在不同的含油种子（油籽）和从中萃取的菜籽油中分解脂肪酶有明显的失活，即种子中包含的天然酶并不能被激活以催化分解油，这导致分解产品如脂肪酸 FFA 和从微波加热处理的种子中萃取的过氧化物含量低，因此，由微波预处理能够产生高质量的天然油[39~41]。除了酶失活之外，作为对油籽微波加热预处理的另一个正面效果是使含蔬菜油的植物组织的微结构发生变化。加热使得植物组织内细胞微结构发生变形，导致细胞内毛细管扩张，同时原本以大的油脂体液滴形式储存在植物细胞中的油变为很多小液滴，包裹油脂体的膜被破坏以及油滴直径变小的结果使得在进一步加工中油容易被挤出来。这样，种子的微波处理产生油产量上升的效果，超过直接挤压的机械方法。尽管大多数研究报道的都是微波领域的介电加热[42]，但使用高射频段的加热也可能产生同样的效果[43~45]。最近报道了在射频范围对红花种子（耕种在世界上的很多地区，它的油是可食用的且具有高的营养价值）的介电性质的研究[46]，频率范围是 50kHz~10MHz，湿度范围在 5.33%~16.4%，对不同密度的红花种子的介电性质的研究表明，介电常数和损失受到湿度和密度的影响很大，随着湿度和密度增加介电常数增加，这些结果都为高射频介电加热技术在农产品中的应用提供了基础参考。介电加热除了能对种子等粮油作物迅速加热提高油的产量和质量之外，研究结果也预示了其应用于干燥新鲜种子以使种子能得到长期的保存。

10.2.2.3 谷物中昆虫控制的介电研究

谷物或含油种子等作物在保存时经常滋生一些昆虫寄生在其中，介电谱方法已经应用到控制谷物中昆虫滋生的研究中。如前所述，在不同的频率加热产生的热量与被加热物质自身的介电性质有关，宽频介电性质的信息能直接帮助选择适用于昆虫介电加热的最佳频率范围。图 10.2(a) 表示的是象鼻虫（米象）和硬红冬小麦在室温的射频到微波段（50Hz~12GHz）的介电谱[47]，从介电谱中判定选择 10~100MHz 区域对加热处理昆虫是最适宜的频率范围，在该范围昆虫的介电损失大约高出小麦 5 倍。这种期待被实验所证实[48]：分别在 39MHz 和 2.45GHz 对含象鼻虫的小麦进行的独立的介电加热研究表明，在较低的频率 39MHz，只要小麦温度在 40℃时象鼻虫就会全部死亡，而在 2.45GHz 为了增加象鼻虫的死亡率需要将小麦的温度提升到超过 80℃。这是因为 39MHz 的频率恰好在昆虫的介电损失最高的区域，而 2.45GHz 频率介电损失已经回落到最低。同样的象鼻虫-硬红冬小麦样品也被时间域介电测量研究了[49]，测量的数据通过傅里叶变换得到与图 10.2(a) 相同的表示，从图 10.2(b) 可以清楚地看到，象鼻虫的介电损失频率依存性与频率域法测量的惊人的一致：在弛豫频率约为 40MHz 处一个最大损失峰，正是前面实验中象鼻虫全部死亡的频率。

近些年，控制谷物中昆虫的类似研究表现出一个与上面相反的例子[50]：在 200MHz~20GHz 频率范围用开口同轴线探针测量不同温度下谷物钻蛀虫的介电损失谱，没有显示明显的介电损失，这意味着在该微波段不可能用介电加热很好地控制昆虫。上面的例子指出了在包括昆虫控制的大多数的介电加热应用领域中频率选择的重要性。除了谷物、种子干燥、昆虫控制之外，介电加热还有可以促使豆类和杉树等硬种子发芽方面的应用[33,51,52]。

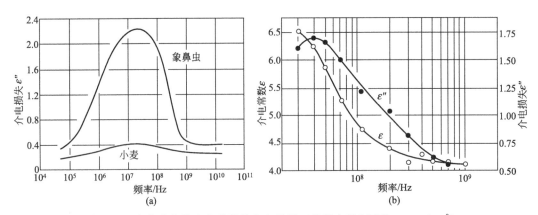

图 10.2 含象鼻虫的小麦样品的介电性质 (象鼻虫的密度为 0.49g/cm³)

(a) 频率域测量的介电损失谱，测量频率为 50kHz～12GHz，样品温度为 24℃[47]；

(b) 时间域测量的介电损失和介电常数谱，样品温度为 25℃[49]

10.2.3 水果和蔬菜

10.2.3.1 水果新鲜度的检测

介电谱也可以应用于水果和蔬菜等含水量高的农产品领域[53]。最主要的也是较为普遍的应用是利用介电谱非破坏测量（或称为无损检测）之特点，通过介电参数的变化检测水果的成熟程度。例如，在利用开口同轴线探头技术在 200MHz～20GHz 频率范围测量新鲜桃子的实验中发现，不同成熟阶段的桃子显示出不同的介电谱行为：图 10.3 所示的是在低频介电常数和高频介电损失上的一些差异。虽然一些技术上的正确性还需要进一步评价，但它表明了开发一种以介电谱为基础的判断果物成熟指标方法的可能性[54]。类似的，通过检测水果不同放置时间后的介电性质变化，可以制定出反映果物品质的新鲜程度的分级指标，因此预示着介电谱具有可作为一种迅速便捷判断方法的应用潜力。

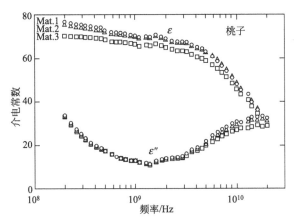

图 10.3 桃子在三个成熟阶段的介电常数和介电损失的频率依存性

测量温度为 23℃[54]

用介电谱检测不同成长阶段的水果的一个最新例子仍然是来自 Nelson 研究组，他们报道了利用开口同轴线探头技术在 10MHz～1.8GHz 频率范围测量不同阶段的西瓜的介电性质[55]，测量包括西瓜外表面和内部可食用的组织部分，其中，对内部的测量包括了水分含量和可溶解的固体含量（SSC），该研究将 SSC 作为与介电性质相关的质量因素，在此基础上对介电数据进行了详细的分析。结果表示：内部组织的介电常数和介电损失随着测量频率线性减小，显示了低频的离子电导和高频的偶极极化机制在起支配作用；西瓜表面测量显示出很大的低频弛豫。该研究对电磁场能量穿透深度 D_p［见下面的式（10-2）］也作了详细的考察，在最高频率的 1.8GHz，D_p 大约为 2cm，在 10MHz 的低频，对于西瓜表面和西瓜内部的 D_p 分别为 200cm 和 10cm，这种以介电测量为基础的分析方法是否能发展成为从西瓜的介电性质对西瓜的质量包括成熟度给出可靠预测的一种技术还在进一步的研究之中。

10.2.3.2 水果或蔬菜介电谱的温度依存性

同样利用开口同轴线探头技术测量不同温度下新鲜水果或蔬菜的介电谱，可以获得一些关于细胞和组织方面的信息。图 10.4 是柑橘在 10MHz~1.8GHz 范围作为温度函数的介电常数和介电损失谱，图 10.4（a）清晰地表明大约 50MHz 出现温度系数的反转，即在 50MHz 的频率点介电常数的值不依赖于温度。在低于这个频率时的 10~300MHz 频率段内介电常数的值很大，是由于离子在细胞中扩散的极化所致，具有 M-W 界面极化性质的弛豫，因为它也随着温度移向高频，重要的是它可能掩盖了因为细胞组分产生的弛豫；在高频约 GHz 部分也可以看到小的介电弛豫，从图 10.4（b）给出的介电损失谱中可以看到这点，而且大约在 1GHz 以上同样出现温度系数的反转，高频段的弛豫可以归结于液体水的偶极极化，因为其弛豫频率随着温度增加而移向高频。类似的介电行为在其它的多种水果和蔬菜中也被观察到[56]。另外，如胡萝卜和马铃薯等一些蔬菜也显示两个弛豫的介电谱[57]，但它们的介电行为略有不同：低频弛豫强度通过将蔬菜煮熟或冷冻而减小，这表明该弛豫是组织中细胞和液体之间的界面极化机制引起的，加热或冷冻都破坏了细胞膜结构因而导致极化降低；而高频弛豫则变化不大，这是因为束缚水的弛豫与蛋白质随温度而变性相关，但蔬菜中蛋白质的含量极少（例如，胡萝卜大约含 95% 的水、0.8% 的蛋白质、0.1% 的脂肪和 4% 的碳水化合物），因此受温度影响不显著。上述温度影响水果或蔬菜的介电性质的研究虽然都是基础性的，但获得的一些基础参数将会对实际检测操作技术的发展提供帮助。

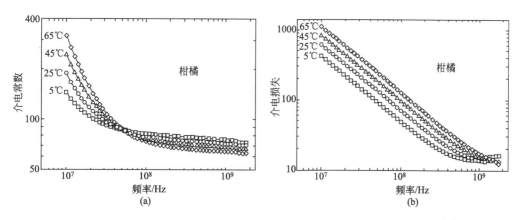

图 10.4　不同温度下柑橘的介电常数（a）和介电损失（b）的频率依存性[56]

10.2.3.3 水果、蔬菜中昆虫控制的介电研究

与前面介绍的用介电谱控制谷物或种子中的昆虫的研究相类似，射频和微波加热技术也被用到水果和蔬菜的昆虫控制中。为了利用射频或微波能建立昆虫控制的热处理方法，需要关于滋生昆虫的物质中有害昆虫的介电性质信息。射频和微波加热中一个重要的参数为穿透深度，它定义为能量减少到其在表面的值的 $1/e$（大约 37%）时的深度，对于损耗性材料由下式计算[58]：

$$D_p = \frac{c}{2\pi f \sqrt{2\varepsilon\left[\sqrt{1+(\varepsilon''/\varepsilon)^2}-1\right]}}$$ (10-2)

其中的光速 $c=3\times10^8\,\text{m/s}$。很显然，穿透参数除了与介电常数和介电损失关系密切之外，还与测量频率 f 有关。最近，一个研究报道了利用开口同轴线探头技术，在 $20\sim60℃$ 温度范围和 $1\sim1800\text{MHz}$ 的频率范围测量多种新鲜水果和其中的有害昆虫（很多滋生在果仁中）的介电谱[59]，如未熟苹果蛾、玉米蛾、墨西哥水果昆虫、脐柑橘蠕虫、苹果、樱桃、杏、柑和柚等，研究了频率和温度对介电性质的影响，以及各种频率的电磁波对这些果物的穿透深度。同时也研究了低含水量的果仁的介电性质，发现了昆虫与水果之间、以及昆虫与果仁之间在介电损失上的差异，特别是昆虫与坚果在射频段的介电损失存在很大差异，利用这些差别可以确定处理有害昆虫的频率，当然还需要确认同样电场频率下昆虫和果仁的介电性质的差异。这些研究无疑对建立一种通过介电加热控制昆虫的方法提供了基础依据[60,61]。

实际上除了对谷物、水果蔬菜等农产品可以利用介电加热杀虫，而且根据同样的原理也可以利用 RF 和 MW 对于衣物等日常用品中可能滋生的昆虫进行控制。昆虫控制作为一个新的热处理技术越来越得到关注，其主要原因是电磁能直接与农产品作用可以提升温度并减少处理时间，与传统的特别是化学的方法相比，利用介电谱原理的微波或射频加热的昆虫控制热处理方法不存在化学物质残留在产品中或其它有害环境的问题。

10.2.3.4　水果或蔬菜介电性质的含水量依存性

最近，也出现一些利用开口同轴线探头技术测量水果或蔬菜介电性质受食品内与水含量有关的水活度影响的研究报道。水果或蔬菜等食品的微波介电性质受到其化学成分和结构，特别是受水和盐含量的影响，这些性质与各自细胞结构中流体水活度和离子电导率有关，而且随频率和温度而变化。水和盐含量对介电性质的影响很大程度上取决于水分子受到食品中化合物的束缚方式，因而导致在电场下的取向运动受到限制，这是含水量较大的食物类介电性质的一个共同点。其中一个研究是在 2.45GHz 和 $25℃$ 下测量真空浸渍的和未真空浸渍的苹果，然后评价苹果中的水含量、水活度和多孔性对介电常数和介电损失的影响[62]。结果确实如预期的，水活度和水含量对苹果的介电性质影响很大，而且存在于食品结构中空气的量对介电性质也有一定的影响，在水活度接近于 0.9（0.6%水含量）时苹果的介电损失增加，这一结果表明是大量可移动水对介电损失的贡献。蔗糖琼脂凝胶和蔗糖水溶液浸渍的苹果样品表示出较大的介电常数，这是因为样品中已经没有了空气。该研究结果说明介电谱法因为对水分子极化的敏感性，分析排除了空气影响的数据可以区分食品中的各个组分对介电性质的贡献，这有助于食品的精细介电检测方法的开发。

对新鲜的和渗透脱水（OD）的小番茄的介电测量结果显示，对于用蔗糖水溶液脱水的水果，其介电损失低但穿透深度大，而用二元盐溶液 OD 的水果则相反，用三元溶液 OD 的表示出处于前两者之间的介电行为。此外，在 2.45GHz 测量添加乳酸钙的情况时，没有发现对复介电常数有影响，但是添加物的存在增加了低频的介电损失。这样的结果预示着水果或蔬菜的介电性质可以通过控制渗透过程的变量（时间、温度、压力和渗透溶液的组成）加以改良，以求能够增进介电加热或干燥的效果[63]。

在如水果和蔬菜等含水量较大的食物体系中，其低频介电谱往往因为水果中组分的电导率较大而在低频段产生因界面极化引起的介电常数（随频率减小而）急剧增加的现象，这就是在其它领域研究中极为忌讳且着力避免的所谓电极极化，但是，这个部分对于食品类体系来讲也许包含着具有应用价值的重要信息，而分析该低频段的介电参数对温度等变量的依存关系是非常必要的。因此，介电谱是否能够更加精准地应用于高含水量和盐度的水果或蔬菜体系，最重要的基础性问题也许就在于此。但是，相对的，关于对这部分的介电数据进行解析的研究还很少。最近，有文献报道了一个描述水果和蔬菜的弛豫过程动力学的拟合函数的研究，并用模型函数说明了苹果、鳄梨、香蕉、哈密瓜、胡萝卜、黄瓜、橙、马铃薯等的介电数据[64]。

10.2.4 液体食品和饮料等体系

10.2.4.1 液体食品和饮料中水的弛豫

根据 Mashimo 研究组的工作，对于牛奶、凝胶、卵清蛋白凝胶、蛋黄、蛋白等大量液体食品都呈现与图 10.5 所示的具有三个弛豫过程介电谱相近的弛豫现象，该介电谱可以用式（10-3）表述的函数形式描述[57]：

$$\varepsilon^*(\omega)-\varepsilon_\infty=\frac{\Delta\varepsilon_1}{(1+j\omega\tau_1)^{\alpha_1}}+\frac{\Delta\varepsilon_m}{[1+(j\omega\tau_m)^{\beta_m}]^{\alpha_m}}+\frac{\Delta\varepsilon_h}{1+(j\omega\tau_h)^{\beta_h}} \tag{10-3}$$

式中，α、β 表示各弛豫曲线的形状参数；下标 h 表示约为 10GHz 附近的高频弛豫过程；下标 m 表示约为 $10\sim100$MHz 的中间频率段的弛豫过程；而下标 1 表示 1MHz 附近低频过程。尽管低频或中间频率的弛豫过程并不是在所有的食品中都能观察到的，但是，毋庸置疑，几乎所有液体食品的介电性质都应该与不同状态的水（自由水或束缚水）的介电特征有关。典型的液体食品是蛋白质凝胶和琼脂类水溶液，对于这样的物质都能在 $5\sim20$GHz 的高频范围内观察到弛豫现象，即可以用 Cole-Cole 函数的 $\Delta\varepsilon_h$ 来描述，显然，该高频弛豫是由于自由水的取向引起的（25℃纯水的介电弛豫在 20GHz 附近），而上述物质的介电行为受到内部水的量以及水的结构影响很大，因此，关于水的介电性质尤为重要。考虑到水的弛豫与单位体积中偶极矩的数目有关，因此弛豫强度正比于自由水的量，这样，单位体积中自由水的量 c_f（g/cm³）可以由弛豫强度 $\Delta\varepsilon_h$ 按下式来计算：

$$c_f=\left(\frac{\Delta\varepsilon_h}{\Delta\varepsilon_w}\right)c_w \tag{10-4}$$

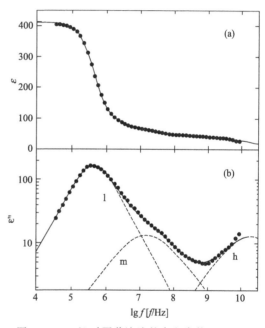

图 10.5　25℃时蛋黄溶液的介电常数（a）和介电损失（b）谱

虚线是根据式（10-3）计算的结果[57]

这里的 $\Delta\varepsilon_w$ 是水的弛豫强度，而 c_w（g/cm³）是纯水的密度。

一般的，高频弛豫时间 τ_h 高于纯水的值（25℃时为 8.32ps[65]），实际上除了牛奶蛋白和蛋黄等液体食品之外，大多数食物如肉、鱼、菜等也是如此。在这些食品的细胞质和细胞外流体中存在自由水，但同时细胞内外也含有多种生物大分子、单体和离子。因此，这些自由水分子所处的局部环境类似于高分子或凝胶中的自由水，在高分子-水体系中，水的弛豫时间随高分子的浓度增加而增加，这是由于高分子网络减少了适应于自由水分子所必需的自由体积的缘故。此外，高频弛豫强度 $\Delta\varepsilon_h$ 也随水含量的减少而减小，并且在 100% 高分子时 $\Delta\varepsilon_h\rightarrow0$。这样，纯水和食物中自由水弛豫时间的不同可以用自由体积效应给予定量的解释[66]。

10.2.4.2　蛋白凝胶的弛豫

作为多种食品成分的大豆或卵清蛋白凝胶的浊度取决于蛋白质的浓度，随含量增加到30％（质量分数），由透明凝胶变为白凝胶，这个变化过程被介电弛豫参数的变化检测到了：卵清蛋白凝胶显示 3 个弛豫过程，而透明的凝胶则显示 2 个弛豫过程，而这种凝胶透明度上的变化体现在高频弛豫的变化上，因此与水的结构变化有关，介电谱可以得到该转变过程的弛豫动力学信息。在向白明胶转变的过程中，弛豫是由于变性蛋白质缩氨酸链的运动引起的，在变性卵清蛋白和煮熟了蛋白凝胶的凝胶-玻璃转移过程中，由于自由水的蒸发弛豫移向低频。而凝胶的低频弛豫过程是由于对离子迁移所致，因此，含有少量离子的琼脂凝胶没有低频弛豫发生。利用介电谱得到的信息考察凝胶化中疏水相互作用以及凝胶化和蛋白质变性之间的关系是个非常有趣的课题。

从食品的质量、安全和稳定性考虑，必须控制的食品性质之一是水的活度，因为水活度是与水和食品物质结合的热力学度量。通常的测量需要使得水处于与其环境相平衡的状态，这很费时[67]，虽然 NMR 也可以研究水的活度，但它不是原位的[68]，而介电谱恰恰对水很敏感，而且可以给出水分子与它周围化学和物理环境的信息。近年，有研究报道对 45 种不同水含量和 NaCl 含量的动物明胶样品（活度 0.91～1）进行了介电测量，通过分析它们的介电谱，给出了水活度与一些介电性质如弛豫频率的相关性，一些对工业上实际应用的实际制品的研究正在进行中[69]。

10.2.4.3　牛奶等乳制品的弛豫

牛奶是最普通的液体食品而且是很多乳制品的主要原料，从物理化学角度讲牛奶又是典型的油水分散系，因此不仅对交流电场反应敏感而且适合用介电方法分析。由前面第 4 章内容可知，这样的体系至少可以观察到因为脂肪胶体粒子与水的界面极化产生的弛豫，研究确实证实了这点：在 1～100MHz 频率范围观察到了因界面极化引起的 β 弛豫现象[70]。而对于加工过的奶酪，只有在高频段才能够观察到与水有关的两个弛豫，一个是在 1GHz 附近观察到的由于自由水引起的弛豫，另一个是在 100MHz 附近观察到的由于束缚水引起的弛豫。最近，一些更加与实际接近的研究，展示了介电谱在应用领域的重要性。例如关于对 UHT（高温灭菌）处理的新鲜的全脂和脱脂牛奶，以及过期的脱脂牛奶的介电研究[71]：在室温下测量不同稀释条件下的全脂和脱脂牛奶以及过期牛奶，通过分析介电常数、电导率和弛豫时间等介电参数随脂肪组成和含水量的变化，这些结果表明，介电谱方法能够粗略地确定牛奶中组成（离子混合物、脂肪和碳水化合物以及蛋白质等）的相对浓度，也可以监测牛奶的变质过程。

10.2.4.4　鸡蛋的介电性质及其储存的监测

生鸡蛋也是非常普通而重要的液体营养食品。蛋白和蛋黄含有不同程度的水、蛋白质、脂肪和碳水化合物（蛋白含 88.0％的水、10.4％的蛋白质和 0.9％的碳水化合物，蛋黄含 51.0％的水、15.3％的蛋白质、31.2％的脂肪和 0.8％的碳水化合物）。它们的介电谱同样显示三个弛豫过程，其中的高频也是自由水的极化[57]，蛋白的介电谱在 100MHz 附近的中间频率弛豫过程和 10MHz 附近的低频弛豫过程分别是由于束缚水的取向极化和伴随离子迁移的球形蛋白质的转动运动所致[72]；而对于蛋黄，弛豫位置不同，引起弛豫的机制也不同，10MHz 附近的中间弛豫由其弛豫时间判断为产生于卵磷脂的分子运动[73]。蛋黄有两个组分：含有更多脂肪的黄卵黄和含有较多蛋白质的白卵黄，1MHz 附近的低频过程是由于在黄卵黄和白卵黄间界面极化所致，因为两者介电常数和电导率都不同，根据 Maxwell 界面极化的基本原理可以断定这点。对于蛋白和蛋黄，介电谱的理论分析除了能够给出弛豫过程的微观解释之外，还能从高频的弛豫强度 $\Delta\varepsilon_h$ 中，根据式（10-4）计算自由水的含量，它们分

别是 $0.85g/cm^3$ 和 $0.51g/cm^3$，这与日本官方资料的值极为接近[74]，这展示了介电谱方法在检测该类食品中的水含量方面所具有的巨大潜力。

最近，有研究详细报道了储存对鸡蛋（蛋白和蛋黄）介电性质的影响[75]。该研究中的鸡蛋是在 15℃ 下储存的，在 24℃、10～1800MHz 频率范围定期地测量蛋白和蛋黄的介电常数和介电损失，并测量蛋白和蛋黄的水分和灰分含量，以及衡量鸡蛋鲜度的哈氏单位和蛋黄系数。结果表示：蛋白的介电损失高于蛋黄的，蛋白和蛋黄的对数频率（1000MHz 以下）与介电损失之间存在明显的线性关系，这表示离子电导率对该介电行为起支配作用。鸡蛋储存 1 周后，在 10MHz 的蛋白和蛋黄的介电常数低于新鲜鸡蛋的相应值；但在 2 周后，测量的介电常数升高且在 5 周内一直保持在一个较高的值。而在 100MHz 或者更高的频率，介电常数在整个储存期间都基本保持不变。另外，储存对蛋白或蛋黄的介电损失（特别在低频）几乎没有什么影响。一般的，蛋白和蛋黄的水分和灰分含量随着鸡蛋的变陈而略有减小，鸡蛋的新鲜度、哈氏单位和蛋黄系数也随鸡蛋的陈化或储存时间的增加而减小；蛋黄的水分含量随着储存时间多少有些增加，而蛋白的水分含量则有一个相应的减少。总之，蛋白和蛋黄的介电性质与水含量、灰分含量以及哈氏单位和蛋黄系数（新鲜度的度量）之间没有明显的相关性。电场在实验频率范围对蛋白和蛋黄的穿透深度 D_p 分别由 10MHz 的 9.6 和 16.0 减小到在 1800MHz 的 1.4 和 1.7。而储存对穿透深度影响很小。该研究很好地说明了用介电性质判断鸡蛋新鲜度的可行性，进一步的研究需要评价介电性质对于定量探测鸡蛋质量的有效性，以及在实际检测中的应用潜力。

10.2.4.5 酒类饮料的基本介电性质

以下以酒类饮料为主从原理上讨论介电谱的应用，因为这在介电弛豫动力学方面也是个有意义的话题。如前所述，水具有特殊的液体结构，而水-醇混合物的液体结构取决于水的浓度，即富水或富醇的混合物的结构是不同的，可以相信水含量高的水-醇混合物占支配作用的结构是类似水的结构，在这样的混合物中有一个表示两种结构在该不均匀体系中共存的边界浓度，微波介电谱已经研究过该混合物的动力学特征[76,77]。弛豫机制与靠氢键互相束缚的水分子和醇分子的转动扩散有关，即与水和醇的偶极子协同取向有关，如果水-醇混合物中的比例发生了变化而导致结构的改变，弛豫频率（介电损失峰）将发生移动。例如，向水中加入醇时弛豫峰频率将从 20GHz 移到靠近醇的低频[78]，由频率峰频率或弛豫时间可以确定混合物中水的摩尔分数，随着醇含量的增加，水的结构也逐渐发生变化。酒类饮料的主要化合物是水和醇，一种饮料在同样的频率段作为水-醇混合物可能显示一个弛豫峰，将该饮料和水-醇混合物的弛豫过程进行比较，可以从分子水平表征饮料。同时，因酒的结构与水或乙醇含量有关，因此，可以从微波介电谱的弛豫等介电性质对酒类饮料进行质量控制。

10.2.4.6 酒类饮料的测量实例

以对不同酒样品的实际测量为例说明介电谱在酒饮料中的应用[57]。该研究对 36％（质量分数，下同）醇含量的威士忌（四种储存年限不同的商品酒）、12％醇含量的葡萄酒和 4.7％醇含量的啤酒分别在 25℃、25℃ 和 1℃ 下进行时域介电谱法的微波测量，同时还测量了与上述酒具有相同醇含量的水-醇混合物，以及它们的直流电导率。得到的数据经过傅里叶转换后的介电谱用 Havriliak-Negami 模型函数（与表 3.1 中相应公式的参数 α、β 略有不同，但本质没有区别，下式中的 β 相当于表中的 $1-\alpha$，α 相当于 β）描述：

$$\varepsilon^*(\omega) - \varepsilon_\infty = \frac{\Delta\varepsilon}{[1+(j\omega\tau)^\beta]^\alpha} \qquad (10-5)$$

对于三种酒转换后的介电谱和利用式（10-5）的拟合结果表示在图 10.6 中。尽管只有一个弛豫过程，但因为水分子和醇分子的协同取向，弛豫过程包含很多微细差异的参数，而且很明显，所有这些样品的介电参数都是不同的。弛豫时间反映混合物结构，直流电导率反映混合物中离子数量，α 和 β 的值描述峰形状。分析结果显示：同样的醇含量下威士忌的弛豫时间短于水-醇混合物的弛豫时间，这表示威士忌的结构更相似于水结构；葡萄酒的弛豫时间比 12% 的水-醇混合物的短，与 4.7% 的混合物相比啤酒显示了大的弛豫强度 $\Delta\varepsilon$ 和小的 β 值。这些差异暗示无机化合物影响醇饮料液体的结构。此外，威士忌的直流电导率远远高于水-醇混合物的值，这是因为作为商品的威士忌含有各种离子的缘故。此外，观察不同时期的威士忌样品的介电弛豫参数变化，发现在 0~4 年之间弛豫强度 $\Delta\varepsilon$ 增加而弛豫时间 τ 减小，而在 4~12 年之间 $\Delta\varepsilon$ 和 τ 变化较小。这些结果表明：在木桶中储存期间可能因为某些物理的或化学的变化，如因蒸发和成分间的化学反应等，影响了液体的结构。

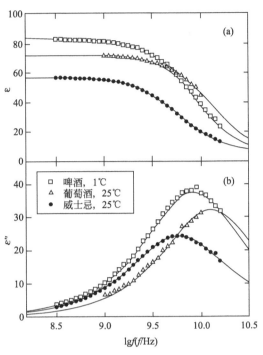

图 10.6　威士忌、葡萄酒和啤酒的介电常数 (a) 和
介电损失 (b) 谱
威士忌、葡萄酒在 25℃，啤酒在 1℃[57]

10.2.5　鱼肉类以及熟食品

10.2.5.1　弛豫的微观机制

对于鱼、鸡进行介电测量可以确定有三个弛豫过程，同上节讲述的液体食物介电谱类似：高频弛豫过程是由于自由水取向极化。其它两个过程的介电参数根据煮熟或冷藏等物理加工情况而发生不同的变化。比如，加热 20min 或冷冻 1 晚，在 1MHz 附近由界面极化引起的低频弛豫强度明显减小，这是因为这些食物的细胞膜在冷冻或煮熟时被破坏[79]。对生的鱼和鸡，可以在 100MHz 附近中间频率段观察到束缚水的弛豫。但是，当它们被煮熟或冷冻时，该弛豫的位置移向低频并且弛豫强度增加，这归结于当煮熟或冷冻蛋白质变性时缩氨酸链的微布朗运动，这如同前述的白凝胶和卵清蛋白的情况。但是，对于蛋白质很少的蔬菜类，则观察不到束缚水的中间弛豫，从前面 8.4 节的内容看这是容易理解的。从这个例子可以看出，通过观察介电谱的各个弛豫过程的变化能够预测对鸡和鱼或其它肉类食物的冷冻效果，实际上，对蔬菜和水果以及其它含水食物的冷冻效果也同样可以借助于介电谱来检测[57]。

10.2.5.2　检测鱼肉类食品的质量

介电谱用于肉类食品中除了在分子水平上获得食物随环境变化的微观信息之外，更能够发挥其作用的应该是在实际中的应用。介电谱作为表征动物生理状态的有用工具，用于检测器官或肌肉组织中缺血期间的电性质变化，其原理和一些例子在 8.2.4 节已经有所描述和介绍。因此，灵活运用这些原理将介电谱方法用于食品工业中可以作为评价食品质量的一种手段。一个例子：对鳕鱼死亡后肌肉从 1Hz 到 1kHz 的介电性质进行跟踪测量，发现最初时的 α 和 β 两个弛豫，几小时后 α 弛豫消失；而在开始 5h 期间随着鳕鱼进入僵直期 β 弛豫的低频电阻增加达到最大值，然后随着细胞的破坏和组织逐渐腐烂而减小[80]。这预示着根据介电参数的变化可以推断鱼死亡的时间，从而鉴定鱼的新鲜程度。

肉的嫩度变化可以归结于肌原纤维蛋白质的变化，对肉类加热改变肌肉中的蛋白质和脂肪等组分，从而导致熟食品的组织、颜色和滋味的性质特征的变化。至今大多数的做法是采用 DSC（微分扫描热量测定）监测肌肉系统蛋白质变性，但是，因为蛋白质变性过程是伴随着肌肉的某些物理性质变化的，因此，通过高射频或微波的介电测量加热期间肉类的电性质随温度的变化，可以间接地监测蛋白质的变性，进而评估肉的质量[81]。此外，利用介电谱对水的敏感性，如前所述的与常用于检测粮食等食品中水含量的方法类似，也可以检测熟食品中的水含量，这方面，有关于用微波介电谱检测猪肉类熟食品（罐头、咸肉、火腿、肉馅）中添加水含量的研究[82]，显示了介电谱在食品质量检测上的积极作用。

10.2.5.3　食品的杀菌

利用高射频或微波段的介电加热还可以对熟食品进行杀菌。最近有以鱼子酱为对象尝试加热频率对杀菌效果的影响的研究报道[83]：在 $20 \sim 80℃$ 的温度范围，分别在固定的 27MHz(RF) 和 915MHz(MW) 两个频率，对不同含盐量的鲑鱼（盐量为 0.8% 和 2.3%）和鲟鱼（盐量为 0.2% 和 3.3%）的鱼子酱进行介电测量，通过考察介电常数、损失因子和能量穿透深度以及它们与温度的关系，发现鲑鱼和鲟鱼在射频段的 27MHz 的介电常数和介电损失都高于在微波段的 915MHz，而且，介电常数和介电损失两者都随温度和盐含量增加而增加；此外，在 27MHz 的能量穿透深度也比 915MHz 的要高，未加盐的鱼子酱与加盐的鱼子酱相比，其穿透深度随着温度的增加有减小的倾向。这表明对特定的食品选择适当的频率能够起到灭菌的作用。因为介电加热方法既迅速又具有一定的穿透深度，因此，有望代替目前采用的传导加热的巴氏灭菌法，成为同样能够提高食品安全的一个可选择的便利手段。

以上介绍的仅仅是介电谱方法在农产品和农、渔业为主的食品材料领域应用的一小部分，选择介绍的主要依据是尽可能地与介电测量的基本原理相联系，因此，涉及到食品工业中的微波加工等诸多内容并没有提及，比如在面类食品的烘烤控制加工中的能量有效利用[84]、烹饪中的可食用油的质量分析和脂肪量的检测[85] 以及粮食和食品原材料的成分分析[86,87] 等，关于详细内容的了解，专业人员或有兴趣者可借助文献 [33] 提供的资料。

10.3　木材的介电谱研究

10.3.1　概述

木材在化学上的主要成分包括纤维素、半纤维素和木质素三种高分子化合物，它们是构成木材细胞壁和胞间层的主要成分，它们分别作为微骨架结构、填充物质和结壳物质，其总量因木材而异，大致占木材的 70%～90%。因为木材特殊的化学组成和物理结构，特别因为它是一种具有复杂而有序的、跨度很大的各向异性微结构的多孔材料，因此，对于木材的介电研究无论是从介电谱方法本身上还是从目的性的研究上，都具有重要的意义。尽管因木材在电场作用下的微弱电离而产生可移动的自由离子，当然还有一类被材质表面固定吸附的所谓束缚离子，但是，木材的化学结构和组成决定了它仍属于导电性很弱的材料。从前面章节的基础知识可以判断，木材也应该是一种适合用介电方法研究的物质体系，其介电现象除了与结构等因素有关之外，还与这两类离子的运动行为有关。因此，在交流电场作用下其介电特性（介电常数、介电损失以及弛豫时间）呈现出特异的变化规律，而且这些介电性质受到木材的种类、湿度、纹理方向、密度以及温度和化学处理等多种因素的影响。因此，通过在不同温度下的频率域介电谱研究可以获得很多关于木材内部结构以及动力学方面的信息。

绝干木材或含水率较低的木材属于介电体，在电场作用下的极化主要来自木材中的纤维素、半纤维素、木质素等有机大分子自身的极化，以及细胞壁中的—OH 和—CH$_2$OH 等极性基团相对于大分子的旋转取向运动。此外，各向异性以及木材骨骼材质和细胞孔隙之间也将产生界面极化。不同的极化机制将使弛豫产生一定的分布，但因主要极化引起的弛豫是多出现在射频段的所谓 β 弛豫。天然的生材随季节含有不同程度的水分，分布在内部的各个区间，或者人为地为了研究或实用上的各种需要改变木材样品的含水量，这时木材表现出明显的导电性，而介电性不明显。因为对研究体系实施复介电常数 $\varepsilon^* = \varepsilon - j\left(\dfrac{\kappa}{\omega\varepsilon_0}\right)$ 的测量，因此可以同时获得反映材料存储电荷能力和传导电荷能力的物理参数 ε 和 κ。它们随测量频率、温度以及其它环境条件的变化的介电谱将给出内部丰富的信息。本节将简述几个主要影响因素下对木材的介电谱研究方法。

10.3.2 木材的结构和各向异性

10.3.2.1 极化的原因

木材不仅具有较大的孔隙率，而且还具有由木材纤维和包含纵向和径向不同大小微孔的空间排列的纹理结构。尽管组成木材的有机分子本质上是相同的，但因为木材内非常巨大的多孔空间，而空气和水的介电常数存在巨大的差异，所以处于干燥状态和湿态的木材表现出极为不同的介电性质。一般的，木材的介电常数随密度增大而增大，因为密度增大实质上是构成细胞壁的有机物质体积比增加，这样单位木材体积内偶极子数目也增多，导致木材极化程度增大，但同时密度增加可能导致含水率的降低，虽然与含水率相比密度变化对介电常数的影响不大，但在固定频率通过介电常数测量含水率时考虑密度的因素是必要的。另外，不同种类的材质其内部疏松程度不尽相同，特别是硬质和软质木材在孔隙率和微细结构上都存在明显的差异，这种差异在介电常数上可以明显反映出来，因此，采用适当的介电测量方法可以判定木材种类或与密度相关的一些信息。

此外，因为木材纹理结构的有序性和各向异性，而且明显地反映在介电常数上，比如，通常顺纹方向的介电常数要比横纹方向的大 30%～60%。这是因为大多数纤维素大分子的排列方向平行于细胞的长轴方向，而细胞也大都是沿顺纹方向排列的，因此纤维无定形区中的羟基在顺纹方向比横纹方向具有更大的自由度，在外电场下更易极化所致。显然，对木材在不同方向施加电场也将给出不同的介电响应。这样，利用不同木材纹理方向上介电常数的差异，可以设计适当的实验，获得不同木材或不同处理条件下木材的各向异性方面的信息，也可以开发一种作为鉴定木材种类的简易方法用于很多实际领域。

10.3.2.2 纹理结构与介电性质

木材的纹理结构作为其介电性质的函数也可以通过介电测量来获得。纹理结构包括纤维质纵向和径向孔排列的空间，如果在平行于木材结构的纵向、径向以及切向实施介电测量的话，三个方向的介电响应应该有所不同，一个较为典型的研究证明了这点[88,89]。该研究是在 200Hz～10MHz 下对各种类型的木材进行的频率域介电测量，结合细胞孔隙空间和材质骨架的各种串并联电回路模型分析介电谱，获得了纵向和径向的孔隙分布信息。这种检测细胞孔结构各向异性排列的方法是介电谱在木材领域研究中的独特优势之一。此外，该研究还通过比较木材细胞壁被陶瓷前驱体渗透的样品和最初的木材的介电性质，评价二氧化硅对木材微结构的渗透过程和状态，比如，因为硅土介电常数（$\varepsilon \approx 4$）比木材的低但比空气的高，所以当木材用硅土渗透时，介电常数和介电损失都将减小，这表明硅土是穿透细胞壁并沉积在细胞壁表面的，如果硅土填充了所有孔隙空间，介电常数将增加，因为它代替了介电常数为 1 的空气[89]。利用木材的多孔有序结构，通过填充渗透一些陶瓷前驱体然后热解掉木材，可以得到微细结构的多孔陶瓷制品，因此，木材作为多孔陶瓷制品的重要的模具材料是可能的。从这点上来讲，通过木材的介电性质了解木材的结构，进而有助于了解作为渗透过程结果的陶瓷的一些性质。

10.3.3 温度处理后的木材的介电性质

在木材加工领域，为改进因为湿度变化而产生的结构不稳定性，提高声学性质以及为了防止变形等，往往需要对木材进行热处理。因木材的利用目的不同热处理温度也不同，经过热处理后的木材除去了水分，同时因为部分物质的挥发而产生收缩，以至于微结构可能发生变化。温度一定但热处理时间不同对木材的影响也不同，时间过长可能因化学成分的热分解导致力学性质降低。另外，热处理后的木材其电性质的变化明显取决于处理温度，比如，绝对干燥的木材是绝缘体，但随着在 $300 \sim 800$℃ 间的热处理它变成半导体，超过 800℃ 又变成导体。这些，都可以通过介电测量给出一定的证明。

研究指出，在较低温度（300℃ 以下）下处理的木材还可以观察到因羟甲基取向而产生的介电弛豫，但随处理温度增高，这个弛豫明显减小，大约 400℃ 左右处理的木材便观察不到该羟甲基的取向弛豫。对更高的温度（$500 \sim 600$℃ 之间）可检测到另一种可以考虑为因界面极化引起的弛豫形式[90]，这是因为可以粗略地认为测量的木材样品是由材质和细胞腔中的空气这两个电性质完全不同的相所构成，相界面的空间电荷的不均匀分布产生界面极化。这种弛豫不仅依处理温度和测量温度不同而异，而且也取决于实施测量的方向。图 10.7 表示的是雪松木块在 600℃ 处理的样品作为测量温度的函数的介电谱[91]，可以看出，纵向（L）和径向（R）的测量结果显示所有温度下都具有相同的变化倾向［由图 10.7(b) 得到低频电导率，将其对测量温度（热力学温度）作图，$\lg\kappa_1 - \dfrac{1}{T}$，对于纵向和径向样品得到的都是线性关系］：对于纵向和径向测量的样品，其弛豫频率都随温度增加移向高频，但它们的弛豫强度明显不同，这个差异反映了木材的不同纹理方向（横纹和顺纹）与电磁场作用的不同结果。但是，不同处理温度后的木材样品表示出不同的温度依存的介电行为：对于低于 450℃ 下处理的样品，其电导率谱的温度依存性不仅与图 10.7(b) 不同，而且径向和纵向样品之间的温度依存性也不尽相同。此外，未经温度处理的样品显示了与所有温度处理后的样品不同的介电行为，主要体现在未处理的样品的电导率（$\lg\kappa$）随测量频率线性增加，也许与自由离子或束缚离子的运动有关。所有上述结果至少反映出以下一点，对木材进行热处理以及不同的处理温度都可能不同程度地改变木材的结构，而这个结构的变化以及木材的电导性质可以通过介电谱检测到。

木材研究中获得介电参数的方法与前几章讲述的大多数体系所采用的方法类似，多是利用模型函数拟合介电数据。对于图 10.7 的数据采用 Cole-Cole 经验方程拟合，获得介电增量 $\Delta\varepsilon$、电导率增量 $\Delta\kappa$、弛豫时间 τ 以及时间分布参数 α。这些参数中，常用来考察木材性质的主要是 $\Delta\varepsilon$ 和 $\Delta\kappa$。例如，对同种类的块状木材和粉末木材的测量表明[91]：块状样品因纹理不同其介电增量 $\Delta\varepsilon$（或 $\Delta\kappa$）显示出明显的差异，这种差异来自各向异性，即产生于两者在内腔（空气）和细胞壁在排列上的差异。此外，600℃ 处理后的块状木材的 $\Delta\varepsilon$ 和 $\Delta\kappa$ 与同样温度处理的粉末状样品的相应值也有很大的差别：对于块状木材样品不管纹理方向如何，其弛豫时间分布参数（表 3.1 中的 $1-\alpha$）都接近 1 个单位，即介电谱表现为 Debye 弛豫行为，而粉末状的木材样品则显示出较宽的分布。因为 600℃ 处理的样品是没有水分子存在的体系，没有永久偶极子，故弛豫不能用偶极极化解释。对于块状样品，弛豫是由于在细胞壁上形成的界面极化所致；而对于粉末样品，弛豫的分布反映了粉末颗粒在密度上的不同。

结合准渗滤模型解释高温碳化过程电导率对频率的依存性［图 10.7(b)］还可以获得结构变化的微观信息[92]。

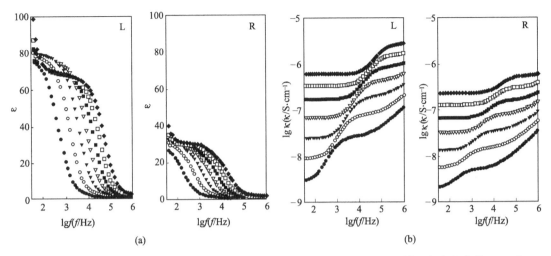

图 10.7　不同温度下测量的经 600℃ 处理的木材的纵向（L）和径向（R）样品的介电常数（a）和
电导率（b）的频率依存性

● 100℃；○ 80℃；▼ 60℃；▽ 40℃；■ 20℃；□ 0℃；◆ 20℃[91]

10.3.4　化学处理后的木材的介电谱

木材介电弛豫的主要原因之一是细胞壁的羟基等基团在外电场下的取向极化所致。当不同组成的或不同亲水性的化学试剂填充到木材中时，可能会改变产生极化的基团羟基的数量从而导致极化程度的改变，给出不同的介电谱。即，化学处理所引起的木材介电性质的改变可以反映内部结构的特征变化。因此，通过研究介电参数随试剂种类和填充量的变化，可以获得木材内各区域化学组成或微结构变化的信息。化学处理的木材结构可分为三种类型，这三种类型都取决于细胞层次的结构变化：细胞壁上的化学修饰或渗透，细胞壁渗透和细胞腔内表面的涂层；用试剂填充细胞腔而细胞壁保持未处理的状态。理解化学处理木材的最好方法之一是利用在固定温度下测量的介电谱，这里列举一个典型的例子以说明化学处理后的木材是如何在介电谱上得到反映的：羟基的被取代程度以及添加物的疏水性对弛豫强度的影响。

甲醛化、乙酰化以及丙烯氧化物和苯酚-甲醛树脂等 8 种化学物质处理的干燥木材显示出了互不相同的介电行为，而且，这些介电行为随重量增益（weight percentage gain，WPG）表示的化学处理程度不同而不同[93,94]。图 10.8 给出的是未经化学处理的和化学处理后的木材样品的介电谱，研究表明[95,96]：在未处理的木材中可以观察到因含有羟甲基的纤维素、甘露聚糖和木质素而产生的弛豫，但在没有羟甲基的木聚糖中则没有弛豫；纤维素中的弛豫被三苯甲基化作用所消除，纤维素弛豫的强度随着结晶化程度增加而减小，弛豫的表观活化能大约为 42kJ/mol。综合上述因素，说明在未处理的木材中观察到的弛豫产生于细胞壁的非结晶区的羟甲基取向运动。对于甲醛化的木材，因为在细胞壁的（纤维素）—OH 基之间形成了一个—OCH₂—桥，从而减少了非结晶化区域的羟甲基的数量，因此，介电损失（或弛豫强度）和弛豫时间都因处理程度 WPG 的增加而略微减小［见图 10.8（a）］。类似的，因为木材乙酰化的结果是细胞壁中的—OH 基被大的疏水基团乙酰基

—COCH$_3$ 所取代，羟基数量减少的同时增加了羰基的数量，综合结果使得微环境不同于甲醛化的情况：介电损失随 WPG 增加而大大减小，同时损失峰变宽，在一定 WPG 时弛豫时间也发生变化，这反映了内部参与极化的基团种类可能有所增加；对于丙烯氧化物处理的木材，由于羟甲基的减少部分地被增添的对弛豫也有贡献的大的亲水性极性侧链基团—OCH$_2$CH(OH) C$_2$H$_5$ 基所平衡，因此随着 WPG 增加弛豫强度缓慢减小。聚乙二醇处理的木材则表现出了不同于前面的介电行为：介电损失随着 WPG 增加先降后增，降低同样是因为在一定的 WPG 之内，细胞壁的羟甲基的数量减少，而后来的增加是因为大量吸湿性的聚乙二醇分子进入细胞壁，不但没有形成稳定的键，反而导致细胞壁的膨胀，并且促进了羟甲基的运动所致。显然，这种定性的推测需要其它研究手段加以验证，但介电谱给出的信息能够反映内部结构变化的复杂性。

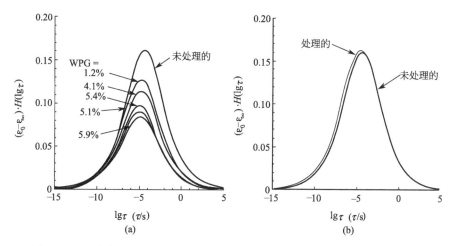

图 10.8 甲醛化处理前后的木材（a）和甲基丙烯酸甲酯处理前后的木材 （b）
横轴是以时间表示的，$\tau=1/(2\pi f)$[93]

当木材用疏水性树脂（如苯甲醛树脂）处理时，因为只有有限的树脂可以和细胞壁中的羟甲基形成稳定键而留在细胞壁上，而大量过剩的树脂则在内腔中，因此随着 WPG 增加谱的强度变化并不是很大。当非极性物质如甲基丙烯酸甲酯处理木材时，因为它不能结合到细胞壁中，故细胞壁保持几乎未处理的状态，因此，如图 10.8 （b）所示的，对于处理和未处理的介电谱几乎没有任何变化。总之，无论是亲水的或疏水的基团取代木材中的羟基，都将改变产生极化的偶极子的数量，同时也使得木材内部细胞壁和腔内的微环境发生变化，这些细微的变化从介电谱中可以观察到，进一步通过一定的模型理论分析可以获得更多的关于弛豫动力学等方面的信息。

10.3.5　木材中吸附水的介电谱

前面介绍的是完全干燥下或者忽略水存在情况下木材的介电性质和介电谱，但自然生长的木材是含有大量水的。木材中存在的水粗略地可分为所谓的自由水和束缚水两种，这里的束缚水与第 8 章的相关内容在本质上没有区别，都是因为水分子发生氢键作用使其自由取向受限。前者存在于细胞腔内（严格讲在远离细胞壁边界层的腔中心部），后者则与细胞壁中的羟基结合形成吸附氢键［严格讲，应该与细胞壁非结晶化的无定形区（纤维素、半纤维素和木质素组成）中的羟基结合］而存在于细胞壁中。因为与自由水相比，束缚水对木材的物理化学性质将产生更大的影响，所以无论从基础研究的角度，或考虑实际应用方面束缚水的性质都是极为重要的。

10.3.5.1 吸附中水的弛豫

木材细胞壁主要成分纤维素是葡萄糖基构成的线型高聚物，分子式为 $(C_6H_{10}O_5)_n$，分子间借助葡萄糖基上的羟甲基—CH_2OH 形成氢键，构成细胞壁的骨骼。细胞壁分为排列整齐紧密的部分（纤维素的结晶区）和相对无序松散的部分（纤维素的无定形区）。对于干态的木材，外电场下显示的弛豫是由无定形区中羟甲基的旋转取向所致[95]，这时形成氢键的羟甲基因旋转运动必须切断氢键，因此需要一定的能量（活化能），该能量可以通过测量木材在干燥状态下的介电弛豫-温度依存的介电谱来求得。细胞壁的无定形区有很多亲水性的羟基为水分子的吸附点，在该点上水分子与羟基形成氢键成为束缚的水分子。同干燥状态相比，当木材中吸附不同含量的水分子时弛豫谱都将发生很大的变化，这是很明显的。与生物体系中束缚水的介电响应相比，木材中束缚水弛豫的位置相对在较低的频率，这也许与其取向转动的受限程度有关。但这时的弛豫应该是原有的羟甲基旋转弛豫和束缚的水分子的取向弛豫的叠加，因此分布较宽。但是，一些研究显示，随着水吸附量的增加弛豫强度也增加，弛豫频率移向高频，弛豫时间分布变窄[97]。定性的分析可以认为，随着含水量增加，空腔内自由水所占的比例增大导致木材整体极化增加，因此，电场下产生的介电响应也增加，且出现在高频。为了从多重弛豫中解析出吸附水的弛豫过程，将羟甲基的弛豫从介电谱中分离开来是必要的。对此，也许可以对化学处理后细胞壁上吸附点性质变化了的不同材料进行系统的比较测量，以识别进而分离因束缚水的弛豫过程和因细胞壁极性基团产生的弛豫过程。

10.3.5.2 介电测量与吸附过程动力学

水在固体上的吸附现象在化学体系（催化化学或聚合物科学等领域）也是重要内容，并已经从反应动力学角度有过深入的研究，借用高分子中水吸附过程的理论模型，结合反应速率方面的一些成熟理论（如过渡态理论、绝对反应速率理论等）[98,99]，可以较详细地解析木材中水吸附过程的介电谱，获得与吸附或解吸过程有关的一些动力学信息。根据半经验的绝对反应速率理论，弛豫时间可以认为是弛豫过程中的取向偶极子从一种稳定状态到另外一种状态的变化速率，这样，（由介电测量的弛豫频率得到的）弛豫时间 τ 的倒数与束缚水分子的取向活化能 ΔG（Eyring 理论中的吉布斯活化自由能）之间存在简单的关系：

$$\frac{1}{\tau} = \frac{kT}{h} \exp\left(\frac{-\Delta G}{RT}\right) \tag{10-6}$$

式中，h 为普朗克常数；R 为气体常数；其它符号意义同前。在木材研究中，常常通过在某温度 T 下测量得到测量弛豫时间 τ，再利用式（10-6）计算该温度下的表观活化能 ΔG。同时，测量一系列温度下的介电谱，从谱中获得各温度下的弛豫频率 f_0，再利用 $\lg f_0$-$\frac{1}{T}$ 作图的斜率可以估算活化焓 ΔH 的值，最后，根据热力学关系式 $\Delta G = \Delta H - T\Delta S$ 求得某实验温度下的活化熵 ΔS。大体上可以近似地认为，ΔG 与使木材中产生或增加吸附点所做的功有关，因此它间接地反映吸附过程水分子摆脱羟基束缚的难易程度；水分子旋转取向的活化焓 ΔH 相当于吸附热，反映宏观上水分子与木材羟基结合的强弱，而活化熵 ΔS 的大小反映了取向偶极子之间的相关性以及木材内细胞表面水分子的有序性，也包含了一些多层吸附的信息。因为当含水量增加时，木材不仅因蠕变产生结构上的微小变化，而且羟基周边的水分子数量也增多，羟基和水分子以及水分子之间的相互作用产生构象上的变化，引起结构的熵变。显然，随着木材中水含量的增加，属于物理吸附的第二层以上的吸附能明显与水分子和羟基作用的取向能不同，同时，吸附水周边的微环境也发生变化，使得水偶极子的取向能不同。原则上，这些与水含量有关的信息都可以通过射频段的介电测量获得，但是，当含水量很高时，介电谱反映的只是细胞腔内自由水的情况，而自由水的弛豫在更高的微波段表现出来。显然，为了进一步弄清吸附机制和识别相近的弛豫过程，精准的实验测量和数据解析是必要的，同时，其它如力学、热学测量等判断木材分子段链结构和相行为的辅助独立实验能作为介电研究结论的佐证。

介电测量和借助于反应动力学理论结果的介电解析可以获得很多吸附过程的微观信息。上面介绍的内容应该不限于木材的水吸附本身，也适用于其它类型的吸湿性材料，特别是对于化学和聚合物体系中的吸附体系。

10.3.5.3　湿度梯度分析

介电谱也可用来分析木材中含水量分布[100]。研究指出，对具有均匀湿度梯度的样品，通过测量其电容和电导谱与木材厚度的关系，在回路模型基础上解析数据，可以获得水分在木材中分布的信息，这对木材干燥风化期间以及木制建筑在自然条件下的质量评估是有价值的。同时，解析使用的分布网络回路模型还可以估计材料和电极界面的一些信息，无疑，该低频分析方法对其它材料体系同样适用。介电测量具有简单迅速的特点，因此，如果介电解析能够达到较高的准确程度，发展以介电测量和解析为基础的，便于携带并进行野外操作的检测水含量的测量仪器应该具有广泛的用途。

10.3.6　介电数据的频率依存性-温度依存性之间的转换

上面的讨论证明了介电谱是了解电场下木材结构的以及物质间（水分子和细胞壁）相互作用的一个重要方法，但同时也看到，更加精确的数据解析是达到上面目的的关键。此外，为了将该方法应用到含水量等实际参数检测的应用领域中，迅速的测量和便捷的数据处理也是十分关键的。研究表明[101]，在任意频率获得的介电损失的温度依存性和在任意温度获得的介电损失的频率依存性之间存在一个转换关系，认为中间频率段观察到的β弛豫的介电损失的温度或频率依存性仅仅是所研究材料中同一现象的相互不同的反映形式，两者之间存在等同性。这种转换方法被应用于木材体系并得到了验证：图 10.9是对完全干燥的木材在三个解剖学方向（分别为纵向 L、径向 R 和切向 T）在给定温度下介电损失的频率依存性和在给定频率下的介电损失的温度依存性的三维图。温度-介电损失平面（T，ε''）或频率-介电损失平面（$\ln\omega$，ε''）分别表示

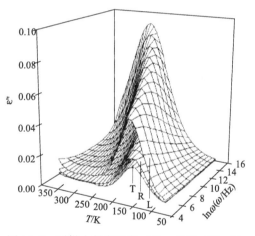

图 10.9　干燥木材在纵向（L）、径向（R）和切向（T）测量的介电损失的温度和频率依存性的三维表示[100]

了两个介电测量技术，它们都证实了β弛豫过程（纤维素的无定形区的羟甲基旋转取向极化所致）的发生和该弛豫损失最大值的存在。复杂弛豫现象［由（$\ln\omega$，ε''）判断具有弛豫时间分布］可考虑为个别弛豫过程的叠加，而每个弛豫过程都具有自己的活化自由能 ΔG。这暗示着一组实验数据应该有包含介电损失的频率和温度依存性的更普遍的表达方法。

根据绝对反应速率理论的式（10-6），个别弛豫活化自由能可以表示为：

$$\Delta G = -RT\ln\left(\frac{h\omega}{kT}\right) \tag{10-7}$$

这样，不同温度或不同频率下活化自由能 ΔG 可以计算出来，将其作为相应的介电损失

的变量作图，得到如图 10.10 所示的与图 10.9 中（T，ε''）平面类似的弛豫峰，在各种实验温度下介电损失峰强度的差异反映了弛豫过程发生的难易程度，相同自由能下温度越高介电损失强度越大。这种从温度依存介电测量和从频率依存介电测量得到的介电损失数据的表示方法表明：相应于介电损失峰的位置只有一个，而且具有相同的活化能值（图 10.10 中大约在 30~40kJ/mol）。合理地利用此关系，将会使得介电谱解析变得更为便捷，这应该是对进一步研究所期待的。

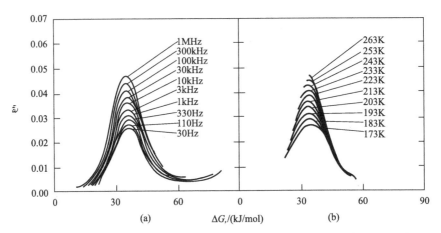

图 10.10　干燥木材径向（R）测量的介电损失作为自由能的函数，在不同
频率下的温度扫描（a）和不同温度下的频率扫描图（b）[100]

虽然上面的例子是来自于木材样品的研究，原则上，该方法应不限于所列举的木材材料和其它体系，对于实验上可能获得频率依存和温度依存数据的所有体系都应该可以尝试。

10.4　介电谱在运动和健康监测方面的应用

所有的体系都是与水介质有关的，因为水是人类生存活动中最重要的依赖物质之一，因此，愿意将本书的最后一节贡献于与运动和健康相关的内容，通过对几个不同的研究实例的解说来说明介电谱方法是怎样贴近于我们的身体的，希望能给读者以更多的遐想和启发，并由此专注于它的应用。

10.4.1　运动前后水含量变化的介电测定

生物体内水的分布和移动是生物生存中的最重要的现象之一，人体也同样，通过发汗使体内的水移动来调节体温，体内约 60%~70% 的水主要分布并平衡在体液（组织间、细胞间）和血液中，作为汗和尿排到体外。运动时通过排汗，水向身体的外表移动并蒸发失散，一般的检测方法是通过体重的变化来检测并估算失去水分的量，但是，这无法定量估计在身体内局部组织中的水的移动情况。因为介电谱方法具有非破坏探测物质内部信息的特点，日本东海大学的研究者曾针对生物组织中的水的介电行为进行过系统的理论研究[102~104]，近年来，采用时域介电谱测量方法和开口同轴线探头技术测量对上述课题进行了实际的研究，并在理论研究成果的基础上对实验进行了解析，结果表明，通过分析测量的介电谱可以求算人在运动前后表皮的含水率变化[105]。测量是根据时域介电谱方法的测量原理[106,107] 进行的，根据该原理，待测样品的 ε_x^* 是以已知介电常数 ε_s^* 作为参考样品来测量的，两者之间的关系由下式给出[33]：

$$\varepsilon_x^*(\omega)=\varepsilon_s^*(\omega)\frac{1+\{(cf_s)/[j\omega(\gamma d)\varepsilon_s^*(\omega)]\}\rho f_x}{1+\{[j\omega(\gamma d)\varepsilon_s^*(\omega)]/(cf_s)\}\rho f_s} \tag{10-8}$$

这里的 ρ 是与参考样品和待测样品的反射傅里叶转换相关的参数，f_s、f_x 分别是包含参考样品和待测样品复介电常数信号的函数。这里，我们只需注意公式中的量 "γd"，它是距离电极端口（同轴探针端口）的电有效探针（电极）长度（其中 d 是几何电极长度），是决定测量深度的实际参数。一般的，使用接触式电极可以获得与 γd 相等距离或数倍深度的介电信息[103,104]。因为皮肤是分层的生物组织，因此测量深度的知识对于完成不破坏组织的准确检测是至关重要的。因为电力线的原因，用该方法对介电参数的有效测量取决于所采用的开端同轴探针（包含了电极）的尺度，Naito 等[108] 提出了描述介电常数更实用的公式：

$$\varepsilon^*=\frac{1}{1.34\gamma d}\int_0^\infty\frac{x}{\int_0^x\frac{1}{\varepsilon(z)}dz}\exp\left(-\frac{x}{1.34\gamma d}\right)dx \tag{10-9}$$

其中 $\varepsilon(z)$ 是由深度支配的介电常数，方程中包含了 γd。测量是将带有电极的同轴电缆端口［参见图 3.2 的（c）］接触人体皮肤表面，检测包含测量物体复介电常数信息的反射波信号，并作为电压对时间的变化记录下来。然后用计算机进行傅里叶变换的解析，由此可获得介电常数作为频率函数的连续谱即通常的介电谱。

在运动后还没有达到要发汗的程度时，体内的水移动并集中在表皮附近，随着运动的进行，通过出汗水被排到体外。因此，皮下含水量测量可以在一个方面了解水分移动情况。测量是在跑步 1h 之后的 20 岁左右的年轻人的手臂上进行的，该测量的电极的电有效长度为 1.152mm，因此可探测到皮肤表层下约 0.4mm 处的信息。图 10.11 表示的是人运动前后测量的表皮的介电谱，从图中可以看到运动前后弛豫强度的不同。因为目的是考察出汗前后皮下表层水含量的变化，因此只分析频率在 20GHz 前后的因水分子取向极化引起的弛豫过程。定性的，运动后的介电常数大于出汗前的，说明由于运动表皮下自由水分子的量增加，此时自由水的量 c_f 可以通过式（10-4）计算：式中的弛豫强度 $\Delta\varepsilon_h$ 可根据含两个弛豫项的 Cole-Cole 函数拟合高频数据获得；水的密度 c_w 采用 37℃ 时纯水的值 0.991g/cm^3，纯水的弛豫强度 $\Delta\varepsilon_w=71.7$ 也是 37℃ 时测量的[109]。这样可以比较测量运动前、运动停止后以及运动停止一段时间后人体表皮水分含量的变化情况，得到

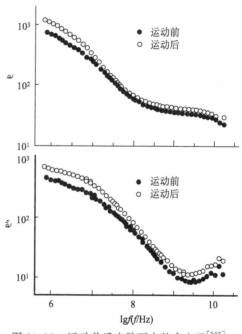

图 10.11　运动前后皮肤下水的介电谱[105]

的结果是，运动刚刚停下来时皮下含水量最高，其后由于出汗含水量降低了很多，随着时间推移至 2h 后开始回复到运动前的状态。

该研究还测量了运动前后血细胞比容 Hct 的变化，结果表明运动后 Hct 值明显增大，这说明血浆脱水导致血液黏度增加。因为生物体内的水不仅与出汗、血液黏度的变化等有关，而且还与作为能量源的物质输送、代谢反应以及 DNA 或蛋白质的构造稳定化等因素有

关，因此，在体育科学领域了解生物体特别是人体内水的状态十分重要。

10.4.2 灼伤后皮肤治愈过程的介电检测

同样是通过测量含水量的方法还可以对生物体组织是否正常进行诊断。一个典型的例子

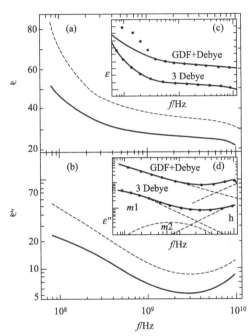

图 10.12　人脸部皮肤受灼伤前后的介电谱
(a)、(b) 分别是介电常数和介电损失谱，其中实线是受灼伤的，虚线是正常的对照谱。有效测量深度为 $80\mu m$。图中的插图 (c) 和 (d) 表示用 GDF 拟合的以及 Debye 函数拟合的结果[111]

是皮肤烧伤的康复过程的自由水含量测定和监测[110,111]：利用时间域介电谱法监测因接触少量氢氟酸（HF）而受到损坏的面颊皮肤的治疗过程，具体的，是对于皮肤因接触 HF 而受损前、受到损伤后不同的一段时间内，以及治愈后一定时间内的皮肤进行介电测量。因为该研究同样出自日本东海大学的研究组，因此，在测量系统和解析方法上与上例雷同。在该实例中使用的测量电极的电长度为 0.16mm，有效测量深度约为 0.08mm。图 10.12 表示的是因氢氟酸受到损坏前后的脸部的测定结果（考虑到受损程度与部位有分布，测量在两个部分进行），可以看出受到氢氟酸损坏的面颊部的介电常数 (a) 和介电损失 (b) 都小于正常皮肤的。采用下面的式（10-10）表示的一般化分散函数（GDF）［实际上该函数是 Debye 型函数和恒定相角（CPA）型响应函数的结合］[112,113]拟合介电谱：

$$\varepsilon^* = \varepsilon_h + \frac{\Delta}{(jf/f_0)^{\alpha} + (jf/f_0)^{1-\beta}} \quad (0 \leqslant \alpha, \beta \leqslant 1)$$

（10-10）

Δ 称为空间常数，在 $\alpha = 0$ 时便成为通常的介电增量，该式便成为通常的 Cole-Cole 方程。图 10.12(c) 和 (d) 是利用 GDF 和 Debye 方程拟合的结果，为求自由水含量，需要关注中间频率的 m 弛豫（束缚水的 δ 弛豫）和相当于自由水的高频段的 h 弛豫，同样利用式 (10-4) 计算受损后面颊部组织的含水量 c_f（计算时 $\Delta\varepsilon_w = 71.16$ 是利用室温 30℃ 的纯水值）。结果表示在图 10.13 中。

图 10.13 表示的是受到氢氟酸喷散轻微损坏的皮肤在治疗过程中的含水量变化，从图中可以清楚地看出：正常面颊皮肤，其含水量表示出与测定日无关的一定值；但受损部位则随日期而变化：在受损后的数日间，与正常皮肤相比含水量降低 10% 以上，从第 4 天起因旧皮肤脱落的原因测量点有些分散；图 10.13 插图表示的是中间频率的弛豫增量随治愈时间的变化，它给出了同样的变化趋势。第 12 天后，变得与正常皮肤没有差别了，这说明皮肤已经达到了痊愈。类似上述的伴随新皮肤形成过程的含水量（自由水含量）的经时变化规律，在火伤治愈过程的介电监测中也发现过[111]，尽管结果与被化学物质氢氟酸灼伤后的介电谱不同，但治愈过程自由水含量监测的变化规律与图 10.13 非常相似：开始 10 天的治愈过程期间含水量减少，之后开始增加。此外，人的手指被浸泡在 37℃ 的纯水中（30min）后的烘干过程也被同上的方法监测到了：浸泡的手指的自由水含量 c_f 增加约 10%，然后在干燥过程中随时间减小。因为表皮上层的过剩水分蒸发以及扩散到皮肤下介电测量检测不到的更深处，烘干 60min 之后，c_f 值已经减小到比未浸泡处理的手指皮肤更低的值。积累诸如此类

的介电监测的基础数据，也许可以简便地诊断皮肤正常或健康状态，或者判断皮肤移植后的稳定性等，再结合医学和生理学等方面的知识，该方法应该能够在保健和医疗诊断上具有更多的用途。另一方面，如果不仅能够对高频自由水的弛豫而且对中间频率段的弛豫也能进行有效的解析，那么，用该方法可以对生物体组织的各个层次（组织、细胞、生物高分子、水）的信息都给予一定的评价。

以上两个例子给出了很好的证明：以时间域介电谱原理为基础的水含量检测方法在不同状态的人体表皮检测或监测方面是成功的。但是，到目前为止广泛使用的还是利用电导计来测定生物体组织含水量，尽管这是可行的，但毕竟该方法给出的是假定了与相对含水量相关联的电导值，不能保证含水量的正确

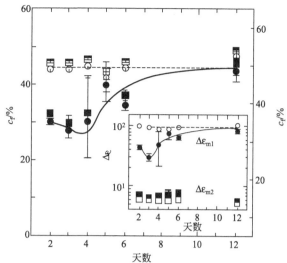

图 10.13　人脸部皮肤受灼伤后的含水量随治愈过程的变化
●（或■）表示灼伤后自由水含量；○（或□）表示正常的面颊皮肤的参照数据。其中●和○的值是利用式（10-4）计算的结果（左侧的纵坐标），而■和□则是利用类似的公式 $c_f = 100\varepsilon(\omega)/\varepsilon_w(\omega)$
［其中 $\varepsilon_w(\omega)$ 是 1GHz 时纯水的介电常数］计算的结果
（右侧的纵坐标）[111]

换算。相比之下，介电谱监测方法有着明显的优势，进一步，如果合理地改变测定使用的探针电极的有效电长度就可以控制测定深度，这样可以进一步扩大应用的范围，因此，它有望成为对体育科学和人体健康诊断等领域都具有实用性的新技术。

10.4.3　含水量不同的皮肤的介电性质

与上例相关的基础性研究还有一些，比如，Irimajiri 等也报道了使用音频/射频开口同轴线探针在体测量干燥的和生理潮湿下的人体皮肤的研究工作[114]，图 10.14 是对年轻男子颈部皮肤的介电测量结果，这个例子表示出了干燥的皮肤和用生理盐水（0.9%NaCl）浸湿的皮肤两者之间的明显差异。因为从电的角度，皮肤可以看成是由导电性弱的组织角质层和导电性的表皮层所组成，因此，从理论上解析介电谱可以获得有关皮肤下各层的介电性质的信息。模拟介电谱采用的是前面 GDF 函数基础上的新的模型函数：

$$\varepsilon^* = \varepsilon_h + \frac{\Delta}{[(jf/f_0)^\alpha + (jf/f_0)^{1-\beta}]^\gamma} + \frac{\kappa_1}{j\varepsilon_0 2\pi f} \tag{10-11}$$

模拟的结果在图 10.14 中以实线表示，很显然，它明显好于虚线表示的通常的 Cole-Cole($\alpha = 0$) 模拟。结合相关的研究[115,116]对结果的分析表明：在干皮肤具有低的介电常数和电导率值的第一层的介电性质在整个皮肤介电性质中占主导，而当皮肤表面由于导电性生理盐水弄湿后的情况则相反。可以认为随着接触区域（包括了组织角质层）变得具有导电性，电场的"有效穿透深度"增加。解析所揭示的另一个重要结果是：用 NaCl 水溶液浸湿皮肤后，介电分散的 β 值从 0.152 减小到 0.076，从式（10-10）中可知，β 值趋于零意味着原来几个弛豫叠加的分布中至少有一个弛豫甚至更多的弛豫消失。因为其中的子弛豫符合由两皮肤层形成的 Maxwell-Wagner 类型的弛豫[114]，因此，可以认为当角质层由于加入高电导的盐水溶液而成为导电性时，导致因皮肤内两层的界面极化的弛豫消失，至少是减小。

该研究得出结论：介电测量可以获得皮肤表面以下某深度范围组织的电信息，在该例子

中得到的是含两层的约 2.5mm 内的信息：当皮肤表面干燥时，同轴探针传递出来的是关于表面层、角质层性质的信息，而当用导电的生理盐水浸湿皮肤时，以深层的皮肤层的信息为主。该研究还暗示：调整测量探针电极的构造也许能探知到皮肤更深处的介电性质。此外，此例更加证实了一个在前几章中也反复强调过的重要事实：若要了解更多的介电现象产生的本质原因，获得所研究体系的更多信息，寻找适当的模型函数分析介电数据以及建立在适当介电模型之上的理论解析是必要的，从这点上讲，本书前几章的基础铺垫也许是入门介电谱所必需的。

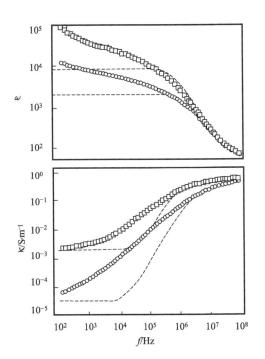

图 10.14 年轻男人颈部皮肤的介电谱
○干燥的皮肤；□生理盐水湿润的皮肤
实线是利用式（10-10）拟合的结果，虚线是
由 Cole-Cole 函数计算的[110]

10.4.4 血沉的介电检测

红细胞沉降速度是日常诊治当中经常用到的检测法，而红细胞形成的缗线状红细胞簇是血沉的基础。回顾 7.2.3 节中提到的 Irimajiri 的研究结果：①流动中的红细胞不会凝聚，其 Hct 值（细胞的体积分数）有固定的介电常数 ε 值；②流动停止后的缗线状红细胞簇可以由 ε 的值定量表示。即，从全血的介电行为不仅可以理解红细胞的凝集现象，而且还能对这一凝集过程进行在线监测。因此，如果能够开发用于血液测量的简单方法，便会建立一种在"不用稀释操作"和"所用时间缩短"这两个方面具有绝对优势的血沉测量法，这将会在判断治疗效果或者在对献血者进行疾病核查等方面起到很大作用。

作为初步阶段，问题还需单纯化，比如将刚采集的全血的介电常数作为红细胞形成连钱的指标，来研究如何建立快速而且分辨率高的自动化检测方法。红细胞的介电特性如 7.2 节中所介绍的：通过利用"扁平椭球体壳"模型进行近似计算，可以估计没有连钱形成时的单分散红细胞悬浊液的介电常数，它的值在 45%（Hct）时大约为 3000。尽管细胞的体积分数（Hct 值）是不变的，但为什么随着连钱的形成介电常数 ε 的值会增加呢？理论研究表明，从形状测量得出的连钱的平均长度和低频介电常数 ε_1 之间具有相关性。因此 ε_1 对于监测全血中的细胞凝聚、尤其是连钱形成的强弱等方面是很好的参数。但是，实际的血液测量需要用能使血液流动的测量池，采用平行圆环旋转测量池，以求在改变血液转速下测量介电谱，目前这样的测量系统已经建立并进行了基础的研究实验[117]。对人的全血进行的实验结果表明[118]，不同年龄的血液的黏稠性的差异可以在介电测量中反映出来。因为血沉和连钱形成，连钱形成和介电常数之间具有连锁关系，因此，如果能测量到引起连钱崩溃的最小剪切力，就可以清楚血液介电常数在临床医学中的意义，加深生理医疗方面的基础学科的研究。

［1］ Kaatza U,Henze R,Seegers A,Pottel R.Ber Bunsenges Phys Chem,1975,79:42-53.
［2］ Smith G,Duffy A P,Shen J,Olliff C J.Journal of pharmaceutical sciences,1995,84(9)：1029-1044.

[3] Shepherd J C W,Büldt G.Biochim,Biophys Acta,1978,514:83-94.

[4] Sekine K.Colloid Polymer Sci,1986,264:943-950;Sekine K,Hanai T.Colloid Polymer Sci,1990,268:1059-1065.

[5] Khoo S M,Humbertstone A J,Porter C J H,Edwards G A.Charman Int J Pharm,1998,167:155-164.

[6] Robert M Hill.International Journal of Pharmaceutics,2001,227:139-148.

[7] Hill R M,Pickup C.J Mater Sci,1985,20:4431-4444.

[8] Hill R M,Jonscher A K.Contemp Phys,1983,24:75-110.

[9] Dissado L A,Rowe R C,Haider A,Hill R M.J Colloid Interface Sci,1987,117:310-324.

[10] Craig D Q M,Hill R M,Newton J M.JMat Sci,1993,28:1978-1982.

[11] Craig D Q M.Journal of Pharmaceutics and Biopharmaceutics,1997,44:61-70.

[12] Craig D Q M,Tamburic S,Buckton G,Newton J M.J Controlled Release,1994 30:213-223.

[13] Binns J,Craig D Q M,Hill R M,Melia Davie C,Newton J M.J Mater Chem,1992,2(5):545-549.

[14] Helene Hagerstrom,Maria Strømme,Katarina Edsman.Journal of Pharmaceutical Sciences,2005,94(5):1090-1100.

[15] He R,Craig D Q M.Journal of Pharmaceutical Sciences,Vol.88,No.6,June 1999:635-639.

[16] He R,Craig D Q M.J Phys Chem.1998,102:1781-1786.

[17] He R,Craig D Q M.J Pharm,1998,169,131-141.

[18] Rajabi-Siahboomi A R,Bowtell R W,Mansfield P,Davies M C,Melia C D.Pharm Res,1996,13,376-380.

[19] McCrystal C B,Ford J L,He R,Craig D Q M,Rajabi-Siahboomi A R.International Journal of Pharmaceutics,2002,243:57-69.

[20] Riu P J,Rosell J,Brag R,Casas O O,ed.Electrical Bioimpedance Methods:Applications to Medicine and Biotechnology.New York: The New York Academy of Sciences,1999.

[21] Craig C Q M.Dielectric Analysis of Pharmaceutical Systems.London:Taylor & Francis,1995.

[22] Sutananta W,Craig D Q M,Newton J M.International Journal of Pharmaceutics 1996,132:1-8.

[23] Sutananta W,Craig D Q M,Hill R M,Newton J M.International Journal of Pharmaceutics,1995,125:123-132.

[24] Lievens H S R,Craig D Q M,Storey D E,Mashadi A B.J Pharm Pharmacol,1990,41:26P.

[25] Stromme M G A,Niklasson G A,Ek R.Appl Phys Lett,2003,85:648.

[26] Ek R,Hill R M,Newton J M.J Mater Sci,1997,32:4807.

[27] Nilsson M,Alderborn G,Stromme M.Chemical Physics,2003,295:159-165.

[28] Bodeka K H,Baîk G W.Journal of Pharmaceutics and Biopharmaceutics,1999,48:141-148.

[29] Lima C G A,Oliveira R S de,Figueir'o S D,Wehmannd C F,G'oes J C,Sombra A S B.Materials Chemistry and Physics,2006,99: 284-288.

[30] Goresy T El,Bohmer R.Journal of Non-Crystalline Solids,2006,352:4459-4463.

[31] Johari G P,Kim S,Shanker R M.J Pharm Sci,2005,94:2207.

[32] Alie J,Menegotto J,Cardon P,Duplaa H.Caron A,Lacabanne C,Bauer M.J Pharm Sci,2004,93(1):218-233.

[33] Venkatesh M S,Raghavan G S V.Biosystems Engineering,2004,88 (1):1-18.

[34] Nelson S O.Transactions of the ASAE,1965,8(1),38-48.

[35] Nelson S O.Transactions of the ASAE,1973,16(2):384-400.

[36] Nelson S O.Journal of Microwave Power,1987,22:35-39.

[37] Datta A K,Sun E,Solis A.Food dielectric property data and their composition-based prediction//Rao M A,Rizvi S S,ed.Engineering Properties of Foods.Chapter 9.New York:Marcel Dekker,Inc,1965:457-494.

[38] Christoph Oberndorfer,Elke Pawelzik,Wolfgang Lücke.Eur J Lipid Sci Technol,102 2000,102:487-493.

[39] Altenbrunn S:Nacherteverhalten von Raps unter dem Einfluß von Mikrowellen.Diploma thesis,Berlin:Technische Universität Berlin,1995.

[40] Pour-El A,Nelson S O,Peck E E,Tjhio B,Stetson L E.J Food Sci,1981,46:880-885.

[41] Heine K:Einfluß der Nacherntebehandlung auf die Aktivität lipolytischer Enzyme in Raps.Diplomarbeit,Berlin:Technische Universität Berlin,1994.

[42] Boldor D,Sanders T H,Simunovic J.Transactions of the ASAE,2004,47(4):1159-1169.

[43] Oberndorfer,Lücke C W.Fett/Lipid,1999,101:164-167.

[44] Irfan I,Pawelzik E.Fett/Lipid,1999,101:168-171.

[45] Kim K B,Lee J W,Lee S S,Noh S H,Kim M S.Transactions of the ASAE,2003,46(3):861-867.

[46] Kamil Sacilik,Celik Tarimci,Ahmet Colak.J Food Engineering,2007,78:1111- 1116.

[47] Nelson S O,Charity L F.Trans ASAE,1972,15:1099.

[48] Nelson S O,Stetson L F.J Econ Entomol,1974,67:592.

[49] Kwok B P,Nelson S O,Bahar E.IEEE Trans Instrument Measure,1979,28:109.

[50] Nelson S O.Bartley Jr P G,Lawrence K C.Trans ASAE,1998,41:685.

[51] Nelson S O.1991,26(5):845-869.

[52] Nelson S O.Journal of Non-Crystalline Solids,2005,351: 2940-2944.

[53] Nelson S O,Forbus Jr W R,Lawrence K C.J Microwave Power Electromag Energy 1994,29:81.

[54] Nelson S O,Forbus Jr W R,Lawrence K C.Trans ASAE,1995,38:579.

[55] Nelson S O,Guo W C,Trabelsi S,Kays S J.Meas Sci Technol,2007,18:1887-1892.

[56] Nelson S O.Trans.ASAE,2003,46:567.

［57］ Miura N,Yagihara S,Mashimo S.J Food Science:Food Engineering and Physical Properties,2003,68:1396-1403.

［58］ Metaxas R C,Meredith R J.Industrial microwave heating.London:Peter Peregrinus Ltd,1983:80.

［59］ Wang S,Tang J,Johnson J A,Mitcham E,Hansen J D,Hallman G,Drake S R,Wang Y. Biosystems Engineering, 2003, 85(2): 201-212.

［60］ Ikediala J N,Tang J,Neven L G,Drake S R.Postharvest Biology and Technology,1990,16:127-137.

［61］ Wang S,Tang J,Cavalieri R P.Postharvest Biology and Technology,2001,22:257-270.

［62］ Martin-Esparza M E,Martinez-Navarrete N,Chiralt A,Fito P.Journal of Food Engineering,2006,77:51-56.

［63］ De los Reyes R,Heredia A,Fito P,De los Reyes E,Andre A.Journal of Food Engineering,2007,80:1218-1225.

［64］ Nigmatullin R R,Nelson S O.Signal Processing,2006,86:2744-2759.

［65］ Barthel J,Bachhuber K,Buchner R,Hetzenauer H.Chem Phys Lett,1990,195:369-373.

［66］ 八木原晋,新屋敷直木.高分子,2000,49(10):724-730.

［67］ Timmermann E O,Chirife J Journal of Food Engineering,1991,13(3):171-179.

［68］ Chaland B,Mariette F,Marchal P and De Certaines.J Journal of Dairy Research,2000,67,609-618.

［69］ Sylvie Clerjona,Jean-Dominique Daudina,Jean-Louis Damez.Food Chemistry,2003,82l 87-97.

［70］ Porton A,Nozaki R,Bose T K.J Chem Phy,1992,97:8515-8521.

［71］ Nunes A C,Bohigas X,Tejada J.Journal of Food Engineering,2006,76:250-255.

［72］ Miura N,Asaka N,Shiyashiki N,Mashimo S.Biopolymers 1994,34:357-364.

［73］ Kaatze U,Goepel K-D,Pottel R.J Physic Chem,1985,89:2565-2571.

［74］ Science and Technology Agency.Standard Table of Food Composition in Japan.Tokyo:Ministry of Finance.

［75］ Guo W,Trabelsi S,Nelson S O,Jones D R.J Food Science E:Food Engineering and Physical Properties,2007,72:E335-E340.

［76］ Mashimo S,Umehara T,Redlin H.J Chem Phy,1991,95:6257-6260.

［77］ Mashimo S,Miura N.J Chem Phy,1993,99:9874-9881.

［78］ Sato T,Chiba A,Nozaki R.J Chem Phy,1999,110:2508-2521.

［79］ Nip W K,Moi J H.J Food Sci,1988,53(2):319-322.

［80］ Ørjan G Martinsen,Sverre Grimnes,Peyman Mirtaheri.Journal of Food Engineering,2000,43:189-192.

［81］ Brunton N P,Lyng J G,Zhang L,Jacquier J C.2006,72:236-244.

［82］ Kent M,Peymann A,Gabriel C,Knight A.Food Control,2002,13:143-149.

［83］ Al-Holy M,Wang Y,Tang J,Rasco B.Journal of Food Engineering,2005,70:564-570.

［84］ Haynes L C,Locke J P.Journal of Microwave Power and Electromagnetic Energy,1995,30(2):124-131.

［85］ Hein M,Henning H,Isengard H D.Talanta,1998,47:447-454.

［86］ Tulasidas T N,Raghavan G S V,van de Voort F Girard R.Journal of Microwave Power and Electromagnetic,Energy,1995,30(2): 117-123.

［87］ Tulasidas T N,Raghavan G S V,Mujumdar A S.Drying Technology,1995,13(8-9):1973- 1992.

［88］ Duchow K J,Gerhardt K A.Materials Science and Engineering,1996,C4:125-131.

［89］ Keckler S E,Senior Thesis,Princeton University,Princeton,NJ,1994.

［90］ Sugimoto H,Norimoto M.J Soc Mater Sci Jpn,2003,52(4):362-367.

［91］ Sugimoto H,Norimoto M.Carbon,2004,42:211-218.

［92］ Andrew K Kercher,Dennis C Nagle.Letters to the Editor,Carbon,2004,42:219-238.

［93］ Sugiyama M,Norimoto M.Journal of Applied Polymer Science,2005,96:37-43.

［94］ Sugiyama M,Norimoto M.J Mater Sci,2003,38:4551.

［95］ Norimoto M.Wood Res,1976,59/60:106-152.

［96］ Hagiwara I,Shiraishi N,Yokota T,Norimoto M,Hayashi Y.J Wood Chem Technol,1981,1:93.

［97］ 赵广杰.木材细胞壁中吸着水的介电弛豫.北京:中国林业出版社,2002:73-89,94-103.

［98］ Hailwood A J,Horrobin S.Trans Faraday Soc,1964,4213:84-92,94-102.

［99］ P W Atkins.Physical Chemistry.7th ed.Oxford University Press,2002.

［100］ Tiitt M,Savolainen T,Olkkonen H,Kanko T,Holzforschung,1999,53:68-76.

［101］ Grzecorz Hoffmann and Stefan Poliszko.Journal of Applied Polymer Science,1996,59:269-275.

［102］ Miura N,Shioya S,Kurita D,Shigematsu T,Mashimo S.American Physiological Society,2000,L207-212.

［103］ Naito S,HoshiM,Mashimo S.Biochim Biophys Acta,1998,1381:293-304.

［104］ Naito S,Hoshi M,Yagihara S,Mashimo S.Anal Biochim,1997,251:163-172.

［105］ 桥本匡史,山村雅一,八木原晋.なC″運動的前后生體内水分量移重力的研究.東海大學醫科學雜誌,第15号,2003: 67-72.

［106］ Cole R H.J Phys Chem,1975,79:1459-1469; Cole R H.J Phys Chem,1975 79:1469-1974.

［107］ Cole R H,Mashimo S,Winsor P.Ⅳ J Phys Chem,1980,84:786-793.

［108］ Naito S,Hoshi M and Mashimo S.1996,67:3633-3641.

［109］ Kaatze U,Uhlendorf V:The dielectric properties of water at microwave frequencoes,Physikalische Chemie Neue Folge,Bd,126,s, 1981:151-165.

［110］ 林羲人,原本泰雅,新屋敷直木.生體組系波誘電分光含水量恒定.東海大學醫科學雜誌,第13号,2001:76-84.

［111］ Hayashi1 Y,Miura N,Shinyashiki N,Yagihara S.Med Biol 2005,50:599-612.

［112］ Raicu V.Phys Rev E，1999,60:4677-4680.

［113］ Raicu V,Sato T,Raicu G.Phys Rev E,2001,64:021916.

［114］ Valerriča Raicu,Nobuko Kitagaw,Akihiko Irimajiri.Phys Med Biol，2000,45:L1-L4.

［115］ Raicu V,Saibara T,Irimajiri A.Bioelectrochem Bioenerg,1998,47:325-332.

［116］ Alanen E,Lahtinen T,Nuutinen J.Phys Med Biol,1999,44:N169-N176.

［117］ Raicu V,Saibara T,Irimajiri A.Phys Med Biol,2000,45:1397-1407.

［118］ 入交昭彦，Raicu V.生物工学会雑誌，2000,78(5):162-165.

结　束　语

伴随近年来在材料合成以及有序组合体系的构建方面之出色工作，诸多新体系不断出现，特别是所谓软物质材料的异军突起，使得介电谱所能研究的范围可能将进一步扩大，这样一个领域的发展前景的确是难以估计的。作为软物质代表体系之一的分子有序组合体以及复杂液体体系与电磁场相互作用的研究将是介电谱方法应用的热点方向之一。因此，以与上述体系关系密切的胶体和生物体系作为本书的介绍重点，是著者在完稿之后感到安慰的。

但是，同样一直在著者念头中的另外一个问题则因篇幅所限没能充分地涉及，这就是介电谱方法与近年频繁出现的"限定（几何）空间"概念之间的关系。在如此宽频率范围内，电磁波对不同性质特别是不同形态的物质的刺激，因不同的极化机理而产生各异的特征响应，因此，以表征该极化过程的弛豫时间与不同物质几何形态和大小之间应该有某些定量的或者说是相互制约的关系，即所谓时间尺度和空间尺度之间的关联性，著者认为这也许是一个值得关注的课题。

本书受篇幅所限未能从理论模型和解析方法上逐一详述各种类型的体系，从而激励感兴趣的研究者以更大的热情投入这个领域，这也许是搁笔时想到的遗憾之一。但是，待更多的和更有水平的研究工作完成之后，再将上述内容让于后面的机会也许是件好事。

著书，受益者自然应该是读者，这似乎是一般被接受的观点，但在写书过程中得到的对介电谱方法之精髓的再认识，则只有著者本人才能感觉到。

著者相信随着学科的交叉和融合以及计算机发展所带来的测量和解析手段的进步，介电弛豫谱方法一定会在基础研究、技术开发以及涉及到国计民生的诸多应用领域发挥更大的作用。